科普·创新·实作·分享　　入选中国科技期刊卓越行动计划、中国优秀科普期刊目录　　Since 1955

合订本

65周年版

— 下 —

2020年

第7期~第12期

WXD HANDS-ON ELECTRONICS

《无线电》编辑部 编

500 + 页海量内容　｜　**100** + 个制作项目

无动手·不创客

能硬件·物联网·机器人·3D 打印·人工智能·激光切割

将创意变为现实

U0250781

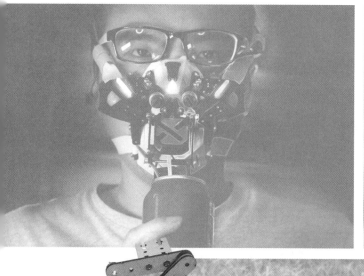

人民邮电出版社

北京

图书在版编目（CIP）数据

《无线电》合订本：65周年版. 下 / 《无线电》编辑部编. -- 北京：人民邮电出版社，2021.4
ISBN 978-7-115-55858-9

Ⅰ．①无… Ⅱ．①无… Ⅲ．①无线电技术－丛刊
Ⅳ．①TN014-55

中国版本图书馆CIP数据核字(2021)第038433号

内 容 提 要

  《〈无线电〉合订本（65 周年版·下）》囊括了《无线电》杂志 2020 年第 7～12 期创客、制作、信息、装备、火腿、入门、教育、史话等栏目的所有文章，其中有热门的开源硬件、智能控制、物联网应用、机器人制作等内容，也有经典的电路设计、电学基础知识等内容，还有丰富的创客活动与创客空间的相关资讯。这些文章经过整理，按期号、栏目等重新分类编排，以方便读者阅读。

  与部分文章相关的源程序、印制电路板图等资料请到《无线电》杂志网站 www.radio.com.cn 下载。

  本书内容丰富，文章精练，实用性强，适合广大电子爱好者、电子技术人员、创客及相关专业师生阅读。

◆ 编　　　　《无线电》编辑部
　　责任编辑　　周　明
　　责任印制　　陈　犇

◆ 人民邮电出版社出版发行　　北京市丰台区成寿寺路 11 号
　　邮编　100164　　电子邮件　315@ptpress.com.cn
　　网址　https://www.ptpress.com.cn
　　涿州市京南印刷厂印刷

◆ 开本　787×1092　1/16
　　印张　32　　　　　　　　　2021 年 4 月第 1 版
　　字数　1187 千字　　　　　　2021 年 4 月河北第 1 次印刷

定价：99.00 元

读者服务热线：(010)81055493　印装质量热线：(010)81055316
反盗版热线：(010)81055315
广告经营许可证：京东市监广登字 20170147 号

65载与你同行

65年前，《无线电》杂志诞生了，当时的杂志每期只有34页，黑白印刷，用的还是繁体字。时至今日，《无线电》杂志已经出版688期，累计发行超过3亿册，形态也变为每期96页，全彩印刷。

在这65年中，《无线电》杂志始终没有停下前进的步伐，一直行走在技术前沿，为读者分享与动手实践相结合的科普知识。杂志提倡，不要只停留在纸面上，还要把学到的知识应用到实际，动手实现自己的创意，创造对于自己有意义、有价值的物品。这既是古人所说的"知行合一"，也是如今众所周知的创客精神的体现——"无动手，不创客""想法当实现""动手造万物，人人皆创客"。可以说，每个喜爱《无线电》杂志的读者骨子里都蕴含着探索、实践、创新的基因。

一些新读者经常感到困惑，介绍新技术的《无线电》杂志为什么保留着古老的名字？《无线电》杂志创刊的那一年，距离无线电技术诞生已有60年，无线电技术已经从稚嫩的起步期步入成熟期，广泛应用于通信、广播、雷达探测等领域，是像如今的互联网、人工智能一样火热的高科技。同时，无线电技术在接下来的65年中并没有落伍，依然取得了许多惊人的进步，只是有时候，它们被细分领域的新技术名词覆盖了，让人忘却了其本质还是"无线电"，如5G、Wi-Fi、蓝牙、NFC、RFID、无线充电……

大家也可以从杂志的内容变化中发现，随着科技的进步，我们所能掌握的技术手段在不断增加，技术水平也在不断提高。创刊时，杂志在教读者组装收音机，而现在，大家已经在跟随杂志一起制作智能硬件、机器人了。前几年桌面级3D打印机刚出现时，作者们还只是把它当成新奇的玩具来体验，但很快它就变成了制造作品外壳、框架结构、零件的常规工具。而最近我们也欣喜地看到人工智能开始在DIY电子制作中应用，个人也能设计识别路线、车牌、人脸、语音的作品，或许用不了多久，人工智能也会变为常规内容，如果你的作品中没有人工智能，都不好意思拿出来炫耀。"旧时王谢堂前燕，飞入寻常百姓家"，用来形容科技进步也照样合适。

科技的进步，要求掌握科技的人一同进步，因为人才是第一资源。在创刊后的65年中，《无线电》杂志没有忘却初心，始终像创刊号第一篇文章《人民的无线电》中所说的一样，担负着为人民传递科学知识的使命，致力于通过科普工作为国家培养有可持续发展能力和持续创新能力的未来公民，促进大众在创新经济的时代保持竞争力，提高个人为社会服务的能力和自身的生活品质。也正是在这一初心之下，2018年7月，《无线电》杂志推出了青少版——《爱上机器人》杂志。《爱上机器人》杂志为8~16岁青少年提供硬件制作和软件编程知识，帮助他们了解机器人、人工智能技术原理，提升科学素养，强化创新意识，更好地面对科技革新、掌握未来。

令人欣喜的是，《无线电》杂志所倡导的"科普·创新·实作·分享"理念也获得了国家层面的肯定。2019年11月，《无线电》杂志入选中国科协、财政部、教育部、科技部、国家新闻出版署、中国科学院、中国工程院等7部门联合启动实施的中国科技期刊卓越行动计划，而且是此次入选的285个项目中仅有的5种科普期刊之一。2020年9月，《无线电》杂志入选中国优秀科普期刊目录。未来，《无线电》将以建设世界一流科技期刊为核心目标，以"出版+服务"为基本路径，突出科教服务定位，努力建设期刊、图书出版，科普活动组织，科教服务，新媒体一体化的融媒体科普平台。

各位亲爱的读者，在未来的65年里，《无线电》杂志愿陪伴你们继续不断前行，也愿你们能把动手和创新的快乐分享给更多人！ⓧ

《无线电》编辑部
2020年1月

目 录

信息 INFO

装备 EQUIPMENT

火腿 AMATEUR RADIO

▌入门 START WITH

▌教育 EDUCATION

史话 HISTORY

文章相关资料、程序等数字资源可在人民邮电出版社云
存储平台下载
http://box.ptpress.com.cn/a/1/RC2017000030

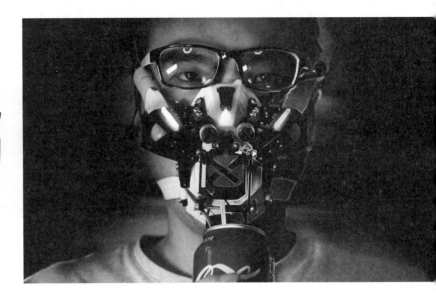

DF创客社区 推荐作品

自制一个见人就闭嘴的害羞口罩

▎吕琛 翻译：Roy

戴口罩又热又闷，摘下、戴上又不方便。那口罩能不能在四周无人时悄悄打开，解决闷热的问题，让你能喝饮料，同时一见到人又自动关闭呢？虽然它的防护性能可能远不如医用口罩，在疫情严重的地区使用存在风险，但是它确实很酷。

▎从原型开始

因为这是一个可穿戴项目，所以我先用纸板确定口罩的大小（见图1）。这也是最快、最便宜的解决方案。

▎工作方式和零件清单

我计划使用一个 Arduino Nano 来读取 3 个红外热释电（PIR）传感器的信号。只要有一个红外热释电传感器触发正信号，Arduino Nano 就会控制电机关闭口罩下方的"门"，与此同时，LED 会被点亮，来指示是哪个传感器被触发了。制作所需材料如表1、表2所示。

▎红外热释电传感器的工作方式

红外热释电传感器 HC-SR501 的镜

表 1　制作所需的硬件

控制器	红外热释电传感器	舵机	LED	电池
Arduino Nano	HC-SR501	SG90	Neo Pixel 或 WS2812	9V 电池

表 2　制作所需的部分材料

● 3D 打印机
● 线套
● 激光打印机的水贴纸
● 双面 PCB

头下实际上有 2 个传感器和 1 个比较器电路（见图2）。当两个传感器读数不同时，它发出高电平。所以传感器静止时，如果无人经过，两个传感器具有相同的读数；如果有具有热辐射的人或物体经过，其中一个传感器将读取到差异，从而触发模块。

然而，如果将传感器安装在移动平台上，即使没有人经过，由于环境的原因，传感器不断运动也会触发模块，因为绝大多数东西会发出红外辐射。

虽然红外热释电传

图 2　HC-SR501 的镜头下实际上有 2 个传感器和 1 个比较器电路

感器不是专门用来检测人的传感器，但它可用于口罩应用，甚至更安全，因为它就算误报也会使口罩保持关闭状态。

▎设计口罩

为了尽可能实现 360° 全覆盖，我选择了 3 个红外热释电传感器——两个位于脸颊两侧，另一个位于头部后方。每个传感器在平面上具有 110° 感应范围，加起来几乎可以覆盖周围一圈环境。

图 1　先用纸板确定口罩的大小

红外热释电传感器与普通红外传感器有什么不同?

红外热释电传感器是一种以高热电系数材料为核心制成的用于探测红外辐射的传感器,其本身是不带红外辐射源的被动式红外传感器。而通常所说的红外传感器,指由红外发射管和红外接收管组成的对射或反射式传感器。

这两种传感器的主要区别是工作原理不同。前者是被动地探测红外辐射,后者是主动发射红外线再由红外接收器根据光线被遮挡或反射接收的光强度变化来完成探测工作。

个 5V、GND 和数字引脚。由于 Arduino Nano 的电源端口非常有限,我使用洞洞板和一些引脚进行了扩展(见图6)。

我还做了很多连接器,结果发现没有必要,造成了很多麻烦。有一次我做了一个 4 针的连接器,每次连接都要弄清楚方向。后来我用防错设计更新了它们,这使得所有连接器能以唯一可能的方式结合在一起(见图7)。

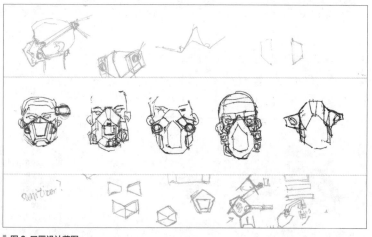

图 3 口罩设计草图

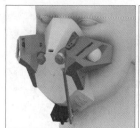

图 4 3D 建模

图 5 组装口罩

脸颊上的两个白球(镜头)让人看起来像小丑一样,很有趣。我还画了一些粗略的草图,使面具获得科幻效果(见图3)。

3D建模

牢记我们想要的风格,开始 3D 建模(见图4)。我使用 Fusion 360 先完成了主要部分的制作,为了使它看起来更具科幻外观,我又添加了一些细节。

组装

接下来组装口罩(见图5)。

连接电路

电路连接非常简单,就是连接各

图 6 使用洞洞板和一些引脚进行扩展

图7 具有防错设计的连接器

编程

程序非常简单，基本上就是条件循环（见图8）。任何一个传感器被触发后，口罩将立即"闭嘴"，相应的LED也会亮起。

可以改进的地方

目前的设计有两个缺点。

（1）传感器存在误报，使用更好的传感器甚至是能识别人脸的人工智能摄像头会使这个口罩更加准确地识别周围是否有人。

（2）口罩密封性不够好，防护性能不如医用口罩。不过我想到了密封口罩的"嘴巴"区域的方法，或许可以参考鱼嘴的结构来设计（见图9）。

这是一个不完美的项目，但它可以成为我们的灵感来源。也是疫情之下，创客的自娱自乐方式之一。🅧

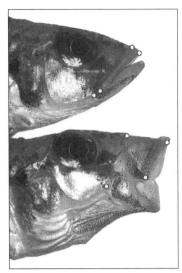

图9

图8 程序

DF创客社区 **推荐作品**

用金属感应开关做一个智能手机支架

胡宇捷

演示视频

　　手机的应用日益增多，很多人选择用手机进行导航。在开车过程中，驾驶员将手机放置于手机支架上，查看地图很方便。目前市场上的手机支架主要通过左右和底部3点固定的方式对手机进行支撑，针对不同尺寸的手机，大多需要手动调节左右两个夹臂之间的间距进行夹紧，不够方便。我想DIY一个能够检测到手机放入并自动夹紧手机的手机支架。

　　完成以上功能的前提是，手机支架能检测出手机的靠近并做出响应。我使用了E2S-H4N1金属感应开关（见图1）。有金属物体出现在金属开关探测范围内时，开关的信号引脚为低电平；没有金属物体在开关的探测范围时，开关的信号引脚为高电平。另外开关的体积非常小巧，上面带有一个LED，能够直观地显示开关的状态。检测频率在1kHz左右，它能做出快速响应，抗干扰能力强，具有IP67级防护能力，适用于一般生活环境。因为手机含有较多的金属，实测即使是玻璃后盖的手机和带有手机壳的手机也可以准确地检测出来。E2S-H4N1完全可以胜任检测手机

这项工作。

　　检测手机的传感器解决了，接下来就是选择主控制器，我选择的是Beetle BLE。然后我使用了一个180°微型舵机来控制夹紧手机的机械部分，还使用了一个数字大按钮模块控制松开手机。

　　制作所需的材料如附表和图2、图3所示，硬件连接如图4所示。

图1 E2S-H4N1 金属感应开关

图3 3D打印部件

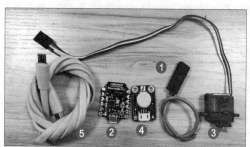

图2 制作所需的部分材料

附表　制作所需的材料

1	E2S-H4N1 金属感应开关
2	Beetle BLE 控制器
3	DF9GMS 180° 微型舵机
4	数字大按钮模块
5	micro USB 数据线
6	3D 打印部件
7	排线若干
8	细导线若干

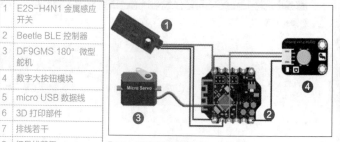

图4 硬件连接示意图

制作过程

① 将金属感应开关、180° 微型舵机、数字大按钮模块的导线分别剪短并处理好线头（记住各导线的作用）。

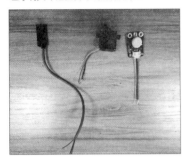

② 将金属感应开关、180° 微型舵机、数字大按钮模块的电源线与地线分别接一起。

③ 将金属感应开关、180° 微型舵机、数字大按钮模块与 Beetle BLE 控制器焊接在一起。

④ 将 180° 微型舵机安装在背板相应的位置。

⑤ 将 180° 微型舵机轴与舵盘相连。

⑥ 使用两颗螺丝固定 Beetle BLE 控制器。

⑦ 安装好数字大按钮模块。

⑧ 拧好限位螺丝，将支架与舵盘相连。

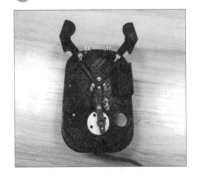

⑨ 盖上正面盖板并拧好螺丝。

⑩ 将金属感应开关安装在最下面。

⑪ 至此，一个小巧实用的智能手机支架就制作完成了。

程序编写

将以下程序下载到 Beetle BLE 控制器中，智能手机支架就可以使用了。

```
#include <Servo.h>
Servo myservo;
int pos = 0;
void setup() {
  myservo.attach(3);
  pinMode(4, INPUT);
  pinMode(5, INPUT);
```

自制实用 NFC 名片

▌张懿

最近我在筹备参加教育装备展，除了设备，实在没什么可以展现自我的东西，恰巧想起之前有个"旧坑"，就做个帅气的NFC名片吧！

先来了解一下什么是 NFC。NFC 是近场通信的首字母缩写。它是一种短程无线电技术，可以实现紧密靠近（10cm）的设备之间的通信。NFC 系统基于传统的高频（HF）RFID，工作频率为 13.56MHz。

NFC 通信中总是包括发起者和目标：发起者（发射器）主动生成可以为被动者供电的射频场，两个环形天线之间使用电磁感应的目标（标签），发射器和标签的天线通过电磁场耦合，这个系统可以被看作空心变压器，其中读取器充当初级绕组，标签作为次级绕组。通过初级线圈（发射器）的交流信号在空气中感应出一个磁场，在次级线圈（标签）中感应出电流。标签可以使用来自现场的电流为其自身供电，在这种情况下，读取和写入模式都不需要外部供电。NFC 标签芯片通过其环形天线从读取器产生的磁场中获取所需的功率。

然后我们要定义好名片需求，即可以通过 NFC 让使用者获得个人的必要信息，包括姓名、电话、邮箱、公司名称和地址。这么多信息需要多少存储空间呢？我们可以在手机上下载 NFC Tools App，在"写"选项中选择"添加记录"中的"联系人"选项，输入自己的个人信息，输入完后可以看到信息的容量。一般来说，名片需要的存储空间不会超过 300Byte，如图 1 所示。

我们注意到，名片需要的存储空间非

▌图 1 NFC 中需要存储的信息

常小，绝大多数 NFC 芯片可以使用，选择有 M1、NTAG213/215/216、UID、T5577、CUID、FUID、NT3H1101/1201 和 NT2H1311 等。我准备使用手机刷写内容，T5577 不能被手机识别，FUID 只能写一次，因此不能使用 T5577 和 FUID，

```
for (pos = 50; pos <= 180; pos += 1)
{
 myservo.write(pos);
 delay(5);
}
for (pos = 180; pos >= 50; pos -= 1)
{
 myservo.write(pos);
 delay(5);
}
}
void loop()
{
 while(digitalRead(5)==1);
```

```
for (pos = 50; pos <= 160; pos += 1)
{
 myservo.write(pos);
 delay(5);
}
delay(1000);
for (pos = 160; pos >= 50; pos -= 1)
{
 myservo.write(pos);
 delay(5);
}
delay(1000);
while(digitalRead(4)==0);
for (pos = 50; pos <= 160; pos += 1)
```

```
{
 myservo.write(pos);
 delay(5);
}
delay(2000);
while(digitalRead(5)==0);
for (pos = 160; pos >= 50; pos -= 1)
{
 myservo.write(pos);
 delay(5);
}
delay(2000);
}⊗
```

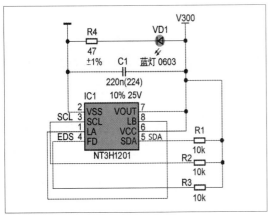

▌图 2 电路原理图

其他芯片可以按需选用。因为需要稳定点亮 LED（科技企业，连 LED 都点不稳是不行的），所以我最终选择了可以从 NFC 场中稳定获取电能并为外设供能的 NT3H1201 作为核心 IC（不过此 IC 采购困难且价格昂贵）。

接下来就是按照官方文档设计电路了，整个文档没有给出参考电路，所以除了天线设计的规则需要严格遵守，其他电路就可以"为所欲为"。在这里，我选择0603 封装的 LED、47Ω 限流电阻和一个220nF 的电容构成主电路，其中电容可以确保通信期间，IC 不会掉电重置，以免通信失败。

天线的设计比较复杂，NT3H1201 要求天线的电感必须足够接近 2.76μH，我们可以手算天线参数或者使用 NXP 提供的天线计算器 AntennaTool 计算，不过我不是学通信的，实在搞不懂这些复杂的参数，所以直接使用了 NXP 提供的开源Class4 级别天线，感兴趣的朋友可以尝试自己设计天线。

PCB 的设计比较简单，只要确保天线周围不铺铜、不过信号线即可，按部就班地把电容、电阻、LED 和 IC 放置好，参考设计如图 2、图 3 所示。

我在 NT3H1201 的 I²C 总线和 EDS 引脚上都加了上拉电阻，这其实是不必要的，I²C 总线的作用是在外部供电情况下和 MCU 通信；EDS 是场检测引脚，在检测到外部 NFC 场时用来唤醒外部 MCU，这是我在调试 IC 时预留的，实际使用时可以不接。

名片做好后的外观相当不错（见图 4、图 5），网状铺铜手感很好，美中不足是

嘉立创把客户编号打在了我名字下面，令人不悦。

我在名片的背面加上了个人 Logo，方法是使用 Altium Designer 脚本将 16位色 BMP 图像转换为 Overlay 层中的线条，然后整体复制到需要的地方，正面的QQ 和微信二维码也是如此处理。当然，此方法非常占用系统资源，比较好的方法是将图像用字体编辑器做成字体导入，这样就不会占用大量资源。这里使用的脚本名字为 PCBLogoCreator，使用方法是打开 Altium Designer，选择"文件"→"运行脚本"（见图 6），在左下角单击"浏览"→"来自文件"（见图 7），添加

▌图 3 PCB 设计

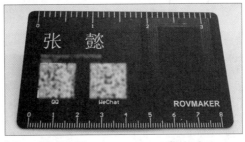

▌图 4 NFC 名片正面

▌图 5 NFC 名片背面

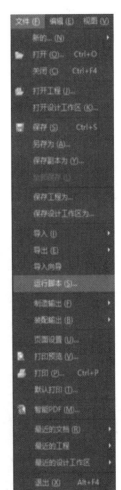

▌图 6 选择"文件"→"运行脚本"

▋ 图 7 单击"浏览"→"来自文件"

▋ 图 8 单击"RunConverterScript"，再单击右下角的"确定"

PCBLogoCreator.PRJSCR 文件，然后单击新出现的"RunConverterScript"选项，再单击右下角的"确定"即可使用（见图 8）。

脚本运行后，会自动新建一个 PCB 文件和一个选择框。

在图 9 所示的界面中，单击"Load"可以载入图像，注意只有 16 位色的 BMP 图像才可正常转换，Load 完成后可以在

"Scaling Factor"中设置缩放比例，在"Board Layer"中设置线条所在的层，下方可以勾选是否以镜像生成，设置完成后单击右侧的"Convert"转换图像，需要等待一段时间，完成后框选生成的线条，复制到需要的地方即可。

板子焊接好后，单击 NFC Tools 上的写按钮，将 NFC 天线靠近手机的 NFC 模组位置，即可完成内容烧写。

写入内容后，我们的 NFC 名片就具有实际功能了，将 NFC 名片靠近 NFC 感应区，NFC 名片上的 LED 亮起（见图10），手机就能够自动将名片上的信息加入通讯录，而且会自动覆盖，无须担心重复问题（见图 11）。

当然，如果你有别的需求，比如说在名片中加入你的领英链接，或者你的阿里旺旺号等，都可以通过 NFC Tools 实现，NT3H1101/1201 具有足够的存储空间，只需要重新烧写一次内容即可。如果不想内容

▋ 图 9 载入图像和设置界面

被其他设备误改，可以在烧写前勾选写保护选项，不过这样名片的内容将无法更新，要慎重选择。

总结一下整个开发过程，我把大部分时间花在设计 Logo 和等待元器件上，中间错买了一次 T5577，浪费了很多时间。如果要求不那么高，完全不必使用 NT3H1101/1201 和 NT2H1311，直接用国产 M1 芯片就行，唯一的不同是，使用 M1 芯片时 LED 会闪烁，但在大部分情况下并不影响使用。此外注意，手机在休眠状态下，NFC 模组处于被动感应状态，用户需要解锁手机，进入主界面，才能正常识别 NFC 名片。Ⓦ

━━━━━━━━━━

■ 本文相关设计文档请从本刊下载平台（见目录）下载。

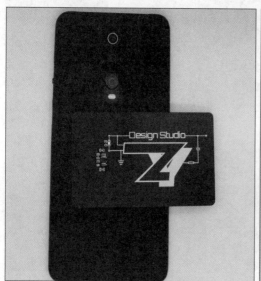

▋ 图 10 将名片靠近手机 NFC 识别区，LED 亮起

▋ 图 11 名片信息自动导入手机通讯录

未来风格的可穿戴式测温装置

▌陈杰

此前我做过一款可穿戴式测温装置，不过它没有人脸识别、物联网功能，只能测温。最近我把它升级了一下，在功能方面，增加了人脸识别、物联网以及异常体温存储功能；在结构方面，使用了电动车头盔，提升了穿戴舒适性（见图1）。这个装置在外形上有一定未来感，有新版《机械战警》的既视感。

它有以下4个功能。

（1）人脸识别，测温预警：一旦检测到人脸，即刻启动测温程序，并将测得的数据显示在显示屏上。

（2）针对体温异常者拍照：如果测得的体温超过设置的阈值，装置将自动拍照并将异常者照片存储在micro SD卡中。

（3）物联网：测试的相关数据可以上传到物联网平台（如Easy IoT）上。

（4）可穿戴：本作品结构件为电动车头盔，穿戴的舒适性较好。

▌电路连接

HuskyLens（哈士奇，俗称"二哈"）AI视觉识别摄像头和非接触测温传感器模块接Arduino Uno的I²C口，OBLOQ物联网模块接Arduino Uno的硬串口，具体连接如图2所示。

▌编写程序

程序采用图形化编程软件Mind+编写，如图3所示。

硬件清单

序号	名称	数量
1	Arduino Uno 控制板	1
2	I/O 扩展板 V7.1	1
3	HuskyLens AI 视觉识别摄像头	1
4	非接触测温传感器模块	1
5	OBLOQ 物联网模块	1
6	7.4V 锂电池	1
7	锂电池充电器	1
8	铜柱、螺丝	2

▌图1 升级版可穿戴式测温装置

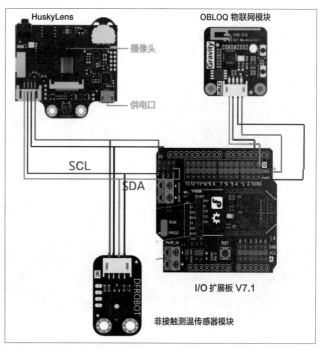

▌图2 硬件连接示意图

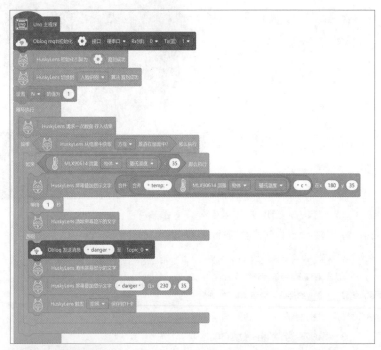

图 3 Mind+ 图形化程序

设备组装

① 用 10mm 长 的 铜 柱、螺 丝 将 HuskyLens 和非接触测温传感器模块叠加组装起来。

② 用电烙铁或其他加工工具在电动车头盔的面罩上开出两个孔。注意面罩是个弧面，开孔时，工具不要与面罩表面垂直，而是要垂直于正前方平面。

③ 将 M3 螺丝从孔中穿出。

④ 将螺丝与 HuskyLens 上的铜柱连接起来，固定 HuskyLens 与非接触测温传感器模块。

⑤ 我要将 Arduino Uno 放置在头盔后部，所以要将非接触测温传感器和 HuskyLens 的线路从头盔前部穿过头盔延长到头盔后部。由于线材不够，我使用了舵机延长线和公母头杜邦线。

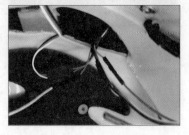

⑥ 用扎带分别对两路 I²C 连接线各自捆扎。

7 用热熔胶固定电池、OBLOQ 物联网模块及 Arduino Uno。

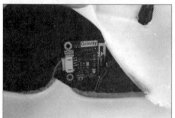

8 用热熔胶固定导线。

9 在头盔左侧开孔，安装电源开关。

▌测试与运行

开机运行程序，当 HuskyLens 扫描到人脸后，显示屏上会出现所测温度数据（见图 4）。一旦温度高于设定的阈值，HuskyLens 会自动拍摄，将拍摄的照片存储于 micro SD 卡中，并向物联网平台发送"danger"数据（见图 5）。⊗

▌图 4 运行测试

2020/7/22 21:44:21	danger
2020/7/22 21:44:16	danger
2020/7/22 21:44:11	danger
2020/7/22 21:43:23	danger
2020/7/22 21:43:18	danger

▌图 5 向物联网平台发送"danger"数据

使用深度学习让机器人指尖有触觉

英国布里斯托大学的研究人员最近训练了一种基于深度神经网络的模型，以收集有关 3D 对象的触觉信息。

为机器人提供触感可以帮助它们控制手和指尖，从而使它们能够估计接触的对象或对象的一部分的形状和纹理。例如，当机器人沿着一条边缘在表面上滑动时，机器人可能够估算出边缘的角度并相应地移动其手指。

通过收集准确的表面角度估算值，研究人员设计的深度学习技术可以更好地控制机械手的指尖。将来，这种方法可以为机器人提供类似于人类的物理灵巧性，使它们可以根据与之交互的对象有效地调整其抓握和操纵策略。研究人员已经通过将模型与单个体机器人指尖集成证明了其技术的有效性。将来还可以将其应用于软机器人的所有指尖和四肢，从而使其可以像人类一样操作工具并完成操纵任务。这可能会为开发更高效的在各种环境中部署的机器人铺763道路，其中包括设计用于完成家务、在农场采摘农产品或满足医疗机构中患者需求的机器人。

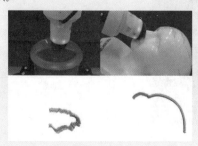

仿白细胞微型机器人

德国马克斯·普朗克智能系统研究所成功开发出大小、形状和活动性与白细胞相似的微型机器人，并在磁场的导航控制下实现了微型机器人在模拟血管中的快速逆行，为将来通过微型机器人将药物运送到患者病灶深处铺平了道路。

这种微型机器人直径约 8 μm，由微小的玻璃颗粒组成，镍金材料制成的磁性纳米膜覆盖在球形微型机器人的一侧，可以发现癌细胞的特殊分子作为症症药物附着在另一侧。在实验室模拟血管的环境中，研究人员使用显微镜对机器人进行成像，然后使用电磁线圈对其进行控制，成功操纵微型机器人快速运动。

在实验室中，微型机器人的运动速度可达 600 μm/s，大约是其体长的 76 倍，这使其成为这种大小的磁性微型机器人中速度最快的机器人。项目负责人马克斯·普朗克智能系统研究所物理智能部主任梅丁·西蒂教授表示，"我们的愿景是制造用于微创及靶向药物输送的下一代运输工具，它们可以（像白细胞一样穿过血管）进一步渗透到体内，使难以到达的区域更容易被接近。"不过，目前这种微型机器人还没有在人体中进行过测试。

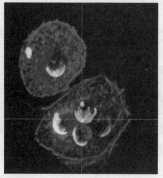

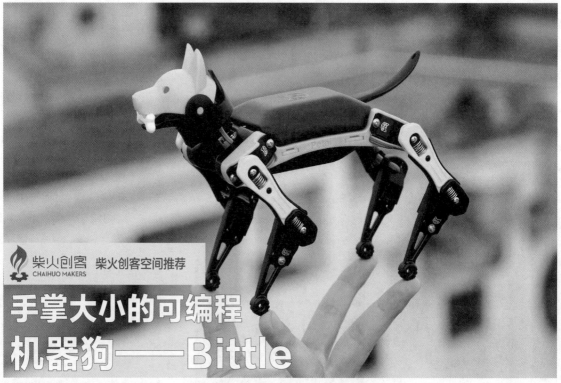

柴火创客空间推荐

手掌大小的可编程
机器狗——Bittle

本刊记者

2019 年 7 月，Petoi 创始人李荣仲博士从美国回到深圳，入驻柴火创客空间。跟随李博士一同回国的，还有他开发的系列仿生四足行走机器人项目 OpenCat，现在也是柴火认证会员项目。

当大多数人都在模仿波士顿动力公司价格高昂的四足机器人时，OpenCat 是全球第一个用消费级舵机实现哺乳类四足步态并量产的机器人平台。OpenCat 诞生于 2016 年，2018 年首款产品机器猫 Nybble

登陆国际众筹平台 Indiegogo，成功筹得 14 万美元，用户遍布全球 50 多个国家与地区。

2019 年年底，Bittle 机器狗项目正式启动。Bittle 是一只微型但功能强大的机器狗，用户可以像组装 3D 拼图一样拼装 Bittle，并从 GitHub 下载演示代码，让它行动敏捷，像一只真正的狗一样耍宝。此外，用户还可以通过编程接口教会它各种新技能，并在 OpenCat 社区与其他用户交流探讨。Bittle 与 Nybble 的合影如图 1 所示。

源于 OpenCat 的开源基因，Bittle 也是一个开放的机器人平台，支持不同厂商的产品和配件。Bittle 的定制化 Arduino 主控负责协调所有复杂的本能运动，用户可以配置各种外部传感器给 Bittle 带去感知能力。用户还可以通过有线或无线的连接，安装树莓派或其他 AI 芯片，给 Bittle

图 1 Bittle 与 Nybble

注入人工智能。

Bittle 由 5 个主要组件构成：骨架、驱动器、电子设备、电池和协调所有硬件并执行各种指令任务的软件。Bittle 的骨架设计采用了 3D 互锁拼图形式（见图 2），大多数身体结构是对称的，方便教学组装、拆卸和维护，而从零开始拼接 Bittle 的骨架大约需要 1h。

为了让 Bittle 的动作更具柔性，李荣仲博士的团队还用上了弹性材料，Bittle 大腿处均设有弹簧装置，为其关节舵机提供了额外的减震和保护，保证 Bittle 可以在常规碰撞中安然无恙。

2020 年 2 月，为了更专注于 Bittle 的研发、测试和与供应商的对接，Petoi 团队入驻东莞一核心生产合作伙伴的厂区，为 Bittle 的众筹作准备。Bittle 在 8 月开始了为期 45 天的众筹，第一天就达成了 5 万美元的目标，第 10 天就达到了 20 万美元的扩展目标。谈及目前进展顺利的 Bittle 众筹，李荣仲博士表示，"众筹前几天非常累，24h 都会收到信息，要及时回复。完成基本众筹额度后，我们就不怎么盯着数字了，现在的工作重心还是产品的研发、量产和交付。这次有全球近 2000 个支持者在等着，期望和压力都很大。"

Petoi 团队目前主要成员有 3 位，其中两位常驻国内，系统工程师皮凌青主要负责电路板、各种模块的 PCB 设计和硬件固件维护，李博士则负责其余研发工作和团队的整体运营。此外，Petoi 团队还有一位常驻硅谷的创业导师麦凯臻，提供对团队运营的建议、规划，以及人脉扩展。

我们有幸采访到了李荣仲博士（见图3），下面看看李荣仲博士怎么说。

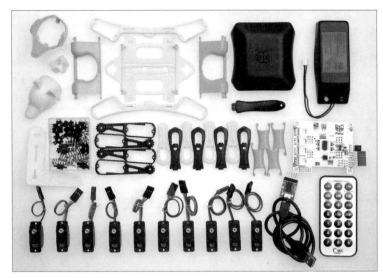

▌图 2 Bittle 拼图般的部件

Q：您为什么想做 Bittle？

A：Bittle 是我开发的 OpenCat 项目的第二代产品。我在 2016 年毕业后开始玩可编程硬件，即树莓派和 Arduino。在学习了基本的舵机控制后，我就想自己开发一台四足行走机器人。经过一年的迭代，我在 2018 年初发布了 OpenCat 原型机的视频，在网上引起了不小的轰动，有多家顶级科技媒体的报道，也收到许多商业上的合作或购买咨询。所以我就开始把它作为正式的创业项目，尝试把原型机产品化，让更多的人可以拥有这样的机器人宠物。我发明了第一代产品，机器猫 Nybble（狸宝），并在 2018 年底成功众筹。但是由于它的拼装难度较大，门槛较高，所以我设计了新的 Bittle 机器狗，以满足更广大用户的需求。

Q：您能介绍一下 Bittle 的基本功能和玩法吗？

A：Bittle 主要以套件的形式发售。用户主要以拼插的形式组装机身，连接电路，并上传代码，就可以实现 Bittle 的基本功能。目前的产品支持红外和蓝牙遥控，实现多种步态和技巧，保持平衡和翻转后的恢复。接入我们订制的智能摄像头后，还可以实现物体追踪。而更高阶的开发者玩家可以接入各种传感器和芯片，给 Bittle 带来多重的感官和更高级的智能。

Q：Bittle 与 Nybble 相比，在哪些方面做了改进呢？

A：Nybble 的机身由激光切割的板材构成，各部位榫卯结构的关联性很大，组装比较难。供电方面考虑到国际运输，我们只提供了电池夹，需要用户自己购买合适的电池。还有蓝牙插件，我们只提供了自制的方案，但没有推出官方的产品。

Bittle 的机身由高强度和有韧性的注塑件构成，组装简单便捷，抗冲击性能大为提高。我们订制了电池块和专用舵机，使机器的动态性能达到最优。我们同时推出配套的无线通信模块作为套件的标准器件，方便玩家遥控和二次开发。我们同时在设计手机 App 和网页端的界面，并与教育机构合作教程和图形化编程界面，改善了 Bittle 的使用体验和教学属性。

Q：Bittle 和 Nybble 跟市面上其他 STEAM 类产品相比，优势是什么？

A：（1）新颖，它能吸引更广的用户群体；

（2）内涵更深，教几门学科两个学期都没问题；（3）更开放，除了它核心的硬件和代码是我们进行了大量优化实现的，不容易替换外，其他的外设都可以采用各种厂家的元器件，它是一个很好的开发平台。

Q：在开发 Bittle 和 Nybble 的过程中有哪些难点和趣事，您能分享一下吗？

A：早期的 Nybble，制造时需要用激光切割机。当时在美国匹兹堡的工厂只有 2 台机器，在量产时常常因为油烟堆积造成次品，而我也没有设备对机床进行清洗。后来我开始等下雨，把机床搬到车间外面，站在雨里刷洗掉机床网格上的油污，次品率就降低了很多。但是匹兹堡是北方城市，在冬天下的往往是雪而不是雨，我就天天看天气预报盼下雨。而且为了避免影响到别人，我都是在深夜清洗，很冷，所以总共也就洗了 4 次，每次两三个小时。

我在设计 Bittle 头部的时候原来想做一个带螺丝孔的基座，方便安装各种传感器。后来我想，不如就把头部做成一个夹子，可以兼容更多尺寸的附件。而这就要求夹子有很大的开合范围，形态就更像一个狗嘴，于是 OpenCat 就变成了一只小狗的形态。在设计嘴巴开合机制时，考虑到结构的简洁和量产的便利，我想了各种方法避免使用弹簧，设计了几十版，最终设计出了只利用塑料本身弹性就可以大开大合的机制。

Q：自己创业做直接面对市场的产品，进而实现团队的商业化，这条路子不简单。您觉得您在创业过程中，遇到过的挑战是什么？

A：一直存在的挑战是从技术背景出发去进行商业操作，会有知识体系和学术情怀的障碍；另一个挑战是团队建设，找到合适的人很难，磨合会花很多时间。

Q：一直有很多 maker 在尝试通过创造新产品创业。对于想创业的团队，您有什么建议吗？

A：要做出市场有需求、对人们真正有用的东西，单纯炫技是没有用的，反而会疏离更广大的用户。在确定方案时就要考虑可量产性，要简洁、有效、稳定。

Q：您对于 Bittle 未来的发展有什么期待吗？

A：Bittle 是我把 OpenCat 从小众的极客玩具推向大众市场的一次尝试。目前我们的精力主要集中在硬件平台的搭建。随着更多玩家的购买，我们会有更多的资金建全团队，和全世界用户一起开发它的软件，充分发挥它的潜力。另外我们会组织社区内的竞赛，通过具体的挑战项目，比如爬上台阶的高度，来鼓励大家对 Bittle 进行二次开发，并促进对四足机器人运动规划的研究。

李荣仲博士（见图 3）在采访中表示，让机器人摆脱"冷冰冰的机器形态"，让机器人与人产生情感连接和共鸣是他最初着手研发机器人项目的初心。Nybble 和 Bittle 都是四足动物形态的机器人，很萌，可以与用户产生更深的情感连接，相信广大喜欢小动物的技术群体也能感受到它们的萌点。

"设计未来的宠物（design pets for the future）"是 Petoi 官网上对其团队信念的表述。而从机器猫 Nybble 到机器狗 Bittle，我们不难看出这个团队在"将每个人都养得起的机器人宠物从科幻带入现实"上所做的努力。Ⓧ

▌图 3 李荣仲博士

OpenBot
将智能手机变成机器人

▌杨立斌

花不到200元就能拥有一个可编程的AI小机器人，将智能手机变成机器人，这就是英特尔智能系统实验室（Intel Intelligent Systems Lab）最新公布的研究成果——OpenBot（见图1）。

通过 Android 智 能 手 机 App，OpenBot 可以被植入 AI 目标检测算法，实时跟踪行人（如跟着家里的小朋友出去遛弯，见图2）或目标物体（杯子、书、

▌图1 原版 OpenBot

▌图2 OpenBot 实时跟踪行人

▌图3 OpenBot 在办公室里自动导航，并避开障碍物

苹果等）。不仅如此，它还能自动导航，并避开障碍物（见图3）。

你只需要有一部 Android 手机，再加上 Arduino、电子元器件、3D 打印零件，就可以自己动手制作一个 OpenBot。这个项目目前只能应用于 Android 手机，无法应用于 iPhone。

▌硬件

英特尔智能系统实验室提供的小车整体硬件连接如图4所示，主控板使用

Arduino Nano，它通过 USB OTG 线跟手机连接；4 个 TT 电机使用 L298N 驱动；此外小车有 1 组电源、1 个电源开关、2 个测速传感器、2 个 LED、1 个超声波传感器。

硬件构成很简单，就是 Arduino 最小系统加上电机驱动芯片、测速传感器、超声波传感器，于是我参照官方设计重新设计了硬件。Arduino 最小系统采用 ATmega328P 芯片，外接 16MHz 晶体振荡器、电容、复位上拉 10kΩ 电阻（见图5）。

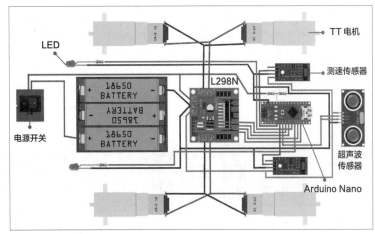

▌图4 小车硬件连接示意图

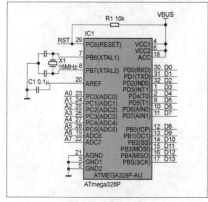

图 5 Arduino 最小系统电路图

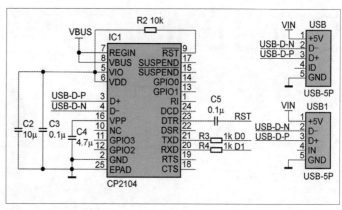

图 6 串口通信芯片电路图

串口通信芯片采用 CP2104，DTR、TXD、RXD 分别接到 ATmega328P 的 RST、RXD、TXD 上（见图 6）。USB 同时支持卧式和立式两种插口，方便接 USB 线。因为手机装在上面，垂直插入立式 USB 接口更方便与电路板连接。

测速传感器采用 H12A5S 槽形光耦对射式光电开关，通过 LM393 电压比较器输出测速码盘的光信号。信号接到

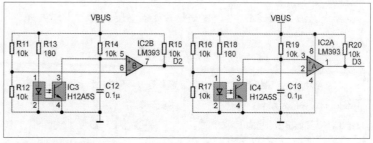

图 7 测速传感器电路图

ATmega328P 的 D2、D3 引脚（见图 7）。

电机驱动芯片使用 L9110S，一个芯片同时驱动两个电机，两个芯片的输出分别接到 ATmega328P 的 D5、D6、D9、D10，可以输出 PWM 信号调节车速（见图 8）。

电池电量检测电路通过两个 10kΩ 电阻分压，将信号接到 ATmega328P 的模拟口 A7。超声波传感器接到 ATmega328P 的 D4，预留 ISP 接口（见图 9）。

小车使用 3.7V 锂电池供电，充电芯片采用 TP4059，充电时有 LED 指示显示。TP4059 的 PROG 引脚接 2.2kΩ 电阻（见图 10），充电电流为 400mA。

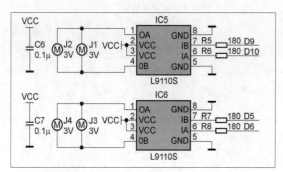

图 8 电机驱动电路图

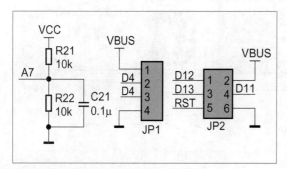

图 9 电池电量测量电路、超声波传感器、ISP 接口

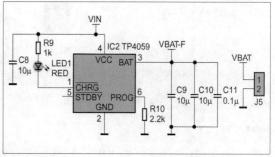

图 10 充电电路

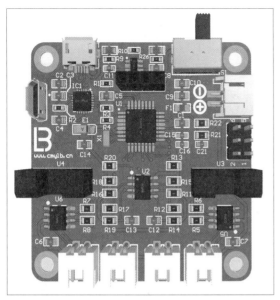

图 11 设计完成的 PCB

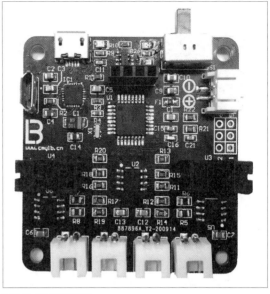

图 12 焊接好的电路板

设计完成的 PCB 如图 11 所示。PCB 设计完毕就可以拿去加工，然后准备物料，等 PCB 到了就可以焊接（见图 12）、调试。

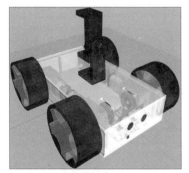

图 13 OpenBot 的外壳

图 14 把电路板、电机、电池在亚克力板上接好

结构

我的 OpenBot 的外壳没有用 3D 打印件，而是采用亚克力板和螺丝制成（见图 13），原因一是觉得 3D 打印速度慢，二是觉得 3D 打印价格贵。我在网上找了个手机支架用来固定手机，支架固定在外壳正中。亚克力板外壳设计好后去网上找店家进行激光切割。

把电路板、电机、电池在亚克力板上接好（见图 14）。

接电机时，可借助测试程序测试电机能否正常工作。开机时，电机应全速往前转。同时打开串口监视器测试两个测速传感器是否有效，应该能看到计数数据。通过图 15 我们可以看出硬件设计没有问题，两个电机转速虽有误差，但是误差不大。

图 15 串口监视器中显示的两个测速传感器的测量数据

图 16 安装好其他组件的 OpenBot

App，它提供了游戏控制器（例如 PS4、Xbox）的接口连接小车，包括车辆的控制、行驶模式设置等功能，呈现给用户的是一个图像接口，更加容易上手，此外，它也会以音频的形式将信息反馈给用户。第二部分是运行在 Arduino 上的程序，它的功能包括电机的 PWM 控制、负责执行的信号指示、测量车轮速度和电池电压检测。

Android App 和 Arduino 通过串口进行通信。

目前 OpenBot 有两大功能：一是目标检测，它可以识别 90 种不同的目标，比如人、自行车、摩托车、汽车、猫、狗、鸟、苹果、手机、书等；二是自动导航，它通过一个游戏控制器记录由人控制机器人的驱动数据集，然后对数据集进行训练，

电机测试完成后，再把其他组件安装好（见图 16）。

软件

软件堆栈由两部分组成，如图 17 所示。第一部分是运行在智能手机上的 Android

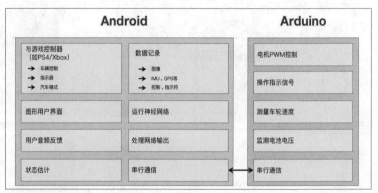

图 17 软件堆栈

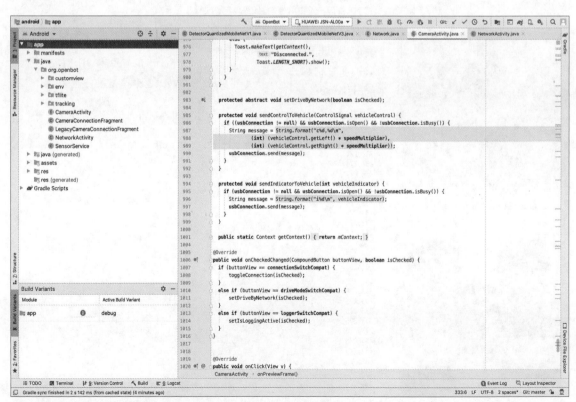

图 18 使用 Android Studio 编译 App

▍图19 手机可以识别出人

训练后便可自动导航。

Android App 提供了源代码，需要自己编译、下载，可以使用 Android Studio 编译（见图 18）。

配置好环境，把 App 下载到手机中，通过 USB OTG 线将手机连接到小车，连接成功后，手机可以识别出人（见图 19），小车能够去找人。

目标检测算法

目标检测采用 SSD 算法，配置 MobileNet 的神经网络框架。MobileNet-SSD 目标检测算法框架的优势在于它非常小，加上整个网络结构，算下来 30MB 不到。其主要思路是均匀地在图片的不同位置进行密集采样，采样时可以采用不同尺度和长宽比（见图 20），然后利用 CNN 提取特征后直接进行分类与回归，整个过程只需要一步，所以其优势是速度快，但是均匀密集采样的一个主要缺点是训练比较困难，这主要是因为正样本与负样本（背景）极其不均衡，模型准确度稍低。

当然，目标检测只是在图像层面，如果需要达到跟踪效果，需要实时检测图片，然后根据识别出的目标位置计算出左、右电机速度，从而控制小车。

Android 电机的 PWM 控制程序如下，数据协议为 "c%d,%d\n"。

```
protected void sendControlToVehicle
(ControlSignal vehicleControl) {
  if ((usbConnection != null) &&
```

```
usbConnection.
isOpen() &&
!usbConnection.
isBusy()) {
    String message
= String.format
("c%d,%d\n",
    (int)
(vehicleControl.
getLeft() *
speedMultiplier),
    (int) (vehicleControl.getRight()
* speedMultiplier));
    usbConnection.send(message);
  }
}
```

当 Arduino 串口接收到手机发来的 ','时，程序将逗号之前的数据转化为 int 类型然后控制左边的电机；当接收到 '\n' 时，算法将换行之前的数据转化为 int 类型然后控制右边的电机。

```
void processCtrlMsg(char inChar) {
  if (inChar == ',') {
    ctrl_left = inString.toInt();
    if (ctrl_left < 0) {
      analogWrite(PIN_PWM1, -ctrl_
left);
      analogWrite(PIN_PWM2, 0);
    }
    else if (ctrl_left > 0) {
      analogWrite(PIN_PWM1, 0);
      analogWrite(PIN_PWM2, ctrl_
```

```
left);
    }
    else {
      analogWrite(PIN_PWM1, 255);
      analogWrite(PIN_PWM2, 255);
    }
    inString = "";
  }
  else if (inChar == '\n') {
    ctrl_right = inString.toInt();
    if (ctrl_right < 0) {
      analogWrite(PIN_PWM3, -ctrl_
right);
      analogWrite(PIN_PWM4, 0);
    }
    else if (ctrl_right > 0) {
      analogWrite(PIN_PWM3, 0);
      analogWrite(PIN_PWM4, ctrl_
right);
    }
    else {
      analogWrite(PIN_PWM3, 255);
      analogWrite(PIN_PWM4, 255);
    }
    inString = "";
    ctrl_rx = false;
  }
  else {
    inString += inChar;
  }
}
```

Android 执行的信号指示程序如下，

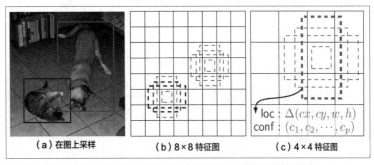

（a）在图上采样　　（b）8×8 特征图　　（c）4×4 特征图

▍图20 均匀地在图片的不同位置进行密集采样，采样时可以采用不同尺度和长宽比

```
▼ 📁 assets
  ▶ 📁 media
  ▼ 📁 networks
      📄 autopilot_float.tflite
      📄 mobile_ssd_v1_1.0_quant_coco.tflite
      📄 mobile_ssd_v3_small_quant_coco.tflite
  📄 box_priors.txt
  📄 labelmap.txt
```

图 21 所有目标列表可以在 assets/labelmap.txt 中找到

数据协议为"i%d\n"。

```
protected void sendIndicatorToVehicle
(int vehicleIndicator) {
  if (usbConnection != null
&& usbConnection.isOpen() &&
!usbConnection.isBusy()) {
    String message = String.format
("i%d\n", vehicleIndicator);
    usbConnection.send(message);
  }
}
```

当 Arduino 串口接收到手机发来的 −1 时，左边指示灯闪烁，右边指示熄灭；当接收到1时，右边指示灯闪烁，左边指示灯熄灭；当接收到0时，两边指示灯都熄灭。我的硬件没有连接指示灯，但不影响使用。

```
void updateindicator()
{
  switch (indicator_val) {
    case -1:
    indicator_left = !indicator_left;
    indicator_right = LOW;
    break;
```

```
    break;
    case 0:
    indicator_left = LOW;
    indicator_right = LOW;
    break;
    case 1:
    indicator_left = LOW;
    indicator_right = !indicator_
right;
    break;
  }
  digitalWrite(PIN_LED_RL, indicator_
left);
  digitalWrite(PIN_LED_RR, indicator_
right);
}
```

在 DetectorQuantizedMobileNetVx 程序中，默认检测人。

```
int labelOffset = 1;
if(labels.get((int) outputClasses
[0][i]+labelOffset).contentEquals
("person")) {
  recognitions.add(
    new Recognition(
    "" + i,
    labels.get((int) outputClasses
[0][i] + labelOffset),
    outputScores[0][i],
    detection));
}
```

你可以修改成检测其他目标。所有目标列表可以在 assets/labelmap.txt 中找到（见图21）。根据实际试验，人最容易识别。

自动导航策略

自动导航主要分为两部分：数据集收集和驱动策略训练（见图22）。

数据集收集提供了游戏控制器（例如PS4、Xbox）的接口，用户可以通过游戏控制器控制小车并获取控制信号和传感器数据。

驱动策略训练采用神经网络多层感知机（MLP），除了输入/输出层，它中间可以有多个隐藏层，最简单的MLP只含一个隐藏层，即一共3层。它以图像 i 和命令 c 作为输入，并通过图像模块 $I(i)$ 和命令模块 $C(c)$ 处理它们。图像模块和命令模块的输出被连接并输入控制模块 A，输出是扁平的，然后线性回归到动作向量 a 输出（见图23）。

这是一个开源项目，更多详细内容请查阅 Openbot 官网。Ⓧ

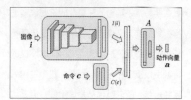

图 23 驱动策略训练

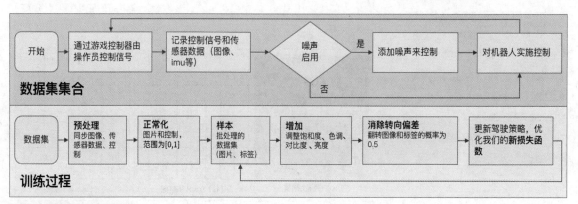

图 22 数据集收集和驱动策略训练

柴火创客 柴火创客空间推荐
CHAIHUO MAKERS

让自动驾驶小车
学会自己认路标

余斌斌

自动驾驶很火爆，机器学习也很火爆，结合这两项技术，让一辆自动驾驶小车学会自动识别路标，这样一个项目我们自然不应该错过！前一段时间，我发现一个有趣的智能摄像头模块——PIXY2，它可以检测不同颜色或带有特定条形码的物体。除了这个模块，我还有一个车载套件，所以我决定用PIXY2摄像头和这个小车搭一个简单的自动驾驶系统，并让小车学会自动识别路标。本项目是柴火认证会员项目。

演示视频1

演示视频2

准备好小车套件和电机

本项目使用的后驱机械小车套件来自Seeed Studio，小车本身已经集成了舵机和直流电机，转向由舵机控制，动力由直流电机带动传动杆提供。拿到套件后，按照安装指南组装好小车备用。然后连接到电机驱动板和电源，测试电机和车轮是否工作正常。具体的安装方法如下。

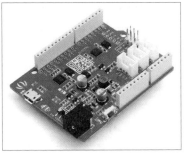

▌图1 Seeeduino V4.2

▌图2 Seeed Arduino 扩展板

软件工具：Arduino IDE
硬件清单：Seeed 机械小车套件 - RC 智能汽车底盘套件 ×1
　　　　　Seeeduino V4.2（见图 1）×1
　　　　　Seeed Arduino 扩展板 Base Shield V2（见图 2）×1
　　　　　PIXY2 CMUcam5 智能摄像头模块 ×1

① 安装转向杯和传动轴。传动轴穿过大轴承装入转向杯内侧，固定时保持轴承和转向杯内侧平行，并推紧轴承以方便头部插销安装。

③ 连接转向杯。

② 安装舵机、舵角和 L 形支架。

④ 拼合前转向部分。

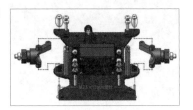

⑤ 安装后轮差速装置。

⑥ 将差速箱固定到底盘。

⑦ 安装电机。

⑧ 安装底盘与支架。

⑨ 安装好的实物如下图所示。

小车的拼装过程虽然有些烦琐，但从0到1构建一个简单的后驱系统的过程还是相当有趣的，尤其是可以直观地了解直流电机动力的传动，以及舵机对转向的控制，对机械感兴趣的同学一定不要错过，这是一个很值得花时间琢磨的过程。

结构组装完成后先连接直流电机和直流电机驱动板（这里采用的是Cytron 13Amp直流电机驱动板，电路连接如图3所示），通电测试电机和后轮是否工作正常，这时候建议把小车放在地上让它跑一段直线，以检查机械结构是否需要微调。同时要注意，车轮和齿轮不要锁得过紧或过松，不然可能会因为电机空转或卡死而导致短路。

测试完成后就是标定舵机的控制方向，在安装时注意让舵机在直行状态下维持90°方向。标定方法很简单，用Arduino控制舵机分别转向180°和0°方向，记录下前轮转动的角度，就可以大致了解控制所需要的参数了。

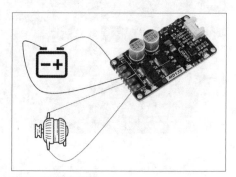

▌图3 电路连接示意图

▌图4 PIXY2

测试PIXY2摄像头

PIXY系列是卡内基梅隆大学和Charmed实验室共同推出的图像识别系统，PIXY2是其最新的第2代产品（见图4）。PIXY2支持多物体识别，具有强大的多色彩颜色识别及色块追踪能力（最高同时支持7种颜色的识别），PIXY2还内置了识别15个条形码的功能，这也是本项目中使用该模块的原因。除此以外，PIXY2还有一个专门的配套软件pixymon（见图5）。

通过USB连接线将PIXY2与计算机连接，你可以在计算机上直接看到PIXY2摄像头看到的实时场景（见图6），使用软件pixymon可以对PIXY2进行配置，大家可以自行调整识别参数，提高识别效果。安装好pixymon，PIXY2连接无误，

▌图5 pixymon
软件图标

摄像头能够正常工作后，我们就可以开始制作路牌了。

路牌制作

路牌是基于传统的交通指示信号制作的，这里我用废弃的PCB做了支架（见图7），大家可以使用亚克力板、纸壳等材料制作路牌，但一定要在路标下搭配唯一的条形码，这是PIXY2识别路牌的关键。

制作完路牌，我们就可以测试路牌的

图6 PIXY2 摄像头看到的实时场景

识别效果了（见图8、图9）。测试完成后，就可以让小车实际上路校准了。

程序与校准

根据前面测试到的舵机转向幅度，在程序里可以先按180和0代表左右转向，在确定小车前进速度后，通过调整舵机转向维持时间来校准转向的准确度。这一步可以先通过小车对启停标志的判断，推测小车在该速度下识别到路标的距离，方便校准。

我在校准后使用的程序如下，感兴趣的读者在实际使用中可以进一步进行校准，让你的小车更聪明，也更准确。

```
#include <Pixy2.h>
#include <Servo.h>
#include "CytronMotorDriver.h"
// 配置电机驱动
CytronMD motor(PWM_DIR, 3, 2); // PWM
= Pin 4, DIR = Pin 3
Servo myservo;
// This is the main Pixy object
Pixy2 pixy;
int carSpeed = 0;
void setup()
{
  Serial.begin(115200);
  myservo.attach(6);
  myservo.write(70);// 初始化舵机角度
  pixy.init();
  // change to the line_tracking
program.  Note, changeProg can use
partial strings, so for example,
  // you can change to the line_tracking
program by calling changeProg("line")
instead of the whole
  // string changeProg("line_
tracking")
  Serial.println(pixy.changeProg
("line"));
}
void loop()
{
  pixy.line.getAllFeatures();
  if (pixy.line.barcodes)
  {
    int code = pixy.line.barcodes[0].
m_code;
    switch (code)
    {
      case 1:
        carSpeed = 40;
        myservo.write(70);// 直行
        break;
      case 2:
        motor.setSpeed(35);
        myservo.write(25);// 左转
        delay(1800);
        break;
      case 3:
        motor.setSpeed(35);
        myservo.write(115);// 右转
        delay(1000);
        myservo.write(70);
        break;
      case 4:
        motor.setSpeed(40);
        myservo.write(115);// 掉头，这里可
以加大角度，缩短延送时间
        delay(3600);
        break;
      case 5:
        carSpeed = 0;
        myservo.write(70);
        break;
      default:
        break;
    }
  }
  motor.setSpeed(carSpeed);
  myservo.write(70);
}
```

调试完毕之后，就可以让小车上路实测了，我们还可以在实际测试中进一步优化，这样就可以实现完美的路标识别了！本文使用的相关资源和程序，读者朋友可以在本书目录所示的资源平台进行下载。Ⓧ

图7 路牌

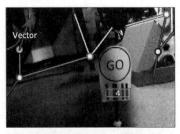

图8 左转路标在pixymon中的测试效果

图9 直行路标在pixymon中的测试效果

用 TinkNode 制作
电器功率记录仪

▌王岩柏

演示视频

▌图 2 宏品 HP-9800 数字功率计

我们以"焦耳（J）"作为能量或功的单位，1J 相等于 1N 的力使物体在力的方向上移动 1m 距离所做的功。这个单位的命名是为了纪念英国著名的物理学家詹姆斯·普雷斯科特·焦耳（James Prescott Joule）。

1847 年，焦耳做了设计极为巧妙的实验：他在量热器里装了水，中间安上带有叶片的转轴，然后让下降重物带动叶片旋转，由于叶片和水的摩擦，水和量热器都变热了（见图 1）。根据重物下落的高度，可以算出转化的机械功；根据量热器内水升高的温度，就可以计算水的内能的升高值。把两数进行比较就可以求出热功当量的准确值来。焦耳还用鲸鱼油代替水做实验，测得了热功当量的平均值；接着又用水银代替水，不断改进实验方法，直到 1878 年（这时距他开始进行这一实验已有 30 多年了），他已前后用各种方法进行了 400 多次实验，最终准确地测定了热功当量，进一步证明了能量的转化和守恒定律是客观真理。这一定律的确定，宣告了制造"永动机"的幻想彻底破灭。

随着时代的发展，越来越多家用设备走入日常生活，常见的有电灯、电热水壶、电视机、电冰箱、空调，更高级的还有计算机、扫地机器人等，这些设备都是通过电力驱动的，都有标注消耗功率的铭牌，但是工作时并不会一直处于满负荷的状态。比如，正在工作的笔记本电脑，功耗会不断变化，一段时间不操作，功耗就会大幅度下降。因此如果想知道一个设备工作时的能耗情况，只能通过功率计来进行测试。这次我就是使用 TinkerNode 配合 HP-9800 来制作一个电器功率记录仪。

测试功耗使用的是家用数字功率计宏品 HP-9800（见图 2），它能够在面板上实时显示当前设备的用电情况，同时有一个 USB 接口将测量结果传输到外部。

为了解析 HP-9800 的 USB 接口输出的数据，还要使用 USB Host MINI。TinkerNode 开发板提供了一个特别的功能：内置 4MB 存储空间，用户可以方便地将数据记录到内部，使用完毕之后将其

接入计算机就可以像操作普通 U 盘一样取得记录数值。

首先需要完成 HP-9800 数据的获取和解析。同其他设备一样，HP-9800 的配套软件可以在计算机上显示当前的功耗情况（见图 3）。

从界面设置上可以看到 HP-9800 使用 USB 串口协议与计算机通信，进一步通过 Windows 设备管理器中的设备 PID 和 VID 可以判断它是通过 CH340 USB 串口芯片完成转接的。我们要在 TinkerNode 上使用 USB Host MINI，需要制作一个转接板，这个转接板没有任何元器件，只是

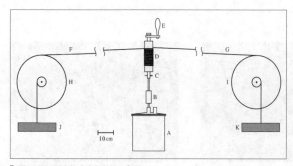

▌图 1 焦耳测定热功当量装置示意图

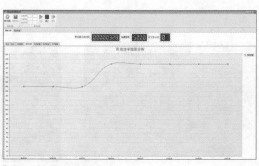

▌图 3 HP-9800 自带的软件

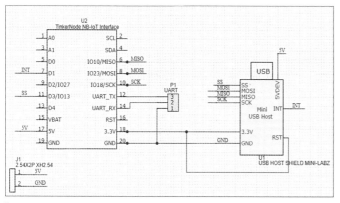

图 4 USB Host MINI 与 TinkerNode 转接板电路图

图 8 用转接板连接 USB Host MINI 与 TinkerNode

将对应的引脚连接起来（见表 1）。

电路采用国产软件立创 EDA 设计，如图 4 所示。PCB 设计如图 5 所示。

立创 EDA 支持在线编辑，PCB 设计完成后还可以方便地进行 3D 预览（见图 6）。PCB 实物如图 7 所示，用转接板连接 USB Host MINI 与 TinkerNode 如图 8 所示。

以上是这次项目使用的硬件，接下来介绍代码实现，有下面几个需要注意的地方。

（1）为了实现对 CH340 的串口通信，我使用了 USB Host CH340 的库，配合 USB Host MINI 很容易读取到串口数据。串口初始化部分代码如下，通信参数为：波特率 9600、停止位 1、数据位 8、无校验。

```
uint8_t CH34XAsyncOper::OnInit(CH34X
*pch34x)
```

```
{
    uint8_t rcode;
    LINE_CODING lc;
    // 通信波特率为 9600
    lc.dwDTERate = 9600;
    lc.bCharFormat = 0;
    lc.bParityType = 0;
    lc.bDataBits = 8;
    lc.bFlowControl = 0;
    rcode = pch34x->SetLineCoding(&lc);
    if (rcode)
        ErrorMessage<uint8_t>(PSTR
("SetLineCoding"), rcode);
    return rcode;
}
```

下面是串口发送代码，实现了将 Buffer 中的数据发送给设备的功能。

```
// 发送读取命令
Ch34x.SndData(sizeof(readCMD),
Buffer);
```

下面是接收部分的代码。

```
// 接收
uint16_t size = sizeof(Buffer);
Ch34x.RcvData(&size, Buffer);
```

（2）板载 SET 按钮用来触发记录和停止功能，第一次被按下时开始记录，再次被按下时就停止。这个按钮对应 TinkerNode 的 D3 引脚（见图 9）。

（3）TinkerNode 上的 WS2812 彩

表 1 USB Host MINI 与 TinkerNode 转接板引脚连接情况

TinkerNode 的引脚	USB Host MINI 的引脚	功能
D1	INT	中断请求
D3/IO13	SS	SPI 接口的 SS
5V	5V	给 USB 设备供电
3.3V	3.3V	给 USB Host MINI 供电（注意：这个板子的工作电压是 3.3V）
IO10	MISO	SPI 接口的 MISO
IO23	MOSI	SPI 接口的 MOSI
IO18	SCK	SPI 接口的时钟
GND	GND	共地
3.3V	RST	USB Host 的 RESET，必须拉高

图 5 USB Host MINI 与 TinkerNode 转接板的 PCB

图 6 PCB 3D 预览

图 7 PCB 实物

灯（见图10）可反映板子当前的工作状态，上电之后以绿色亮起表示没有记录，以红色亮起表示正在记录。

在文件开头引用 DFRobot_NeoPixel.h 这个库，再调用 RGB_LED.begin();，即可控制这个 WS2812 彩灯。

```
// 设置为低亮度
RGB_LED.setBrightness(DARK);
// 设置颜色为绿色
RGB_LED.setColor(GREEN);
// 设置起效，LED 开始工作
RGB_LED.show();
```

（4）HP-9800 采用问答形式，下面使用实际数据作为例子进行说明。第一步：USB Host MINI 端对设备发送"0x01,0x03,0x00,0x00,0x00,0x14,0x45,0xC5"，接收设备应答数据如下："01 03 28 41 41 D3 42 44 96 EF 3E 71 2D 61 43 00 00 48 42 00 00 80 3F 51 37 9A 43 E1 AB C6 3B 64 F2 7A 37 75 C3 5D 40 00 01 00 01 A4 F5"，每个字节解析如表2所示。

其中的数据都是 4 字节的 Float 类型，因为 Float 有着统一的表示方法，所以对于用户来说只需要将数据放到内存中就可以组成浮点数值。为解析设备，我编写了一个解析函数。

```
// 将 Data 给出的缓冲区中的第 num 个字符串
转化为浮点数
float BufferToFloat(uint8_t num,uint8_
t *Data){
  float    value;
  uint32_t *pValue;
  pValue=(uint32_t *) &value;
  *pValue=((uint32_t) Data[3+num*4]) |
```

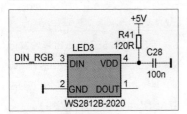

图 10 WS2812 彩灯电路

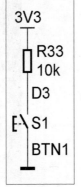

图 9 SET 按钮连接在 TinkerNode 的 D3 引脚

表2 应答数据解析

偏移	值	含义
00	0x01	地址码
01	0x03	读数指令
02	0x28	数据长度
03	0x41,0x41,0xD3,0x42	有功功率：0x42D34141=105.627W
07	0x44,0x96,0xEF,0x3E	电流：0x3EEFD9644=0.468A
11	0x71,0x2D,0x61,0x43	电压：0x43612D71=225.178V
15	0x00,0x00,0x48,0x42	频率：0x42480000=50.00Hz
19	0x00,0x00,0x80,0x3F	功率因数：0x3F800000=1
23	0x51,0x37,0x9A,0x43	年用电量：0x439A3751=308.432kWh
27	0xE1,0xAB,0xC6,0x3B	有功电能：0x3BC6ABE1=0.006J
31	0x64,0xF2,0x7A,0x37	无功电能：0x377AF264=0.000015J
35	0x75,0xC3,0x5D,0x40	带负载工作时间：3.46min
39	0x00,0x01	每日工作时间：0x0001=1h
41	0x00,0x01	仪表地址：0x0001
43	0xA4,0xF5	CRC16

```
  ((uint32_t) Data[4+num*4]<<8)|
  ((uint32_t) Data[5+num*4]<<16)|
  ((uint32_t) Data[6+num*4]<<24);
  return value;
}
```

（5）有了读取数据的硬件和通信格式，下面就可以将测量结果保存在文件中。首先创建一个文件，这里会逐个尝试创建 logNNNN.log 形式的文件名，这样无须每次设置文件名，方便用户使用。

```
// 尝试创建文件名
for(int i = 1; i < 20; i++){
  char fileNameNum[4];
  sprintf(fileNameNum,"%04d",i);
  String nowFileName = (char *)
fileNameNum;
  filePath ="/log"+nowFileName+
".csv";
  // 如果这个文件名不存在，就创建它
  if (!checkFile(FFat, filePath.c_
str() )) {
  Serial.println("Create a log.csv
file");
    // 写入第一行
    writeFile(FFat,filePath.c_str(),
"Time(MS),Current(A),Voltage(V),Power
```

```
(W)\r\n",FILE_WRITE);
  Serial.print(filePath.c_str());
  Serial.println("cteated!");
  break;
}
```

写入方法很简单。

```
// 将 message 写入 path 给定的文件中，mode
是写入模式，有新建和追加两种模式
void writeFile(fs::FS &fs, const char
* path, const char * message,char*
mode) {
  // 新建的情况下显示文件名
  if (mode==FILE_WRITE) {
  Serial.printf("Writing file: %s\r\
n", path); }
  // 尝试打开文件，这样判断文件是否存在
  File file = fs.open(path, mode);
  if (!file) {
  Serial.println("- failed to open
file for writing");
  return;
  }
  // 通过串口输出写入的数据
  file.print(message);
}
```

使用时，上电后 WS2812 以绿色亮起，

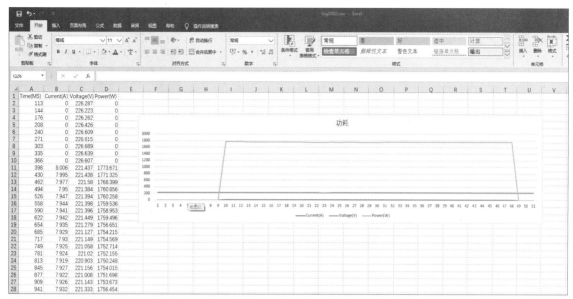

图11 记录数据的文件

用户按下 SET 按钮后，WS2812 为红色亮起，同时 TinkerNode 开始记录数据。记录结束后，将 TinkerNode 与计算机连接，它会显示为一个 U 盘，在里面可以看到记录数据的文件。使用 Excel 打开文件后可以根据需求进行处理（见图11）。

设备可以使用 USB 供电，也可以使用 2 节 18650 电池串联供电。

除了单纯地记录数据之外，我们还可以将用电曲线绘制到液晶屏上，或者将数据传输到网络上，让用户更好地了解用电设备功率消耗情况。此外，HP-9800 是家用级别的功率计，如果需要更加精确地测量设备功率，需要选择更高级的设备，如 HP-8713（精度达 0.01W）。🅧

反重力电磁悬浮系统

▌徐进文 程子夜 翟凯迪 王璨 佘玉龙 陈忠辉

　　磁悬浮技术（electromagnetic levitation）是指利用磁力克服重力使物体悬浮的一种技术。磁悬浮技术具有无磨损的优越性能，使得磁悬浮列车可以高速、低噪声、平稳地运行，不存在轨道摩擦阻力，安全、可靠、节能。磁悬浮技术看似"高大上"，遥不可及，其实只要我们对其工作原理进行简化分析，就可以自己动手、通过简单的几个元器件搭建一个磁悬浮系统。是不是跃跃欲试？别急，下面我们会详细地分析磁悬浮系统的工作原理、硬件设计、软件设计和系统调试，尽量让每个对电子DIY充满热情的小伙伴都能自己动手制作出磁悬浮系统。

▌工作原理分析

　　目前磁悬浮实现的方式主要有3种：（1）主动式磁悬浮；（2）被动式磁悬浮；（3）混合式磁悬浮。

　　主动式磁悬浮是完全利用通电线圈产生电磁力控制浮子悬浮，在这种工作方式下，线圈克服浮子重力所消耗的能量是不可忽视的，所以不够节能，而且线圈始终处于通电状态，根据焦耳定律可知通电线圈会产生热效应，提高环境温度，容易使检测磁场强度的霍尔传感器产生温漂，导致传感器数据漂移，引起系统振荡，增加控制系统闭环参数的整定难度，降低了系统的可靠性。

　　被动式磁悬浮是不利用线圈的电磁力，完全通过永磁体实现的悬浮，不存在电能损耗，不会发热。但是这种状态通常不能实现长时间的稳定悬浮。恩绍定理（Earnshaw's theorem）指出点粒子集不能被稳定维持在仅由电荷的静电相互作用构成的一个稳定静止的力学平衡结构。该定理于1842年被英国数学家塞缪尔·恩绍首次证明。该定理通常用于磁场中，但最初是被应用于静电场中。该定理适用

于经典平方反比定律的力（静电力和引力），同时也适用于磁铁和顺磁性材料或者其他任意组合（但非抗磁性材料）的磁场力。根据恩绍定理可知，单极性永磁体无法长时间保持浮子稳定悬浮。

　　混合式磁悬浮是将主动磁悬浮和被动磁悬的优势结合起来的一种新型控制方式。它既拥有主动磁悬浮的稳定性能，又有被动磁悬浮的低能耗特点。它利用永磁体克服浮子的重力，利用X、Y轴的线圈产生的可控电磁力微调浮子的位置，使浮子始终维持在永磁体和浮子重力相抵消的那个微妙的平衡点。在这个平衡点处，系统的功耗极低，克服重力的能量由永磁体提供，系统的全部功耗来自线圈对浮子位置的微调。与主动式磁悬浮相比较，混合式磁悬浮省去了抵消浮子重力的这部分能量，使得系统功耗大大降低，提高了系统的稳定性。为了提高系统的工作效率、降低功耗，本设计采用的方案就是混合式磁悬浮。

　　磁悬浮系统从电路设计角度有模拟磁悬浮系统和数字磁悬浮系统之别。模拟磁悬浮系统由一些电阻、电容和运放构成的反馈电路实现，优点是电路简便、系统参

数调节简便、响应快速、可以承受大电流、带负载能力强；缺点是运放等元器件存在温漂，系统稳定性受电阻、电容参数的影响，不能长期稳定工作，而且系统对环境也有所要求，抗干扰能力差。数字磁悬浮电路一般是由微控制器通过驱动控制线圈，产生可控电磁力，与磁性浮子相互作用实现悬浮，优点是系统稳定性好，容易找到最低功耗处的平衡位置，易于调试和维护，且功耗低、效率高。由于数字磁悬浮系统具有高稳定性和低功耗，所以本设计采用了数字磁悬浮系统设计。

　　磁悬浮系统按照系统的机械结构设计分为：上拉式磁悬浮系统和下推式磁悬浮系统。上拉式磁悬浮系统比下推式磁悬浮系统实现起来要简单。上拉式磁悬浮系统是单自由度系统，控制变量少。工作原理如图1所示，磁性浮子在空间中受到自身重力 mg 和线圈产生的电磁力 f，合力为零时，浮子在空间悬浮。由于磁性浮子在竖直方向上的位移会改变霍尔传感器检测到的磁场强度大小，因此控制系统可以根据霍尔传感器检测信号的大小来确定浮子的位置，然后通过改变线圈中电流的大小和方

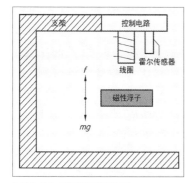

图 1 上拉式磁悬浮系统结构图

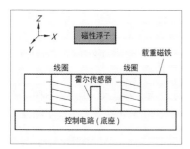

图 2 下推式磁悬浮系统结构图

向（也就是改变控制浮子的电磁力大小和方向进而改变电磁力 f 的大小，使浮子回到平衡位置），如此闭环动态调整，使得浮子稳定悬浮在平衡位置处。

下推式磁悬浮系统的控制相对复杂些，如图 2 所示，下推式磁悬浮需要 5 自由度方向的控制，两组 4 个线圈提供 X 轴方向和 Y 轴方向的矫正力，Z 轴方向的推力由载重磁铁提供。当磁性浮子重力和载重磁铁提供的 Z 轴方向推力大小相等、方向相反时，系统暂态平衡。当磁性浮子重力方向和 Z 轴推力方向不在同一条直线上时，我们可以将浮子在空间上的偏移分解为 X 轴和 Y 轴方向的偏移量，平衡位置设定也是按照 X 轴的平衡位置和 Y 轴的平衡位置设定的，通过霍尔传感器得到两轴上的偏移量，然后通过 PID 控制器得到控制量去改变 X 轴和 Y 轴对应线圈中的电流大小和方向，从而及时纠正浮子在 X 轴、Y 轴方向的偏移。由 X 轴方向和 Y 轴方向线圈提供的矫正对磁性浮子 X

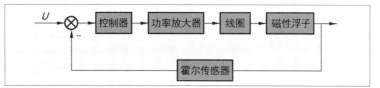

图 3 系统控制框图

轴、Y 轴位移偏差进行纠正。磁性浮子下方有 3 个轴向的霍尔传感器，用来检测浮子 X 轴、Y 轴位置的实际信息，并通过闭环系统反馈给控制器，实现闭环控制。由此可见，下推式磁悬浮系统控制量更多，实现起来相对于上拉式磁悬浮系统要复杂一些。而本设计实现的就是下推式数字式电磁悬浮系统。

经过上述多个方案的讨论，本设计决定采用混合式下推式数字电磁悬浮系统方案。这个方案具有可玩性和可拓展性，有利于大家从中学习更多知识。

本设计中磁悬浮系统的载重磁铁主要提供的是 Z 轴方向的浮力，不需要线圈提供 Z 轴方向的浮力，线圈产生的浮力只起到 X 轴、Y 轴方向的矫正力作用。这样可以有效降低线圈中电流的大小，减轻线圈的负载，从而降低整个系统的功耗。

系统控制框图如图 3 所示，整个系统的基本工作原理是微控制器通过 PID 控制算法控制线圈，使线圈产生可控的电磁力。载重磁铁提供主要浮力，线圈提供矫正力，通过浮子下方的线性霍尔传感器检测磁性浮子偏离平衡位置的大小。载重磁铁和线圈的合力与磁性浮子自身重力最终在 PID 控制器的作用下实现动态平衡。

硬件设计

所需材料

1. STM32最小系统板

笔者使用的是意法半导体公司生产的 Cortex-M3 内核构架、48 引脚的

STM32F103C8T6，控制器的主频为 72MHz，超频可以达到 128MHz，内部资源也比较丰富，有 64KB 的 Flash、20KB 的 RAM，便于后期进行功能升级和拓展 DIY。STM32 最小系统板如图 4 所示。

图 4 STM32 最小系统板

2. L298N电机驱动

电机驱动模块是用来驱动 X 轴、Y 轴线圈的，为线圈提供必要的电流。L298N 是一种双 H 桥电机驱动芯片，其中每个 H 桥可以提供 2A 的电流，功率部分的供电电压范围是 2.5 ~ 48V，逻辑部分需要 5V 供电（见图 5）。

图 5 L298N 电机驱动模块

3. 环形磁铁

尺寸：外径 100mm，内径 60mm，厚度 10mm（见图 6）。

充磁方向：轴向厚度方向充磁（NS 极在最大面上）。

▌图 6 环形磁铁

4. 线性霍尔传感器

一定要使用内置放大电路的线性霍尔传感器（见图 7），而不是开关霍尔传感器，数量为 3 个。内置放大的好处是输出的信号不需要经过运放搭建的差分放大电路进行放大。

▌图 7 线性霍尔传感器

5. 钕铁硼强磁铁

准备 2 个钕铁硼强磁铁，尺寸为 50mm×5mm（直径 × 厚度）。由于钕铁硼材料易碎，建议多备几个（见图 8）。

▌图 8 钕铁硼

6. 线圈

准备 4 个线圈，线圈的参数不唯一，我使用的线圈参数是：外径 19mm，内径 8mm，厚度 12mm，内螺纹孔 M3，电感 3.7mH（见图 9）。

▌图 9 线圈

7. 12V直流电源

12V 直流电源给 L298N 电机驱动模块供电（见图 10）。

▌图 10 12V 直流电源

硬件制作步骤

3 轴线性霍尔传感器和线圈的安装方法：霍尔传感器上标有传感器型号的感应面要与每个坐标轴的轴线垂直且感应面的中心要分别靠近 X 轴、Y 轴，如图 11 所示。

霍尔传感器安装高度要求：如图 12 所示，传感器的感应面中心要位于线圈高度的一半位置处，目的是减小线圈产生的磁场对传感器的影响。通过线圈磁场分布仿真图（见图 13）可以看出线圈外部轴向磁场的磁力线在线圈轴向的一半位置处是平行于线圈轴向的，将 X 轴、Y 轴霍尔传感器竖直安装在线圈轴线一半位置处，此位置的线圈磁力线是平行于霍尔传感器感应面的，只有垂直于霍尔传感器感应面的磁力线分量才会使霍尔传

感器的输出信号发生变化。而在这个位置，恰好磁力线垂直于 X 轴、Y 轴霍尔传感器感应面的分量几乎为零，那么后面线圈改变磁力强度的大小和方向去调控浮子的同时就不会对 X 轴、Y 轴霍尔传感器检测量造成干扰。大家可能会对 Z 轴的霍尔传感器有疑问了，Z 轴霍尔传感器的安装位置不是正好垂直于此处的线圈磁力线吗，那线圈磁力线的改变会不会影响 Z 轴霍尔传感器的检测呢？答案是不会影响，原因如下：X 轴的两组线圈同名端连接在一起，组成了一组线圈，如图 14 所示，由于同名端相连，在通入单向电流时，流入两组线圈的电流绕向相反，这样线圈在 Z 轴霍尔传感器位置产生的磁力线是大小相等、方向相反的。大小相等是因为两组线圈串联，流过的电流相等；方向相反是由于两

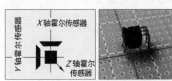

▌图 11 霍尔传感器安装示意图

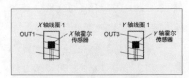

▌图 12 X 轴、Y 轴霍尔传感器安装高度示意图

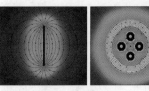

▌图 13 线圈磁场分布仿真图

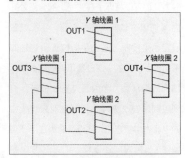

▌图 14 X 轴、Y 轴线圈同名端连接示意图

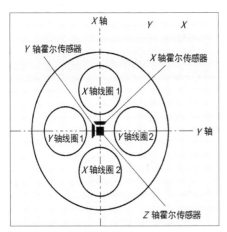

▌图15 线圈与传感器相对位置图

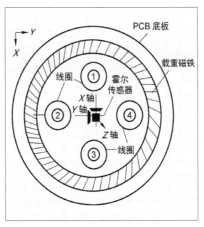

▌图16 系统整体结构俯视示意图

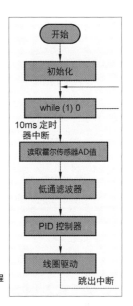

▌图19 主程序流程图

组线圈电流流向相反。因此，在 Z 轴霍尔传感器的位置，两组线圈磁力线合成矢量为零。同理 Y 轴两组线圈在 Z 轴霍尔传感器的位置磁力线合成矢量为零。最终，4 组线圈磁力线均不会对 Z 轴霍尔传感器产生干扰。使得 3 轴霍尔传感器可以专注于检测浮子位置偏移。图 13 中颜色越深，磁场强度越弱。我们通过图 13 可以清晰看出 4 组线圈的中心位置处颜色比较深，这个位置就是我们安装 3 轴霍尔传感器的最佳位置。

安装好霍尔传感器后，根据图 15 安装线圈，线圈之间的电气连接方式如图 14 所示，对角线圈同名端相连接，另外两端引出接电机驱动模块。线圈和传感器都安装好后，最后固定环形磁铁。系统整体结构俯视如图 16 所示，实物如图 17 所示。

接下来就是将传感器、线圈和驱动模块以及 STM32 最小系统连接了，电路连接如图

▌图17 实物图

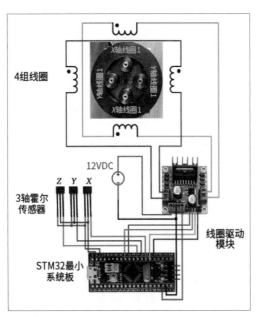

▌图18 系统电路连接图

18 所示，硬件设计部分到这里就基本完成了，下面进行软件设计的具体分析。

软件设计

整个主程序流程如图 19 所示，主程序里执行初始化操作，然后在死循环里等待中断，中断服务函数中实现传感器数据的采集，然后进行低通滤波、PID 运算，最后输出。控制周期为 10ms，即 10ms 进入一次中断。严格限制每次执行的时间，保证 PID 算法采样时间的稳定一致，有利于提高控制的性能，发挥算法的最佳控制效果。

本次设计使用了 STM32 内部资源 AD 模块和定时器模块。

AD 模块需要提供 3 路 AD 采样转换通道，主要是用来对 3 轴线性霍尔传感器进行电压采样，获取浮子相对于霍尔传感器的位置。

本次设计使用的是 ADC1 的通道 2、通道 3、通道 4，对应的 GPIO 口引脚为 PA2、PA3、PA4。

ADC 初始化代码如下所示。

```
// 函数功能: 初始化 ADC1 通道 2、通道 3、通道 4
void  ADC_Init(void)
```

```
{
    ADC_InitTypeDef ADC_InitStructure;
    GPIO_InitTypeDef GPIO_InitStructure;
    // 使能 ADC1 通道时钟
    RCC_APB2PeriphClockCmd(RCC_APB2Periph_GPIOA | RCC_
APB2Periph_ADC1, ENABLE );
    // 设置 ADC 分频因子为 6，72MHz/6=12MHz,ADC 最大频率不能超过 14MHz
    RCC_ADCCLKConfig(RCC_PCLK2_Div6);
    // 配置 ADC1_IN2/IN3/IN4 对应的 GPIO 口
    GPIO_InitStructure.GPIO_Pin = GPIO_Pin_2 | GPIO_Pin_3 |
GPIO_Pin_4;
    //GPIO 配置为模拟输入模式
    GPIO_InitStructure.GPIO_Mode = GPIO_Mode_AIN;
    // 初始化 GPIO
    GPIO_Init(GPIOA, &GPIO_InitStructure);
    // 复位 ADC1
    ADC_DeInit(ADC1);
    //ADC 工作模式 :ADC1 和 ADC2 工作在独立模式
    ADC_InitStructure.ADC_Mode = ADC_Mode_Independent;
    // 模数转换工作在单通道模式
    ADC_InitStructure.ADC_ScanConvMode = DISABLE;
    // 模数转换工作在单次转换模式
    ADC_InitStructure.ADC_ContinuousConvMode = DISABLE;
    // 转换由软件而不是外部触发启动
    ADC_InitStructure.ADC_ExternalTrigConv = ADC_
ExternalTrigConv_None;
    //ADC 数据右对齐
    ADC_InitStructure.ADC_DataAlign = ADC_DataAlign_Right;
    // 顺序进行规则转换的 ADC 通道的数目
    ADC_InitStructure.ADC_NbrOfChannel = 1;
    // 根据 ADC_InitStruct 中指定的参数初始化外设 ADCx 的寄存器
    ADC_Init(ADC1, &ADC_InitStructure);
    // 使能指定的 ADC1
    ADC_Cmd(ADC1, ENABLE);
    // 使能复位校准
    ADC_ResetCalibration(ADC1);
    // 等待复位校准结束
    while(ADC_GetResetCalibrationStatus(ADC1));
    // 开启 AD 校准
    ADC_StartCalibration(ADC1);
    // 等待校准结束
    while(ADC_GetCalibrationStatus(ADC1));
```

```
}
```

定时器 2 的 PWM 模式初始化代码如下，目的是通过控制 PWM 占空比控制线圈中电流的大小，从而改变线圈磁场强度的大小。

```
// 函数功能: 初始化 TIM2 的 PWM 输出
// 函数参数: arr: 自动重装值; psc: 时钟预分频数
void TIM2_PWM_Init(u16 arr,u16 psc)
{
    // 定义初始化结构体变量
    GPIO_InitTypeDef GPIO_InitStructure;
    TIM_TimeBaseInitTypeDef  TIM_TimeBaseStructure;
    TIM_OCInitTypeDef  TIM_OCInitStructure;
    // 使能定时器 2 时钟
    RCC_APB1PeriphClockCmd(RCC_APB1Periph_TIM2, ENABLE);
    // 使能 GPIOA 外设时钟
    RCC_APB2PeriphClockCmd(RCC_APB2Periph_GPIOA, ENABLE);
    // 设置该引脚为复用输出功能，输出 TIM2 CH1-2 的 PWM 脉冲波形
GPIOA0-1
    GPIO_InitStructure.GPIO_Pin = GPIO_Pin_0 | GPIO_Pin_1;
    // 复用推挽输出
    GPIO_InitStructure.GPIO_Mode = GPIO_Mode_AF_PP;
    // 配置 GPIO 输出速度
    GPIO_InitStructure.GPIO_Speed = GPIO_Speed_50MHz;
    // 初始化 GPIO
    GPIO_Init(GPIOA, &GPIO_InitStructure);
    // 设置在下一个更新事件装入活动的自动重装载寄存器周期的值
    TIM_TimeBaseStructure.TIM_Period = arr;
    // 设置用来作为 TIMx 时钟频率除数的预分频值
    TIM_TimeBaseStructure.TIM_Prescaler =psc;
    // 设置时钟分割 :TDTS = Tck_tim
    TIM_TimeBaseStructure.TIM_ClockDivision = 0;
    //TIM 向上计数模式
    TIM_TimeBaseStructure.TIM_CounterMode = TIM_
CounterMode_Up;
    // 根据 TIM_TimeBaseInitStruct 中指定的参数初始化 TIMx 的时间基
数单位
    TIM_TimeBaseInit(TIM2, &TIM_TimeBaseStructure);
    // 选择定时器模式 :TIM 脉冲宽度调制模式 1
    TIM_OCInitStructure.TIM_OCMode = TIM_OCMode_PWM1;
    // 比较输出使能
    TIM_OCInitStructure.TIM_OutputState = TIM_OutputState_
Enable;
    // 输出极性 :TIM 输出比较极性高
```

```
TIM_OCInitStructure.TIM_OCPolarity = TIM_OCPolarity_High;

// 根据 T 指定的参数初始化外设 TIM3 OC1

TIM_OC1Init(TIM2, &TIM_OCInitStructure);

// 根据 T 指定的参数初始化外设 TIM3 OC2

TIM_OC2Init(TIM2, &TIM_OCInitStructure);

// 使能 TIM2 在 CCR1 上的预装载寄存器

TIM_OC1PreloadConfig(TIM2, TIM_OCPreload_Enable);

// 使能 TIM2 在 CCR2 上的预装载寄存器

TIM_OC2PreloadConfig(TIM2, TIM_OCPreload_Enable);

// 使能 TIM2，开启定时器

TIM_Cmd(TIM2, ENABLE);

// 初始化占空比为 0，赋值为 0 表示占空比为 0，赋值 arr 表示占空比为 100%

TIM_SetCompare1(TIM2, 0);

TIM_SetCompare2(TIM2, 0);

}
```

定时器 3 的 PWM 初始化程序和定时器 2 类似，这里就不赘述了，下面列出定时器 4 中断初始化代码。

```
// 函数功能: 初始化 TIM4 中断

// 函数参数: arr: 自动重装值; psc: 时钟预分频数

void TIM4_Int_Init(u16 arr,u16 psc)

{

TIM_TimeBaseInitTypeDef   TIM_TimeBaseStructure;

NVIC_InitTypeDef NVIC_InitStructure;

// 时钟使能

RCC_APB1PeriphClockCmd(RCC_APB1Periph_TIM4, ENABLE);

// 设置在下一个更新事件装入活动的自动重装载寄存器周期的值

TIM_TimeBaseStructure.TIM_Period = arr;

// 设置用来作为 TIMx 时钟频率除数的预分频值

TIM_TimeBaseStructure.TIM_Prescaler =psc;

// 设置时钟分割:TDTS = Tck_tim

TIM_TimeBaseStructure.TIM_ClockDivision = TIM_CKD_DIV1;

//TIM 向上计数模式

TIM_TimeBaseStructure.TIM_CounterMode = TIM_
CounterMode_Up;

// 根据指定的参数初始化 TIMx 的时间基数单位

TIM_TimeBaseInit(TIM4, &TIM_TimeBaseStructure);

// 使能指定的 TIM4 中断,允许更新中断

TIM_ITConfig(TIM4,TIM_IT_Update,ENABLE );

// 中断优先级 NVIC 设置, 中断号

NVIC_InitStructure.NVIC_IRQChannel = TIM4_IRQn;

// 先占优先级 0 级

NVIC_InitStructure.NVIC_IRQChannelPreemptionPriority = 0;
```

```
// 从优先级 3 级

NVIC_InitStructure.NVIC_IRQChannelSubPriority = 3;

//IRQ 通道被使能

NVIC_InitStructure.NVIC_IRQChannelCmd = ENABLE;

// 初始化 NVIC 寄存器

NVIC_Init(&NVIC_InitStructure);

// 使能 TIM4

TIM_Cmd(TIM4, ENABLE);

}

// 不分频, PWM 频率 =72000000/7200=10(kHz), PA0 和 PA1 口输出 X 轴
PWM 方波

TIM2_PWM_Init(PwmArr,0);

// 不分频, PWM 频率 =72000000/7200=10kHz, PA6 和 PA7 口输出 Y 轴
PWM 方波

TIM3_PWM_Init(PwmArr,0);

// 计数到 100 时产生中断, 中断周期为: (7199+1)/72*(99+1)=10(ms)

TIM4_Int_Init(99, 7199);
```

下面介绍 PID 算法。

```
// 函数功能: X 轴增量 PID 控制器

// 入口参数: 霍尔 AD 电压转换值、目标位置

// 返回值: PWM 比较寄存器值

// 根据增量式离散 PID 公式

//Pwm+=Kp[e(k)-e(k-1)]+Ki*e(k)+Kd[e(k)-2e(k-1)+e(k-2)]

//e(k) 代表本次偏差 , e(k-1) 代表上一次的偏差, 以此类推

//pwm 代表增量输出

int X_Incremental_PID (int Hall, int Target)

{

// 定义静态变量

static int Bias, Pwm, Last_bias, Last_Last_bias;

// 计算偏差

Bias=Hall - Target;

// 增量式 PI 控制器

Pwm += X_Incremental_Kp * (Bias - Last_bias) + X_
Incremental_Ki * Bias + X_Incremental_Kd * (Bias - 2 *
Last_bias + Last_Last_bias); // 保存上上一次偏差

Last_Last_bias = Last_bias;

// 保存上一次偏差

Last_bias = Bias;

// 增量输出

return Pwm;

}
```

Y 轴增量 PID 控制器算法和 X 轴的类似，具体参见程序。

将霍尔传感器 AD 采样的数据进行低通滤波，使用的滤波算法为一阶低通滤波算法。一阶滤波，又叫一阶惯性滤波或一阶低通滤波，是使用软件编程实现普通硬件 RC 低通滤波器的功能。一阶低通滤波的算法公式为：

$$Y_n = \alpha X_n + (1-\alpha)Y_{n-1}$$

式中：α 为滤波系数，X_n 为本次采样值，Y_{n-1} 为上次滤波输出值；Y_n 为本次滤波输出值。

一阶低通滤波法采用本次采样值与上次滤波输出值进行加权，得到有效滤波值，使得输出对输入有反馈作用。

```
函数功能：X 轴一阶低通滤波器
入口参数：霍尔 AD 电压转换值
返回值：滤波后的数值
int X_LowPassFilter(int X_Hall)
{
  static int SampleValue, FilterValue, LastFilterValue = 0;
  SampleValue = X_Hall;
  FilterValue = X_K * SampleValue + (1 - X_K) *
LastFilterValue;
  LastFilterValue = FilterValue;
  return FilterValue;
}
```

Y 轴低通滤波算法也和 X 轴低通滤波算法原理一样。程序整体的设计以及重要的算法部分都介绍了，下面进行系统的后期调试说明。

系统调试

为了方便进行浮子最佳平衡位置寻找及 PID 参数整定，我们使用了支撑串口数据波形显示的上位机，并在程序中加入了通信协议相关代码，如图 20 所示，只要配置好上位机的串口号、波特率等参数就可以实现波形显示了，很方便。

上位机通信配置好后就可以看到传感器数据以及 PWM 高电平脉宽波形。下面就要利用波形找到浮子的最佳平衡位置，在最佳平衡位置处，线圈几乎处于不工作状态，此时的系统功耗最低，而且 PWM 高电平脉宽也接近于零。所以我们要利用 PWM 高电平脉宽波形的特点，快速找到浮子的最佳低功耗平衡位置。

利用 PID 控制器输出的 PWM 高电平脉宽波形可以寻找到系统最低功耗点的悬浮平衡位置，快速实现参数低功耗整定，提供系统的工作可靠性和稳定性。具体方法如下：如图 21 所示，我们可以看出 X 轴和 Y 轴控制量输出不为零，且波形稳定在一定数值，这表明此时浮子并不在最佳平衡位置，X 轴的位置偏小，Y 轴的位置偏大，X 轴、Y 轴均在产生一定量的电磁力帮助浮子克服其他的力保持平衡，由于不

图 20 上位机串口通信配置图

是最佳位置，所以线圈一直处于通电状态，很快就会发热，我们需要调大 X 轴的平衡位置设定值，调小 Y 轴平衡位置设定值。调整后的波形如图 22 所示，可以明显看到，此时 X 轴、Y 轴的控制量接近于 0，说明此时的目标位置接近最低功耗点平衡位置，相对于未调整的功耗降低了不少，线圈发热也会有所改善。

程序中设定的 X 轴、Y 轴目标值分别为：

int X_Target_position = 2088;

int Y_Target_position = 2042;

定时器输出的 PWM 计数值范围是 0 ~ 7199，也就是说 7199 是满占空比输出，满占空比输出时，驱动输出电压为 12V。如图 23 所示，PID 控制器最终输出的 PWM 比较值在 600 左右，单个线圈阻抗在 14Ω 左右，对角 2 个线圈串联阻抗就为 28Ω，我们可以由此计算整个控制系统的功耗。

$600 \div 7200 \times 12 \div 28 = 35.5$(mA)，电流在 35.5mA 左右，整个系统功耗为：$0.0355 \times 14 \times 2 = 0.994$(W)。

这还不算最低功耗，系统控制参数不是最佳，仍然存在偏差，这就会导致功耗不能趋近于 0。

如图 24 所示，放大波形后，我们可以看出 X 轴、Y 轴检测到的浮子位置正处于设定的目标值附近，误差范围极小，进一步放大后，我们可以直观看出控制偏差的范围。

由图 25 可以看出：PID 控制器使系统基本稳定在设定值，但是仍然存在偏差，这就是功耗始终不能收敛到 0 的原因。经数据分析得到的 X 轴的偏差控制在 5 左右（整个霍尔传感器输出信号区间为 [500 ~ 3100]），Y 轴偏差控制在 4 左右（整个霍尔传感器输出信号区间为 [500 ~ 3100]）。可见相对于整个区间来说，控制偏差是十分小的，相对应的功耗也就十分低。

由于需要对 X 轴和 Y 轴方向的两组线圈进行 PID 参数整定，所以在整定之前，首先需要设定目标位置，包括 X 轴方向的目标位置和 Y 轴方向的目标位置。前面寻找的最佳平衡位置就是我们需要的目标位置。设置好后，就可以进行 PID 参数整定了。具体整定方法和上拉式磁悬浮相似，只是需要同时整定两组 PID，调节复杂一些。考虑到上拉式磁悬浮使用位置式 PID 容易积分饱和，PD 控制又存在静差，所以这里使用的是增量式 PID 算法，加入积分控制，使得系统整体更加稳定，但也容易产生积分饱和现象，从而导致 PID 控制器失效。如图 26 所示，积分饱和后控制输出量满载输出，控制器失去调控系统平衡的作用。

系统最终实现的悬浮效果如题图所示。

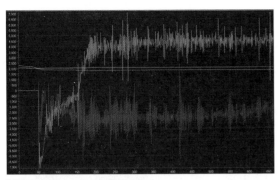

▎图 21 未在最低功耗点位置平衡的波形

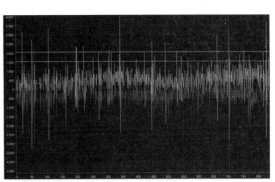

▎图 22 调整后接近于最低功耗位置的平衡波形

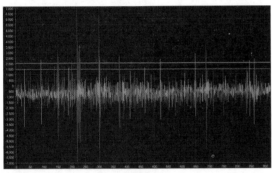

▎图 23 稳定悬浮在最低功耗点附近的波形

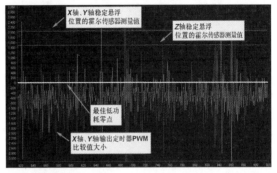

▎图 24 整体局部放大波形

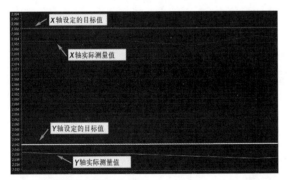

▎图 25 霍尔传感器测量值放大波形

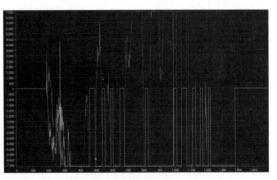

▎图 26 PID 积分器饱和后控制量满载输出波形

为了使读者朋友们在调试时有更清晰的比较，笔者附上了浮子靠近 3 轴霍尔传感器输出波形（见图 27）和浮子悬浮后的霍尔传感器输出波形（见图 28）。至此，原理分析、硬件设计、软件设计、系统调试都介绍完了。本文相关资源可在杂志目录页所示的下载平台下载，感兴趣的朋友快来试试吧！⊗

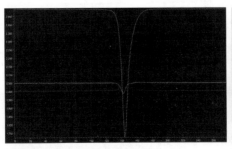

▎图 27 浮子靠近 3 轴霍尔传感器输出波形

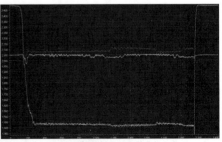

▎图 28 浮子悬浮后的霍尔传感器输出波形

B 站粉丝实时查看器 B-Box

imliu-bo

这是我最近设计的一个小硬件，设计之初的目的是查看我那屈指可数的 B 站粉丝数（见图 1），后来我看到稚晖在 B 站发的最强小电视的视频后，就决定要重新开始设计我的粉丝实时查看器，并给它取了个名叫 B-Box，当然这里的第一个 B 指的是 BiliBili 啦。

有想法后，我就简单画了一下草图（见图 2），最开始的时候计划用电子墨水屏，不过由于电子墨水屏价格太贵，就放弃了，还是老老实实用 LCD 屏吧，便宜还好用。

▌主控的选择

第 1 版主控用的 ESP32-PICO，这是乐鑫推出的一个 ESP32 的 SIP 模组，集成了晶体振荡器、Flash 和射频匹配电路，可以让用户以最快速度设计自己的硬件。不过当时我看到 ESP32-S2 已经可以买到了，所以最终选择了使用 ESP32-S2，其实它相对来说也并不便宜，因为还需要很多外围元器件，但是谁让它是新出的一款芯片呢？我尝尝鲜也好。还有就是它相对于 ESP32 来说 GPIO 口要多出不少，事实证明它还是比较好用的。

▌功能规划

最开始我想实现的功能并不多，但是由于第 1 版跟第 2 版设计都有一点点缺陷，所以在不断改版的过程中，脑洞也越来越大，就不自觉地集成了一部分硬件，目前可以实现（带√的）以及近期想要开发的功能概括如下。

◆ [√] 查看 B 站粉丝数。

◆ [ ] 设备控制（我有很多自制的小开关等）。

◆ [ ] 语音控制（集成了数字话筒）。

◆ [ ] 体感控制（集成了六轴传感器）。

◆ [ ] 体感控制小车（近期我会设计一款小车）。

▌电路原理图设计

电路原理图（见图 3）其实没什么好讲的，我参考瑞生网的孟老师分享的文章，做了一个按键实现开关机和 USB/ 电池供电切换的电路，实测确实很好用。当然，你把程序处理好了，这个开关机按键也可以作为一个普通按键使用。其他的相对来说就简单了，很多地方都可以找到参考电路，直接用硬件手册提供的参考电路即可。

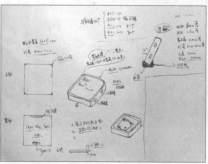

▌图 1 B 站粉丝查看器

▌图 2 设计草图

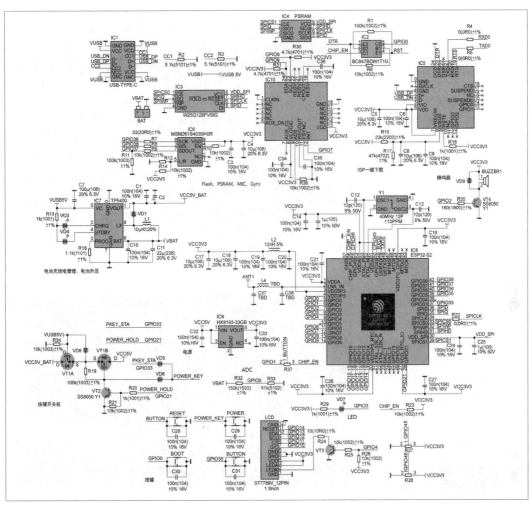

▌图3 电路原理图

▌PCB设计

为了追求小尺寸，我使用的是0402封装的电阻、电容，PCB的长和宽都是36mm，丝印被直接隐藏了，因为确实没那么多地方去放置丝印（见图4）。后期焊接时，我单独制作了一张焊接图，方便

▌图4 PCB 设计图

▌图5 贴片元器件的排列

人工贴片。这里最需要注意的地方是天线部分的处理，这个天线电路的设计不规范，导致我在调天线这个地方浪费了一周左右的时间，后来虽然经过各种操作，天线性能稍微好点了，但还是不清楚具体是怎样解决的。图3所示的PCB的天线部分是第3版设计，比起第2版设计规范了一些，应该说性能还是不错的。

▌焊接

因为元器件排列得很紧密（见图5），所以手工一个个焊接是不太容易操作的，尤其是用的还是0402封装的电阻、电容，所以我开了钢网，然后手工刷锡膏和贴片。

第一次开钢网开的是带铝框的，太大，不是很好用，所以第二次就没开带铝框的，操作相对方便点（见图6）。

刷锡膏时一定要将钢网与PCB对齐和按实（见图7），如果钢网与PCB间有空隙，刷出来的锡膏会很多，后面焊接就会连锡。

贴完之后，用热风枪均匀、缓慢地吹PCB就可以了。相信我，你会非常享受这个操作，尤其看着元器件在锡膏融化之后归位的一瞬间，你会感觉非常有意思。记得风速不要调得太高，不然会吹跑元器件，我使用的风速在3.5挡左右，温度为300℃，不一定适用于所有板子，多焊几次你就有数了。只要温度能让锡膏熔化，一般问题不大，稍加练习即可。

▌程序开发

我对ESP32的开发算是蛮熟悉的了，记得刚开始时在Windows系统上开发各种配置是非常复杂的，不过经过乐鑫的工程师们的不懈努力，现在在Windows上

▌图6 第二次开的钢网

▌图7 刷完锡膏的PCB

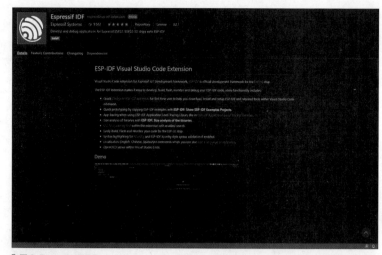

▌图8 Espressif IDF

▌图9 ESP-IDF

可以很方便地将开发环境搭建起来。讲到这里，就不得不给大家推荐一下Windows上快速搭建开发环境的两种方式了。

Visual Studio Code

Espressif IDF 是 Visual Studio Code 的扩展插件，可以很方便地搭建开发环境（见图8）。直接在插件管理界面搜索"Espressif IDF"，就可以安装了，大部分操作都可以通过单击按钮完成，比如代码编译、下载等。

ESP-IDF

ESP-IDF 是我目前使用的环境搭建方式。使用此工具搭建的环境，基本操作，比如代码编译、下载等都是在命令提示符窗口完成的（见图9），然后可以使用 Visual Studio Code 编辑代码。

这是一个开源项目，在 Github 搜索"Oops Wow Studio"，大部分资料在这里整理好了，大家可以自行制作，感兴趣的小伙伴也可以和我一起来开发。B站的很多小伙伴都私信我想买一个，如果想要的人超过一定数量，我可以考虑组织一次众筹，大家平摊生产成本。⊗

演示视频

用 Arduino 玩转掌控板（ESP32）B 站粉丝计数器

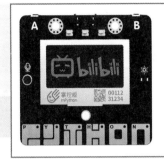

粉丝计数器

▌陈众贤

　　掌控板在创客教育中的应用非常广泛，它是一块基于ESP32的学习开发板。大家对掌控板编程用得比较多的方式是图形化编程，比如 mPython、Mind+。但是，既然掌控板是基于 ESP32 芯片的，那我们也可以用 Arduino 软件对其编程。所以我准备和大家分享一系列用 Arduino 代码对掌控板（ESP32）编程的教程——用 Arduino 玩转掌控版（ESP32）系列。本期给大家带来的是B 站粉丝计数器。

▌前言

　　如果大家玩一些自媒体平台，比如微信公众号、B 站、知乎、抖音等，相信大家对自己的粉丝数、文章阅读数、视频播放量等数据会比较关注，但是每次手动查看又比较麻烦。那有没有简单一些的方法呢？在创客技术宅的眼里，万物皆可自动化！今天就以 B 站为例，手把手教大家做一个桌面B 站粉丝计数器！

　　先来看一下效果，我用 Arduino 软件分别将程序上传至掌控板（ESP32）和 NodeMCU（ESP8266），看到的效果基本是一样的（见图1、图2）。本来还想做个外壳，无奈被疫情隔离在家，设备不多，只能做个简易版了。

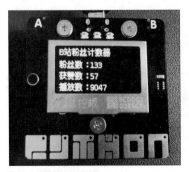

▌图1 掌控板的显示效果

　　下面开始正式教程。

▌获取 B 站 API

　　首先用谷歌浏览器（推荐）打开 B 站个人主页，如图3所示，重点关注的几个地方分别是：关注数、粉丝数、点赞数、播放数。另外还要关注右下角的 UID，这是一串数字，也是你在 B 站中唯一的 ID，这个数字很重要，后面会用到。

　　然后在键盘上按下 F12 或者 Ctrl+Shift+I 组合键，进入浏览器调试模式，刷新一下 B 站个人主页，就能在 Network（网络）标签页下看到一堆返回的数据，从中我们可以看到数据请求的

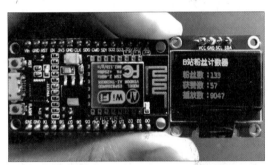

▌图2 NodeMCU 的显示效果

▌图3 B 站个人主页

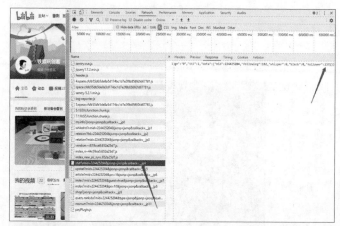

▌图 4 B 站网页调试

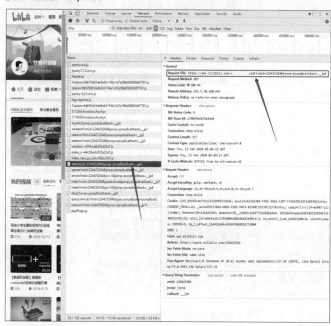

▌图 5 粉丝数 Response

▌图 6 粉丝数 Headers

方法（比如 GET），以及对应的 Domain（网址域名）。这里我们要重点关注几行数据，那就是 Domain 为 api.bilibili.com 的几行，如图 4 所示。

我们逐一点进去排查，切换到 Response 标签页，在这里我们看到了 2 个熟悉的数据：following（102）和 follower（133），这不正是我们在 B 站个人主页看到的我的关注数（102）和粉丝数（133）吗（见图 5）？

我们切换到 Headers 标签页，可以看到请求的网址（Request URL）如图 6 所示，请求方法为 GET。

我们观察一下这个网址，其中有一段 vmid=224425204，后面的数字就是我们前面提到的 UID，后面的 jsonp、callback 应该是对应的一些回调函数，我们将这些删除，只保留数字及之前的部分，并将其复制到浏览器地址栏访问一下（见图 7）。你看到什么了？是不是只有一堆最简单的数据，里面包含了我们的关注数与粉丝数？而且这对数据还是 JSON 格式的。

我们将这些数据格式化一下，方便我们查看（见图 8）。这里使用了 VS Code，你也可以使用网上其他的 JSON 在线格式化工具。

▌图 7 粉丝数 API 调用

▌图 8 粉丝数 JSON 数据

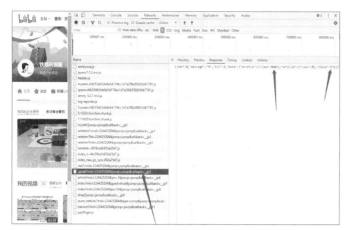

▎图 9 播放数与点赞数 Response

▎图 10 播放数与点赞数 Headers

▎图 11 播放数与点赞数 API 调用

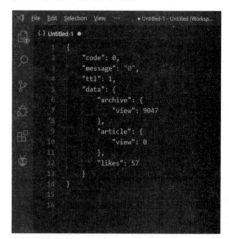

▎图 12 播放数与点赞数 JSON 数据

据所选择的的开发板，自动编译对应部分而不会报错，做到了一套程序兼容两种开发板（ESP32 和 ESP8266）的目的。

```
#if defined(ESP32)
    #include <WiFi.h>
    #include <HTTPClient.h>
#elif defined(ESP8266)
    #include <ESP8266WiFi.h>
    #include <ESP8266HTTPClient.h>
#else
    #error "Please check your mode setting,it
must be esp8266 or esp32."
#endif
#include <Wire.h>
// Wi-Fi
const char *ssid = "wifi_name";
const char *password = "wifi_password";
void setup()
{
    Serial.begin(115200);
    WiFi.begin(ssid, password);
    while (WiFi.status() != WL_CONNECTED)
    {
```

使用同样的方法，查一下播放数和获赞数，相信你很快就可以找到了。先找到数据位置（见图 9），再查看相应的 API 网址（见图 10），将末尾无关参数删除后（删掉 UID 后的参数），然后在浏览器中打开这个网址，我们就看到了熟悉的播放数（view: 9047）和获赞数（likes: 57），如图 11 所示。

在 VS Code 中将数据格式化，方便查看（见图 12）。

▎**代码编写**

1. 联网设置

想要获取 B 站的数据，当然要联网啦。我们在程序的最开头，引入一堆联网相关的头文件。这里有一个比较特殊的地方，就是我们同时引入了 ESP32 和 ESP8266 对应的头文件，这样在编译程序的时候，就可以根

```
        delay(500);
        Serial.print(".");
    }
    Serial.println("");
    Serial.println("WiFi connected");
}
void loop()
{

}
```

既然要联网，就需要定义你的网络名称和密码，对应下面代码进行修改即可。

```
const char *ssid = "wifi_name";
const char *password = "wifi_password";
```

上面连接 Wi-Fi 的程序，就不展开了，基本是标准写法，在 Wi-Fi 库里，找一下例程复制就行。

2. 获取粉丝数

连接上网络后，就可以去获取粉丝数了，除了上面已经引入的头文件 HTTPClient（这个库文件可以用来获取网站上的数据），我们还需要用到的 ArduinoJson 这个 JSON 解析库，这个库文件可以用来解析网站返回的 JSON 数据，并且初始化一个 JSON 解析对象 jsonBuffer。

ArduinoJson 目前比较流行的有两个版本：V5 和 V6，V5 比较经典和稳定，V6 比较新。两个版本使用起来稍有差异，我这里使用的是 V5 版本。

```
#include <ArduinoJson.h>
DynamicJsonBuffer jsonBuffer(256);
// ArduinoJson V5
```

我们还需要定义 API 的网址，以及初始化粉丝数，单独拎出来是方便大家修改。注意，这里我们网址的访问方式为 http，而不是 https，因为用 https 的话，代码会复杂一些。

```
// bilibili api: follower, view,
likes
```

```
String UID = "224425204";
String followerUrl = "http://api.
bilibili.com/x/relation/stat?vmid="
+ UID;    // 粉丝数
long follower = 0;    // 粉丝数
```

接着写一个获取粉丝数的函数 getFollower(String url)，只要传入对应的 API 网址，就能利用 HTTPClient 中的 GET 方法，获取相应的数据，然后再用 ArduinoJson 库进行解析。

```
void getFollower(String url)
{
    HTTPClient http;
    http.begin(url);
    int httpCode = http.GET();
    Serial.printf("[HTTP] GET... code:
%d\n", httpCode);
    if (httpCode == 200)
    {
    Serial.println("Get OK");
    String resBuff = http.getString();
    // ------- ArduinoJson V5 -------
    JsonObject &root = jsonBuffer.
parseObject(resBuff);
    if (!root.success())
    {
    Serial.println("parseObject()
```

```
failed");
    return;
    }
    follower = root["data"]["follower"];
    Serial.print("Fans: ");
    Serial.println(follower);
    }
    else
    {
    Serial.printf("[HTTP] GET...
failed, error: %d\n", httpCode);
    }
    http.end();
}
```

最后在 setup() 中调用一下，看看效果。

```
void setup()
{
    // other setup codes ...
    getFollower(followerUrl);
}
```

打开 Arduino 串口监视器，返回数据正常，就说明成功了（见图 13）。

3. 获取播放数\获赞数

这个与获取粉丝数的原理一样，不再赘述，大家请直接看代码。

图 13 串口监视器－粉丝数

```
// bilibili api: follower, view,
likes
String UID = "224425204";
String followerUrl = " http://api.
bilibili.com/x/relation/stat?vmid= "
+ UID;    // 粉丝数
String viewAndLikesUrl = "http://api.
bilibili.com/x/space/upstat?mid= " +
UID; // 播放数、点赞数
long follower = 0;    // 粉丝数
long view = 0;    // 播放数
long likes = 0;    // 获赞数
void setup()
{
  // other setup codes ...
  getFollower(followerUrl);
  getViewAndLikes(viewAndLikesUrl);
}
void getViewAndLikes(String url)
{
  HTTPClient http;
  http.begin(url);
  int httpCode = http.GET();
  Serial.printf("[HTTP] GET... code:
%d\n", httpCode);
  if (httpCode == 200)
  {
    Serial.println("Get OK");
    String resBuff = http.getString();
    // ------- ArduinoJson V5 -------
    JsonObject &root = jsonBuffer.
parseObject(resBuff);
    if (!root.success())
    {
      Serial.println(" parseObject()
failed");
      return;
    }
    likes = root["data"]["likes"];
    view = root["data"]["archive"]
["view"];
    Serial.print("Likes: ");
    Serial.println(likes);
```

```
    Serial.print("View: ");
    Serial.println(view);
  }
  else
  {
    Serial.printf(" [HTTP] GET...
failed, error: %d\n", httpCode);
  }
  http.end();
}
```

打开 Arduino 串口监视器，返回数据正常，就说明成功了（见图 14）。

4. OLED数据显示

获取到数据后，我们总不能一直在串口监视器里查看，所以我利用一个 OLED 12864 屏幕，将数据显示到屏幕上，代码如下。

```
#include <U8g2lib.h>
// 1.3 英寸 OLED12864
U8G2_SH1106_128X64_NONAME_F_HW_I2C
u8g2(U8G2_R0, U8X8_PIN_NONE);
// 0.96 英寸 OLED12864
//U8G2_SSD1306_128X64_NONAME_F_HW_
I2C u8g2(U8G2_R0, U8X8_PIN_NONE);
void setup()
{
  // other setup codes ...
  u8g2.begin();
```

```
  u8g2.enableUTF8Print();
  u8g2.setFont(u8g2_font_wqy12_t_
gb2312b);
  u8g2.setFontPosTop();
  u8g2.clearDisplay();
}
void loop()
{
  u8g2.firstPage();
  do
  {
  display(follower, likes, view);
  } while (u8g2.nextPage());
}
void display(long follower, long
likes, long view)
{
  u8g2.clearDisplay();
  u8g2.setCursor(5, 2);
  u8g2.print("B站粉丝计数器");
  u8g2.setCursor(5, 20);
  u8g2.print(" 粉 丝 数: " + String
(follower));
  u8g2.setCursor(5, 36);
  u8g2.print(" 获 赞 数: " + String
(likes));
  u8g2.setCursor(5, 52);
  u8g2.print(" 播 放 数: " + String
(view));
}
```

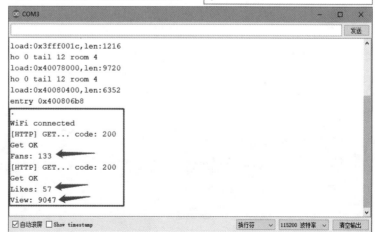

图 14 串口监视器 - 播放数与获赞数

这里我们用到了 U8g2 库，它是专门用来控制各种显示屏的。在 setup() 中设置相应的显示参数，定义一个显示函数 display(long follower, long likes, long view)，可以同时传入相应的数据，并显示出来。然后在 loop() 中调用，就可以查看显示效果，显示效果如图 1 所示。

5. 定时器：定时获取数据

现在，我们已经可以正常获取数据并且显示数据了，但你可能会问：为什么前面调试时要把获取数据的函数放在 setup() 中呢？为什么不是在 loop() 中呢？这样每次程序开机只能读取一次，岂不是太麻烦？放在 loop() 不就可以不断读取并且更新了么？

其实不是这样，如果我们把获取数据的函数放在 loop() 中，不做其他干预，不断去读取，就会因访问频率太高，触发 B 站的保护机制。你可以试试不断刷新 B 站的某个 API 地址，相信你一定会看到图 15 所示的"该页面无法访问"页面。

所以，我们就需要定时器，隔一段时间去获取一次数据，除了大 V，大家的数据变化一般不会很快，所以每隔 10 min 获取一次数据就绰绰有余了，代码如下。

```
#include <Ticker.h>
Ticker timer;
int count = 0;
boolean flag = true;
void setup()
{
  // other setup codes ...
  timer.attach(600, timerCallback);
```

▌图 15 "该页面无法访问"

```
// 每隔 10min
}
void loop()
{
  while (flag)
  {
    if (count
== 0)
    {
    // display
data
      Serial.
println( "
count = 0,
display data");
      u8g2.firstPage();
      do
      {
       display(follower, likes, view);
      } while (u8g2.nextPage());
    flag = false;
    }
    else if (count == 1)
    {
    // get follower
    Serial.println( " count = 1, get
follower");
      getFollower(followerUrl);
      flag = false;
    }
    else if (count == 2)
    {
    // get view and likes
    Serial.println( " count = 2, get
```

▌图 16 掌控版 mPython 图形化程序

```
view and likes");
      getViewAndLikes(viewAndLikesUrl);
      flag = false;
    }
  }
}
void timerCallback()
{
  count++;
  if (count == 3)
  {
   count = 0;
  }
  flag = true;
}
```

我们可以使用 ESP32 和 ESP8266 自带的定时器库 Ticker。设置一个 count 变量，根据 count = 0、1、2 分别做不同的工作：显示屏刷新数据、读取粉丝数、读取播放数和获赞数。用 flag 变量标记是否执行相应的功能。这两个参数在定时器回调函数 timerCallback() 每隔 10 min 就会改变一次，并会在 loop() 中触发相应的功能。

至此，B 站粉丝计数器就制作完成了！我还在文末附上了掌控板 mPython 图形化程序（见图 16），大家快来试试吧！Ⓦ

二哈识图（1）

音乐魔镜

▎DFRobot

"魔镜魔镜，谁是世界上最美丽的人？"看到这句话，大家一定会想到小时候的童话故事《白雪公主和七个小矮人》，这是故事里面恶毒王后和魔镜的经典台词。

现在，有了哈士奇（HuskyLens），你就真的可以自己动手做一面这样的魔镜了，只不过让镜子说话还是有点难度的，但是让蜂鸣器响起来就很简单了。就让我们一起来做个音乐魔镜，让镜子播放不同的音乐来表达它的态度吧！

▎功能介绍

在这个项目中，我们将学习 Husky-Lens 的人脸识别功能，利用其内置的机器学习技术，分辨学习过的人脸，并播放对应的不同种类的音乐，这就是音乐魔镜。

想一想，当你把 HuskyLens 的摄像头对准你的脸时，它会播放出表示赞美的美妙音乐；当你把它对准别人的脸时，就会播放一些搞怪的音乐，是不是很有意思？

▎知识园地

人脸与人体的其他生物特征（指纹、虹膜等）一样与生俱来，具有唯一性和不易被复制的特性。人脸属于最早被研究的一类图像，也是计算机视觉领域中应用最广泛的一类图像，这个项目就利用了 HuskyLens 的人脸识别功能。

什么是人脸识别

人脸识别是基于人的面部特征信息进行身份识别的一种生物识别技术，使用摄像头采集含有人脸的图像或视频，自动检测图像信息和跟踪人脸，对检测到的人脸进行脸部的一系列相关分析。

人脸识别工作原理

人脸识别的过程中有 4 个关键步骤。

人脸检测：寻找图片中人脸的位置，

硬件清单

micro:bit × 1

micro:bit 扩展板 × 1

HuskyLens × 1

一般会用方框标出。

人脸对齐：通过定位人脸上的特征点，识别不同角度的人脸。

人脸编码：可以简单理解为提取人脸信息，转换为计算机可以理解的信息。

人脸匹配：将人脸信息与已有的数据库进行匹配，从而得到一个相似度分数，给出匹配结果。

人脸识别被认为是生物特征识别领域甚至人工智能领域最困难的研究课题之一。人脸识别的困难主要是人脸作为生物特征的特点所带来的。

相似性：不同个体之间的区别不大，所有的人脸结构都相似，甚至人脸器官的结构、外形都很相似。这样的特点对于利用人脸进行定位是有利的，但对于利用人脸区分人类个体却是不利的。

易变性：人脸的外形很不稳定，人可以通过脸部的变化产生很多表情，而在不同观察角度，人脸的视觉图像也相差很大，

另外，人脸识别还受光照条件（例如白天和夜晚、室内和室外等）、人脸的遮盖物（例如口罩、墨镜、头发、胡须等）、年龄等多方面因素的影响。

人脸识别的应用场景

人脸识别目前在各行各业都有非常广泛的应用，例如考勤系统、门禁系统、手机解锁、人证核验一体机、刷脸支付等。

▎HuskyLens人脸识别功能演示

回到我们的音乐魔镜项目，HuskyLens 之所以能区分人脸，就是因为它内置了机器学习功能，它就像一个数据库的采集者，可以手动录入指定的人脸信息，并且标记这个信息。

具体怎么操作呢？先拿出你的 HuskyLens，让我们一起操作一遍。HuskyLens 各部分功能如图 1 所示。

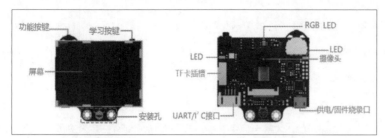

图 1 HuskyLens 各部分功能

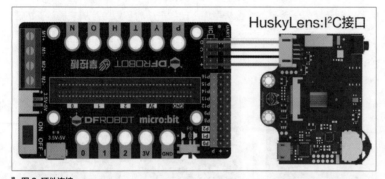

图 2 硬件连接

项目实践

学习完 HuskyLens 摄像头的基本操作，让我们一起来完成音乐魔镜的制作吧！

首先要实现的功能是摄像头在识别人脸时，能在程序端区分学习过的和未学习过的人脸。其次就是加入音乐，实现不同类音乐的播放，至少有两首。最后，可以找一面家中落灰多年的小镜子，进行外观搭建。我们分成两个任务来完成。

任务一：区分人脸，我们先学习如何使用HuskyLens摄像头识别并区分人脸，并判断是否是学习过的，同时要进行反馈。

任务二：加入音乐，在学习了如何区分人脸并执行反馈功能后，我们就可以在此基础上添加更多的功能，比如在识别到不同人脸之后能够播放不同的音乐。

1 连接电源：HuskyLens 自带独立 USB 供电口，连接 USB 线，即可开机。

2 选择"人脸识别"功能：向左拨动功能按键，直至屏幕顶部显示"人脸识别"。

3 学习人脸：把 HuskyLens 对准有人脸的区域，屏幕会自动框选出检测到的所有人脸，并分别显示"人脸"字样。

4 将 HuskyLens 屏幕中央的"+"对准需要学习的人脸，短按"学习按键"完成学习。如果识别到相同的人脸，屏幕上会出现一个框并显示"人脸：ID1"，这说明已经可以进行人脸识别了。

*长按学习按键不松开，可以多角度录入人脸。

* 如果屏幕中央没有"+"，说明 HuskyLens 在该功能下已经学习过了（已学习状态）。此时短按学习按键，屏幕提示"再按一次遗忘！"。在倒计时结束前，再次短按学习按键，即可删除上次学习的内容。

▌任务一：区分人脸

硬件连接如图 2 所示。

1. 程序设计

这里默认摄像头已经学习过指定人脸信息，当摄像头再次看到人脸时，判断是否是学习过的即可。为了让显示过程更加直白，micro:bit 屏幕上显示笑脸表示识别到的是指定人脸，显示哭脸表示识别到的不是指定人脸。

在正式编程前，先进行以下 3 步。

（1）Mind+ 软件设置

打开 Mind+ 软件（1.62 或以上版本），切换到"上传模式"，单击"扩展"，在"主控板"选项卡下单击加载"micro:bit"，在"传感器"选项卡下单击加载"HUSKYLENS AI 摄像头"（见图 3）。

▌图 3 在 Mind+ 中添加扩展

（2）积木学习

来认识一下主要用到的几条积木。

①	 初始化，仅需执行一次，放在主程序开始和循环执行之间，可选择 I²C 或串口，I²C 地址不用变动。注意 HuskyLens 端需要在设置中调整"输出协议"与程序中一致，否则读不出数据。
②	 切换算法，可以随时切换到其他算法，同时只能存在一个算法，注意切换算法需要一些时间。
③	 主控板（micro:bit）向 HuskyLens 请求一次数据，将数据存入主控板的内存中，一次请求刷新一次存在内存中的数据，之后可以从"结果"变量中获取数据。调用模块之后，"结果"才会获取到最新的数据。
④	<img> 从请求得到的"结果"中获取当前界面中是否有方框或箭头，包含已学习（ID 大于 0）和未学习的，有一个及以上则返回 1。
⑤	<img> 从请求得到的"结果"中获取 IDx 是否已经进行了学习。
⑥	 从请求得到的"结果"中获取 IDx 是否在画面中，方框指屏幕上目标为方框的算法，箭头对应屏幕上目标为箭头的算法，目前仅在巡线时选择箭头，其他都选择方框。

（3）程序流程图

程序流程如图 4 所示。

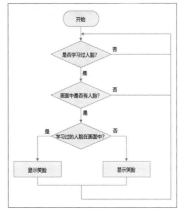

▌图 4 程序流程图

2. 程序示例

程序示例如图 5 所示。

3. 运行效果

摄像头提前学习好一张人脸，将图 5 中的程序上传到主控板后，当摄像头看到指定人脸时，则显示笑脸表情；当看到其他人脸时，就显示哭脸表情（见图 6）。

注：运行程序时，除了给主控板供电，对摄像头也需要单独供电。

▌任务二：加入音乐

1. 程序设计

我们可以在笑脸和哭脸表情下各加入

▌图 5 程序示例

▌图6 运行效果

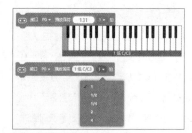

▌图7 《百花香》简谱段落

▌图8 播放音符积木

一段音乐,一首赞美的,一首搞怪的。比如时下很火的《百花香》里的"你就是春天里的青草,秋天里的飞鸟"。

如何加入音乐呢?这里使用 micro:bit 扩展板自带的蜂鸣器,使用时将蜂鸣器开关打开即可。

如何找乐谱呢?上网搜索《百花香》简谱,截取需要的段落(见图7)。

如何编写程序呢?Mind+ 自带播放音符积木,分为低、中、高音,还有各种节拍(见图8)。

如何将乐谱与积木对应起来呢?这里提供一个简单的识别方法,以音符2为例演示。

最后,找一面小镜子,把硬件藏在镜子背面,露出摄像头采集人脸信息,搭建出一面音乐魔镜吧!

▌项目小结

通过音乐魔镜项目,我们了解了人脸识别的工作原理,学习了 HuskyLens 上人脸识别算法的应用。

在人工智能视觉识别领域,人脸识别是不可或缺的一部分,也有丰富的应用场景,大家一起开动脑筋,想一想还能做出哪些人脸识别的应用呢?

▌项目拓展

这个项目中,我们将人脸识别与音乐结合,做了一个好玩的音乐魔镜。

其实回头想一想,摄像头识别到不认识的人脸,就发出指定声音,这不就是门禁警报系统吗?但是如果应用在实际场景中,蜂鸣器报警的声音实在太小,所以能不能将它与物联网结合呢?如果你的手边刚好有物联网模块,尝试做一个家庭警报系统吧,利用摄像头检测门口是否有陌生人,如果陌生人停留的时间过长,那么利用物联网发送消息到主人的计算机或者手机上。⊗

2. 程序示例

程序示例如图9所示。

低音	2̣	1 拍	2
中音	2	1/2 拍	2̲
高音	2̇	1/4 拍	2̳

3. 运行效果

提前在摄像头上学习好识别你自己的脸,将程序上传到 micro:bit 中,运行程序时,摄像头只要看见你,就会唱一段"你就是春天里的青草,秋天里的飞鸟",如果摄像头对着其他人,就会唱搞怪的歌。怎么样,是不是很有意思呀?

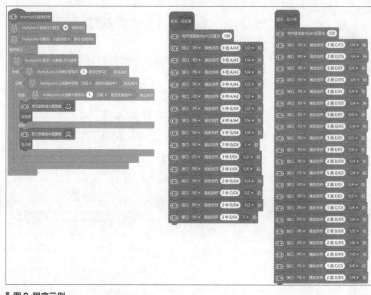

▌图9 程序示例

视觉识别智能分类垃圾桶

唐雨萱　陈杰

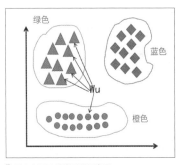

目前普遍使用的分类垃圾桶只是通过颜色和标签指示分类信息，在上海市垃圾分类试行期间，居委会大妈会站在公共垃圾桶旁边指导，"你是什么垃圾？"成为市民每天不得不经受的拷问。人们迫切需要一台能够智能分类的垃圾桶。于是我们设计了一款基于KNN（K最近邻）算法的视觉识别智能分类垃圾桶模型，它的功能如下。

（1）将垃圾放入识别区后，垃圾桶通过摄像头对垃圾进行智能识别，分区存储（见图1）。

（2）当出现无法识别的垃圾后，可人工学习识别（见图2）。

（3）具有灯光指示、语音播报功能，让垃圾分类投放更简单。

KNN算法

KNN算法的思路是每个样本都可以用它在特征空间中最接近的 K 个邻近值来代表，如果 K 个邻近值中的大多数属于某一个类别，则该样本也属于这个类别。

如图3所示，针对测试样本 Wu，想要知道它属于哪个分类，就先 for 循环所有训练样本，找出离 Wu 最近的 K 个邻居（假设 $K=5$），然后判断这 K 个邻居中，大多数属于哪个类别，就将该类别作为测试样本的预测结果。图3中 Wu 有4个邻近值的类别是绿色，1个临近值的类别是橙色，那么判断 Wu 的类别为绿色。

KNN作为一个数据挖掘分类技术入门级算法，既简单又可靠，对非线性问题支持良好，虽然需要保存所有样本，但是仍然活跃在各个领域中，并提供比较稳健的识别结果。

系统设计

我们设计的这款智能分类垃圾桶具备学习能力，可以通过学习记录相关垃圾分类，从而做到智能识别分类，并通过相应机械结构，把不同类的垃圾自动投放到不同的垃圾桶中。对于垃圾桶不能识别的垃

硬件清单		
序号	名称	数量
1	Arduino Uno	1
2	I/O 传感器扩展板 V7.1	1
3	HuskyLens（哈士奇）视觉识别摄像头	1
4	数字大按钮	4
5	LED 模块	1
6	9g 金属舵机	2
7	小扬声器	1
8	螺丝	若干
9	铜柱	若干
10	奥松板	若干
11	7.4V 锂电池	1

绿色

蓝色

Wu

橙色

▋图 3 KNN 分类原理示意图

▋图 1 对垃圾进行识别

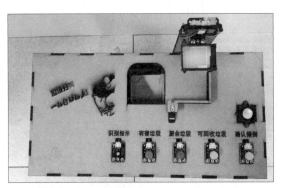

▋图 2 操作面板上用于人工学习的按钮

圾，可以通过人工方式定义所属类别，再进行垃圾分类投放。

使用流程：定义垃圾分类、垃圾学习初始化、垃圾识别（可识别的垃圾）。

▌结构设计

整个智能分类垃圾桶的结构分为 3 部分：垃圾桶、垃圾分类投放结构、视觉识别摄像头支架。结构件设计采用 LaserMaker 设计，用激光切割机切割出来。

1. 垃圾桶结构设计

采用 LaserMake 中的快速造盒功能生成一个盒体的快速原型，再对其细节进行修改。

① 背板：在背板上增加传感器支架固定孔位（①）、主控安装孔位（②）和分类投放装置固定件支架孔位（③）。

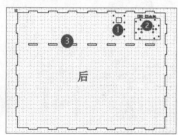

② 右侧板：右侧板留有主控的外置电源接孔和分类投放装置固定件支架孔位（①），左侧板留有分类投放装置固定件支架孔位（②）。

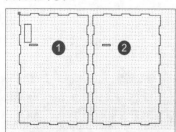

③ 前面板：放置主题装饰画，由外部导入（①）；增加垃圾入口（②）、舵机安装孔（③）、扬声器安装孔（④）、

按钮及指示灯安装孔与说明文字（⑤）。

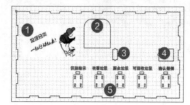

④ 分类投放支架：增设垃圾推送舵机安装孔位（①）、分类投放装置旋转空间（②）。

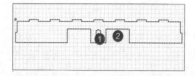

⑤ 垃圾桶前挡板：添加标题"二哈垃圾桶"。

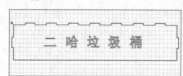

⑥ 分类垃圾桶：3 个分类垃圾桶采用前高后低的设计，确保垃圾能够落入垃圾桶内。前面板分别导入图片，形成雕刻图案（①⑥⑦）；底板（②），后背板（③），左、右侧板（④⑤）分别制作 3 份。

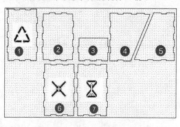

⑦ 垃圾推送结构：垃圾推送结构由推送杆（①）、增厚片（②）组成，由舵机驱动，把识别出的垃圾推送至垃圾入口内。

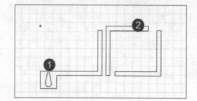

2. 垃圾分类投放结构设计

垃圾分类投放结构由舵机和导流槽组成，舵机带动导流槽转向不同角度，向不同的垃圾桶倾倒垃圾。如图 4 所示，由于导流槽与舵机之间通过等腰直角三角形连接件（③）固定，导流槽左、右侧导板接近垃圾倾倒处要切割掉一部分（①），导流槽底板就是一个长方形（②）。

3. 视觉识别摄像头支架结构设计

视觉识别摄像头支架（见图 5）可以调整视觉传感器与待识别垃圾之间的距离，有固定视觉识别传感器的孔位（①）和调整高度用的一组孔位（②）。

▌电路连线

电路连接如图 6 所示，哈士奇视觉识别摄像头接 I/O 传感器扩展板的 I²C 口，LED 接 I/O 传感器扩展板的 D10 口（识别指示灯），确认倾倒按钮接 I/O 传感器扩展板的 D9 口，定义有害垃圾按钮接 I/O 传感器扩展板的 D7 口，定义厨余垃圾按钮接 I/O 传感器扩展板的 D6 口，定义可回收垃圾接 I/O 传感器扩展板的 D5 口，分类投放舵机接 I/O 传感器扩展板的 D3

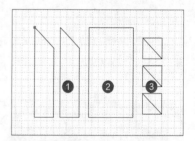

▌图 4 导流槽与连接件设计

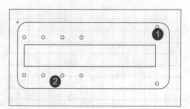

▌图 5 视觉识别摄像头支架

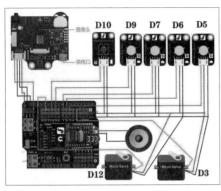

▌图6 电路连接

▌图7 主程序

口，推送垃圾的舵机接 I/O 传感器扩展板的 D12 口。

程序编写

用 Mind+ 编写的图形化程序分为主程序（见图7）和有害垃圾、厨余垃圾、可回收垃圾、定义处理 4 个子程序。

有害垃圾的处理过程

垃圾分类投放舵机转向相应的角度，等待 1s 后，垃圾推送舵机转动，识别指示灯亮起，哈士奇屏幕显示相应垃圾类型，播放语音提示。等待 2s 后，指示灯熄灭，分类投放机构复位，等待 1s，推送机构复位（见图8）。可回收垃圾、厨余垃圾的处理过程与之类似。

人工学习处理过程

对于识别过程中识别为 ID1 的情况以及在不同 ID 之间不停切换的情况，我们将其定义为没有准确识别，这时可通过"定义处理"子程序进行人工学习，将垃圾定义为指定的类别（见图9）。

▌图9 "定义处理"子程序执行人工学习过程

▌图8 "有害垃圾"子程序

设备组装

① 拿出识别指示 LED 模块，用螺丝、螺母固定，将 LED 模块的电路板垫高一段距离，避免电路板上的焊点与垃圾桶体直接接触。

② 将 LED 模块装入垃圾桶前面板对应孔位，再用 2 个螺母将其固定。

③ 按上述方法依次对几个按钮安装在前面板上。

④ 将舵机和扬声器安装到前面板上。

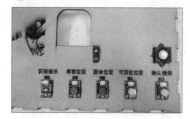

⑤ 取出舵机、舵盘，将其放入垃圾推送结构中，并用胶水粘贴增厚片。

⑥ 将垃圾推送结构安装到前面板的舵机上。

⑦ 取出背板和 Arduino Uno，先在背板上对应 Arduino Uno 的孔位固定铜柱。

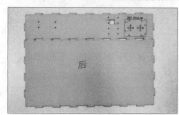

⑧ 将 Arduino Uno 卡在铜柱上，用螺丝固定。再拿出 I/O 扩展板，叠加到 Arduino Uno 上。

⑨ 将哈士奇视觉识别摄像头用螺丝安装到支架上。

⑩ 选择合适的安装孔位，将视觉识别摄像头支架安装到背板上，从背板上的走线孔穿线，与 I/O 扩展板连接。

⑪ 将分类投放机构固定件安装在背板上。

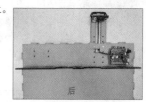

⑫ 用热熔胶组合导流槽，再用连接件连接舵机、导流槽。

⑬ 安装垃圾分类投放结构，注意电路连线要整理整齐。

⑭ 安装垃圾桶前挡板。

15 组装不同的垃圾桶。

16 智能分类垃圾桶整体组装完成。

测试与运行

我们在系统中将ID1定义为空白场景，将ID2定义为有害垃圾，将ID3定义为可回收垃圾，将ID4定义为厨余垃圾。在使用前，首先需要让垃圾桶进行垃圾分类的学习，建立一个最初的基础模型。

1. 学习垃圾分类

按下哈士奇右上角的学习按钮，分别将ID1~ID4定义为空白场景（见图10）、有害垃圾、可回收垃圾、厨余垃圾。

学习ID1（空白场景）后，松开学习按钮，屏幕提示如需继续学习再按一次，请务必在倒计时结束前按下按钮继续学习（见图11）。

▌图10 定义空白场景

▌图11 屏幕提示是否继续学习

▌图12 识别为ID2（有害垃圾）

▌图13 识别为ID2（有害垃圾）

▌图14 人工定义新的类型

同理，完成ID2、ID3、ID4的连续学习，即可进入识别模式。

2. 识别垃圾

学习模式下，倒计时结束后，将相应的垃圾放入识别区域，即可对已学习的垃圾类型进行识别（见图12）。

3. 人工学习

KNN算法虽然简单有效，但当学习的样本不够多时，识别的效率不高。此时可以通过人工学习方式，强制指定垃圾类型。例如图13所示的轮胎，哈士奇识别类型为ID2（有害垃圾），而我们期望类型识别为ID3（可回收垃圾），此时可以通过按下可回收垃圾按钮，将其类型定义为ID3（见图14），以后就可以将其类型识别为ID3了（见图15）。

4. 确认倾倒

如果识别的结果正确，按下"确认倾倒"按钮，即可完成垃圾投放（见图16）。Ⓧ

▌图15 人工学习后的识别结果

▌图16 确认后进行垃圾投放

DF创客社区 推荐作品

智能电子小台秤

刘育红

演示视频

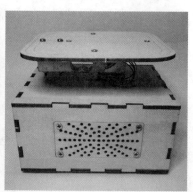

本电子秤具有普通电子秤的基本称重功能，可以称量重量在1000g以内的物体。此外，它还有智能语音提示功能，当使用者需要称出某个重量（比如200g）时，可以通过3个旋钮进行设置，智能模式即自动开启。当秤盘上物体的重量小于设定重量时，语音播报"亲，再加一点点"；当秤盘上物体的重量大于设定重量时，语音播报"亲，多了，请取走一些"；当秤盘上物体的重量等于设定重量时，语音播报"正好呢，太完美啦"。语音噪音及内容可以更改，本项目中使用了度小美的声音。硬件见附表，制作所需的部分硬件如图1所示。

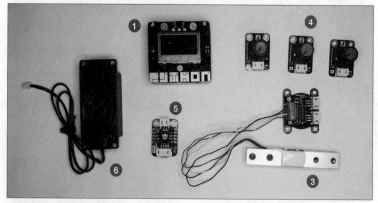

▌图1 制作所需的部分硬件

▌电路连接

电路连接如图2所示，旋转电位器的1、

附表　硬件清单

①	掌控板	1块
②	扩展板	1块
③	Hx711 重量传感器	1个
④	旋转电位器	3个
⑤	串口 MP3 模块	1个
⑥	小扬声器	1个

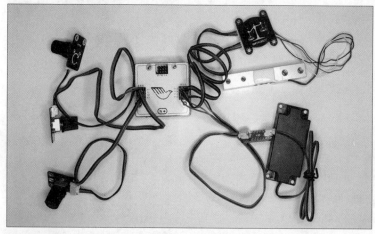

▌图2 电路连接

2、3 引脚分别连接掌控板的 P0、P1、P2 引脚，重量传感器连接掌控板的 P13、P14 引脚，串口 MP3 模块连接掌控板的 P15、P16 引脚。

设计外壳

外壳采用激光切割机切割椴木板制作（见图 3）。

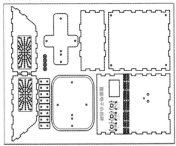

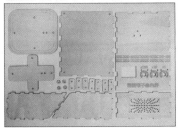

图 3 外壳激光切割图纸与实物

录制语音

① 打开 Mind+，切换到"实时模式"。

② 添加扩展："文字朗读"。

③ 编写 3 段语音播报程序。

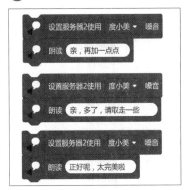

④ 分别执行上面的 3 段程序，使用截屏软件、录音软件或专用设备录制语音，并保存为 MP3 格式文件。

⑤ 将 3 个音频文件复制到 MP3 模块中。

编写程序

① 打开 Mind+，切换到"上传模式"，将掌控板与计算机连接在一起。

② 添加扩展，在"主控板"选项卡中选择"掌控板"，在"传感器"选项卡中选择"Hx711 重量传感器"，在"执行器"选项卡中选择"串口 MP3 模块"。

③ 编写程序。

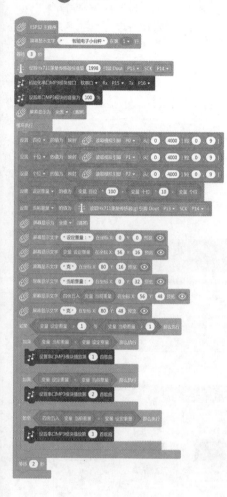

④ 单击"上传到设备"，上传程序。

组装调试

① 安装 4 个脚垫。

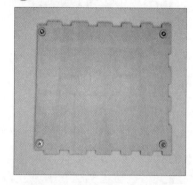

② 组装盒体。

③ 安装电子部件。

④ 组装秤盘。

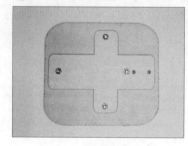

⑤ 将秤盘、垫板与重量传感器的一端通过螺丝连接起来。

⑥ 将重量传感器的另一端垫上垫板，通过螺丝固定在盖板上。

⑦ 将装上秤盘的盖板与下面的盒体组合起来，利用一个重量已知的砝码作为参照物，对电子秤进行校准。⊗

Arduino 可穿戴式生命体征监测系统

张懿

最近我总想着要锻炼一下身体，但是既不想去办健身卡，又没买运动手环，那就只好自己动手了。

所谓体征监测，就是利用各种传感器和设备，对人体的体温、心率、呼吸状态和血压等数据进行观察和研究的方法。使用不同的设备组合所得到的不同数据组具有不同的参考意义，反映的信息也不尽相同。我选择了心率、血氧饱和度和体温 3 个数据作为观察对象，因为这 3 个数据都比较直观，而且便于无接触测量。上淘宝一顿猛搜，我无奈地发现能用的传感器少之又少，只有美信的 MAX30102 和 MAX30205 可以用，这其实就是大部

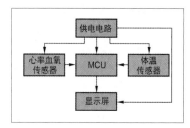

▌图 1 方案总框图

分智能手环的方案了。主控为了省事，选了 LGT8F328P，这是一款国产 8 位单片机，完美兼容 Arduino Uno、Nano 等上面使用的 ATmega328P，烧一下 BootLoader 就能愉快地假装自己是原装货。供电方案我选择了一块 10 块钱买的 602035 锂电池，标称 3.7V、400mAh，

不用多想，肯定是虚标的，不过好在它自带过充、过放保护。

做一个可穿戴设备，总要做人机交互吧？这就让我头疼了，不过好在是自己用，设备丑点也没关系，搞一个 12864 的 LCD 就成，当然必要的炫酷还是要的，屏幕得是彩色的，最好还要是长条形的，然后我就在屏上翻车了，等我在后面一起说。

当然，做东西最重要的是能发光，所以我还给它准备了一块 4×4 的 WS2812 灯板，这样，我就是全运动场最靓的仔。

方案总框图如图 1 所示。

▌硬件设计

因为传感器模块和 LCD12864 都采用 I²C 接口通信，所以硬件线路设计比较简单，使用 TP4056 连接锂电池供电，然后引出 I²C 接口连接 MAX30102 和 MAX30205，最后再引出一组串口驱动 WS2812 即可。整个系统为了最大程度降低成本，运行在电池电压下，没有做 5V 升压，所以 WS2812 有一定色偏，但是不影响使用。我预留了 ISP 接口，可以焊接好芯片之后再烧写 BootLoader，不用买烧写座。整体电路如

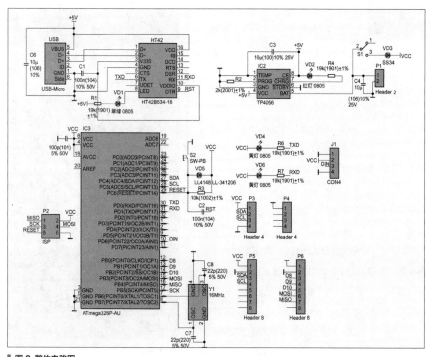

▌图 2 整体电路图

▎图3 显示效果

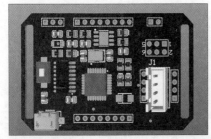

▎图4 PCB 外观

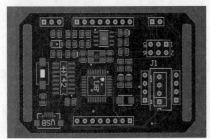

▎图5 PCB 布线

图 2 所示，我偷了个懒，MCU 直接用 ATmega328P 的封装表示。

▎传感器介绍

1. MAX30205

MAX30205 温度传感器可以通过非接触形式测量人体温度，并提供过热警报、中断、停止输出。MAX30205 使用高分辨率 Δ 转换模数转换器（ADC）将体温测量数据转换为数字量，通过与 I²C/ 串口兼容的总线接口与单片机进行通信，以读取温度数据并配置过热关闭输出的行为。

MAX30205 具有 3 个地址选择线，共

32 个可用地址。该传感器的电源电压范围为 2.7~3.3V，工作电流仅为 600μA，并自带有锁保护的 I²C 兼容接口，非常适合便携式健身和医疗应用。

2. MAX30102

MAX30102 是集成式心率、血氧饱和度监测传感器模块，功耗非常低，可用于智能手机和便携式设备。MAX30102 为内部 LED 提供 1.8V 电源和独立的 5V 电源，以及标准的 I2C 兼容通信接口。

▎程序设计

设备上电之后，会自动初始化所有设备，首先清空 WS2812 和 LCD12864 上的内容，然后设备会对 MAX30102 和 MAX30205 进行校准，校准方法为均值滤波，采样数为 1500。校准完成后，显示屏上会显示心率（HeratRate）、血氧饱和度（SPO2）和体温（Temperature），如图 3 所示。

MAX30102 传感器获取的数据和实际数据的转换关系如下：

血氧饱和度：SpO2=-45.060*X^2+30.354 *X + 94.845

心率：HR=60/（Times/1000）

MAX30205 传感器获取的数据和实际数据的转换关系如下：

TEMPERATURE= readData* 0.00390625

在程序运行过程中，主控会不断通过 I²C 向传感器请求数据，但是数据并不会实时刷新，因为光学原理的元器件通常极易受到外界干扰，我们在这里一次缓存 90 组数据，分为 3 组 30 个数据的数据块。第一组数据块将读取平均值后作为基准值；然后用第二组数据块中的数据值的平

均数与其进行对比，主要目的是降低环境噪声带来的影响，避免数据大范围漂移；第三组数据块是校验数据，用来保证前后两组数据之间的关联性，即第一次采样的 90 个数据中，最后 30 个数据与第二次采样的前 30 个数据相同，这样就可以确保任何相邻数据之间是连续的，避免了数据跳变。

在程序中，用简单拟合的方式将心率、血氧饱和度和体温换算成了 0~255 的 PWM 值，用于驱动 WS2812，总体来说，体征越趋近于正常，颜色越偏蓝；体征越活跃，颜色越偏红，也能起到提醒注意身体状态的作用。我没有严格调校，所以颜色不是精确地对应特定体征。

▎PCB制作

我在 Altium Designer 2018 中绘制了 PCB，因为各个模块都使用 2.54mm 的排针引出，所以和模块的对接使用了 2.54mm 的排母，PCB 外观和布线如图 4、

▎图6 系统实物

▌图 7 实际使用效果

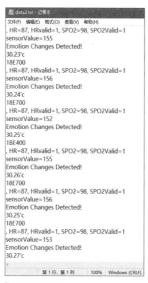

data2.txt - 记事本
文件(F) 编辑(E) 格式(O) 查看(V) 帮助(H)
, HR=87, HRvalid=1, SPO2=98, SPO2Valid=1
sensorValue=155
Emotion Changes Detected!
30.23'c
18E700
, HR=87, HRvalid=1, SPO2=98, SPO2Valid=1
sensorValue=156
Emotion Changes Detected!
30.24'c
18E700
, HR=87, HRvalid=1, SPO2=98, SPO2Valid=1
sensorValue=152
Emotion Changes Detected!
30.25'c
1BE400
, HR=87, HRvalid=1, SPO2=98, SPO2Valid=1
sensorValue=155
Emotion Changes Detected!
30.26'c
18E700
, HR=87, HRvalid=1, SPO2=98, SPO2Valid=1
sensorValue=156
Emotion Changes Detected!
30.25'c
18E700
, HR=87, HRvalid=1, SPO2=98, SPO2Valid=1
sensorValue=153
Emotion Changes Detected!
30.27'c

第 1 行, 第 1 列   100%   Windows (CRLF)

▌图 8 测试数据

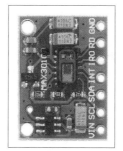

▌图 9 绿色版本的 MAX30102

▌图 11 就是这 3 个电阻

▌图 10 黑色版本的 MAX30102

▌图 12 0.96 英寸 TFT 彩屏

图 5 所示。

系统实物如图 6 所示，为了方便拍照，我所有传感器都插在正面了。

实际使用效果如图 7 所示。

测试数据如图 8 所示。

▌注意事项

这里来说一下这个项目的几个"坑"。

首先是传感器的问题，MAX30102 能买到两个版本，一种是绿色的，比较便宜（见图 9）；一种是黑色的，比较贵（见图 10）。二者在原理上完全相同，从元器件上看，绿色版本可能还要更走心一点，价格也更便宜，但其实绿色版本有非常严重的设计缺陷，我怀疑参数也标得不对。

这个缺陷主要来自 PCB 设计，在这块 PCB 上，设计者将传感器的主供电作为 I^2C 的上拉电压对 I^2C 进行上拉，因此在绿色版本的 MAX30102 上，其 I^2C 高电平为 1.8V，只能在 1.8V 电平的单片机（STM32 系列的大部分）上使用。

下面先来讲一下简单、粗暴、不折腾的解决方法：重新买黑色的 MAX30102。接下来我们来讲简单、粗暴但是要折腾的解决方法。

把图 11 中标出来的 3 个 4.7kΩ 的电阻用电烙铁取下来，然后在 SDA、SCL 引脚处再焊接两个 4.7kΩ 的电阻接到 VIN 引脚，这样就可以了。如果需要用到 INT 引脚，那么还需要给 INT 引脚也焊接一个 4.7kΩ 的电阻，连接到 VIN 引脚。

接下来还有更粗暴的方法：直接把右边那颗 "65K9" 的输出引脚那根线割断，然后在最右边那个 4.7kΩ 的电阻右端飞根线到 VIN 引脚，但是如果你线割得不彻底，会烧坏传感器，别问我为什么知道。

接下来是 PCB 规则问题，主要还是我欠缺经验吧，我在 PCB 上开了槽，在下单时备注了槽位，但是板厂依然给了我未开槽的板子，拿到之后，我心中是万马奔腾的，和客服沟通后了解到嘉立创开槽必须和板外形在同一层（捷配就可以直接开板槽），以后千万要记住，不然 5 元钱小事，耽误时间事大。

然后就是屏幕的问题，一开始我选的是 0.96 英寸的 TFT 彩屏（见图 12），商品介绍上说效果很好，买回来商家给了个 U8G2 驱动库，结果它是 ST7735 芯片的，U8G2 并不支持，但是卖家坚持可以正常使用，最后我自己找了 datasheet 写了驱动程序，发现屏幕不支持区域刷新，只能全屏刷新，刷新速度还特慢，就放弃了，换回了经典的 12864LCD。

最后，我想说的是，现在我有点同情手环厂的工程师了，非接触式测量在这种成本和体积压制下，能测出结果我觉得很可能已经谢天谢地了，准不准……我已经放弃了。趋势是准的，但是实际数据不经过"特殊"处理会非常尴尬，静止人体在室内，显示心率为 32，血氧饱和度为 100%，体表温度为 25.7℃……

总结一下，除去翻车成本，板子 + 元器件一共花了 132 元，这个价格可以买个好点的运动手环了；算上翻车成本，都可以买最新的小米手环了，下次折腾之前，一定要卡死成本，不然费钱又费时。⊗

DC/DC微功率隔离电源的设计与制作"一题多解"（3）

Flybuck 隔离电源模块的制作

▌牛牛

前两期提到的推挽结构隔离电源和反激结构隔离电源，专用的控制 IC 型号较少，对于 DIY 爱好者而言，样品购买较为困难，且价格相对不透明。本文接下来介绍的拓扑则可以很好地解决这个问题，Buck 电路是大家最为熟知的 DC/DC 转换电路之一，只要选用合适的 Buck 转换器 IC，在标准 Buck 电路的基础上稍作变形，即可完成这个隔离电源模块的设计与制作，这种变形后的电路叫作 Flybuck。

图 1 所示为 Flybuck 基本的电路结构，除去电路中的 L2、VD1 和 Co'，该电路即为普通的带有同步整流功能的 Buck 电路。其中 VT1 为开关管，VT2 为续流管，电路通过调节一个周期内 VT1 导通的占空比 D 实现输出电压的稳定，在连续工作模式（CCM）下，输入、输出电压关系为：

$$V_o = V_{in} \cdot D$$

如图 1 所示，在普通带同步整流且工作在 CCM 的 Buck 电路基础上，将电感换成两个绕组（多路隔离输出的话也可以是多个绕组）的耦合电感，在耦合电感另一绕组上增加二极管 VD1 整流和电容 Co' 滤波，则可以在 Co' 上得到与输入隔离的

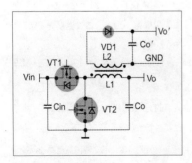

▌图 1 Flybuck 结构图

电压 V_o'。电路工作原理如下。

开关管 VT1 导通时，输入电压 V_{in} 与输出电压 V_o 的差值加在电感 L1 两端，极性为左正右负，此时根据同名端关系，电感 L2 感应得到左负右正的电压，二极管 VD1 反偏，隔离路输出部分 Vo' 依赖电容 Co' 上存储的能量维持供电。在此期间内，V_{in} 一方面为非隔离路输出 Vo 供电，另一方面将能量存储在电感 L1 中。VT1 关断后，VT2 开通，此时 L1 继续通过 Co 和 VT2 续流，由于 L1 和 L2 是紧密耦合的，因此续流同样发生在 L2、VD1 和 Co' 回路，在此期间，通过 L1 存储在耦合电感内部的能量释放到 Vo 和 Vo' 两个输出端。

Buck 控制 IC 通过反馈维持非隔离路输出 Vo 的电压的稳定，由于耦合电感绕组匝比的关系，隔离路输出 Vo' 的电压也会维持相对稳定。假设 L1 绕组匝数为 N_1，L2 绕组匝数为 N_2，V_o' 与 V_o 的关系式为：

$$V_o' = (V_o + V_{DS}) \cdot \frac{N_2}{N_1} - V_F$$

其中 V_{DS} 为电流流过 VT2 产生的压降，V_F 为 VD1 的正向导通压降。

了解 Flybuck 结构的基本原理后，下面通过实例介绍采用这种结构的隔离电源的设计与制作。图 2 所示为本次设计的电路原理图，输入电压 V_{in} 范围为 7 ~

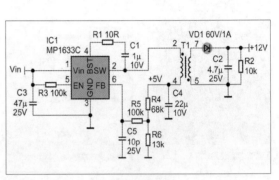

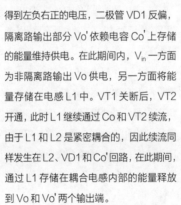

▌图 2 采用 Flybuck 结构的隔离电源原理图

16V，非隔离路输出为 5V，最大电流为 2A；隔离路输出电压约 12V，输出电流受非隔离路输出电流影响，非隔离路空载时，隔离路输出电流能力不小于 0.15A。

本设计采用的控制 IC 为 MPS 的 MP1653C，需要注意完整型号，尾缀 C 表示该型号轻载工作在强迫 CCM。为了确保非隔离路空载时，隔离路仍然能够获得相对稳定的输出，轻载工作在强迫 CCM 是一项必要条件。在图 2 所示的原理图中，如果移除 VD1、C2、R2 和 T1 的右半部分绕组，就是 MP1653C 用于 5V 输出 Buck 电源的基本外围参数。其中 C3 为输入退耦电容；R3 用于 IC 使能脚上拉；C1 为自举电容，为 IC 内部高边开关管驱动供电；R1 为自举充电限流电阻；R5、C5 用于电压采用滤波；C4 为输出滤波电容；R4、R5 用于设定输出电压，根据图中参数，+5V 非隔离路输出电压为：

$$V_o = (\frac{R_4}{R_6} + 1) \cdot V_{ref} = (\frac{68}{13} + 1) \times 0.8$$
$$= 4.98 \, (V)$$

确定输入、输出电压条件后，就可以根据 Buck 电路的计算方法得到所需电感

量。固定输出电压的条件下，Buck 电路电感最恶劣的工作条件发生在输入电压最高点，在本设计中即 V_{in}=16V 时，又已知输出电压为 5V，输出电流为 2A，IC 开关频率为 800kHz，假设电感纹波电流峰峰值 ΔI_L 为输出电流的 50%，即 1A，则所需电感量为：

$$L = \frac{V_o}{f_{sw} \cdot \Delta I_L} \cdot (1 - \frac{V_o}{V_{in}}) = \frac{5}{800 \times 1} \times (1 - \frac{5}{16})$$
$$=4.3(\mu H)$$

本设计耦合电感的设计仍然沿用前文 Flyback 电路中所用的磁芯和骨架，根据 MP1653C 数据手册可知 IC 峰值电流保护点大于 4.2A，为了确保磁芯不饱和，则绕制该电感所需的匝数为：

$$N_1 = \frac{L \cdot I_{max}}{B_{sat} \cdot A_e} = \frac{4.3 \times 10^{-6} \times 4.2}{0.35 \times 9.2 \times 10^{-6}} = 5.6$$

实际设计中匝数取整数 6。由于 MP1653C 内部同步整流管内阻较低，因此 V_{DS} 压降较小，计算时取 0.1V，VD1 正向导通压降取 0.5V，根据前文计算公式，可以反推得到 12V 隔离输出路绕组匝数：

$$N_2 = \frac{(V_o' + V_F) \cdot N_1}{(V_o + V_{DS})} = \frac{(12+0.5) \times 6}{(5+0.1)} = 14.7$$

匝数取整数 15，最终变压器的绕制结构如附表所示。

和反激式变压器一样，Flybuck 的耦合电感也需要通过磁芯开气隙使得电感量达到设计值。确定耦合电感绕组参数后，就可以计算得到输出整流二极管的耐压要

附表　耦合电感绕制说明

起	尾	线规	匝数	胶带	备注
2	4	漆包线，$\phi 0.25mm \times 2$	6	1 匝	平整绕满一层
5	7	漆包线，$\phi 0.22mm \times 1$	15	1 匝	平整绕满一层
磁芯规格		EPC10，PC40 或其他等同材质			
骨架		EPC10，4+4Pin			
电感量要求		磁芯单片中柱开气隙，100kHz/0.3V 下，Pin4 ~ Pin2 测得由感量为 4.3 μH ± 10%			
组装要求		两片磁芯紧密贴合后使用胶带缠绕 2 圈固定			

求。Buck 转换器高边开关开通时，输出二极管承受的电压等于耦合电感反射到输出绕组上的电压加上输出电压，在非隔离路输出电压为零且隔离路输出电压正常时，反向电压最高，我们可以通过下式计算得到：

$$V_R = \frac{N_1 \cdot (V_{in\_max} - V_{o\_min})}{N_1} + V_o' =$$
$$\frac{15 \times (16-0)}{6} + 12 = 52 （V）$$

实际我们选用 60V 的肖特基二极管。制作完成的实物如图 3 所示，尺寸是 15mm × 15mm × 7.5mm，不同于先前的推挽和反激电源模块，Flybuck 电源具备一路非隔离输出和一路隔离输出，很多场景下可以节约一路 DC-DC 转换器，应用更加灵活。Flybuck 电源的一个特点是隔离路输出带载能力随着非隔离路负载的增加而增加，这是由于同步整流 Buck 转换器的续流管反向限流点固定，非隔离路负载越轻，隔离路带载后就越容易触碰到限流点。

图 4 所示为模块在 5V 非隔离路不同负载电流下，隔离输出路的输出限流点随

输入电压变化曲线。由图可见，随着输入电压的升高，隔离路的带载能力增强，同时可以看出 Flybuck 的另一特点是随着非隔离路的输出电流的增大，隔离路的带载能力也显著增强。

由于 Flybuck 的反馈取自非隔离路，因此非隔离路输出电压非常稳定，隔离路输出电压受到输出二极管压降、Buck 电路续流管 V_{DS} 压降以及耦合电感内阻压降影响，最终造成隔离路输出电压随非隔离路和隔离路电流产生波动，图 5 所示为 12V 输入下，非隔离路输出 5V/0A、5V/1A 以及 5V/2A 时，隔离路输出电压的负载调整率曲线。

前几期笔者在文中提到的推挽结构，开关管需要承受两倍输入电压以上的电压，反激结构开关管则需要承受输入电压加上输出反射电压，而 Flybuck 结构的开关管仅需承受与输入电压相同的耐压，因此同样输入、输出规格下，Flybuck 结构可以选用更低耐压规格的元器件，因此容易做到更高的开关频率和更小的尺寸。从上文可以看出，

▌ 图 3 使用 MP1653C 制作的 Flybuck 模块实物

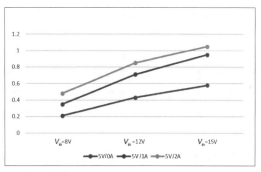

▌ 图 4 隔离路输出限流点曲线

制作井字棋游戏机

▌李一楠

　　我买回来的彩色液晶屏幕一直在吃灰，其实这款屏幕我还是蛮喜欢的，它不仅带有触摸功能，还能读写SD卡。更重要的是，它作为Arduino的配件，可以直接插在Arduino Uno主控板上。对于我这种Arduino爱好者，简直太方便了！所以我最近就一直寻思着做点有意思的东西，这不，就有了这款井字棋游戏机——TicTacToe！

　　我相信，很多人都和小伙伴们玩过井字棋游戏。大家只需拿笔在纸上画出3×3的格子，就能和同伴玩个痛快。我设计的这款井字棋游戏机结构相当简单，只需将2.4英寸的液晶屏插在 Arduino Uno 上就完成了组装！剩下的事，全都交由软件负责。

　　软件方面可以分为 3 个部分：触摸部分、逻辑判断部分和显示部分。为了更好地进行人机交互，我使用了电阻触摸屏，玩家只需用手指敲击就能完成游戏。这就需要用代码来判断玩家触摸的位置。成功获取到位置信息后，就需要实现井字棋的游戏规则了。游戏规则很简单，在九宫格中，只要有玩家在同一直线上先下满3颗棋子，

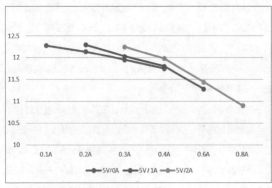

▌图 5 隔离路输出负载调整率曲线

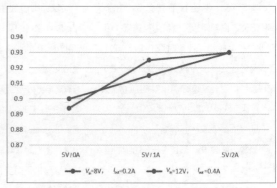

▌图 6 不同输入 / 输出条件下的效率曲线

相同尺寸的模块，Flybuck 结构的总输出功率超过 10W，而包含开关管在内的 IC 尺寸却非常小。与此同时，由于开通电压低，Flybuck 的开关损耗较推挽和反激电路低，转换效率也显著要高。图 6 所示是在典型输入 8V 和 12V 下，两路输出的综合转换效率。在非隔离 5V 输出空载时，输入 12V，隔离路输出 0.4A，综合转换效率达到 90%；在非隔离 5V 带载后，综合转换效率进一步提高，最高达到了 93%。

　　本文以 MP1653C 为例介绍了一款Flybuck 电源的设计与制作，事实上，采用其他任何型号的带同步整流功能且工作在强迫 CCM 下的 Buck IC，读者都可以根据本文提供的方法设计出需要的隔离电源。从本文两个实例的设计分析与测试结果可以看出 Flybuck 电路的优点和缺点。

　　Flybuck 电路的优点包括：

　　（1）适用于较宽的输入电压范围，这是因为 Flybuck 电路隔离输出电压仅与非隔离路 Buck 输出电压相关，与输入电压无关；

　　（2）外围电路简单，控制 IC 可选型号多，变压器绕组结构简单，仅需要两个绕组；

　　（3）开关管工作电压低，转换效率高，可以高频化工作，有利于电源小型化设计；

　　（4）可以提供额外一路稳定的非隔离输出。

　　Flybuck 的主要缺点在于：

　　（1）反馈取自非隔离路，隔离路输出电压同时受到非隔离路负载电流及隔离路负载电流影响，输出电压负载调整率较差；

　　（2）隔离路负载能力受非隔离路负载状态影响，在非隔离路空载时，隔离路带载能力也同时变差。🅧

▋图 1 正在游戏玩的井字棋游戏机

▋图 2 动态绘制棋盘

该玩家就算获胜。因此，我们需要在玩家落子后，判断棋盘上是否存在 3 颗同色的棋子连成一条直线（或斜线）。有则胜出，无则继续（当然也有平局的可能），图 1 所示是正在玩游戏的井字棋游戏机。

除了这些，显示也十分重要。为了有一个好看的界面，我可是下了一番功夫。在首界面中，游戏标题采用了故障字效，给人以视觉冲击。当玩家选择了游戏模式（单人、双人）后，游戏机在绘制棋盘的过程中会有一段动态效果。而当某方玩家胜利后，还会有胜出画面显示。

下面开始介绍一下程序。需要注意的是，在编程前需要安装好液晶屏的所有相关库文件（可以向卖家索取），否则将无法编译！

首先是游戏机首界面的显示（见题图），我用了类似抖音 Logo 的故障字效来显示标题。原理很简单，故障字效是 3 种颜色字体的叠加，但是每种字体之间都有些许错位。我们可以先用红色的字体在某位置显示出"TicTacToe"，然后在原位置的右下方，用蓝色字体重复显示，最后在两者之间再用白色的字体显示同样的内容。

标题下面是单人 / 双人游戏的选择按钮，分别对应两种不同的游戏模式。点击相应的按钮，便可开始游戏。触摸功能是借助 TouchScreen.h 库文件实现的。我们通过获取到的电阻值就能计算出对应的

屏幕坐标，这需要用 Arduino 的 map 函数进行映射处理。除此之外，还需要判断一下按压时产生的电阻是否处于一个合理的范围，阻值过大或过小都是不正确的。下面是获取触摸坐标的代码实现过程。

```
void Touch(int *x,int *y) {
while (1)
 {
  TSPoint p = ts.getPoint();
  pinMode(XM, OUTPUT);
  pinMode(YP, OUTPUT);
  if (p.z > MINPRESSURE && p.z <
MAXPRESSURE) // 判断阻值是否合适
  {
   // 将数值从 0~1023 转为屏幕对应的长和宽
   p.x = tft.height()-map(p.x, TS_
MINX, TS_MAXX, tft.height(), 0);
   p.y = tft.width()-map(p.y, TS_
MINY, TS_MAXY, tft.width(), 0);
   *x = p.y;
   *y = 240-p.x;
   return;
  }
 }
}
```

从首界面切换到游戏界面时，我加入了一段动态绘制棋盘的过程，可以让游戏更加生动。简单来说就是重复用描点法绘制九宫格，每次使用不同的颜色，就能有

动画的效果，实现 2 个界面的衔接。动态绘制棋盘的效果如图 2 所示。

实现代码如下。

```
uint16_t colour[5] = { 0x07E0,
0x07FF, 0xF81F, 0xFFE0, 0xF800};
for (uint8_t j = 0; j < 5; j++) {
// 切换颜色
 for (uint8_t i = 15; i <= 225; i++) {
  tft.drawPixel( i, 15, colour[j]);
  tft.drawPixel( 15, i, colour[j]);
  tft.drawPixel( 240-i, 225,
colour[j]);
  tft.drawPixel( 225, 240-i,
colour[j]);
  if (i >=85) {
   tft.drawPixel( i-70, 85,
colour[j]);
   tft.drawPixel( 85, i-70,
colour[j]);
   tft.drawPixel( 310-i, 155,
colour[j]);
   tft.drawPixel( 155, 310-i,
colour[j]);
  }
  if (i >=155) {
   tft.drawPixel( i-140, 155,
colour[j]);
   tft.drawPixel( 155, i-140,
colour[j]);
   tft.drawPixel( 380-i, 85,
```

▌图3 棋盘绘制完成

电脑 › LENOVO (D:) › arduino程序集 › libraries › Adafruit_GFX

名称 ^	修改日期	类型	大小
Adafruit_GFX.cpp	2017/12/9 17:18	C++ Source File	17 KB
Adafruit_GFX.h	2017/12/9 17:19	C++ Header file	4 KB
glcdfont.c	2019/4/13 15:40	C Source File	16 KB
library.properties	2015/6/27 11:47	PROPERTIES 文件	1 KB
license.txt	2014/9/28 9:52	文本文档	2 KB
README.txt	2014/9/28 9:52	文本文档	2 KB

▌图4 在对应的目录中打开文件

```
//自己所加字库,用字库显示图片
fontdatatype gImage_L[]PROGMEM = { //470个16进制数 80*47个像素点
0X00,0X00,0X00,0X00,0X00,0X00,0X00,0X00,0X00,0X00,0X00,0X00,0X00,0X00,0XC0,0XE0,
0X70,0X38,0X18,0X00,0X00,0X00,0X00,0X00,0X00,0X00,0X00,0X00,0X00,0X00,0X00,0X00,
0X00,0X00,0X00,0X00,0XC0,0XC0,0X78,0X9F,0XC8,0XC0,0X21,
0X00,0X00,0X00,0X00,0X00,0X00,0X00,0X00,0X00,0X00,0X00,0X00,0X00,0X00,0X00,0X00,
0X00,0XC0,0XC0,0X00,0X7F,0X0F,0X07,0X63,0X71,0X30,0X00,0X00,0X00,0X00,0X00,0X00,
0X00,0X00,0X00,0X00,0X00,0X00,0X00,0X00,0X00,0X00,0X00,0X00,0X00,0X00,0X00,0X7C,
0XF8,0XC0,0X0E,0XE0,0XF0,0X38,0X00,0X00,0X00,0X00,0X00,0X00,0X00,0X00,0X00,0X00,
0X07,0X87,0X1B,0X18,0X00,0X00,0X00,0X00,0X00,0X00,0X00,0X00,0X00,0X00,0X30,0X63,
```

▌图5 对图片进行取模

```
colour[j]);
    tft.drawPixel( 85, 380-i,
colour[j]);
    }
  }
}
```

绘制完成后的效果如图3所示。

在设计单人模式时,我偷了点懒,电脑方的落子我是通过随机函数实现的。所以人机下棋时感觉对手傻傻的。为了区分玩家1和玩家2(电脑方),我分别用黄色的正方形和蓝色的圆形表示二者的落子。当判断玩家触摸的区域在棋盘内并且此处为空白时,用正方形或圆形进行填充。每次落子后就扫描一次棋盘,如果某一行、某一列或是对角线上有3个相同图案,就认为该图案的玩家胜出,否则继续比赛。如果整个棋盘都下满了棋子但仍未决出胜负则判为平局。

在判定结果后,游戏机会显示胜利图片。图案两侧的橄榄枝是通过字体的形式保存在库文件中的。我们可以在LCD的字体库中加入自己想要的图案,这样在调用时就能直接通过普通的打印函数实现图案的显示,非常方便。

在对应的目录中打开图4所示的文件。

然后对图片进行取模,并将生成的数组保存在字体文件中,格式如图5所示。

需要注意的是,由于新版的Adafruit_GFX.h库文件对用户自定义字体的支持并不友好,所以要使用旧版的库文件。该库文件可在购买屏幕时附带的资料中找到。之后根据附带的显示中文的例子,在库文件中加入自己想要显示的内容即可。显示时需要用到的设置字体的函数如下。

```
tft.setCursor(10, 50);//设置光标
tft.setTextColor(WHITE);//设置字体颜色
tft.setTextSize(2);//设置大小
tft.setFont(gImage_L,47,80,'0');// 设
```

```
置字体为对应的图案
tft.println("0");
```

这样在打印字符0的时候就会在屏幕上显示出橄榄枝图案(见图6)。

其实这款游戏机还有许多可以改进的地方,不论是界面的显示还是人机对弈时电脑方的落子,都可以进一步进行优化。大家在制作游戏机时,不妨将自己的创意加入其中,实现更多有趣的游戏功能!

有需要的读者朋友也可在杂志目录页所示资源平台下载完整的代码。⊗

▌图6 胜利图案显示

教你做一台 0V 起调的
直流稳压电源

▌欧阳宏志

电源是电子电路的"心脏"，也是电子爱好者发明创造的必备测试仪器。对于初学者来讲，能够自己制作一台直流稳压电源，成就感绝对爆棚！今天，笔者就带你做一台从 0V 起调的双路直流稳压电源。

技术特点：

◆ 信号模式：可以输出 0 ～ 70V 的直流电压；

◆ 双路模式：可以提供双路可调 0 ～ ±35V 电压；

◆ 最大可输出 3A 电流；

◆ 使用常见芯片，元器件易得；

◆ LED 表头显示电压、电流，直观醒目。

▌电路原理

我们要制作的电源属于线性电源，包含降压、整流、滤波、稳压等环节。一般

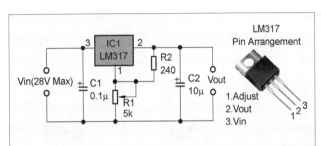

▌图3 LM317
稳压电路

用变压器将市电电压降低，用整流电路把交流电变成脉动直流电，再用滤波电路把交流分量尽可能多地滤除，最后用稳压电路把电压钳住，这样负载上就能得到纯净的直流电压。图 1 所示为直流稳压电源的各部分组成，图 2 所示为各部分实物。

LM317 是应用最为广泛的电源集成电路之一，它不仅具有固定式三端稳压电路的最简单形式，又具备输出电压可调的特点。此外，它还具有调压范围宽、稳压

性能好、噪声低、纹波抑制比高等优点。LM317 在输出电压范围为 1.25 ～ 37V 时能够提供超过 1.5A 的电流，而且此稳压器非常易于使用。图 3 所示为 LM317 稳压电路和 LM317 实物，稳压电源的输出电压可用公式计算：V_o=1.25（1+R_1/R_2），由于稳压器输出电压范围和最小稳定工作电流的限制，我们必须保证 $R_1 \leq 0.83k\Omega$、$R_2 \leq 23.74k\Omega$ 两个不等式同时成立，这样才能保证稳压模块在空载时能够稳定地工作。LM337 是输出负电压的三端稳压器，特点与 LM317 类似，这里不再赘述。

▌如何使稳压器零伏起调

1. 工作原理

LM317 虽然使用方便，但是输出电压最低只能到 1.25V，我们做实验的时候，有可能会用到很低的测试电压，那有没有别的办法呢？有读者可能想到在输出端串联 2 个二极管，把电压降下去。但这样把整个输出电压范围都拉低了而且效率也不高。能不能把稳压器调整端的电位拉低呢？

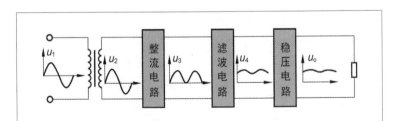

▌图1 直流稳压电源的各部分组成

▌图2 直流稳压电源的各部分实物

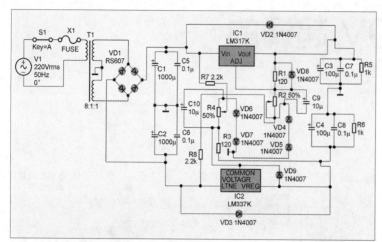

▊ 图4 双通道可调直流稳压电源电路图

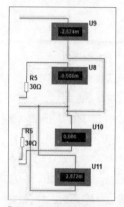

▊ 图5 实现0V起调

▊ 图6 输出最大电流

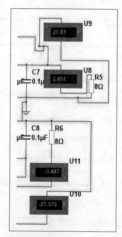

▊ 图8 并联扩流

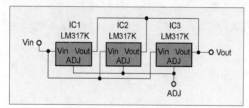

▊ 图7 LM317并联

如果拉低到 −1.25V，输出端的最低值就可以到0V了。那如何产生负电位呢？方法有很多，比如用稳压二极管、运算放大器、电压基准等，考虑到初学者DIY，我选择用2个普通二极管串联得到近似1.25V压降的方法，从稳压器输入端馈电。对于LM337，我们应将其调整端电位升高1.25V，方法相同。最后的电路如图4所示。

图4中的R7、VD6和VD7将LM337的基准电压提高1.25V，将其电压调整为从0V开始。R8、VD4和VD5将LM317的基准电压降低1.25V，使其可以调整起始电压为0V。VD2、VD8和VD3、VD9保护稳压器来自输出端的反向电压，这可能对IC造成损坏。C9和C10可以减少来自电位器(R2、R4)的噪声信号，并使输出电压平滑。

2. 仿真验证

用Multisim软件进行仿真分析。将电位器调到最小时，输出电压接近0V；调节负载的阻值，在输出电压为32V时，电流可超过1A（见图5、图6）。

▊ 如何增大输出电流

1. 工作原理

LM317的输出电流最大只有1.5A，测试大功率电路是不够的。所以我们要想办法增加输出电流，即扩流。一般的做法是将大功率晶体管接在稳压器的输入端或者输出端，利用晶体管的电流放大作用增加输出电流。考虑到初学者不一定有这类管子，我们可以另辟蹊径，把多个稳压器并联起来使用，如图7所示，就像多个MOS管或IGBT并联起来一样。并联总会存在均流的问题，为了省去均流电阻，提高效率，我们可以用精选元器件的方法。即在同一批次的稳压器芯片当中，用万用表测量引脚之间的电阻，选择阻值非常接近的芯片并联，事实证明这是可行的。

2. 仿真验证

经过仿真分析，输出电压为27.6V时，电流可达3.5A；输出电压为30V以上时，电流可达3A，达到了预期（见图8）。

▊ 制作与测试

1. 制作过程

这个项目的元器件不多，我们可以将它们组装到洞洞板上。先准备好所有的元器件，清单如附表所示。

准备好元器件后开始焊接组装，请用足够大的散热器，检查后可以通电。如果发生故障，请立即断开变压器，然后寻找故障所在。电源内部如图9所示。

电路调好后，最好用外壳包装好。我用了一个塑料机箱，费了半天工夫终于安装好了，贴上标签，这就是我的专属仪器了。如图10和图11所示，为了测试方便，我

附表 元器件清单

元器件名称	型号	数量
三端稳压器	LM317	3
三端稳压器	LM337	3
二极管	IN4007	8
电解电容	（1000μF、100μF、10μF）/50V	每种2个
瓷片电容	0.1μF	4
电阻	（120Ω、2.2kΩ）/（1/4W）	每种2个
多圈电位器	5kΩ/2W	2
变压器	220V~双27V，200VA	1
整流桥	RS607	1
电压电流数显表头	3位，0~33V，0~3A	2
船形开关	KCD4	1
熔断器及其管座	250V，1A	1
接线端子	KF126-3P	2
电源插座	3孔，公头	1
香蕉座	M4×36mm	4
测试线	红、黑，1m	2

▌图10 电源正面

▌图11 电源背面

▌图9 电源内部

还制作了单独的5V输出端口，实际就是固定式稳压器LM7805的应用。我还用了电压电流数显表头，非常醒目。这里注意，一定要用带电流显示的表头，这样你可以预估待测电路有没有短路等问题，也可以将其作为电源的过载指示器。

2. 测试结果

（1）空载测试：先进行空载测试，用万用表测量输出端的电压，缓慢旋转电位器，看输出电压范围是否达标（0~±35V）。

（2）负载测试：用大功率变阻器作为负载，缓慢旋转电位器，观察在不同输出电压阶段，输出电流能否到达预定的3A。这里一定要老化一段时间，观察电路板有没有异常情况，特别是稳压器有没有特别发烫，如果有，说明均流没有做好，需要改进设计。

▌ 如何改进

有些玩家喜欢数字控制，那就可以用数字芯片或者单片机控制调整端电阻的大小，在面板上预留两个调压的按键即可。为了提高效率，最好对变压器绕组进行分段。如果你嫌并联均流太麻烦，可以选择输出电流更大的LM338芯片，官方说明表示能输出5A电流，但得做好散热和通风。如果你还觉得容量不够大，可以考虑用开关电源的方案。图12所示是笔者用LM338做的电源。

至此，一台双通道直流稳压电源做成了。让我们带着这个"武器"，带着成功的喜悦，带着对电子技术的执着，去开发更多有价值、有创意的电子产品吧！ ⊗

▌图12 用LM338做的电源

做时间的主人
——DIY 数字钟

▌徐立宁

演示视频

　　"花有重开日，人无再少年。"时间是这个世界上最公平的存在，每个人每天都拥有 24 小时，你可以安排学习、休息、娱乐，甚至发呆。让我们一起 DIY 一台实用、低成本、可以图形化编程的数字钟，为有限的时间赋予更多的价值和乐趣吧!

▌核心器件选择

　　身为 80 后 DIY 玩家的我，是一个"吝啬鬼"，能自己做的，坚决不去买;能自己修的，坚决不换新的。本着这样的原则，我尽量避免使用套件，来决定我需要的元器件。经过一系列考虑(见表 1~表 5)，我的采购清单如表 6 和图 1 所示。

▌工作原理及端口使用

　　编写程序时，可以参考图 2 所示的端口使用情况。Arduino Nano 的 3 和 11 引脚可以输出模拟信号，将蜂鸣器和 LCD1602 的背光连接到这两个引脚，可以调节闹铃音量和液晶屏背光强度。

▌电路原理图与PCB文件制作

　　可以选用 Altium Designer 绘制原理图(见图 3)、生成 PCB 文件(见图 4)。使用 Altium Designer 就

表 1 对控制器的选择

名称	优缺点	是否选择
STC 单片机	物美价廉，但编程对于业余玩家来说还是不够友好	×
Arduino Nano	价格贵几块，但网上资料众多，可以图形化编程，对于业余队来说，能图形化编程的坚决不敲代码	√

表 2 对时钟芯片的选择

名称	优缺点	是否选择
DS1302	在某宝上价格不到一块钱，缺点是误差大，但我们可以通过程序自动调整误差	√
DS3231	精准，自带晶体振荡器、闹钟功能等，缺点是贵	×

表 3 对显示器件的选择

名称	优缺点	是否选择
数码管	能显示的信息有限，定时切换，体验感差	×
LCD1602	不能显示汉字是缺点，但对于时钟，显示两行数字或字母够用，而且网上资料齐全，适合业余玩家，功耗低	√

表 4 对元件封装的选择

名称		是否选择
贴片元器件	尽量选择贴片形式，毕竟体积小，虽然焊接困难，但可以慢慢来	
直插元器件		

表 5 对外壳材料的选择

名称	优缺点	是否选择
3D 打印件	打印速度慢，不利于反复修改	×
激光切割奥松板	质优价廉，切割速度快。即使你没有激光切割机，也可以到当地广告商店代工	√

表6 采购清单

序号	名称	数量	序号	名称	数量
1	电路板	1	15	温度传感器 LM35DZ	1
2	Arduino Nano（焊接排针）	1	16	5V 蜂鸣器	1
3	Arduino Nano 母座 15Pin	2	17	贴片 S8550	2
4	LCD1602（焊接排针）	1	18	电位器 3296W 20kΩ	1
5	LCD1602 母座 16Pin	1	19	8050 贴片电阻 10kΩ	3
6	3.7V 锂电池（2000mAh）	1	20	8050 贴片电阻 1kΩ	5
7	太阳能电池板（5V、60mA）	1	21	光敏电阻 5516	1
8	锂电池和太阳能电池接插座 2Pin	2	22	侧按直插轻触开关	3
9	贴片肖特基二极管 In5819	1	23	轻触开关帽（1红、2黄）	3
10	贴片时钟芯片 DS1302	1	24	8050 贴片电容 10μF	3
11	晶体振荡器 32.768kHz	1	25	直插电解电容 16V 330μF	2
12	纽扣电池 3V CR1220	1	26	Micro USB 母座 5Pin	1
13	贴片 CR1220 电池座	1	27	排针 3Pin、跳线帽	1
14	5V 升压芯片 PS3120	1	28	2mm 厚奥松板	1

像是按某些规则玩拼图游戏，放置元器件并连线即可生成 SchDoc 原理图文件，然后用 SchDoc 原理图文件能生成 PcbDoc 文件，并布线。把 PcbDoc 文件发给某宝上的商家代工，大概花 40 元（包邮）就可以得到成品。掌握 Altium Designer 这款软件可以明显提高 DIY 的水平，大家可以在网上多收集些 Altium Designer 的库文件，这样制作起来就更方便了。

供电方式有两种：（1）锂电池供电、太阳能电池板辅助供电或充电；（2）USB 供电或者给锂电池充电。因

▌图1 元器件实物

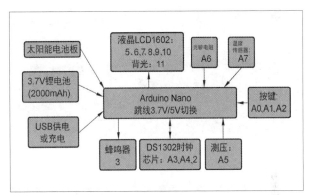

▌图2 工作原理及端口使用情况

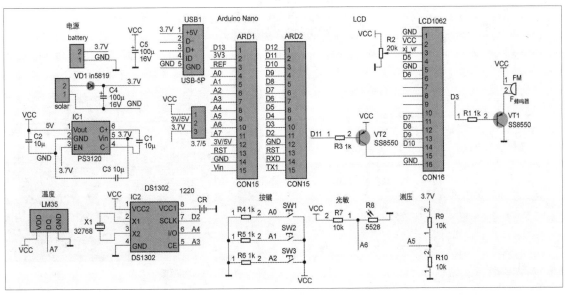

▌图3 电路原理图

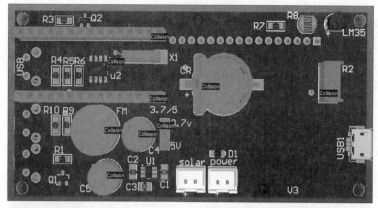

图 4 PCB 3D 效果图

表 7 工具、耗材

序号	名称	备注
1	电烙铁	
2	焊锡丝	尽量选择小直径的，便于焊接贴片元器件
3	斜口钳	
4	镊子	拾取贴片元器件

为我选择的是 5V 的 LCD1602，需要使用 PS3120 芯片将 3.7V 电源电压升压到 5V，这款芯片外围元器件少，便于业余玩家使用。为了方便后面进行耗电测试，我设置了 3.7V/5V 转换的跳线。

图 5 焊接贴片元器件

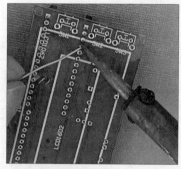

图 6 焊接直插元器件

电路板焊接、组装

工欲善其事，必先利其器。别怕麻烦，准备好工具和耗材可以让你事半功倍（见表 7）。焊接的顺序是先正面后背面、先矮后高、先贴片后直插，最后把 LCD1602 和 Arduino Nano 插到母座上（见图 5~ 图 8）。

图 7 焊接完成

图 8 安插 LCD1602 和 Arduino Nano

设计外壳与组装

电路板焊接、组装完毕就可以测量设计外壳了。记录尺寸，在 CAD 软件中绘制激光切割图纸（见图 9）。误差无法避免，我反复修改切割了多次才找到最佳尺寸，保证了契合度（见图 10、图 11）。还好我选择的奥松板价格便宜、激光切割速度

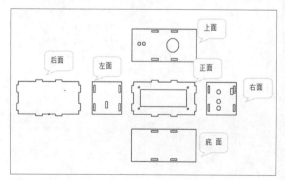

图 9 激光切割图纸

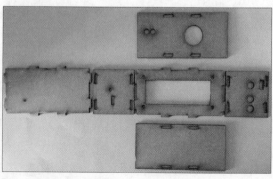

图 10 激光切割完成的奥松板

▌图11 组装之后的效果

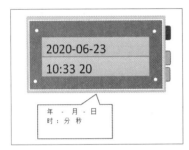

▌图12 预期简单功能效果图

也快，没有花费太多的材料费和时间。

▌设计程序与调试

首先规划一下预期功能（见图12），可以先设计一个简单的程序版本，后续再进行升级。

图形化编程工具我用的是 Mixly 1.0，它支持一键升级，界面比较漂亮，符合国人的使用习惯，加载第三方库之后如虎添翼。受篇幅限制，这里我只展示两个简单的程序例子：设置时间和显示时间。功能完善的最终版本可从本刊下载平台（见目录）下载。

首先编写设置时间的程序（见图13），对时钟芯片进行初始化设置，修改成当前时间，这里我使用了第三方库。由于硬件自带电池，所以断开电源后，时钟芯片还会继续运行。使用一个单独程序修改时间显然不合理，但程序是需要不断修改升级的，这个小例子也许能给初学者灵感。既然程序可以修改，显然也可以使用按键触发设置时间。

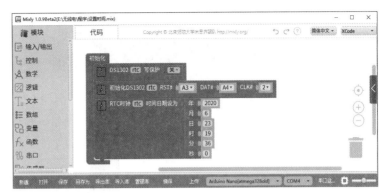

▌图13 设置时间的程序

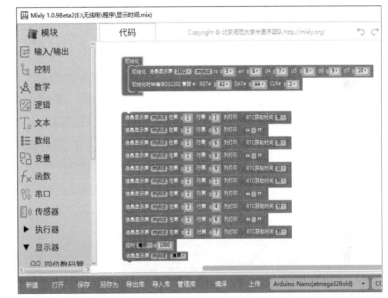

▌图14 显示时间的程序

设置好当前时间，我们就可以设计显示时间的程序了（见图14）。这部分程序非常简单，需要注意的是时钟芯片的月、日、时、分和秒的十位没有"0"，为了避免出错，我增加了定时刷新（清屏）的积木，当然最好还是编写一个补0函数，当只有个位数

▌图15 显示时间程序的运行效果

时调用函数补0。补0函数会在最终版本中体现。程序运行效果如图15所示。

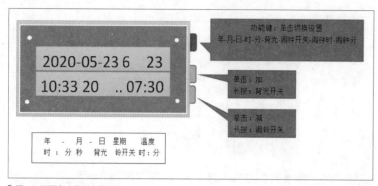

图16 预期多功能版本效果图

我们可以把这台数字钟当成一个实验平台，依次单独编写蜂鸣器程序、测温程序、按键程序、调节背光程序、测光程序和测压程序等，循序渐进，将这些小程序改成函数，生成最终的多功能版本（见图16）。

运行测试

耗电测试

在以2000mAh锂电池供电的情况下，我选择用不同电压给Arduino Nano供电，工作时间有所不同，问题出在PS3120芯片的转化效率上。如果加装太阳能电池板（见图17、图18），工作天数会大幅度增加。我的测试环境是哈尔滨市、6月份、晴天、室内双层玻璃阳光直射环境。下面我简单计算一下数字钟的续航时间（见表8）。

误差测试

与网络上的北京时间做对比，经过3天测试，时钟每天快21s。这个误差比较大，原因有很多，比如电路板设计，时钟芯片、晶体振荡器的质量等，还好误差非常稳定，可以通过程序在某一时刻自动修改时间。

总结

本次DIY的数字钟有效地整合了硬件资源，功能齐全、外观简洁、性能稳定，也是图形化编程的学习平台。如果大家感兴趣，我会分享如何编写功能完备的数字钟图形化程序。Ⓧ

表8 数字钟的续航时间

Arduino Nano的供电方式	电池工作电流	工作时间
跳线选择5V（无太阳能电池板辅助）	约38mA	约2天
跳线选择3.7V（无太阳能电池板辅助）	约20mA	约4天
跳线选择3.7V+太阳能电池板辅助	约−5mA（白天）	约11天（理想状态）

备注：锂电池电压下降，工作电流也会变化。

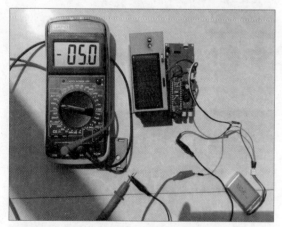

图17 加装太阳能电池板后，锂电池进入充电模式

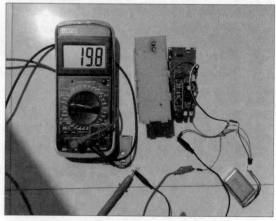

图18 遮挡太阳能电池板后，锂电池供电

手把手教你制作
创意点阵时钟

朱盼　陈众贤

演示视频

前段时间，我们在网上看到了一款很有意思的点阵时钟，它可以播报天气、显示视频的订阅数，还有好看的时间动画。你可以把它当作普通闹钟使用，也可以连接蓝牙把它当作音箱使用。它的许多功能都很有意思，其中我最喜欢的是它的时间显示动画效果，然而一千多元的价格让我们望而却步。不过身为创客，我们为什么不制作一个属于自己的独一无二的创意网络时钟呢？

说干就干，于是我们就做了一个创意点阵时钟，先看一下演示视频吧！

材料实物如图 1 所示。电路连接关系如图 2 所示。

预期目标及功能

1 网络自动校准时间
2 无网络连接时及时反馈
3 一键配置时钟网络
4 自定义精美时间显示字体
5 时间显示动画
6 亮度自动调节
7 时段提示

材料清单

1	ESP8266 Wemos Mini 开发板
2	杜邦线若干
3	MAX7219 4 合 1 点阵模块
4	激光切割外壳
5	栎木滑面仿木纹贴纸

结构拼装

01 按下图所示方向用热熔胶将开发板固定到木板上，保持稳定，直到热熔胶凝固，注意热熔胶不要碰到数据线接

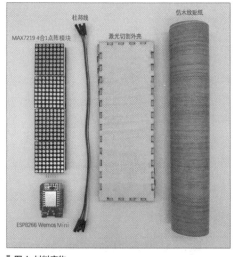

图 1 材料实物

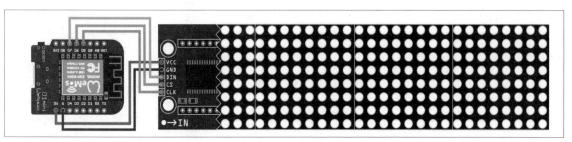

图 2 电路连接示意图

02 将点阵屏按下图所示方式放入前面板凹槽，使用热熔胶固定点阵屏，保持稳定，直到热熔胶凝固。

03 使用杜邦线按电路连接示意图正确连接电路。拼接外壳底部与左右两侧，最后进行封顶。

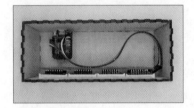

程序设计

下面开始讲解程序设计过程。

1. 开发环境

我们使用 Arduino 软件编写本项目的程序，开发板选择 ESP8266 类型。至于如何在 Arduino 中配置 ESP8266 的开发环境，本文不再介绍，大家可自行查阅相关资料。

2. 程序思路

为了达到我们的预期目标，我们先绘制创意点阵时钟的思维导图（见图3），再根据思维导图逐步实现创意点阵时钟的程序设计。

下面我们将具体讨论创意点阵时钟各个子功能是如何实现的。

04 剪切大小合适的栎木滑面仿木纹贴纸，粘贴在外壳表面。注意留出点阵屏位置，用刻刀雕刻出 USB 下载接口，以便进行供电及程序下载或更新。

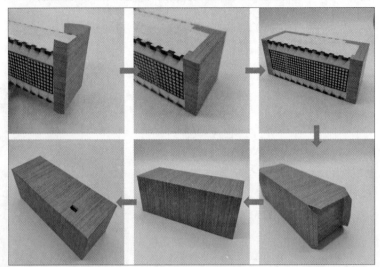

3. 获取网络时间

一个时钟，最重要的功能当然是显示时间。那如何从网络获取时间呢？

下面的例子演示了如何获取网络时间并将时间保存在变量中，其中 ESP8266WiFi.h 库的功能是连接网络，NtpClientLib.h 库的功能是获取 NTP 服务器的网络时间，SimpleTimer.h 库用来设置定时器的刷新时间。该例子并没有连接串口打印当前时间，你可以添加串口，打印相关代码用来调试程序。

```
#include <ESP8266WiFi.h>
#include <NtpClientLib.h>
#include <TimeLib.h>
#include <SimpleTimer.h>
SimpleTimer timer;
const PROGMEM char *ntpServer = "ntp1.
aliyun.com";
int8_t timeZone = 8;
volatile int hour_variable;
volatile int minute_variable;
volatile int second_variable;
void Simple_timer() {
```

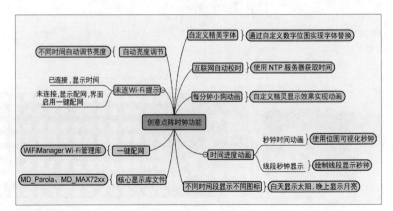

图3 思维导图

```
hour_variable = NTP.getTimeHour24();

minute_variable = NTP.getTimeMinute();

second_variable = NTP.getTimeSecond();

}

void setup() {

Serial.begin(9600);

WiFi.begin("ssid", "password");

while (WiFi.status() != WL_
CONNECTED) {

delay(500);

Serial.print(".");

}

Serial.println("Local IP:");

Serial.print(WiFi.localIP());

NTP.setInterval(600);

NTP.setNTPTimeout(1500);

NTP.begin(ntpServer, timeZone,
false);

timer.setInterval(1000L, Simple_
timer);

}

void loop() {

timer.run();

}
```

4. 点阵屏显示库: MD_Parola

MD_Parola 是 MAX7219 点阵屏的模块化滚动文本显示库, 其主要特点如下:

· 支持点阵屏显示文本时左对齐、右对齐或居中对齐;

· 具有文字滚动、进入和退出效果;

· 能够控制显示参数和动画播放速度;

· 支持硬件 SPI 接口;

· 可以在点阵屏中虚拟多个显示区域;

· 支持用户自定义字体和单个字符替换;

· 支持双高显示;

· 支持混合显示文本和图形。

下面的例子简单演示了如何利用 MD_Parola 滚动显示字符串, 其中 MD_Parola 对象有 4 个参数, 分别为 SPI 管脚 DIN、

CLK、CS 及点阵数目。下面我们所做的创意点阵时钟的显示功能均由此库开发。

```
#include <MD_Parola.h>

#include <MD_MAX72xx.h>

#include <SPI.h>

MD_Parola P = MD_Parola(13,14,12,4);
//DIN(D7) CLK(D5) CS(D6)

MD_MAX72XX mx = MD_MAX72XX
(13,14,12,4); //DIN(D7) CLK(D5)
CS(D6)

void setup() {

mx.begin();

P.begin();

}

void loop() {

if (P.displayAnimate()) {

P.displayScroll("Mixly", PA_LEFT,
PA_SCROLL_LEFT, 50);

}

}
```

5. 点阵位图取模

要在点阵屏中显示图片, 首先需要设计点阵图案 (位图), 然后对图案进行取模操作。点阵取模使用 PCtoLCD2002 取模软件, 取模设置如图 4 所示。

取模方式为阴码、逆向、逐列式, 输出方式为十六进制, 注意将格式设置为 C51 格式, 其余参数按照默认取模方式设置即可。

6. 位图显示函数: display_bitmap()

这里我们取模的数据格式为 uint8_t 数组。我们有自定义字体 0 ~ 9 和时间分隔符 ": ", 再加上一些自定义图像, 这就导致我们有大量的位图。为了方便管理这些位图, 我们使用指针数组 bitmapdata[ ]。为了显示方便, 我们定义了函数 displaybitmap( ), 该函数需要 3 个参数, 分别为显示横坐标 abscissa、位图宽度 width 及指针数组 bitmapdata[ ] 中的位置 bitmap_number。需要注意的是, 我们在这里并没有指定位图的高度, 因为我们用的 MAX7219 点阵屏的分辨率为 8 像素 ×32 像素, 所以这里默认位图高度为 8 像素。

```
#include <MD_Parola.h>

#include <MD_MAX72xx.h>

#include <SPI.h>

MD_Parola P = MD_Parola(13,14, 12,4);
//DIN(D7) CLK(D5) CS(D6)
```

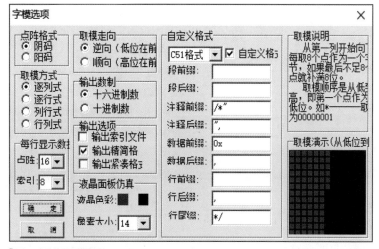

▌图 4 点阵位图取模设置

```
MD_MAX72XX  mx  =  MD_MAX72XX
(13,14,12,4);
uint8_t bitmap_data1[] = {0x3e, 0x2a,
0x3e};
uint8_t bitmap_data2[] = {0x2e, 0x2a,
0x3e};
uint8_t * bitmap_data[] = {
  bitmap_data1
  bitmap_data2
  ……
};
void display_bitmap(int abscissa,
int width, int bitmap_number) {
  mx.control(MD_MAX72XX::UPDATE, MD_
MAX72XX::OFF);
  mx.setBuffer(abscissa, width,
bitmap_data[bitmap_number]);
  mx.control(MD_MAX72XX::UPDATE, MD_
MAX72XX::ON);
}
```

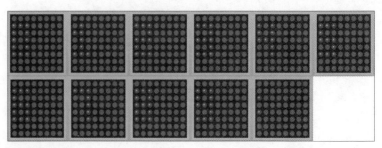

▋ 图5 自定义字体

7. 时间显示：时、分

　　MD_Parola 库中的字体过大而且不美观，显示的时间也比较长，所以我们需要自定义字体。自定义字体如图 5 所示，值得注意的是 0 ~ 9 的位图宽度是 3，分割符"："的宽度是 1。

　　自定义字体取模数据如下所示。

```
uint8_t Small_font_0[] = {0x3e, 0x22,
0x3e};
uint8_t Small_font_1[] = {0x24, 0x3e,
0x20};
uint8_t Small_font_2[] = {0x3a, 0x2a,
0x2e};
uint8_t Small_font_3[] = {0x2a, 0x2a,
0x3e};
uint8_t Small_font_4[] = {0x0e, 0x08,
0x3e};
uint8_t Small_font_5[] = {0x2e, 0x2a,
0x3a};
```

```
uint8_t Small_font_6[] = {0x3e, 0x2a,
0x3a};
uint8_t Small_font_7[] = {0x02, 0x02,
0x3e};
uint8_t Small_font_8[] = {0x3e, 0x2a,
0x3e};
uint8_t Small_font_9[] = {0x2e, 0x2a,
0x3e};
uint8_t Small_font_10[] = {0x14};
```

　　下面分析如何显示时间，这里我们只显示小时和分钟。

　　这里有一个小技巧，我们可以把 0~9 的位图放到指针数组 bitmap_data[ ] 中 0 ~ 9 的位置上，时间分隔符"："放置在数组序号 10 的位置上。前面我们定义了一个显示位图的函数 display_bitmap()，这样我们不需要通过任何映射就可以显示数字了，例如 display_bitmap(22, 3, 0) 就显示 0；display_bitmap(22, 3, 1) 就显示 1，这样是不是很方便呢？

　　为了分别获取小时和分钟的十位及个位，我们需要对其进行除法和取余操作，例如对小时 9 除 10 得到十位 0（为什么不是 0.9 ？这是因为我们将时间变量定义为整数，一个整数除以另一个整数，结果只能为整数），9 除 10 取余得到个位 9。我们在合适的位置显示时间就得到了下面的时间显示函数。

　　最后，为了显示更加美观，如果小时或分钟只有一位数，我们就需要进行补零操作，将 1:1 补零变成 01:01。显示时间的代码如下：

```
display_bitmap(22, 3, hour_variable
/ 10);
display_bitmap(18, 3, hour_variable
% 10);
display_bitmap(14, 1, 10);
display_bitmap(12, 3, minute_variable
/ 10);
display_bitmap(8, 3, minute_variable
% 10);
```

8. 时间显示：秒

　　时间在流逝，但是我们并没有显示秒钟，那我们怎样感知时间进度呢？为解决这个问题，我们定义了图 6 所示的一系列位图，注意这里定义位图的宽度是 5 像素而不是 8 像素，我们每隔 1 秒切换一次下面的位图，看起来是不是像秒针在走动呢？

　　使用取模软件分别对上述点阵图案取模。

```
uint8_t clock_0[] = {0x1c, 0x22,
0x2e, 0x22, 0x1c};
uint8_t clock_1[] = {0x1c, 0x22,
0x2a, 0x26, 0x1c};
uint8_t clock_2[] = {0x1c, 0x22,
0x2a, 0x2a, 0x1c};
uint8_t clock_3[] = {0x1c, 0x22,
0x2a, 0x32, 0x1c};
```

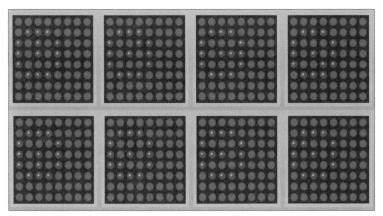

▌图6 秒钟位图

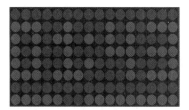

▌图7 通过点数显示精确到秒数

```
mx.drawLine(7, 14, 7, (15 - second_
variable % 10), true);
}
```

其中 mx.drawLine() 为绘制线段的函数，它有 4 个参数：线段起点横坐标、起点纵坐标、终点横坐标、终点纵坐标，以及显示状态（true 点亮线段，false 熄灭线段）。根据我们使用的 4 合 1 点阵模块的坐标定义，其中横坐标最大为 7，纵坐标最大为 31（见图8）。

当秒数的个位为 0 时将线段清除，重复显示线段即可显示当前秒数。这里我就不对显示线段的位置、长度与秒数的关系进行分析了，留给大家当作思考题活动一下大脑。

9. 时段图标显示

为了感知一天时间的变化，我们希望不同时间段用不同的图标进行提示。我们定义了太阳和月亮 2 个图标，它们的宽度都是 8 像素，样式如图9所示。

图标使用取模软件取模，数据如下。

```
uint8_t sun[] = {0x24, 0x00, 0xbd,
0x3c, 0x3c, 0xbd, 0x00, 0x24};
uint8_t moon[] = {0x38, 0x7c, 0xe2,
```

```
uint8_t clock_4[] = {0x1c, 0x22,
0x3a, 0x22, 0x1c};
uint8_t clock_5[] = {0x1c, 0x32,
0x2a, 0x22, 0x1c};
uint8_t clock_6[] = {0x1c, 0x2a,
0x2a, 0x22, 0x1c};
uint8_t clock_7[] = {0x1c, 0x26,
0x2a, 0x22, 0x1c};
```

前面我们设置了指针数组 bitmap_data[ ]，数组中 0～10 的位置都用来放置数字了，我们这里有 8 幅位图，所以放入指针数组 bitmap_data[ ] 中 11～18 的位置，我们定义一个静态局部变量 Clock_variable，设置其初始值为 11，每隔 1 秒 Clock_variable 变量的值增加 1，并显示对应序号的位图，当 Clock_variable 的值为 19 时，将它重新赋值为 11，这样我们就实现了秒表动画的设计。其程序如下。

```
static int Clock_variable = 11;
```

```
display_bitmap(4, 5, Clock_variable);
Clock_variable = Clock_variable + 1;
if (Clock_variable == 19) {
  Clock_variable = 11;
}
```

上面我们设计了秒表动画，但还有一个问题：由于点阵屏空间限制，我们没办法用数字显示精确的秒数，那怎么办呢？我们观察到，在点阵屏的底部还空了 2 个像素的高度，可以在最后一行通过点数精确显示到秒数。

如图7所示，最后一行前面有 5 个点，后面有 9 个点，此时秒数为 59 秒。显示秒数的代码如下。

```
if (second_variable / 10) {
  mx.drawLine(7, 22, 7, (23 - second_
variable / 10), true);
}
if (second_variable % 10) {
```

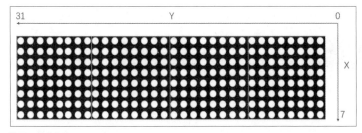

▌图8 秒钟位图

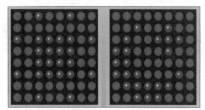

▌图9 太阳和月亮图标

```
0xc0, 0xc4, 0x4e, 0x24, 0x00};
```

将太阳和月亮图标的取模数据添加到指针数组 bitmap_data[ ] 中 19 和 20 的位置。这里我们定义 6 点到 18 点之间，在横坐标 31 处显示太阳，其他时间显示月亮，程序如下。

```
if ((hour_variable >= 6) && (hour_
variable <= 18)) {
  display_bitmap(31, 8, 19);
} else {
  display_bitmap(31, 8, 20);
}
```

10. 一键配网：WiFiManager

如果我们在程序里固定 Wi-Fi 信息，那么当网络环境变化时，时钟将不可用，此时你需要重新修改网络信息并上传程序，无疑会很麻烦。所以我们需要一种动态修改网络信息的办法，这里我们使用了 WiFiManager 库，该库支持通过网页对 Wi-Fi 连接进行配置。下面是一个网络配置的简单示例，该例子上传成功后，将启用一个名为 ESP8266 的 Wi-Fi 热点，使用手机连接此热点即可按提示对网络进行配置。这里你也可以使用其他热点名称，例如使用你的作品名称而不是 ESP8266。需要注意的是，ESP8266 仅支持 2.4GHz 频段的 Wi-Fi 网络，不支持 5GHz 频段的 Wi-Fi 网络。

```
#include <ESP8266WiFi.h>
#include <DNSServer.h>
```

```
#include <ESP8266WebServer.h>
#include <WiFiManager.h>
WiFiServer server(80);
void setup(){
  WiFiManager wifiManager;
  wifiManager.autoConnect("ESP8266");
  server.begin();
}
void loop(){
}
```

11. Wi-Fi 连接反馈

当网络环境发生变化时，我们可能需要对网络重新进行配置，为此我们定义了下面的位图用于断网提示。该位图的宽度为 19 像素，看上去像是 Wi-Fi 被外星人劫持了（见图 10），是不是很生动形象？

使用取模软件取模，数据如下。

```
uint8_t wifi[] = {0x04, 0x06, 0x13,
0xDB, 0xDB, 0x13, 0x06, 0x04, 0x00,
0x70, 0x18, 0x7d, 0xb6, 0x3c, 0x3c,
0xb6, 0x7d, 0x18, 0x70};
```

这里我们使用 !(WiFi.status() != WL_CONNECTED) 语句来判断网络连接是否断开。当 Wi-Fi 连接成功时，!(WiFi.status() != WL_CONNECTED) 返回真，这时我们可以同步时间；当 Wi-Fi 断开时，!(WiFi.status() != WL_CONNECTED) 返回假，我们在点阵屏上显示 Wi-Fi 断开连接提示，然后使用配网函数对网络进行配置，配网成功后再次显示正常的时间即

图 10 Wi-Fi 无法连接的反馈

可。代码如下。

```
if (!(WiFi.status() != WL_CONNECTED))
{
  hour_variable = NTP.getTimeHour24();
  minute_variable = NTP.getTimeMinute();
  second_variable = NTP.getTimeSecond();
} else {
  mx.clear();
  display_bitmap(25, 19, 21);
  WiFiManager wifiManager;
  wifiManager.autoConnect("ESP8266");
  server.begin();
  mx.clear();
}
```

12. 小狗动画设计

为了使时钟富有动态感，我们为时钟添加一个小狗的动画效果，该动画由两个宽度为 8 像素的动画帧构成，我们先使用取模软件绘制出这两帧图像，再单击水平镜像按钮得到镜像后的图像，最后生成字模即可（见图 11）。

使用取模软件取模，数据如下。

```
uint8_t PROGMEM dog[] = {0x8C, 0x4C,
0xFE, 0x30, 0xB0, 0x70, 0xF0, 0x08,
```

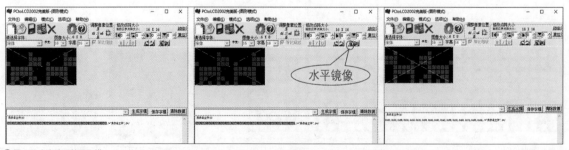

图 11 小狗动画效果取模

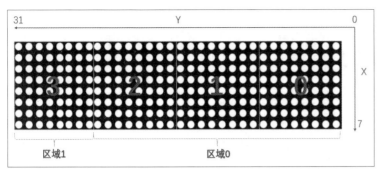

▌图 12 点阵编号与区域的对应关系

▌图 13 提示配网界面

```
0x0C, 0x0C, 0xFE, 0x30, 0x30, 0x30,
0xF8, 0x00,};
```

下面的例子是将点阵划分为两个区域：区域 0 和区域 1。P.setZone() 函数将点阵划分为不同的显示区域，它有 3 个参数：区域编号、起始点阵和终止点阵。P.begin() 指定区域数量，参数为空，默认为一个区域，这里我们有两个显示区域，故参数为 2，其中点阵编号与区域的对应关系如图 12 所示。

P.setSpriteData() 函数为精灵动画的初始化函数，该函数可接受 7 个参数：分别为初始化区域、动画开始精灵数据、动画开始精灵宽度、动画开始精灵帧数、动画结束精灵数据、动画结束精灵宽度、动画结束精灵帧数。

P.displayAnimate() 函数有两个作用，分别为反馈显示状态和动画执行函数。当它在反馈状态时，动画显示完成返回 1，未完成返回 0；当它作为动画执行函数时，程序通过不断调用 P.displayAnimate() 函数实现动画的流畅运行。

P.getZoneStatus() 函数的作用类似 P.displayAnimate() 函数，不同的是它仅返回区域的显示状态。

P.displayZoneText() 函数为字符串的动画显示函数，该函数可接受 7 个参数：显示区域、显示字符串、对齐方式、动画速度、文本显示时间、动画进入效果、动

画退出效果。下面的代码演示了如何在区域显示精灵动画。这里我们显示字符串为空、显示时间为 0，显示字符串为空保证了我们仅有小狗动画，没有文字；显示时间为 0 保证了小狗动画的连贯性。

```
void setup() {
  P.begin(2);
  mx.begin();
  P.setZone(0, 0, 2);
  P.setZone(1, 3, 3);
  P.setSpriteData(1, dog, 8, 2, dog,
8, 2);
}
void loop() {
  P.displayAnimate();
  if (P.getZoneStatus(1)) {
    P.displayZoneText(1,"", PA_CENTER,
100, 0, PA_SPRITE, PA_SPRITE);
  }
}
```

13. 自动亮度调节

当我们睡觉后，我们是不会看时间的，此时降低点阵显示的亮度有助于节能环保，因此我们需要根据时间段自动调节点阵显示的亮度。下面的代码是将时钟在晚上 0 ~ 6 点的亮度设置为 1，其他时间的亮度设置为 10。P.setIntensity() 函数为区域亮度设置函数，有两个参数，分别是显示区域和亮度值，其中亮度值范

围为 0 ~ 15。

```
if ((hour_variable >= 0) && (hour_
variable < 6)) {
  P.setIntensity(0, 1);
  P.setIntensity(1, 1);
} else {
  P.setIntensity(0, 10);
  P.setIntensity(1, 10);
}
```

14. 代码组合

最后，按照上述功能之间的逻辑关系，将代码组合在一起即可。相关的代码资源，大家可以在杂志目录页的下载平台进行下载。

▌ 使用说明

首先连接电源，将时钟进行初始化，同时出现如图 13 所示的界面提示配网，此时开发板会自动开启名为 ESP8266 的无密码 Wi-Fi 热点。

打开手机，连接此网络，配网步骤如图 14 所示。这里以安卓手机为例进行配网说明：（1）打开手机设置，选择"Wi-Fi 设置"打开 WLAN；（2）连接时钟热点 ESP8266（热点名由程序设置，也可更改为其他名称）；（3）选择"点击管理"进入网络配置页面；（4）点击"配置 Wi-Fi"进入图示页面点击扫描，扫描附近热点；（5）选择 Wi-Fi，输入 Wi-Fi 密码；

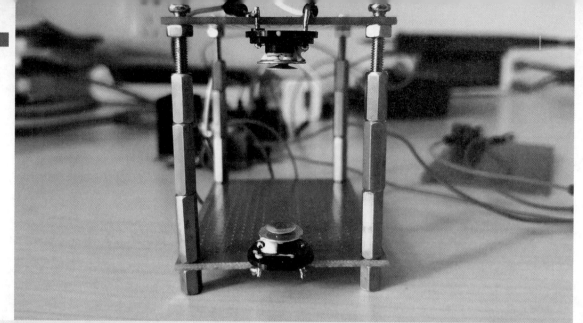

对抗重力——初探声悬浮技术

演示视频

■ 李一楠

从古至今，总是有人渴望能够摆脱地面的束缚，如鸟类般在天空自由地飞翔，而人类的探索也从未停止过。远在春秋时期，就有了风筝的雏形。在明朝，尽管万户发明的飞椅未能如愿将其送上天空，但他是世界上第一个想到借助火箭推力升空并付诸实践的人。

到了近代，热气球、飞艇乃至飞机的相继问世，无异于让人类实现了最初的飞

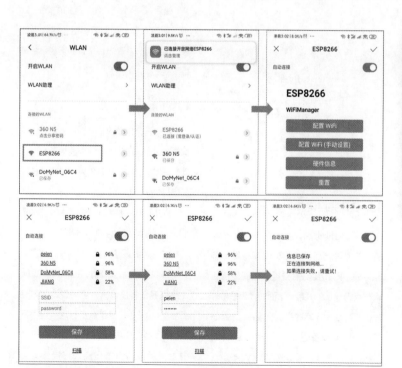

■ 图14 配网步骤

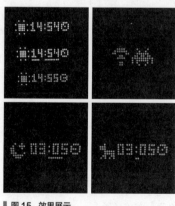

■ 图15 效果展示

（6）点击"保存"等待配网成功。

效果展示

效果展示如图15所示。Ⓧ

天梦想,但人们与重力的对抗,才刚刚开始。在上个世纪,许多科幻作家不止一次地在自己的作品中提到反重力装置。反重力的热潮,源于爱因斯坦在其广义论中对引力波做出的预言。人们渴望有一种装置能够帮助人类彻底地摆脱重力,使人像在宇宙中那样自在地飘浮。于是,大批科学家将精力投入到悬浮技术当中。

现今,悬浮技术可大致分为5类:磁悬浮、静电悬浮、光悬浮、气体悬浮和声悬浮。

磁悬浮无疑是这几种技术中名声最大的,这得益于它较强的悬浮能力和较好的稳定性。所以,它也是若干种悬浮技术中最先被商业化的。小到商店中的悬浮展示台,大到著名的上海磁悬浮列车,都是基于这种技术(见图1、图2)。

静电悬浮技术,其本质是让物体受到库仑力的作用从而抵消重力实现悬浮。库仑力由物体自身带有的电荷在静电场中产生。这种悬浮方式要求被悬浮物表面能够积累足够的电荷以获得所需的库仑力。

光悬浮利用的是光压。当光照射到物体上时会对物体表面产生一定的压力,但此压力极小,因此一般的感光并不足以使被照射物产生反应。光悬浮力一般处于纳牛顿数量级,基本只有在被悬浮物尺寸在微米级时才可能实现。

气体悬浮可分为伯努利气流悬浮和气垫悬浮两种。前者是基于伯努利理论的。尽管名字"高大上",实现起来其实很简单。大家将乒乓球放在吹风机的气流上,就会发现乒乓球飘在了空中(见图3)。而气垫悬浮相信大家也不陌生,中学物理实验室中的气垫导轨用的就是这个原理(见图4)。

我们今天的主角是声悬浮。声悬浮包含两种方式:超声近场悬浮和超声驻波悬浮。超声近场悬浮是一种悬浮距离非常近的悬浮技术,悬浮距离通常只有微米级,

图1 磁悬浮展示台

图2 磁悬浮列车

图3 悬浮乒乓球

图4 气垫导轨

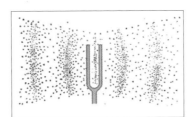

图5 声波疏密图

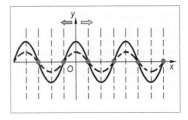

图6 驻波

是由高强度的超声波作用于平板物体从而使其悬浮起来的技术。而超声驻波悬浮是通过超声波发射端与反射端(或是另一个发射端)存在一定的距离(称为谐振腔距离),发射波与反射波(或另一个声波)不断叠加最终形成驻波,在驻波节点处物体受到的声波力能够克服重力作用最终达到悬浮的效果。

尽管声悬浮的原理就几句话,但要深入了解还得从声音的传播开始说起。

声波如同水波一样,都是波的一种,有振动,能传播。不同之处在于水波属于横波,也就是说它的传播方向与振动方向是垂直的。而声波则恰恰相反,声波属于纵波,其传播方向与振动方向相同。由于振动的原因,在声波的传播路径上,空气密度会发生变化(见图5)。

空气密度的变化,必然会导致密度大的区域对密度小的区域形成一定的压力。大家想想自己的耳朵,里面的鼓膜不就是因为感受到了这种空气密度产生的压力变化,才会跟着振动,接收到声音吗?

但是仅有这种压力还不足以完美地抵消重力。因为声波是会移动的,相同的位置所受到的压力会不停地变化,打破之前的平衡。所以,我们需要一种特殊的波,保证它在某个位置上的振幅为零,这种波叫驻波(见图6)。

驻波不会在水平方向上发生移动。在图6中的蓝点处,波的振幅永远为零。也就是说,这种波是在原地振动的,这也是驻波名字的由来。而这些振幅为零的位置,

图7 拆解超声波传感器

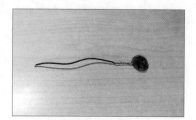

图8 用金属网制成的"勺子"

```
TCCR1B |= (1 << WGM12);

TCCR1B |= (1 << CS10);

TIMSK1 |= (1 << OCIE1A);

interrupts();

}

ISR(TIMER1_COMPA_vect) {

PORTC = TP;

TP = ~TP;

}

void loop() {

}
```

科学家称之为波节。产生驻波的方法有两种，一是将声波和它遇到物体产生的反射波叠加生成驻波，二是用两个完全相同但是方向相反的声波叠加出驻波，后者实现起来较为容易。

补充完理论知识后，我们开始电路的搭建。首先需要准备以下材料。

（1）Arduino 板一块，也可用信号发生器代替。

（2）超声波换能器 2 个，可从 SR04 超声波传感器上拆除（接收头和发射头并无太大差别，引脚无正负区别）。

（3）L298N 驱动板一块，负责驱动超声波换能器。

（4）洞洞板和铜柱，搭建为支架，方便调节高度。

在拆除超声波换能器时，取下里面的金属网，将其做成"勺子"（见图7、图8）。因为这种金属网对于超声波来说是透明的，

所以我们利用它来放置需要悬浮的物品。如果用手或镊子放置物品，是会对悬浮造成影响的。

Arduino 的程序较短，这里主要是利用它来产生 40kHz 的方波，作为超声波换能头的信号源。但是如果用 digitalWrite 等函数，效率过低，无法产生这么"高频率"的方波信号，所以要直接对寄存器进行操作。当然，手边有波形发生器就不必这么复杂了。Arduino 程序如下，大家也可在杂志目录页的下载平台下载程序。

```
byte TP = 0b10101010;

void setup() {

DDRC = 0b11111111;

noInterrupts();

TCCR1A = 0;

TCCR1B = 0;

TCNT1 = 0;

OCR1A = 200;
```

图9 所示为声悬浮电路原理图，按图9 连接好电路后，我们需要搭建一个支架（见题图），将 2 个超声波换能器固定在上面。因为驻波的产生与 2 个超声波换能器之间的距离有很大关系，所以我们要利用支架上的螺丝对高度进行微调，错误的距离将导致实验没有任何现象。经过实验，2 个超声波换能器最底端的塑料片相距 4.62cm 左右效果最佳，大家可直接调整到该距离后再微调测试。

在调节高度时，一定要有耐心。我也是测试了无数次，才有了图10 所示的结果。每次调节的高度不能太多，否则很可能会错过最佳距离。调节后，用金属网做的勺子将纸片放在发射头的中间，缓慢地来回移动。如果距离合适，纸片会刚好悬浮在驻波的波节处。Ⓧ

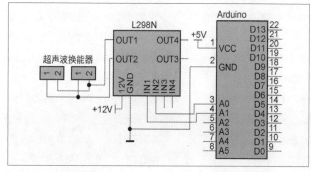

图9 声悬浮电路原理图

图10 纸片会刚好悬浮在驻波的波节处

DF创客社区 推荐作品

对超声波加湿器进行智能化改造

▍王立

前一段时间,我感觉空气比较干燥,就买了一个10块钱包邮的超声波加湿器用来加湿(见图1)。

我手头有一个SHT31-F温/湿度传感器(见图2),这个传感器功耗低、精度高、反应快,还具有十分实用的防尘功能。我准备用它来对买来的超声波加湿器做智能化的改造。

▍制作思路

超声波加湿器上有个微动开关,按一下就开始加湿,再按一下就间断加湿,再按一下就关闭。这样,我只需要找到超声波加湿器内部电路板上连接着微动开关的两个焊点,以继电器连接它们,用Arduino控制继电器通断,模拟人按下的动作,就可以实现控制超声波加湿器工作的目的。SHT31-F传感器将收集到的温/湿度发送到Arduino,Arduino将当前湿度和目标湿度进行对比,根据对比结果智能控制超声波加湿器的开和关。改造需要准备的材料如附表和图3所示。

▍图3 改造需要准备的部分材料

▍图1 超声波加湿器

▍图2 SHT31-F温/湿度传感器

附表 改造需要准备的材料

① SHT-31F 温 / 湿度传感器
② Arduino Nano
③ 0.91 英寸单色 OLED 显示屏
④ 360° 旋转编码器（旋钮开关）
⑤ 继电器
⑥ 面包板 ×2
⑦ 超声波加湿器
⑧ 公公头杜邦线若干

▎对超声波加湿器的改造

① 拆开超声波加湿器。超声波加湿器的工作原理是将水送到雾化片处，将水打成水雾，送出来。图中棉棒的作用是连接蓄水池和雾化片，将水不断地送到雾化片处。

② 超声波加湿器的关键部分都在盖子上，包括雾化片和电路板。

③ 将超声波加湿器的电路板拆下，用万用表蜂鸣挡来找和微动开关连接在一起的两个焊点。

④ 电路板右上角那个 8 引脚 IC 的第 4 引脚和第 8 引脚分别连在了微动开关两端。

⑤ 我将超声波加湿器的盖子用小刀掏一个洞，这个洞用来穿后边要用到的导线。

▎Arduino控制部分

我需要多说一下这个 360° 旋转编码器（见图 4），它常见于某些控制面板上，用于选择操作。比如有些 3D 打印机上，直接用这样一个带微动开关功能的旋钮作

⑥ 导线包括两根控制超声波加湿器工作的线（一根 VCC 和一根 GND）。

⑦ 超声波加湿器这边的改造就完成了。绿线和蓝线连在继电器的 NO 和 COM 端，红线和黑线分别连接 Arduino 提供的 VCC 和 GND。

为唯一的控制器件，操作面板显得很干净，而实际操作起来，行云流水地反复旋转和按下，使得操作变得方便。旋转用于光标向上、向下的移动，微动开关则用于选定操作。

Arduino 的电路连接很简单（见图 5）。OLED 屏的接口是 I²C，SHT31-F 的接口也是 I²C，它俩的 SDA 都连接 Arduino Nano 的 A4，它俩的 SCL 都连接 Arduino Nano 的 A5。超声波加湿器那边过来的绿、蓝两根线连接继电器的 NO 和 COM 端。360° 旋转编码器的 A、B、C 连接 Arduino Nano 的 D2、D3、D4。继电器的控制信号线连接 Arduino Nano 的 D5。当然，所有 VCC 和 GND 分别接在 Arduino Nano 的 VCC 和 GND 上。

▎程序部分

代码很简单，需要注意的是，360° 旋转编码器的例程序本来使用中断来实现，

磁吸创意台灯

郭力

作品由来

磁吸创意台灯的设计思路源于两年前，当时新房子刚装修好，我特别想买一个图1右侧所示的磁吸台灯。思考良久，又觉得这个台灯中看不中用，最终没舍得买。最近空余时间比较多，于是我就想复刻一个磁吸创意台灯，制作成品如图2、图3所示。

图1 我心心念念的磁吸台灯（右）

磁吸创意台灯的主要功能为：当2颗用绳子牵引的小球靠近时，小球内部的磁铁会将2个小球吸附在一起，这时电路接通，从而点亮LED灯带。本次制作除了模拟原型磁吸台灯的功能外，还增加了灯带颜色可切换的功能。具体功能为打开电源，为台灯电路上电，

演示视频

图4 360°旋转编码器

图5 Arduino的电路连接

但0.91英寸OLED屏用到了U8g2库，在有中断的情况下，无法完成初始化，所以我将对360°旋转编码器旋转角度的判断放在loop函数里，去掉了中断函数。

OLED屏负责显示当前温度、当前湿度、目标湿度3个数值。用户可以通过360°旋转编码器调整目标湿度的值，当湿度小于目标湿度时，Arduino Nano就

会控制继电器，继而打开超声波加湿器加湿；当湿度大于等于目标湿度时，超声波加湿器就会被关闭。继电器模拟人按按键的操作，每次的按键动作（即每次继电器通断）时间必须大于1s，否则超声波加湿器无法识别过快的两次按键操作，仅能识别出一次按键操作。

将程序烧录到Arduino Nano上，将超

声波加湿器和Arduino Nano控制部分连接起来，给Arduino Nano通上电，就可以使用改造后的智能超声波加湿器了。 Ⓧ

演示视频

Arduino Nano 主控板开始工作。当有磁铁靠近干簧管时，LED 灯带点亮。当触摸检测到触摸信号时，切换 LED 灯带的颜色（见图 4）。当磁铁离开干簧管传感器时，LED 灯带熄灭。本次制作所需的硬件材料如附表所示。

附表 硬件清单

序号	名称	数量	说明
1	Arduino Nano 主控板	1	台灯的主控板
2	干簧管	1	磁铁感应开关
3	触摸传感器	1	控制灯带颜色切换
4	1m 长 LED 灯带	1	台灯的光源
5	磁铁	1	磁铁开关
6	开关模块	1	控制台灯通、断电
7	锂电池	1	为台灯供电
8	充电模块	1	稳压充、放电
9	3mm 厚奥松板	1	台灯结构件
10	2mm 厚亚克力板	1	台灯透光板
11	杜邦线、五金件、下载线	若干	电路连接、结构固定

制作过程

1. 图纸设计

利用 AutoCAD 设计台灯图纸，采用激光切割机加工 3mm 厚奥松板和 2mm 厚亚克力板。在设计图纸时需要注意，应当提前将各类电子器件的尺寸、孔位预留好，并留意柔性结构件的卡扣尺寸。台灯的结构件如图 5 所示。

■ 图 2 磁吸创意台灯制作成品

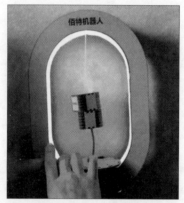

■ 图 4 用手触摸传感器，切换灯带颜色

2. 电路设计

本次制作采用 Arduino Nano 主控板，其特点是成本低且方便易用。在器材选型方面，我有 2 种设计思路，第一种为可编

■ 图 3 点亮磁吸创意台灯

程版本的方案，利用 Arduino Nano 主控板及触摸传感器实现 LED 灯带颜色切换，适合学生进行编程学习及动手制作，本文主要介绍这种可编程的设计方案，主控板和电路接线图如图 6 所示；第二种为低成本的方案，采用由开关、磁铁、灯带和电位器组成的简单电路，电路连接如图 7 所示。低成本方案更易于实现，没有编程基础的朋友也可以按电路图进行搭建。

3. 成品组装展示

在中间部位的两个小盒子中分别放置了磁铁和干簧管（见图 8），干簧管通过引线加长。亚克力板需要用热弯器进行手工折弯，以达到美观的效果（见图 9）。台灯内部电路接线和台灯底座如图 10、图

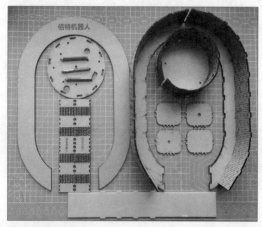

■ 图 5 台灯的结构件

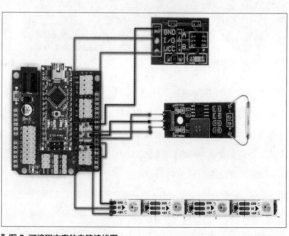

■ 图 6 可编程方案的电路接线图

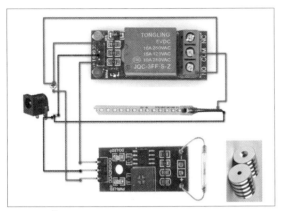

▌图7 低成本方案的电路连接图（不可编程）

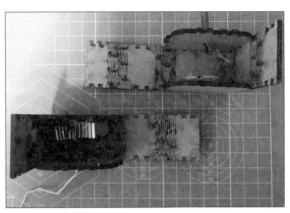

▌图8 安装磁铁和干簧管的小木盒

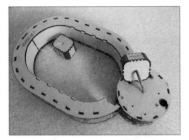

▌图9 使用热弯的白色的亚克力板作为台灯的透光板

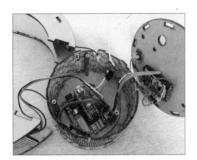

▌图10 台灯内部电路接线

▌图11 组装好的台灯底座

11所示。

▌程序编写

本次制作的程序比较简单，主要功能是开关逻辑控制和灯带色彩的控制，程序如图12、图13所示，各位也可以在此基础上进行优化改进。

▌总结

我制作的磁吸创意台灯有可编程、可充电的特点，制作这个台灯前前后后大概用了一个星期，制作过程中遇到了各种意想不到的问题，比如亚克力板材的折弯、如何让触摸传感器的信号稳定、实现磁吸功能需要如何选择材料等问题，每个制作项目也是对我们综合能力的考

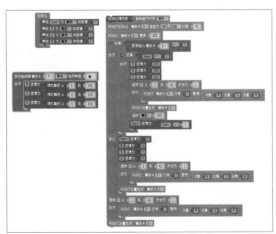

▌图12 通过触摸传感器切换 LED 灯带颜色

验。当然，这个制作还有低成本、纯电路的方案，大家也可以简单尝试一下。欢迎大家加入创客大家庭，体验造物的乐趣。⊗

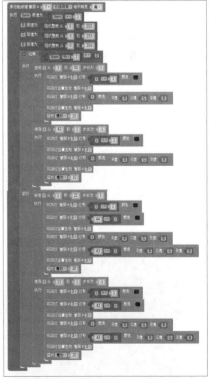

▌图13 通过长按触摸按键实现流水灯的效果

自制甲醛检测仪

■ 李志远　熊廷宇

几位朋友朋友因新房装修、新车内饰网购了几十、几百元的甲醛检测仪，请我们鉴定这些设备是否可靠。经过拆解部分甲醛检测仪，我们发现，它们的内部结构有的是简单的模拟电路，稍好一点的产品会用传感器，但并不是专业测量甲醛气体的传感器，而是抽油烟机中气体检测级别的传感器。虽然这些传感器在检测甲醛浓度时有一定的参考性，但其精确度和可靠性大打折扣。鉴于此，我们设计了一款较为精准的 DIY 甲醛检测仪，可以测量甲醛浓度值、温 / 湿度，并配有安卓手机 App 显示，如图 1 所示。

经过实际环境测试，在密封 1h 以上的装修屋内，与甲醛测试试纸多次对比，自制检测仪与甲醛测试试纸测量结果较为接近。甲醛测试试纸每次测量需要 30 ~ 40min，而自制检测仪可即时测量，方便快捷。

■ 硬件框架

本设计由单片机系统、WZ-S 型甲醛传感器、温 / 湿度传感器、OLED 显示屏和蓝牙模块组成，其中，OLED 显示屏和蓝牙模块可以同时兼有，也可以只取其一。只需要手机 App 显示时，可以舍弃 OLED

■ 图 1 甲醛检测仪

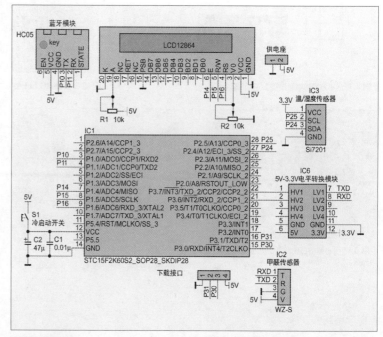

■ 图 2 电路原理图

显示屏；如果不需要手机 App 显示，也可以舍弃蓝牙模块。单片机使用 STC15F2K 系列增强型 8051，该单片机具有两个 UART 串口，串口 1 用于甲醛模块数据的读取，串口 2 用于连接蓝牙模块，发送数据到安卓 App。该单片机 I/O 接口可通过软件配置为开漏模式，用于 Si7201 通信。其电路原理如图 2 所示，做好的实物如图 3 所示。

■ 模块说明

1. 甲醛传感器

达 特 WZ-S 型甲醛传感器，具有 NQA ISO9001 和 UKAS 认证，采用电化学检测原理，分辨率可达 0.001×10^{-6}（换

■ 图 3 甲醛检测电路实物

算为甲醛浓度为 $1.34 \mu g/m^3$），与采用廉价半导体传感器的甲醛检测设备相比，测量数据更加可靠，可以满足一般民用检测需求。WZ-S 型甲醛模块部分参数如表 1 所示。

甲醛传感器内置数模转换电路，可直

表1　WZ-S 型甲醛模块部分参数

产品型号	WZ-S
检测原理	燃料电池
检测气体	甲醛
检测量程	$0 \sim 2 \times 10^{-6}$
最大过载	10×10^{-6}
供电电压	5~7V
预热时间	<3min
响应时间	40s
恢复时间	60s
分辨率	0.001×10^{-6}
工作温度	$-20°C \sim 50°C$
工作湿度	10% ~90% RH（非凝结）
存储温度	$0 \sim 20°C$
使用寿命	5 年（正常使用）
重量	4g

表2　WZ-S 型甲醛传感器通信参数

波特率	9600 波特
数据位	8 位
停止位	1 位
校验位	无

表3　通信命令

切换到问答模式

0	1	2	3	4	5	6	7	8
起始位	保留	切换命令	问答	保留	保留	保留	保留	校验值
0xFF	0x01	0x78	0x41	0x00	0x00	0x00	0x00	0x46

问答模式下的查询指令（单片机发送）

0	1	2	3	4	5	6	7	8
起始位	保留	命令	保留	保留	保留	保留	保留	校验值
0xFF	0x01	0x86	0x00	0x00	0x00	0x00	0x00	0x79

问答模式下模块上传给单片机的数据

起始位	命令	单位：mg/m³	保留	保留	单位：1×10^{-9}	校验值		
		气体浓度高位	气体浓度低位			气体浓度高位	气体浓度低位	
0xFF	0x86	0x00	0x2A	0x00	0x00	0x00	0x20	0x30

模块主动上传数据格式

0	1	2	3	4	5	6	7	8
起始位	气体名称	单位	小数位数	气体浓度高位	气体浓度低位	满量程高位	满量程低位	校验位
0xFF	HCHO	ppb=0x04	无	0x00	0x00	0x25	0x07	0xD0	0x25

接通过 UART 串口输出数字数据，用户只需要根据通信协议将数据进行转换即可得到甲醛浓度值。模块供电为 5V，但 TX 和 RX 通信端口电压为 3.3V，因此与 5V 单片机通信时，需要 5V 转 3.3V 电平转换模块，以免甲醛模块无法承受 5V 单片机 I/O 接口的电压。

WZ-S 型甲醛传感器支持主动上传查询模式，在主动上传模式下，模块每隔 1s 上传一次甲醛浓度值。为了让程序逻辑更加可靠，此处使用主动查询模式，单片机每隔 5s 发送一次查询指令，收到甲醛传感器的数据后，进行数据处理，最终输出显示到 OLED 显示屏上。此处将模块配置为问答模式，WZ-S 型甲醛传感器通信参数如表 2 所示。通信命令如表 3 所示。

2. 蓝牙模块

蓝牙模块为 HC05，可通过 AT 指令配置主从模式，当与手机蓝牙通信时，模块需要配置为从模式。通过 AT 指令，仅

需要配置如下参数。

（1）AT+NAME="XXX"，配置模块名称；

（2）AT+ROLE=0，配置为从模式（ROLE=1 为主模式）。

（3）AT+CMODE=1，配置为任意连接模式。

（4）AT+PSWD=1234，配置配对密码。

（5）AT+UART=9600,0,0，配置蓝牙串口波特率为 9600 波特，停止位 1 位，无校验位（和单片机串口参数一致）。

3. 温/湿度传感器

温/湿度传感器使用 Si7201 模块，与 DHT11 相比，它体积更小，测量精度更高。使用该模块时需要注意，模块需要 3.3V 供电，SDA 和 SCL 端口与单片机连接时，单片机 I/O 接口必须配置为开漏模式，否则有可能无法读到准确的数据。

▌软件设计

单片机程序流程如图 4 所示。

本制作的源代码以及其他资源，读者朋友可从杂志目录页所示的资源平台进行下载。

程序中，设定查询时间为 5s，即每隔 5s 可查询一次甲醛浓度数据，甲醛传感器

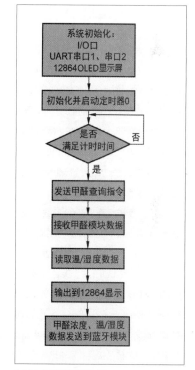

■ 图 4 单片机程序流程图

收到单片机的查询指令后，输出 9 字节的数据，存储在数组 receive_buf[9] 中。源代码中，给出了处理甲醛浓度数据的方法。

方法 1：直接读取 receive_buf[2]、receive_buf[3] 的浓度数据，把两个 8 位数据整合为 float 型，代码如下。

```
HCHO = (float) (receive_buf[2]<<8 |
receive_buf[3]);

HCHO = HCHO/1000; //μg/m³ 转换为 mg/m³
```

这里求出的数值单位是 $\mu g/m^3$，除以 1000 便可得到单位 mg/m^3。

方法 2：读取 receive_buf[6]、receive_buf[7] 的数据，把两个 8 位数据整合为 float 型，此时得到的单位是 $1×10^{-9}$，除以 1000，单位转换为 $1×10^{-6}$。

```
HCHO = (float) (receive_buf[6]<<8 |
receive_buf[7]);

HCHO = HCHO / 1000 * 1.3393 ;
```

百万分率（或百万分之几）是用溶质质量占全部溶液质量的百万分比来表示的浓度单位。$1×10^{-6}$ 与 $1mg/m^3$ 的关系为，$X = C×M /22.4$，其中，X 是气体浓度质量分数，单位为 mg/m^3；C 是气体体积分数，量纲是 $1×10^{-6}$；M 是气体相对分子质量（此处是甲醛的）。甲醛的分子式为 HCHO，相对分子质量为 30。22.4 是空气在标准大气压下的相对分子质量。所以，$1×10^{-6}$ 甲醛气体体积浓度相当于：$1×10^{-6}×30/22.4=1.3393mg/m^3$。

上述方法之一求出甲醛浓度后，格式化数据，最后输出到 OLED 显示屏显示。

温/湿度传感器 Si7201 的数据较为简单，使用标准 I^2C 协议读取数据，为节约篇幅，本文只介绍温/湿度数据处理部分。数组 Data_buf[ ] 中，Data_buf[0]、Data_buf[1] 分别存储温度高字节、温度低字节；Data_buf[2]、Data_buf[3] 分别存储湿度高字节、湿度低字节。得到这些数据后，并不能直接合并后输出显示，而是要根据手册中的公式计算出数值。

由公式得出的 C 代码如下所示。

```
temp_u16 = Data_buf[0] << 8 | Data_
buf[1];

tmp_value = 175.72 * temp_u16 /65536
- 46.85;

temp_u16 = Data_buf[2]<<8 | Data_
buf[3];

RH_value =  temp_u16;

RH_value = 125 * RH_value/65536-6;
```

表 4　单片机硬件和手机 App 设定的通信协议

0	1	2	3	4	5	6	7	8
帧头	甲醛浓度高位	甲醛浓度低位	温度高位	温度低位	湿度高位	湿度低位	校验位	帧尾
FA	0	0	0	0	0	0	0	FC

tmp_value 为最终求得的温度数值，RH_value 为最终求得的湿度数值。最后格式化数据，输出到 OLED 显示屏显示。

现在，我们已经可以把甲醛浓度数据、温/湿度数据显示在 OLED 显示屏上，那如何发送到手机 App 中显示呢？此处借助蓝牙通信实现。单片机将得到的数据通过串口 2 传输给蓝牙模块，蓝牙模块与手机蓝牙连接，获取单片机数据，手机 App 采用和单片机相同的方法处理数据后，得到数值并显示。单片机硬件和手机 App 进行通信时，要制定一个数据通信协议，即硬件以一定的方式发送数据，手机软件收到数据后，根据一定的格式解析数据，解析后的数据与单片机显示的数据应当一致。设定的通信协议如表 4 所示。

协议字节数不长，实际上我们只校验了帧头和帧尾，没有加入校验位，读者可根据自实际情况加入校验方法。甲醛浓度数据、温/湿度数据与单片机读取的数据格式完全一致，安卓手机 App 中，套用单片机 C 代码中的公式即可得到实际数据。安卓手机 App 软件流程如图 5 所示。本制作的相关资源可从杂志目录页的资源平台进行下载。⊗

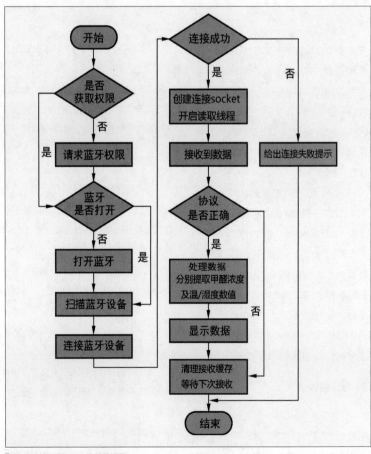

图 5 安卓手机 App 软件流程图

轻松 DIY 简易红外单光束对射报警器

邓俊波

市面上的安防产品琳琅满目，红外对射报警器作为常用的安防产品之一，被大量应用在家庭安防中。专业的红外对射报警器技术很成熟，但价格不便宜，而且对一个喜欢动手的电子爱好者来说，买现成的，不如 DIY 有意义！笔者经过反复试验，利用网购的零配件，成功地制作了一款成本低廉、抗干扰性强、灵敏度高的红外单光束对射报警器，使用半年以来，性能相当稳定，特与读者朋友们分享。

想要顺利地制作简易红外单光束对射报警器，我们首先要了解红外对射报警器的基本工作原理：红外发射器向接收器发射不可见红外光束，当非法入侵者穿过发射器与接收器之间的红外光束时，该光束被阻断，接收器收不到红外光，随即实现安全报警提示。

本作品重在介绍红外线的收、发实现，省略了布防、撤防、报警信号的转发等功能设计，直接在红外接收电路中输出报警信号。为了便于读者朋友理解，本文只涉及了一束红外光线的收发过程。

硬件准备

硬件部分主要由 51 单片机最小系统板、940nm 红外发射管、HS0038 一体化红外接收探头等部分组成，下面对硬件进行介绍。

51单片机最小系统板

51 单片机最小系统板如图 1 所示。这种 51 单片机最小系统板结构简单，价格非常便宜，它的默认晶体振荡器频率为

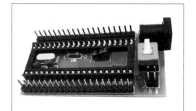

图 1 51 单片机最小系统板

11.0592MHz。我们必须购买 2 套相同的板子，一块板作为红外光发射电路板，另一块板作为红外光接收电路板，并分别配上 STC89C52RC 单片机、5V 直流电源（1A）。

红外光发射电路板

当 51 单片机最小系统板作为红外发射板使用时，请首先将默认频率为 11.0592MHz 的晶体振荡器替换成频率为 22.1184MHz 的晶体振荡器。如果不更换，则笔者提供的红外发射程序不能正常发射出 38kHz 的红外信号，最终会导致一体化红外接收元器件无法正常接收。然后按照红外光发射电路原理图连接红外发射部分的元器件，电路及实物如图 2、图 3 所示。

红外光接收电路板

当 51 单片机最小系统板作为红外接收电路板使用时，请保留 11.0592MHz 的晶体振荡器不变。接着按红外光接收电路原理图连接红外接收部分、输出驱动部分的元器件，电路及实物如图 4、图 5 所示。

本红外接收电路所标的按键 S1 是在调试阶段时，利用杜邦线将单片机的 P1.2 引脚与 GND 短接实现的，在实物中并没有接上，读者朋友可以根据自身需要取舍。另外，本电路从实现简单功能的角度出发，

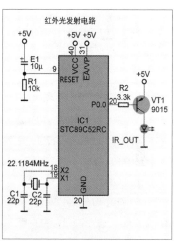

图 2 红外光发射电路原理图

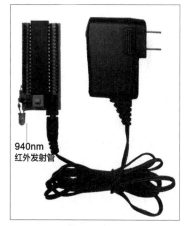

图 3 红外光发射电路连接实物

报警采用的是蜂鸣器，蜂鸣器只是起声音提示作用，如果大家想获得真实的报警声音，可以将蜂鸣器换成 KD9561 报警电路，配上扬声器，或者直接外购安防专用的警号，效果会更好。

940nm红外发射二极管

940nm 红外发射二极管实物如图 6 左

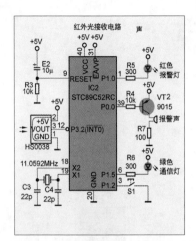

图4 红外光接收电路原理图

侧所示。红外发射二极管在使用前要搞清楚正、负极性，如果极性接反了，是发射不了红外线的。通常有3种判断红外发射二极管正、负极的方法。

（1）新买的红外发射二极管，依据引脚"长正短负"的规律，可以轻易判断正、负极。

（2）如果是用过的红外发射二极管，引脚被剪得一样长了，就从侧面看红外发射二极管的头部，看发光二极管管体内部金属极的面积哪个大、哪个小，面积小的是正极，面积大的片状的是负极。

（3）打开数字万用表，将旋钮拨到通断挡（二极管挡），将红、黑表笔分别接在两个引脚。若有读数，则红表笔一端为正极；若读数为"1"，则黑表笔一端为正极。

HS0038一体化红外接收探头

HS0038一体化红外接收头实物如图6右侧所示，一体化红外接收探头将红外遥控信号的接收、放大、检波、整形集于一身，输出可以让单片机识别的TTL信号。HS0038以黑色环氧树脂封装，不受日光、荧光灯等光源干扰，内附磁屏蔽，功耗低，灵敏度高，能与TTL、COMS电路兼容。HS0038为直立侧面收光型，它接收红外信号的频率是38kHz，周期约26μs，当将

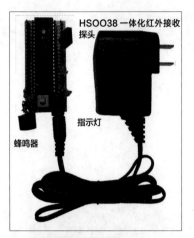

图5 红外光接收电路连接实物

凸起的红外线接收面对着眼睛，引脚向下放置时，3个引脚从左至右分别是电源的负极（地）、正极、（红外解调）信号输出端。

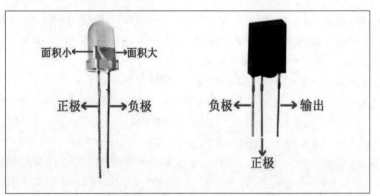

图6 直径5mm的940nm红外发射二极管（左）和HS0038一体化红外接收探头（右）

简易红外单光束对射报警器电路所用全部材料清单

简易红外单光束对射报警器电路所用的全部材料清单如附表所示。

从列出的材料清单中，读者朋友可以看出完成这样一个"DIY"任务仅需花费25元。本制作最大的工作量应该就是材料的采购了，在材料齐全的前提下，制作完成硬件电路，最多也就花费半个小时。

单片机程序解析

外发射程序

本程序的功能是不停地发射红外数据帧，发射红外信号时，一方面要考虑到一

附表 简易红外单光束对射报警器电路所用全部材料清单

元器件类型	序号	参数	数量（个）	网购价格（元）
51单片机最小系统板		散件	2	6
单片机	IC1、IC2	STC89C52RC	2	6
电阻	R2	3.3kΩ	1	0.3
	R4	10kΩ	1	
	R5、R6	300Ω	2	
	R7	100Ω	1	
发光二极管	LED1、LED2	直径5mm，红色、绿色	2	0.2
三极管	VT1、VT2	9015	2	0.2
红外发射管	IR	直径5mm(940nm发射管)	1	0.3
红外接收探头	HS0038	38kHz	1	0.5
晶体振荡器	X1	22.1184MHz	1	0.5
	X2	11.0592MHz	1	0.5
蜂鸣器	BUZZER	5V有源蜂鸣器	1	0.5
直流电源		5V(1A)	2	10
总计				25

体化红外接收头 HS0038 对所接收信号的频率要求，另一方面要考虑信号的抗干扰性。因此，发送红外信号时不仅要进行38kHz 的脉冲调制，而且要进行编码。

为了保证信号接收更快捷，笔者参考了常用的红外遥控器的发射方式，经过大量实验，发射程序采用 32 位编码方式，由 8 位地址码及其反码与 8 位数据码及其反码组成，本程序中 8 位地址码和 8 位数据码分别为"0xa5"与"0x01"。读者朋友可以根据个人喜好，将地址码与数据码更改成其他数字，只要别忘了在接收程序中作相应更改即可。

无论是地址码还是数据码，在数据码编制上，均采用标准 NEC 编码格式，即"0.565ms 高电平 + 1.685ms 低电平"表示高电平"1"，这个高电平"1"的总宽度是 2.25ms；采用"0.565ms 高电平 + 0.56ms 低电平"表示低电平"0"，这个低电平"0"的总宽度是 1.125ms，如图 7 所示。

（1）初始化设置，根据晶体振荡器频率 22.1184MHz，设定定时器 T0 为8 位自动重载模式，定时 13μs，以形成38kHz 脉冲。

（2）定时器 T0 中断服务程序，根据数据发射的要求，要么发射 38kHz 的脉冲，

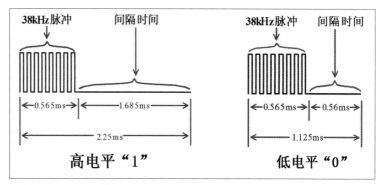

▋图 7 标准 NEC 编码格式

要么停止发射，仅产生间隔时间。

（3）通过 8 次移位发送 8 位红外数据程序。

（4）发送完整的一帧红外数据程序，结构为：引导码（9ms 的 38kHz 脉冲 +4.5ms 间隔时间）+8 位地址码 + 8 位地址反码 + 8 位数据码 + 8 位数据反码 +0.56ms 的 38kHz 脉冲 + 10ms 间隔时间+引导码（9ms 的 38kHz 脉冲 + 4.5ms间隔时间）+ 0.56ms 的 38kHz 脉冲，如图 8 所示。

（5）主程序，调用初始化程序，不停地发射完整的一帧红外数据。需要程序的读者朋友可在杂志目录页下载平台进行下载。

红外接收程序

本程序的功能是不停地判断红外接收电路接收到的数据。当接收到红外信号宽度在 13.5ms 左右时，表明收到的是引导码；当接收到红外信号宽度在 1.12ms 左右时，表示收到的是低电平 0；而当接收到红外信号宽度在 2.25ms 左右时，表示收到的是高电平 1。为了避免程序接收反应慢，本程序不对地址码作具体数据的读取分析，只读取数据码的值。

（1）初始化设置，int0 中断为红外接收引脚，下降沿触发，定时器 T0 为 8 位自动重装模式，用以测量接收到的红外时间宽度，定时器 T1 提供报警的延时时长。

（2）定时器 T0 中断服务程序，每隔

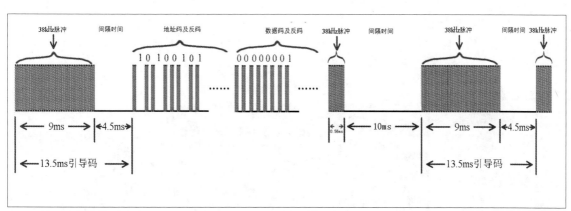

▋图 8 一帧完整的红外数据

50μs中断一次，进行计时累加。int0中断程序通过TR0=1开启定时器中断，但是定时器还不能发挥计时作用，必须等int0中断程序运行结束后，定时器T0才能工作。

（3）int0外部中断程序，实现红外解码。首先判断接收到的信号是否在有效范围内，然后根据信号的宽度分辨出引导码、地址码、数据码这3个部分。由于中断程序中不宜对数据做过多的处理，中断结束前，仅对读取的数据码值进行转存即可。

（4）定时器T1中断服务程序，每隔50ms中断一次，它的作用是产生3s的报警延时，如果大家觉得延时时间不理想，可以自行更改。

（5）主程序，不停地判断接收到的红外数据，若红外线被遮挡导致通信不正常，则报警，延时3s或按下消除报警键后停止报警。

整机装配与调试

笔者将红外光发射、红外光接收电路分别放置到两个带孔的陶瓷杯中（见图9、图10），加以固定，然后倒置过来，插上塑料花，扣到桌面上。从外观上看它们像是花瓶，而实际上是红外单束对射报警器，极好地实现了硬件电路的隐藏。读者朋友若要对电路进行装配，可以选用任何材质的外壳，只要保证在外壳上留有小孔，不挡住发射与接收窗口，便于红外光正常收发通信即可。

经过笔者测试，本制作的供电可以改为4节5号电池（电压6V）作为电源，工作很稳定；同时，由于本制作采用了单片机编码技术，编码时避开了常用红外遥控器的码值，所以基本不受常用红外遥控器及太阳光的影响，抗干扰性强；此外，本制作不需采用任何透镜，就可在6m的范围内实现灵敏感应，报警可重复触发的时间在1s内，报警非常及时。朋友们若想设置单独的报警主机，可以进行电路拓展，加上带PT2262与PT2272的无线收发模块即可实现。

装配完成后，调试很简单。将红外发射与红外接收的陶瓷花瓶相对放置在门窗、阳台及其他过道两边，并保持相同的高度（笔者采用小桌子作平台，桌面高度不超过1m），两个陶瓷花瓶相距6m内，转动陶瓷花瓶的方向，调整角度，使红外发射孔与红外接收孔对准（在同一水平线上），分别给红外光发射电路、红外光接收电路通电，当人从陶瓷花瓶中间的过道经过时，在遮挡住红外线的一瞬间，红外接收电路立即发出报警。

祝读者朋友们制作成功！ Ⓧ

▌图9 红外光发射电路

▌图10 红外光接收电路

守护睡眠小保姆
——幼儿睡眠温度监护机

▌高怀强

▌创作灵感

家有小孩的朋友，估计都有相似的感受，小孩子在睡觉过程中，总是会踢掉身上的被子，一旦着凉，基本就是要到医院报到的节奏了。如果有个小仪器，能实时感知孩子是否踢被，并在孩子踢被后及时提醒家长给孩子盖上被子就好了。

▌设计思路

盖被与不盖被，是我们肉眼看到的变化；反映在孩子身上，就是温度的变化。

方案一：AI 视觉识别，将一个摄像头架在床上，对着孩子，自动识别被子是否在孩子身上。这样做无直接接触，对孩子来说，舒适性应该是最高的，但是需要用红外线辅助照明灯一整夜对着孩子，大家心里可能会嘀咕会不会有副作用吧。

方案二：把一个纽扣大小的温度模块放在孩子肚子附近感知孩子的温度变化、体位变化，以及孩子身上是否有东西遮盖，如果这个变化量不在正常范围内，就发出警告，让家长进行相应的处理。不过这样孩子身上要配戴东西，使用起来很不方便。

方案三：被动式热感应分析处理，找一个架子，将仪器架在床上，仪器不会发出能量，只是被动接收孩子发出的热量信号，如果孩子踢掉被子，仪器会被动感知孩子身上没有盖东西，暴露在外面。但如果孩子旁边睡了一个家长，可能会造成误报警。

表 1　制作所需要的电子元器件

主要元器件名称	数量	功能说明
单片机（STC15W408AS）	1	国产 8 位微处理器芯片，具有 AD 转换功能，实现模拟信号转数字信号，进行相应处理
电阻、电容	若干	滤波，使电源更干净，实现分压及上拉电路
温度传感器 DS18B20	1	纯数字温度转换电路芯片
蓝牙数据传输模块	1	通过蓝牙信号，将温度及报警信号上传到手机端
充电模块	1	实现恒流、恒压给电池充电
3.7V 锂电池	1	给报警器提供电能支持
MIC5301	1	3.3V 电压转换芯片
TP4056	1	充电管理芯片

表 2　制作实施总体规划

步骤 1	设计硬件原理图	步骤 5	编写程序软件
步骤 2	画 PCB	步骤 6	下载程序到单片机
步骤 3	购买电子元器件	步骤 7	反复调试硬件及软件
步骤 4	把元器件焊接到 PCB	步骤 8	装电池外壳

本人结合自身的能力及时间，选择了第二种方案，该方案技术上实现起来比较快速，整体造价较低。

▌材料准备

依据设计方案，我列出了相应的电子元器件（见表 1），我们先实现硬件结构，再进行软件编程，最后软件、硬件相结合实现最终功能。表 2 所示是制作实施总体规划，图 1 为电路原理图，PCB 设计效果如图 2 所示，图 3 所示为焊接好元器件的实物。

▌程序设计思路

开关机设计：设备只用单按钮控制，在关机状态下，按一下按钮，设备会开机。在开机状态下，需要按住 3s，才能让设备关机（防止误操作）。

运行状态设计：设备开机后，会定时（每隔 30s）进入关机状态，目的是减少电池的使用，延长使用时间。30s 后，设备再进行温度检测，如果高于或低于设定的温度值，设备将报警信号发送到手机上（目前仅开发了安卓端 App）。如果在设定温度范围内，则不做任何处理，再进入关机状态。循环往复运行。

程序设计完成后，使用数据线下将其载到单片机中，刚烧入程序会有些不理想的地方，需要对程序进行反复修改，才能达到理想效果。

手机端 App 开发还是挺复杂的，我使用的是谷歌公司的 App Inventor 在线编程软件，目前它在广州市教育信息中心（电教馆）的服务器上可以运行，需要先注册一下，编程是可视化的，比较简单易学，手机端 App 如图 4、图 5 所示。

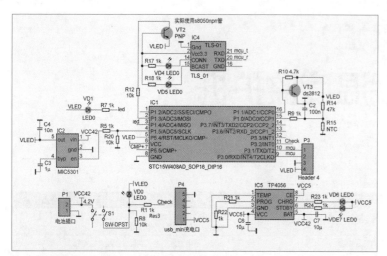

▌图1 电路原理图

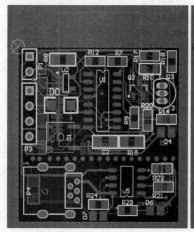 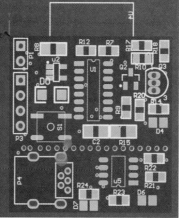

▌图2 PCB设计效果图

▌图3 焊接好元器件的实物

程序步骤如下：

（1）按下开关按钮，设备开机；

（2）打开手机端App；

（3）扫描设备，进行连接；

（4）设备会定时发送温度值到手机端；

（5）如果不在设定温度内，手机端App会发出警报。

手机端App界面，我只做了功能必需的一些项目，没有做方面优化，如果想要商业化，界面需要再进行美化。

目前我也是自己在试用这个设备，模拟盖被、踢被的动作，已经可以成功进行报警，但一个好用的东西从设计到真正使用，还需要完善，比如可以增加距离感应芯片、压力感觉芯片，实现更多的数据监控等。希望大家看到这篇文章后，开发出更好的儿童睡眠监测设备，让孩子少生病。Ⓧ

▌图4 未报警时手机端App界面

▌图5 报警时手机端App界面

自制便携式蓝牙加速度测试仪

▌刘亮

　　我没事喜欢逛逛闲鱼，淘点价廉物美的东西自行研究。前一段时间，我偶然发现了一款功能简单，但是价格"美丽"（仅需个位数）的计步器，尤其是看到内部主芯片是昔日非常流行的nRF51822蓝牙芯片，本着DIY的心态就入手了几个，想要尝试自行开发简易的便携式蓝牙小玩意儿。

　　计步器的样子如图1所示，圆圆的，黑黑的，样子不太起眼。轻轻晃动一下，OLED屏亮起，分屏显示时间、步数、消耗的热量等信息，和市场上的手环功能类似。

　　计步器的拆解比较容易，前后2块塑料外壳稍稍用力掰开后，就露出了内部电路，如图2所示。麻雀虽小，五脏俱全，OLED显示屏、主板、振动电机，还有电池，基本具备了制作一个微型蓝牙设备的潜质。图3所示为主板正面特写。

　　对于该计步器，我手头没有任何相关资料。我通过绘制芯片外围电路，上网查资料对比，外加编写代码尝试，终于成功确认芯片的型号。下面，我们就来看看如何用计步器制作一个便携式蓝牙加速度测试仪吧。

▌硬件电路简介

　　下面我先简单介绍一下蓝牙加速度测试仪的硬件电路。其电路原理如图4所示。内部电路以nRF51822为主控芯片，KX022-1020为3轴加速度传感器。

　　nRF51822是Nordic公司（大家熟悉的nRF24L01也是该公司的产品）的蓝牙4.0芯片，基于ARM Cortex-M0内核，内部完全集成2.4GHz收发器，支持蓝牙低功耗（BLE）。它有丰富的数字和模拟外设：SPI、I²C、UART、ADC，以及PPI(不需要CPU参与的可编程外设互联接口)。它有31个引脚，独有的引脚功能"任意"映射方案使它类似于FPGA，引脚的功能可以任意指定，能够极大地简化PCB

▌图1 计步器的外观

▌图3 主板正面特写

设计。输入电压范围为1.8 ~ 3.6V，可采用纽扣电池供电。

　　KX022-1020（以下简称KX022）是Kionix公司的3轴加速度传感器。它提供I²C、SPI两种接口模式；内部集成FIFO/FILO缓冲区和多种嵌入式功能，包括轻击检测、设备倾斜、活动和唤醒算法；提供高达16位分辨率的加速度计输出；可设

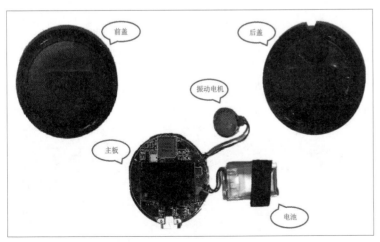

▌图2 计步器拆解

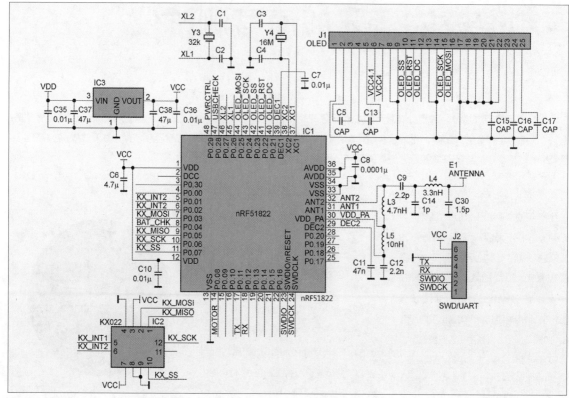

▋ 图 4 电路原理图

定的参数包括 ±2g、±4g 或 ±8g 范围、输出数据速率（ODR）及可编程高 / 低通滤波器等。它采用 2mm×2mm×0.9mm 超小型的 12 脚 LGA 塑料封装（特别小巧，不需要其他元器件）。

OLED（有机发光二极管）显示屏采用 SSD1306 驱动芯片，具有接口模式多（8 位 6800/8080、3/4 线 SPI 和 I²C）、控制简单等优点；最大支持 128 像素 ×64 像素的点阵，在本电路中，OLED 显示屏的分辨率是 96 像素 ×32 像素。

▋ 软件设计简介

硬件电路连接关系和主芯片确定后，接下来就是蓝牙加速度测试仪的软件部分。Nordic 公司为了方便开发，针对 nRF51 系列芯片提供了 S110 从设备模式的协议栈和包含示例代码的 SDK。值得注意的是：开发人员需要选择 S110 以及相应版本的 SDK，否则可能无法正常工作。在此，我选择了 7.3 版本的 S110 和 6.1 版本的 SDK，编写简单的应用已经足够。SDK 中包含了多个示例代码，例如 beacon（信标）、hrs（心率计）等，读者根据实际需要对相近的代码进行修改即可。

软件功能比较简单：读取 KX022 中的加速度数据，进行处理后通过 OLED 显示参数，同时可以通过蓝牙与手机连接，查看当前的 3 轴加速度数据曲线。

考虑到一切从简，除了蓝牙必备的连接代码，我只留下了一个服务（service），用于手机 App 连接后加速度数据的获取。程序流程如图 5 所示。

有些读者对 3 轴加速度传感器可能不是特别了解，

▋ 图 5 硬件程序流程图

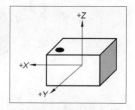

▋ 图 6 KX022 的 3 轴方向图

在此我进行一下简单介绍。图6所示为KX022的3个轴的方向指示图。3个轴的方向相互垂直，组成3轴坐标系。

加速度是矢量，不仅包含数值大小，还包含方向。因此，在不同的方向上，加速度的数值存在正负之分：往+方向加速时或者往-方向减速时，数值将会增大；往+方向减速时或者往-方向加速时，数值则会减小。3轴加速度传感器存在如下特点：假定X轴与Y轴组成水平面，则Z轴上加速度的方向与重力的方向相同，加速度的数值是固定的常数：g，也就是我们常说的重力加速度；在静止或者匀速状态下，3轴方向上的值（X、Y和Z），始终满足$X^2+Y^2+Z^2=g^2$，即3轴方向数值平方和的算术平方根始终等于重力加速度。根据这个特点，可以测算出传感器当前的俯仰角等姿态。

▍蓝牙加速度测试仪应用简介

为了更直观地展示3轴加速度传感器的应用，我将OLED屏显示成一个静态水平测试仪。静态水平检测的原理为：静止的状态下，如果X轴与Y轴组成的平面为水平状态，那么，X轴与Y轴的加速度应该均为0m/s；随着X轴或Y轴倾斜角度的增大，加载在X轴与Y轴上的加速度数值也会相应呈正弦函数变化。

我采用图形界面对水平情况进行显示：显示屏正中用"+"号标识水平位置，用圆形指示当前的状态。

（1）若放置在某平台时，"+"号标识位于指示圆的正中央，且有2个指示圆显示时（见图7左图），表示该平台为水平状态，同时内部振动电机会快速振动一下。

（2）若测试仪未能保持水平状态，比如用一块芯片垫起一边（见图7右图），则指示圆会根据倾斜的方向偏离"+"号标识；偏离越大，说明倾斜角度越大；

（3）该测试仪在测试水平时需尽量保持静止，因为移动或者震动都会引起测量的偏差。

Android手机上的测试仪App完成以下几点功能：（1）搜索、连接和控制蓝牙设备；（2）获取蓝牙设备传感器数据；（3）数据处理与展示。该App用彩色曲线显示3轴加速度的数据，直观地显示出当前姿态下3个方向数值的变化；我还对数据进行了简单的处理，分析出步数显示在左下角（不经意间又回到初了最初的功能）。测试仪App界面如图8、图9所示。

App中我绘制曲线使用的是HelloChart控件，该控件能够支持多种模式（线图、柱状图、饼图、泡泡图等）、可同时显示多条数据、每条数据设定各自的显示效果，最关键的是能够流畅支持缩放与滑动，在满足基本的图表功能的同时，还能兼顾美观性、流畅性，效果非常不错。如图9所示，我将获取的加速度数据以及处理的中间过程量一并进行了显示，经过实际测算，基本能够正确计量行走的步数。当然，读者也可以对加速度数据进行其他的处理与应用。我曾把一个测试仪放在车上，用于记录上班路上车辆加减速，无奈路上颠簸，上班路上车多，车速提不起来，一脚油门一脚刹车，加速度曲线就只能像一条波浪线了。

我制作蓝牙加速度测试仪使用的硬件也许和各位读者手中的硬件不一样，但是基本的框架是相通的，读者可以自行换用其他3轴加速度传感器，或者换用更大的TFT显示屏进行全彩显示等。在此期待读者的交流与意见。Ⓧ

图7 蓝牙加速度测试仪 OLED屏的显示状态
水平状态　　　　倾斜状态

▍**图8 测试仪 App**

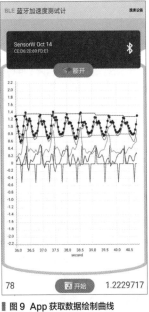
▍**图9 App 获取数据绘制曲线**

用三极管制作译码器

▌俞虹

之前笔者用三极管制作了时基电路和寄存器，这次接着用三极管制作了译码器。译码器作为数码管的驱动器件，应用比较广泛，数字钟电路以及工业中各种数字显示都离不开它。用三极管制作译码器，目的在于对旧元器件的利用以及通过制作加深对译码器内部电路的理解，使我们在使用集成译码器时更加得心应手。

▌工作原理

译码器由与非门、与或非门和非门等电路组成，故这里先介绍相关基本电路，最后再介绍三极管译码器和测试板电路。

▌三极管与非门

三极管与非门电路如图1（a）所示，图1（b）所示是与非门电路符号。它能完成表1所示的逻辑功能，即有0出1，全1出0，其真值表如表1所示。下面笔者介绍一下三极管与非门电路的工作原理。在输入端A和B不全为零（也就是A或B有一个为零）或A、B都为0时，VT2的基极电位在0.7V，这个电位不足以向VT3提供基极电流，VT3截止。VT3的集电极电位接近5V，VT4导通，5V电压通过VT4和二极管VD1加到输出端Y上，使Y输出为高电平，即Y=1。当Y端接负载时，就会有电流流出。一般情况下，Y不接负载，输出电压约4V，接负载后电压有所下降（R5的分压）。当输入端A和B全为1时，VT2两个发射结反偏，5V电压通过R3和VT2集电结向VT3提供基极电流，VT3导通，VT5也导通，输出端Y输出为低电平，即Y=0。由于这时VT3的集电极电位很低，VT4截止。当Y端接负载时，有电流流入VT5。此电流比Y端输出高电平时的电流更大。

这里我们同样用2个三极管代替多发射极晶体管，它的等效电路如图2所示。代替时需要注意的是：由于三极管有反向放大倍数，在A、B端分别接高电平和低电平时，会有一定的电流由A流入再由B流出，电流的大小由三极管的反向放大倍数决定，解决方法是选用反向放大倍数小的三极管。

▌三极管与或非门

与或非门的电路如图3所示，它和与非门相比增加了R10、VT7、VT10、R11、VT8、VT11组成的电路，而增加的这两个电路和R7、VT6、VT9电路完全相同。同时，VT9、VT10、VT11的集电极、发射极是并联的。这样，它们其中任何一个电路导通，都可以使VT13导通，VT12截止，输出端Y输出低电平。只有VT9、VT10、VT11全部截止，输出才为高电平。与或非门的电路符号如图4（a）所示，电路简化符号如图4（b）

表1　与非门真值表

A	B	Y
0	0	1
0	1	1
1	0	1
1	1	0

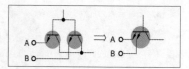

▌图2　多发射极晶体管等效电路

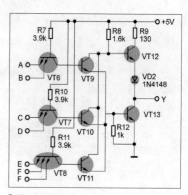

▌图3　与或非门电路

所示，它可以实现的功能是：任何一组全1时，输出为0。只有任何一组都不全为1时，输出才是1。其逻辑函数式为 $Y=\overline{AB+CD+EFG}$ 。

▌三极管非门

三极管非门电路如图5（a）所示，电路符号如图5（b）所示。它只有1个三极管和2个电阻，即可实现非功能，这种非

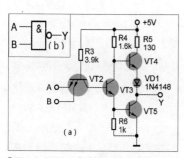

▌图1　与非门电路（a）和与非门电路符号（b）

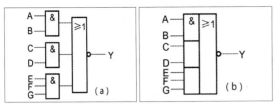

图4 与或非门电路符号（a）和与或非门简化电路符号（b）

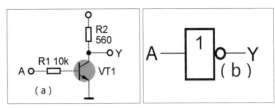

图5 三极管非门电路（a）和非门电路符号（b）

门最大电流可以达到10mA。在后面的译码器电路图中，我们可以看到几个特殊的电路符号，如图6（a）所示，它的前后各有一个小圆圈，这实际是两个非门串联，如图6（b）所示。这样接入电路可以起到提高带负载能力，同时前面的小圆圈说明该电路低电平有效。再看如图7（a）所示的电路符号，小圆圈在前面，同样说明这是一个非门，这种改变不仅说明此处是非门，还说明低电平有效，等效电路符号如图7（b）所示。

三极管译码器

三极管译码器电路如图8所示，它由2个部分组成。即前面上半部分8个二输入与非门和后面7个与或非门组成的译码电路以及由前面下半部分的6个输入与非门和5个非门（M1和M3各由2个非门

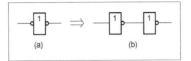

图6 驱动门（a）和2个非门串联（b）

图7 低电平有效非门（a）和低电平有效非门等效符号（b）

组成）组成的辅助控制电路。

1. 译码电路

可以看出，通过加到前面8个与非门输入端的逻辑电平变换，再通过与非门的处理（不考虑控制信号，这时与非门相当于非门），同时通过与或非门前面小方格的内连线进行与运算、格和前面连线和相邻格的前面连线进行的或运算以及连接点实现数码管所需要的笔段高低电平，具体实现方法可以通过a～g相对应的逻辑函数式进行了解，这里不介绍。另外，译码器实现的功能如表2所示。

2. 辅助控制电路

（1）试灯输入端$\overline{LT}$：用来检查数码管7段是否正常工作。当$BI=\overline{RBI}=1$,$\overline{LT}=0$时，无论ABCD为何状态，输出a～g均为1，数码管全亮，显示"8"字。（2）灭灯输入端$\overline{BI}$：当$\overline{BI}=0$时，$\overline{RBI}=\overline{LI}=1$时，无论ABCD为何状态，输出都为0，数码管不显示。$\overline{RI}$信号可以使数码管在需要的时间显示。（3）灭0输入端$\overline{RBI}$：当$\overline{LT}=BI$悬空，$\overline{RBI}=0$时，只有ABCD=0000，输出均为0，即不显示"0"

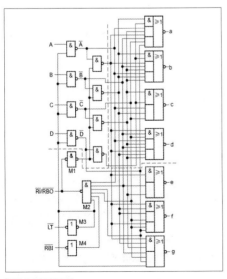

图8 译码器电路

表2 译码器功能表

译码器功能表												
功能	输入			RI/RBO	输出							
	LT	RBI	D C B A		a	b	c	d	e	f	g	
0	H	H	0 0 0 0	H	1	1	1	1	1	1	0	
1	H	H	0 0 0 1	H	0	1	1	0	0	0	0	
2	H	H	0 0 1 0	H	1	1	0	1	1	0	1	
3	H	H	0 0 1 1	H	1	1	1	1	0	0	1	
4	H	H	0 1 0 0	H	0	1	1	0	0	1	1	
5	H	H	0 1 0 1	H	1	0	1	1	0	1	1	
6	H	H	0 1 1 0	H	0	0	1	1	1	1	1	
7	H	H	0 1 1 1	H	1	1	1	0	0	0	0	
8	H	H	1 0 0 0	H	1	1	1	1	1	1	1	
9	H	H	1 0 0 1	H	1	1	1	1	0	1	1	
BI	H	H	× × × ×	L	0	0	0	0	0	0	0	
LT	L	H	× × × ×	H	1	1	1	1	1	1	1	
RBI	H	L	0 0 0 0	不接	0	0	0	0	0	0	0	
RBI	H	L	不全为零		正常显示							

字。当 ABCD 为其他状态时，数码管正常显示。这用于消除无效 0，如消除 0.010 后面的 0，变为 0.01。

辅助控制电路中的 M2 为 6 输入与非门，由于输出要驱动 4 个与非门，故增加了 M1 组成驱动门。同样，由于要驱动 6 个门，增加了 M3 驱动门。另外，由于 $\overline{RI}$ 接低电平时，M2 的输出会出现高低电平，需要将这个三极管与非门内三极管集电极负载电阻 130Ω 改为 1kΩ，以减小 $\overline{RI}$ 为低电平时的输出电流，减小功耗。

测试板电路

在测试时要用到测试板，电路如图 9 所示。该测试版由 8421 码产生电路和数码管显示电路组成。通过拨码开关的开合来产生高低电平，当 K 合上时输出低电平，当 K 打开时输出高电平，R13 ~ R16 为

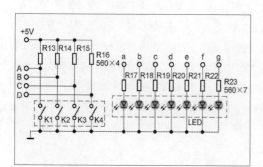

图 9 测试板电路

表 3　测试板电路所需的元器件

名称	位号	值	数目
三极管	VT	NPN、反 β 2 ~ 5	140
二极管	VD1	1N4148	16
电阻	R5	130Ω	16
电阻	R4	1.6kΩ	16
电阻	R6	1kΩ	17
电阻	R3	3.9kΩ	27
电阻	R2、R13 ~ R23	560Ω	16
电阻	R1	10kΩ	5
拨码开关	K1 ~ K4	4 位	1
数码管	LED	共阴	1
万能电路板		95mm×140mm	3
万能电路板		70mm×90mm	1
长螺丝		Φ3mm、50mm 长	4

限流电阻。如要输出 ABCD=1100（数字 3），只要将 K3、K4 合上，K1、K2 打开即可。要显示其他数字可以在译码器功能表中查询。数码管显示电路较简单，这里使用的是共阴数码管，由于译码器 a ~ g 端的输出电流较大，故加限流电阻 R17 ~ R23。表 3 所示是需要的元器件清单。

制作方法

1. 三极管与非门制作

为了对三极管与非门有较多了解，大家可以先按图 1 制作一块电路板进行试验，制作完成的电路板如图 10 所示。测试时的输入高电平可以直接接 5V 电源的正极，输入低电平可以直接接 5V 电源负极。输出高低电平可以用万用表的电压挡测试。

当然还可以在输出端接电阻负载进行带负载能力测试，测试能输出真值表的结果即可。

2. 三极管与或非门制作

可以用万能板按图 3 制作一块电路板，制作完成的电路板如图 11 所示。检查元器件焊接无误，可以加 5V 电源进行试验。输入的高低电平同样可用 5V 电源的正极和负极连接。输出高电平约 4V，输出低电平约 0V。实验结果能满足 Y=AB+CD+EFG 即可。可以选择比较典型的输入电平进行试验，如全为高电平，全为低电平以及每一组一个低电平等。

图 10 三极管与非门电路板

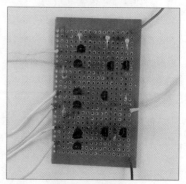

图 11 三极管与或非门电路板

3. 三极管译码器制作

按译码器的电路图虚线划分用 3 块电路板制作，即上面 4 个与或非门制作一块电路板，下面 3 个与或非门、6 输入与非门以及 5 个非门制作一块电路板，8 个与非门制作一块电路板。制作时各个门的具体位置要认真规划，以达到接线最短、电气性能最好。制作完成的 3 块电路板如图 12 所示。制作第二块板时要注意将 6 输入与非门的原 130Ω 电阻用 1kΩ 电阻替换，以免试验时电流过大，增加消耗。

接着将 3 块电路板 4 个角上打 4 个 Φ3mm 的孔，以便螺丝穿过进行固定。4 个螺丝上先放上第一块电路板（4 个与或非门），接好 4 个门的输入、输出引线。连接的引线可以扭在一起，不必焊接，再把扭在一起的引线用单条引线接出，用电工胶布绝缘。再放上第二块电路板，接好

 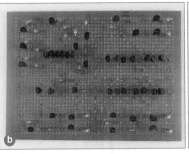 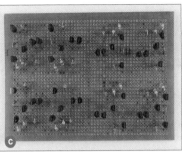

图12 4个与或非门电路板（a）、3个与或非门、非门等电路板（b）、8个与非门电路板（c）

图13 制作完成的译码器

图15 译码器测试装置

图14 测试板

图16 三极管译码器显示"3"

第二块电路板的引线再接上第一块电路板上来的引线，每组引线用单条引线接出，用黑胶布绝缘。再放上第三块电路板，连接第三块电路板的引线，并接上第二块电路板出来的单引线，用电工胶布绝缘。每块电路板接线完成都要认真检查，防止接错（由于接线较多）。电路图中的线连接笔者做过认真检查，如不放心，可以上网查找相关74LS48的资料进行核对（注意：需要权威的资料）。制作完成的译码器如

图13所示。可以看出，整个装置有7条输出线、3条辅助控制电路引线、4条输入引线以及2条正负极引线（3条正极引线、3条负极引线各扭在一起）。为了不会弄错，在连接时可以在相应的引线上贴上标签。

测试电路板制作

找一块小一些的万能板，按图9所示电路焊接一块测试版，如图14所示。数码管为共阴极的，大小可以自己选择。数码管尺寸大，

则亮度会低一些，也可以减小数码管上的限流电阻值来提高亮度。如找不到拨码开关，也可以用小的拨动开关代替。

最后，可进行试验。将译码器的4条输入引线接测试板的ABCD，输出7条引线接测试板的a～g，连接完成的试验装置如图15所示。将3条辅助控制电路引线接译码器的正极接线，译码器的正、负极引线接5V电源。测定电流在100mA左右，这时数码管应能显示。再按译码器功能表拨动拨码开关让数码管显示0～9，显示"3"字的情况如图16所示。如显示数字不对，应检查相应的连线，找出错误的连接点。正常显示后再测试辅助控制电路。主要有试灯测试（$\overline{LT}$=0）、灭灯测试（$\overline{RT}$=0）以及灭0输入测试（$\overline{RBT}$=0），具体测试条件可以参看功能表所列出的。

这样，三极管译码器即制作完成并完成测试。 ⓦ

micro:bit 盲人指南针

▌吴汉清

盲人在自己不熟悉的环境中辨别方向是一件很困难的事情，为了解决盲人外出时辨别方向的难题，我用 micro:bit 设计、制作了一种指南针，它可帮助盲人通过声音辨别方向。

▌电路工作原理

micro:bit 中有一个磁场传感器（电子罗盘），它和加速度计在一个芯片中，如图 1 所示，盲人指南针就是利用这个磁场传感器制作的。

盲人指南针的电路很简单，如图 2 所示，由 micro:bit、有源蜂鸣器、电池等部分组成。

micro:bit 用两节 7 号电池通过 3V 电源插座供电，有源蜂鸣器的电源直接接 micro:bit 的 3V 端口。电路中，有源蜂鸣器采用低电平触发方式，其控制端 I/O 连接 micro:bit 的引脚 0，当引脚 0 输出低电平时，蜂鸣器发出持续的响声，我们控制引脚 0 输出低电平的时间即可控制蜂鸣器持续鸣响的时间，通过不同长短声音的组合可以传递不同的信息，盲人指南针就是通过此方式来提示方向的。

▌程序设计

程序采用 MakeCode 在线图形化编程平台编写，由方向识别、方向提示、关机提示和校准指南针等部分组成，编写好的程序如图 3 所示。

▌图 1 micro:bit 上的加速度计和电子罗盘

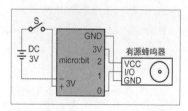

▌图 2 电路图

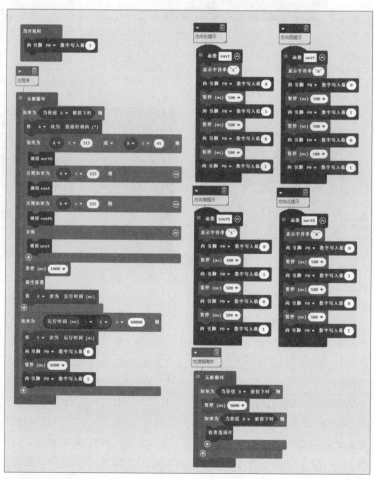

▌图 3 图形化程序

方向识别和关机提示部分设置在主程序中，方向提示部分设置了东、西、南、北4个方向提示函数。

东、西、南、北4个方向对应的方位角如图4所示，读取所指方向的方位角参数即可判断方向，调用相应的方向提示函数。

4个方向提示函数中设置了提示音，我受莫尔斯电码的启发，提示音由100ms的短音和500ms的长音组成，每个方向用两个音组合，正好有4种不同的声音组合用来提示4个方向，两个音之间的间隔为500ms。方向和提示音的对应关系如表1所示（表中 ■ 表示短音， ▬▬ 表示长音）。盲人指南针在用声音提示方向的同时，也分别在显示屏上用E、W、S、N显示相对应的方向。使用时只要按一下按钮A即可得到方向提示，按住按钮A不放可以连续测量、提示。

设置关机提示程序是为了避免长期开机浪费电池电量。程序使用系统的"运行时间"参数计时，无操作时间每超过60s即发出长1s的关机提示音。

为了防止改变使用地点和环境后指南针产生误差影响测量，程序中设置了校准指南针功能，只要长按按钮B 5s以上即可进入指南针校准状态，校准方法和写入程序后初次使用时的校准方法一样，当然这项工作要由其他人帮忙。设置长按5s以上才进入校准状态，是为了防止用户误操作。如果不慎进入校准状态也不要紧，关机即可退出，重新开机后不会进入校准状态。

表1 方向和提示音对应关系

方向	提示音
东	■ ▬▬
西	▬▬ ■
南	■ ■
北	▬▬

表2 元器件清单

序号	名称	规格型号	数量
1	micro:bit		1
2	有源蜂鸣器	低电平触发，工作电压为3~5V	1
3	电源开关	船形开关 KCD1-11	1
4	电池盒	放置2节7号电池	1
5	外壳	3D打印件	1

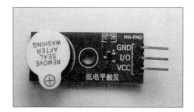

▌图5 有源蜂鸣器模块

▌元器件选择

元器件清单如表2所示。经测试，micro:bit无法直接驱动两个引脚的有源蜂鸣器，因此要选用带三极管驱动的有源蜂鸣器模块，如图5所示。程序是按照使用低电平触发的有源蜂鸣器编写的，如果使用高电平触发的有源蜂鸣器，程序中P0的数字写入值要进行相应的修改。

▌外壳3D设计

盲人指南针的外壳为3D打印件，使用SketchUp（草图大师）建模，壳体和面板3D设计图分别如图6、图7所示，面板上设计了方向箭头和"指南针"的盲文字符。

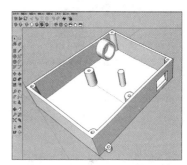

▌图6 壳体3D设计

▌安装与使用

安装时，将电池盒正极导线从中间剪断，串联接入电源开关，将电源插头插入micro:bit的3V电源插座，如图8所示。

有源蜂鸣器模块用3根导线连接至micro:bit上相应的接口，安装好的整机内部结构如图9所示。固定micro:bit电路板的螺丝由于离磁场传感器很近，最好使用没有磁性的不锈钢螺丝或铜螺丝，避免螺丝被磁化后影响指南针的正常工作。

下载程序后首次使用，按下按钮A，读取"指南针朝向"参数时，矩阵

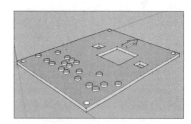

▌图7 面板3D设计

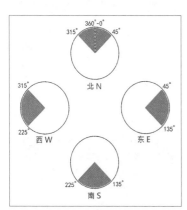

▌图4 东、西、南、北对应的方位角

▌图8 电源接线

显示屏会显示英文提示"TILT TO FILL SCREEN"，意思是倾斜电路板直至满屏 LED 都点亮，这是要求进行指南针校准操作。校准方法是在提示结束后倾斜电路板加以转动，把屏幕上所有 LED 都点亮，此后指南针就可以正常使用了。

使用时，将盲人指南针平放，面板的箭头指向正前方，按动按钮 A 就可以测量方向了。在使用和存放的过程中，不要把它靠近强磁铁，以免元器件上的磁性材料被磁化，影响正常工作。

演示视频

图 9 盲人指南针的内部结构

盲人指南针程序可从本刊下载平台（见目录）下载。Ⓧ

脉冲驱动机器人

来自哈佛大学、美国国家科学研究中心以及 Wyss 生物启发工程研究所的科学家团队利用非线性波的传播实现了柔性结构爬行。

作为概念验证，他们通过妙妙圈来创建能够自我推进的脉冲驱动机器人。研究人员使用长度为 50mm、环数为 90 的金属妙妙圈，然后测试如何探索其固有的灵活性，并制造出具有运动能力的简单机器。他们以气动执行器、电磁体和 3 块丙烯酸树脂为基础，串联 2 个短链，实现了简单的驱动策略，这样可以在保持电磁体开启的同时，使用气动执行器来拉伸和缩短设置。

科学家通过将机器放置在光滑的表面上并使用高速摄像头对其进行监视来测试机器的响应，然后关闭磁场以试图打破对称性并导致机器爬行。实验过程中科学家没有看到妙妙圈的反射波，这是由于环碰撞时能量的大量消耗，但是科学家观察到了机器人明显向前运动。因此，团队探索了弹性波引入的方向性，以使机器人运动，即使存在相同的摩擦系数也是如此。

该研究扩展了孤波的应用，同时展示了如何将其作为简单的基础引擎进行探索，以帮助柔性机器运动，并扩大了非线性波的可应用范围，为柔性机器提供了一个新的平台。

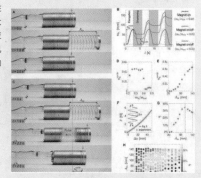

充满咖啡渣的足式机器人

加州大学圣地亚哥分校的科学家们设计出了装满咖啡渣的足式机器人。这款足式机器人的每只脚都由一个柔软的乳胶球组成，里面装满了松散的干咖啡渣，每只脚还包含一个植物根的内部支撑结构。当在空中移动

时，机器人的脚可以保持柔软和湿润。当脚与地面相遇并符合地面不规则的轮廓时，它们就会变硬，咖啡渣在受到压力时，会暂时性地卡在一起。因此，每只脚每一次在不平坦的地面上落地时，都能形成一个定制的抓地力。这可以是被动地完成，因为机器人的重量会把咖啡渣卡在一起；也可以是主动地完成，即通过真空泵将空气从球体中吸出，从而卡住它们。

当该机器人在木屑或鹅卵石上行走时，它的移动速度比使用普通刚性脚快 40%。部分原因是咖啡渣脚让机器人的附属物沉入木屑或鹅卵石中的深度平均降低了 62%，并减少了 98% 的拉力。

咖啡渣脚还使机器人可以在不平坦和平坦的表面上都有更好的抓地力。研究人员发现，主动干扰系统在前者上的效果最好，而被动系统则更适合后者。研究人员现在的计划是在脚的底部加装传感器，在脚部接触地面之前确定地面的特性。

可用微信小程序控制的智能空气净化器

■ 刘泽宇

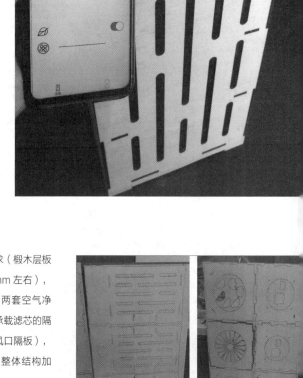

■ 结构篇

我们需要给空气净化器设计一个外壳，这个外壳需要容纳所有需要的设备（滤芯、风扇、控制电路以及电源），有一个合适的价格并且易于加工。于是我选择了 4mm 厚的椴木层板，它不仅价格便宜，做成净化器之后结构的刚度也十分不错。在淘宝上可以找到很多家做木板激光切割的厂家，设计好图纸之后即可找厂家加工出满意的成品。

我们需要绘制出激光切割图纸，这些激光切割厂家一般接受的是矢量图纸，所以我使用 AutoCAD 来绘制空气净化器的图纸。

首先，我们简单地绘制出空气净化器的主体结构（见图 1）。

主体结构非常简单，就是几块长方形板子（带拼接用的槽），然后我在上面绘制出一些栅格供滤芯进气使用。为了显示各种空气数据，我给显示屏预留了一个圆形窗口，如图 1 中箭头所示。而最右侧的一个大槽则是预留的门扇，供更换滤芯时使用。

接下来绘制空气净化器中间的横向隔板，它们主要用来放置风扇以及滤芯。而为了契合加工厂家的图纸要求（椴木层板尺寸一般在 880mm×450mm 左右），我索性在一张板子上绘制了两套空气净化器的横向隔板（主要含有承载滤芯的隔板、安装风扇的隔板以及出风口隔板），还有一些小零件（主要用于整体结构加强），如图 2 所示。

到这里，所有的激光切割图纸就绘制完毕了，并且全部断点已经打好，可以直接发给加工厂家加工。

等待了几天后，我收到了加工厂家发回的板子（见图 3）。

■ 图 3 切割好的木板

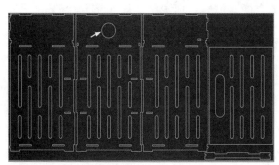

■ 图 1 空气净化器主体结构图纸

■ 图 2 空气净化器横向隔板结构图纸

1 我们将零件从木板上掰下来，一套空气净化器的材料大约有这么多。

2 首先，我架起相邻的两面木板，并且装上滤芯隔板以及风扇隔板（下部为滤芯隔板，上部为风扇隔板）。

3 由于风扇隔板之上需要安装风扇以及其他的电子设备，所以我设计了几根加强筋辅助固定。

4 接着装上背板以及出风口隔板，用胶带缠绕先进行简单固定，观察是否有尺寸以及设计上的问题（此图从空气净化器背面拍摄，下部预留的位置便于更换滤芯）。

5 空气净化器内部安装了一些加强筋以及滤芯定位挡板。

6 拆下出风口隔板可以看到顶部的设备仓，所有的电子设备以及风扇都将安装在这里，左上角的小台子用于固定电源线。

7 将空气净化器翻过来，准备固定密封条，可以看到底板上已经刻好了密封条的安装位置。

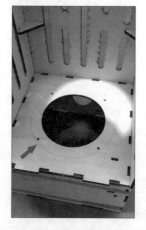

8 我选用的密封条为 D 形密封条。

9 将密封条粘贴至刻线处。

10 标准滤芯可以紧密塞入。

11 滤芯门板使用合页固定。

12 结构部分组装完成，没发现什么设计上的问题。

13 这个空气净化器的外壳设计采用了类似榫卯的结构，一是保证了结实程度，二是可以尽量减少胶水的使用量。在粘接各个部件时，我使用的是 UHU 胶，也是一种常见的模型胶水。

电路篇

一个设备除了有好的外观之外，内在也尤为重要，所以选择一款好的"大脑"也是电路设计上的重中之重，我这次用的是 Nordic 的一款低功耗蓝牙芯片——nRF52832，至于为什么使用蓝牙而不是 Wi-Fi，主要原因在于两个方面：一是蓝牙功耗低，二是蓝牙后期可以和多个智能设备组建蓝牙 mesh 网。

nRF52832 作为一款多模芯片，既可以和我们日常生活中常用的 nRF24L01 进行通信，又可以烧录蓝牙协议栈，摇身一变成为支持低功耗蓝牙的设备。它内置的 ARM Cortex-M4F 内核，对于开发也是十分友好的。除此之外，它自带 NFC 标签功能，有众多外设以及超低功耗。

大家都知道对于射频芯片来说，外围电路的设计着实令人头疼，迷你的外围元件焊接起来很是费劲，没有显微镜基本上无法焊接，所以这里我偷了个小懒，直接去淘宝上买了一个模块回来，这个模块集成了 nRF52832 的一些外围电路，留出了所有 I/O 口，便于后期开发（见图 4）。

紧接着，我们要明确空气净化器的功能并选购相关的部件，有了功能需求，才好设计电路。

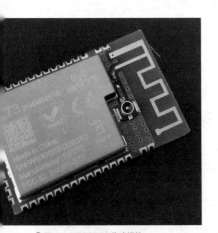

■ 图 4 nRF52832 集成模块

空气净化器的首要部件肯定是风扇，在绘制空气净化器结构图纸时，我预留的风扇孔位适合直径 12cm 的风扇（见图 5），这个尺寸基本上是市面常见的风扇中最大的。

其次，一个智能的空气净化器必须有对环境监测的功能，对于 PM2.5、PM10 浓度等参数的测量一定要准确。在浏览了一系列空气质量传感器之后，我购买了攀藤的一款传感器（见图 6），这款传感器的数据通过串口输出，调用 nRF52832 的串口即可接收这些数据。

接下来就是显示部分了，空气净化器的屏幕不用太大，够显示信息即可，并且功耗需要尽量低。于是 OLED 显示屏成了一个不错的选择，和 LCD 相比，OLED 显示屏没有背光灯，所以功耗可以更小一些。我选择了一块 1.3 英寸的 OLED 显示屏，分辨率为 128 像素 ×64 像素。

最后是一些辅助功能，我计划添加一个光照传感器，使得显示屏可以实时根据亮度调整对比度。我选用了 BH1750 光照传感器，它功耗低并且读取数据容易，我经常使用它。到这里，空气净化器的功能就基本明了了（见图 7）。

接着我打开 Altium Designer 软件，开始绘制空气净化器的电路图。有了模块，需要自己绘制的电路其实并不算多，主要就是电源以及显示、风扇驱动等电路。绘制好的电路如图 8 所示。

电路部分并不复杂，左上角是 nRF52832 模块，中间两部分是风扇驱动芯片以及光照强度传感器，右侧则预留出一路继电器以便控制其他设备，下半部分是电源以及显示屏接口。

接下来进行 PCB 的绘制（见图 9）。

在这个电路中有一点需要注意，电机转动以及预留的额外一路继电器动作时容易产生较大干扰，这些干扰可能通过地线

■ 图 5 购买的直径 12cm 的风扇

■ 图 6 购买的空气质量传感器

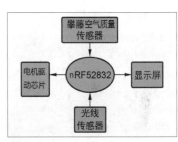

■ 图 7 空气净化器功能结构图

对 nRF52832 的射频性能造成干扰，所以我使用一个 0Ω 电阻对 nRF52832 模块的地线和电源地线进行隔离，图 9 中绿圈处即为 0Ω 电阻。

Altium Designer 还提供了电路板 3D 预览功能（见图 10、图 11）。

接下来就可以把 PCB 图发给板厂打样了，这个板子的工程文件我会提供下载，大家可以直接拿去打板。现在打板速度非常快，仅仅两天后，我就收到了制作好的电路板（见图 12）。焊接好的电路板如图 13、图 14 所示。

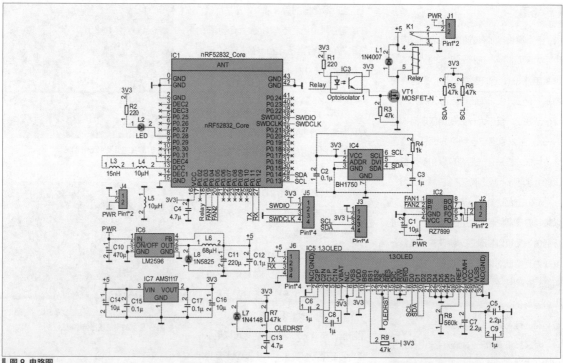

图 8 电路图

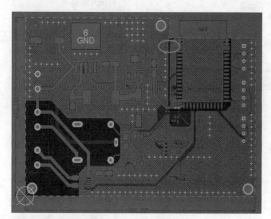

图 9 绘制出的 PCB 图

图 10 3D 预览，由于有些元器件没有模型，所以无法显示

图 11 电路板反面用于放置显示屏以及下方的光线传感器

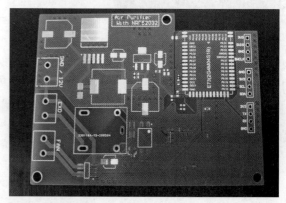

图 12 制作好的电路板

图 13 焊接好的电路板（正面）

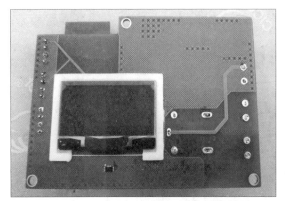

图 14 焊接好的电路板（反面），我 3D 打印了一个支撑座用来固定显示屏

组装

1 首先安装风扇，由于预留好了孔位，直接使用长螺丝固定即可。

2 接着安装电源。由于风扇是 12V 供电的，所以电源也选择的是 12V 电源，电流是 1A，足够空气净化器使用。电源从网上购买，价格不超过 10 元。

3 3D 打印一个电源线固定件。

4 空气净化器角落处预留了电源线的孔位，穿入导线，放上电源线固定件，并且用自攻螺丝固定即可。

5 电源同样使用自攻螺丝固定到风扇隔板上。

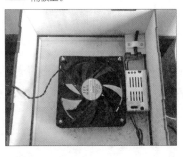

6 我设计了一个支撑座，可以将主板固定到空气净化器上。

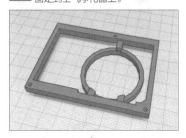

7 3D 打印支撑座。

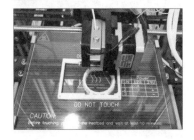

8 我网购了一些直径 4cm 的茶色亚克力圆片，用来制作显示屏的保护板。使用 UHU 模型胶将圆片粘贴到 3D 打印的支撑座上。

9 使用自攻螺丝将主板固定到支撑座上。

10 将 UHU 模型胶涂抹到支撑座的边框上，将其粘接到空气净化器前面板背面。

11 设计这个支撑座的好处是电路板安装上去之后还可以拆下来，便于以后升级及维护。

12 将传感器附带的线整理一下，引出接头。

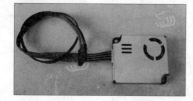

13 我 3D 打印了一个传感器座，使用自攻螺丝将空气质量传感器固定到传感器座上。

14 将传感器座固定至空气净化器的风扇隔板下方，线束由风扇底部引出。

15 为了更好地净化空气，我还购买了一个负离子发生器，其工作电压为 12V，价格为十几元。

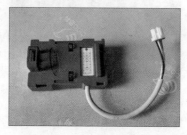

16 我 3D 打印了一个安装座，将负离子发生器安装到风扇旁边，负离子发生器的电源正好由预留出的一路继电器进行控制。

17 我在网上购买了一个抽油烟机用的转直径接头（120mm 转 160mm，高约 78mm，材质是塑料），可以给净化器做一个风道。接头的高度有点高，要用剪刀剪去一点。

18 我 3D 打印了一个转接头，方便将风道固定到风扇上。

19	将风道转接头安装到风扇上。

20	将风道卡入转接头，在侧边开个孔给负离子发生器使用。至此，所有设备安装完毕。

程序开发篇

我搭建好了硬件，下面针对我的应用需求进行软件开发。

关于 nRF52832 的教程，网上有许多，在这里，我叙述一下对官方代码修改的过程。

首先是开发环境，nRF52832 是一颗基于 ARM Cortex-M4F 内核的芯片，自

	components	2018/4/1 14:14	文件夹	
	config	2018/4/1 14:14	文件夹	
	documentation	2018/4/1 14:14	文件夹	
	examples	2018/4/1 14:15	文件夹	
	external	2020/6/3 14:51	文件夹	
	external_tools	2018/4/1 14:15	文件夹	
	integration	2018/4/1 14:15	文件夹	
	modules	2018/4/1 14:15	文件夹	
	license.txt	2018/3/22 19:01	文本文档	1 KB
	nRF5x_MDK_8_16_0_IAR_NordicLicens...	2018/3/22 19:02	Windows Install...	1,640 KB
	nRF5x_MDK_8_16_0_Keil4_NordicLice...	2018/3/22 19:02	Windows Install...	2,180 KB

图 15 SDK 内文件目录

> nRF5_SDK_15.0 > nRF5_SDK_15.0.0_a53641a > examples > ble_peripheral > ble_app_uart > pca10040 > s132 > arm5_no_packs

名称 ^	修改日期	类型	大小
_build	2018/3/31 11:16	文件夹	
RTE	2018/4/1 14:14	文件夹	
ble_app_uart_pca10040_s132.uvguix...	2018/3/31 11:24	WAN 文件	70 KB
ble_app_uart_pca10040_s132.uvoptx	2018/3/31 11:24	UVOPTX 文件	35 KB
ble_app_uart_pca10040_s132.uvprojx	2018/3/31 11:24	磁设计5 Project	288 KB

图 16 nRF52832 蓝牙串口案例在 SDK 中的位置

然支持常用的 MDK 以及 IAR 等工具。我使用 MDK 较多，故这次依然用它来开发。我使用 Jlink 烧录程序以及调试。

既然 nRF52832 是一款蓝牙芯片，那么针对蓝牙的开发肯定是重中之重。在 Nordic 的官网上，我下载到了官方给出的 SDK，版本是 15.0，打开之后我们可以看到许多文件（见图 15）。

在这次开发中，我需要明确在哪一个例程上进行修改。由于用到串口和空气质量传感器通信以及需要众多的控制指令，我决定在蓝牙串口的例程上进行修改，定位到如图 16 所示的文件。

打开例程文件后进入 MDK 中，这个例程实现的效果就是手机上发送什么字符

串，nRF52832 就可以收到什么字符串，并且把字符串从自己的串口输出；同样，nRF52832 的串口收到什么字符串，就会把字符串发送给手机（见图 17）。

我们根据需要在蓝牙写事件回调函数中添加处理代码，在这里我使用自定义的 AT 指令来控制空气净化器的各种功能（见图 18）。由于代码过于繁多，不利于大家观看，我给出逻辑图，具体代码见可从本刊下载平台（见目录）下载。

在串口中断回调函数中，我解析空气质量传感器发来的数据包，并且得到空气质量各项数值（见图 19）。

由于我们需要周期性地将空气质量数据上传到手机上，并进行屏幕显示信

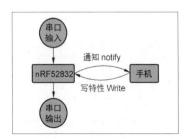

图 17 蓝牙串口例程实现的效果

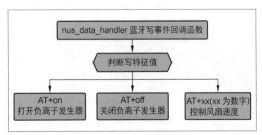

图 18 使用自定义 AT 指令控制空气净化器

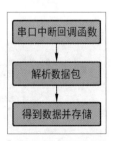

图 19 串口中断回调函数的功能

息的更新，所以需要设置一个定时器。nRF52832 的手册推荐使用软件定时器，更加省电，其功能如图 20 所示。

主体的所有程序大框架就写好了，我自己写了个简单的 OLED 界面，烧录程序以及协议栈进主板后，效果如图 21 所示：左侧进度条显示亮度数据，右侧进度条显示风扇转速，底部显示负离子发生器是否开启，最中间则显示获取的 PM2.5 浓度数据，单位是 $\mu g/m^3$。

安装好 Nordic 的工具软件，我在手机上搜索到了设备（见图 22）。打开串口服务后，手机上收到了 nRF52832 发送来的数据，每次接收到的数据共有 6 个字节，我们以图 23 中红框处的一帧数据为例，解析一下数据（见图 24）。每两字节代表一项空气质量数据，到现在，我们已经可以正确地获取空气质量数据了。

下面试试控制功能。我在蓝牙串口服务中发送"AT+off"，可以看到，显示屏下方原本显示负离子发生器开启的字样变

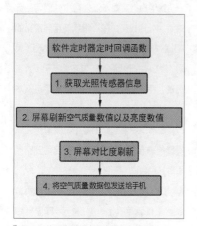

图 21 显示屏的显示效果

图 20 使用定时器中断来执行各种更新

图 22 在手机上搜索到了设备

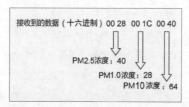

图 24 对数据包的解析

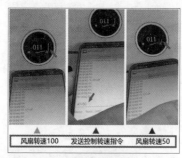

图 25 控制负离子发生器功能展示

成了"off"（见图 25）。

再次向串口服务中发送"AT+50"，可以看到，显示屏右侧原本显示风扇转速的进度条长度变为一半，表示转速为 50（见

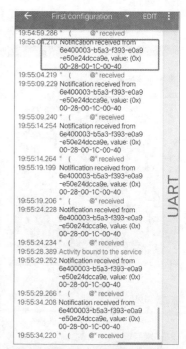

图 23 nRF52832 发送来的数据包

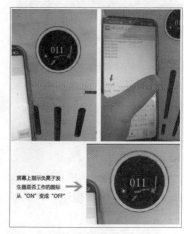

图 26 控制风扇速度功能展示

图 26）。

到这里，所有的功能就全部实现了。最后还有一些实现低功耗相关的代码，这里不再赘述。

蓝牙DFU升级篇

整个设计、制作过程看上去非常流畅，一气呵成，但实际上调试占据了我很多时

▌图27 进入 DFU 模式后，屏幕上显示字样

▌图28 上传代码

间，每一次改动程序都需要将电路板的电源线以及各种线束断开，接上 Jlink 才可以下载。下载好之后又需要再次接上电源线，十分烦琐。于是我在原来的程序上移植了DFU（OTA）功能，以便可以通过空中升

级的方式更新 nRF52832 的程序。

对于 nRF52832 来说，传统的烧录方式是通过 Jlink 接到 SWD 口上进行烧录，其缺点有两个：需要 Jlink 调试线以及需要将 SWD 接口预留到产品外部方便接线。DFU（OTA）功能实质上是将程序通过蓝牙传输到 nRF52832 上，然后nRF52832 将程序进行更新，不再依赖于有线连接，大大提升了便利性。

将 bootloader 文件烧录到 nRF52832之后，就可以在计算机上生成 DFU 升级所需要的 ZIP 压缩包，将其下载到手机上之后，就可以使用 Nordic 官方提供的软件进行升级了（见图27、图28）。这里对于实现此功能的过程就不再详述了，网上有许多此方面的教程，实现起来并不难。

▌微信小程序开发篇

对于手机端软件的开发，我可以说是不能再新的新手了，之前一直玩单片机，从来没学过相关的知识，所以这次开发手机端软件对我来说着实是个巨大的挑战。我想过直接上手开发安卓 App，但是感觉传播性可能并不是那么好，于是想着有没有类似于轻应用那种 App，开发速度快并且体积小巧。微信小程序便是我看中的平台，微信大家都有，所以使用起来并不需

要重新下载另外的 App，界面也是比较美观的。首先给大家看一下微信小程序开发完成之后的样子，制作算不上精良，请大家指点（见图29~图31）。

连接成功会跳转到主界面，界面上有PM2.5 的浓度数值以及 PM1.0、PM10 的浓度数值，并且有空气质量等级以及空气污染程度的颜色划分（见图32），这些数据每秒会自动更新，用户也可以手动下拉刷新数据。

当 PM2.5 浓度数值变化时，其数字颜色也会变化。下方则是控制负离子发生器的开关以及控制风扇速度的滑块。最底部则是导航栏，用于在不同页面间切换。

另一个页面会显示用户信息以及"断开连接"按钮，用于断开和 nRF52832的连接（见图33）。如果在操作过程中（控制负离子发生器或风扇转速）存在nRF52832 断电或断开连接的情况，都会弹出操作失败的消息弹窗。

下面我来讲解一下整个开发过程。微信小程序工程中有 4 类文件，分别是WXML、WXSS、JS 以及 JSON 文件。

JSON 文件主要用于静态配置，例如页面配置、工程配置等。其余 3 个文件和网页编程比较类似，JS 文件主要用来书写逻辑，比如界面上按钮的响应、和用户

▌图29 打开小程序后看到蓝牙连接界面

▌图30 下拉屏幕后可以搜索到空气净化器

▌图31 点击以 Nordic开头的设备即可连接，连接时会有正在连接的提示弹窗，连接好后会显示连接成功

▌图32 主界面

▌图33 控制页面

主要的显示页面，显示空气质量数据以及一些控制开关

"我的"页面，有用户信息以及断开连接按钮

蓝牙连接页面，显示搜索到的蓝牙设备以及连接设备

图34 小程序页面文件结构

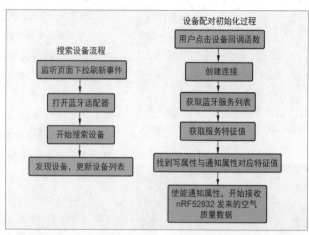

图35 蓝牙搜索、蓝牙连接逻辑示意图

的交互等；WXML 文件类似于HTML 文件，主要用来书写页面结构；WXSS 则类似 CSS，书写页面样式。

在我的这个微信小程序中总共有 3 个页面，对于每个页面来说，都需要这 4 种文件（见图34）。

比较重要的是逻辑代码（JS文件）的编写，我在 mine 页面的 JS 文件中编写蓝牙搜索、蓝牙设备连接等代码。这里给出逻辑图（见图35），具体实现见代码，主要就是调用微信小程序提供的一些 API 进行设备的搜索、连接等工作。

在 WXML 文件中，使用scroll-view 来显示多个设备（见图36）。

在最为重要的 air 页面，也就是用户控制界面，我使用了switch（开关）组件以及 slider（滑块）组件，并绑定相关的事件处理函数，以便在 JS 文件中编写用户操作组件后需要执行的功能（见图37）。

```
<view class="disp-type">下拉扫描设备</view>

<view class="devices_summary">已发现 {{devices.length}} 个外围设备: </view>
<scroll-view class="device_list" scroll-y scroll-with-animation>
  <view wx:for="{{devices}}" wx:key="index"
  data-device-id="{{item.deviceId}}"
  data-name="{{item.name || item.localName}}"
  bindtap="createBLEConnection"
  class="device_item"
  hover-class="device_item_hover">
    <view style="font-size: 16px; color: #333;">{{item.name}}</view>
    <view style="font-size: 10px">信号强度: {{item.RSSI}}dBm ({{utils.max(0, item.RSSI + 100)}}%)</view>
    <view style="font-size: 10px">UUID: {{item.deviceId}}</view>
  </view>
</scroll-view>
```

图36 在 WXML 文件中，使用 scroll-view 来显示多个设备

```
air.wxml ×
pages ▸ air ▸ air.wxml
<!--pages/air/air.wxml-->
<view class="control-type" style="position:fixed;bottom:200rpx">
    <view class="image-view">
        <image src="https://ae01.alicdn.com/kf/H5abbbf31cb5047f7b4be917d0ecceeeaa.jpg"/>
    </view>
    <view class="switch-view"><switch checked bindchange="switch1Change"/></view>
    <view class="image-view">
        <image src="https://ae01.alicdn.com/kf/H7039b8ff9d0e4f4dac4fda82a7f4aeb4f.jpg"/>
    </view>
    <view class="slider-view">
        <slider bindchange="slider1change" left-icon="cancel" right-icon="success" max="99" value="80"/>
    </view>
</view>
```

图37 使用开关和滑块组件构建页面

```
slider1change:function(e){
  console.log('slide1 发生 change 事件, 携带值为', e.detail.value)
  dataView.setUint8(0, 65)
  dataView.setUint8(1, 84)
  dataView.setUint8(2, 43)
  dataView.setUint8(3, e.detail.value/10+48)
  dataView.setUint8(4, parseInt(e.detail.value%10)+48)
  console.log(buffer)
  wx.writeBLECharacteristicValue({
    deviceId: app.globalData.deviceid,
    serviceId: app.globalData.serviceid,
    characteristicId: app.globalData.writeServiceid,
    value: buffer,
    fail: (res) => {
      wx.showToast({
        title: '操作失败',
        icon: 'none',
        duration: 3000
      })
    },
  })
},
```

图 38 在滑块组件回调函数中写入特征值

```
onPullDownRefresh: function () {
  const innerAudioContext = wx.createInnerAudioContext()
  innerAudioContext.autoplay = true
  innerAudioContext.src = '/sound/refresh.wav'
  innerAudioContext.onPlay(() => {
    console.log('开始播放')
  })
  this.setData({
    myPm25: app.globalData.Pm25,
    myPm1:  app.globalData.Pm1,
    myPm10:  app.globalData.Pm10,
  })
  if(app.globalData.Pm25<35) {this.setData({airquality:1,})}
  else if(app.globalData.Pm25<75) {this.setData({airquality:2,})}
  else if(app.globalData.Pm25<115) {this.setData({airquality:3,})}
  else if(app.globalData.Pm25<150) {this.setData({airquality:4,})}
  else if(app.globalData.Pm25<250) {this.setData({airquality:5,})}
  else  {this.setData({airquality:6,})}
  this.onLoad()
},
```

图 39 在页面下拉刷新监听函数中写上更新空气质量数据的代码

在 JS 文件中编写对应的处理函数，这里以滑块组件的事件处理函数为例，主要执行的功能是给蓝牙设备写入特征值以达到控制风扇的目的（见图 38）。

我使用一个定时器来动态更新空气质量数据，同时在主页面下的下拉刷新监听函数中，也写上更新空气质量数据的代码，并且配以一些音效（见图 39）。这样更新空气质量数据便有了用户主动刷新和小程序自动刷新两种方式。

目前这个小程序已经发布，大家搜索"我的空气净化器"即可搜索到。

总结

到这里，整个空气净化器（见图 40）制作过程就全部叙述完了，篇幅可能过于冗长，因为这个项目涉及的方面过于繁多，从结构到电路，再到程序和手机上微信小程序开发，这可以说是一个较为综合的项目。项目中涉及的许多较为专业的软件，我也是头一次使用，所以也是摸着石头过河。我把所有用到的图纸、3D 打印模型、代码都整理出来供大家下载。后续我会加入蓝牙 mesh 功能，但那需要加入更多的设备，所以我还会制作各种基于蓝牙 mesh 的设备。⊗

图 40 制作完成空气净化器

用 ESP32 制作
《俄罗斯方块》
掌上游戏机

▌王岩柏

演示视频

1984 年，一位名叫阿列克谢·帕基特诺夫（Alexey Pajitnov）的工程师，在当时的苏联科学院计算机中心工作。他的工作任务是测试新硬件设备的兼容性，相比单位分配的正式任务，更吸引他的是研究如何使用计算机进行娱乐。为此，帕基特诺夫开始尝试在计算机上开发一些简单的游戏，经过一段时间的尝试后，他从一款拼图游戏上获得了灵感，考虑让不同形状的图形依次下落，在矩形底部堆叠起来，使之排列成完整的一行后消除。在另外两位同伴的协助下，帕基特诺夫在 Electronika 60 计算机上完成了这款名为 "Tetris"（俄语：Тетрис）的游戏，因为这个型号的计算机没有图形接口，所以游戏只使用空格和实心方块来表示形状（见图 1）。

根据另一位当事人的回忆，"Tetris" 这个单词是阿列克谢自己发明并坚持使用的，来自反映俄罗斯方块图案基本结构的 "四"（希腊语：tetra）和阿列克谢自己最喜爱的运动 "网球"（tennis）的组合。今天我们更习惯称呼这个游戏为《俄罗斯方块》。

1985 年，《俄罗斯方块》的开发者之一 ——瓦丁·格拉西莫夫在 MS-DOS 下移植了《俄罗斯方块》（见图 2），伴随着 PC 的推广，游戏得以迅速普及。

对于 "80 后" 来说，图 3 所示的《俄罗斯方块》掌上游戏机承载了很多快乐的回忆。

▌硬件设计

我这次使用 ESP32 搭配 ILI9341 TFT LCD 来制作一个《俄罗斯方块》掌上游戏机，选择的硬件如附表所示。

硬件中最为复杂的是 ILI9341 TFT 显

▌图 3 《俄罗斯方块》掌上游戏机

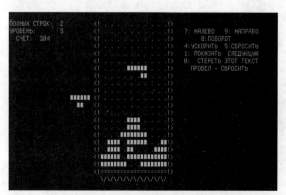

▌图 1 第一版《俄罗斯方块》游戏，运行在 Electronika 60 上

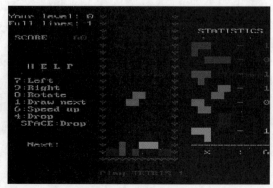

▌图 2 1986 年 IBM PC 版本的《俄罗斯方块》

附表　硬件清单

硬件	选择理由
TinkerNode ESP32 主控板	ESP32 主频可达 240MHz，SPI 接口的频率可以轻易达到 40MHz，内存达到 520KB，这样能够保证顺利驱动 TFT 显示屏；同时 Tinker Node 开发板自带降压电路，用户可以直接使用两节串联的 18650 电池供电
ILI9341 TFT 显示屏	SPI 接口的 TFT 显示屏，分辨率为 240 像素 ×320 像素，颜色丰富，刷新频率足够快
PS/2 摇杆	控制上、下、左、右 4 个方向，并可以按下的摇杆
电路板	尺寸控制在 10cm×10cm 以内，四角有定位孔，可以通过铜柱和螺丝固定
排母、铜柱和若干螺丝	用于固定上述硬件
电池和电池盒	两节 18650 电池串联后提供电力

■ 图 4 ILI9341 TFT 显示屏

示屏（见图 4），它使用 SPI 接口进行通信。丝印上的 SCL 和 SDA 分别是 CLK 和 MOSI（显示屏可以看作一个单纯的输出设备，因此 MISO 是可以省略的）；RES 用于显示屏复位，在初始化显示屏时是必需的；DC 用于通知显示屏当前传输的是数据（Data）还是命令（Command）；CS 是 SPI 接口用于片选的信号，如果当前 SPI 总线上还有其他设备，可以用于选中需要的通信设备；BLK 用于控制显示屏背光是否开启，在这个项目中没有关闭显示屏的需求，因此直接悬空，显示屏会一直保持背光打开的状态。

确定使用的硬件之后，就可以开始着手设计电路了，我使用立创 EDA 绘制电

路图和 PCB，结果如图 5、图 6 所示。可以看到电路很简单，除了前面提到的 TFT 显示屏就是 PS/2 摇杆，后者输出 2 路模拟信号和一个数字信号，分别是 x 轴和 y 轴坐标、按键信号。

立创 EDA 提供在线预览工具，PCB 绘制完成后可以直接查看最终效果（见图 7）。

软件设计

硬件设计完成后即可进行软件设计，相比硬件，软件设计要复杂得多。代码整体可以看作两部分，一部分是在 screen[Width][Height] 数组中计算界面的形态，代码在

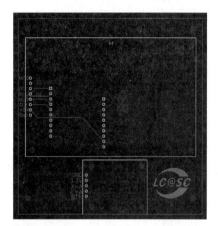

■ 图 6 PCB 图

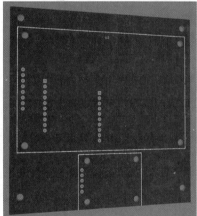

■ 图 7 预览 PCB 效果

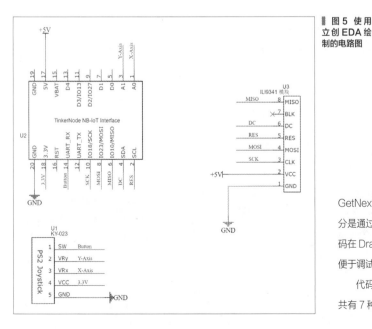

■ 图 5 使用立创 EDA 绘制的电路图

GetNextPosRot() 和 ReviseScreen() 函数中；另外一部分是通过 ILI9341 TFT 显示屏将前面的数组显示出来，代码在 Draw() 函数中。这样设计的好处是逻辑和硬件分离，便于调试和移植到不同显示接口的设备上。

代码中最重要的数据结构是关于形状的存放。游戏中共有 7 种形状（见图 8），可以看到每种形状都由 4 个方

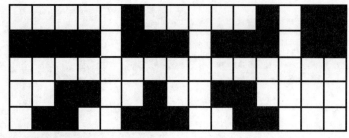

图 8 游戏中的 7 种形状

{-1,1}	(0,1)	
	(0,0)	(1,0)

■ 图 9 形状和对应的坐标

		(0,1)
(0,0)	(1,0)	
	(0,-1)	

■ 图 10 旋转后的形状和对应的坐标

■ 图 11 形状的形态 1

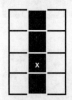

■ 图 12 形状的形态 2

块组成，因此可以用方块的坐标表示形状。

比如，图 9 所示的这个形状，以记录坐标的方式，可用 {{-1,1},{0,1}, {0,0},{1,0}} 来表示。

当它旋转后，变成图 10 所示的形状，以记录坐标的方式，可表示为 {{0,-1},{0,0}, {1,0},{1,1}}。

具体到代码中，我用 blocks[ ] 数组记录了每一种形状的全部变换结果，旋转就是指向下一个内容。例如 blocks[ ] 数组中的一个形状定义如下：

{{{{-1,0},{0,0}, {1,0},{2,0}}, {{0,-1},{0,0},{0,1},{0,2}},{{0,0},{0,0},{0,0},{0,0}},{{0,0},{0,0},{0,0},{0,0}}},2,1},

其中末尾的 1 表示这个形状的颜色索引，倒数第 2 位的 2 表示这个形状有 2 个形态。{{-1,0},{0,0},{1,0},{2,0}} 对应图 11 所示的形态，其中的 x 表示 (0,0) 这个原点。

{{0,-1},{0,0},{0,1},{0,2}} 对应图 12 所示的形态。

了解了上面的数据结构，就不难理解 GetNextPosRot() 函数了。这个函数的功能是放置新生成形状、响应按键动作（比如，左右移动和旋转）和触发下落。游戏的难度不同体现为图形不同的下降速度。游戏根据当前积分的不同使用不同的下降速度，具体代码在 GetNextPosRot() 函数中。

```
if ((millis()-TimeElsp) >Score2
Level()){pnext_pos->Y +=
1;TimeElsp=millis();}
```

Score2Level() 函数返回当前分数对应的延时，当前分数越高，下落速度越快。

ReviseScreen() 函数处理下落的过程，此外计分功能也在该函数中：在消除行时，根据一次性消除的行数计算分数，具体在 DeleteLine() 函数中。每次获得的分数 = 消除层数的平方。

Draw() 函数将前面 screen[ ] 数组中的界面形态展现在 ILI9341 TFT 显示屏上。为了驱动这个显示屏，我选用了 Adafruit_GFX 显示库；注意这个库对 ESP32 有兼容性问题，编译时会出现错误，可以修改 \Adafruit_BusIO\Adafruit_SPIDevice.cpp 这个文件解决。

```
/*!
 *    @brief Transfer (send/receive)
one byte over hard/soft SPI
 *    @param  buffer The buffer to
send and receive at the same time
 * @param len The number of bytes to
transfer
 */
void Adafruit_SPIDevice::transfer
(uint8_t *buffer, size_t len) {
  if (_spi) {
  // hardware SPI is easy
  //LABZDebug _spi->transfer(buffer,
len);
  _spi->transferBytes(buffer,NULL,l
en); //LABZDebug
  return;
  }
```

为了便于使用，我在 IL9341 的库中增加了一个填充图像的函数。

```
  void Adafruit_ILI9341::fillImage
(void *image, int x, int y, int w,
int h) {
    Adafruit_SPITFT::drawRGBBitmap(x,
y,(uint16_t *)image, w, h);
  }
```

此外，《俄罗斯方块》还要具有显示"下一个图形"的功能。为此，我在 Draw() 函数中实现了对应的绘制"下一个图形"的功能。这里有特别需要注意的地方，比如，我们定义了一个 image[20][20] 图像，但是想将它里面 10×20 的内容显示出来，是不可以直接使用 tft.fillImage() 的，会出现混乱，因为这个函数会默认将显示 Buffer 认为是 20×20 大小的。解决方法是创建另外的 Buffer，先把数据存进去，再使用 fillImage() 函数绘制。

装配电路、烧写程序后，你就可以开启游戏之旅了！

正版《俄罗斯方块》发售了 1.25 亿份，受到 50 多个国家和地区的玩家喜爱，有超过 50 种语言的版本，运行在街机、家用游戏机、掌上游戏机、PC、手机等几十种游戏平台上。历经近 40 年，小方块的魅力经久不衰，《俄罗斯方块》游戏可以称得上是传奇。Ⓧ

DF创客社区 推荐作品

用两个玩具电机做一个实用的 拍摄转台

王立

我本来想买个拍摄转台，不过手头刚好有两个闲置的减速电机，就琢磨着是不是可以自己做一个。减速电机的减速比为1:120，用两个齿轮箱恰好增加了力量，还将转速降低到了1r/min左右。

需要准备的材料

1. 减速电机 1 个（倒装）
2. 减速电机 1 个（非倒装，如果没有，可以用倒装的代替）
3. 橡胶轮子 1 个
4. 7.4V 锂电池 1 个
5. 7.4V 锂电池 USB 充电控制板 1 个
6. 纸板若干
7. 黑色美纹纸 1 卷
8. 黑色电工胶带 1 卷
9. 雪糕棍 10 根
10. 两挡船形开关 1 个
11. 带旋钮的 1kΩ 电位器 1 个

1 倒装减速电机和轮子如下图所示。

2 下图所示为非倒装的减速电机，如果没有，可以再用一个倒装的减速电机代替。

3 拆开倒装减速电机，将电机取出。

4 先将电机轴上的传动齿轮取下。

5 撬开电机外壳两侧的扣板，将外壳取下。

6 将电机的铜线拆出来，并将轴上的绕线金属拆下来，留下轴待用。

7 在电机后盖上钻一个直径为 6.5mm 的孔。

8 在电机轴上抹上快干胶水，插在非倒装电机的转轴上。

9 将电机后盖放上去，再将电机外壳放上去。

10 扣上两侧的扣板。

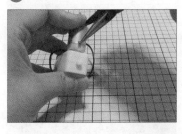

11 将电机外壳取下来，将倒装电机的固定卡扣安装好，然后一起插到电机轴上。

12 安装之前取下的传动齿轮。

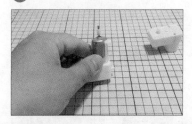

13 扣上齿轮箱，并拧上螺丝。

14 此时两个电机之间还能转动，必须要固定一下。在用雪糕棒粘成的小木板上涂上热熔胶，固定住两个电机。

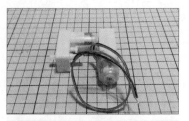

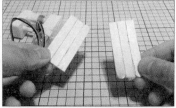

15 电机底部也必须要垫入雪糕棒，一会儿粘在转台的底板上。

16 在纸板上用圆规画圆，我画的是直径 25cm 的圆，然后用刻刀裁切出圆形纸板。

17 7.4V 锂电池搭配 USB 接口的充电控制板使用，如果不需要用电池供电，锂电池和充电控制板可以用一个电源插座代替。

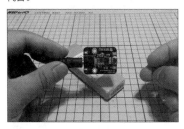

18 按照下图进行电路连接。

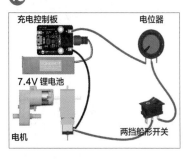

19 连好线后，将电机和锂电池都粘在刚才切的那个圆纸板上，粘电机时要注意将转轴对准圆纸板的圆心。

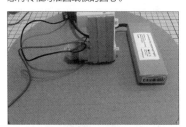

20 切出一块 10cm 宽的长条形纸板。我用的是 5 层纸板，将其中 2 层纸板撕开。

21 在纸板上用刻刀划出小道，这样纸板就可以弯曲了。

22 将电位器固定在底板上。

23 在刚才切好的 10cm 宽的长条形纸板上，对应电位器转轴的位置开孔。

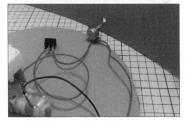

24 将侧面的纸板粘上。

25 在接缝处打胶加固。

26 用黑色美纹纸将侧边的纸板封起来。

27 将顶部的美纹纸折进纸盒内部。

28 用透明胶带或者美纹纸再加固封一下折进纸盒内部的美纹纸。

㉙ 为充电控制板的 USB 接口开孔。

㉚ 将充电控制板固定在底板上。

㉛ 为船形开关开孔、打胶安装。

㉜ 为电位器装上旋钮。

㉝ 充电控制板在充电时，指示灯会亮，但我们无法看到。可以将光纤玩具上的光纤剪下来一根，用热熔胶粘在指示灯上，再戳个小孔，将灯光引到盒子外壁上。

㉞ 围着纸盒，在新的纸板上画一圈，裁切出新的圆形纸板。

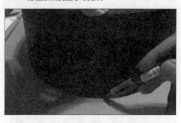

㉟ 找一种黑色易清理的材料，比如黑色 PVC 摄影纸，裁剪出与刚才的圆纸板一样大的圆片，粘在圆纸板上。

㊱ 在轮子上打上热熔胶，把它粘在圆形纸板背面圆心处。

㊲ 用电工胶带绕圆盘周边缠一圈，进行美化。

㊳ 将轮子的插孔对准电机齿轮箱上的轴，安插上去。

㊴ 摄影转台制作完成。Ⓧ

用 Arduino 玩转掌控板 (ESP32)
玩转 Siri 语音控制
——网络服务器应用示例

演示视频

▌陈众贤

　　众所周知，掌控板在创客教育中的应用非常广泛，它是一块基于ESP32的开发板。大家对掌控板编程，用得比较多的是图形化编程，比如 mPython、Mind+ 等。但是，既然掌控板是基于 ESP32芯片的，那我们也可以用Arduino IDE对其编程。所以，我准备和大家分享一系列用 Arduino代码对掌控板（ESP32）编程的教程：用Arduino玩转掌控板（ESP32）系列。

　　本期给大家带来的是掌控板 Siri 语音识别智能终端，而整个控制的核心代码只有不到 50 行！

　　先扫描二维码观看一下演示效果吧！

▌项目概述

　　前一段时间，掌控板 2.0 正式上市了，但是第一批产品生产数量有限，所以很多朋友买不到最新版，只能眼巴巴看着别人用掌控板 2.0 玩语音识别。

　　我们要对这种行为说不！所以在这篇文章中，我就教大家用任何版本的掌控板（或其他基于 ESP32、ESP8266 芯片的开发板）实现语音识别，而且识别的效果更好！

　　在项目开始之前，我们先来看看完整思路。在这个项目中，我们将掌控板

▌图1 访问页面

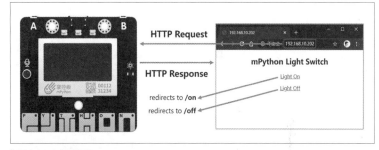
▌图2 Web 控制框架

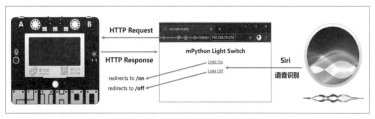
▌图3 Siri 控制框架

ESP32 设置为一个 Web 服务器，当用户在网页上访问这个服务器的 IP 地址时，就会跳出如图 1 所示的界面。

　　我们可以通过单击"Light On"或者"Light Off"链接，控制掌控板上 RGB LED 的亮灭，也可以访问这两个链接对应的 IP 地址控制 LED 的亮灭。这样就实现了基本的通过 Web 页面控制掌控板的功

能（见图 2）。

　　在这之后，我们可以进一步通过设置语音助手，比如 Siri、天猫语音精灵等，通过语音命令访问这些 IP 地址，从而实现语音识别开关灯的功能（见图 3）。

▌库文件安装

　　这个项目需要用到 3 个 Arduino

库：Adafruit_NeoPixel、ESPAsync WebServer、AsyncTCP。

Arduino 库的安装教程这里不再赘述，大家可以自行查找 Arduino 怎么安装库。

Arduino代码

下面是完整的程序，大家可以先浏览一遍，后面我再进行详细的讲解。

```
include "WiFi.h"
#include "ESPAsyncWebServer.h"
#include <Adafruit_NeoPixel.h>
const char *ssid = "wifi_ssid";
const char *password = "wifi_password"
;
Adafruit_NeoPixel pixels(3, 17, NEO_
GRB + NEO_KHZ800);
AsyncWebServer server(80);
void setup()
{
  Serial.begin(9600);
  pixels.begin();
  // 连接 Wi-Fi
  WiFi.begin(ssid, password);
  while (WiFi.status() != WL_
CONNECTED)
  {
    delay(1000);
    Serial.println(" Connecting to
WiFi..");
  }
  Serial.println("WiFi connected");

  // 串口监视器打印联网 IP 地址
  Serial.print(" Open your brower,
and visit: http://");
  Serial.println(WiFi.localIP());
  Serial.println();
  // 网页 首页
  server.on(" / ", HTTP_GET, []
(AsyncWebServerRequest *request) {
    request->send_P(200, "text/plain"
, " Turn On Light: IP/on\nTurn Off
Light: IP/off");
  });
  // 网页 开灯
  server.on(" /on ", HTTP_GET, []
(AsyncWebServerRequest *request) {
    pixels.setPixelColor(0,
0xFF0000);
    pixels.setPixelColor(1,
0xFF0000);
    pixels.setPixelColor(2,
0xFF0000);
    pixels.show();
    $erial.println("Light is on");
```

```
    request->send_P(200, "text/
plain", "Light is on");
  });
  // 网页 关灯
  server.on("/off", HTTP_GET, []
(AsyncWebServerRequest *request) {
    pixels.clear();
    Serial.println("Light is off");
    request->send_P(200, "text/
plain", "Light is off");
  });
  // 运行服务器
  server.begin();
}
void loop()
{
}
```

在程序的开头，我们首先引入了需要用到的库函数。

```
#include "WiFi.h"
#include " ESPAsyncWebServer.h "
#include <Adafruit_NeoPixel.h>
```

然后设置网络的账号和密码。

```
const char *ssid = "wifi_name";
const char *password ="wifi_password";
```

接着定义了 NeoPixel 对象（RGB LED）和 WebServer 对象。

```
Adafruit_NeoPixel pixels(3,
17, NEO_GRB + NEO_KHZ800);
AsyncWebServer server(80);
```

在初始化函数 setup( ) 中，我们首先对串口和 RGB LED 进行了初始化。

```
Serial.begin(9600);
pixels.begin();
```

然后将掌控板连接到网络，并把 IP 地址在串口中打印出来。

```
// Connect to Wi-Fi
WiFi.begin(ssid, password);
while (WiFi.status() != WL_CONNECTED)
 {
delay(1000);
  Serial.println(" Connecting to
WiFi..");
 }
```

```
Serial.println(" WiFi connected ");
// Print ESP32 Local IP  Address and
Some Tips
Serial.print("Open your brower, and
visit: http://");
Serial.println(WiFi.localIP());
Serial.println();
```

最后就是最重要的 Web 服务器设置。关于 Web 服务器设置的详细教程，大家可以查看官网。

这里只放出本文需要的代码。当访问根目录"/"时，显示一些提示语；当访问"/on"目录时，设置 LED 为亮，并在串口和网页端显示提示语；当访问"/off"目录时，设置 LED 为灭，并在串口和网页端显示提示语。

```
// Root / Webpage
server.on( " / ", HTTP_GET, []
(AsyncWebServerRequest * request) {
  request->send_P(200, "text/plain", "
Turn On Light: IP/on\nTurn Off Light:
IP/off");
});
// Webpage to turn on light
server.on( "/on ", HTTP_GET, []
(AsyncWebServerRequest * request) {
  pixels.setPixelColor(0, 0xFF0000);
  pixels.setPixelColor(1, 0xFF0000);
  pixels.setPixelColor(2, 0xFF0000);
  pixels.show();
  Serial.println("Light is on");
  request->send_P(200, "text/plain", "
Light is on");
});
// Webpage to turn off light
server.on( "/off.", HTTP_GET, []
(AsyncWebServerRequest * request) {
  pixels.clear();
  Serial.println("Light is off");
  request->send_P(200, "text/plain", "
Light is off");
});
```

在 setup() 函数的最后，运行 Web 服务器。

```
server.begin();
```

至此，整个程序就编写完成了，在 loop( ) 函数中，你不需要做任何事，当然你也可以运行其他你想要的代码。

程序上传

在 Arduino 中选择掌控板或者 ESP32 相关的芯片，然后将程序上传，打开串口监视器，我们可以看到串口监视器中提示我们访问相应的网址（见图 4，如果没看到相应的信息，可以按一下掌控板后面的 RST 按键，重启程序）。

打开计算机浏览器或者手机浏览器，访问相应的 IP 地址（见图 5），这里是 "192.168.10.202"，我们可以看到网页上显示了相应的提示信息。访问地址 "192.168.10.202/on" 可以打开 LED，访问地址 "192.168.10.202/off" 可以关闭 LED。

尝试访问对应的地址，当访问 "192.168.10.202/on" 时，浏览器和串口监视器中，都会输出相应的提示信息（见图 6），同时我们可以看到掌控板上的 RGB LED 亮了起来。

当访问 "192.168.10.202/off" 时，浏览器和串口监视器中输出相应的提示信息，同时掌控板上的 RGB LED 熄灭（见图 7）。

网页设计

在上文中，我们已经基本完成了通过网页控制 LED 的相关功能，但这个网页毕竟还是太简陋了。所以我们对网页稍微进行一些优化（这部分不是本文的重点，也不会影响最终的语音控制效果，如果你对网页设计不感兴趣，也可以略过，直接阅读下一节。）。

HTML 是用来设计网页的代码，它可以控制我们在浏览器中看到的网页的外观样

图 4 串口监视器打印网址

图 5 访问相应的 IP 地址

图 6 访问 "Light on" 对应的 IP 地址

图 7 访问 "Light off" 对应的 IP 地址

式。由于我对网页设计并不擅长，所以这里只放一个基础的外观改进代码。

```
<!DOCTYPE html>
<html>
  <head>
    <meta name="viewport"
content="width=device-width,
initial-scale=1" />
    <style>
      html {
        text-align: center;
      }
    </style>
  </head>
  <body>
    <h2>mPython Light Switch</h2>
    <a href="/on">Light On</a>
```

```
    <p></p>
    <a href="/off">Light Off</a>
  </body>
</html>
```

上述代码最终形成的效果如图 1 所示。我们可以直接单击 "Light On" 和 "Light Off" 两个按钮（或链接）控制 LED 的亮灭，避免手动输入网址的麻烦。

当然，在这个项目中，不用设计 HTML 代码也完全没有问题，我们只是为了方便在网页上进行控制。

设计完网页，怎么把这部分内容加到代码中去呢？其实也很简单。

我们在程序开头定义一个字符串变量，将网页的代码保存到这个变量中。

```
const char index_html[] PROGMEM =
R"rawliteral(

<!DOCTYPE html>

<html>

<head>

<meta name="viewport" content=
"width=device-width, initial-scale=1"
/>

<style>

html {

  text-align: center;

}

</style>

</head>

<body>

<h2>mPython Light Switch</h2>

<a href="/on">Light On</a>

<p></p>

<a href="/off">Light Off</a>

</body>

</html>)rawliteral";
```

然后将几处 server.on( ) 代码中的 request->send_P( ) 部分都修改为如下代码。

```
request->send_P(200, " text/html " ,
index_html);
```

这个时候，重新上传程序，再去访问相应的网页，你就可以看到网页变成了图1所示的样子。

如果你对网页设计比较擅长，也可以设计好看一些的页面，如图8所示。我们不仅可以在网页中控制LED的亮灭，也可以显示各种传感器的信息，这些内容以后再讲。

▌语音助手设置

终于来到语音识别设置部分了。

你是不是很好奇，代码中完全没有语音识别相关的部分，我们怎么做到语音识别呢？其实也很简单，既然可以通过网页访问相应的网址，我们也可以让语音助手访问相应的网址。

由于笔者手上没有其他语音助手或者智能音箱类产品，所以这里就以Siri为例。

打开iOS系统自带的捷径App（英文名称为Shortcuts），如果没有，也可以去App Store免费下载（见图9）。

然后分别设置两个捷径，命名为开灯和关灯（见图10）。两个捷径的设置也很简单，就是访问给定的URL地址。

由于iPhone中的捷径是支持Siri语音识别调用的，所以我们可以直接通过Siri运行这两个捷径，达到语音开关灯的效果。

▌效果演示

唤醒你的Siri看看效果吧（见图11）。不过这里需要注意的是，你的iPhone和掌控板必须处于同一局域网中。

▌总结

在本文中，我们学习了：

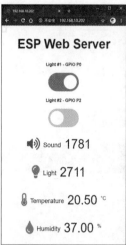

▌图8 网页优化示例

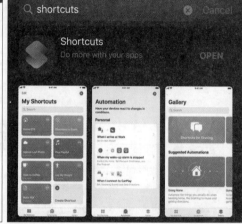

▌图9 捷径App

▌图10 分别设置两个捷径

（1）Web Server的基础用法，可以通过浏览器网页来控制LED的亮灭；

（2）然后通过设计HTML网页代码，让交互界面更加友好、方便；

（3）最后通过iOS的捷径应用，实现了语音识别间接控制LED的功能。

通过类似的方法，我们还能同时控制更多的LED、其他执行器，甚至通过语音识别来获得相应传感器的信息。当然你也可以将Siri语音识别的文字返回给掌控板，实现更多复杂好玩的创意。Ⓧ

▌图11 演示效果

DIY 一个精准、好看又实用的点阵时钟

辛国民

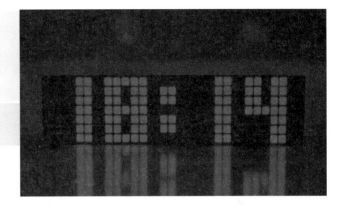

笔者是一位业余单片机爱好者，从入门以来，做过好多时钟，软件计时、DS1302、DS3231、Wi-Fi、GPS 授时都玩过，显示部分用过各种尺寸的数码管、1602LCD、12864LCD、8×8 点阵屏等，一直以为再也不会做这些玩意了。不过前些日子我网购时偶然看到了大尺寸的 5×7 方形点阵模块（见图 1），感觉用来做个时钟应该很漂亮，一冲动就买了一些回来，那就再折腾一把吧。

本次制作的目的是做一个颜值高、简洁、精准又实用的时钟，摒弃秒显、闹钟、遥控等不怎么用的功能，只做时分显示。笔者大体比划了一下，确定使用 5 片点阵，显示字体使用个人认为最好看的 5×7 字

图 1 5×7 方形点阵模块

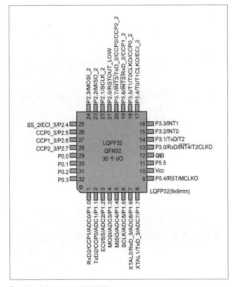

图 2 主控 MCU 引脚结构

体，时钟的显示格式为 12:38。没错，就是这么简单。

主控 MCU 还是常用的 51 单片机，型号选择了 STC15F2K60S2，QFP32 封装，免晶体振荡器，免复位电路（见图 2）。因为芯片支持 8 路 A/D 转换，所以笔者就用其中一路配合光敏电阻做了自动亮度控制。

作为一个计时工具，最重要的一点就是时间的准确性，所以时钟芯片选用误差只有 ±5×10^6 的 DS3231MZ，最大年误差只有 2min 左右，家用完全可以。并且 SOP-8 的封装占用面积更小，布线也更

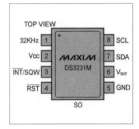

图 3 时钟芯片 DS3231MZ 引脚结构

方便（见图 3）。

DS3231MZ简介

DS3231MZ 是低成本、高精度 I^{2}C 实时时钟（RTC）。该器件包含电池输入端，断开主电源时仍可保持精确计时，集成微机电系统（MEMS）提高了器件的长期精确度，并减少了生产布线的元器件数量。DS3231MZ 采用 SOP-8 封装，RTC 保存秒、分、时、星期、日期、月和年信息。少于 31 天的月份，将自动调整月末日期，包括闰年修正。时钟格式可以是 24 小时或带 AM/PM 指示的 12 小时格式，同时还提供两个可设置的日历闹钟和一个 1Hz 输出。地址与数据通过 I^{2}C 双向总线串行传输。精密的、经过温度补偿的电压基准和比较器电路用来监视 VCC 状态，检测电源故障，提供复位输出，并在必要时自动切换到备份电源。另外，

RST 监测引脚可以作为产生微处理器复位的按键输入。

后来我想到做个室温显示好像还挺有用的,冬天可以测量一下供暖温度之类的,所以就把 DS18B20 也加了上去。

点阵驱动

点阵驱动是常用方案,这里行驱动为 APM4953 双 P 沟道 MOS 管,列驱动为 74HC595(见图 4)。74HC595 是具有三态输出功能(即具有高电平、低电平和高阻抗 3 种输出状态)的门电路,输出寄存器可以直接清除,具有 100MHz 的移位频率。

这里有一个问题:5 个 5×7 点阵是 25 列,而 1 个 74HC595 可以驱动 8 列,如果用 4 个的话,最后 1 个 74HC595 只用到 1 列,3 个又不够用,思来想去无法解决,后来有一天晚上我夜观天花板冥思苦想,终于悟出了一个方案,把第 25 列拿出来用三极管单独驱动不就行了?搭了

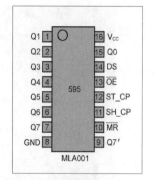

图 4 74HC595 引脚结构

个电路简单试了下,发现完全可行。

制作

现在所有的元器件、电路都已选好,

接下来就开工啦!

画好的电路原理图如图 5 所示。用 2 个按键实现简单的控制,并预留了红外遥控,后续可以升级红外遥控功能。1 个蜂鸣器可以进行操作提示和整点报时。再次确定没有落下什么。

画好的 PCB 在 3D 视图下看着还挺漂亮的(见图 6)。

画完后我看了下 PCB 打样的报价,不到 50 块的价格可以做 5 片,很实惠。提交后 3 ~ 5 天就可以收到制作完成的 PCB。实物如图 7 所示。

接下来进行装配,一堆 0603 封装的电阻手工焊接让人有点烦。装配好的板子

图 6 画好的 PCB

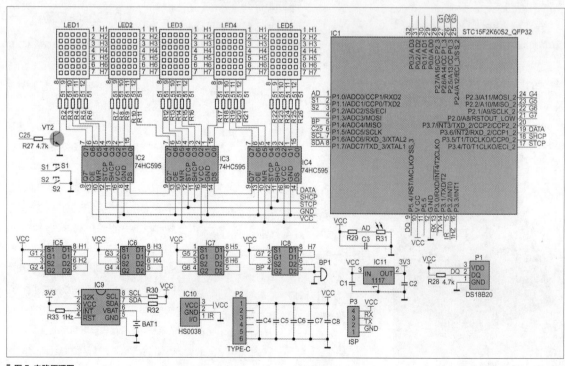

图 5 电路原理图

▌图7 制作完成的PCB

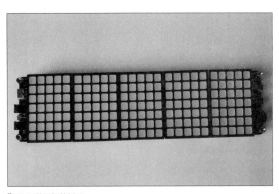

▌图8 装配好的板子

如图8所示。

如图9所示，板子左侧依次为蜂鸣器、红外接收二极管、DS18B20；板子右侧依次为USB Type-C供电插座、按键和光敏电阻（见图10）。

接着撕掉保护膜，加上透明的亚克力板。

调试

我个人还是觉得黑茶色顺眼，最终成品如图11所示，看着还是非常漂亮的。

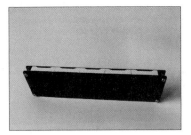

▌图11 最终成品

▌图13 显示效果

下面开始调试，这又是个各种填坑的过程。我中间还把点阵的顺序弄反了：列顺序本来是01234、56789……，我弄成了56789、01234，折腾好久总算补救好了，代码如图12所示。显示效果如图13所示。

接着笔者又花了好几天的业余时间，总算把水平的流动显示写好了，流动显示内容为日期、时间、温度，上下滚动及其他花样的显示实在是不想折腾了，就没有写，需要的朋友可以自己玩一下。显示的日期、时间、温度如图14所示。

最后做一下完善，把年、月、日及时间的调整写出来，界面也做得很简单（见图15）。

▌图9 板子左侧

▌图10 板子右侧

```
208  void rank(uchar a,b,c,d,e)
209  {
210      if( (b & 0x40)==0x40) date1.column.bit0 = 1; else date1.column.bit0 = 0;
211      if( (b & 0x20)==0x20) date1.column.bit1 = 1; else date1.column.bit1 = 0;
212      if( (b & 0x10)==0x10) date1.column.bit2 = 1; else date1.column.bit2 = 0;
213      if( (b & 0x08)==0x08) date1.column.bit3 = 1; else date1.column.bit3 = 0;
214      if( (a & 0x80)==0x80) date1.column.bit4 = 1; else date1.column.bit4 = 0;
215      if( (a & 0x40)==0x40) date1.column.bit5 = 1; else date1.column.bit5 = 0;
216      if( (a & 0x20)==0x20) date1.column.bit6 = 1; else date1.column.bit6 = 0;
217      if( (a & 0x10)==0x10) date1.column.bit7 = 1; else date1.column.bit7 = 0;
218      if( (d & 0x10)==0x10) date2.column.bit0 = 1; else date2.column.bit0 = 0;
219      if( (d & 0x08)==0x08) date2.column.bit1 = 1; else date2.column.bit1 = 0;
220      if( (c & 0x80)==0x80) date2.column.bit2 = 1; else date2.column.bit2 = 0;
221      if( (c & 0x40)==0x40) date2.column.bit3 = 1; else date2.column.bit3 = 0;
222      if( (c & 0x20)==0x20) date2.column.bit4 = 1; else date2.column.bit4 = 0;
223      if( (c & 0x10)==0x10) date2.column.bit5 = 1; else date2.column.bit5 = 0;
224      if( (c & 0x08)==0x08) date2.column.bit6 = 1; else date2.column.bit6 = 0;
225      if( (b & 0x80)==0x80) date2.column.bit7 = 1; else date2.column.bit7 = 0;
226      if( (e & 0x80)==0x80) date3.column.bit0 = 1; else date3.column.bit0 = 0;
227      if( (e & 0x40)==0x40) date3.column.bit1 = 1; else date3.column.bit1 = 0;
228      if( (e & 0x20)==0x20) date3.column.bit2 = 1; else date3.column.bit2 = 0;
229      if( (e & 0x10)==0x10) date3.column.bit3 = 1; else date3.column.bit3 = 0;
230      if( (e & 0x08)==0x08) date3.column.bit4 = 1; else date3.column.bit4 = 0;
231      if( (d & 0x80)==0x80) date3.column.bit5 = 1; else date3.column.bit5 = 0;
232      if( (d & 0x40)==0x40) date3.column.bit6 = 1; else date3.column.bit6 = 0;
233      if( (d & 0x20)==0x20) date3.column.bit7 = 1; else date3.column.bit7 = 0;
234  }
```

▌图12 点阵的顺序代码

 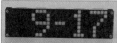 

▌图14 水平流动显示的日期、时间、温度

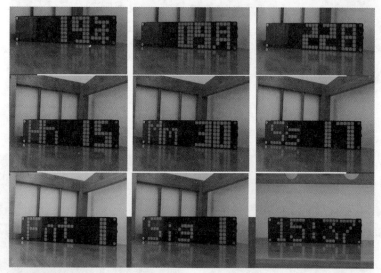

▌图15 完整显示

▌图16 字体1

▌图17 字体2

▌图18 字体3

▌图19 Sig 选项

我还做了3种字体，可以用按键在 Fnt 中选择。

字体1：标准的 5×7 字体，直接从 LCD1602 字符手册上抄的（见图16）。

字体2：来自 yanzeyuan（见图 17）。

字体3：4×7 点阵字体，和常见的数码管显示效果有点类似（见图18）。

图19所示的 Sig 选项为整点报时，1 为打开，0 为关闭。

▌后记

在消耗掉大量的业余时间，并历经各种痛并快乐着的"折磨"后，笔者总算完成了这次制作。得益于 DS3231 芯片的高精度，笔者试用半个月后时间1s不差，自动亮度功能也很实用。外观也是个人认为做过的各种时钟里面最漂亮的，没有之一。很多设计参考了网上的 LED 点阵时钟，向 yanzeyuan 致敬！

夜深了，家人都已进入梦乡。在一杯茶、一盏灯、一台计算机的陪伴下，一个 DIY 爱好者打发着孤单、快乐又纠结的时光（见图20）。ⓧ

▌图20 一个 DIY 爱好者的时光

用手机制作网络机顶盒

▍俞虹

现在的手机很容易就会被淘汰，所以家中有很多旧手机，闲暇之余，我就想用旧手机来做些什么。由于网络机顶盒和手机有些相似，同样有操作系统，也能下载软件。刚好家中的网络机顶盒已经"罢工"（系统太旧，换台慢），我就想着用手机制作一个网络机顶盒。经过一段时间的摸索和制作，我终于制作出了这台手机网络机顶盒。它和一般的网络机顶盒一样，可以收看电视节目（换台也比较快），还能用红外遥控器遥控，自己动手的感觉就是不一样，有兴趣的读者也来试试吧。

▍工作原理

制作的原理框图如图1所示，可以看出该装置的主角还是手机。手机下载安装电视软件，当手机电视软件打开后，用红外遥控器发送红外编码信号。虽然手机不能直接接收红外信号，但手机有蓝牙功能，故红外信号先被解码器解码，并使解码器的相应输出端口电平发生变化，这个电平变化通过电路传递到蓝牙键盘模块，蓝牙键盘模块对端口电平变化进行识别，并转换为键盘码发送出去对手机进行相应的操作。最后，同屏线将手机画面传送到电视机，使电视机播放自己喜爱的节目。

这里重点介绍机顶盒遥控电路，其电路如图2所示，机顶盒遥控电路由红外遥控信号解码电路和蓝牙键盘电路组成。

1. 红外遥控信号解码电路

红外遥控信号解码电路由红外接收头IC1和2051单片机IC2等元器件组成。首先，我们需要了解红外遥控信号的编码方式。这里我使用的是NEC编码，NEC编码的一个遥控信号由32位码组成，内部有8位用户识别码和8位用户识别码的反码、8位按键码和8位按键码的反码，并且前面有9ms的引导码和4.5ms的起始码。发送红外信号时，先发送引导码、起始码、用户识别码和用户识别码的反码，

最后发送按键码和按键码的反码。

红外接收头IC1由红外接收二极管、放大器和解调器组成。接收头接收到红外信号时，先对信号进行放大，再去掉38kHz的载波，然后留下红外编码信号供后面电路使用。这里使用的遥控器按键有左移、右移、上移、下移、确定（OK）和退出共6个。它们的码值依次为1D、35、07、05、0F和B9，这些是在编码组的第3组中。不同的遥控器，这6个功能按键的码值可能有所不同，制作时需要通过串口通信软件确定。我这里使用原网络机顶盒的遥控器，如图3所示，它用的是NEC编码（我的电视遥控器用的不是NEC编码）。例如，按下OK键时，遥控器发送03FE0FF0这32位数据（十六进制）。红外接收头接收到这组数据后，单片机会将按键码值留下并判定，如确定码值是0F，单片机IC2的十六脚由原来的高电平变为低电平。同样，当遥控器按下左移的按键时，单片机的12脚变为低电平，其他情况类似，这样就完成了按键解码和判定。

2. 蓝牙键盘电路

蓝牙键盘电路由nRF51822蓝牙4.0

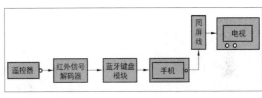

▍图1 机顶盒原理框图

模块等元器件组成，在电路图中为IC3。该模块的外观如图4所示，引脚排列如图5所示。可以看出模块有36个引脚，它的工作电压为2.0～3.6V，这里电路中使用3.2V，模块消耗功率很小，有板载天线用于发射蓝牙无线信号。它同样是一个带单片机的模块，需要安装程序才能工作（不同于HC-06蓝牙模块）。

了解电路工作原理之前，我们需要了解键盘编码不同于红外编码。它的编码有8个字节，比红外遥控编码字节多了一倍。这是由于键盘的按键多，可以达到104个按键，并且有可能同时按下几个按键，即所谓的组合键。而控制手机的6个键盘按键键值依次为L-ARROW 0x50、R-ARROW 0x4F、U-ARROW 0x52、D-ARROW 0x51、ENTER 0x28、ESC 0x29，可以看出它们的作用和红外遥控的6个按键相同，只不过表示的键值不同。

如果遥控器按下OK键，IC2的16脚为低电平，同样使得IC3的蓝牙键盘模块7脚为低电平，这时，事件发生（类似于中断），内部单片机判定得知7脚为低电平，

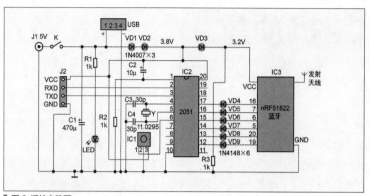

图2 遥控电路图

图3 NEC 编码遥控器

图6 电视家尝鲜版图标

图7 同屏线

图4 蓝牙模块

图5 蓝牙模块引脚排列

图8 EZcast 软件图标

28 和 29，然后在事件发生时进入一个叫 bsp_event_handler() 的子程序中，通过它提取数组中某个键值并发送出去。

详细的程序，大家可以通过杂志目录的资源平台下载。

然后去调取该引脚的键盘按键值28（十六进制数，下同），并通过蓝牙通信将这一键盘值发送给手机。手机接收到后即执行OK键的操作，如确定按下某一电视频道。同样，遥控器按下左移键时，蓝牙键盘模块发送键盘按键值 50。

电路中，二极管 VD1 ~ VD3 用于降低电压，使得 2051 单片机的工作电压为 3.8V，蓝牙键盘模块 IC3 的工作电压为3.2V。二极管 VD4 ~ VD9 用于信号隔离。

软件分析

本制作使用了两个程序，一个是单片机 IC2 的程序，还有一个是蓝牙键盘模块IC3 的程序。IC2 单片机程序主要是一个红外信号解码程序，这部分是现成的，大家可以在上网找。为了能在解码完成的情况下，使单片机 IC2 输出端口电平发生相应的变化（变低），作者在原解码程序

中加入了新程序。红外遥控按键键值存放在 DATA[i] 数组中，共有 4 个，这里我们取第 3 个，即 DATA[2] 中的值。然后用 if …else if 语句进行判定，如果键值对上，则相应的端口为低电平，并且低电平持续300ms，相当于按键按下 300ms。

蓝牙键盘模块 IC3 的程序相对复杂些，单头文件就有 20 多个，不过大部分我们不需要理会。首先我们需要对引脚进行定义，即 把 19、20、5、6、7、16 这 6 个引脚作为输入引脚。该模块制造公司提供的源程序为键盘模板程序，源程序只定义了17、18 两个引脚。如果完全按源程序执行，按 17 引脚按键 6 下，可以输出 hello 字符，同时按 18 引脚按键会输出 HELLO，即大写输出。这些键值放在一个叫 m_sample_key_press_scan_str[ ] 的数组中。为了能完成 6 个按键操作，我将这个数组中的值改为 50、4F、52、51、

制作方法

1. 在手机上安装电视软件

网上的手机电视 App 还是比较多的，但这里不能下载手机用的 App。因为这里手机不是直接用手触摸操作的，而是遥控操作的，所以必须下载电视版的电视软件。通过寻找，笔者发现一款叫"电视家尝鲜版"的软件比较合适，大家可

图9 Jlink-OB 调试器

元件清单

名称	位号	型号/值	数目
单片机	IC2	89C2051	1
蓝牙模块	IC3	nRF51822	1
红外接收头	IC1		1
电阻	R1、R2、R3	1kΩ	3
电解电容	C1	470μF/16V	1
电解电容	C2	10μF/16V	1
瓷片电容	C3、C4	30pF	2
红色发光管	LED	Φ3mm	1
二极管	VD1~VD3	1N4007	3
二极管	VD4~VD9	1N4148	6
晶体振荡器	Y	11.0295MHz	1
开关	K	2×2	1
电源插口	J1		1
数据检测口	J2		1
卧式USB插口	USB		1
旧手机		安卓4.0以上	1
5V/1A电源			1
2051单片机 20脚插口			1
旧电视机顶盒外壳			1
红外遥控器		NEC编码	1
JLINK-OB 调试器			1
USB-TTL 下载器			1
电视同屏线			1

图10 成功安装协议栈

以搜索后安装在手机上。该软件可以收看大部分的中央台和地方台节目，图标如图6所示。

2. 同屏线软件的安装和使用

将同屏线（见图7）接到电视机上后，电视机屏幕上会显示相应的二维码，用手机扫描即可安装同屏软件。这个软件叫EZcast，图标如图8所示。我使用时发现新版本不能用（可能是手机比较旧），改成较早版本后可正常使用。网上购买的同屏线有2个插头、1个插口。HDMI接头插电视后面的HDMI口，USB电源插头可以插在电视机后面的USB口或者手机充电器的USB口上，插口通过手机数据线插手机充电口，使用时，点击软件上面的弯曲连接线符号，即可以连接上电视并同屏。以后，使用时只要打开电视机和机顶盒即可同屏，不需要更多操作。

3. 安装程序

读者朋友可从杂志目录页的资源平台下载本项目相关程序。

（1）安装2051单片机程序：将编程器插到2051单片机上，打开hex文件，即可将程序安装到2051单片机中，比较简单。

（2）安装蓝牙模块IC3的程序：上网下载nRFgo Studio软件，并安装在计算机上，这时一并安装JLINK-OB调试器的驱动程序（JLINK-OB调试器的外观如图9所示）。

将JLINK-OB调试器上的4条引线接到模块的相应引脚上，将JLINK-OB调试器的USB插头插在计算机上。然后打开nRFgo Studio软件，先将协议栈程序安装到芯片中。方法如下：单击左边的nRF5x Programming，然后单击下方的Erase all按钮，先擦除芯片中的内容。再单击上方的Program SoftDevice，选择s110_nrf51_8.0.0_softdevice.hex文件，最后单击右边的Program按钮，完成协议栈的安装，如图10所示。

接着安装键盘程序。方法如下：用Keil 5（不要用Keil 4）打开examples/ble_peripheral/ble_app_hids_keyboard/pca10028/s110/arm4文件夹，打开ble_app_hids_keyboard_s110_pca10028.uvprojx工程，单击main.c文件，再单击工具栏中的编译按钮（左边数第2个），成功生成hex文件后，再单击工具栏的安装按钮（左边数第6个带双箭头的），这时下方的进度条会跳动，将键盘程序安装到芯片中。成功安装后如图11所示。取下蓝牙模块和JLINK-OB调试器，将调试器接5V电源，用手机连接蓝牙模块，如成功连接会出现TV_keyboard，如图12所示。然后在蓝牙模块的7脚和地之间接一个按钮，打开电视软件，按下按钮（相当于Enter键），如果能成功弹出电视菜单，即说明蓝牙模块变成了蓝牙键盘模块，可以使用。

4. 制作电路板

按电路图设计一块电路板。电路板大小能放入机顶盒外壳即可，也可以制作和原机顶盒电路板一样大小的电路板，这样便于安装。用Protel软件设计的PCB如图13所示。Protel没有2051单片机的封装，大家可以搜20*PIN来获得相应的封装，nRF51822蓝牙模块的封装需要自己制作。布线时要求电源到USB插口之间的电源线

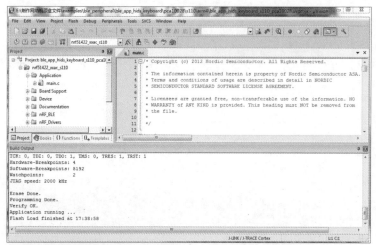

■ 图11 成功安装键盘程序

■ 图12 手机成功连接蓝牙模块

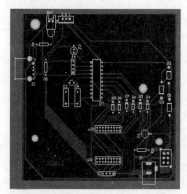

■ 图13 PCB

■ 图14 焊接完成的电路板

■ 图15 USB-TTL下载器

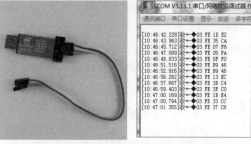

■ 图16 调试助手显示红外编码

■ 图17 机顶盒外观

要宽一些,以便有充足的电流同时对手机充电和对同屏线供电。除电源到USB口外,布线采用自动布线。虽然电路板上的元器件不多,但走线还是比较多的,布线可能没办法一次成功,可以多布几次,并调整元器件的位置,直到成功布线,完成后用热转印法制作出电路板。然后焊接元器件,焊接完成的电路板如图14所示。

5. 遥控电路调试

检查元器件焊接无误后,就可以进行调试了,先调试红外解码电路是否工作正常。用USB-TTL下载器(如图15所示)将红外线解码电路连接到计算机,它的4条线(其中一条为3.3V电源线)接电路板上插口J2的VCC、GND、RXD和TXD,注意数据线需要交叉连接。在计算机上下载串口调试助手软件,用遥控器对着红外接收头发射红外信号,调试助手上能收到相应的红外编码,说明电路正常,如图16所示。如果不能收到,应检查遥控器是否为NEC编码的、红外接收头是否损坏等。还有一种情况是串口助手能收到按键编码,但和前面介绍的不同,这就需要打开程序,对码值做相应的更改,再重新安装程序。大家可以在IC2的16引脚与电源正极之间接一个LED(串联一个1kΩ电阻),按遥控器OK键,LED如果会闪烁一下,说明红外解码电路正常,再调试蓝牙键盘电路。给电路板接5V电源,打开手机蓝牙并连接到蓝牙键盘模块,接着打开电视家尝鲜版,按红外遥控器按键,能进行相应的操作即可。

6. 总装

将电路板装入外壳固定,将手机用百得胶固定在外壳上方(也可以将手机套固定在上方)。这样手机网络机顶盒即制作完成,如图17所示。目前该机顶盒不支持声音大小的控制,有待进一步改进。有兴趣的读者朋友可以自己试着改进一下。Ⓧ

二哈识图（2）

色彩钢琴

▌DFRobot

你是否有过一个音乐梦，是否想象过能像一名钢琴家一样优雅地弹琴呢？"乐器之王"钢琴以行云流水般的音符阐释着完美的音效和浪漫情怀，为人们带来纯净的享受。但是由于种种原因，也许你没有学过钢琴或是没能拥有一架钢琴。现在有了哈士奇（HuskyLens），我们也可以亲手制作一架色彩钢琴，实现你的音乐梦。让我们利用彩色的琴键奏出美妙的音乐吧！

▌功能介绍

本项目利用 HuskyLens 的颜色识别功能识别不同颜色的琴键，播放不同的音符，让你的"演奏"既好看又好听，拥有绝对美妙的舞台效果。

▌知识园地

当今社会，自动化已经成为发展趋势，机器视觉作为"机器人"的眼睛显得尤为重要。颜色识别作为其中一个重要的技术方向，已经经历了多代技术的升级。而我们这个项目就是借助 HuskyLnes 的颜色识别功能来对色彩进行识别，通过不同的颜色演奏不同音符。

硬件清单

micro:bit × 1

micro:bit 扩展板 × 1

HuskyLens × 1

什么是颜色识别

首先我们要了解知道什么是颜色。颜色是通过眼、脑和我们的生活经验所产生的一种对光的视觉效应。我们肉眼所见到的光线，是由波长范围很窄的电磁波产生的，不同波长的电磁波表现为不同的颜色。颜色识别就是对不同亮度下的色彩属性进行检测和区分。

颜色识别的工作原理

颜色识别是基于 Lab 色彩空间（见图1）进行的，维度 L 代表亮度（从黑到白），维度 a 代表从绿色到红色的分量，维度 b 代表从蓝色到黄色的分量。我们可以将 L、a、b 这3个参数理解为三维坐标系的 x、

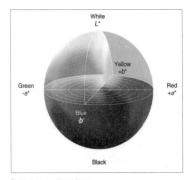

▌图1 Lab 色彩空间

y、z。人工智能系统将颜色的 L、a、b 参数与已经学习过的颜色的 L、a、b 参数进行比对，当它们在一定的误差范围内相吻合时，就判定为是同一种颜色。

在我们平时使用颜色识别功能时，同一个模块的颜色属性中，色相和饱和度是固定不变的，但是受到环境亮度的影响，明亮度会产生一些变化，所以在使用颜色识别功能时一定要保证学习时的环境亮度和实际工作时的环境亮度尽量一致。

颜色识别的主要应用领域

（1）在工业领域使用。颜色识别目前在工业领域使用较多，如印刷、涂料生产和纺织等领域，用于色彩监视和校准等工作。

（2）对色弱或有视觉障碍的人进行辅助识别，能增强他们对颜色的理解。

HuskyLens颜色识别功能演示

如果想让色彩钢琴顺利地演奏起来，首先要让 HuskyLens 学习彩色琴键的颜色，并让它知道每个颜色对应的音符。Huskylens 中的颜色识别功能是利用传感器内置算法，通过对不同颜色进行学习和记录，来辨别出不同颜色的 ID 并反馈给主控板。

HuskyLens 默认设置为只学习、识别并追踪一种颜色，但是我们的彩色琴键肯定不能只有一个，所以我们需要将其设置为能够识别多种颜色的状态。

设置"学习多个"

① 向左或向右拨动功能按键，直至屏幕顶部显示"颜色识别"。

② 长按功能按键，进入颜色识别功能的二级菜单参数设置界面。

③ 向左或向右拨动功能按键，选中"学习多个"，然后短按功能按键，接着向右拨动功能按键打开"学习多个"的开关，进度条颜色会变蓝，进度条上的方块位于进度条的右边。再短按功能按键，确认该参数。

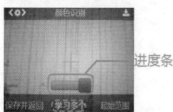

④ 向左拨动功能按键，选中"保存并返回"，短按功能按键，屏幕提示"是否保存参数？"，默认选择"确认"，此时短按功能按键，即可保存参数，并自动返回颜色识别模式。这样，我们就设置好学习多个颜色的功能了。

学习与识别

① 侦测颜色：将 HuskyLens 屏幕中央的十字对准目标颜色块，屏幕上会出现一个白色方框，自动框选目标颜色块。调整 HuskyLens 与颜色块的角度和距离，让白色方框尽量框住整个目标色块。

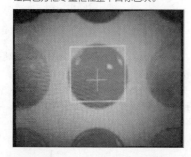

② 学习颜色：侦测到颜色后，按下"学习按键"，学习第一种颜色，然后松开"学习按键"结束学习，屏幕上有消息提示："再按一次继续，按其他按键结束"。如要继续学习下一种颜色，则在倒计时结束前按下"学习按键"，可以继续学习下一种颜色。如果不再需要学习其他颜色了，则在倒计时结束前按下功能按键，或者不操作任何按键，等待倒计时结束。HuskyLens 显示的颜色 ID 与学习颜色的先后顺序是一致的，也就是说，ID 会按顺序依次标注为ID1、ID2、ID3……以此类推，并且不同颜色对应的边框颜色也不同。

③ 识别颜色：如果 HuskyLens 遇到相同或近似的颜色，屏幕上会有彩色边框框选出色块，并显示该颜色的 ID，边框的大小随颜色块的面积一起变化，边框会自动跟踪色块。多种不同的颜色可以被同时识别并追踪，不同颜色对应的边框颜色也不同。

④ 当出现多个相同颜色的色块时，相隔的色块不能被同时识别，只能一次识别一个色块。

小提示：

环境光线对颜色识别的影响很大，对于相近的颜色，HuskyLens 有时会误识别。建议保持环境光线的稳定，在光线强度适中的环境中使用此功能。

项目实践

我们将分为两步完成任务。

任务一：识别多种颜色。我们需要让 HuskyLens 摄像头能够识别多种颜色，并输出识别到的颜色 ID，以便后续增加与颜色对应的音符。

任务二：给每种颜色定义音符。在能够精准地识别出每种颜色后，我们就可以给每种颜色定义一种声音，让它们能够按照一定的规律播放，这样就可以实现色彩钢琴了。

任务一：识别多种颜色

HuskyLens 使用的是 I^2C 接口，需要注意线序，不要接错或接反（见图2）。

1. 程序设计

（1）学习与识别

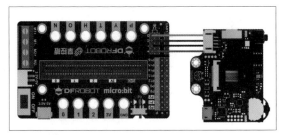
▌图2 硬件连接示意图

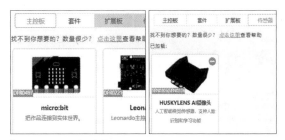
▌图4 在Mind+中添加扩展

▌图3 学习各个琴键的颜色

在设计程序之前，我们需要让HuskyLens传感器学习各个琴键的颜色，注意需要先开启学习多种颜色的功能（见图3）。

（2）Mind+软件设置

打开Mind+软件（1.62或以上版本），切换到"上传模式"，单击"扩展"，在"主控板"下单击加载"micro:bit"，在"传感器"下单击加载"HUSKYLENS AI摄像头"（见图4）。

（3）程序流程图

程序流程图如图5所示。

2. 程序示例

程序示例如图6所示。

3. 运行效果

当HuskyLens识别到颜色时，就在micro:bit上显示颜色ID对应的数字（见图7）。

▌任务二：给每种颜色定义音符

1. 程序设计

Mind+自带播放音

▌图6 识别多种颜色程序示例

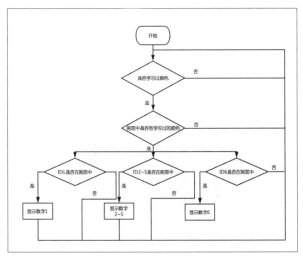
▌图5 识别多种颜色程序流程图

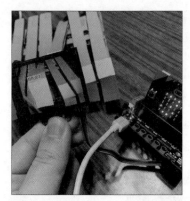

▌图7 运行效果

符积木，分为低、中、高音，还有各种节拍，2020 年 7 月刊中已经介绍过。我们只要给颜色 ID 添加对应的音符即可。

程序流程图如图 8 所示。

2. 程序示例

在上一步完成的程序中添加播放音符积木即可（见图 9）。

3. 运行效果

将 HuskyLens 传感器固定好，位置要仔细调整：在没按下琴键时，彩色琴键要在识别范围外；而按下琴键时，琴键出现在识别范围内。这样，当我们按下琴键时，会根据识别到的颜色播放对应的音符。

▌项目小结

我们了解了颜色识别的工作原理，并通过使用 HuskyLens 学习了颜色识别功能。颜色识别在人工智能视觉识别中是一个非常重要的功能，在工业中有着广泛的引用。大家想想颜色识别还可以实现什么有趣的功能？

▌项目拓展

完成了色彩钢琴后，我们一定会发现一个问题：琴键的数量比较少，而如果我们要增加琴键的数量，随着颜色的增多，会有很多颜色相近的琴键，就有可能会出现误识别的情况。同时，摄像头的识别范围有限，可能也无法读取足够多的琴键。我们有没有什么办法能够扩宽色彩钢琴的音域呢？提示：可以利用 micro:bit 上的 A、B 按键实现音阶升降的功能。🅧

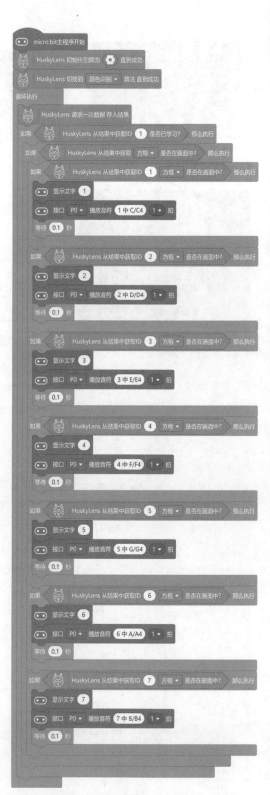

▌图9 给每种颜色定义音符程序示例

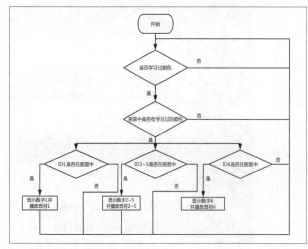

▌图8 给每种颜色定义音符程序流程图

将手提式电子秤改制为
数字电压表或电流表

李秀山

我的便携式手提电子秤在称物时显示数值不准确，可重复性很差。经过检查，我发现是力敏传感器品质的问题，但电子秤的其余电路部分没有问题，模数转换等部分应该是精准的，故而将其改制成了数字电压表或电流表。

电子秤的电路如图1所示，左侧的电桥是原力敏传感器电路，改为电压表后，电路如图2所示。以R1、R2、R3取代原传感器电桥，这样可使S+和S-输入端的共模输入仍为1.2V。

经考察，电子秤模数转换电路的线性很好，可不计非线性误差，这为改制提供了极大方便。只要核准量程内的一点，则全量程各点都能保证准确。核准R3是保证精度的关键。方法是在两表笔之间接入电源，10～40V都可以（原电子秤最大称重40kg，所以最大显示40.00），同时在测试用的电源两端并接一个高精度的电压表，举例：若用的是24V蓄电池（这里特别说明，不可用各种适配器电源作测试源），假若高精度电压表显示指数是24.43V，则精调R3，使改制电压表的液晶屏也显示24.43即可，然后固定R3的

阻值。这样就可以保证0~40V的整个量程都是准确的了。分度值10mV。

制作实物及实际接线，如图3、图4、图5所示，注意图3的接线点在左下角，

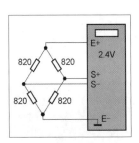
图4 实际接线

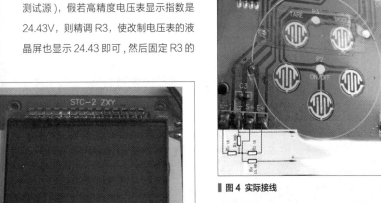
图3 4个接线点

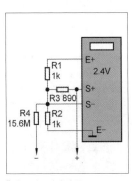
图1 电子秤的电路图

图2 电压表电路图

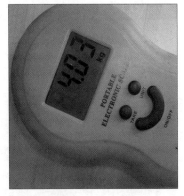
图5 电压表成品

有 E+、S+、S−、E− 标注。

若要增大量程，可用图6所示电路，R3可按上述相同方法核准。将高精度电压表拨到 ×10 挡，可测 0 ~ 400V 电压，分度值为 100mV。

我们还可以把手提电子秤改成数字电流表，电路如图7所示，若确定满挡电流为 40mA，Rc 的阻值大概在 0.057Ω，比较难以把握。可用铜导线根据截面积以及电阻率计算所需长度，再用上述类似方法精调 Rc，不过，为防止损坏模数转换电路，Rc 应是先估算导线长度并先焊接好，再通电测试，读数不准就再次估计导线长度并再次焊接好，再行测试，如此反复，直至准确。与改制电压表一样，只需

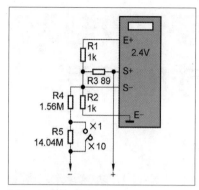

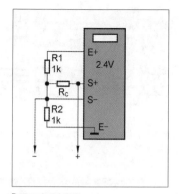

■ 图6 大量程电压表电路

■ 图7 电流表电路

作准量程内的一点就可以（建议取量程内数值较大的一点调试）。如要做满挡为 40μA 的微安表，则 Rc 的阻值大约为 57Ω。

如果加一个双掷开关，我们还可以做 40mA/40μA 两挡数字电流表。使用 40mA 挡时，分度值为 10μA；使用 40μA 挡时，分度值为 10nA。 ⊗

靠肌肉信号操作无人机

麻省理工学院的计算机科学与人工智能实验室团队开发了名为"Conduct-A-Bot"的系统，它使用来自可穿戴传感器的人体肌肉信号来引导机器人运动。

研究人员把肌电图和运动传感器戴在二头肌、三头肌和前臂上测量肌肉信号和运动。然后，算法将处理这些信号来实时检测手势，无须离线校准或收集每个用户的训练数据。该系统仅使用2个或3个可穿戴式传感器，不使用环境里的任何数据，这大大减少了普通用户与机器人之间互动的障碍。

通过检测类似于旋转的手势、紧握的拳头、肌肉收缩的手臂和前臂等动作，Conduct-A-Bot 可以向上、下、左、右以及向前移动无人机，它还可以使无人机旋转和停止。在测试中，当无人机被遥控飞过铁环时，它可以正确响应 1500 多个手势中的 82%。当不控制无人机时，系统可以正确识别大约 94% 的手势。

这种类型的系统最终可能运用到人机协作的一系列程序里，完成远程探索、辅助或制造等任务。

海床行走清洁机器人

意大利研究团队完善了一种改进版新型海底互动有腿侦查机器人，该机器人名为 SILVER2。两年前，同一研究团队首次推出了 SILVER，这是一种外形像狗，并且可以沿着海底行走的机器人。

SILVER2 机器人潜入深度能达到 200m。在移动过程中，SILVER2 通过使用防水外壳中的新型腿部稳定模块来保持平衡。这款机器人还有一导航系统，可以帮助它避开障碍物，也可以帮它到达理想位置。它还配备了压力传感器、浮力系统、接触传感器以及一对摄像头和话筒，可以通过拍摄视频来展示其周边环境。

SILVER2 已经在各种条件下进行了测试，所有这些测试都是在不同的水流中进行的。测试还显示出该机器人活动噪声很小，这使得它能够捕捉到不受其存在影响的海洋生物的视频。

这款海底机器人可以由船上的人类驾驶员驱动穿越海床，也可以在自主模式下运行。它在走动时可以持续工作约 7h，如果只是在海底静止不动，则可以运行 16h。

3D 打印柔软机器人手指

由浙江工业大学、天津大学、南京理工大学和日本立命馆大学的研究人员组成的团队，利用 3D 打印技术制造出了一种柔软的机器人手指。

研究团队在研究过程中选择了使用接触起电传感器。该装置的主体由9个充气室组成，连接到一个主气道，每个充气室的形状均为长方体，为 S-TECS 图案的打印提供了一个平面。硬强化的充气室宽度为 2mm，两端有 2 个垫片，用于支撑 S-TECS 的顶层，两层之间保持 3mm 的高度。根据其腔体结构，机器人手指只能向一个方向弯曲。当手指弯曲时，S-TECS 的顶层开始从底层靠近，直到完全接触，激活接触电，并产生电流。

研究人员通过改变传感器的表面结构、施加在它身上的力和工作频率，测试了传感器在不同条件下的性能。研究人员发现，将传感器与不同的软材料集成在一起，并没有降低整个机器人系统的灵活性和适应性。此外，在 0.06Hz 的超低工作频率下，传感器被证明能够测量手指曲率高达 $8.2m^{-1}$。

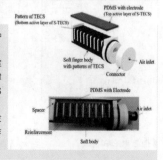

桌面好物——时光抽屉

▌郭力

演示视频

　　这次我给大家带来了一个制作很久的项目——时光抽屉（也可以叫抽屉时光钟）。

　　创客们的房间一定和我的房间一样，堆满了很多有趣、别人又看不懂的东西。我想买一个放在桌面的收纳零件的盒子，在网上看了好久，发现尺寸都是固定的，不能满足我所放位置的要求（我打算把它放在办公桌靠窗户的位置），另外价格也比较高，于是就想自己利用激光切割机制

作一个木制的抽屉式收纳盒子。

　　擅长激光切割的朋友们一定做过不少木制盒子了，图纸拿来用挺好的，尺寸也可以自由更改。不过只放一个收纳盒子有点单调，我的房间正好缺一个抬头就可以看到的时钟，不如在上面再加个时钟吧。我看过国外创客做的3D打印的各种时钟，如果这次我能把时钟和木制的抽屉式收纳盒子融为一体，应该会非常吸引眼球。它的功能包括：基本收纳功能，时间、日期

显示功能，温/湿度实时反馈功能，灯光颜色切换功能。

方案确定

　　为了节约空间，同时使用方便，我打算将时光抽屉放置在窗台上，尺寸正好是一扇窗户玻璃的大小。

　　尺寸确定下来后，开始确定硬件方案。本次制作时光抽屉，从图纸设计、修改，

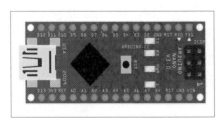

▌图1　Arduino Nano

▌图2　DS1302时钟模块

▌图3　OBLOQ物联网模块

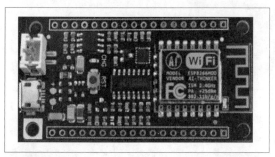

▌图4 ESP8266

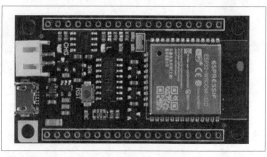

▌图5 ESP32

组装到视频拍摄、程序调试，前后大概用了一个月。我需要讲解一下在主控及一些硬件的选型方面尝试过的方案。

我曾经试过 Arduino Nano（见图1）+DS1302（见图2）+OBLOQ（见图3）方案、ESP8266（见图4）方案、ESP32（见图5）方案、ESP8266 D1 mini 方案，最终确定了两个版本：联网版本用

ESP8266 或者 ESP32 实现，物联网平台尝试过 Easy IoT 和 Blynk，因为 Easy IoT 手机端的小程序运行不是很流畅，综合比较后决定使用 Blynk；不联网版本，主控采用 Arduino Nano，时间获取选用了 DS1302 模块；两个版本都加入了 DHT11 温/湿度传感器获取温/湿度数据，并加入了触摸传感器来切换模式。硬件清单见附表。

附表　硬件清单

名称	数量
奥松板，2.5mm 厚，400mm×600mm	15
白色亚克力透光板，2mm 厚，A4 纸大小	2
船形开关	1
DHT11 温/湿度传感器	1
DS2812 灯带，72 个灯珠	1
DC 充电口	1
Firebeetle ESP32+ 扩展板（或 Arduino Nano+ 扩展板）	1
touch 触摸传感器	1
DS1302 时钟模块（非联网版本可选）	1
插座	1
灯带连接导线	若干
杜邦线	若干

▌图纸设计

1 我用卷尺测量窗户，确定时光抽屉的尺寸为 660mm×305mm，放在窗户台上正好。

2 总体大小确定后，首先绘制手稿。

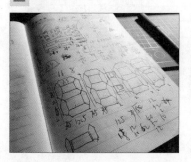

3 根据手稿利用 CAD 软件设计激光切割图纸。

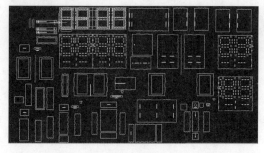

4 木板选用 2.5mm 厚的奥松板。本次制作使用的板材确实非常多，大概使用了 15 张 600mm×400mm 的奥松板。

▌电路设计

时光抽屉的电路部分，我设计了两套方案，都经过了验证。第一套方案主控采用 ESP32，通过 Blynk 获取网络时间，由灯带显示时间，同时向手机 Blynk 客户端发送采集到的温/湿度数据，连接如图6所示。

需要注意的是，ESP32 或者 ESP8266 这类主控，编程时的引脚编号和连接时的引脚编号是不一致的，连接时我们按照丝印以"D"开头的编号连接，编程时需要按照"IO"接口编号编程（见图7）。

第二套方案采用 Arduino Nano 作为主控，增加 DS1302 获取时间，由灯带显示时间，用户通过触摸按键可以查看当前

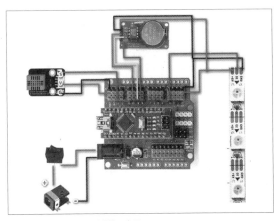

图6 第一套方案的硬件连接示意图

图8 第二套方案的硬件连接示意图

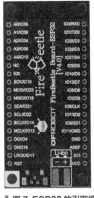

图7 ESP32 的引脚编号

图9 灯带走线方式

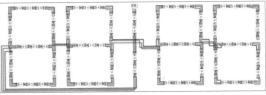

的温 / 湿度信息，温 / 湿度信息也由灯带显示，连接如图 8 所示。

灯带走线方式如图 9 所示。关于灯带是如何显示时间的，其实我们把它看作一个通过一个个灯珠连接起来的超大号 4 位数码管就好理解了。

结构拼装

1 时光抽屉的尺寸是按照我家窗户大小设计的，超出激光切割机的加工尺寸范围（600mm×400mm），所以我采用了拼版切割后组装的方式设计，下图所示为背板。

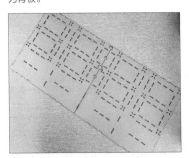

2 右图所示为安装灯带的骨架，可以起到相邻的灯带之间不透光和固定灯带的作用。

3 灯带骨架安装完成。

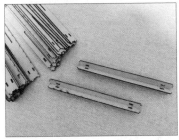

4 时光抽屉包含 3 种尺寸的抽屉，我简单地把它们称为大号抽屉、中号抽屉和小号抽屉。大号抽屉和中号抽屉都有 8 个，小号抽屉有 2 个，每种抽屉都由抽屉框架和抽屉盒组成。两个小号抽屉的主要作用是放置主控以及显示时钟走秒闪烁的两个点，8 个中号抽屉周围的灯带构成了 4 位数码管。

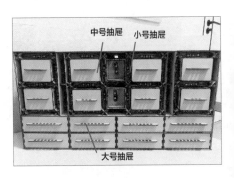

5 下图所示为中号抽屉的框架，它由上、下、左、右4个面组成。为了减轻重量和节约材料，所有框架都设计成了镂空的样子。

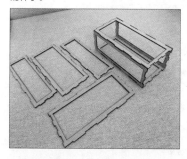

6 中号抽屉框架和小号抽屉框架安装完成。

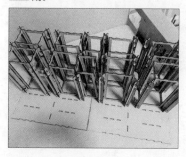

7 接下来就是抽屉的组装。每种类型的抽屉都由5个面和一个拉手组成，下图所示为小号抽屉，小号抽屉还增加了一块中间的隔板，圆形的白色亚克力板为走秒灯珠的透光板。

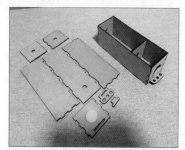

8 右图所示为中号抽屉。

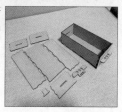

9 将小号抽屉和中号抽屉装配在抽屉框架上。

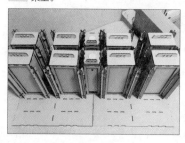

10 下图所示为大号抽屉。

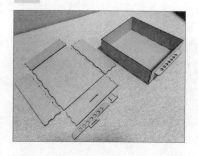

11 接下来我们来看一下组装大号抽屉框架所需的板材。

12 下图所示为大号抽屉框架的顶板和底板中最大的两块，需要说明的是，由于加工尺寸的限制，每个顶板或底板都由一块大板和两块小板拼装而成。

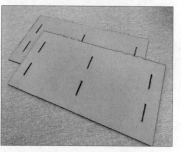

13 到此为止，组装工作已经进行了一大半了，接下来，我们继续组装剩余的框架部分。

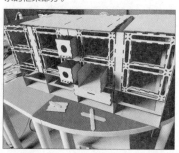

14 下图所示为安装灯带的支架，它们是放置在灯带骨架上的。

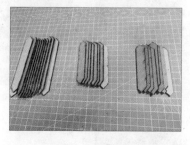

15 3种抽屉、灯带骨架以及外框架都安装好后，效果如下图所示。

16 前面板如下图所示，设计为镂空的样子是为了透光。

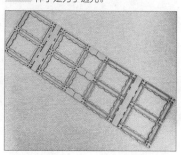

17 将加工好的白色亚克力透光板粘在前面板上。

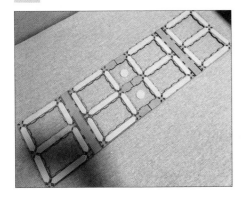

18 接下来就是最后一步——灯带的安装以及接接，这一步需要耐心地按照图6、图8和图9焊接电路。

19 封上面板就制作完成了，是不是感觉漂亮多了？我将传感器安装孔位留在了背面，测试后感觉不太方便，于是调整了一下位置，将传感器放置在顶板上。

▌Blynk客户端设置

非联网版本可以跳过此步骤。

1 在手机应用商店搜索 Blynk App 并下载、安装，PC 端可以下载 Mu 模拟器，在模拟器中安装 Blynk App。安装完成后，点击绿色的 Blynk App 图标，打开之后界面如下图所示，点击"Create New Account"（注册新用户），然后在注册页面输入邮箱和密码完成注册。

2 登录已经注册好的账号后，通过点击"New Project"新建项目。

3 在"Project Name"一栏输入项目名称。第二栏可以选择硬件类型，我们可以选择 ESP8266，也可以选择 ESP32，这里的硬件类型对程序没有太大影响。第三栏可以选择连接方式，默认是 Wi-Fi 连接，也可以选择蓝牙等其他方式连接，本次我们使用 Wi-Fi 连接就可以了。

4 然后点击"Create Project"按钮，App 会询问是否向邮箱发送一封包含授权码的邮件，点击"OK"即可创建项目并接收这份邮件，你也可以在项目中找到该授权码，这个授权码是很关键的数据，在编程时会用到。

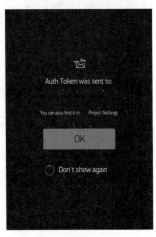

5 点击右上角的六边形可以进入项目设置界面，在下方也可以看到授权码的信息。

6 向左滑动可以添加组件，组件列表如下图所示，选择"Vertical Slider"为RGB灯带添加组件。

7 灯带RGB颜色控制组件的参数设置如下图所示，3种颜色都选择虚拟引脚（V0~V2），数值都为0~255。

8 为了能显示温/湿度传感器监测到的温度值和湿度值，我们需要用到一个"SuperChart"组件，该组件可以显示多种类型的数据图表。

9 先将组件的名称设置为"温湿度"，在该组件中，我们需要添加两条数据源，先点击"Add DataStream"添加第一条数据源，将名称修改为"温度"，然后继续添加第二条数据源，将名称修改为"湿度"。

10 接下来点击"温度"数据右侧的设置按钮，将温度数据的输入引脚设置为V4，颜色设置为红色，其他项设为默认。使用同样的操作方法将"湿度"数据的输入引脚设置为V5，颜色设置为蓝色，其他项设为默认。设置完成后，就可以在"SuperChart"组件页面看到温/湿度数据了，如果还有其他数据，也可以按照上述方法继续添加。

2. 物联网初始化

"Blynk物联网"模块是本次作品联网版本获取时间和温/湿度信息的关键，我们在模块类别"网络"下选择"Blynk物联网"，将"服务器信息"模块拖动到代码区（见图11）。

程序设计

1. 开发环境

程序使用Mixly编写。首先选择对应的板卡型号，如图10所示。这一步很重要，如果程序编写完成后再选择板卡，可能会导致已经编写好的程序丢失。

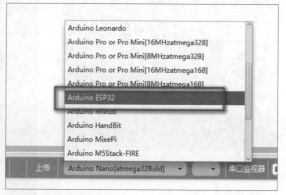

图10 选择对应的板卡型号

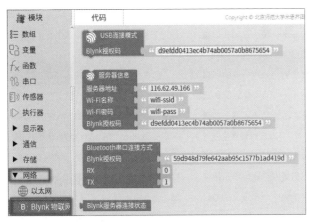

▌图11 将"服务器信息"模块拖动到代码区

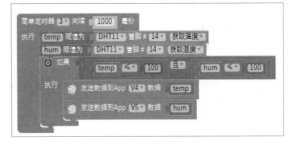

▌图13 使用3个"从App获取数据"模块获取RGB数据

▌图12 将服务器地址、Wi-Fi名称和密码、Blynk授权码填入"服务器信息"模块中

▌图14 将获取的温/湿度数据发送至Blynk App的程序

然后将服务器地址、Wi-Fi名称和密码、Blynk授权码填入"服务器信息"模块中（见图12），注意这里的服务器地址和授权码要与Blynk App端的内容一致。

3. 获取RGB值

灯带颜色可以通过RGB数值来控制，我们需要从Blynk App端获取RGB数据，因此需要拖动3个"从App获取数据"模块到代码区，新建R、G、B三个变量用来分别接收V0、V1、V2三个虚拟引脚的数值，如图13所示。

4. 获取温/湿度数据

我们采用DHT11温/湿度传感器来获取温/湿度数据，通常的做法是将数据反馈在显示屏中，本次我们需要将获取的温/湿度数据发送至Blynk App，因此还需要

将"控制"类别的"简单定时器"模块和"网络"→"Blynk物联网"类别的"发送数据到App"模块拖动到代码区，接着需要分别设置温度和湿度两个变量，用来获取DHT11的温/湿度数据，并通过"发送数据到App"模块将变量中的数据发送到Blynk App（见图14）。"DHT11传感器"模块在"传感器"类别中可以找到。

图15所示为Blynk App收集到的温/湿度数据，可以看出9月份我家里的温度为28℃左右，湿度为75%RH~77%RH。

5. 初始化程序

接下来编写初始化程序（见图16），初始化程序第一眼看上去有点长，其实不用害怕，中间设置变量的模块可以先不看，比较关键的只有两部分内容：第一部分是通过网络获取NTP时间，第二部分是对灯

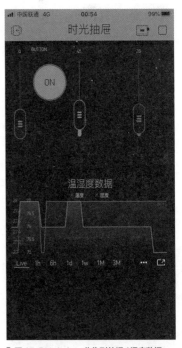

▌图15 Blynk App收集到的温/湿度数据

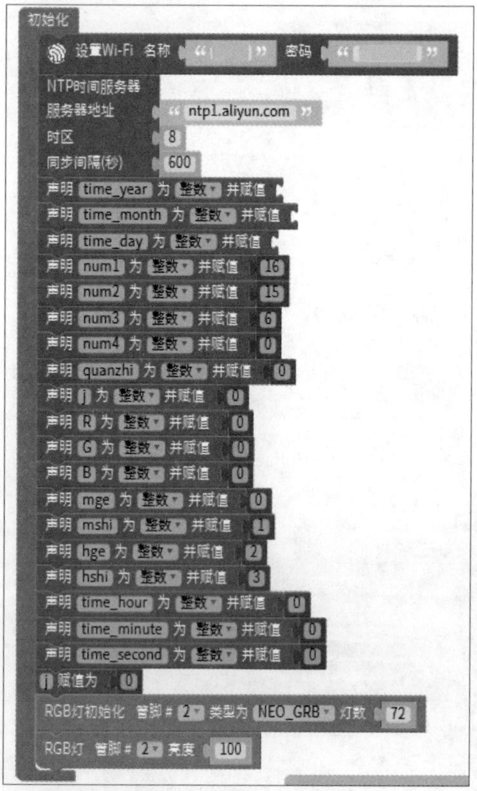

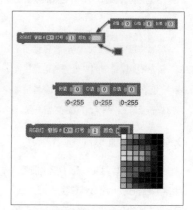

图16 初始化程序

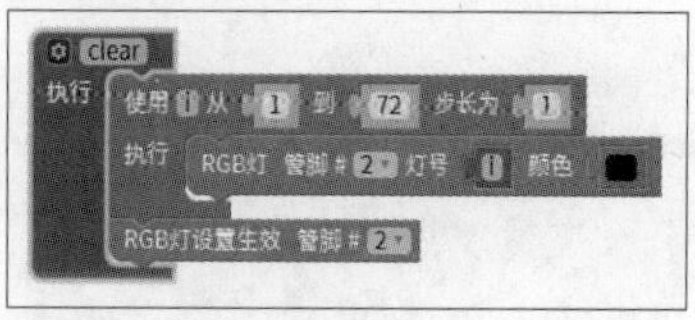

图17 清除显示程序

带的初始化。有经验的朋友一看就明白了，我们在"网络"→"Wi-Fi"类别中选择"NTP时间服务器"模块，对应填入Wi-Fi账户和密码、NTP时间服务器地址，其他内容按默认即可，此模块可以获取服务器的网络时间。我们在"执行器"类别中选择"RGB灯初始化"模块，引脚设置为2号，灯数设置为72，亮度设置为100。

6. 灯带清除显示

接下来我们来掌握如何控制RGB灯带显示内容。我们先来学习清除显示，其实就是什么都不显示，颜色选为黑色，程

序如图17所示。如果72个灯珠，每一个都去设置成黑色，需要72个模块，显然有点烦琐，这时可以利用一个for循环简化程序。循环结束后需要放置一个"RGB灯设置生效"模块才有效果。为了方便，我们可以将清除显示程序设置成一个自定义函数，取名为"clear"。

设置灯珠颜色的方法有两种，如图18所示：点击模块有颜色的地方可以选择喜欢的颜色；使用RGB数值的组合也可以设置颜色，每种数值的范围都是0~255，总共有256×256×256=16 777 216种颜色。

7. 数字显示函数

我们来了解一下时光抽屉是如何通过灯带显示时间的。将灯带绕制成数码管的样子后，如果每一个灯珠都能被我们控制的话，理论上显示时间是没有问题的，无非就是0~9的数字组合，那么问题就变得简单了：灯带如何显示数字0~9呢？这时候我们就需要一个带编号的灯带布局图了（见图19），每一个灯珠都有固定的编号，总共72个灯珠按照一定的连接顺序构成

了两个闪烁的点和4个数字"8"，也可以把它看成是4位数码管加中间走秒的两个点。

假设我们要在56~72号灯珠之间（也就是4位数码管的最后一位）显示一个数字0，我们可以通过图20所示的程序来实现。变量num1和num2分别表示灯带显示的起始循环编号，要显示数字0，我们要将数码管中间的灯珠熄灭，其他的灯珠都点亮，中间的3个灯珠编号分别为63、64、65，将它们设置为黑色就可以让它们熄灭。你可能会有疑问，63-17x这个公式是什么意思呢？其实就是为了方便，我们只需要改动变量x的数值（范围为0~3）就可以让目前显示的数字0显示在数码管的第一位、第二位、第三位或者第四位。理解了熄灭灯珠的程序，我们来看点亮灯珠的程序。点亮灯珠的程序利用了一个for循环，灯号设置用到了刚才的公式，

图18 设置灯珠颜色的两种方法

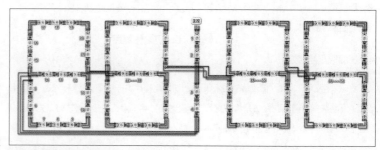

图19 带编号的灯带布局图

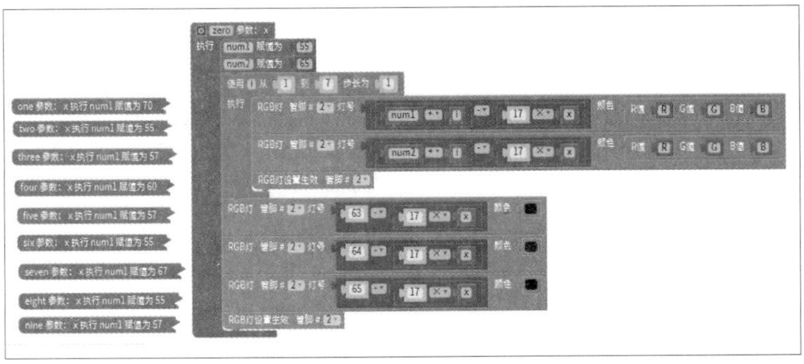

图 20 显示数字 0 的程序

颜色设置由 Blynk App 获取到的 RGB 数值决定，循环 7 次后可以将除了中间 3 个灯珠以外的其他灯珠点亮，数字 0 就显示出来了。

如果你能理解显示数字 0 的程序，就不难理解显示数字 1~9 的程序，只需要改动灯珠的编号就可以了，这里就不展开讲解了。

8. 流水灯动态效果

时间数字可以显示后，我们来完成一个有趣的流水灯动态效果，让所有横向的灯珠按照从左往右的顺序依次点亮，然后再按照从右往左的顺序依次熄灭，具体程序可以参考图 21。在从左往右点亮或者从右往左熄灭之前，我们需要设置好起始位

置灯珠的编号，因为是 3 行同时进行的，所以需要设置 3 个变量分别表示 3 个不同灯珠的编号，然后通过一个 for 循环实现一位上的灯珠依次点亮或者熄灭，外层再嵌套一个 for 循环，实现 4 位上的灯珠全部依次点亮或者熄灭，变量 quanzhi 的作用就是切换位数。程序测试成功后，我们同样可以把流水灯程序封装成一个自定义函数，取名为 length。

9. 时间、日期显示

接下来我们来设置时间、日期的显示程序。年、月、日、时、分、秒的变量分别为 time_year、time_month、time_day、time_hour、time_minute、time_second，分别从 NTP 时间服务器获取对应的时间信息。为了让程序中的时间和实际的时钟同步，需要每秒更新一次数据，

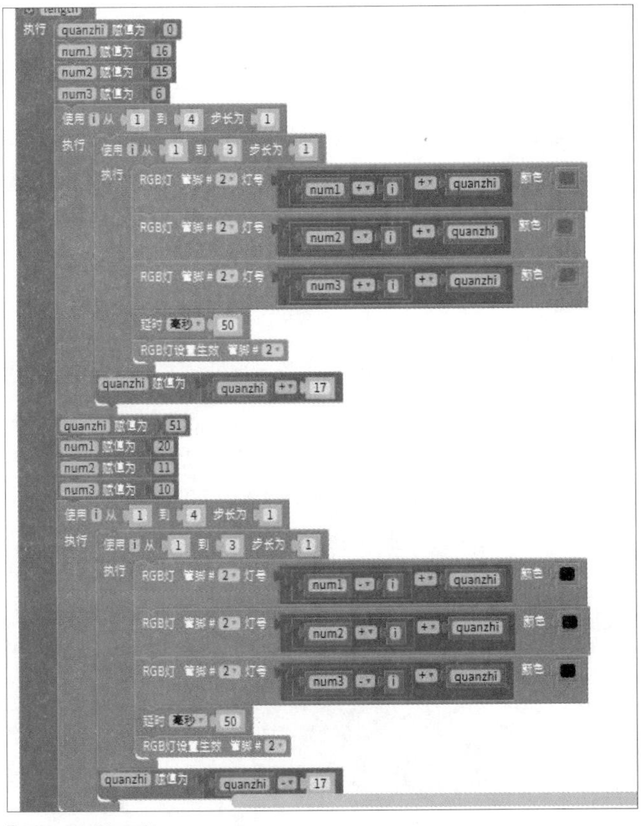

图 21 流水灯程序

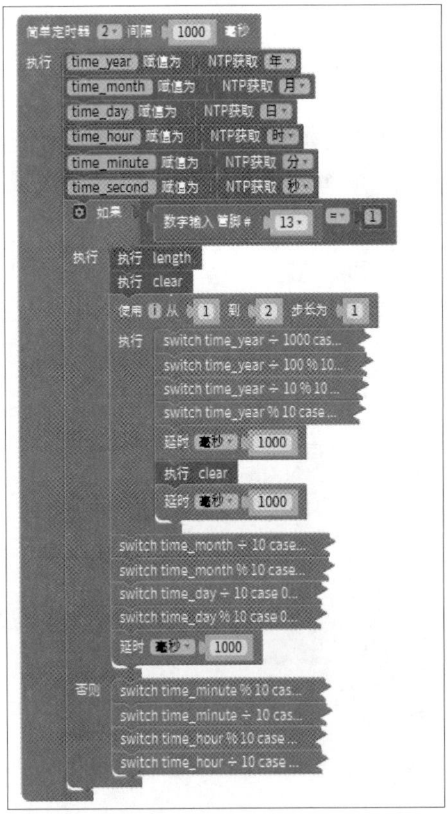

图 22 时间、日期显示程序

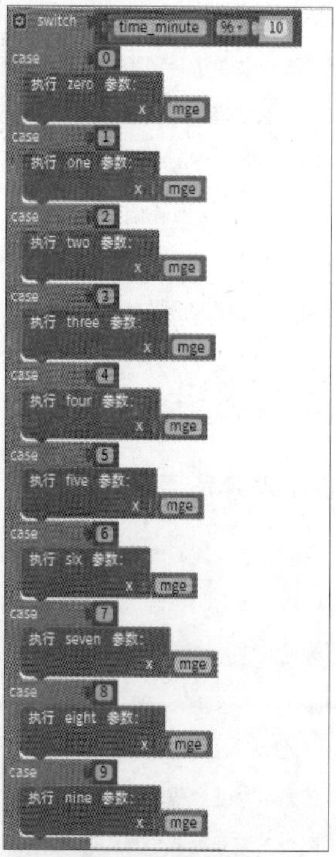

图 23 显示分钟个位数的程序

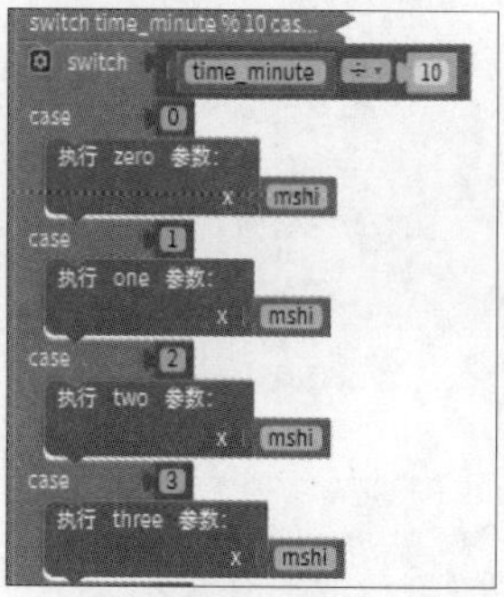

图 24 显示分钟十位数的程序（部分）

这就需要将时间程序放置在一个简单定时器中，间隔时间为 1000ms，程序如图 22 所示。简单定时器中除了获取时间的程序外，就是显示时间数据的程序了，因为时光抽屉每次只能显示 4 位数字，所以不能一次将信息全部显示出来，我们只能将年、月、日和时、分、秒分开处理，这里使用了一个"如果……那么……否则"模块来切换显示年、月、日和时、分、秒。我们在 13 号数字引脚上连接一个触摸传感器，当触摸传感器没有被触摸时，默认显示小时和分钟的信息，秒钟信息由中间的点间歇闪烁来表示；当触摸传感器被触摸时，先显示流水灯的动态效果，再显示年 1s，上述两个动作重复两次后，再显示月日 1s。

了解了时间、日期的基本显示原理后，我们来展开其中某个程序进行讲解。首先来看触摸传感器没有被触摸时，也就是默认情况下显示的分钟信息，这里用到了一个 switch 模块。我们知道分钟的范围是 00~59，也就是一个两位数，我们需要对分钟的个位数和十位数分别进行显示，提取个位数的方法是求（time_minute%10）的结果，然后按 case 0~9 分别处理，程序如图 23 所示。变量 mge 用来确定显示的数字应该出现的第几位上，如果 mge 的数值为 0，数字就会显示在最后一位上；如果 mge 的数值为 1，数字会向前移动一位，以此类推。

分钟的个位提取出来并能成功显示后，接下来提取分钟十位上的数字，方法是求（time_minute/10）的结果，然后按 case 0~9 分别处理，程序如图 24 所示。变量 mshi 用来确定显示的数字内容应该出现在第几位上。秒钟的处理方法和分

钟的处理方法类似，这里就不再重复讲解了。

下面我们来看日期的显示程序，我们通过年份的提取来进行讲解，年份一般为 4 位数，也就是需要提取千位、百位、十位、个位上的 4 个数字，方法其实类似，还是需要用 switch 模块，只是公式分别换成（time_year/1000）、（（time_year/100）%10）、（（time_year/10）%10）、（time_year%10）。

离成功还差最后一步了哦，我们还需要将走秒的闪烁程序设定一下。显示走秒的灯珠编号是 1~4，闪烁的效果通过灯珠的间歇灭亮来实现，这里设置了一个判断变量 j 的奇偶性的程序，当 j 的值为偶数时，灯珠点亮；当 j 的值为奇数时，灯珠熄灭。将程序放置在间隔时间为 500ms 的简单定时器中，如图 25 所示。

到此为止，程序的所有功能都讲解完了。

10. 非联网版的程序

对比以 ESP32 为主控的联网版的程序，以 Arduino Nano 为主控的非联网版的程序改动的地方有 3 处，其余都一样。

第一处是采用 DS1302 模块获取时间，如图 26 所示。

第二处是增加了双击触摸传感器调节灯带颜色的功能，如图 27 所示。

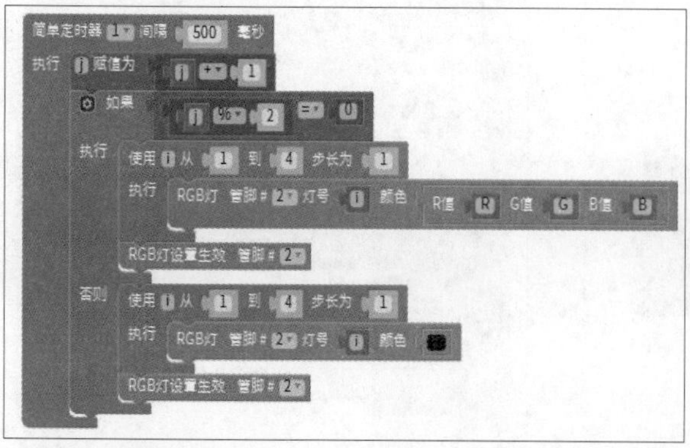

图 25 走秒的闪烁程序

图 26 采用 DS1302 模块获取时间的程序

第三处是显示温/湿度数据的程序不同，联网版是从 Blynk App 获取数据的，非联网版直接显示 DHT11 获取温/湿度的数据（见图 28）。

总结

我打算把时光抽屉放在家里办公桌窗台的位置，长度是 66cm，但由于激光切割机的幅面只有 600mm×400mm，不能加工那么大尺寸的材料，只好在设计时将面板分开设计，再组装到一起。抽屉为了抽拉方便，还是需要预留足够的间隙的。安装时需要注意，抽屉框架只需要和背板固定，不要将抽屉框架与十字支架胶固定死，如果固定后并不是垂直的，最后就会导致前面板安装比较困难。我给作品增加了传感器来测量温/湿度，设计时的孔位预留到了背面，其实可以放置在顶板上，还好之前设计时多留了两个狭长的插孔，正好可以安装传感器。中间灯带的走线，需要预留穿线孔，否则走线会是一个特别大的问题。

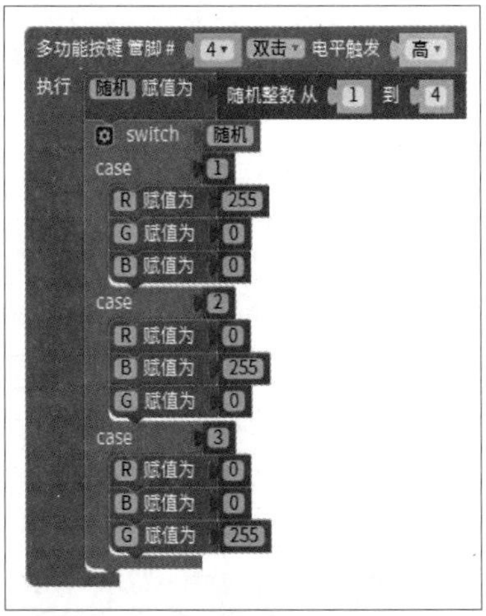

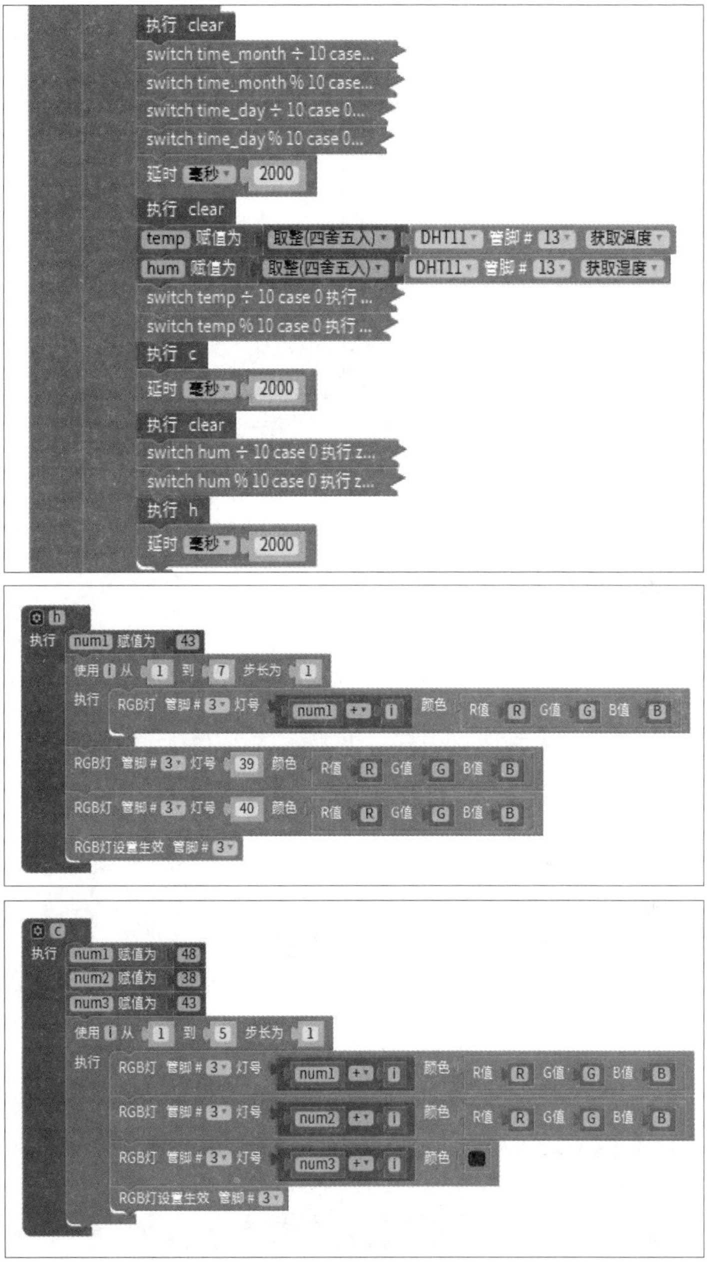

▎图 28 显示温/湿度数据的程序

▎图 27 双击触摸传感器调节灯带颜色的程序

我从每次的造物过程中都可以学到很多知识，积累很多经验，让自己以后的作品避免"踩坑"。其实造物就是一个不断踩坑、不断填坑的过程，希望大家能够一起动手造起来，让造物解决所有焦虑和不安。造物让生活更美好。🅧

会记录使用者指纹的自锁开关

▌王立 | DF创客社区 推荐作品

演示视频

懒，是人类前进的动力之一。"懒"和"代价"这两个参数放在一起，就可以画出一条描述行为的曲线。比如我有时就懒得吃饭、喝水，但当我感到我自己快要付出饿死、渴死的代价时，我就不懒了。假如我感觉到热，打开了电风扇，一会儿就感觉到凉爽了，然后没关风扇就走了，表面上看我是忘了关风扇，但归根究底还是懒。我的代价是什么呢？如果我在家里，我就得多付电费。但如果我是在公司里，代价是什么？似乎也不用付出什么代价……所以我经常能看见电风扇在无人的环境下，还继续无休无止地加速空气的对流。

为什么有人把一个开关打开了，却不将其复位呢？我实在见不得这种浪费的现象。

我对电风扇的按钮改造了一番，如果还有人不关电扇一走了之，我就可以像名侦探柯南一样找出他。

我制作的就是一套用指纹模块改造的自锁开关装置（见图1），有人按下按钮时，相应的时间、指纹信息会被存在 micro SD 卡里。我们就能得知谁在何时开关了风扇。

制作所需的材料如附表和图2所示。

附表 制作所需的材料

1. 3D 打印的外壳，1 个
2. 从 5V/1A 充电器中拆出来的降压模块，1 个
3. 电容式指纹识别模块 SEN03481，个
4. 自锁开关，1 个
5. DS3231 时钟模块，1 个
6. Dream Nano（基于 Arduino Leonardo，不是 Arduino Nano，这里需要用到两个硬串口），1 块
7. micro SD 卡模块及 micro SD 卡，1 套
8. 漆包线，1 卷
9. M2×8mm 自攻螺丝，4 枚
10. 弹簧，1 个
11. 导线和热缩管，若干

▌图1 用指纹模块改造的自锁开关装置

▌图2 制作所需的部分材料

先说说我用的电容式指纹识别模块 SEN0348（见图 3）。它识别速度快，可存储 80 枚指纹的信息，小巧精致，最重要的是它能以任意角度识别指纹。这个制作必须用到这个特性，否则实际效果就会很尴尬。

图 3 电容式指纹识别模块 SEN0348

为自锁开关增加指纹识别功能

1 3D 打印这个外壳。

2 将一个手机用的 5V/1A 充电器拆开。

3 取下充电器中降压模块的 USB 座。

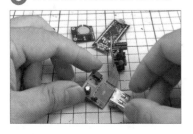

4 将降压模块的 220V 交流输入引脚和 5V 输出引脚焊上导线。

5 给焊上导线的降压模块套上热缩管。

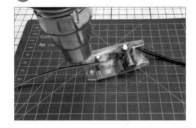

6 将 Dream Nano 上的所有焊针都清理掉。

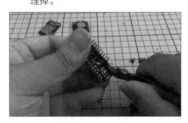

7 尽量完整地取下指纹模块的 PH1.0 底座，这个底座等会儿还要用。

8 用漆包线将 SD 卡模块的引脚引出来。

9 将各部分按照连接示意图焊接起来。

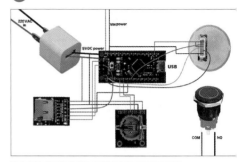

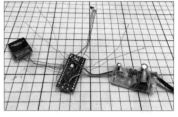

10 将指纹识别模块的接线延长。

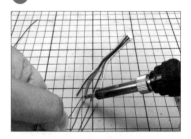

11 给所有漆包线套上热缩管。

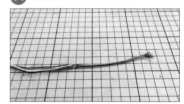

12 将自锁开关拆开。

⑬ 拆开蓝色部分，钻个孔，以便穿指纹识别模块的线。

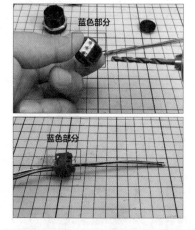

⑭ 穿入弹簧。这里加入弹簧，是因为自锁开关本身阻尼感比较弱，按下按钮这个动作会很快完成，导致指纹收集不成功。把弹簧加进去，可以提高按压所需的力度阈值，增加手指在按钮表面的停留时间，提高指纹识别成功率。指纹一次比对加两次采集，耗时约为 2s。

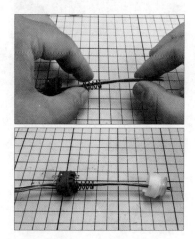

⑮ 焊接上指纹识别模块。

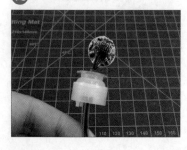

⑯ 打上热熔胶，固定指纹识别模块。对之前包漆包线的热缩管加热，让其收缩。

⑰ 把自锁开关的各部件组装回去。

⑱ 接下来要将之前焊接的模块塞入 3D 打印外壳里。

⑲ 先装入 micro SD 卡模块，打热熔胶固定。

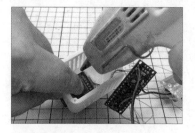

⑳ 将 Dream Nano 的 VIN 和 GND 引脚用导线引出，为整个装置增加 6.5~12V 供电电压。

㉑ 将 Dream Nano 装入 3D 打印外壳。

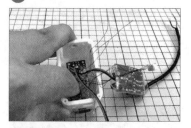

㉒ 将 PH1.0 底座固定在 3D 打印外壳的槽内，并用热熔胶固定。

㉓ 焊接时钟模块，并用热熔胶将其固定在 3D 打印外壳的盖子上。

㉔ 给盖子拧上螺丝。

㉕ 将自锁开关的 COM 和 NO 两个引脚用粗导线引出来。

26 两个部件就准备好了。

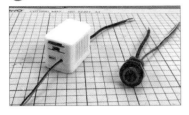

将改造后的自锁开关安装到电风扇上

接下来将这两个部件连接到电风扇上。电风扇是 220V 交流供电的，同时可以给我们的装置供电，这里就用不到 USB 供电和 VIN 引脚供电了。自锁开关串联在电风扇的供电电路中，接上电源后，我们按下按钮，电路就导通了，电机开始工作，电风扇就转起来；按钮弹起来，电路就断了，就算连接着电源，电风扇也不会工作。自锁开关的 PH1.0 线直接插在白盒子的 PH1.0 底座上。

1 拆开电风扇的罩子。

2 在罩子上开一个小圆孔和一个大圆孔，小圆孔用于穿白盒子的 220V 供电线，大圆孔用于放置自锁开关。

3 将自锁开关放进去，固定住。

4 将白盒子的粗线焊在电风扇内的 220V 供电线上。

5 将自锁开关上的红、黑粗线串联在电风扇内控制电机工作的电路上。

6 套上电风扇的罩子。给白色盒子打热熔胶，将其固定在电风扇罩子上。

7 将自锁开关的 PH1.0 线插在白盒子的 PH1.0 底座上。

8 将程序烧录进 Dream Nano，装置可以正常记录指纹了。已经录入的指纹，不会被赋予新 ID。后面的"Delete new ID：23"的意思是当前该录入 ID 23，结果发现这枚指纹和以前的指纹（ID：1）匹配上了，就删掉 23 这个 ID。

9 ID 为"xx"，说明指纹未采集到或者未保存成功，一般是按得太快才会发生这种情况，通常不会发生，因为之前我增加了弹簧，不允许快速完成"按下"这个操作。

```
20200724.TXT - 记事本
文件(F) 编辑(E) 格式(O) 查看(V) 帮助(H)
2020-07-24  13 :49 :24  ID: 1   ( Delete new ID:23 )
2020-07-24  13 :50 :35  ID: 1   ( Delete new ID:23 )
2020-07-24  13 :50 :48  ID: 1   ( Delete new ID:23 )
2020-07-24  13 :51 :10  ID: 1   ( Delete new ID:23 )
2020-07-24  13 :51 :14  ID: 1   ( Delete new ID:23 )
2020-07-24  13 :51 :19  ID: 1   ( Delete new ID:23 )
2020-07-24  13 :51 :52  ID: 1   ( Delete new ID:23 )
2020-07-24  13 :51 :55  ID: 1   ( Delete new ID:23 )
2020-07-24  13 :52 :19  ID: xx
2020-07-24  13 :52 :31  ID: 1   ( Delete new ID:23 )
2020-07-24  13 :52 :44  ID: 1   ( Delete new ID:23 )
2020-07-24  13 :55 :26  ID: 1   ( Delete new ID:23 )
2020-07-24  13 :56 :27  ID: 1   ( Delete new ID:23 )
2020-07-24  13 :57 :18  ID: 1   ( Delete new ID:23 )
2020-07-24  13 :57 :27  ID: 1   ( Delete new ID:23 )
2020-07-24  14 :01 :43  ID: 1   ( Delete new ID:23 )
2020-07-24  14 :01 :49  ID: 1   ( Delete new ID:23 )
2020-07-24  14 :02 :05  ID: 1   ( Delete new ID:23 )
2020-07-24  16 :30 :09  ID: 1   ( Delete new ID:23 )
2020-07-24  16 :31 :43  ID: 23  ( New ID )
2020-07-24  16 :31 :49  ID: 1   ( Delete new ID:24 )
2020-07-24  16 :31 :54  ID: 3   ( Delete new ID:24 )
2020-07-24  16 :31 :57  ID: 4   ( Delete new ID:24 )
```

10 选中的这行意味着没有匹配到已录入的指纹，这是一个新的指纹，就新建了一个 ID（23）来保存它。⊗

```
2020-07-24  16 :29 :49  ID: 1   ( Delete new ID:23 )
2020-07-24  16 :30 :09  ID: 1   ( Delete new ID:23 )
2020-07-24  16 :31 :43  ID: 23  ( New ID )
2020-07-24  16 :31 :49  ID: 1   ( Delete new ID:24 )
2020-07-24  16 :31 :54  ID: 3   ( Delete new ID:24 )
2020-07-24  16 :31 :57  ID: 4   ( Delete new ID:24 )
```

柴火创客空间推荐

步进电机机械乐队

▍梁乐彬

演示视频

▍项目简介

这是用 4 个步进电机和 Arduino 完成的开源的柴火认证会员项目，步进电机通过不同的转速发出不同的声音，Arduino 控制驱动电路控制步进电机，同时接收计算机发来的 MIDI 信号，转换为频率信号发给驱动板，再控制电机。

▍材料

本制作主要部分材料如表 1 所示，其他部分材料如表 2 所示。

表 1 主要部分材料

序号	材料
1	42 步进电机 ×4
2	Arduino Nano 板 ×4
3	Arduino Leonardo 板 ×1
4	步进电机驱动板 ×4(TB6560)
5	12V/5A 开关电源
6	5V/3A 开关电源

表 2 其他部分材料

序号	材料	序号	材料
1	市电 220V 电源线接口	5	木板
2	10A 保险丝及保险丝座	6	纸板
3	洞洞板	7	KT 板
4	导线若干	8	M3 螺丝

▍理解与推论

将计算机 Cubase 软件的 MIDI 歌曲输出到串口，串口再将发来的数据进行分析，不同的通道使用不同的前缀。不同声部的 Arduino 控制板 RX 连在一起，当收到自己的前缀时就进行读取，并做出相应的反应。这样只需要在计算机 Cubase 软件上进行编曲和制作，把不同声部的控制板连接到 RX 总线上，乐队就组成了。

将 MIDI 文件输出到串口并分类有 3 种方法。

（1）计算机软件自动将 MIDI 转串口，串口再接 Arduino Uno 处理数据、分类数据（需要其他系统软件，麻烦复杂）。

（2）Cubase 软件输出 MIDI 信号到 USB 转 MIDI 接口线，再通过一个 Arduino Uno 读取 MIDI 的 ino 文件，制作可以读取 MIDI 接口的硬件，再分析数据、分类数据（需要的东西多，复杂且步骤多）。

（3）Cubase 软件输出 MIDI 信号到 USB，Arduino Leonardo 可以模拟 USB 接口，直接下载 midiUSB.ino 即可以实现 MIDI 转串口，再把分析数据和分类数据的功能加进去，就可以集成在一起了，我们就使用这个方法。

▍主体思路

（1）分机 Arduino Nano 下载 STMOM_nano 程序（后面有介绍），接收 Arduino Leonard 转发来的串口 MIDI 信号，并将其转换为频率信号发送到电机驱动板上。

（2）主机 Arduino Leonard 下载 STMOM_leo 程序（后面有介绍程序），连接计算机软件，接收计算机软件发送的 MIDI 信号，并将信号全部转发到另一个串口上，通过串口发送到每一个分机上。

（3）计算机的 MidiEditor 软件连接 Arduino Leonard，播放 MIDI 音乐，MIDI 音乐文件包含多个音轨，分为不同的通道。软件可将这些 MIDI 指

令发送到串口输出到 Arduino Leonard 上，Arduino Leonard 相当于一个转发者和连接者，连接计算机 USB 且被软件识别出是 MIDI 设备。其实 Arduino Nano 或 Uno 也可以改造成 MIDI 设备，只不过过程复杂，而且 MIDI 库需要用 Arduino Leonard，不支持 Arduino Nano 和 Uno。同时接收且同时控制电机，还可能丢失音符。所以最后我采用了 Arduino Leonard+Nano 的控制方案。

▍硬件介绍

TB6560 步进电机驱动板介绍

TB6560 步进电机驱动板如图 1 所示。其工作电压为直流 10 ~ 35V。建议使用开关电源 DC24V 供电。

TB6560 步进电机驱动器是一款具有高稳定性、高可靠性和抗干扰性的经济型步进电机驱动器，适用于各种工业控制环境。该驱动器主要用于驱动 35、39、42、57 型 4、6、8 线两相混合式步进电机。其细分数有 4 种，最大可达到 16 种；其驱动电流范围为 0.3 ~ 3A，输出电流共有 14 挡，电流的分辨率约为 0.2A；具有自

▍图 1 TB6560 步进电机驱动板

动半流、低压关断、过流保护和过热停车功能。

注：我们主要使用它的 CLK 功能，发送脉冲频率控制电机的转速。

一开始我使用 A4988 驱动电机，希望能降低成本，事实证明 A4988 的驱动力有限，有时会明显发热或者磁环共振，导致工作不良。建议使用 TB6560 驱动，确保工作正常。

▌硬件制作

① 首先购入 4 个拆机 42 步进电机，焊接接口的连接线。

② 焊接分机板，将 4 个 Arduino Nano 通过排插安装在洞洞板上，将 VCC、GND、RX 连接在一起。每个 Arduino Nano 的 Pin7 用作频率输出引脚（这个可以自行更换，但要在程序里更改）。

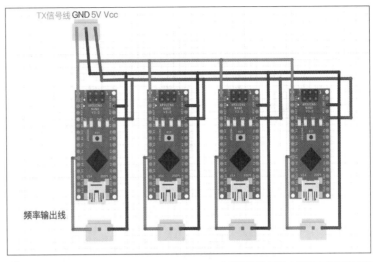

TX信号线 GND 5V Vcc

频率输出线

③ 成品如下图所示。

④ 找一块木板，定好每个模块的位置，定点打孔固定下来（注：一开始我们打算用扎带将电机固定在木板上，但是发现效果并不好，电机的振动会导致木板的共振，虽然声音很大但导致某些音调不清晰或者变调。所以后面采用了分体式的共鸣盒设计）。

⑤ 下图所示为开关电源和电源连接线插座。

⑥ 制作纸板共鸣盒，这个可以按照电机和作品的大小自行设计尺寸。

这里没有测试共鸣盒的图片，测试时发现多个电机不同通道一起振动，最后会使木板一起振动，导致出来的音调有问题，而且木板上其他元器件的振动会产生噪声，所以最后我们选择不让木板振动，单独让电机和共鸣盒振动。

每个纸盒下方用 KT 板作为缓冲减振材料，然后使用热熔胶将共鸣盒固定在木板上。

7 总体电路连接示意图如右图所示。

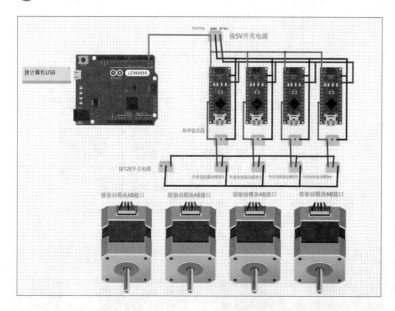

8 步进电机的 A+ 连接步进电机驱动模块的 A+，A- 连接 A-，B+ 连接 B+，B- 连接 B-。步进电机驱动模块的另一端需要与电源并联起来，将 Arduino Nano 的信号线连接到步进电机驱动模块的 CLK+。

9 最终成品如下图所示。

软件部分

Arduino程序编写

首先介绍 Arduino Nano 上的程序（见图 2）。整个程序原理其实就是在 TX 接收 MIDI 指令，然后通过函数解析指令，并向指定引脚使用 Tone 函数，将不同音符的曲调和它对应的频率对应起来，然后在引脚发出对应频率的方波脉冲。图 2 中箭头 1 所指文件存储的是不同音符对应的不同的频率表，箭头 2 所指是我们定义的连接状态 LED 引脚 13，箭头 3 所指是我们设定的方波脉冲接口引脚 7。

"#define myChannel 0x06"是我们定义这个 Arduino Nano 对应 MIDI 文件 6 号轨道。其实可以 16 个轨道同时进

行，只不过会有点庞大。

这个项目里我们用到 4 个不同的 Arduino Nano，所以分别在下载程序时做出如下更改。

```
#define myChannel 0x00
#define myChannel 0x02
#define myChannel 0x04
#define myChannel 0x06
```

读者朋友可以到杂志目录页所示的下载平台下载具体的代码。

Arduino Leonard 上的程序就相对简单了（见图 3），Arduino Leonard 其实是整个硬件中的一个转发者。它将 USB 传来的 MIDI 命令转发到 TX 串口上，这样每个 Arduino Nano 都可以听到。

为什么需要用到 Arduino Leonard 呢？因为 Arduino Leonard 有模拟 USB 的功能，它可以通过 MidiUSB 库让自己被计算机软件识别为 MIDI 输出设备，并且通过主函数解析 MIDI 指令包，将读取到的指令全部转发到另一个串口上（一个串口被用来与计算机通信，另一个被用来与 Arduino Nano 通信）。

图 2 Arduino Nano 上的程序

图3 Arduino Leonard 上的程序

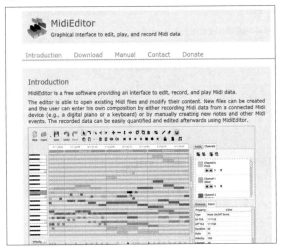

图4 MidiEditor

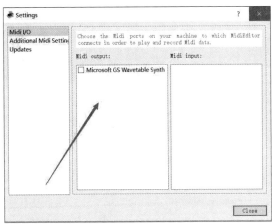

图6 选项框

最主要的是弄清楚串口之间的频率。

计算机端控制软件

计算机端控制软件用 MidiEditor（见图4），下载这个软件，在各大 MIDI 音乐共享网站上下载你喜欢的歌曲，建议是分开 2~4 个轨道的。熟悉软件后，还可以自己重新修改音乐轨道。

这里随便打开了一个 MIDI 文件，我们将编写好程序的 Arduino Leonard 连接到计算机，单击 Midi → Setting（见图5）。

正确连接时，图6所示的选项框里会有 Arduino Leonard 选项（这里的示例图片是后补的，所以没有显示 Arduino Leonard 选项），勾选它，软件就会自动连接到板子上，然后跳转到主页面播放 MIDI 文件，并发送 MIDI 指令到 Arduino Leonard 板上。

最后

当然，这个项目只是冰山一角，将计算机的 MIDI 软件和 Arduino 连接起来的玩法还有很多。不同的轨道，不一定要接一个步进电机播放音乐，你甚至可以安装一个小舵机摇动沙锤，组成一个多种多样的电子机械乐队。

我们希望这个教程可以帮助有需要的人，激发更多的想象与创造。也欢迎大家关注柴火创客空间公众号，了解更多 maker 教程。Ⓧ

图5 单击 Midi → Setting

用 Arduino 玩转掌控板 (ESP32)

Siri 语音识别读取传感器数据
网络服务器应用示例 2

演示视频

▌ 陈众贤

上一期，我向大家展示了如何利用 Siri 控制掌控板和 LED，这篇文章是上期文章的进阶，我将继续分享如何用 Siri 读取各种传感器的数据。

这次主控板选择的仍然是掌控板，当然你也可以选择其他 ESP32 或者 ESP8266 系列开发板，实现的方法和效果是类似的。读取的传感器数据包括掌控板自带的声音传感器、光线传感器，以及外接的 DHT11 温/湿度传感器的数据，学习了本篇文章之后，希望你可以学会修改相应代码，将制作中的传感器换成其他传感器。

在这个项目中，我们同样将掌控板 ESP32 设置为一个 Web 服务器，当用户访问这个服务器的域名地址（或 IP 地址）时，就会跳转到如图 1 所示的界面。最终实现的效果是不仅可以用 Siri 语音获取传感器数据，也可以直接在网页端查看传感器数据。

我们可以通过点击 LED 的切换开关控制掌控板上 RGB LED 的亮灭，也可以访问这个切换开关的对应域名地址，控制 LED 的亮灭。

针对传感器，我们可以直接在网页上一次性读取所有传感器的数据，也可以单独访问每个传感器对应的域名地址读取相应的数据。这样就完成了基本的通过 Web 页面控制掌控板以及读取数据的功能。图 2 所示为 Web 控制框架。

在上面的基础上，我们可以设置一些语音助手，比如 Siri、天猫精灵等，通过语音命令访问对应的域名地址，从而实现语音识别开关灯、读取传感器数据的功能。这里我用 Siri 作为示例，图 3 所示为 Siri 控制框架。

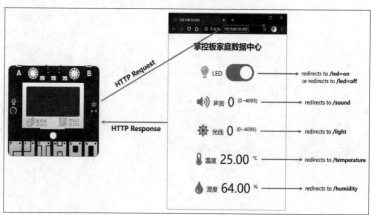

▌ 图 2 Web 控制框架

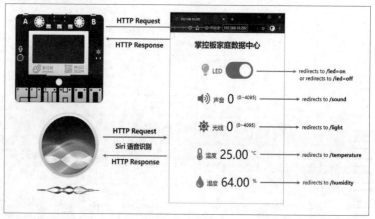

▌ 图 1 网页效果

▌ 图 3 Siri 控制框架

电路连接

本项目中，我们需要外接一个 DHT11 温 / 湿度传感器，通过扩展板将它接在掌控板 P0 引脚，如图 4 所示。声音数据和光线数据直接通过掌控板自带的两个传感器读取即可。

库文件安装

这个项目需要用到 4 个 Arduino 库。除了上期用到的 Adafruit_NeoPixel、ESPAsyncWebServer、AsyncTCP 之外，我们还加入了 DHT 函数库，它的主要功能是读取 DHT11 温 / 湿度传感器的数值。

Arduino 库的安装教程不是本篇的重点，这里不再赘述，大家可以自行上网查找。

Arduino 代码

本期文章的代码是在上期文章的基础上进行修改的，所以基础部分不再赘述，只讲解不同与添加部分。感兴趣的朋友可以参考上期文章进行学习。

头文件及初始化定义

在程序的开头，我们首先引入了需要用到的库函数。

```
#include "WiFi.h"
#include "ESPAsyncWebServer.h"
#include "Adafruit_NeoPixel.h"
#include "Adafruit_Sensor.h"
#include "DHT.h"
```

然后设置网络的账号和密码。

```
const char *ssid = "wifi_name";
const char *password =   " wifi_
password";
```

接着定义一些传感器与执行器引脚，并对它们进行初始化设置。

```
#define SOUNDPIN 36   // P10
#define LIGHTPIN 39   // P4
#define LEDPIN 17   // P7
```

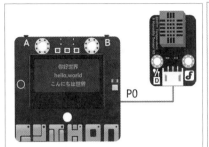

图 4 电路接线图

```
#define DHTPIN 33   // P0
```

接着定义 DHT 对象、NeoPixel 对象（RGB LED）和 WebServer 对象。

```
#define DHTTYPE DHT11
DHT dht(DHTPIN, DHTTYPE);
Adafruit_NeoPixel pixels(3, LEDPIN,
NEO_GRB + NEO_KHZ800);
AsyncWebServer server(80);
```

Web 页面设计

然后是掌控板 Web 服务器的界面设计，界面设计使用的是 HTML 语言，这里先放一个最基础的界面设计。HTML 相关的代码存储在 index_html 变量中。

```
const char index_html[] PROGMEM =
R"rawliteral(
  // HTML code here
)rawliteral";
```

基础的 HTML 页面设计代码如下。

```
<!DOCTYPE html>
<html>
  <head>
    <meta http-equiv="content-type "
content=" text/html; charset=utf-8 "
/>
    <meta name="viewport" content=
"width=device-width, initial-scale=1"
/>
    <style>
    html {
      font-family: "Microsoft Yahei";
      text-align: center;
    }
```

```
</style>
</head>
<body>
<h2>掌控板家庭数据中心</h2>
<a href="/led=on">Light On</a>
<p></p>
<a href="/led=off">Light Off</a>
<p>
  <span>声音: </span>
  <span>%SOUND%</span>
</p>
<p>
  <span>光线: </span>
  <span>%LIGHT%</span>
</p>
<p>
  <span>温度: </span>
  <span>%TEMPERATURE%</span>
  <span>℃ </span>
</p>
<p>
  <span>湿度: </span>
  <span>%HUMIDITY%</span>
  <span>% </span>
</p>
</body>
</html>
```

这段代码在网页中显示的效果如图 5 所示。我们可以看到很多数据是在两个百分号（%）之间的，比如 %SOUND%，这是占位符，我们在程序中读取相应传感器的数据之后，就可以自动替换了，程序中会有专门的函数进行替换，这部分下面会讲。

图 5 简单的显示效果

▌传感器数据读取函数

首先是读取 DHT11 温/湿度传感器的函数，这部分比较简单，直接参考 DHT 函数库例程就好。

```
String readDHTTemperature() {
  float temperature = dht.
readTemperature();
  if (isnan(temperature)) {
    Serial.println("Failed to read
from DHT sensor!");
    return "--";
  }
  else {
    Serial.println(temperature);
    return String(temperature);
  }
}
String readDHTHumidity() {
  float humidity = dht.readHumidity();
  if (isnan(humidity)) {
    Serial.println("Failed to read
from DHT sensor!");
    return "--";
  }
  else {
    Serial.println(humidity);
    return String(humidity);
  }
}
```

然后是 processor() 函数，这个函数的主要功能是将网页部分的所有占位符替换为相应的传感器数值。它可以根据占位符的名称，返回对应的数据。

```
// 将占位符替换为传感器值
String processor(const String& var)
{
  if (var == "SOUND") {
    return String(analogRead
(SOUNDPIN));
  }
  if (var == "LIGHT") {
    return String(analogRead
```

```
(LIGHTPIN));
  }
  if (var == "TEMPERATURE") {
    return readDHTTemperature();
  }
  if (var == "HUMIDITY") {
    return readDHTHumidity();
  }
  return String();
}
setup()
```

在初始化函数 setup() 中，我们首先对串口、RGB LED 和 DHT11 传感器进行初始化。

```
Serial.begin(9600);
pixels.begin();
dht.begin();
```

然后将掌控板连接到网络，并把 IP 地址在串口中打印出来。

```
// 连接 Wi-Fi
WiFi.begin(ssid, password);
while (WiFi.status() != WL_CONNECTED)
{
  delay(1000);
  Serial.println("Connecting to
WiFi..");
}
Serial.println("WiFi connected");
// Print ESP32 Local IP Address and
Some Tips
Serial.print("Open your brower, and
visit: http://");
Serial.println(WiFi.localIP());
Serial.println();
```

最后就是最重要的 Web 服务器设置。关于 Web 服务器设置的详细教程，大家可以查看官网，这里只放出本文需要的代码。当访问根目录"/"时，显示所有的数据以及相关的控制按钮。这里显示数据调用的就是上面讲到的 processor 函数。

```
// 根目录 / 网页
server.on("/", HTTP_GET, []
```

```
(AsyncWebServerRequest *request) {
  request->send_P(200, "text/html",
index_html, processor);
});
```

当访问"/led=on"路径时，设置 LED 为亮；当访问"/led=off"路径时，设置 LED 为灭。

```
// 打开指示灯
server.on("/led=on", HTTP_GET, []
(AsyncWebServerRequest *request) {
  pixels.setPixelColor(0, 0xFF0000);
  pixels.setPixelColor(1, 0xFF0000);
  pixels.setPixelColor(2, 0xFF0000);
  pixels.show();
  Serial.println("LED is on");
  request->send_P(200, "text/plain", "
led on");
});
// 关闭指示灯
server.on("/led=off", HTTP_GET, []
(AsyncWebServerRequest *request) {
  pixels.setPixelColor(0, 0x000000);
  pixels.setPixelColor(1, 0x000000);
  pixels.setPixelColor(2, 0x000000);
  pixels.show();
  pixels.clear();
  Serial.println("LED is off");
  request->send_P(200, "text/plain", "
led off");
});
```

然后，当访问每个传感器相应的路径时，比如"/temperature""/humidity""/sound""/light"这些路径，程序会调用相应的函数读取传感器数据，通过串口将数据打印出来，并将它们转化成文本 String 类型，显示在网页上。

```
// 获取温度值
server.on("/temperature", HTTP_GET,
[](AsyncWebServerRequest *request) {
  Serial.print("Temperature: ");
  Serial.println(readDHTTempera
ture());
```

```
request->send_P(200, "text/plain",
readDHTTemperature().c_str());
});
// 获取湿度值
server.on("/humidity", HTTP_GET, []
(AsyncWebServerRequest *request) {
  Serial.print("Humidity: ");
  Serial.println(readDHTHumidity());
  request->send_P(200, "text/plain",
readDHTHumidity().c_str());
});
// 获取声音值
server.on("/sound", HTTP_GET, []
(AsyncWebServerRequest *request) {
  Serial.print("Sound: ");
  Serial.println(analogRead
(SOUNDPIN));
  request->send_P(200, "text/plain",
String(analogRead(SOUNDPIN)).c_
str());
});
// 获取光线值
server.on("/light", HTTP_GET, []
(AsyncWebServerRequest *request) {
  Serial.print("Light:");
  Serial.println(analogRead
(LIGHTPIN));
  request->send_P(200, "text/plain",
String(analogRead(LIGHTPIN)).c_
```

```
str());
});
```

在 setup() 函数的最后，运行 Web 服务器。

```
server.begin();
```

至此，整个程序就编写完成了，在 loop() 函数中，不需要做任何事。当然你也可以运行其他代码。

程序上传

在 Arduino 中选择掌控板或者 ESP32 相关的芯片，将程序上传，打开串口监视器，我们可以看到串口监视器中提示我们访问相应的网址（如果没看到相应信息，可以按一下掌控板后面的 RST 按键，重启程序），如图 6 所示。

打开计算机浏览器或者手机浏览器，访问相应的 IP 地址，这里是 192.168.10.202，我们可以看到网页上显示了相应的信息（见图 7）。

尝试访问对应的地址，当访问 192.168.10.202/led=on 时，浏览器和串口监视器中，都输出了相应的提示信息，同时我们也可以看到掌控板上的 RGB LED 亮了起来。当访问 192.168.10.202/led=off 时，浏览器和串口监视器中，也都输出了相应的提示信息，同时掌控板上的

▌图 7 网页简单版显示相应的信息

▌图 8 控制 LED 亮灭

▌图 9 显示声音值

▌图 10 显示温度值

▌图 11 显示湿度值

RGB LED 熄灭了（见图 8）。

当访问 192.168.10.202/sound 以及其他传感器对应的网址时，浏览器和串口监视器中，也都输出了相应的提示信息，如图 9 ~ 图 11 所示。

▌图 6 串口监视器打印网址

网页设计

这部分不是本文的重点，也不会影响最终语音控制的效果，如果你对网页设计不感兴趣，可以直接略过。在上文中，我们已经基本完成了通过网页控制 LED，以及读取传感器数据的相关功能，但这个网页毕竟还是太简陋了。所以我们对网页稍微进行一些优化。具体的 HTML 优化代码读者朋友可以从杂志目录页所示的下载平台进行下载，这部分参考了国外网站，代码最终形成的效果如图 1 所示。

语音助手设置

接下来就是语音识别的设置，原理与

图 12 快捷指令 App

图 14 Siri 语音反馈

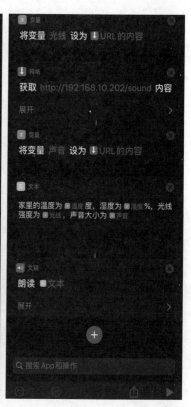

图 13 快捷指令设置

上期的 Siri 教程类似。由于笔者手上没有其他语音助手或者智能音箱类产品，所以这里还是以 Siri 为例。

打开 iOS 系统自带的快捷指令（Shortcuts）App，没有的话，可以去 App Store 免费下载，如图 12 所示。

快捷指令设置如图 13 所示。快捷指令的设置原理很简单，就是访问给定的 URL 。

由于 iPhone 中的快捷指令 App 是支持 Siri 语音识别调用的，所以我们可以直接通过 Siri 来运行快捷指令 App，从而达到语音识别获取传感器数据的效果。

效果演示

唤醒你的 Siri 看看效果吧。不过这里需要注意的是你的 iPhone 和掌控板必须处于同一局域网中。效果演示如图 14 所示。

总结

在本期中，我们进一步学习了 Web Server 的基础用法，然后通过设计 HTML 网页代码，让交互界面更加友好、方便，最后通过 iOS 的快捷指令 App，实现了语音识别获取传感器数据的功能。

与上期文章用 Siri 控制 LED 相比，如果不考虑网页设计相关内容，两篇文章的 Arduino 代码端是类似的，希望读者可以自己尝试扩展一下，自己动手，其乐无穷！ ⊗

平行实境游戏
俯卧撑攒电能

— 陈杰

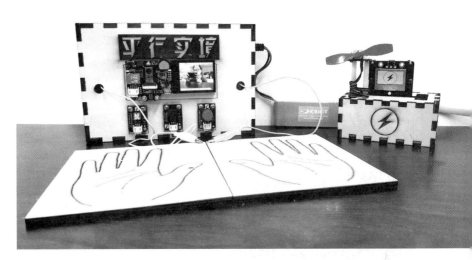

平行实境游戏，是一种以真实世界为平台，融合各种虚拟的游戏元素，玩家可以亲自参与角色扮演的多媒体互动游戏，通俗来说，就是在现实中做了某些事，达成虚拟成就，得到反馈，还能社交。我利用开源硬件制作了一个名为"俯卧撑攒电能"的平行实境游戏，玩家通过做俯卧撑来换取游戏中对应的电量（见图1），然后在需要的时候将游戏中的电量兑换成真实世界中的电能加以使用（见图2，目前设计为驱动风扇转动）。硬件清单见表1。

表1　硬件清单

序号	名称	数量
1	Arduino Uno 控制板	1
2	I/O 传感器扩展板 V7.1	1
3	HuskyLens AI 视觉传感器	1
4	OBLOQ 物联网模块	1
5	黄色 LED 模块	1
6	数字蜂鸣器模块	1
7	按钮模块	1
8	电导开关模块	1
9	掌控板	1
10	micro:bit 掌控 I/O 扩展板	1
11	风扇模块	1
12	7.4V 锂电池	1
13	锂电池充电器	1
14	铜柱、螺丝钉	若干
15	磁铁	4

系统设计

装置的整体设计如图3所示，分为电能积攒端和电能释放端。电能积攒端检测玩家做俯卧撑的个数，将其转换为游戏中的电量；电能释放端通过驱动风扇来释放电能。

电能积攒端

电能积攒端利用哈士奇（Husky Lens）的人脸识别功能，判断人脸与镜头之间的距离；同时使用电导开关、磁铁检测玩家的双手是否放到了俯卧撑触摸板上，只有同时满足人脸距离变化和双手放在俯卧撑触摸板上这两项条件时才对俯卧撑进行计数，以防作弊（见图4）。

电能释放端

游戏装置会将俯卧撑个数转换为游戏中的电量（见图5），玩家可通过电能释

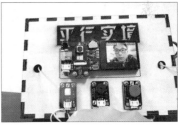

图1 电能积攒端

图2 电能释放端

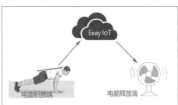

图3 装置的整体设计

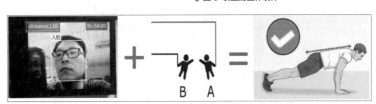

图4 俯卧撑计数条件

表2 电量转换规则

俯卧撑个数	电池显示	释放电能的总时间
10~19	显示电池 A	5s
20~29	显示电池 A、B	10s
30~39	显示电池 A、B、C	15s
40~49	显示电池 A、B、C、D	20s
50~59	显示电池 A、B、C、D	25s
依次类推		

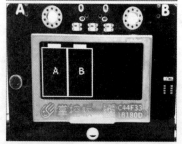

▌图 5 游戏中的电量

放端实际使用相应时间的电能（这里设计为驱动风扇转动，也可替换为其他用电方式）。转换规则设计为：玩家每完成 10 个俯卧撑，可获得 1 个电池的电量，电能释放端总共可显示 4 个电池的电量，但显示不下的电量依旧可以进行累加，如表2所示。

我设计了两种释放电能的模式：按下 A 按钮，风扇转动 5s（一次消耗 1 个电池的电量）；按下 B 按钮，风扇转动 10s（一次消耗 2 个电池的电量）。

▌结构设计

电能积攒端和电能释放端的结构设计都使用 LaserMaker 的快速造盒功能完成，用激光切割机切割。

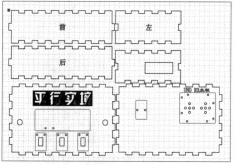

▌图 6 电能积攒端激光切割图纸

电能积攒端（见图 6）：在上面板上安装哈士奇、LED 模块、数字蜂鸣器模块、按钮模块；在底板上安装 Arduino Uno 控制板、电导开关模块；在右侧面板上开孔，用于连接电池或 USB 线。

电能释放端（见图 7）：在顶板上开工字形口；在后面板上开口，用于供电；在底板上开 M3 孔，用于固定 micro:bit 掌控 I/O 扩展板。

此外还需要设计俯卧撑触摸板（见图 8）：导入手形图片，分别开 M4 孔，嵌入磁铁，用于吸附电导开关导线。

▌电路连接

电能积攒端的电路连接如图 9 所示：哈士奇接 I²C 口，OBLOQ 物联网模块接软串口（D2、D3），LED 模块接 D4 口，数字蜂鸣器模块接 D9 口，按钮模块接 D10 口，电导开关模块接 D8 口。电能释放端的电路连接非常简单，风扇模块接 P8

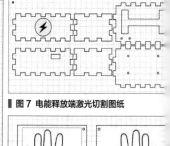

▌图 7 电能释放端激光切割图纸

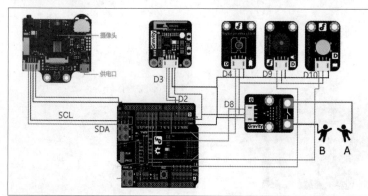

▌图 9 电能积攒端电路连接示意图

口，如图 10 所示。

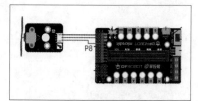

▌图 8 俯卧撑触摸板激光切割图纸

▌图 10 电能释放端电路连接示意图

▌程序编写

电能积攒端主要用于检测俯卧撑个数，玩家在完成俯卧撑的过程中，可以在哈士奇屏幕上看到脸与镜头之间的距离、完成的俯卧撑个数等数据。当俯卧撑个数满足设定的条件时，按下按钮可发送 A、B、C、D 等消息到物联网平台 Easy IoT。电能积攒端程序如图 11 所示，使用 Mind+ 编写。

电能释放端接收来自物联网平台 Easy IoT 的消息，并依据不同的消息（A~D）在掌控板屏幕上显示不同数量的电池图案，同时将电能持续时间进行累加（见图 12~图 13）。电能积攒端每次最多可以发送 4 个电池的电量，但电能释放端可以对电量进行累加。

电池显示子程序主要用于在掌控板屏幕上显示出一个电池的图标。掌控板屏幕尺寸为 128 像素 ×64 像素，屏幕上显示的一个电池如图 14 所示，依据上述条件

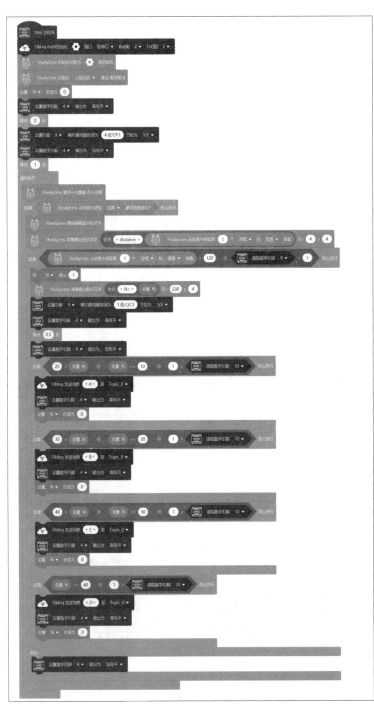

图 11 电能积攒端程序

图 12 电能释放端主程序

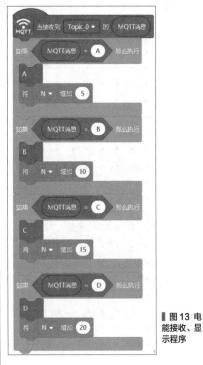

图 13 电能接收、显示程序

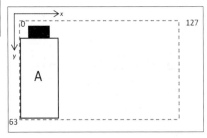

图 14 电池显示示意图

编写的程序如图 15 所示。其余电池的显示程序原理相同,这里不再赘述。

按下掌控板上的 A、B 按钮,分别会释放电能 5s、10s,同时对总电量做减法。释放电能 5s 的程序如图 16 所示,释放电能 10s 的程序可参照它来编写。

▌图15 电池显示程序（显示一个电池）

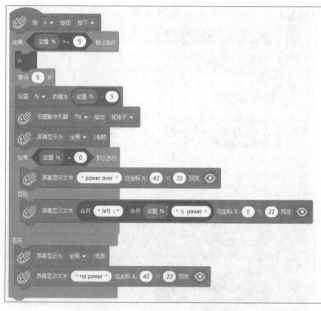

▌图16 释放电能 5s 的程序

设备组装

1 我们想实时查看数据，因此要对哈士奇进行改造。用钢尺或刀片将哈士奇的屏幕与电路板分离（请务必谨慎操作，切勿切断排线）。

2 将海绵胶粘贴在奥松板上，将分离后的哈士奇屏幕与电路板轻轻地粘贴在海绵胶上。

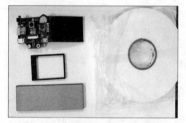

3 上电测试分离屏幕后的哈士奇。

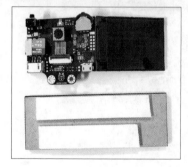

4 用激光切割机切割电能积攒端外壳。

5 在底板上安装电导开关和 Arduino Uno 控制板，将 I/O 扩展板叠加到 Arduino Uno 上。

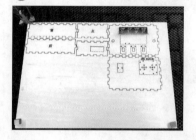

6 在前面板上安装哈士奇、LED 模块、数字蜂鸣器模块、按钮模块，然后组合外壳。

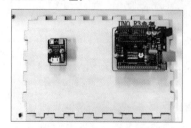

7 用激光切割机切割电能释放端外壳。

8 在 micro:bit 掌控 I/O 扩展板四角都装上 2 根 10mm 长的铜柱，垫高扩展板。

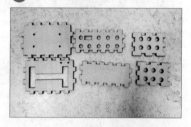

⑨ 将电能释放端的外壳组装起来。

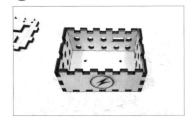

⑩ 在顶板上安装支撑柱。

⑪ 放入 micro:bit 掌控 I/O 扩展板，让掌控板从顶板的工字形开口中露出来。

⑫ 将两颗强磁铁安装到俯卧撑触摸板的孔位中，电能积攒端的鳄鱼夹可吸附于此。使用时，手指要触摸磁铁才能对俯卧撑进行计数。

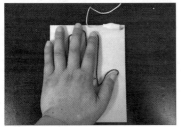

▌测试

① 将电能积攒端与俯卧撑触摸板放置于地面上的合适位置，将两个鳄鱼夹分别吸附于俯卧撑触摸板的磁铁处。开机上电。

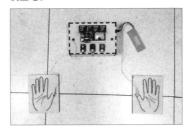

② 双手分别触摸两个磁铁，对着电能积攒端的摄像头做俯卧撑。每正确完成一次，LED 闪烁一次，蜂鸣器响一次。

③ 屏幕上会显示实时监测的人脸距离与完成俯卧俯卧撑的个数。

④ 按下电能积攒端的数据上传按钮，将完成的俯卧撑个数上传到物联网平台并进行数据转换。

⑤ 电能释放端接收到相应数据后，在掌控板屏幕上显示对应的电池数目。

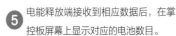

⑥ 按下掌控板上的 B 按钮，释放电能10s，然后屏幕上会显示剩余的电量。

⑦ 电量消耗完后，屏幕上会显示"power over"，需要玩家重新去做俯卧撑，完成电量的积攒。⊗

动手制作月相灯

■ 杜涛　张哲

演示视频

■ 创作背景

中秋节是我国传统节日，由上古时代秋夕祭月演变而来，最初"祭月节"的节期是二十四节气"秋分"这天，后来调至农历八月十五日。中秋节自古便有祭月、赏月、吃月饼、玩花灯、赏桂花、饮桂花酒等民俗，流传至今，经久不息。

"明月几时有，把酒问青天……"。虽然我写不出好诗，但是我可以创作一款兼具月相和时间两种显示模式的月相灯（见图1），抒发胸臆。

■ 知识链接

1. 月相：月球的各种圆缺形态称为月相。

2. 月相变化的原因：月球本身不发光，只是反射太阳光，日、地、月的相对运动会造成三者的位置变化，呈现出不同的月相。

3. 月相变化的规律：

（1）上弦月出现在上半月的上半夜，出现在西边的天空，且月亮的西（即右）半边明亮。

（2）下弦月出现在下半月的下半夜，出现在东边的天空，且月亮的东（即左）半边明亮。

月相变化的规律可以简记为："上上上西西，下下下东东。"月相变化如表1所示，月相成因如图2所示。

■ 制作步骤

1. 准备工作

绘制月相灯的设计草图（见图3），并汇总所需的硬件（见表2）。

我使用24颗灯珠的RGB灯带，总长度为400mm。在设计草图中，将3D打印外壳内半径设为64mm。RGB灯带从

■ 图1 月相灯实物图

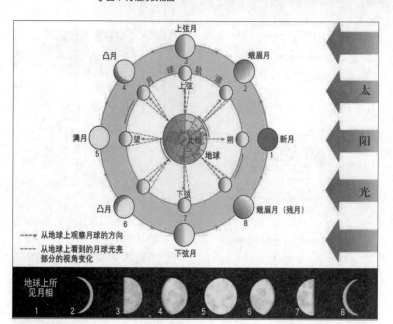

■ 图2 月相成因

表 1 月相变化

月相名称	新月（朔）	上弦月	满月（望）	下弦月
出现的时间（农历）	初一	初七、初八	十五、十六	二十二、二十三
月出	清晨	正午	黄昏（傍晚）	半夜
月落	黄昏（傍晚）	半夜	清晨	正午
同太阳升落比较	同升同落	迟升后落	此升彼落	早升先落
夜晚见月情况	彻底不见	半月，上半夜西天，西半边（右边）亮	一轮明月，通宵可见	半月，下半夜东天，东半边（左边）亮
日地月三者位置	日、地、月三者大致处在一条直线上，月球居中	日、地、月三者大致呈直角（垂直）	日、地、月三者大致处在一条直线上，地球居中	日、地、月三者大致呈直角（垂直）

表2 硬件清单

名称	数量
掌控板	1 块
掌控宝	1 块
24 颗灯珠的 RGB 灯带	1 条
月球表面 3D 模型	1 个
月相灯 3D 打印外壳	1 个
电烙铁	1 个
热熔胶枪	1 个
电线及耗材	若干

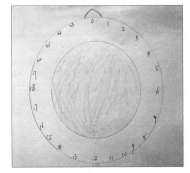

▍图 3 手绘的设计草图

下方引出来，灯序如图 3 所示。

2. 3D 打印件的设计制作

（1）根据草图设计月相灯的 3D 打印外壳，3D 设计图如图 4 所示。

▍图 4 3D 打印外壳设计图

（2）导入月球表面：找一个 STL 格式的月球灯 3D 打印文件，根据上图的总厚度，给 3D 打印月球灯切一刀，留下局部，作为灯罩，如图 5 所示。

▍图 5 月球灯表面的设计图

3. 作品组装

（1）固定灯带：将灯带反面贴上双面胶，然后粘在月相灯外壳的内侧，整齐排列，如图 6 所示。

▍图 6 在外壳内侧固定灯带

（2）整体组装：将打印好的月球灯罩，利用热熔胶粘到外壳上，如图 7 所示。

▍图 7 固定月相灯的灯罩

（3）电路连接：将 RGB 灯带接在掌控宝的 13 号引脚，如图 8 所示。

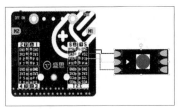

▍图 8 电路连接示意图

▍程序编写

月相灯有时间模式、月相模式两种模式，用户可通过掌控板上的按键 A 进行切换。在月相模式中，RGB 灯带可以完整地呈现月相变化周期，包括新月、蛾眉月、上弦月、凸月、满月、下弦月等，并可通过按键 B 切换月相模式的灯光效果。模式切换程序如图 9 所示。

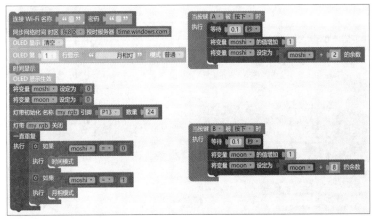

▍图 9 月相灯的模式切换程序

图11 月相灯时间显示程序

▌图 10 在时间模式下,在掌控板的显示屏上显示具体时间,月相灯的灯带模拟石英钟,点亮时间走过的范围

时间模式

在时间模式中,我们用 RGB 灯带模拟石英钟走时的效果(见图 10),在掌控板显示屏的第二行显示当前的年、月、日,在第三行显示当前的时、分、秒,程序如图 11 所示。

在时间模式中,考虑到节约能源,月相灯的时间模式只在清晨和夜间工作,我设置的工作时间为 19:00 至次日清晨 6:00,程序如图 12 所示。具体时间模式中的灯光效果程序如图 13 所示。

▌图 13 月相灯时间模式的灯光效果程序

▌图 12 设置月相灯的工作时间

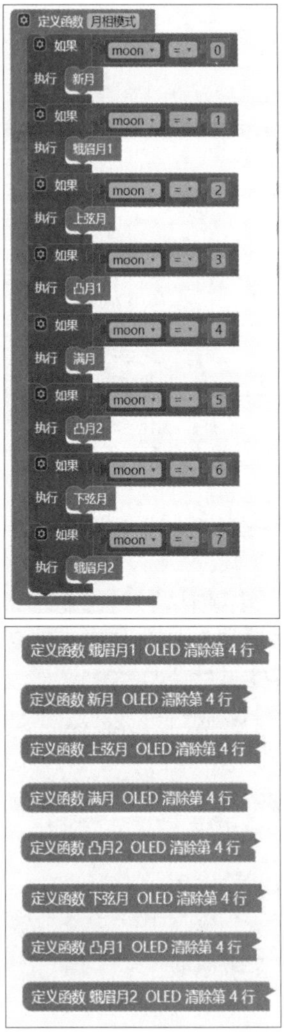

图 14 定义不同的月相模式的函数

图 16 月相模式（新月）的效果

月相模式

通过图 3，我们知道了月相有 8 种不同的形态，因此在月相模式中，我们需要对 8 中不同的月相状态分别定义不同的月相模式函数，程序如图 14 所示。之后再编写每个月相模式的程序，如图 15 所示。月相模式的显示效果如图 16 所示。

图 15 8 种月相的程序

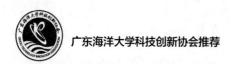

广东海洋大学科技创新协会推荐

站在巨人肩上
——巧用微信公众号接口搭建电子锁

▌徐广涞

　　社团的学长曾经用 RFID 模块制作了一个电子锁，可以用校园卡开门，作为钥匙的替代方案，方便不少。但是后来发现校园卡并不总是随身携带，经常出现忘带钥匙又忘带卡，被锁在门外的尴尬情况。过了几年，这个电子锁逐渐老化，也到了该退休的年纪。

　　我考虑到手机的 MAC 地址是全球唯一的，而路由器的管理页面可以看到接入设备的 MAC 地址，结合爬虫技术也可以用来做电子锁的身份验证。跟钥匙和校园卡比起来，现在很少有大学生会忘带手机。但是这个特点好像早已被人开发，实现了诸如定位用户在商场的位置从而推送相应广告之类的功能。出于对隐私泄露的担忧，有些手机推出了动态 MAC 地址的功能，可以动态地改变用来连接Wi-Fi 的 MAC 地址。再者，MAC 地址也可以被复制，这就使仅仅利用 MAC 地址来识别使用者的身份变得困难。巧的是，作为社团公众号的管理员之一，有一天我好奇地打开了微信公众号的开发文档，惊喜地发现了公众号的 OpenID 机制。如今微信账号几乎人人有，利用该机制可以轻松实现验证用户身份的功能。而微信账号的安全性还是很高的，借助微信平台搭建电子锁，不仅容易保证安全性，使用起来也更方便。

▌利用公众号的OpenID机制实现身份验证

　　微信公众号本身提供了一些简单的交互功能，例如当用户发送消息时，自动回复（后台提前设置好的）一些文字。但这样的功能太简陋了，所以公众号的一些接口被开放出来，供开发者实现更丰

▌图 1 微信公众号接口及权限（部分）

富的功能，例如回复文字获取链接，或者聊天机器人等。图 1 展示了部分目前开放的接口及对应权限。为了使用这些接口，开发者需要准备一台有公网 IP 的服务器（后面称为个人服务器）。

　　我的身份验证及授权方案基于"被动回复消息"接口。该接口的功能是：当用户向公众号发送消息时，公众号将该消息打包发送到开发者设置的个人服务器上，服务器接收并处理后生成对应的回复，打包返给公众号，最后由公众号在手机上显示回复。整个流程如图 2 所示，从用户的角度来看，可以概括为"一问一答"。

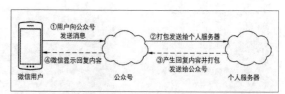

▌图 2 "一问一答"的"被动回复消息"接口

　　用户发送的每条消息被打包在一个 XML 文档中发送给个人服务器。举例来说，对于文本消息，文档格式如下。

```xml
<xml>
<ToUserName><![CDATA[toUser]]></ToUserName>
<FromUserName><![CDATA[fromUser]]></FromUserName>
<CreateTime>1348831860</CreateTime>
<MsgType><![CDATA[text]]></MsgType>
<Content><![CDATA[this is a test]]></Content>
<MsgId>1234567890123456</MsgId>
</xml>
```

　　其中 Content 标签内是用户发送的文本，内容是"this is a test"，FromUserName 则是用户的 OpenID，其他标签的含义在微信公众号官方开发文档中有详细的解释（后文关于公众号开发的内容也都参考自官方文档）。

　　什么是 OpenID 呢？官方文档给出的解释是"OpenID 是微信号加密后的结果，每个用户对每个公众号有一个唯一的OpenID"。开发者可以利用 OpenID 识别用户，为其提供个性化服务，但不能接触到用户真正的微信号，从而保护了用户的隐私。

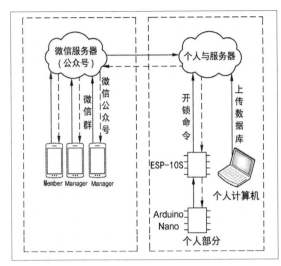

图3 系统整体框架

如果我们要求用户提供学号、姓名和他的 OpenID，将信息一起保存自建的数据库中，即 OpenID 与用户的身份信息绑定，这样，对于用户发送的每条消息，由 OpenID 便可以知道发送方的身份，从而决定是否允许开锁。这样做确实涉及个人隐私，但是在电子锁这样的应用中，要求开门者提供真实的个人信息是很合理，也很合逻辑的，而我们能做的是尽可能减少要求提供的项目，减轻隐私泄露的风险。

我们注意到公众号还提供了一个"生成带参数的二维码"的接口。利用这个接口可以实现扫码开门，想想就很方便，可惜使用这个接口的使用门槛太高，个人公众号无权使用。

到这里，我们就可以大致勾勒出系统的框架了。首先要准备一个公众号，我用的是社团的公众号，读者也可以很容易地申请到测试公众号。服务器则是在腾讯云租的云服务器，因此该电子锁是有运行成本的。如果学校能够免费提供公网 IP 的话，那么配一块树莓派作服务器，可以大大降低运行成本。硬件方案是 Arduino Nano 作主控，使用 ESP8266 连接 Wi-Fi 上网。此外我还开发了一个独立的小网站，提供访问数据库的图形界面。成员学号等信息的录入和修改均在离线的个人计算机上完成，操作完毕后再将数据库上传到云服务器使用。从技术上来说，修改数据库的功能通过编写网站提供，所以完全可以放在云服务器上运行，但是考虑到把这些功能暴露在公网上是一个很大的安全隐患，所以采取离线修改、最后上传的做法。使用数据库这部分比较简单，不再赘述细节。系统的整体框架如图 3 所示。

"被动回复消息"接口只能收发文本消息，该如何实现申请开锁和绑定学号的功能呢？受到同样基于文本的 Linux Shell 命令交互的启发，我们设计了简单的"指令 + 参数"的模式发起开

锁请求以及绑定学号。例如请求开锁则向公众号发送"DOOR"（参数为空），绑定学号则发送"BD 学号"（参数为学号，例如20xxxx）。

一次开锁的流程如图 4 所示。系统初次运行之前，成员的学号等信息已保存在数据库中，但由于尚不知道其 OpenID，所以该字段留空。这导致成员初次向公众号发送消息时可以得到其 OpenID，但在数据库中检索不到，此时要求用户发送"BD + 学号"，系统即将该学号与 OpenID 绑定。此后，该成员可发送"DOOR"指令发起开锁请求，系统通过请求中的 OpenID 检索数据库验证成员的身份。

用户的权限分为两类：Member 和 Manager，Member 是普通成员，Manager 则是各个会长、部长等负责人。权限信息也保存在数据库中。系统根据 OpenID 确认用户是社团成员后，还不会立即开锁，而是返回一段"交换码"（transport code）。"交换码"标识了这一次请求开锁的活动。用户需要复制"交换码"转发给 Manager（通过微信群、微信好友等），如果 Manger 同意开锁，则复制"交换码"转发给公众号完成授权。在一定时间内得到一定数量的 Manager 的授权才能最终开锁。绑定学号也需要同样的授权流程。

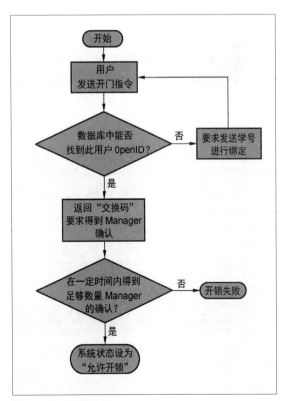

图4 一次开锁的简化流程

"交换码"是我为了称呼这段文本而起的名字，或许称为"授权码"会比较贴切。由于我对自己编写的程序信心不足，同时也是为了活动室的财物安全，希望每次电子锁打开时，都给负责人发送一条通知。最开始我尝试过itchat，但失败了，后来受到"淘口令"的启发，设计了"交换码"。仔细观察图5中的一大段话，你会发现，文字末尾有一段代码，代码的首尾各出现了数个符号的组合<*<|<<*_*>>|>*>，这其实是分界符，包围在里面的内容是一块base64编码的数据，是给机器看的，正是这块数据标识了该用户本次请求开门（或者绑定学号）的活动。除了给机器看的编码之外，还有给用户看的文字，其中包含了操作说明和申请者的身份信息。通过转发"交换码"授权的方式，既起到了通知各位负责人的作用，也起到了再次核实开锁者身份的作用。

在公众号中实际操作的测试中（见图5），其中姓名为666，班级、部门等信息为空。最左侧截图为成员发送"DOOR"指令请求开门，公众号返回"交换码"要求获得授权。中间的截图展示了Manager向公众号转发"交换码"进行授权，表示同意该成员绑定学号（这里为自己给自己授权）。对于指令和"交换码"之外的其他文字，或者图片、语言等其他类型的消息，则回复如图5最右侧截图所示的"错误消息"，编写这个额外功能让我觉得开发公众号还蛮好玩的。

▍能上网的电子锁

利用公众号实现了身份验证和授权的功能后，就该考虑硬件的问题了。由于要连接云服务器接收开锁指令，电子锁必须能上网。

我选择的是ESP8266系列中小巧、便宜的ESP-01S模块，通过串口和AT指令操作ESP-01S连接Wi-Fi，并进行HTTP访问。

Arduino的主要任务是收发AT指令和数据，所以主要的编程内容就是处理字符串。Arduino的编程语言支持两种字符串，一种以面向对象技术为基础，支持多种字符串方法；另一种则是C语言中古老的char array，可借助C标准库中的字符串函数库处理。为了区分，官网将前者称为String（习惯上类名的首字母大写），后者称为string或char arry。作为用惯了Python这种面向对象编程语言的我，首选当然是更加直观和方便的String。但是方便的代价就是消耗的资源多，写到后面发现经常RAM耗尽导致串口输出乱码，甚至直接死机。这时我才注意到Arduino Nano只有2KB的RAM。查找资料之后发现似乎String消耗内存这一点饱受社区诟病，相比之下原始的char array更受专业人士喜爱。于是我不得不又拿起《C Primer》，复习一番字符串的操作后，转而使用char array。花了一番工夫，采用了古朴的字符串技术重写后，内存消耗果然大大减少。两三百行代码下来，我逐渐发现C语言还真别有一番风味。

电子锁通过连接Wi-Fi上网，处于内网之中，不能直接被云服务器访问。因此我采用了电子锁通过HTTP请求主动访问云服务器的方式，这样云服务器就可以在HTTP响应中把数据发送给电子锁。HTTP的通信模式也是"一问一答"。ESP8266的AT指令开发最高只支持到TCP/UDP协议，所以需要自己包装HTTP请求，这时候，C标准字符串库中的sprintf对组装headers提供了莫大的帮助。这里有个小注意点，headers中一

▍图5 微信公众号操作示例

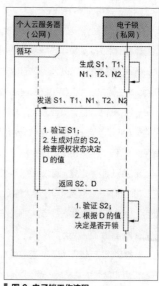

▍图6 电子锁工作流程

定要有 Content-Length 字段。

电子锁的工作流程可以用图 6 所示的 UML 时序图表示，可以看到电子锁唯一的任务就是每隔一段时间就询问服务器是否允许开锁，如果正巧刚刚有人通过了授权，服务器就回复允许开锁，否则回复不允许。具体的参数将在后文进行说明。

值得一提的是调试 AT 指令的方法。Arduino 通过串口向 ESP-01S 发送 AT 指令，想要知道它们是否正常工作，就要看到串口传输的内容，这该如何做到呢？我的方法是在计算机上运行一个用 Python 写的中介程序，调试的时候，Arduino 的串口连接计算机，中介程序读取到 Arduino 的串口数据后，在屏幕上显示出来，然后立即通过 USB 转 TTL 模块原样发送给 ESP-01S。该过程如图 7 所示。这样，就可以看到 Arduino 与 ESP-01S 之间的串口通信了。调试成功，确认没有问题后，再将 Arduino 与 ESP-01S 直接连接投入使用。

■ 难测的"中间人"

由于整个电子锁的系统有一部分是运行在互联网上的，所以有受到网络攻击的风险，风险之一就是"中间人攻击"。以连接 Wi-Fi 上网为例，我们所有的数据流量都要经过路由器，此时路由器就是一个"中间人"。试想，用户每次向公众号发送消息，公众号打包发送给个人服务器这个过程中，中间人都可以看到该用户的 OpenID 等所有数据，那么下次中间人就可以利用这个 OpenID 伪装成该用户发起开锁请求。那么如何确认开锁请求一定是本人发起的呢？

方法之一就是上述的"交换码"授权机制，相当于进行了一次人工核验。而公众号也为开发者提供了一种基于 token 的机制，验证消息确实来自受信任的发送方。

在解释这种机制之前，需要介绍一下 SHA1 算法。SHA1 是一种加密算法，可以对任意数据（称为消息，message）计算出一段 20 字节的数据（称为摘要，digest），摘要的特点是不可逆、不碰撞。不可逆是指不能从摘要反向计算出消息是什么。而不碰撞是指，只有两个完全相同的消息才能生成相同的摘要，不同消息生

成的摘要必定不同。但是从 SHA1 摘要 20 个字节的长度来看，显然不可能做到完全不碰撞，因此这里的不碰撞指的是碰撞的概率非常低。采用摘要更长的 SHA 算法如 SHA256 可以降低碰撞的概率。

再来看 token 机制。在进行公众号开发的配置中，有一个称为 token 的字符串，token 可以为任意内容，但应该严格保密，约定只有公众号和开发者知道。在实际运行中，公众号给个人云服务器的每个 HTTP 请求中，附带了 3 个 URL 参数，分别是 signature、timestamp（时间戳）和 nonce（随机数）。将这 3 个参数的值按字典序排列并拼接成新的字符串，这个字符串的 SHA1 摘要就是 signature。根据 SHA1 摘要不碰撞的特点，只有 timestamp、nonce 和 token 完全一样才能生成出相同的 signature。URL 参数中的 signature 由公众号生成。当个人服务器收到 HTTP 请求时，用 URL 参数中的值和同样的方法生成 signature，并与 URL 参数中的 signature 对比，如果 signature 相同，说明双方的 token 相同。由此可见，只要保证 token 不泄露，其他人就无法生成相同的 signature，从而证明请求确实来自公众号。

对此中间人还是可以直接套用某次的 URL 参数，即 signature、timestamp 和 nonce 达到欺骗的目的。既然没办法生成，那就直接用现成的。因此，除了验证 signature 之外，还要验证 timestamp，如果 timestamp 是很久之前的话，这显然是有问题的。

再看电子锁与服务器的通信。同样采用 token 机制验证消息来自受信任的发送方。但是如果要验证 timestamp，就必须安装 RTC 模块。为降低电路的复杂度，timestamp 直接使用 Arduino 的 millis() 函数取得的值，但是发送两组参数。图 6 中的参数 T、N、S 分别对应 timestamp、nonce 和 signature，这里为了节省内存而采用单字母表示。其中 T1、N1、S1 供云服务器验证该请求来自电子锁，云服务器根据 T2、N2 计算出 S2，在响应中返回给电子锁。S2 相对于电子锁自身的时间坐标来说，也具有时效性。

这里吐槽一下 C 语言，同样是生成 SHA 摘要，用 Python 编程直接调用标准库，跟着教程 5min 就写完了，但是找个生成 SHA1 的 C 语言库花了我好几天的时间。我在 RFC4634 文档里找到了一份比较权威的代码，研究怎么用这份代码又花了好几天的时间。

还有最后一个问题，就是成员可以在任何地方发出开锁请求，因此还应该避免出现"远程开门"的现象。这一点可以通过开头提到的 MAC 地址的特性来解决，将成员手机的 MAC 地址也在数据库中进行绑定，要求开锁时必须连接活动室内的 Wi-Fi，这

■ 图 7 调试收发 AT 指令示意

样就可以确保开锁人至少在 Wi-Fi 信号范围内。但是鉴于 MAC 地址的种种问题，操作又比较麻烦，所以目前我没有加入这个功能。

▌结束语

这个公众号电子锁的方案与校园卡和钥匙比起来，添加和删除开锁权限非常简单，适合人数较多的社团。缺点是对公网 IP 的要求导致了一定的运行成本，另外就是与离线的设备相比，上网的东西必然面临被黑客攻击的危险。虽然我已经尽可能地考虑了安全问题，但是没有什么系统是绝对安全的。

这次项目里有许多的第一次，很多地方还不够成熟。比如整个项目都以"简、小"为原则，力求用最简单的手段实现，所以第一次写网站用的框架是 Python 自带的 BaseHTTPServer 和

BaseHTTPRequest，一共只有两个文件，十分简洁。但是写了数据库管理网站之后，我发现这个框架过度简洁，用起来既不方便，也不稳定，所以后来写身份验证及授权的后台时，转而采用公众号官方文档里介绍的 web.py 模块，果然轻松多了。以现在的观点来看，更好的选择是 Flask。

另外当时我没有更深入地了解 ESP8266，而是认为 AT 指令比较简单就直接上手开发，到头来发现 ESP8266 的内存是以 MB 为单位的，如果一开始就直接在 ESP8266 上开发的话，说不定就可以避免内存不足的问题，还可以简化电路。

我是第一次写这么大规模的程序，代码写得很糟糕，所以文中多以流程图示人。我主要希望能和大家分享一下经验和思路，剩下的种种问题，就留给后面的学弟来完善吧。

超视觉垃圾分拣机器人

生活垃圾组成复杂，干垃圾中往往混有可回收物。通常收储后，工人需要用手将可回收的物品从大量垃圾中拣选出来。传统的矿物分选技术具有局限性，组合流程复杂。而上海交大中英国际低碳学院的李佳副教授带领团队，经过多年的打磨，研发出了超视觉自动分拣工作站。

研究团队通过机器视觉中的 3 种主流识别传感系统，即 CCD 视觉、激光视觉、近红外视觉相耦合，综合判断目标物的内、外部特征，精准定位与细分判别垃圾。

通过 free-model 的超视觉技术，机器人可以实现各品类、各形状、各表面材料的样品识别；通过轨迹优化算法，机械臂可以选择走最优路径；同时团队开发了算法，实现了自动分拣。此外，团队还测试了干扰系统，以提高机器人的分拣精度。

李佳介绍："一个超视觉垃圾分拣机器人可以高精度分拣多种不同品类的垃圾，有效分拣率可达95%。生产线上每套设备配置2个机械手，相当于替代了54个分拣工人。"

目前，这款机器人已进入产学研技术推广阶段，团队将与环保头部企业对接合作、共同开发，使研究成果从实验室进入市场应用。

跳行微型机器人

哈佛大学的研究人员进一步将迷你哈佛步行微型机器人（Harvard Ambulatory MicroRobot, HAMR）变得更小巧。这台灵感来自蟑螂的下一代微型机器人只有 1 美分硬币大小，奔跑速度可达每秒 13.9 个体长，目前它是世界上最小、最快的微型机器人之一。

该机器人被称为 HAMR-JR，是其前身的一半大，研究人员将四足式 HAMR-JR 的身长缩小到仅 2.25cm，重量约为 0.3g。研究小组模仿了鳞片昆虫的运动模式，因此 HAMR-JR 能够小跑、跳跃，左右转动，或者倒退跑，研究人员还教该机器人在水下游泳和行走。

该团队构建了 HAMR-JR，部分是为了测试用于构建 HAMR 和其他微型机器人的折纸启发式制造工艺是否可以用于构建多种规模的机器人，比如从 HAMR-JR 这样的微型机器人扩展到大型工业机器人。研究人员发现微型机器人虽然很小，但是依然能保持设计的复杂性。研究人员还希望了解缩小机器人的体积后如何影响其运行速度和其他功能。

定向钻孔机器人

Mole-bot 鼹鼠机器人由韩国高级科学技术研究院开发，该机器人能自主在地面上穿行，灵感来自欧洲鼹鼠和非洲鼹鼠。

目前的原型机是该机器人的第三个版本，长 84cm，宽 25cm，重 26kg。鼹鼠机器人的前面有一种类似螺旋桨的可伸缩钻头。当它旋转着向土壤中研磨时，折叠锯齿状刀片会向外延伸，挖出一条比机器人圆柱形身体更宽的隧道。接下来，机器人使用位于钻头两侧的 2 个可延伸的铰链式金属法兰盘，将松散的土壤从其前端推回。钻头和法兰盘交替运作，这样它们就不会互相妨碍。

后部的 3 条类似于毛毛虫的履带推动鼹鼠机器人前进，其中部的一个可旋转机械腰部使其能够在挖掘隧道时改变方向。它能够利用 3D 同步定位和映射技术进行定位，该技术能够持续跟踪机器人相对于地球磁场的位置。

鼹鼠机器人可被采矿业利用，与现有的钻井系统相比，它的成本更低、劳动强度更低，而且更环保，因为它不需要使用泥浆化合物来清理碎片。

柴火创客空间推荐

保持社交距离：
3 步制作一个
口袋距离报警器

演示视频

温燕铭

保持距离，作为疫情期间的社交礼仪，带动"社交距离"成为时下热门字眼。保持社交距离无法完全阻止病毒传播，但能大幅度减缓疫情的传播速度。2020 年 3 月底，新加坡卫生部宣布，在非暂时性互动中未自觉遵守保持 1m 距离的行为，将被处以最高 10000 新加坡元（合约人民币 50000 元）的罚款或 6 个月的监禁，严重的或同时面临两种处罚。

那社交距离具体是要保持多少米呢？通常意义上，"保持社交距离"指的是人与人之间有意保持至少 6 英尺（约为 1.82m）的物理距离。在疫情影响下，大家一般将安全的社交距离定义在"至少 1m"。

为了保持"社交距离"，民间奇招频出。例如意大利的一位大叔背着一个目测半径超过 1m 的圆纸板走在街上；大家在搭乘电梯时，各自占据一个角落；许多知名企业也将自己 Logo 临时"隔离"，宣传保持社交距离。

在疫情时期，人人都应该自觉保持社交距离。然而，要时时刻刻遵守这一点并非易事，这也是我制作口袋距离报警器的初衷。我设计的这个口袋距离报警器小巧便携，当携带者与他人距离小于 1m 时，报警器会自动发出声音和灯光提示，这样我们可以用相对友善且不尴尬

的方式提醒大家自觉保持距离，利用开源科技助力科学抗疫。本项目是柴火认证会员项目。

硬件介绍

硬件清单

主控板：SeeeduinoXIAO ×1
Grove 扩展板：Grove Shield for Seeeduino XIAO ×1
Grove 灯环 ×1
Grove 振动电机 ×1
Grove 飞行时间距离传感器（VL53L0X）×1
3.7 V 锂电池 ×1

SeeeduinoXIAO

SeeeduinoXIAO 是矽递科技研发推出的基于 SAMD21 的极小主控板，非常迷你，尺寸仅为 20mm×17.5mm，只有一个大拇指大小，但接口丰富，性能强大，非常适合开发各种小体积装置。

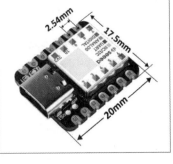

Grove Shield for Seeeduino XIAO

Grove Shield for Seeeduino XIAO 是 SeeeduinoXIAO 的扩展板，有 8 个 Grove 接口（包含 I²C 和 UART 数据类型接口），可以方便地连接带有 Grove 接口的传感器和执行器，无须焊接，内置电源管理系统，可以通过 USB 接口对锂电池充电。它和 SeeeduinoXIAO 搭配，还可以方便地进行模块测试，制作各种小体积的项目原型。

Grove灯环

Grove 灯环如下图所示，可亮一圈白色光。

Grove振动电机

Grove 振动电机如下图所示，通过数字信号控制，可产生振动提醒。

Grove飞行时间距离传感器(VL53L0X)

Grove 飞行时间距离传感器是一种基于 VL53L0X 的高速、高精度、远程 ToF 距离传感器。VL53L0X 是新一代 ToF 激光测距模块，它可以提供精确的距离测量，可以测量长达 2m 的绝对距离。

3.7V锂电池（401119）

该尺寸的锂电池焊接到扩展板上的锂电池焊盘后，可以直接放置在 SeeeduinoXIAO 和扩展板之间，非常迷你。

型号：401119	厚度：4.0mm
容量：100mA	宽度：11mm
电压：3.7V	长度：20mm

有了以上硬件，我们就可以通过 3 步非常简单地做出一个距离报警器。

▌硬件搭建

第一步：硬件连接

如下图所示，通过 Grove 接口和连接线，我们可以方便地将各个传感器和执行器连接到扩展板上，无须焊接，即插即用，这也是我喜欢选择 Seeed 产品的原因，搭建项目像搭建积木一样简单，可以节省很多时间。

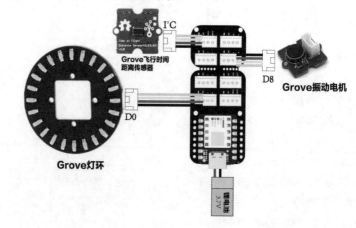

第二步：外形搭建

我所选用的硬件模块外形还算不错，可以直接搭建距离报警器的外形，将灯环、Grove 飞行时间距离传感器和 Grove Shield for Seeeduino XIAO 用热熔胶粘接，即可完成报警器的简单外形搭建。当然，你也可以设计各种亚克力外壳，让作品更好看。搭建好的作品如下图所示。

第三步：上传代码和测试

用 USB Type-C 连接线连接计算机和 SeeeduinoXIAO，将编写好的代码通过 Arduino IDE 下载到 SeeeduinoXIAO 上，即可完成。代码如下。

```
#include "Seeed_vl53l0x.h"
//ToF   I2C (D4 D5)
#ifdef ARDUINO_SAMD_VARIANT_COMPLIANCE
#define SERIAL SerialUSB
```

```
#else
  #define SERIAL Serial
#endif
const int Buzzer = 8;//buzzer D8
void setup() {
  pinMode(Buzzer, OUTPUT);
  digitalWrite(Buzzer, LOW);
  VL53L0X_Error Status = VL53L0X_ERROR_NONE;
  SERIAL.begin(115200);
  Status = VL53L0X.VL53L0X_common_init();
  if (VL53L0X_ERROR_NONE != Status) {
    SERIAL.println("start vl53l0x mesurement failed!");
    VL53L0X.print_pal_error(Status);
    while (1);
  }
  VL53L0X.VL53L0X_long_distance_ranging_init();
  if (VL53L0X_ERROR_NONE != Status) {
    SERIAL.println("start vl53l0x mesurement failed!");
    VL53L0X.print_pal_error(Status);
    while (1);
  }
}
void loop() {
  VL53L0X_RangingMeasurementData_t RangingMeasurementData;
  VL53L0X_Error Status = VL53L0X_ERROR_NONE;
  memset(&RangingMeasurementData, 0, sizeof(VL53L0X_RangingMeasurementData_t));
  Status = VL53L0X.PerformSingleRangingMeasurement(&RangingMeasurementData);
  if (VL53L0X_ERROR_NONE == Status) {
    if (RangingMeasurementData.Range MilliMeter >= 2000) {
      SERIAL.println("out of range!!");
      digitalWrite(Buzzer, LOW);
    }
    else if (RangingMeasurementData.RangeMilliMeter <= 1000) {
      digitalWrite(Buzzer, HIGH); // turn the Buzzer on (HIGH is the voltage level)
      SERIAL.print("Distance:");
      SERIAL.print(RangingMeasurementData.RangeMilliMeter);
      SERIAL.println(" mm");
    }
    else {
      digitalWrite(Buzzer, LOW);
      SERIAL.print("Distance:");
      SERIAL.print(RangingMeasurementData.RangeMilliMeter);
      SERIAL.println(" mm");
```

```
    }
  }
  else {
    SERIAL.print(" mesurement failed
!! Status code =");
    SERIAL.println(Status);
    digitalWrite(Buzzer, LOW);
  }
  delay(250);
}
```

现在，赶紧拿着自己DIY的距离报警器出门溜达吧，妈妈再也不用担心我的社交距离啦！

编外话

在 Grove Shield for Seeeduino XIAO 上市之前，我用 SeeeduinoXIAO 直接做了一个焊接版本的距离报警器，外壳是用激光切割的亚克力板做的（见图1），因为接线和焊接较烦琐，所以需要有一定的电子动手能力才能制作，感兴趣的朋友们也可以自己动手做一个，还可以DIY各种颜色和形状的外壳，做出独一无二的作品。图2所示是两个版本的对比，用了扩展板的距离报警器更迷你，制作更简单。🅧

图1 焊接版本的距离报警器

图2 焊接版本的距离报警器（左）和用了扩展板的免焊接版本（右）

二哈识图（3）

智能追光灯

▌DFRobot

　　我们观看演出时，经常会看到黑暗的舞台中，一束灯光打到演员身上，并随着演员移动而移动，非常醒目。你知道追光灯在舞台上都是怎么实现追光的吗？追光灯在实际应用中往往还是人工或者编程控制。人工控制需要追光师与演员多次彩排，才能够实现完美的舞台效果；而编程控制则是提前编写入固定的路径，使追光灯按照设置好的路径移动，这样对演员的限制又很多，稍微走偏几步就会影响舞台效果。所以如果能有一个能自动识别演员去进行追光的智能追光灯，相信对舞台表演会有很大的帮助。

▌功能介绍

　　本项目利用 HuskyLens 的物体追踪功能，通过学习舞台上的人，实现对其进行追踪。主控板会驱动云台，从而控制灯光实时追踪你的脚步。硬件清单如表 1 所示。

▌知识园地

　　当我们需要追踪一个活动的物体时，除了人工操作以外，还可以使用视觉物体追踪技术。这项技术广泛应用在我们的生活中，如视频监控、无人机跟随拍摄等。我们这个项目就是利用 HuskyLens 的物体追踪功能来实现智能追光的。

什么是物体追踪

　　物体追踪是人工智能视觉识别中非常重要的一项功能，属于物体行为识别的一个类别，有着十分广泛的应用。物体追踪是指对视频序列中的目标状态进行持续推断的过程，简单来说就是识别指定目标并追踪或者追踪摄像头视觉范围内移动的物体。

物体追踪的工作原理

　　物体追踪系统会通过单摄像头采集图像，将图像信息传入计算机，经过分析处理，计算出运动物体的相对位置，同时控制摄像头转动，对物体进行实时追踪。物体追踪系统执行追踪功能时主要分为 4 个步骤：识别物体、追踪物体、预测物体运动、控制摄像头（见图 1）。

识别物体　　　　追踪物体　　　预测物体运动　　　控制摄像头

▌图 1 物体追踪系统执行追踪功能时的 4 个步骤

表 1　硬件清单

micro:bit × 1	micro:bit 扩展板 × 1	HuskyLens × 1	迷你 2 自由度云台 × 1、DF9GMS 180° 微型舵机 × 2

▌图2 识别物体

▌图3 追踪物体

识别物体是在静态背景下,通过一些图像处理的算法,得到较为精确的物体的外观信息,能够识别出物体的形态并标注出来,如图2所示。

追踪物体是根据上一步得到的物体外观信息,使用算法对后面的图像序列进行跟踪,并且可以在后续的追踪中进行更深入的学习,使追踪越来越精确。如图3所示,在移动的过程中缓慢旋转物体,物体追踪系统可以对其进行多角度学习。

预测物体运动是为了提高效率而采用算法进行计算,预测下一帧运动物体图像的位置。如图4所示,物体追踪系统可以通过前几秒鸟的移动趋势来预测后续的移动路径和动作。

控制摄像头是在采集图像信息的同时移动摄像头,使摄像头随着物体移动的方向调整方向,一般需要配合云台或其他运动机构来实现。

物体追踪技术的主要应用领域

(1)智能视频监控: 这类系统可监视一个场景,对运动的人、物体进行自动化监测,检测可疑行为。实时收集交通数据用来指挥交通的交通监视系统也是其中一个分类。

(2)人机交互: 传统人机交互是通过计算机键盘和鼠标进行的,物体追踪技术可以使计算机具有识别和理解人的姿态、动作、手势等的能力。

(3)机器人视觉导航: 在智能机器人中,物体追踪技术可用于计算机器人摄像头拍摄到的物体的运动轨迹,从而帮助机器人躲避或抓取物体。

(4)虚拟现实: 虚拟环境中3D交互和虚拟角色动作模拟直接得益于视频人体运动分析的研究成果,可给参与者提供更加丰富的交互形式。

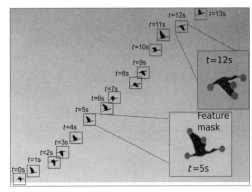

▌图4 预测物体运动

▌HuskyLens物体追踪功能演示

如果想让追光灯实时跟随你的步伐移动,就需要有一双"眼睛"紧盯你的步伐,并有"人"操作灯光实时追随着你,那我们如何实现这个功能呢?就要用到HuskyLens的物体追踪功能。

HuskyLens的物体追踪功能利用内置算法,通过对物体的特征进行学习而实现对物体在屏幕中位置的追踪,并可以将位置的坐标反馈给主控。主控可以通过物品的坐标驱动云台,控制灯光实现实时追光。

学习物体

与只针对颜色的颜色识别和只针对部分人体的人脸识别不同,物体追踪是可以对一个物体(或人)的整体特征进行学习并进行识别、追踪的。

把HuskyLens对准需要追踪的物体,调节物体与HuskyLens的距离,将物体包含在屏幕中央的橙黄色方框内。如不方便,包含特征鲜明的局部亦可。长按"学习按键"不松开,并调整角度和距离,使得HuskyLens从不同的角度和距离对该物体进行学习。当HuskyLens在不同的角度和距离都能追踪到该物体时,就可以松开"学习按键"结束学习了。

在学习的过程中,屏幕上的黄框会标注"学习中:ID1"(见图3),表示HuskyLens一边追踪物体,一边学习,这样设置有助于提高哈士奇追踪物体的能力。当识别结果满足要求,达到预期效果时,你就可关闭一边追踪一边学习的功能,方法是长按"功能按键",进入二级菜单"参数设置",关闭"学习开启"。

小提示:哈士奇每次只能追踪一个物

体（可以是任何有明显轮廓的物体，甚至是各种手势）。如果屏幕中央没有橙黄色方框，说明 HuskyLens 之前学习过一个物体，请选择"忘记学过的物品"，然后重新学习。

打开"追光灯"

HuskyLens 上有两个补光灯，可以让它在昏暗的环境中依然可以稳定地执行检测功能（见图 5）。

切换到"常规设置"选项，进入设置菜单，找到"LED 开关"，按下按钮就可以通过左右拨动设置 LED 补光灯是开还是关了（见图 6）。

2自由度云台

什么是云台？

云台是安装摄像头的支撑设备，它分为固定云台和电动云台两种。固定云台适用于监视范围不大的情况，在固定云台上安装好摄像头后可调整摄像头的水平和俯仰角度，调整好工作姿态后只要锁定调整机构就可以了。电动云台适用于对大范围进行扫描监视，它可以扩大摄像头的监视范围。

云台在案例中的应用

2自由度云台的姿态控制是由 2 台执行电机或舵机来实现的，电机或舵机接收控制器的信号，精确地运行。2 自由度云台在物体追踪系统中的作用是移动摄像头，使摄像头一直将识别的图框保持在识别区域中心，这样智能追光灯就可以保证灯光一直照射在目标身上。2 自由度云台的 2 个自由度分别对应水平移动（x 轴）、垂直移动（y 轴），也就是云台上安装的两个舵机的运动方向。

什么是舵机？

舵机又叫伺服电机，是一种可以指定

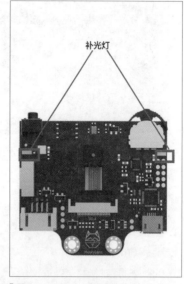

图 5 HuskyLens 上的两个补光灯

控制位置（旋转的角度）的电机。最常用的舵机，旋转角度范围是 0°～180°，也有旋转角度范围是 0°～90° 和 0°～360° 的舵机。

项目实践

我们将分两步完成任务。

任务一：物体追踪与坐标的作用。我们使用 HuskyLens 的物体追踪功能获取物体中心在屏幕中的坐标，通过坐标判断物体的相对位置。

任务二：通过云台驱动的追光灯。获取坐标后，主控 micro:bit 驱动 2 自由度云台中的舵机，让 HuskyLens 运动，让物体的坐标移动到屏幕中心，这样就可以实

现实时追光。

任务一：物体追踪与坐标的作用

1. 硬件连接

硬件连接如图 7 所示。HuskyLens 使用的是 I²C 接口，需要注意线序，不要接错或接反。

2. 程序设计

（1）学习与识别

在设计程序之前，我们需要让 HuskyLens 学习需要追踪的"演员"（见图 8）。

（2）Mind+ 软件设置

打开 Mind+ 软件（1.62 或以上版本），切换到"上传模式"，单击"扩展"，在"主控板"下单击加载"micro:bit"，在"传感器"下单击加载"HUSKYLENS AI 摄像头"（见图 9）。

（3）积木学习

本次我们会用到一个新积木，如图 10 所示。它可以从请求得到的结果中获取 IDx 的参数，如果此 ID 在画面中没有或没有学习该 ID 则会返回 -1。

（4）坐标分析

HuskyLens 的屏幕分辨率为 320 像素 ×240 像素，我们通过程序获取的物体中心坐标也就在这个范围内。如果获取的坐标值为（160,120），那么现在追踪的物体就在屏幕的中心（见图 11）。

图 6 补光灯的开关

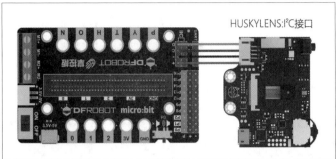

图 7 硬件连接示意图

图 8 让 HuskyLens 学习需要追踪的"演员"

图 9 在 Mind+ 中添加扩展

图 10 获取 IDx 的参数的积木

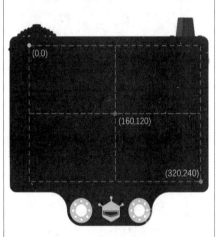

图 11 HuskyLens 的屏幕坐标

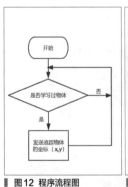

图 12 程序流程图

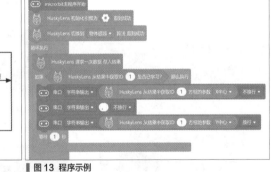

图 13 程序示例

（5）程序流程图

程序流程如图 12 所示。

3. 程序示例

程序示例如图 13 所示。

4. 运行效果

打开 Mind+ 中的串口监视器，读取数据，出现（-1,-1）则表示追踪的物体丢失（见图 14）。

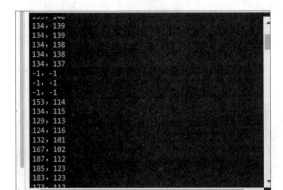

图 14 串口监视器中显示的物体中心坐标

任务二：通过云台驱动的追光灯

1. 结构搭建及硬件连接

① 找到舵机的舵盘，进行修剪，需要修剪图中标注的那两个舵盘。

② 将修剪好的舵盘用螺丝固定在底座上。

③ 用固定座固定舵机，注意左右方向不要装反。

④ 将修剪好的另一个舵盘用螺丝固定在图中所示位置。

⑤ 将底座与上步装好的组件组合到一起。

⑥ 将最后一个结构件与舵机组装在一起。

⑦ 将装好的部件组装在一起，装入时需要稍微掰开一点卡扣。

⑧ 将 HuskyLens 固定在上面，由于云台不是专为 HsukyLens 设计的，我们可以简单添加一些结构来适配它。这里使用了一小片瓦楞纸固定。

⑨ 装上 HuskyLens 后，云台的重心就偏移了，导致云台无法立住，所以还需要添加一个底座来固定它。

⑩ 将它们的连接线接到扩展板上，接线时注意引脚的对应关系（见表2）。

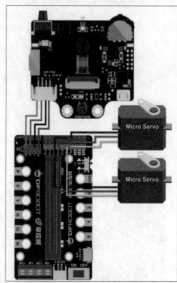

表2　引脚对应关系

设备	扩展板引脚
HuskyLens	I^2C
x 轴舵机	P8
y 轴舵机	P9

2. 程序设计

让追光灯保持追踪物体，主要需要的是图 10 所示的积木。

前面说过，HuskyLens 屏幕的中心坐标是（160,120），我们可以根据物体方框的中心坐标，让舵机做出表 3 所示的动作，实现跟踪。

当对象方框中心到达屏幕中心时，系统会判断目标在追光灯的灯光中心。追光灯就由哈士奇自带的两个 LED 补光灯来充当。

表 3　对象中心坐标与对应的舵机动作

对象中心坐标	舵机动作
$x<160$	x 轴舵机向左运动
$x>160$	x 轴舵机向右运动
$x=160$	x 轴舵机停止运动
$y>120$	y 轴舵机向上运动
$y<120$	y 轴舵机向下运动
$y=120$	y 轴舵机停止运动

根据以上分析，得出程序流程图，如图 15 所示。

为了简化程序，我们会用到变量和函数（自定义模块），如图 16 所示。变量的主要作用是存储信息，在之后需要使用时再去调用它。而函数的主要作用则是存储一段程序，在之后需要时再去调用。

3. 编写程序

① 因为这个任务比上一个任务多使用了两个舵机，所以需要在"扩展"→"执行器"中添加舵机模块。

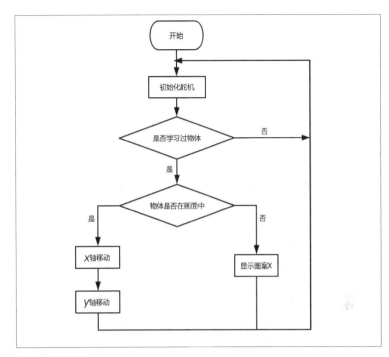

▎图 15　程序流程图

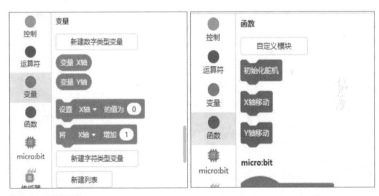

▎图 16　变量与函数

② 我们设置变量和函数，单击"新建数字类型变量"，新建"X轴""Y轴"这两个变量；单击"自定义模块"，新建"初始化舵机""X轴移动""Y轴移动"这 3 个函数。

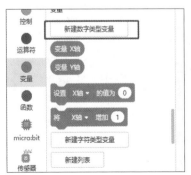

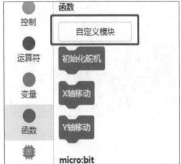

③ 对3个函数进行定义，首先定义"初始化舵机"函数，其目标是让舵机移动到初始位置，并将舵机的旋转角度与变量"X轴"和"Y轴"进行了关联。

⑤ 同理，"Y轴移动"函数的功能是根据物体中心 y 坐标进行判断，控制舵机在 y 轴上移动。

④ 定义"X轴移动"函数，这里执行的功能是根据物体中心 x 坐标进行判断，控制舵机在 x 轴上移动。

⑥ 最后我们来完成主程序，只需要调用之前编辑好的函数就可以，程序内容简洁明了。

4. 运行效果

HuskyLens 会根据舞台上人物的移动而进行追光，如图17所示。

▌项目小结

本次我们使用 HuskyLens 的物体追踪功能，配合云台实现了自动追光灯的功能；在现实生活中，物体追踪功能还有更多的应用。

▌项目拓展

在完成了智能追光灯项目之后，你是否能够完成一个自动打靶装置，利用哈士奇的物体追踪功能自动瞄准移动靶或固定靶呢？请尝试使用激光灯模拟打靶的"子弹"，使用光线传感器来检测"子弹"是否击中靶子。🅧

▌图17 运行效果

干簧管磁性浮球液位计的制作

王旭

制作背景

我需要对 200mm 高的液位进行测量，因为量程短和精度要求不高，选用了一款磁性浮球液位计进行测试，结果发现安装尺寸太大、4 ~ 20mA 的模拟量输出信号不能直接接入其他数字设备、价格也较高。因此，我利用干簧管制作了一个 200mm 磁性浮球液位计，通信接口采用 ModBus 协议的 RS-485。程序的设计采用了 OOP（面向对象程序设计）方法，最后利用工控屏进行了测试。

原理图设计

干簧管磁性浮球液位计的工作原理，就是将干簧管按 20mm 的间距安装在不锈钢管里面，在不锈钢管外面套装一个磁性浮球，磁性浮球里面含有磁铁，并且可以漂浮于液体表面。使用时，把装置整体放在液体中，并固定不锈钢管，磁性浮球会随着液面运动，磁性浮球会使附近的干簧管导通，单片机采集到干簧管导通信号，再进行数据逻辑分析处理，计算出液位高度，最后通过 RS-485 进行液位数据传输。其电路原理如图 1 所示，PCB 设计如图 2 所示，焊接好的 PCB 如图 3 所示。

这里说明一下，为了节省体积，在设计 PCB 时，I/O 接口处没有设置上拉电阻

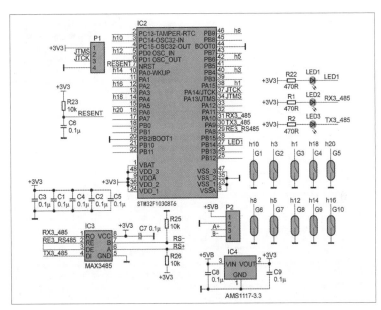

▌图 1 电路原理图

▌图 3 焊接好的 PCB

而采用了内部上拉功能，晶体振荡器采用内部晶体振荡器。

其他辅助材料

液位计的浮球采用普通浮球液位开关的浮球（见图 4），内径为 9mm，外径为 20mm，高为 20mm。

▌图 4 磁性浮球

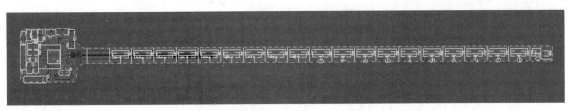

▌图 2 PCB 图

液位计的导柱采用 304 不锈钢管,外径为 8mm,壁厚为 0.5mm(见图 5)。

程序设计

程序的框架设计采用 OOP 思路,通过设计干簧管对象和液位对象,使得主程序中代码简单易懂,方便移植。主程序流程如图 6 所示,代码如下。

```
// 主文件
int main(void)
{
    /* 硬件初始化省略 */
    di_init();// 干簧管对象初始化
    yewei_init();// 液位对象初始化
    while (1)
    {
        if(T_5ms_is_OK == 1)
        {
            T_5ms_is_OK = 0;
            if(g_di.scan_fun != 0x00)
            g_di.scan_fun(&g_di);// 执行干簧管
对象的扫描方法
            if(g_yewei.filter_fun != x00)
            g_yewei.filter_fun(g_di.val);//
执行液位对象的去抖滤波方法
            if(g_yewei.process_fun != 0x00)
            g_yewei.process_fun(&g_yewei);//
执行液位对象的液位计算方法
        }
        /* 其他任务 */
    }
}
// 放置定时器回调函数
void HAL_TIM_PeriodElapsed
Callback(TIM_HandleTypeDef *htim)
{
    /* 省略 */
}
```

液位高度逻辑处理计算流程如图 7 所示。

下面介绍干簧管对象和液位对象的实现代码。

图 5 不锈钢管

```
// 液位计算头文件
#ifndef __di_h__
#define __di_h__
/* 其他头文件省略 */
#define DI_MAX_COUNT 10
// 声明读取干簧管状态函数指针类型
typedef uint8_t (*read_fun)();
// 定义一个管理干簧管对象
typedef struct di_tag_tag
{
    // 定义读取干簧管状态函数指针数组
    read_fun read[DI_MAX_COUNT];
    // 定义保存干簧管状态的字节数组
    uint8_t val[DI_MAX_COUNT];
    // 定义一个扫描干簧管的函数指针
    void (* scan_fun)(struct di_tag_
    tag * di);
}di_tag;
// 声明可以外部访问的干簧管对象
```

```
extren volatile di_tag g_di;
// 声明扫描干簧管状态函数
void scan(struct di_tag_tag *di);
// 声明干簧管对象初始化函数
void di_init();
#define FILTER_VAL_MAX_TIMER 2
// 定义一个管理液位对象
typedef struct yewei_tag_tag
{
    // 定义一个扫描干簧管结果去抖函数指针
    void (* filter_fun)(uint8_t * val);
    // 定义保存干簧管状态(去抖以后)的字节
数组
    uint8_t filter_val[DI_MAX_COUNT];
    // 定义保存干簧管状态计数字节数组
    uint8_t filter_val_timer[DI_MAX_
    COUNT];
    // 定义一个扫描干簧管的函数指针
    void (* process_fun)(struct yewei_
    tag_tag * yewei);
    // 定义一个液位高度变量
    uint16_t height;
}yewei_tag;
// 声明外部可以访问的液位对象
extren volatile yewei_tag g_yewei;
// 声明液位对象初始化函数
void yewei_init();
// 声明去抖滤波函数
void filter(uint8_t * val);
```

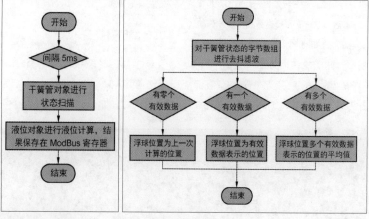

图 6 主程序流程图　　**图 7 液位高度计算流程图**

```c
// 声明液位高度处理函数
void process(struct yewei_tag_tag *
yewei);
#endif
// 液位计算C文件
// 第1个干簧管读取函数
static uint8_t read_h10()
{
  return HAL_GPIO_ReadPin(h10_GPIO_
Port, h10_Pin);
}
/* 其他干簧管读取函数省略 */
// 定义干簧管对象
volatile di_tag g_di;
void di_init()
{
  // 读取干簧管状态的方法赋值
  g_di.read[0] = read_h10;
  /* 其他的省略 */
  // 扫描方法赋值
  g_di.scan_fun = scan;
}
// 扫描干簧管方法代码实现
void scan(struct di_tag_tag * di)
{
  uint8_t i =0;
  for(i=0;i<DI_MAX_COUNT;i++)
  {
    // 如果函数指针没有赋值，直接退出
    if(di->read[i] == 0x00) return;
    if(di->read[i]() == 0)
    {
      // 干簧管导通
      di->val[i] = 1;
    }
    else
    {
      // 干簧管没导通
      di->val[i] = 0;
    }
  }
}
// 定义液位对象
```

```c
volatile yewei_tag g_yewei;
// 液位对象初始化
void yewei_init()
{
  // 去抖滤波方法赋值
  g_yewei.filter_fun = filter;
  // 液位计算方法赋值
  g_yewei.process_fun = process;
}
// 去抖滤波代码实现
void filter(uint8_t * val)
{
  uint8_t i =0;
  // 遍历所有干簧管采集到的状态
  for(i=0;i<DI_MAX_COUNT;i++)
  {
    if(*val++ == 1)
    {
      g_yewei.filter_val_timer[i]++;
      // 进行去抖滤波
      if(g_yewei.filter_val_timer[i]
== FILTER_VAL_MAX_TIMER)
        g_yewei.filter_val[i] = 1;
      // 防止计数器溢出
      if(g_yewei.filter_val_timer[i] >
FILTER_VAL_MAX_TIMER +1 )
        g_yewei.filter_val_timer[i] =
FILTER_VAL_MAX_TIMER +1 ;
    }
    else
    {
      g_yewei.filter_val[i] = 0;
      g_yewei.filter_val_timer[i] = 0 ;
    }
  }
}
// 液位高度计算代码实现
void process(struct yewei_tag_tag *
yewei)
{
  uint8_t i;
  // 定义一个保存有效干簧管位置的数组
  uint8_t active[DI_MAX_COUNT];
```

```c
  // 记录有效干簧管位置的数量
  uint8_t count;
  // 因为是内部变量，在调试时，发现里面有垃
圾值，所以进行一下清零
  memset(active,0x00,sizeof(active));
  count = 0;
  // 统计有效干簧管的位置和数量
  for(i=0;i<DI_MAX_COUNT;i++)
  {
    if(yewei->filter_val[i] == 1)
    {
      active[count++] = i;
    }
  }
  // 检测到0个有效干簧管，液位高度值是上一
次的
  if(count == 0)
  {
    yewei->height = yewei->height;
  }
  // 检测到1个有效干簧管
  else if(count == 1)
  {
    // 高度信息保存在active数组第一位
    yewei->height = active[0] *2;
  }
  else// 检测到多个有效干簧管
  {
    // 最低高度信息保存在active数组第一位
    // 最高高度信息保存在active数组最后一位
    yewei->height=active[0]+active
[count-1];
  }
  // 将液位高度值放到modbus寄存器中
  modbus_set_register(yewei->height);
}
```

Modbus 函数的代码就是标准的协议，有现成的代码，这里就不介绍了。

组装

（1）将元器件焊接在 PCB 上；（2）将不锈钢管用角磨机切到合适的长度；（3）将

▌图8 仿真调试

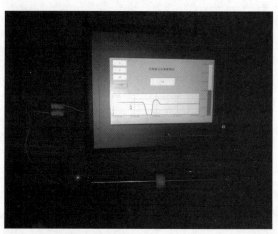

▌图11 用工控屏测试液位计效果

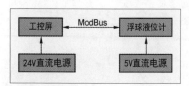

▌图9 工控屏测试电路图

焊接好的 PCB 插入不锈钢管；（4）将不锈钢管另外一头用胶水密封，防止漏水；（5）在不锈钢管外面套装磁性浮球。

▌**测试**

用 Keil 软件编写、编译液位计程序。利用 JLink 将程序下载到单片机中。在计算机上仿真验证程序的正确性（见图8）。

▌**工控屏测试**

我利用一款带 ModBus 的工控屏进行简单测试，工控屏和液位计通过 RS-485 线连接，电源线分别与各自的电源连接（见图9）。

对于工控屏的主要设计工作为：设置 ModBus 驱动→连接数据库→绘制显示控件→关联液位数据。图10所示为工控屏设置参数页面。其中 ModBus 的主要参数为设备地址和寄存器地址，数据格式为16位无符号整数。

上电后就能直接进行测试，用手滑动磁性浮球，屏幕能实时显示浮球液位状态（见图11）。

▌**总结**

经过测试，自己动手做液位计的好处是：（1）可以与测量罐体整体焊接，缩小尺寸；（2）直接以数字量输出，其中 ModBus 是工业的常用标准协议，方便和其他设备对接；（3）成本低。

我发现有几处经验在后续的工作中还是值得借鉴的，这里和大家一起分享：（1）其实我最开始采用霍尔开关进行测试，但是霍尔开关具有方向性，采用圆形浮球不能控制方向，结果失败；（2）干簧管的外壳如果采用玻璃管封装，在焊接和组装时容易损坏；（3）贴片干簧管比直插型干簧管的价格高一点，但一致性要好很多。 Ⓧ

▌图10 工控屏设置参数页面

懒人闹醒时钟

王志豪

大多数年轻人有起床困难的现象，虽然目前手机和普通电子时钟都有闹钟功能，但很多情况根本解决不了起床困难的问题。我也曾有几次因为赖床，导致上班迟到，虽然在手机上设定了多个闹钟，但依旧不管用。那时候我就想，能不能设计一个比较靠谱、实用的闹钟，尽可能地解决这个问题呢？

功夫不负有心人，我和朋友们设计出了"懒人闹醒时钟"这款硬件实物，希望能帮助到起床比较困难的年轻人。本设计硬件实物如图1所示。

功能说明

懒人闹醒时钟配有安卓手机App，该软件会自动记录运动步数，到达使用者设置的闹钟时间时，通过蜂鸣器产生闹铃。如果想要停止闹铃，使用者必须起床，拿起手机短暂地走路或跑步，达到规定的运动量之后，安卓手机App便会自动关闭闹铃，闹铃不可人为关闭。有一定的运动量之后，使用者便不会有再睡意了。

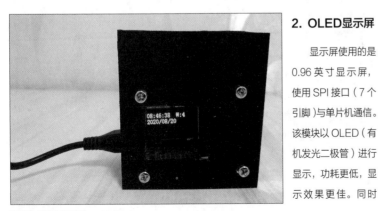

图1 懒人闹醒时钟

目前懒人闹醒时钟主要有以下3个功能：（1）NTP网络自动授时，时间精确显示，无须人工手动校时；（2）闹钟提醒；（3）时钟管理，用户通过手机App，可以自定义闹钟时间，包括星期几、几点钟进行闹钟提醒。

硬件组成

懒人闹醒时钟由STM32单片机（STM32F103C8T6）、ESP8266 Wi-Fi模块、OLED显示屏、蜂鸣器4个模块组成，硬件框架结构如图2所示，STM32开发板外观如图3所示。

模块说明

1. ESP8266 Wi-Fi模块

ESP8266 Wi-Fi模块选用ESP-01S，该模块集成了透传功能，即买即用，支持串口AT指令集，用户通过串口即可实现网络访问，广泛应用于智能穿戴、智能家居、家庭安防、遥控器、汽车电子、智慧照明、工业物联网等领域。

2. OLED显示屏

显示屏使用的是0.96英寸显示屏，使用SPI接口（7个引脚）与单片机通信。该模块以OLED（有机发光二极管）进行显示，功耗更低，显示效果更佳。同时

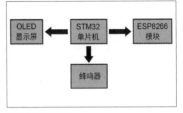

图2 硬件框架图

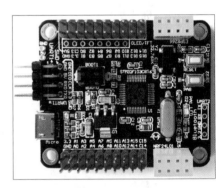

图3 STM32开发板

OLED屏具有多个控制指令，可以控制屏幕亮度、对比度，开关升压电路等。它操作方便，功能丰富，可显示汉字、ASCII码、图案等内容。

3. 蜂鸣器

蜂鸣器使用5V有源蜂鸣器，闹铃声音大，控制便捷。

安卓手机App

安卓手机App可以为懒人闹醒时钟提供配网、闹钟设置（见图4）和运动计步（见图5）等功能。

图4 闹钟设置界面　　　图5 运动步数界面

制作步骤

1. 材料准备

先在网上购买制作需要的模块，如下表所示。

序号	模块名称	数量
1	STM32F103C8T6 开发板	1
2	ESP8266 Wi-Fi 模块	1
3	OLED 显示屏模块	1
4	5V 有源蜂鸣器	1

2. 硬件连接

根据下面的实物硬件连接图，连接好各个模块。

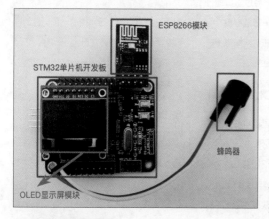

3. 编写底层硬件程序

硬件程序使用 Keil 5 开发工具，编程语言使用 C 语言。

底层硬件程序工程代码可以从杂志目录页所示的资源平台下载，如果不想编译工程，也可以直接烧写资源中的 Real_Time_Clock_Alarm_SmartUnion.hex。烧写完 HEX 文件之后，懒人闹醒时钟的硬件部分就完成了。

4. 编写Android App程序

Android App 用 Android Studio 开发工具开发，使用 Java 语言编程。编写完该程序之后，开发工具会自动生成 Android 程序安装软件，发送到手机，点击安装即可。该 App（懒人闹醒时钟 .apk）同样可以从杂志目录页所示的资源平台下载。

5. 硬件外观设计

经过前面 4 个步骤，懒人闹醒时钟的硬件部分和软件部分功能都已完成，那么接下来就要考虑给它设计个外壳，由于本人没学过模具设计方面的专业知识，只能简单地包装一下，读者朋友在制作时也可以发挥自己的想法，让外壳更美观。下面介绍外壳的制作过程。

1 准备钢直尺、亚克力面板、亚克力板裁切刀和签字笔。

2 根据硬件实物大小，用笔在亚克力板上画出需要裁剪的尺寸。

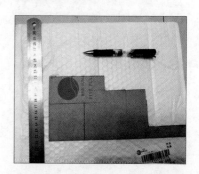

3 将钢直尺对准切割线，用亚克力裁切刀沿切割线切割。

④ 成功切割完一块亚克力板。

⑤ 接着切割另外一面的亚克力板，这样就先做好了外壳顶部和底部的外壳。

⑥ 根据硬件预留的 4 个固定孔，用记号笔在亚克力板上进行标注，方便钻孔。

⑦ 根据标记位置，用电钻打孔，打完孔之后的效果如下图所示。

⑧ 打完外壳底面的孔之后，根据底面亚克力板孔的位置，再去打顶面亚克力板的孔。底面和顶面打完孔之后的效果如下图所示。其中，顶面亚克力板已经根据 OLED 显示屏的大小开好孔位。

⑨ 使用至少 9 个 M3 铜柱、4 个 M3 螺丝帽、2 个 M3 螺丝，进行外壳与硬件的组装。

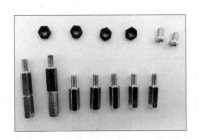

⑩ 外壳固定后，效果如下图所示。

最后，给懒人闹醒时钟通电，查看运行效果，如图 6 所示。硬件搭配安卓手机 App，效果如图 7 所示。⊗

▌图 6 运行效果

▌图 7 硬件设备搭配安卓手机 App

演示视频 1　　　演示视频 2
浇花　　　　　土壤湿度检测

物联网浇花装置

DF创客社区 推荐作品

王立

我想做个物联网浇花装置，刚好看到 DF 销售阿里云浇花套件（见图 1），买回来发现套件内容还算齐全，以为直接照着教程制作就可以了，结果发现教程里只有一个测土壤湿度的程序，并未实际搭建出浇花装置，还得自己摸索。还有个很尴尬的问题：套件中的泵过于凶猛，通电后直接"哗哗"地浇水，我有点担心花被灌死，所以换了一个温柔的蠕动泵（见图 2）慢慢浇水。

为了更好地演示，我额外找了个 Gravity 的 LED 模块，加入装置。

所有硬件（见附表）都是直接连接即可（见图 3~ 图 5），比较简单。

继电器接在 ESP32 的 D3 上，继电器的 COM 用一根线连在 DC 接头的 +，继电器的 NO 连接蠕动泵的一个引脚，蠕动泵的另一脚接在 DC 接头的 − 上。DC 座子插在 5V 电源接头上。DHT11 温 / 湿度传感器模块接在 ESP32 的 D2 上。土壤湿度传感器模块接在 ESP32 的 A0 上。

接下来就是将程序上传到 ESP32 里，程序是我在自带的例程 SmartWatering 的基础上修改的，需要修改 Wi-Fi 账号和密码、阿里云上相关设备的口令。

这里讲一下如何制作 Web 端的界面。在产品页面新建一个 Web 应用，将其命名为"浇花 1"（见图 6）。

图 3　硬件连接

图 4　LED模块、DHT11温 / 湿度传感器模块、土壤湿度传感器模块

附表　硬件清单

1	阿里云浇花套件
2	蠕动泵
3	DC 电源接头
4	5V 电源
5	LED 模块

图 5　ESP32 扩展板上的接线

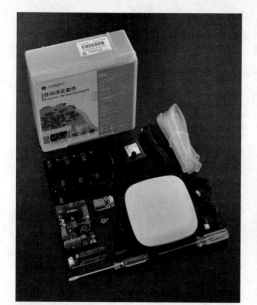

图 1　阿里云浇花套件

图 2　蠕动泵

图 6　在产品页面新建一个 Web 应用

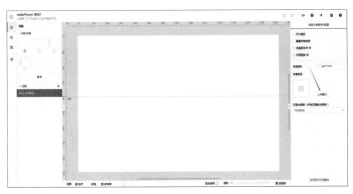

▌图7 单击"上传图片"

▌图8 将"仪表盘"拖曳到中心画布上

▌图9 更改组件的参数

▌图10 验证你的数据和仪表盘显示的数值是否匹配

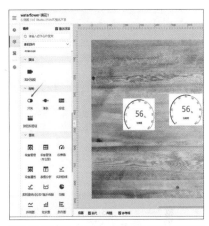

▌图11 新建两个"开关",用于控制浇花和点亮LED

写完名字后,它会自动跳转到"页面布局"窗口,单击"上传图片",为Web界面设置一个背景(见图7)。

左侧的"组件"里有很丰富的组件,将"仪表盘"拖曳到中心画布上(见图8)。

右侧面板可以更改组件的各个参数,比如我们可以把"内容"改成"233333",仪表盘的中心就会显示出"233333",你可以将"内容"改成"土壤湿度""环境温度"等(见图9)。

仪表盘如何知道我们要让它显示的内容呢,单击"配置数据源",选择相应的参数,比如你可以选择"土壤湿度"(需要先自己新建这个功能),然后这个仪表盘的数值就关联上"土壤湿度"了。单击"验证数据格式",可以验证你的数据和仪表盘显示的数值是否匹配,不匹配就需要修改,最后单击"确定"(见图10)。

按照同样的原理新建两个"开关",用于控制浇花和点亮LED(见图11)。

把所有组件调整到合适的大小和位置后,单击右上角的"发布"按钮(见图12)。

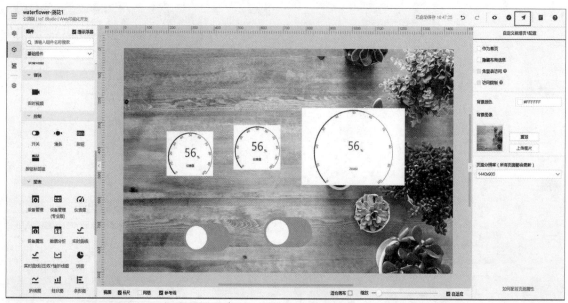

▌图12 单击右上角的"发布"按钮

　　为 ESP32 通电（见图 13），在阿里云平台上就可以看到设备已经在线，并显示了相应的内容（见图 14）。

　　选择 Web 应用的"发布地址"（见图15），就可以通过自己制作的网页控制浇花和点亮 LED 了（见图 16）。⊗

▌图13 为 ESP32 通电

▌图14 在阿里云平台上看到设备已经在线，并显示了相应的内容

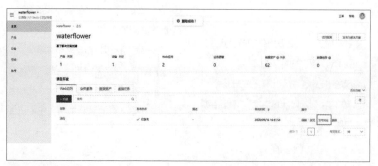

▌图15 选择"发布地址"

▌图16 通过网页点亮 LED

无线 USB 鼠标 PS/2 转接器

❚ 王岩柏

演示视频

　　USB 是由英特尔等多家公司在 1996 年联合推出的一种外部总线标准，用于计算机与外部设备的连接和通信。相比在此之前的串口、并口等接口，USB 有着通用性更强、可连接多种外设以及支持热插拔等诸多优点。一经推出，USB 接口很快就应用于键盘、鼠标和主机的连接。在 USB 接口出现之前，PS/2 接口是专门为键盘、

❚ 图 1 USB 键盘、鼠标对 PS/2 接口转接器

鼠标设计的接口，键盘、鼠标可以通过这个接口接入计算机；更早之前，计算机还曾经使用串口作为鼠标接口。PS/2 和 USB 这两种接口从外形到协议截然不同，如果想将一个 USB 接口的键盘、鼠标设备接入 PS/2 接口，可以使用图 1 所示的转接器。

　　这种转接器内部没有任何元器件，只有物理连接。通过这种转接器，USB 键盘、鼠标的 D+、D- 连接到 PS/2 接口的 CLK、DATA。在上电过程中，键盘、鼠标会自行判断接口类型，自动切换协议，因此能够实现 USB 和 PS/2 的自适应。非常不幸的是，很多无线键盘、鼠标的接收器并没有这个功能，用户无法在 PS/2

接口上使用 USB 无线键盘、鼠标。这次的作品就是能让用户在 PS/2 接口上使用 USB 无线鼠标的转接器。

　　转接器的基本原理如下：鼠标将移动和按键信息通过无线协议发送给接收器，接收器取得数据后通过 USB 接口以 HID 协议上报给 Arduino USB Host Shield，Arduino 负责将 USB 数据进一步解析后再转化为 PS/2 协议（见表 1）发送给主机。

　　从表 1 可以看出，PS/2 鼠标通过第一个字节的 Bit 4（x 标志位）来表示方向，再加上第二个字节来表示移动距离，因此 PS/2 鼠标的 x 轴移动范围是 $-255 \sim +255$。其中第一字节的 Bit 6（x 溢

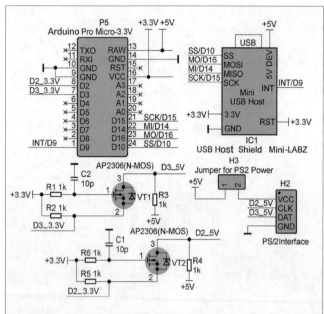

▌图2 转接器电路图

表1 PS/2 鼠标协议数据报格式

	bit 7	bit 6	bit 5	bit 4	bit 3	bit 2	bit 1	bit 0
Byte 1	y 溢出	x 溢出	y 标志位	x 标志位	总是1	中键	右键	左键
Byte 2	x 轴移动							
Byte 3	y 轴移动							
Byte 4	z 轴移动							

表2 元器件清单

元器件	数量	选择理由
USB Host Shield Mini	1	为了保证转接器体积小，这次选择 USB Host Shield Mini 作为 USB Host
3.3V Arduino Pro Micro	1	常见的 Arduino Pro Micro 是 5V 版本的，但是这次选择的是 3.3V 版本，因为这个版本的信号都是 3.3V 电平，可以直接和 USB Host Mini Shield 进行通信。如果选择 5V 版本，必须加入电平转换电路才能正常通信
PS/2 公头线	1	用于将 PS/2 连接到 PC 端
Φ3mm 铜柱螺丝	若干	用于整体固定

出）用于标志超出范围的错误，通常不会使用，一直为0。同样的，y 轴方向移动范围也是 −255~+255。

▌**硬件设计**

这次转接的目标是罗技 M185 无线鼠标，此外还用到了表2所示的元器件。

电路图如图2所示。

图2所示电路主要分为两部分。一部分是 USB Host Mini 对 3.3V Arduino Pro Micro 的连接，双方是通过 SPI 进行通信的。这里再次强调必须是 3.3V 版本的 Arduino Pro Micro 才能直接通信，此外，这个版本的 Arduino Pro Micro 使用的是 8MHz 晶体振荡器，在 Arduino IDE 的板卡管理器中必须选择 "LilyPad Arduino

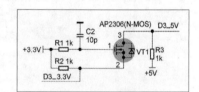

▌图3 必须选择 "LilyPad Arduino USB"

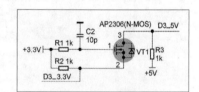

▌图4 3.3V 和 5V 双向电平转换电路

USB"（见图3）。

另一部分是 Arduino 对 PS/2 的通信，Arduino 引脚电压是 3.3V，而 PS/2 的工作电平是 5V，因此需要图4所示的电路来完成 3.3V 和 5V 的双向电平转换。

PCB 设计如图5所示。

▌**软件设计**

确定使用的硬件后即可开始软件设计。同样，软件也分为两部分。

第一部分是从 USB 接口获得鼠标数据并且进行解析。特别要注意，不同的鼠标使用的数据格式会有差别，这里使用的是罗技 M185 无线鼠标。用 USBlyzer 分

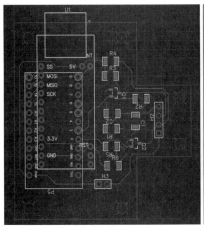

▍图 5 PCB 设计图与 3D 预览图

▍图 6 用 USBlyzer 抓取鼠标通信数据

▍图 7 用 USBlyzer 查看鼠标通信数据报

析 USB 接收器的 HID 数据,抓取到的鼠标通信数据如图 6 所示。

再通过按键和移动确定数据格式(见图 7)。

每次鼠标接收器会给主机发送 8 字节的数据,格式如下。

```
AA XX BB CC DD EE FF GG
```

AA 的低 3 位对应鼠标的 3 个按键;XX 一直为 00;BB CC 给出 x 方向移动数据(高位在后,表示为十六进制是 0xCCBB);DD EE 给出 y 方向的移动数据(高位在后,表示为十六进制是 0xEEDD);FF 是鼠标滚轮移动的距离;GG 在 Descriptor 中的描述是 AC Pan,

这是一种水平方向的滚轮,但是在罗技 M185 鼠标上并不存在这个滚轮,所以始终为 0。用 C 语言表示,鼠标数据格式是下面所示的结构体。

```c
struct USBMouseData_LogitechM185
{
  struct
  {
    unsigned char _left_btn : 1; // 1
byte
    unsigned char _right_btn : 1;
    unsigned char _middle_btn : 1;
    unsigned char _dummy : 5;
  };
  char na1;
  int _delta_x;
  int _delta_y;
  char _delta_z;
  char na2;
};
```

得到了这款鼠标的数据格式,配合 USB Host Library 就很容易获得该鼠标的数据,具体解析方法以前介绍过,这里就不再复述。还有一个需要注意的地方是 USB Host Library 会比对本次数据和上一次的数据,如果有差别,就不会将新的数据发送给上层。这样的设计会影响鼠标的滚轮,因为滚轮转动数据量很小,经常只是滚动一行,如果连续滚动多个一行,数据会被忽略掉,但是这会导致滚动不灵敏的情况。为此我在 \USB_Host_Shield_Library_2.0\hiduniversal.cpp 中做如下修改。

```cpp
bool HIDUniversal::BuffersIdentical
(uint8_t len, uint8_t *buf1, uint8_t
*buf2) {
  for(uint8_t i = 0; i < len; i++)
  if(buf1[i] != buf2[i])
  return false;
  if (buf1[6]!=0) return false; //
```

```
LABZDebug
  return true;
}
```

只要 USB 传来的数据中，第 7 个数值不为零（滚轮数据），就认为这个数据应该发送给上层处理。

USB 数据会在 void on_usb_data (USBMouseData_LogitechM185* data) 函数中处理。软件的第二部分就是处理后再次从 PS/2 接口发出鼠标数据。这里对收到的鼠标 x、y 轴移动数据进行处理。PS/2 鼠标的移动范围是 -255~255，罗技 M185 鼠标的移动范围是 -32767~32767，通常的做法是使用 MAP 函数进行处理，但是这样做会导致鼠标灵敏度下降。经过研究，我发现这是因为大部分移动数值很小，使用 MAP 函数会将这个数值变得更小，导致灵敏度下降。于是，我编写了 mousemap() 函数，对于绝对值小于 255 的数值不做处理，如果数据超过 255，移动值直接变成 255。

```
int mousemap(int value) {
  if (value<-255) {return -255;}
  if ((value>=-255)&&(value<=255))
{return value;}
  if (value>255) {return 255;}
}
```

经过上面的处理后，通过 PS2MouseSample() 函数将数据通过 PS/2 接口发送给主机端。

网上有很多 Arduino PS/2 的库，但是大多数是 Arduino 作为 PS/2 Host，这里需要将 Arduino 作为 PS/2 Device，最终选用 Github 上 harvie/ps2dev 库。为方便起见，我在最开始试验中使用 PS/2 转 USB 的转接线（见图 8），这样可以直接在没有 PS/2 接口的笔记本电脑上进行调试和试验。

实验中，我发现 PS2Dev 库无法工作，后来通过 Kingst LA2016usb 逻辑分析仪调试找到问题所在（见图 9）：上面

图 8 USB 转 PS/2 接口转接线

这个 USB 转 PS/2 接口转接线会对设备发送 0xFA 命令，但是这实际上并不是 PS/2 鼠标的命令，而是 PS/2 键盘的命令，PS2Dev 的鼠标库没有响应，所以导致出现问题。根据逻辑分析仪抓取的结果，让转接器对这个命令回复"0xFE，0xF6，0xFA，0x00"可让 HOST 端继续顺利工作。

最终的成品如题图所示，板子上预留了 Φ3.5mm 的孔，用螺丝配合空白 PCB 可以制作外壳将其封装起来。

在 PC 硬件领域，很少会出现"革命性、颠覆性"的产品，这是因为 PC 作为生产力工具对于用户来说够用就好，新的产品通常需要新的硬件接口配合，研发成本和更改模具的成本会最终体现在产品价格上，比如，DVD 在设计上为了尽可能地降低成本，选择和 CD 同样尺寸的盘片，这样可以继续沿用之前为 CD 设计的产线以及包装盒；DVD 光驱尺寸也和 CD 光驱尺寸相同。通常性能提升 5 倍，人们才愿意接受价格翻一番的产品。也正是这个原因，我们依然能在最新的计算机上看到"陈旧"的接口，同时也会在办公、生产场所看到依然运行着 Windows XP 或者 Windows7 的计算机。⊗

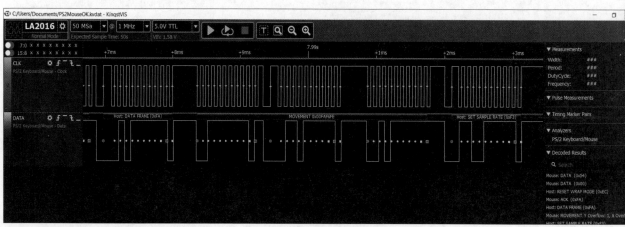

图 9 用逻辑分析仪抓取 PS/2 鼠标通信数据

电子沙漏 Hourglass

▌于子明

我想用做电子沙漏来检验这一段时间对PCB设计的学习效果。我使用点亮的LED模拟沙漏中的沙子，用水银开关检测沙漏的方向，用STC12C5A60S2单片机进行控制，外加一个开关来设置模式等其他功能。电子沙漏做出来不仅很炫酷，用来做定时器也不乏实用性。

我使用的PCB设计软件是Altium Designer 18。Altium Designer 的每一个版本之间都没有太大的变化，软件风格都是一样的，即使你学习的是以前的老版本，也丝毫不影响新版的使用。学习 Altium Designer 时，要注意教学者对于软件的操作，在观看教学视频演示的同时，自己最好在计算机上一步一步认真操作一遍，这样可以极大地提高学习效率。推荐学习杜洋的 PCB 入门课程，它可以帮助初学者更容易、更快地入门。集中精力只要一周左右的时间便能学会。希望我的亲身经历可以给初学者一点动力。

Altium Designer 实际使用起来相对繁杂，学习之后，一定要实际亲手实践一个项目才能真正掌握。本文记录的就是我第一次进行项目 PCB 设计的过程、心得和注意事项。

总体流程是先画出电路原理图，然后对应好进行封装。如果没有相应的封装，就新建一个封装库，或者使用别人的库。将封装更新到 PCB 图纸，检查网络等小细线是否都已正常连接，把各元器件按照简洁、美观的原则进行位置规划。规划好后直接自动布线，记住要把显示异常的线刷新一下，调整布线，最后别忘了保存。

制作过程中，常见的错误及解决办法汇总如下。

（1）出现问题请直接上网搜索解决办法。

（2）画线时要注意区分线是电路还是图中的线。

（3）使用网络时，如果出现 unknownpin 或者 class 之类的错误提示，可以到 PCB 文件中通过"设计"→"网络"清除全部网络，再选"设计"→"类"（class），在对象浏览器左边把工程名的那个类直接删除掉（这些操作不会改变元器件位置与布线），然后再将原理图重新更新到 PCB。

（4）PCB 变灰：单击鼠标右键，选择"清除过滤器"。

（5）改变板子颜色：双击左下角的 LS，在弹出的"View Configuration"窗口中单击"View Opinions"选项卡，在"Configuration"中改变板子颜色。

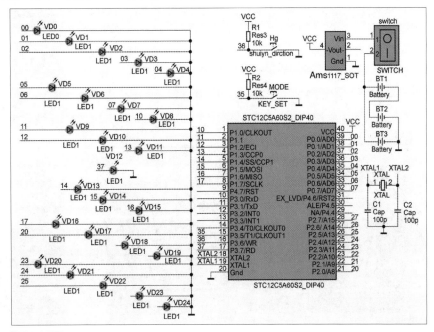

▌图 1 电路图

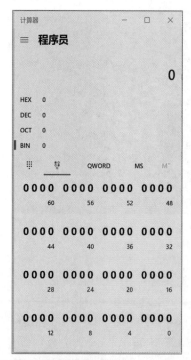

▊ 图2 计算器的程序员模式

在设计电路图时，将每个 LED 连接至单独引脚，使用强推挽模式。按照引脚顺序依次定义 LED，这样在最后设计动画时直接写出 3 组 I/O 口的十六进制码即可（见图1）。此处可以利用 Windows 计算器的程序员模式（见图2），手动输入 0 和 1 转换出十六进制数。

设计 PCB 时，灵活运用排列功能将 LED 排列成沙漏的样子（见图3）。

我第一次设计板子时，因为没有考虑周全，曾经遇到过 LED 接反、亮度不一、开关无效等问题。

于是我重新设计了第二版板子，针对存在的问题做出了较大调整，并且大量使用了 0805 型贴片封装的元器件（见图4）。把 PCB 送到工厂打样时，我找到了一家经济实惠的厂家，其定价为 5 元 /5 片，杂色免费。

收到板子后，将所需元器件全部焊接到板子上，写一个简单的程序来测试板子（见图5）。

设计这项工作属实不易，漏洞会频频出现，但是磨砺也算是一种财富吧。最初我设想在板子上直接下载测试程序，不过没能实现，原因是单片机下载引脚被电池挡住了。如果在单片机上直接焊接下载线，电源又是个问题。我勉强接了数根导线，又发现连接不稳定，烧写程序时总是中途握手失败，只能每次将单片机用镊子拆卸到面包板上来烧程序。于是我将一个带锁的单片机底座改造之后插到板子上，如此一来，拆卸单片机方便很多（见图6）。注意改造时座子要锁死。下次设计 PCB 时，一定要画好下载触点。

在设计代码之前，要在纸上画好

每一帧沙漏的状态，写下每一帧一正一反两种 3 组引脚的十六进制状态参数。

电子沙漏的代码设计需要注意功能的正确性。比如，在某一状态下翻转沙漏，不是直接将当前帧直接显示翻转效果，而是要考虑上下沙量实际有没有变化，比如上面漏斗中有 3 粒"沙子"，那么翻转后，这一半漏斗中还是有 3 粒"沙子"，也就是翻转后下面漏斗中要有 3 粒"沙子"掉下去。再比如在一个状态等待进入下一个状态时翻转沙漏，沙漏不能没有变化，要实时做出变化。

▊ 图3 第一版 PCB 设计

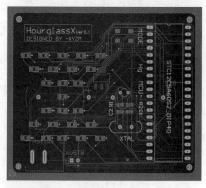

▊ 图4 第二版 PCB 设计

▊ 图5 焊接好的 PCB

▊ 图6 添加带锁的单片机底座

要做到这一点，其实使用单片机的外部中断接口效果最好，但是我在设计 PCB 时连错了水银开关的引脚，只能在软件方面多下功夫解决问题，其实就是实时监测水银开关的状态，对当前状态做出调整，但是如此一来就比较占用单片机资源，很难控制时间的精准性，后期也可以通过添加时钟芯片尝试解决。

我的程序依旧使用我惯有的时间线思路来设计，将每一个功能尽量有特点地组成一个个单独的模块化函数，在主程序中，只是大量地调用这些函数。这可以较好地理清思路。

我分出的功能块函数有：单纯的延时函数、状态延时等待函数、显示（根据当前时间状态刷新 I/O 口）函数、检测方向变化顺便调整当前时间状态函数、检测是否结束函数、初始通过按键设置模式函数。

考虑到电子沙漏每一帧产生的数据较多，用数组变量在 RAM 中存储肯定是不够的，需要用到 Flash 空间，这里只需要在声明变量时，在变量名前面加一个"xdata"即可简单使用 Flash 存储数据。我使用了三维数组，每维依次存放每一帧的数据、两种方向的数据、对应的 3 组 I/O 口的数据。

```
unsigned char xdata box[25][2][3]
```

如此一来就方便了显示函数的编写，但是读取 Flash 的数据速度较慢、时间较长，由于没有时钟芯片，时间就很难控制了。

显示函数就是根据传入的状态参数和方向参数输出当前状态对应的一帧。

```
void display(char t,char dir){
  if(dir==0){
    P0=box[t-1][0][0];
    P1=box[t-1][0][1];
    P2=box[t-1][0][2];
  }
  if(dir==1){
    P2=box[t-1][1][0];
    P1=box[t-1][1][1];
```

```
    P0=box[t-1][1][2];
  }
}
```

检测方向变化顺便调整当前时间状态函数判断水银开关的状态是否变化，如果变化，就将当前状态参数（简称时间参数 t）更新为 25-t，然后在函数结束前更新方向变数。

```
void updir(){
  if(dir!=Hg){
    t=25-t;
  }
  dir=Hg;
}
```

检测是否结束函数简单地判断 t 是否超过范围。

```
char checkend(){
  if( t>=25 || t<=0 ) return 0;
  else return 1;
}
```

在加上中断之前，延时函数就简单地延时一会，然后调用一遍上面检测方向的那个函数，紧接着更新显示。

```
void delay(){
  for(d=1;d<=mode-1;d++){
    delay1ms(1);
    updir();
    display(t,dir);
  }
}
```

主函数的流程就是一个大循环，把时间 t 设置成 1，更新一下方向变量、进入按键设置时间长短，然后嵌套一个 while 循环，若没结束就先更新一下方向，然后调用显示函数，更新一下显示状态，进入延时模块，最后 t 加 1。

```
int main(){
  while(1){
    t=1;
    dir=Hg;
    setdelay();
    while(checkend()){
      updir();
      display(t,dir);
      delay();
      t++;
    }
  }
}
```

最后把程序烧写进单片机，完成所有功能。虽然这个项目有很多地方待改进，但设计与制作过程是一次宝贵的经历。我相信只要敢于尽全力完整地尝试第一次，后面的路就会平坦很多。

我尝试将单片机也改为贴片式封装，并将水银开关接至外部中断，重新设计 PCB 并修改程序，第三版电子沙漏看起来更加小巧（见图7）。⊗

图7 第三版电子沙漏

用 Arduino 玩转掌控板 (ESP32)

ESP32 彩屏教程 1：入门设置与效果演示

▎陈众贤

前面几期，我们用掌控板自带的 OLED 显示屏显示内容，但是掌控板自带的 OLED 显示屏是一块单色屏，看久了，你是不是有点腻了呢？所以从本期开始，我将通过几篇教程，带大家玩转彩色显示屏。

由于我的掌控板上已经连接了一块屏幕了，所以本期使用的硬件不是掌控板，而是另一块 ESP32 开发板：DFRobot 出品的 FireBeetle-ESP32（见图 1）。关于这块开发板的介绍，大家可以自己上网查看。

为什么选择这块开发板呢？因为 DFRobot 专门为这块开发板设计了简单、方便的扩展板，因此在后面项目接线的时候，就会特别方便。而且 DFRobot 还为它设计了好看的矢量图，我作为一个颜值控，后续绘制接线图怎么能少得了它！当然最重要的一个原因是我手里除了掌控板，就这么一块 ESP32 的开发板……

▎图 2 创客制作中常见的彩屏

▎图 1 FireBeetle ESP32

如果你用的是其他 ESP32 开发板，也是没有问题的，接线方法和程序是完全兼容的。

▎常用彩屏介绍

有了 ESP32 开发板，那又有哪些彩屏可以使用呢？不管是从尺寸、分辨率，还是从驱动芯片类型上看，都有非常多的选择。最常用的彩屏尺寸有 1.5 英寸、2.0 英寸、2.4 英寸、2.8 英寸、3.2 英寸等；分辨率有 128 像素 ×160 像素、240 像素 ×240 像素、240 像素 ×320 像素等；驱动芯片型号有 ST7735、ST7789、ILI9341 等。图 2 所示就是一些创客制作

▎图 3 2.4 英寸 TFT LCD 彩屏

中常见的彩屏。

想要详细了解的彩屏选型，大家可以直接上网搜索一些评测文章，写得非常详细，这里就不再重复造轮子了。

本期，我使用的是一款 2.4 英寸的 TFT LCD 彩屏，它的驱动芯片是 ILI9341，分辨率为 240 像素 ×320 像素，如图 3 所示。这块屏幕的详细参数如表 1 所示。这块彩屏采用的是 SPI 接线方式，引脚定义如表 2 所示。

SPI (Serial Peripheral Interface)，即串行外围设备接口，是一种高速全双工的通信总线，本质上和前面用过的 UART

表1 ILI9341 TFT LCD 彩屏的详细参数

尺寸	2.4 英寸
材料	TFT LCD
分辨率	240 像素 × 320 像素，显示方向可以调整，横竖屏都可以
控制芯片	ILI9341
显示区域	36.72mm × 48.96mm
外形尺寸	43mm × 72.26mm × 5mm
接口类型	4 线 SPI 接口
背光类型	LED × 4
电压	2.8 ~ 3.3V
电流	60mA
功耗	0.22W
工作温度	−20 ~ 70℃
触摸类型	不带触摸
引脚数量	8Pin（2.54mm 间距单排排针）

表2 ILI9341 TFT LCD 彩屏的引脚定义

引脚序号	符号	功能说明
1	GND	电源负极，接地
2	VCC	电源正极，电压范围：2.8 ~ 3.5V
3	SCL	SPI 串口时钟线
4	SDA	SPI 数据线，接单片机 MOSI 引脚
5	RES	彩屏驱动芯片使能引脚，低电平使能
6	DC	SPI 数据 / 指令选择引脚
7	CS	SPI 片选引脚，低电平有效，不用时需要接地
8	BLK	背光控制开关，默认背光打开，低电平关闭背光

串口、I²C 一样，是一种通信协议。

SPI 的通信原理很简单，它以主从方式工作，这种模式通常有一个主设备和一个或多个从设备。SPI 通信使用 3 条总线（SCK、MISO、MOSI）和 1 条片选线（CS 或 SS）。

■ SCK：Serial Clock，时钟信号，由主设备产生。

■ MISO：Master Input Slave Output，主设备数据输入，从设备数据输出。

■ MOSI：Master Output Slave Input，主设备数据输出，从设备数据输入。

■ CS：Chip Select，从设备使能信号，由主设备控制。

彩屏驱动库

针对不同的彩屏驱动芯片，Arduino 的彩屏驱动库也有多种选择，在 Arduino IDE 的库管理器中，搜索"TFT"就可以看到许多彩屏驱动库，比如 Arduino-ST7789-Library、Adafruit-ST7735-Library、TFT_eSPI。

本教程使用的库是 TFT_eSPI，选择这个库的原因有 3 点。

（1）该库在 GitHub 上参与的人数比较多，而且至今还在活跃地保持更新，所以可靠性、专业性比较有保证。

（2）支持各种常用的驱动芯片，比如 ST7735、ST7789、ILI9341 等，兼容性比较好。

（3）据说这个库的性能是最出色的。这里我没有详细研究与测试，而且这对大部分用户来说也不重要。

后面的彩屏系列教程，如无特殊说明，我们就以这个库为例。

安装TFT_eSPI库文件

在 Arduino 中打开库管理器，搜索 TFT_eSPI，然后单击"安装"即可（见图 4）。

TFT_eSPI 库虽然有很多优势，但是针对普通用户也有一个比较麻烦的地方，那就是安装完这个库后，我们需要针对不同的彩屏，对这个库进行一些配置才能使用。

转到 Arduino 库文件安装目录，打开 TFT_eSPI 所在位置，以 Windows 系统为例，该库的安装目录一般为 C:\Users\< 用户名 >\Documents\Arduino\libraries\TFT_eSPI。

如果你使用的是绿色版 Arduino 的话，该库的安装目录一般为 <Arduino 安装目录 >\Arduino\portable\sketchbook\libraries\TFT_eSPI。

然后在库文件目录中打开 User_Setup.h 文件，根据自己的屏幕类型与驱动芯片类型进行相应的设置，这里以我使用的 2.4 英寸 TFT LCD 彩屏为例。如果你有耐心，想要仔细研究各种设置选项的话，也可以阅读这个文件中的说明，按照它的示例进行设置。如果你嫌一堆英文看起来比较麻烦的话，直接按照我的教程设置也是可以的。

首先需要设置的是彩屏的驱动芯片类型，这块彩屏使用的驱动芯片为 ILI9341，所以这里我们注释掉其他芯片，只留下 #define ILI9341_DRIVER 这行，如图 5 所示。

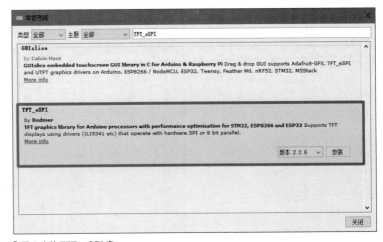

图4 安装 TFT_eSPI 库

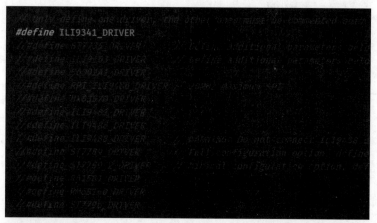

图5 注释掉其他芯片

```
#define TFT_CS    PIN_D8
#define TFT_DC    PIN_D3
#define TFT_RST   PIN_D4
```

图6 注释掉默认引脚设置

接着设置彩屏连接的 I/O 引脚，先注释掉图6所示的默认引脚设置。

然后将引脚设置修改成下面的内容。

```
// FireBeetle ESP32
#define TFT_MISO 19
#define TFT_MOSI 23  // fixed pin, SDA
-> MOSI (IO23)
#define TFT_SCLK 18  // fixed pin, SCL
-> SCK (IO18)
#define TFT_CS    27   // Chip select
control pin D4 (IO27)
#define TFT_DC    25   // pin of your
choice D2 (IO25)
#define TFT_RST   26   // pin of your
choice D3 (IO26)
```

修改完成后的 User_Setup.h 文件如下。

```
#define ILI9341_DRIVER
// For ESP32 Dev board (only tested
with ILI9341 display)
//#define TFT_MISO 19
//#define TFT_MOSI 23
//#define TFT_SCLK 18
//#define TFT_CS    15  // Chip select
```

```
control pin
//#define TFT_DC    2  // Data Command
control pin
//#define TFT_RST   4  // Reset pin
(could connect to RST pin)
//#define TFT_RST  -1  // Set TFT_RST
to -1 if display RESET is connected
to ESP32 board RST
// FireBeetle ESP32
#define TFT_MISO 19
#define TFT_MOSI 23  // fixed pin, SDA
-> MOSI (IO23)
#define TFT_SCLK 18  // fixed pin, SCL
-> SCK (IO18)
#define TFT_CS    27   // Chip select
control pin D4 (IO27)
#define TFT_DC    25   // pin of your
choice D2 (IO25)
#define TFT_RST   26   // pin of your
choice D3 (IO26)
#define LOAD_GLCD    // Font 1.
Original Adafruit 8 pixel font needs
~1820 bytes in FLASH
```

```
#define LOAD_FONT2  // Font 2. Small
16 pixel high font, needs ~3534 bytes
in FLASH, 96 characters
#define LOAD_FONT4  // Font 4. Medium
26 pixel high font, needs ~5848 bytes
in FLASH, 96 characters
#define LOAD_FONT6  // Font 6. Large
48 pixel font, needs ~2666 bytes in
FLASH, only characters 1234567890:-.apm
#define LOAD_FONT7  // Font 7. 7
segment 48 pixel font, needs ~2438
bytes in FLASH, only characters
1234567890:.
#define LOAD_FONT8  // Font 8. Large
75 pixel font needs ~3256 bytes in
FLASH, only characters 1234567890:-.
#define LOAD_GFXFF  // FreeFonts.
Include access to the 48 Adafruit_
GFX free fonts FF1 to FF48 and custom
fonts
#define SMOOTH_FONT
// #define SPI_FREQUENCY  27000000
#define SPI_FREQUENCY  40000000
// #define SPI_FREQUENCY  80000000
#define SPI_READ_FREQUENCY  20000000
#define SPI_TOUCH_FREQUENCY  2500000
// #define SUPPORT_TRANSACTIONS
```

▌接线图

根据前面 TFT_eSPI 库的设置，ESP32 与彩屏的接线也比较简单，只要按照代码对应接线即可。

注意：此处代码中的引脚编号，我使用了 IOx 的编号形式，而不是 Dx 的编号形式，因为 IOx 编号的形式对所有 ESP32 开发板都适用。FireBeetle-ESP32 开发板的 IOx 与 Dx 编号对应关系如图7所示。电路连接如图8所示。

▌Hello 彩屏

这些都设置完成后，我们就可以开始愉快地编写程序、查看效果啦！

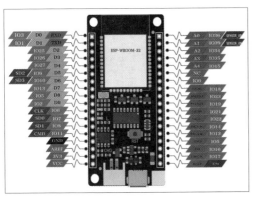

▌图 7 FireBeetle-ESP32 开发板的 IOx 与 Dx 编号对应关系

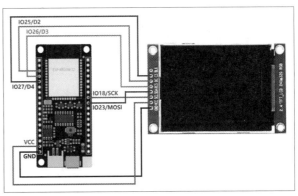

▌图 8 彩屏电路连接

▌图 9 彩屏示例程序的路径

▌图 10 彩屏演示效果

大家可以随便挑选几个示例程序上传到 ESP32 中查看效果（见图10）。由于杂志只能展现静态图片，所以看起来效果不是很明显，实际效果还是很好的。

看完这些五彩斑斓的颜色，是不是马上想要入手一块彩屏，然后编写代码玩玩呢？别急，下期正式教你彩屏代码编程！

▌总结

本期，我们学习了常见的彩屏类型与常用的彩屏驱动库、TFT_eSPI 驱动库的设置方法、彩屏与 ESP32 的接线方法、上传程序查看彩屏的显示效果的方法。

这只是彩屏系列的入门篇，后面还会专门对彩屏的编程进行详细介绍，我们下期见！ⓧ

为了更快地体验彩屏的显示效果，本篇暂时先不讲解彩屏的编程与代码，我先上传 TFT_eSPI 库自带的一些示例程序，看看效果。彩屏示例程序的路径为：Arduino 菜单栏→文件→示例→ TFT_eSPI，如图9所示。

用 Python 生成动态椒盐验证码

演示视频

▌冯明喆

我在网上看过一些用椒盐图像来播放视频的视频，这种想法很有意思。我在想，如果用椒盐图像来生成动态验证码，就可以避免验证码被一般的验证码识别工具识别。因为一般的验证码识别工具进行的是静态识别，也就是图像分析，但椒盐验证码动态变化隐含的信息，除非将验证码识别工具设计成多帧对照分析验证码图层才可能识别。而且椒盐验证码很有趣，可以增加填写时的乐趣。

我使用 Python 来生成这种动态验证码。图像处理使用开源库 OpenCV，压制 gif 使用 imageio，如果没有环境的话可以使用 pip 进行安装。

```
pip install opencv-python
pip install imageio
```

▌什么是椒盐噪声

如果你看过"大脑袋"的 CRT 电视就会知道，电视信号不好时，屏幕上会出现"雪花"。这种"雪花"就是椒盐噪声。在图像处理领域，白色的噪点被称为"盐噪声"，因为它真的很像盐；黑色的噪点被称为"胡椒噪声"；于是当白色的噪点和黑色的噪点混合到一张图像上时，叫它"椒盐噪声"就最为合适了。

很多人都在想方设法去掉信号里的椒盐噪声，我却要主动生成纯椒盐噪声。要生成椒盐噪声，其实就是让每个像素随机地变成黑点或者白点。我们定义一个将图像椒盐化的函数，代码如下。

```
# 图像椒盐化
def spiced_salt(image):
  height, width, channels = image.shape
  for row in range(height):
    for col in range(width):
      image[row,col] = int(random.random()*2)*255
```

▌原理

生成分帧椒盐图像：将验证码文字生成图形蒙版，再分别生成两层纯椒盐噪声，将顶层的椒盐噪声覆盖到蒙版上，再与底层的椒盐噪声叠加，即可得到分帧椒盐图像。将顶层与底层椒盐噪声向相反方向移动，分帧存储，合并为一个动态图像，即可获得动态椒盐验证码。

为了方便以及以后在验证码中显示除字母以外的形状，我单独使用一个 shape 图层来存储要显示的形状层，但并不输出。在合并时，用形状层筛选顶层的数据，叠加到底层上即可。如图 1 所示，叠加后的图片中，验证码显示得不明显正是椒盐验证码的特性，即静帧无法识别，只有当图像"动"起来时才能识别验证码。

其实覆盖椒盐噪声的逻辑也很简单，就是当 shape 层的点属于要显示的验证码图形时就放上顶层的椒盐噪声，使用一个简单的 if 逻辑即可。

```
# 根据顶层和图形覆盖椒盐噪声
def cover_salt(top, shape, image):
  height, width, channels = image.shape
  for row in range(height):
    for col in range(width):
      if (shape[row,col]==[255]):
        image[row,col] = top[row,col]
```

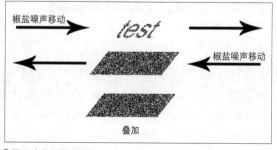

▌图 1 生成分帧椒盐图像

关于合并为 gif 帧等非重点的其他逻辑可见源代码。源代码基于 Python 3.7 与 OpenCV，其中的 imageio 用于压制 gif 图像。

```python
import cv2 as cv
import numpy as np
import random
import imageio
# 根目录路径
path = "D:/validcode/"
# 创建二值图像
def create_image():
    img = np.zeros([60,200,1], np.uint8)
    return img
# 图像椒盐化
def spiced_salt(image):
    height, width, channels = image.shape
    for row in range(height):
        for col in range(width):
            image[row,col] = int(random.random()*2)*255
# 椒盐左移
def move_salt_left(image):
    tmp = image[0:60,0]
    for i in range(0,199):
        image[0:60,i] = image[0:60,i+1]
    image[0:60,199] = tmp
# 椒盐右移
def move_salt_right(image):
    tmp = image[0:60,199]
    for i in range(199,0,-1):
        image[0:60,i] = image[0:60,i-1]
    image[0:60,0] = tmp
# 根据顶层和图形覆盖椒盐噪声
def cover_salt(top, shape, image):
    height, width, channels = image.shape
    for row in range(height):
        for col in range(width):
            if (shape[row,col]==[255]):
                image[row,col] = top[row,col]
# 椒盐背景左移
background = create_image()
```

```python
# 椒盐顶层右移
topfloor = create_image()
# 图形蒙版层 #FFF 使能
mark = create_image()
# 生成底层与顶层椒盐噪声
spiced_salt(background)
spiced_salt(topfloor)
#text 为验证码文字
text = "test"
cv.putText(mark, text, (40, 40), cv.FONT_HERSHEY_COMPLEX_SMALL, 2.0, (255, 255, 255), 2)
# 帧集
frames = []
t1 = cv.getTickCount()
for i in range(0, 200):
    dst = background.copy()
    cover_salt(topfloor, mark, dst)
    move_salt_left(background)
    move_salt_right(topfloor)
    frames.append(dst)
t2 = cv.getTickCount()
imageio.mimsave(path + 'result.gif', frames, 'GIF', duration=0.02)
time = (t2-t1)/cv.getTickFrequency()
print("Make successfully\nUsage time:%s ms"%(time*1000))
```

可用手机扫描上一页右上角的二维码观看动态椒盐验证码的效果。

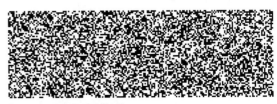

▌图 2 动态椒盐验证码的某一帧

如果从中抽取一帧，效果如图 2 所示，该验证码就不可识别了。

这就是椒盐验证码的神奇所在：**运动时就能被识别，静止时不能被识别。**

本项目源代码采用 GPL v3.0 许可证开源。

用三极管制作只读存储器

▋ 俞虹　王枝俤

　　现在的存储器可以存储各种信息，如图像、文字、声音、程序，它的容量也可以做得很大，如手机中的存储器容量可以达到几十GB，而计算机存储器的容量可以达到几百GB。那这些存储器是如何工作的呢？通过本文介绍的三极管只读存储器的制作，你会对存储器有更直观的了解。本次制作的只读存储器可以存储0～9这10个数字，还能存储目前流行的点阵图案。当然，这个制作所存储的信息非常少，但它是存储器的基本结构。同时，本制作也可达到旧元器件再利用的目的。

▋ 工作原理

　　这里制作的只读存储器（ROM）是存储器中结构最简单的一种。它存储信息时只能读出，不能写入，也就是说存储器储存的信息是现成的。存储器主要分为地址译码器和存储矩阵两部分，用三极管制作的只读存储器也是如此。

1. 三极管地址译码器

　　图1所示是三极管地址译码器的电路图，可用看出它由三极管 VT1～T40、电阻 R1～R10 以及 4 个非门组成（4 个非门均为三极管非门）。地址译码器的主要作用是找到存储信息的位置。从原理图中可以看出，三极管地址译码器有 10 条行线（W0～W9）和 4 个地址码输入端（A0～A3）。地址码 A0～A3 可以译出 16 个不同的地址，由于这里我们要显示 0～9，故只使用 10 个地址。地址译码器每条行线上接有 4 个三极管，但每条行线上三极管接的位置是不同的。

当三极管的基极接的列线为低电平时，三极管导通。行线上的 4 个三极管只要有一个导通，则相应的行线为低电平，只有当行线上 4 个三极管基极接的列线都为高电平时，4 个三极管截止，相应的行线为高电平，即5V 电压通过电阻使相应的行线为高电平。三极管排列不同的目的是使 10 条行线工作时只有一条为高电平，具体哪条为高电平则由地址码决定。行线为高电平，也就决定选择这条行线上的存储内容（存储矩阵中）。通过 W0=$\overline{A3}\ \overline{A2}\ \overline{A1}\ \overline{A0}$、

W1=$\overline{A3}\ \overline{A2}\ \overline{A1}$ A0、W2=$\overline{A3}\ \overline{A2}$ A1 $\overline{A0}$、W3=$\overline{A3}\ \overline{A2}$ A1 A0……这种地址变化规律就可以决定三极管所连接的位置。如 W0=$\overline{A3}\ \overline{A2}\ \overline{A1}\ \overline{A0}$，就将 4 个三极管连接在行线 W0、列线 $\overline{A3}\ \overline{A2}\ \overline{A1}\ \overline{A0}$ 上（三极管集电极接地）。

2. 三极管数字存储矩阵

　　图2所示是三极管数字存储矩阵的原理图，它由三极管 VT42～VT90 和电阻 R13～R19 组成。它有 10 条行线

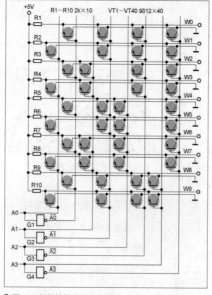

▋ 图1 三极管地址译码器电路图

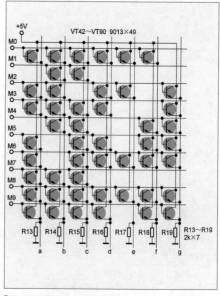

▋ 图2 三极管数字存储矩阵原理图

（M0～M9），7条列线（a～g），行线和地址译码器的对应行线连接。如 M0 接 W0、M1 接 W1……M9 接 W9，列线 a～g 和数码管限流电阻 R47～R53 上的 a～g 对应连接。如行线 M0 为高电平，其他行线为低电平，即选中行线 M0，行线 M0 上的三极管导通。由于 M0 行线上有 5 个三极管，即 5 个三极管都导通，这就使得列线 a～f 为高电平、列线 g 为低电平，即列线 a～g 输出 1111110，数码管显示 0。同理，当选中行线 M1 时，M1 行线上的 2 个三极管导通，即使得列线 b、c 为高电平，而列线 a、d、e、f、g 为低电平、即列线 a～g 输出 0110000，数码管显示 1，其他情况类似。这样，依

次使行线 M0～M9 为高电平，就会在数码管上显示 0～9 这 10 个数字，也就是把存储在存储矩阵中的内容显示出来。表 1 列出了输入地址码和 a～g 输出的关系。

3. 三极管图案存储矩阵

图 3 所示是三极管图案存储矩阵的原理图，它由三极管 VT91～VT113、电阻 R20～R40，以及稳压管 VD1～VD7 组成。这里显示的图案是一个爱心，它有 7 条行线（N1～N7）和 7 条列线（D0～D6），行线 N1～N7 连接到地址译码器的 W1～W7 上，即 N1 连接 W1、N2 连接 W2……N7 连接 W7，而 D0～D6 和 B0～B6 则连接到点阵屏对应的 16 个引脚上，点阵屏的引脚排列如图 4 所示。可用看出，列线 D0～D6 接点阵屏的列线，而 B0～B6 接点阵屏的行线。当行线 N1 为高电平，其他行线为低电平时，行线 N1 上的三极管导通，使得列线 D1、D2、D4、D5 为高电平，其他列线为低电平。同理，当行线 N2 为高电平时，行线 N2 的 3 个三极管导通，D0、D3、D6 列线为高电平，其他列线为低电平。其他情况大家可以自行分析，这样就能把爱心点阵的点存储在图案存储矩阵中。要实现爱心点阵的显示，可采用快速逐行扫描的方法。即通过电路使行线 N1～N7 依次输出高电平，把爱心点阵的点（高电平）依次输出到列线上。点阵屏的行线接 B0～B6，当行线 N1 为高电平时，爱心点阵中第一行的点被送出。同时，2V 稳压管由于高电平击穿导通，后面的三极管也导通，点阵屏第一行相应的发光

管被点亮。行线 N2 为高电平时，爱心点阵中第二行的点被送出，稳压管 VD2 和后面的三极管导通，第二行点阵屏的相应发光管被点亮。这样只要行线 N1～N7 高电平转换得足够快，并且不断循环，爱心就可以在点阵屏上显示出来。其中，R27～R33 为限流电阻，R20～R26 为三极管负载电阻。

4. 图案地址码输出电路

图 5 所示是图案地址码输出电路，它由 555 时基电路 IC1、IC2（4 位十六进制计数器 74LS161），以及三极管非门 G5 等元器件组成。IC1 的 3 脚输出矩形脉冲，这个脉冲频率为几百赫兹，作为 IC2 的 CP 输入脉冲。由于 IC2 的 VT0～VT3 输出有 16 种状态，在这里不需要这么多，只取 8 个输出状态作为地址码，即 0000、0001、0010、0011、0100、0101、0110、0111，故到下一个地址码 1000 时，需要再转换到 0000。这里从 IC2 的 VT3 端接一个三极管非门 G5 到 CR 端，就能满足上述要求。

表 1 七段译码状态表

输入 A3 A2 A1 A0	连接	输出 a b c d e f g	数字 显示
0000	W0-M0	1111110	0
0001	W1-M1	0110000	1
0010	W2-M2	1101101	2
0011	W3-M3	1111001	3
0100	W4-M4	0110011	4
0101	W5-M5	1011011	5
0110	W6-M6	1011111	6
0111	W7-M7	1110000	7
1000	W8-M8	1111111	8
1001	W9-M9	1111011	9
注：其他 6 种状态不用			

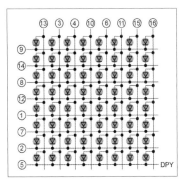

图 4 点阵屏的引脚排列

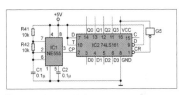

图 5 图案地址码输出电路

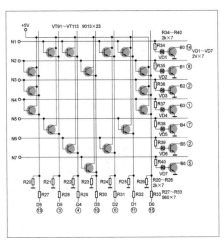

图 3 三极管图案存储矩阵原理图

元器件清单

制作所需要的元器件清单如表2所示。

制作方法

1. 制作三极管地址译码器

找一块大小为95mm×138mm的万能板，按图1所示的三极管和电阻的排列，将元器件焊接在万能板上。为了画图方便，图1中的4个三极管非门（G1～G4）没有直接画出，而是用符号代替。制作时，大家可以按照图6所示在万能板的下方焊接出4个三极管非门。具体焊接时，每条行线的三极管发射极焊在一条锡焊线上，集电极也焊在一条水平锡焊线上。同时，将每条列线三极管基极用细导线在万能板的正面焊接在一起，最后焊接好正负极并接出引线，焊接完成后要认真检查直到没有问题。制作完成的三极管地址译码器电路板的正面如图7所示，反面如图8所示。

图6 三极管非门电路图

表2 制作所需要的元器件

名称	位号	参数	数量
三极管	VT1～VT40	9012	40
三极管	VT41～VT113	9013	77
稳压管	VD1～VD7	2V/0.5W	7
电阻	R1～R26、R41、R42、R34～R40	2kΩ	35
电阻	R11、R41、R42	10kΩ	7（注：包含4个非门所用）
电阻	R27～R33、R12、R43～R53	560Ω	24（注：包含4个非门所用）
时基电路	IC1	NE555	1
计数器	IC2	74LS161	1
瓷片电容	C1、C2	0.1μF	2
点阵屏	DPY	8×8共阴	1
数码管		共阴	1
拨码开关	K1～K4		1
螺丝		Φ3mm/长35mm	8
万能板		75mm×94mm	3
万能板		95mm×138mm	3
5号4节电池盒			1

图7 三极管地址译码器电路板正面

图8 三极管地址译码器电路板反面

2. 制作三极管数字存储矩阵

按图2所示的三极管和电阻的排列，将元器件焊接在一块大小为95mm×138mm的万能板上。焊接时，将每条行线上三极管集电极焊在一条水平锡焊线上，同样将三极管的基极也焊在一条水平锡焊线上。然后在万能板的正面用细导线将每条列线的三极管发射极焊接在一起，并连接电阻。最后，连接存储矩阵的正负极和相应的引线，一般要求万能板上的5个小孔安装一个三极管，4个小孔安装一个电阻，焊接完成需要认真检查是否有漏焊和连焊。制作完成的三极管存储矩阵正面如图9所示，反面如图10所示。

图9 三极管数字存储矩阵电路板正面

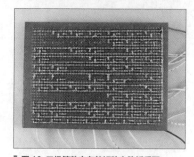

图10 三极管数字存储矩阵电路板反面

3. 制作三极管图案存储矩阵

同样找一块大小为95mm×138mm的万能板，按图3所示的三极管、电阻以及稳压管的排列将元器件焊接在万能板上。从图3中可以看出，电路图右侧的三

极管和稳压管不是存储矩阵的，但为了方便，将这些元器件符号画在了这里。同样为了方便，我们也把这些元器件焊在万能板的右侧。最下方焊接的是2kΩ电阻和560Ω电阻。由于元器件较少，焊接相对容易。将每条行线三极管集电极焊在一条

▌图11 三极管图案存储矩阵电路板正面

▌图12 三极管图案存储矩阵电路板反面

▌图13 图案地址码输出电路板正面

▌图14 将地址译码器电路板和数字存储矩阵电路板用螺丝固定

C、D接地址译码器电路板的A0～A3，a～g接数字存储矩阵电路板的a～g，整体连接完成如图16所示。然后接5V电源，按表1的地址码拨动拨码开关K1～K4，使数码管显示0～9，显示"2"和"9"的效果如图17和图18所示。如不能显示，应检查接线是否错误。

（2）显示爱心图案

将三极管地址译码器电路板和数字存储矩阵电路板分开，将地址译码器电路板的W1～W7和图案存储矩阵电路板的N1～N7连接在一起（W0、W8、W9这3条线不接），并用黑胶带包扎接头。将地址译码器电路板和图案存储矩阵电路板用螺丝固定在一起，如图19所示。将图案存储矩阵电路板上的VD0～VD6和B0～B6接到点阵屏的相应引脚上，将图

水平锡焊线上，同时将每条行线三极管的基极也焊在一条水平锡焊线上，注意将电阻R34～R40也焊在每条焊接三极管基极的锡焊线上。将每条列线上的三极管发射极在万能板的正面用细导线焊接在一起。接着焊接电阻、右侧的三极管和稳压管，连接电路板正负极并引出导线，同样检查电路板焊接情况。制作完成的三极管图案存储矩阵电路板正面如图11所示，反面如图12所示。

4. 制作图案地址码输出电路

按图5所示的元器件排列顺序将元器件焊接在一块小万能板上，这里非门G5同样是一个三极管非门，可按照图6所示的电路进行焊接。制作完成的地址码输出电路如图13所示，检查无误开始调试。先将电容C1改为10μF的，IC1的3脚接1个LED（需要接1kΩ限流电阻）到地，IC2的VT0～VT2接3个LED（同样需要接1kΩ电阻）到地。将电路接5V电源，IC1的第3脚连接的LED应该会闪烁发光，

同时接IC2的LED也会闪烁发光，说明电路可正常使用。最后，将电路复原。制作完成的图案地址码输出电路如图13所示。

5. 显示存储矩阵中的内容

（1）显示数字0～9

将3块95mm×138mm的电路板四周打4个Φ3mm的小孔，将地址译码器电路板的W0～W9和数字存储矩阵电路板的M0～M9连接，并在接头上用黑胶带包扎。将地址译码器电路板和数字存储矩阵电路板用螺丝固定在一起，如图14所示。按图15所示制作一块数字显示电路板，将显示电路板的A、B、

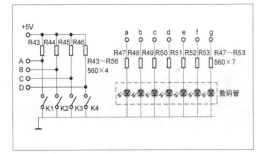

▌图15 数字显示部分电路图

▌图16 显示数字0～9整体连接图

简单易制的 13W 混合
音频功率放大器

▌ 王渊发　魏勇进

　　最近笔者试制了一台简单易制的混合型音频功率放大器，其主要特点是电路简洁、免调校，音质、音色达到了 Hi-Fi 效果。特将制作过程心得汇总如下，供同好分享。图 1 所示为功率放大器正面，图 2 所示为底座下的布线，图 3 所示为功率放大器的背面。

　　笔者原先对"前胆后石"不感兴趣，因之前曾入手过一台国产前胆后石功放，

经一段时间的使用，个人感觉与石机无异，并未达到预期中的"胆石互补"、刚柔和与动感皆宜的效果。

　　作为初入门的胆机爱好者，我总认为胆机的声音性能比石机更佳。虽然胆管需要单独的灯丝加热电源，还需要高压供电，但与石机相比，胆机的许多长处是石机无

▌ **图 1 功率放大器
正面**

▌ **图 17 数码管显示"2"**

▌ **图 18 数码管显示"9"**

▌ **图 19 将地址译码器电路板和图案存储矩阵电路板用螺丝固定**

▌ **图 20 显示爱心整体连接图**

▌ **图 21 爱心显示效果**

案地址码输出电路板的 VT0 ~ VT3 接地址译码器的 A0 ~ A3，整体连接完成如图 20 所示。检查接线无误后，接 5V 电源，这时点阵屏就会显示一个爱心，效果如图 21 所示，说明制作成功。如果不能显示或显示错误，应检查焊接和连线是否正确；如果点阵屏爱心的点上下有流动感，可以调小电容 C1 的容量，直到正常。◉

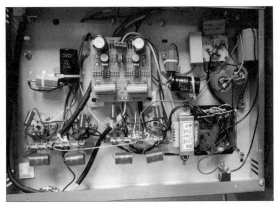

▌图2 底座下的布线

▌图3 功率放大器背面

法比肩的。胆管容易激励，胆管栅极－阴极间的阻抗高达 100MΩ，不像石机那样有大并联电容。而且胆管的一致性好，同一批次产品品质一致性较强，胆管的可匹配性更优于晶体管。晶体管在以往的工艺中，经常出现同一个硅片界面中厚薄度参差不齐、离散性大的问题，因此在石机制造时必须每完成一级就进行一次负反馈，全机完工后还需要一次大环路负反馈，这样就造成了音质冷、硬、干。但不断进步的半导体工艺使现在的石机与胆机各有特色，特别是集成电路的突飞猛进，更是带来了难以想象的好处。

先说胆机，即电子管功放机，这是使用电子管实现放大和润色功能的音频功率放大器。胆机最突出的优点是在工作时产生的偶次谐波能量较强。这种谐波能量增强了人们的听觉悦感，展现了音乐层次，有着丰富的泛音。其次，电子管以其波形较为缓和的特点，使胆机在遇到过载的情况下，可以有效避免声音过于恶化。所以，胆机的最大优点就是音色柔顺、舒缓，而中频段音质最为出色。

石机是以半导体器件为放大器件的音频功率放大器。其以表现动感、力量、阳刚而为人称道。石机频带宽，低频控制力度强劲，有冲击力，处理大场面时分析力强大，层次感和明亮度要比胆机优越，很

适合播放瞬态反应快和节奏快的音乐，这些优势是普通胆机所不具备的。石机是线性度很高的放大器，它具有极高的指标。胆机与石机各有特点。

前几年笔者因一时冲动入手了一台二手SONY监听专用功放，但在搬回家后才发现该机输入端只有平衡输入，没有其他的输入方式，于是笔者便采用输入变压器来做非平衡转平衡输入，但增益不足，后改用电子管制作的非平衡转平衡输入，由于选择电路有问题，失真大，一直不太顺利。之后我偶然间了解到广西梧州发烧友苏俊宇老师用5532双运放巧妙制成了一种多功能电路板（见图4），该电路板不仅可以做非平衡转平衡输入，还可以做前级放大和倒相，甚至还可以制作BTL推动电路。笔者立刻找来试用于非平衡转平衡输入，效果显著，认为其已基本还原SONY监听专用机的性能，将其与英国某品牌功放相比，表现力也毫不逊色。于是笔者决定用这块多功能小板试制一台小功率AB类推挽胆机。设计好的电路如图5所示。可能有同好会问，为什么要选AB类推挽机，选择A类放大器不是更简单？笔者是这样认为的：用小功率管，功率本来就比较小，听人声还好，听其他的要气势没气势，要声场没声场，效率又低，采用推挽机效果应该会好很多。

于是笔者就用这块电路板做前级电压

放大与倒相，笔者估计这块电路板用在大功率机上可能会有些力不从心，但用在小功率机上应该不成问题。

电路很简洁，仅在小板之前加上了一个双联 100kΩ 的音量控制电位器。在功率放大级，笔者把目光盯在"淑质英才"的 6P14 上，国外同类型号有 6BQ5、EL84、6n14n。6P14 是一只众所周知的宽频带、高保真、靓质小功率音频专用管，若采用该管制成小功率推挽机，可以轻易达到 16W 的功率，适合在居室的客厅内欣赏音乐。6P14 声音甜润柔美、音色清丽秀气，在播放人声时能反映出丰富的细节，在播放弦乐时能将琴弦浓郁的松香味发挥得淋漓尽致，因此发烧友又称它为"小家碧玉"，当然这和它本身是五极管也有直接关系。6P14 的特性接近束射四极管 6P1、6P6P，其灵敏度和工作效率较高，跨导高，内阻仅为 6P1、6P6P 的一半，只需 6V 信号电压便可激励到满功率。作为功率输出管，6P14 的高频特性很优越，其性能大大超越同类管，是小功率靓声管中的佼佼者。

▌ 元器件的挑选

再优秀的设计电路，没有合格的元器件也无法让机器出靓声。元器件的选择就从音量控制电位器开始。

（1）从音源来的音频信号第一关是经

过音量控制电位器，在选择音量控制电位器时一定要选择质量过关的产品，需选用双联同轴的音量控制电位器，两个组值一定要一致，最好选择两个单独的，分别控制左、右声道。

（2）前级与倒相电路板可以在网上购买，只需输入"前级倒相 / 非平衡转平衡输出"就会现出很多选择，该电路板配套电源变压器为交流 220V 转双 15V/10W 的，大家可在网上购买。

（3）耦合电容在确定采购时，应采用兆欧表检测，哪怕只有轻微的漏电现象也不允许，否则该电容的电阻特性会加大，损耗也随之增加。这不但影响电容在电路中的快速充放电，还将导致放大器出现严重的相移失真。

要使你制作的功放获得靓声，在选择耦合电容时，除了考虑常规的技术参数外，必须选用高品质的音频专用电容。因为电容的转换速率在低频时主要与该电容的损耗和漏电现象有关，在高频时除了与介质损耗、电导损耗有关外，还与该电容的品质有密切关系。高品质电容的等效串联电阻小，这样通过耦合电容的音频信号能量损失与相移失真能减到最小，发烧友有句话叫"胆管出靓声，电容出音色"，由此可见电容在放大器中的重要性。笔者常见许多 DIY 大师对凯立红皮电容评价很高，笔者的备用器材中也有十余个，用后感觉效果确实不错（见图 6）。

阴极旁路电解电容也很重要，应认真挑选，笔者选用了二手的英国"金盾"电解电容（见图 7 ）。图 8 所示是作者选用的滤波电解电容。

（4）对于电子管、6P14 管，有条件的人可选 J 级或 T 级或进口的电子管，在此笔者不要求用哪一种，但 2 对（4 个）管子一定要精确配对。否则会造成交越失真。

（5）电源变压器功率应大于 150W，最好有 200W，这样放大器有足够的余量，

▌图 4 多功能电路板

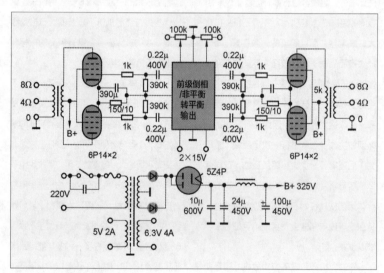
▌图 5 AB 类推挽胆机电路

在连续大动态时不会因"脚软"而失真，长时间工作也不用心电源变压器过热。

（6）输出变压器的品质关系放大器的音质与音色，是整机的核心瓶颈，它直接决定着整机的频响特性和性能指标，所有的信号都要经过它才能驱动扬声器，选购时应选择信誉好的厂商，笔者这对输出变压器是多年前从凯立厂购得的。

本功放电阻用得不多，虽然电阻的影响没有电容大，但也尽量选用优质电阻，除阴极电阻用 25W 外，其余均用 2W 的。

（7）再好的电路，再棒的音质，没有

一个漂亮的底座也难登大雅之堂。笔者花了几十元从深圳双马购到一个全不锈钢底座。底座尺寸是 34cm×24cm，5 眼（中间一排 4 眼小 9 脚管，另一个为大 8 脚，供整流管使用）。

笔者将收集到的元器件在上机前进行清点、分检，并按类别放好，然后用万用表对各元器件进行测量，合格后才能上机。

整机的电路非常简洁，前级与倒相就安装在一块 8cm×8cm 的小电路板上，在安装时正、反面均可。测量好连线长度，焊在板上相应的位置，然后用网上购买的

▌图6 凯立红皮电容

▌图7 二手的英国"金盾"电解电容

▌图8 滤波电解电容

一种粘式扎带固定座进行固定。方法是先将螺帽放到粘式扎带固定座内再用螺杆连接，然后将前级与倒相板固到相应的位置。输入端从音量电位器中心点分为左、右两部分，中心为接地点。小板左、右两侧为推挽机的正、负两端，接凯立红皮电容。注意此电容不能接直耦，否则会很快烧坏功放管。

本机功率级采用标准接法，自给偏压，此结构能够充分发挥功放管的效率，使声音饱满从容、开场细腻、气势凌厉。

电源供给是胆机的一个重要组成部分。本机采用晶体二极管整流，它可以接成全波整流电路。因为本机中采用旁热式胆管，开机瞬间，晶体二极管会立即导通，输出整流高压电，此时功放管的阴极尚未达到预定温度，整流输出电路近似空载，经电容滤波输出的直流电压可达交流电压有效值的1.4倍。由于功放管阴极温度低于额定温度，必将造成功放管提前衰老。笔者用5Z4P此类旁热式整流电子管作高压全波整流电路，另外5Z4P还可用作输出电压的延时供电（5Z4P使用阴极发射电子，可以与功放管同步），这样可以作为电子管二次整流缓冲输出，使电路既有晶体二极管的快速，又有电子管整流，缓冲、延时的保护效果。虽然5Z4P作全波整流时，输出电流仅有122mA，但将两屏极合并后可达250mA，正好满足本电路供电要求。

▌6P14双声道功放输出级测试

本功放每声道仅用5个电阻（2个栅极电阻、2个减振电阻、1个阴极电阻），3个电容（2个耦合电容、1个阴极旁路电解电容）。

功放机中的全部元器件安装与焊接完成后，首先应按照电路图仔细地检查，看是否有漏焊或错接之处，如果没有错误，就可以通电测量。

首先，用万用表交流电压挡测量各端电压的数值，如灯丝电压应在底座3、4两脚之间直接测量，然后再插上6P14电子管测量电压是否达到6.3V。

高压电源部分，先测量5Z4P整流电子管屏极的4脚或6脚（两脚是合并的）。然后将万用表拨至直流电压500V挡，测量5Z4P的8脚输出的直流电压，此时空载电压可达350V以上（该电压仅以笔者现有的电源变压器输出，也可以更高些）；当接上功放负载时，直流高压会降至325V左右。

推挽功放电子管6P14的屏极电压应为320V，阴极电压为10V，阴极电阻为150Ω，则功放值的电流约为：

$$I=U/R=10/150=0.07A$$

6P14推挽功放级的功耗即为：

$$P=(320-10)×0.07=21.7W$$

本机没有调到满功率输出，仅用了80%左右，目的是为了延长胆管的使用寿命，而且即使用了满功率输出，音质、音色与使用80%功率输出没有什么区别，但缩短了胆管寿命是很明显的。

推挽功放的输出效率为60%，其最大输出功率为：

$$P_m=21×0.6 = 13W$$

测试后数据基本相同，即可试机。

▌试听评价

通过十几小时的煲机后，正式开机试听，本次试听音源采用国产"山灵S200"CD机，D50解码器作辅助，音箱用Jamo BX150A，线材用美国蛇王。

本功放为电子管与晶体管集成电路混合式功放，因此在音质上有独到之处。该机电路非常简洁，所以功放的信噪比显得特别高，音乐背景非常安静。该功放播放的音乐清纯透澈，音乐的定位、解析力相当出色，声场宽广、层次感丰富。试听时，小提琴细腻流畅、钢琴汹涌澎湃、小号明亮凛冽、大号庄重悠远。高音纤细、明亮，但不刺耳，泛音完美，中频圆润、动听，人声表现自然亲切、极富有磁性，令人回味无穷。

本功放的输出功率仅为13W，因此与石机相比，在大音量或低频时有所不及，不过正常播放时力度不减，鼓声、雷声、低频的节奏感仍表现良好，而且干净利落。将本机与纯电子管的6P14推挽机相比，力度明显更强。有兴趣的朋友不妨一试，定不会让你失望。⊗

梦幻魔镜

基于 Arduino 的
光学遥控型"万花筒"

演示视频

张浩华　刘凡杨　潘庆超

早在2400多年前，《墨经》就记载了光沿直线传播、影的形成、光的反射、平面镜成像等现象，可见光在生活中的应用十分广泛。我们设计的这一装置就是利用光的反射和平面镜成像这两大光学原理，结合智能控制技术制造出梦幻的"无底洞"效果，让用户充分感受光的神奇魅力。

本作品曾获 2019 年辽宁省普通高等学校本科大学生物理实验竞赛二等奖

硬件设计

这个梦幻魔镜，最主要的部分是选用单向透视镜和平面镜一前一后放置，使光线被无限连续反射，让人在视觉上感受丰富的景象。单向透视镜也叫单向可视镜，生产时在玻璃的表面镀上一层感光材料，

图1 单向可透视镜和平面镜一前一后放置

在有可见光的环境里，具有相当强烈的反射效果，在光线照射下，它就是一面明晃晃的镜子，从外面看不到里面，而里面可以很清晰地看到外面。它与平面镜搭配使用就能够达到想要的效果，如图 1 所示。所用的光学原理即为光的反射和平面镜成像，在均匀介质中，光沿直线传播，当光照射到物体表面时，有一部分会被物体表面反射回来，这种现象叫作光的反射。光被反射时，反射光线、入射光线、法线都在同一平面内，反射光线、入射光线分居法线两侧，且反射角等于入射角。还有平面镜对光的反射，平面镜中的像是由光的反射光线的延长线的交点形成的，所以平面镜中的像是虚像；像和物体的大小相等，

像与物到平面镜的距离相等，像与物对应点的连线与镜面垂直，所以像和物体对镜面来说是对称的。

在灯光效果方面，我们选用了 2.5V 灯带，它非常柔软，可以剪切与延接，使用安全性好并且寿命长，非常适合该作品。我们通过红外遥控使其变换颜色，实现闪烁、流水、跳变等显示效果。

我们选用了 Arduino Uno 主控板及相应扩展板（见图2），通过图形化编程对各个模块进行控制。Arduino 作为一个开源电子原型平台，便捷灵活，方便上手。

我们选用红外遥控器（见图3）和红外接收模块进行灯光控制。按下遥控器上的某个键，遥控器会发出一连串经过调制

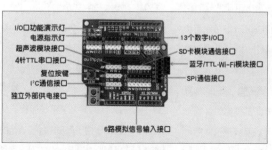

图2 Arduino Uno 主控板及扩展板

图3 红外遥控器

的信号，红外接收模块负责接收红外遥控器发射过来的信号并将其解码成十六进制编码（键值）进行输出。

除此之外，本作品搭载音乐播放模块（见图4），它可通过串口指令播放 MP3、WAV 等格式的音乐文件。当接收到红外信号时，我们用它播放对应的音频，例如"欢迎使用梦幻魔镜""显示红色"等。

制作本设备所需的元器件清单见表1。

▌电路连接

电路连接如图5所示，在 Arduino 扩展板上的 I/O 接口上对应连接音乐播放模块、LED 灯带、红外接收模块。小扬声器的红线与黑线对应连接在音乐播放模块的 SPK+ 与 SPK-。其中需要注意的是，要将灯带的接线端从盒中伸出连接扩展板。

▌程序编写

程序利用图形化编程软件 Mind+ 分别搭建主程序（见图6）和相应功能的函数。主程序中

进行初始化设置（如串口音乐播放模块的串口等），并添加保存灯带的颜色、色调、亮度等的变量。各功能函数如图7~图9所示，根据接收到的红外遥控器的键值（十六进制编码），由音乐播放模块播放对应的语音，由 LED 灯带显示对应的效果。键值存储在变量 pp 中，键值与显示效果、播放曲目的对应关系见表2。

表1 元器件清单

名称	数量
Arduino 主控板	1
Arduino 扩展板	1
普通镜子	1
单向透视镜	1
音乐播放模块	1
小扬声器	1
红外接收模块	1
红外遥控器	1
9V 可充电锂电池	1
LED 灯带	1
圆筒	1

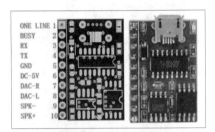

▌图4 音乐播放模块

▌图5 电路连接

▌图6 主程序

▌图7 显示颜色功能函数

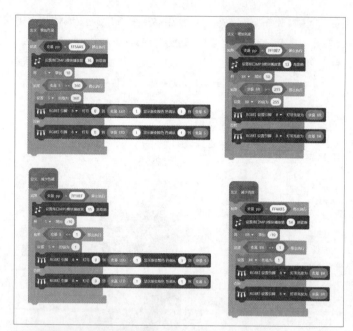

图8 调节色调和亮度的功能函数

表2 键值与显示效果、播放曲目的对应关系

按键	键值（十六进制编码）	LED 灯带显示效果	播放曲目
1	ffa25d	红 0xff0000	1
2	ff629d	黄 0xffff00	2
3	ffe21d	蓝 0x0000ff	3
4	ff22dd	绿 0x00ff00	4
5	ff02fd	粉 0xcc33cc	5
6	ffx23d	橙 0xff6600	6
7	ffe01f	动态闪烁	7
8	ffa857	星空闪烁	8
9	ff906f	流水灯	9
*	ff6897	随机颜色	11
0	ff9867	关闭灯光	10
#	ffb04f	显示渐变色	12
OK	Ff38c7	欢迎使用梦幻魔镜	17
左	ff10ef	减少色调	15
右	ff5aa5	增加色调	16
上	ff18e7	增加亮度	13
下	ff4ab5	减少亮度	14

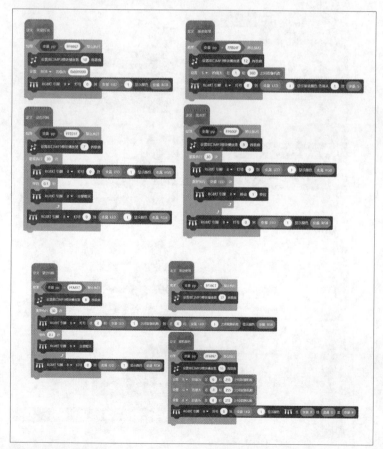

图9 动态效果功能函数

组件安装

1 找到合适的方形盒子，做好固定支架，粘好贴纸。

② 裁剪好符合盒子大小的平面镜，放进盒子里，贴在内侧。量好尺寸，裁剪LED灯带，在盒子里面粘一圈。

③ 将连接好的电路固定在板子上，粘到盒子侧面。

④ 裁剪一个尺寸合适的单向透视镜作为前盖，盖好。

　　本装置利用了无限连续循环的反射这一光学现象给人视觉上带来无限景物的错觉，提升物理实验的科幻感，将观赏和科学融为一体，并可通过遥控实现色调和亮度调节，伴有语音提示。灯光显示效果如图10所示。Ⓧ

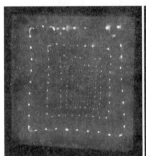

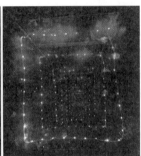

▎图10 显示效果

双轮弹跳机器人

　　去年苏黎世团队研究人员们研发出一款具有平行弹性跳跃机构的双轮平衡机器人 Ascento，现在 Ascento 已经有了第二个版本——Ascento 2。Ascento 2 机身重 10.4kg，最高跳跃高度为 0.4m，速度可达 8km/h，是为室内环境设计的紧凑灵活的跳跃机器人。

　　尽管有腿机器人在爬楼梯时具有更大的优势，但采用两轮设计的 Ascento 2，更好地兼顾了双轮滚动和弹跳技能。在水平地面上巡航时，由电机驱动的机器人可以做到自平衡。在遇到垂直障碍物（比如楼梯）的时候，机器人会蹲下预备弹跳，借助弹簧的力量向上、向前跳跃。除了巡航和垂直跳跃，Ascento 2 还可让双腿在平坦不一的地形上保持直立状态。这需要让两腿彼此独立地弯曲以便保持整体的平衡。新版本 Ascento 还对机器人的"大脑"进行了改进和增强，使之不会因为侧面的撞击而轻易跌倒。除了远程遥控，Ascento 2 还可以借助摄像头和传感器感知周围的 3D 环境和自主导航。

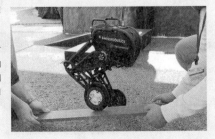

织物机器人

　　哈佛大学怀斯生物启发工程研究所研发的织物软体机器人可以在不与任何机器相连的情况下进行运动，这种机器人织物名为"智能热致驱动纺织品（STATs）"，由密封袋装 Novec 7000 液体组成。在加热后，液体蒸发，机器人体积可扩大 100 倍，从而改变织物形状。但当其冷却后，又会凝结回液态，从而使机器人恢复形态。

　　为了消除对外部机器的需求，他们将导电的镀银线编织到 STAT 的材料中。这些线作为智能织物的加热器和传感器，使 Novec 7000 的相态从液态转变为气态，反之亦然，所需的温度和压力变化也得以实现。

　　研究人员表示，他们可以批量生产这种织物，并对其进行设计，从而使其具有广泛的应用潜力。例如，其可以用于治疗外部创伤的绑带，对损伤处施加压力，加速组织修复；还可以用在自适应变形的垫子上，帮助防止床褥和轮椅溃疮，甚至可用于前卫时装秀中的动感服装。

口罩静电探测器

▌MAP

佩戴医用口罩，是人们防御新冠病毒的有效手段。医用口罩能够防御病毒，主要依靠的是作为滤芯的熔喷布材料，熔喷布除了拥有微小的物理过滤孔径之外，更重要的是带有高压静电，利用静电吸附原理把体积比过滤孔径更小（只有零点几微米）的病毒防御住。

医用口罩出厂后，工厂加注的高压静电就会慢慢自然减弱，就算口罩不使用，口罩上的静电也会在一到两年内减弱甚至消失，导致口罩的防护性能失效。而如果口罩开始使用，由于人呼吸时带有水汽，会让口罩上带的静电迅速消减，这也是为什么建议 4 小时更换口罩的原因。口罩上的静电减弱、消失之后，口罩就失去了防御病毒的能力。

不含熔喷布的普通民用口罩是不带静电的，而假如是质量不合格、包装不好、保存不善、过期或者使用过的含熔喷布的口罩，上面的静电也非常弱，甚至没有静电。如果能够方便、快捷地测试出口罩上是否带有足够有效的静电，就可以帮助人们鉴别口罩的类型和质量的好坏、检测口罩是否有防护效果，让人们可以安全、正确地选择和使用合格的口罩保护自己和家人。

民间流传着一些检测口罩静电的方法，如尝试用口罩吸附小纸屑甚至汗毛等，不过这都是过于粗糙的手工操作，不卫生，而且不准确。因为口罩要能够吸附小纸屑，只需要口罩外层的无纺布带上静电就可以了，而实际起到过滤作用的是口罩内侧的熔喷布滤芯所带的静电。口罩外层的无纺布可能会因为摩擦以及接触带静电的物体（如人体皮肤）从而临时带上不稳定的静电，这不等于口罩内侧的熔喷布滤芯也带静电，甚至口罩内侧都可能没有熔喷布滤芯。

正确的检测口罩有效静电的方法是先用接地的方式去除口罩外层无纺布可能存在的表面静电干扰，再使用专门的静电检测仪器进行检测。不过本来在工业领域使用的专业检测仪器体积大、价格高、测试结果不直观，在日常用来检测口罩有效静电，显然是不合适的。为此，我们 MAP（Mask Aid Project，中文名为"口罩补完计划"，团队成员分散在各国，旨在借助科技的力量，通过提供安全正确、环保低碳的应用方案，为人们解决口罩供应紧缺、质量良莠不齐、环境污染等问题）项目组设计了一款口罩静电探测器，它除了可以测试口罩上的静电有无或强弱，还可以判断静电的正负极性，具有针对性强、结果直观、设计简单、性能稳定、成本低廉、加工简单等优点，有利于面向大众推广使用，可帮助更多的人安全、正确地选择和使用合格的口罩。

▌电路设计

电场探测电路

口罩静电探测器的基础是图 1 所示的高灵敏度电场探测电路。

这是一个多级的三极管放大电路，每个三极管有 300 多倍的电流放大能力，3 个三极管总共有 300×300×300=9×10^6 倍的电流放大能力，能够探测到极其微弱的电流变化。

探头是金属材质的，是导体，而导体内部存在大量可自由移动的带电粒子，即自由电子，只要受到电场的作用，自由电子就会发生定向运动，形成明显的电流。而当前电路能够把微弱的电流变化放大几百万倍，最后驱动 LED 发光，也就是说，这个电路的探头不用接触就能感应出周围存在的电场。

我们可以把这个电路靠近家用电器，探测其周围的电场；也可以把它靠近市电的电源线，根据是否有电场判断电源线是否通电。

把电场探测扩展到静电探测

所谓物体带静电，通常就是绝缘的物体上积累有大量的静止电荷。因为物体是绝缘的，所以电荷无法流动，也就能够大量积累起来。图 1 所示的电场探测电路，也可以用来探测静电。

1. 接触式

如果要探测静电，一种方法是直接让探测电路的探头触碰带静电的物体表面，

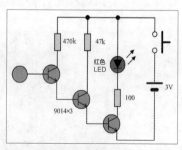

▌图1 高灵敏度电场探测电路（NPN）

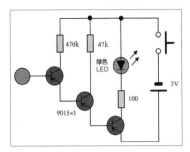

图 2 高灵敏度电场探测电路（PNP）

接触的瞬间，物体表面的静止电荷流动到探头上形成电流，电流经过放大可以驱动 LED 发光。不过，由于物体是绝缘的，物体表面的电荷是无法自由移动的，只是接触位置的电荷移动到了探头上形成电流，而接触位置周围的电荷依然处于静止状态，所以形成的电流只是一闪而逝，LED 也只是闪了一下而已。

这种接触式的静电探测不是很直观，而且因为接触会让静电流失，影响检测结果（多接触几下，静电就消耗完了）。此外，静电的电压通常很高，可以达到几千甚至上万伏特，直接用探头接触有可能会烧坏电子元器件。接触式的探测，也容易对探测对象造成污染，用来探测口罩的静电不够卫生。

2. 感应式

我们可以把探头在物体表面（靠近但不接触物体）迅速持续地移动，即来回扫过，此时我们会发现 LED 会随着探头的移动而闪烁发光。

这其实利用了静电感应的原理，在静电电场的作用下，导体中的电荷会出现重新分布的现象。即一个带电的物体与不带电的导体相互靠近时，由于电荷间的相互作用，导体内部的电荷重新分布，异种电荷被吸引到靠近带电体的一端，而同种电荷被排斥到远离带电体的另一端。

积累在物体表面的静止电荷虽然无法移动，但是也会对周围产生电场，只不过相对弱一些，而且是以带静电物体为中心

向周围发散，逐渐减弱的。当金属探头靠近带静电的物体时，探头上的自由电子会被吸引或者驱离（相对物体的位置），如果探头的移动速度较快，就会在探头上形成一股明显的电流，探测电路能够把这股电流放大，最终驱动 LED 发光。

假如物体带的是正电荷，在探头靠近的过程中，由于异种电荷相吸的缘故，探头中的自由电子（带负电荷）会被吸引到靠近带电物体的一侧，也就是电子会远离探测电路的输入端，于是就会在探测电路的输入端形成正向的电流（电流方向与电子移动方向相反），而由 NPN 三极管组成的放大电路，正好需要正电流才能导通放大电流，最后会驱动 LED 发光。

假如物体带的是负电荷，在探头靠近的过程中，探头中的自由电子（带负电荷）会被推离到远离带电物体的一侧，也就是电子会向探测电路的输入端移动，于是就会在探测电路的输入端形成反向的电流，而反向的电流无法让 NPN 三极管组成的放大电路导通和放大电流，LED 不会发光。不过假如让探头从靠近带负电荷物体的位置远离该物体，探头中原来被推离到远离带电物体一侧的自由电子，又会反向流回靠近带电物体一侧，这样 LED 就可以发光了。

3. 总结

探头在带静电物体表面扫过时，无法

保证距离完全平行，时而靠近物体，时而远离物体；同时，物体表面的静电分布是不均匀的，也相当于探头时而靠近物体，时而远离物体，于是，LED 就会不断闪烁发光。

增加对负电荷的静电探测

前面给出的 NPN 三极管多级放大电路，只能够放大正电流（正向流向探头），更适合探测带正电荷的静电，我们可以使用 PNP 三极管搭建类似的多级放大电路（见图 2），它能够放大负电流（反向流出探头），更适合探测带负电荷的静电。

为了支持带正、负两种电荷的静电探测，我们可以把以上两个电路合并在一起，如图 3 所示。

把左、右两个探头并排放在一起，左侧电路主要用于探测正电荷，对应红色 LED；右侧电路主要用于探测负电荷，对应绿色 LED。

统一正负电荷探测电路的电源极性

以上电路采用了两个不同颜色的 LED，分别代表检测到不同电荷（红色代表正电荷，绿色代表负电荷）的静电，在实际使用中，两个 LED 基本不会同时发光。为了便于使用，可以考虑把两个独立的 LED 合并成 1 个 3 引脚、带公共电极的双色 LED。

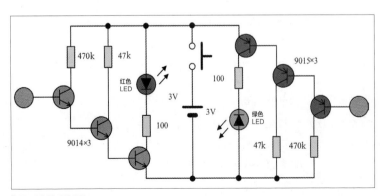

图 3 合并后的电路

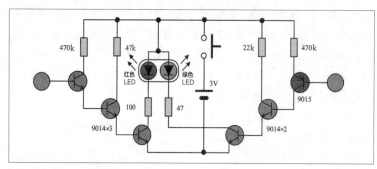

▌图 4 改用双色 LED 的电路

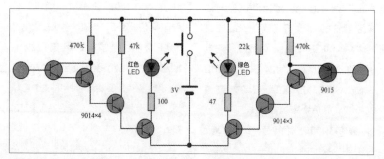

▌图 5 改为 4 级放大的电路

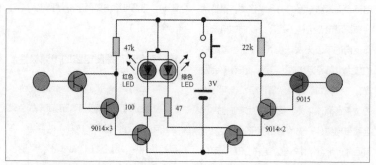

▌图 6 简化后的电路

改进后的电路如图 4 所示。

提高静电探测的灵敏度

当前电路对于稍微弱一点的静电，需要比较靠近物体才能探测出来，于是我们考虑增加一级三极管放大，进一步提高探测的灵敏度，改进后的 4 级放大的电路如图 5 所示。

经过实际测试，这个电路确实大大提高了静电的探测灵敏度，距离很远也可以探测出物体表面的静电。不过，它有些过于灵敏，用于检测口罩上的静电，可能会造成误判，于是我们放弃了这个改进方案。也就是说，口罩静电探测器的灵敏度不能过高，合适为好。

简化电路

虽然已经把电路设计确定了下来，但其实我们还可以继续精简电路，减少元器件，使得电路更简单、更稳定，同时降低成本。不过，简化（减少 2 个 470kΩ 电阻）后的电路（见图 6）性质完全改变了，原来的是多级三极管放大电路，简化后变成达林顿式的复合管放大电路，功能虽然不变，但是电路性质完全不同。

当前项目我们默认还是用图 4 所示的电路，简化后的电路仅作了解。当然，你按照简化的电路来制作也是可以的。

不过，以上电路中分别探测正电荷和负电荷的两个部分，供电的方向正好相反，也就是说两部分电路的 LED 没有公共的电极，因此无法直接合并。为此，我们调整了一下负电荷的探测电路，把原来的由 3 个 PNP 三极管组成的多级放大电路，改成由 PNP 三极管和 NPN 三极管混合组成的多级放大电路。这样，红色和绿色两个 LED 就有了公共电极（正极），可以合并成 1 个共阳极的双色 LED。

另外，我们发现在同样的电压和电流下，绿色 LED 的亮度比红色 LED 的亮度低不少，为此把原来电路中的 47kΩ 电阻和 100Ω 电阻阻值减小，换为 22kΩ 电阻和 47Ω 电阻。

附表　材料清单

序号	名称	规格	数量	备注
1	电池盒	CR-2032 纽扣电池盒	1 个	电池夹
2	电池	CR-2032 纽扣电池	1 个	电源
3	按钮	12mm × 12mm × 7.3mm，直插	1 个	电源开关
4		按钮帽	1 个	
5	LED	5mm 红绿双色 LED，共阳极，雾状	1 个	指示灯
6	NPN 三极管	9014，直插	5 个	信号放大
7	PNP 三极管	9015，直插	1 个	信号放大
8	色环电阻	碳膜色环电阻 1/4W，470kΩ（色环：黄紫黄）	2 个	
9		碳膜色环电阻 1/4W，47kΩ（色环：黄紫橙）	1 个	
10		碳膜色环电阻 1/4W，22kΩ（色环：红红橙）	1 个	
11		碳膜色环电阻 1/4W，100Ω（色环：棕黑棕）	1 个	
12		碳膜色环电阻 1/4W，47Ω（色环：黄紫黑）	1 个	
13	万能电路板	7cm × 9cm	1 块	

▍材料准备

制作所需的材料如附表和图 7 所示。

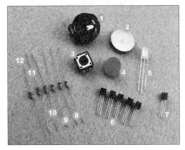

▍图 7 制作所需的材料

▍制作过程

1 我们将使用 7cm×9cm 的万能电路板（即洞洞板）来焊接电路。

2 这是万能电路板的正面透视图，请留意电路板侧边横排的数字编号与竖排的字母编号。

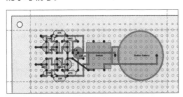

3 依据透视图，参照电路板侧边的编号，把各元器件的引脚插到对应的焊盘插孔中。焊接元器件后把引脚剪短。

4 为提高效率，推荐使用锡接走线的方式完成电路走线。

5 前面透视图上的虚线，是电路板的切割线，按照这些切割线把万能电路板多余的部分切割掉，得到小块电路板。

6 把两根稍微粗一点的元器件的引脚，焊接在电路板上，作为电路的探头。

7 使用直插元器件焊接的电路板，底面会露出元器件的引脚，我们最好给电路板安装一个底板。这里将使用横截面为 25mm×15mm 的 PVC 线槽来制作电路板的底板。

8 把 PVC 线槽的槽盖拆下来，并且切割成与电路板一样长。

9 把电路板放到 PVC 线槽的槽盖上，不过由于电路板底面两侧突起的焊盘正好抵在线槽槽盖的卡扣轨道上，电路板并不能平整地放在槽盖上。为此，先用剪刀把 PVC 线槽槽盖的卡扣轨道的内侧边缘剪低一点（两边的卡口轨道内侧都要剪低）。

10 把热熔胶涂在槽盖内侧的卡扣轨道上。

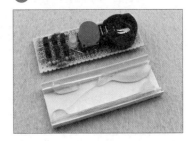

⑪ 重新把电路板放到槽盖上，电路板应该可以平整地放到槽盖上。对齐电路板和槽盖，等热熔胶凝固之后，电路板就被固定在了槽盖上。

测试

① 把纽扣电池装到电路板上的电池盒里。

② 用一只手按住按钮，接通探测电路的电源。此时，LED 不亮，或者亮度较弱（可能受到环境中电场的影响）。然后，用另一只手的手指触碰正电荷探头（图中上方），此时 LED 应该会发出明显的红光。这样，就说明探测器的正电荷探测功能是正常的。

③ 接下来，手指改为触碰负电荷探头（图中下方），此时 LED 应该会发出明显的绿光。这就说明探测器的负电荷探测功能是正常的。如果 LED 发出的绿光不明显，可以尝试让按住按钮的手同时接触纽扣电池的顶部。

装饰

① 我们可以在底座后端（靠近电池的一侧）钻一个孔，装上一个带链子的钥匙圈。

② 按钮帽也有不同颜色可以选择。

使用说明

手持静电探测器，让探头对着口罩，按下按钮就可以开始测试口罩的静电。

① 判断口罩是否带静电，以及静电的强弱。

靠近口罩表面（距离 2~3cm），用探头来回扫过，查看 LED 的闪烁发光情况。

（1）假如 LED 明显地闪烁发光，说明口罩的静电强度是比较理想的（可以达到 1kV），口罩过滤性能也是有保障的。

（2）假如 LED 偶有闪烁，或者发光微弱，且需要进一步拉近探头与口罩的距离，LED 才会明显闪烁发光，则说明口罩所带的静电偏弱，口罩过滤性不理想。

（3）假如探头距离口罩很近，LED 也几乎不发光，说明口罩不带静电，或者静电会很弱，不足以被检测出来，此时口罩已经失去了静电过滤功能。

② 判断口罩所带的静电是正还是负。

（1）假如口罩带正电荷，当探头靠近口罩时，LED 发红光；而当探头远离口罩时，LED 发绿光。

（2）假如口罩带负电荷，当探头靠近口罩时，LED 发绿光；而当探头远离口罩时，LED 发红光。

▌项目总结

这是一个纯手工版的口罩静电探测器，选用的都是普通常见的元器件，熟悉电子制作的朋友们完全可以自己找材料 DIY 出来，当然这也适合作为初学者学习使用万能电路板焊接电路的练习案例。MAP 项目组还推出了 PCB 版静电探测器套件（见图 8）、PCB 版静电探测蚂蚁套件（见图 9）、静电探测钥匙扣成品（见图 10）、静电探测卡成品（见图 11）等衍生版本，你也可以发挥想象力，制作自己的版本。⊗

▌图8 PCB 版静电探测器套件

▌图9 PCB 版静电探测蚂蚁套件

▌图10 静电探测钥匙扣成品

▌图11 静电探测卡成品

树莓派 AIoT
智能语音助手

一次点外卖的经历成就的"传话筒" | 郭力

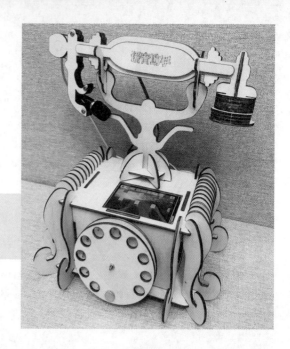

某天中午，我点了外卖，送外卖的是一位聋哑人，他把外卖放到前台，给我发了外卖送到的短信（见图1）就走了，我所在的场所人还是比较多的，幸好我拿到了外卖。从那天以后，我就一直在思考以下几个问题。如果外卖被拿错了怎么办呢？送外卖的师傅会不会被投诉？怎样才能帮助聋哑人像正常人一样送外卖呢？

如果有一种装置能够代替聋哑人打电话，用机器合成的语音通知客户外卖送达，这样比发短信更加直接。作为创客奶爸的我就开始琢磨怎么制作这样的作品。

目前市面上在售的帮助聋哑人沟通的产品大部分为手写板装置，能够代替聋哑人讲话的成熟产品并没有发现（也有可能是我搜索的方式不对）。继续搜索，我发现近几年已经有关于聋哑人手语识别的学术研究出现了，多以手势识别摄像头和手势识别手套的方式将聋哑人的手语转换成语音或文字。由于手势控制很复杂，目前

这些产品仍处于研发阶段，沟通壁垒依然存在。

视觉识别和手势识别以我目前掌握的技术还实现不了，我综合考虑自己的能力后，将满足聋哑人电话通信需求的装置的实现想法大致确定为：制作一个提前建立好送外卖常用语语料库的语音助手装置，聋哑人可以利用语音助手装置与客户进行对话，聋哑人想要知道对方说了什么内容，可以通过语音助手的显示屏幕查看信息，如果要回话，可以将内容通过手写输入的方式发送至语音助手，这样语音助手就扮演了"传话筒"的角色，所以本文副标题就是《一次点外卖的经历成就的"传话筒"》。当然，本作品除了满足送外卖的需求外，还具备智能语音对话功能，就像天猫精灵、小爱同学那样。

接着，我开始尝试实现上述想法。语音合成和语音识别技术是实现这个项目的关键，在本地进行语音识别显然需要算力强大的设备，对于我而言还是通过云计算

实现起来比较妥当。我尝试了几种能够实现语音对话的平台，经过多次比较后，最终选用了树莓派通过百度AI开放平台实现可以满足普通人与机器人智能对话的功能和聋哑人送外卖沟通的功能。

▌确定制作方案

我制作的语音助手有两个模式：送外卖模式和智能对话模式。在送外卖模式下，送餐员需要先拨通客户电话，语音助手可以利用机器语音播报功能代替送餐员打电话，屏幕上还会通过语音识别功能显示客户说了什么内容；其他用户可以选择智能对话模式。两种模式运行时都分为4个步骤：采集信息、识别信息、处理信息、反馈信息（见图2）。

两种模式下4个步骤实现流程的思维导图如图3所示。

1. 确定主控

要完成这几个步骤，首先需要确定主控。为了满足声音采集、音频播放、物联网、GPIO控制等需求，我们选择了树莓派（3B及以上）作为主控。当然，本项目也可以选择创客

▌图1 我收到的短信

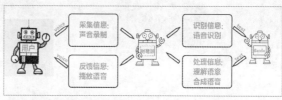

▌图2 语音助手运行时的4个步骤

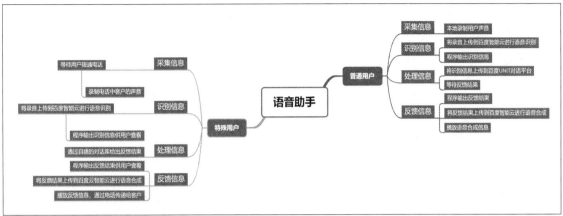

图3 4 个步骤实现流程的思维导图

图4 外置话筒

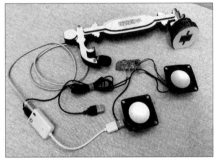

图5 音频输入 / 输出设备的连接

教育领域比较火的虚谷号。

主控确定了以后，第一步就是给树莓派烧录系统，新手可以上网查找相关教程，这里不再赘述。

2. 声音采集

我们使用图 4 所示的外置话筒来实现声音的采集。

3. 音频的播放

我们使用小扬声器和功放板播放音频。话筒和功放板都是通过 3.5mm 音频头连接到 USB 外置声卡，再连接到树莓派的 USB 接口的（见图 5）。

程序中，我们使用 pydub 库实现音频播放。

4. HDMI显示屏和3.5英寸触摸屏的切换

如需启用 HDMI 输出，需执行以下命令，树莓派会自动重启。再等待约 30s，HDMI 显示屏开始显示。

```
cd LCD-show/
sudo ./LCD-hdmi
```

如需切换回以 3.5 英寸触摸屏显示，则需执行以下命令。

```
cd LCD-show/
sudo ./LCD35-show
```

5. 对话模块

对话模块采用百度 UNIT，使用该平台前需要做些注册、申请的准备工作，后面会详细讲解。

6. 语音识别及合成模块

语音识别及合成模块采用百度智能云的相关功能。

7. 显示模块

显示模块使用 Python 3 自带的 GUI 界面库 tkinter 制作（见图 6），为了让

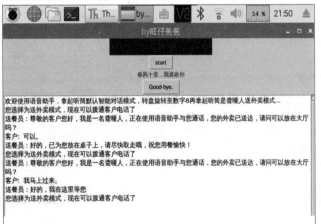

图6 显示模块

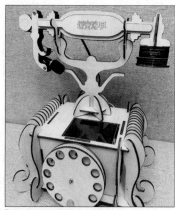

图 7 语音助手的外形设计

GUI 界面和语音助手同时运行，程序中还使用了多线程库 threading。tkinter 一种是比较旧的图形化界面，其实我们还可以尝试更漂亮的第三方库，比如 PyQt、wxPython 等。

在语音识别平台方面，我尝试过图灵、讯飞、百度、青云、思知等平台，最后确定选择百度智能云，是因为百度智能云响应快，对话比较顺畅，而且免费时限长、免费额度大，其他几个平台要么收费高，要么运行不流畅。腾讯云、华为云、阿里云的服务我没有尝试，有兴趣的伙伴可以去试试。

附表　制作所需要的材料

| 树莓派 3B×1（包含 micro SD 卡） |
| 18650 供电模块（5V/2A）×1 |
| 小扬声器 ×2 |
| 功放板 ×1 |
| USB 声卡 ×1 |
| 外置话筒 ×1 |
| 3.5mm 音频头 ×1 |
| 3.5mm 音频延长线 ×1 |
| 磁感应传感器 ×1 |
| 微动开关 ×1 |
| 1kΩ 电阻 ×1 |
| 开关 ×1 |
| DC 接头 ×1 |
| 12mm 磁铁 ×1 |
| 杜邦线若干 |
| 3.5 英寸触控屏 ×1（可选） |
| 3mm 厚椴木板 ×1（40mm×60mm） |
| 五金件若干 |

开始制作

制作所需要的材料见附表。

1. 外壳设计

因为语音助手有通话模式，所以我决定将它的外形设计成造型复古的电话机样式（见图 7），缺点是不便携。

图 8 所示为使用 CAD 软件设计好的激光切割图纸，导入 LaserMaker 后部分曲线显示不全，不过这是一个小问题，并无大碍，用曲线工具补全就好了。图 9 所示为切割好的结构件。

2. 电路设计

硬件连接如图 10 所示。

微动开关需要通过一个下拉电阻连接到树莓派的 GPIO37 引脚，磁感应传感器连接到树莓派的 GPIO36 引脚。程序中 GPIO 库使用的是树莓派的物理引脚 BOARD 编码（根据 Python 库函数决定使用哪种形式的编码）。

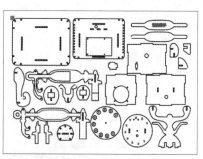

图 8 激光切割图纸

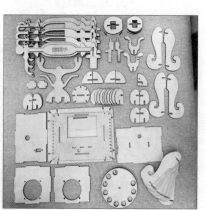

图 9 切割好的结构件

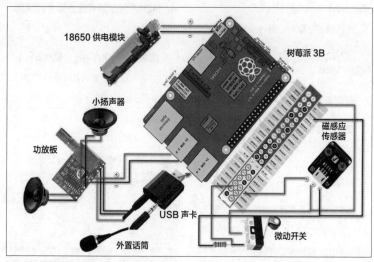

18650 供电模块

树莓派 3B

小扬声器

磁感应传感器

功放板

USB 声卡

微动开关

外置话筒

图 10 硬件连接示意图

3. 组装

① 首先将拾音的外置话筒安装在电话机的听筒上，由于话筒距离主控较远，需要增加一根音频延长线，将其预埋在切割好的听筒结构中。我用的外置话筒是很久之前买的，能用，质量一般，优点是便宜，但有一个问题就是接头的部位是直角弯，体积太大了，需要进行改造。我把插头的外壳剥离，重新焊接了新的 3.5mm 音频插头。

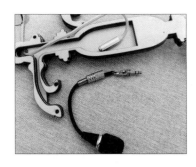

2 听筒的外壳共有 5 层，中间 3 层是镂空的，用于容纳连接线路，前后两层为面板，起到封装的作用。

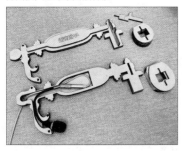

3 听筒安装完成后如下图所示，在提前设计好的固定孔中安装 M3 螺丝进行加固。

4 接着安装放置听筒的架子，这一步非常简单。

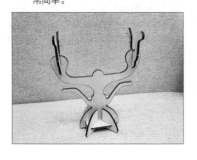

5 要注意的细节是，我们需要在听筒的架子上安装一个微动开关，起到选择程序的作用。当听筒放置在架子上时，正好可以触发开关。微动开关连接了一个下拉电阻来保持信号稳定。

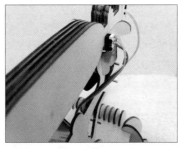

6 利用两颗 M2 螺丝将微动开关固定在预先设计好的孔位中。

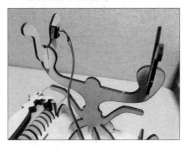

7 接下来安装电话主机，为了让造型更加美观，我在 4 个角增加了造型复古的结构。

8 在主机前面板上放置两个支架，用来安装拨号盘转盘。前面板上的圆孔用来走线。

9 拨号盘分为两层，上面一层设有圆孔，可以看到下面一层圆盘上的数字；下面一层正面是数字，背面是磁感应传感器。

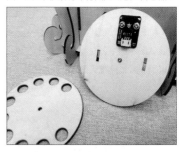

10 两层转盘通过螺丝固定，安装磁铁后如下图所示。

11 主机后面安装开关和充电接口。

12 本作品使用的小扬声器是从以前购买的台式机赠送的小音箱上拆下来的。

⑬ 将功放板、小扬声器和外置话筒与 USB 声卡连接在一起。然后，将 USB 声卡和功放板的 USB 线连接到树莓派的 USB 接口中，接着将供电模块、微动开关和磁感应传感器与树莓派连接。由于要安装 3.5 英寸触控屏，两个传感器的 VCC 正极引脚接线只能从 GPIO 引脚的背面焊接了。

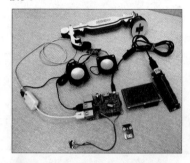

⑭ 将连接好的硬件放入电话主机内。

⑮ 小扬声器安装在两侧。从图中还可以看出触控屏没有安装到位，这是因为设计之初没有考虑周全，接上 USB 线后，触控屏尺寸已经超出范围了，需要改进结构。

⑯ 将触控屏整体向右边移动，留出接 USB 线的空间，改进后的样子如右图所示。

▌程序设计

调试本作品程序使用的是树莓派系统自带的 thonny 编程环境，当然你也可以使用 Python 3 IDLE 完成程序调试。程序完成的功能和实现思路如图 11 所示。

想要实现语音识别和语音对话功能，需要先在百度智能云平台上做一些准备工作。

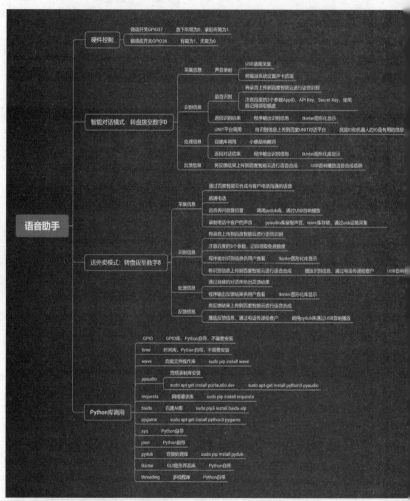

▌图 11 完成的功能和实现思路程序思维导图

1. 语音识别和语音对话功能的准备工作

❶ 登录百度智能云，如果是第一次使用，需要先进行注册。在"产品服务"菜单中可以看到本次我们需要使用到的"语音技术""智能对话智能对话与服务平台 UNIT"功能。我们先单击"语音技术"进行设置。

2 单击"创建应用"。

3 给创建的应用设置名称，"接口选择"按默认即可，"语音包名"选择"不需要"，"应用归属"选择"个人"，进行简单的应用描述后单击"立即创建"。

4 创建完毕后可以单击"返回应用列表"，也可以单击"查看文档"学习调用的方法。

5 返回应用列表后可以看到如下列表信息，其中 AppID、API Key、Secret Key 是程序中需要使用的信息。

6 需要注意的是，"语音技术"功能需要单击左侧"概览"菜单，在所列出的菜单中选择自己需要的功能，单击"立即领取"才能获得免费额度，否则程序调用会不成功。

7 我们再单击"产品服务"，选择"智能对话与服务平台 UNIT"功能，就可以看到如下界面，单击"创建应用"。

⑧ 接着填写应用名称、应用类型，"接口选择"选择 UNIT 和语音技术，"语音包名"选择"不需要"，描述应用后单击"立即创建"。

⑩ 接下来我们需要单击左侧的"UNIT配置平台"来配置智能对话技能。

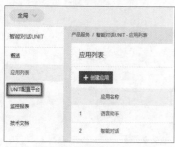

⑪ 单击之后，页面会跳转到如下界面，我们单击"进入 UNIT"。

⑫ 单击"新建技能"。

⑨ 创建完毕后返回应用列表，可以看到已经创建好的应用，其中 AppID、API Key、Secret Key 是程序中需要使用的信息。

⑬ 选择"对话技能"，单击"下一步"。

⑭ 设置技能名称，单击"创建技能"。

⑮ 之后就可以看到新建的技能了，技能 ID 是有用的信息。

⑯ 接着单击"我的机器人"菜单，单击"+"号增加机器人。

⑰ 填写机器人名称，"对话流程控制"选择"技能分发"，接着单击"创建机器人"。

⑱ 之后可以看到新建的机器人，机器人的 ID 是有用的信息。

⑲ 然后单击机器人进入如下界面，我们需要给机器人添加技能。

20 单击左侧的"对话"可以进行线上对话测试。

到此为止，我们在百度智能云平台上的准备工作就完成了，接下来可以参考图11下方安装 Python 库文件。

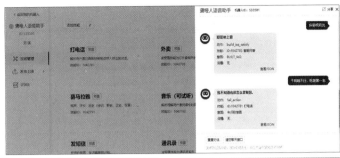

2. 程序初始化

需要提前安装好各种库函数。

```
import RPi.GPIO as GPIO #导入GPIO库
from tkinter import * #导入tkinter图形库
from tkinter import scrolledtext #导入tkinter图形库的滚动字符
import threading #导入多线程库
import time
#from PIL import ImageTk,Image
import wave #导入音频处理库
import pyaudio #导入音频录制库
import requests #导入网络请求库
from aip import AipSpeech #导入百度AI
from pydub import AudioSegment #pip install pydub #导入音频播放库
from pydub.playback import play #pip install pydub
import pygame #导入pygameku1
from pygame import mixer
import sys
import json
GPIO.setmode(GPIO.BOARD)
GPIO.setup(37, GPIO.IN)
GPIO.setup(36, GPIO.IN)
```

3. 语音录制

我们使用 pyaudio 库录制音频，使用 wave 函数保存音频文件。

```
def audio_record(out_file, rec_time):
    CHUNK = 1024
    FORMAT = pyaudio.paInt16 #16bit 编码格式
    CHANNELS = 1 #单声道
    RATE = 16000 #采样频率
    p = pyaudio.PyAudio()
    #创建音频流
    stream = p.open(format=FORMAT, #音频流 WAV 格式
        channels=CHANNELS, #单声道
```

```
        rate=RATE, #采样率
        input=True,
        frames_per_buffer=CHUNK)
    print("Start Recording...")
    frames = [] #录制的音频流
    #录制音频数据
    for i in range(0, int(RATE / CHUNK* rec_time)):
        data = stream.read(CHUNK)
        frames.append(data)
    #录制完成
    #print(frames)
    stream.stop_stream()
    stream.close()
    p.terminate()
    #保存音频文件
    with wave.open(out_file, 'wb') as wf:
        wf.setnchannels(CHANNELS)
        wf.setsampwidth(p.get_sample_size(FORMAT))
        wf.setframerate(RATE)
        wf.writeframes(b''.join(frames))
```

4. 调用百度智能云实现语音识别

百度智能云的 3 个参数 AppID、API Key、Secret Key 是关键数据。

```
def audio_discern(audio_path = "./test1.wav",audio_type ="wav"):
    """"百度智能云的 ID,免费注册 """
    APP_ID = '替换成你的'
    API_KEY = '替换成你的'
    SECRET_KEY = '替换成你的'
    client = AipSpeech(APP_ID, API_KEY, SECRET_KEY)
    #读取文件
    def get_file_content(filePath):
        with open(filePath, 'rb') as fp:
```

```
        return fp.read()
    #识别本地文件
    text = client.asr(get_file_content(audio_path), audio_type, 16000)
    return text
```

5. 调用百度智能云实现语音合成输出

```
def speak(s):
    print("-->"+s)
    APP_ID = '替换成你的'
    API_KEY = '替换成你的'
    SECRET_KEY = '替换成你的'
    client = AipSpeech(APP_ID, API_KEY, SECRET_KEY)
    result = client.synthesis(s,'zh', 1, {'vol': 5,})
    #识别正确，返回语音二进制代码；识别错误则返回 dict
    with open('auido.mp3', 'wb') as f:
        f.write(result)
    sound = AudioSegment.from_mp3('auido.mp3')
    play(sound)
```

6. 请求百度UNIT智能对话

机器人 ID（service_id）和技能 ID（client_id）需要提前申请。

```
def get_f(q,service_id,client_id,client_secret):
    host ='https://aip.baidubce.com/oauth/2.0/token?'\
    'grant_type=client_credentials &'\
    \ 'client_id=替换成你的 &client_secret =替换成你的'
    response = requests.get(host).json()
```

```
access_token=response['access_
token']
url ='https://aip.baidubce.com/
rpc/2.0/unit/service/chat?access_
token=' + access_token
post_data = {
  "session_id": "",
  "log_id": "UNITTEST_10000",
  "request":{
    "query": "",
    "user_id": "88888"
  },
  "dialog_state":{
    "contexts":{ "SYS_REMEMBERED_
SKILLS":["1057"]}
  },
  "service_id": "",
  "version": "2.0"
}
post_data["request"]["query"]=q
post_data["service_id"]=service_id
encoded_data = json.dumps(post_
data).encode('utf-8')
headers = {'content-type'
: 'application/json'}
response = requests.post(url,data=
encoded_data,headers=headers)
f_zero_dict=response.json()
f=get_target_value("say",f_zero_
dict,[])
#print(f_zero_dict)
print(f[0])
F=str(f[0])
text.insert(END,'count_B:'+str
(F)+'\n')
speak(F)
F=F.replace('~','。')#断句
return F'
```

7. 提取有用信息

```
def get_target_value(key, dic, tmp_
list):
  """
  :param key: 目标 key 值
  :param dic: JSON 数据
  :param tmp_list: 用于存储获取的数据
  :return: list
```

```
  """
  if not isinstance(dic, dict) or not
isinstance(tmp_list, list): # 对传
入数据进行格式校验
    return 'argv[1] not an dict or
argv[-1] not an list'
  if key in dic.keys():
    tmp_list.append(dic[key]) # 传入数
据存在则存入 tmp_list
  for value in dic.values(): # 传入数
据不符合则对其 value 值进行遍历
    if isinstance(value, dict):
      get_target_value(key, value,
tmp_list)
      # 传入数据的 value 值是字典,则直接调
用自身
    elif isinstance(value, (list,
tuple)):
      get_value(key, value, tmp_list)
    # 传入数据的 value 值是列表或者元组,则
调用 _get_value
  return tmp_list
def _get_value(key, val, tmp_list):
  for val_ in val:
    if isinstance(val_, dict):
      get_target_value(key, val_,
tmp_list)
    # 传入数据的 value 值是字典,则调用 get_
target_value
    elif isinstance(val_, (list,
tuple)):
      _get_value(key, val_, tmp_list)
    # 传入数据的 value 值是列表或者元组,
则调用自身
```

8. 多线程

多线程库 threading 的用法如下。

```
def fun():#多线程
  #for i in range(1, 5+1):
  th=threading.Thread(target=count,
args=())
  th.setDaemon(True)#守护线程
  th.start()
  var.set('春风十里,我喜欢你')
def close_window():#tkinter 窗口关闭
指令
  root.destroy()
```

子线程包含两种对话模式,主程序是 tkinter 图形化界面。

总结

本次语音助手的项目从开始构思到制作完成,花了我 3 个多月的时间,时间主要花在构思和程序调试上。程序调试成功后,我带着树莓派去上班,到了晚上回家后,悲剧发生了:树莓派开机上电,一点反应都没有,红灯常亮,绿灯有规律地闪烁 4 次。我怀疑存储卡坏了,于是拿出来一块新的 micro SD 卡,重新烧录系统,结果发现问题依旧存在,测量电源电压也正常。我上网查找问题,怀疑是树莓派放在包里被什么东西挤压到了,micro SD 卡槽坏了。这也不好修理,于是我上网花了 125 元买来一块二手的树莓派,成功用到现在。从这件事可以看出,在研究的过程中,遇到问题是很正常的,失败也是在所难免的,但失败其实只是一个结果、一个现象,你不能被打击而失去信心,要客观地看待这件事情:虽然没有成功,但是你已经在研究的过程中积累了经验。千万不能放弃,要调整好心态,冷静思考,查找原因,才能最终解决问题。

虽然本作品把当初设定的功能基本实现了,但也还存在很多不足。

(1) 体积还存在很大的改进空间,可以使用体积更小的树莓派 Zero 制作便携的作品。

(2) 本作品需要连接网络才能使用,后续可以尝试更方便的联网方式或者是以本地算法实现。

(3) 需要根据真实的场景丰富语料库。

(4) 本作品没有实现最开始设想的手写输入回话的功能,可以继续尝试改进。◙

二哈识图（4）

超市自助收银机

DFRobot

如果你经常去超市购物，肯定遇到过排大队结算的情况。随着科技的发展，现在许多超市都有了自助收银机，它给我们的购物带来了方便。

这次我们就来做一个超市自助收银机，等一等，我们需要怎样准确识别商品并进行结算呢？

功能介绍

本项目利用了哈士奇（HuskyLens）的标签识别功能，通过识别商品上特定的标签，实现计算总价的自助收银功能。硬件清单见表1。

知识园地

我们仔细观察超市的收银过程，会发现无论是人工收银还是自助收银，都是通过扫码装置对商品的条形码（见图1）进行扫码计费，每种商品的条形码都是不一样的，所以我们只需找到扫码装置和条形码的替代品就可以实现我们的项目了。扫码装置我们用 HuskyLens 的标签识别功能代替，条形码用 AprilTag 代替。

表1 硬件清单

micro:bit × 1

micro:bit 扩展板 × 1

HuskyLens × 1

图 1 商品上的条形码和扫码装置

Tag16h5　　Tag25h9　　Tag36h11

图 2 AprilTags

1. 什么是标签识别?

标签识别技术是指对物品进行有效的、标准化的编码与标识的技术手段，它是信息化的基础工作。随着人们对健康和安全的意识越来越强，食品行业对产品的质量和安全性的要求越来越多，标识在满足企业对产品追踪、追溯需求等方面也起到了很重要的作用。

标签标识技术主要有条形码、IC 卡、射频识别（RFID）、光符号识别、语音识别、生物计量识别、遥感遥测、机器人智能感知等技术。

2. 什么是AprilTag?

AprilTags（见图2）是一个出自密歇根大学项目团队的视觉基准系统，主要用于 AR（增强现实）、机器人和相机校准等领域。AprilTag 的作用类似于二维码，能存储少量信息（标签 ID），同时扫描系统还可以对其进行简单而准确的 6D（x、y、z、滚动、俯仰、偏航）姿势估算。

HuskyLens识别AprilTag标签的原理

HuskyLens 识别 AprilTag 标签的过程主要包含如下步骤。

（1）边缘检测：寻找图像中的边缘轮廓（见图3）。

（2）四边形检测：找出轮廓中的四边形（见图4）。

（3）解码：对找出的四边形进行匹配、检查（见图5）。

图3 边缘检测

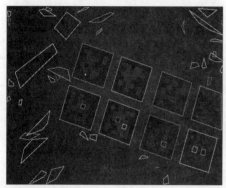

图4 四边形检测

图5 解码

通过这些步骤，HuskyLens就能识别出不同的AprilTags。因此，我们只需要将不同的AprilTags贴在不同的商品上就可以识别对应商品了。

HuskyLens标签识别功能演示

1. 检测标签

当HuskyLens检测到标签时，屏幕上会自动框选出检测到的所有标签（见图6）。

2. 学习标签

将HuskyLens屏幕中央的"+"对准需要学习的标签（见图7），短按或长按"学习按键"完成对第一个标签的学习。松开"学习按键"后，屏幕上会提示"再按一次按键继续！按其他按键结束"。如要继续学习下一个标签，则在倒计时结束前按下"学习按键"；如果不再需要学习其他标签了，则在倒计时结束前按下"功能按键"或者不操作，等待倒计时结束。

标签ID与录入标签的先后顺序是一致的，也就是学习过的标签会按顺序依次标注为"标签: ID1""标签: ID2""标签:

ID3"，以此类推，并且不同的标签对应的边框颜色也不同。

3. 识别标签

HuskyLens再次遇到学习过的标签时，在屏幕上会用彩色的边框框选出这些标签，并显示其ID。边框的以自动追踪这些标签，边框的大小会随着标签的大小进行变化（见图8）。

项目实践

我们将分3个递进任务来完成项目。

任务1: 识别商品。让HuskyLens使用标签识别功能学习并识别贴在3个不同商品上的AprilTags，编写程序让micro:bit的点阵屏滚动显示对应的商品名。

任务2: 开始扫码与结束扫码。在任务1的基础上添加开始扫码和结束扫码的事件，方便不同顾客的商品统计。顾客按下micro:bit的A键，点阵屏依次滚动显示HuskyLens识别到的商品名；顾客按下micro:bit的B键，点阵屏不再显示该顾客扫描到的任何商品，下一个顾客按下A键重新开始扫描。

任务3: 商品结算。在任务2的基础上，添加商品总价结算功能，实现生活中的超市自助收银功能。当识别到任意学习过的商品时，都会在总价中将其售价加入，按下micro:bit的B键结束扫码时，点阵屏会显示顾客从开始扫描到结束扫描所选

图6 检测标签

图7 将屏幕中央的"+"对准需要学习的标签

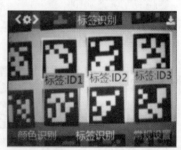

图8 识别标签

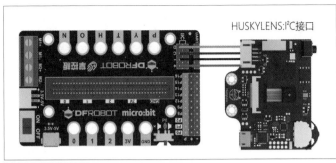

■ 图9 硬件连接示意图

■ 图10 3种贴着不同 AprilTags 的商品

■ 图11 在 Mind+ 中添加扩展

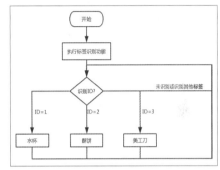

■ 图12 任务1程序流程图

的所有商品的总价。

任务1：识别商品

1. 硬件连接

硬件连接如图9所示。

2. 程序设计

假设超市有且仅有水杯、酥饼、美工刀3种商品，它们分别对应3个不同的 AprilTags（见图10）。

在"多次学习"模式下按水杯、酥饼、美工刀的顺序完成学习，得到 ID1、ID2、ID3。如果下次识别到相同的 AprilTags，HuskyLens 就会返回对应的 ID，这样我们就可以使用选择结构让点阵屏显示 ID 对应的商品名。

打开 Mind+ 软件（1.62 或以上版本），切换到"上传模式"，单击"扩展"，在"主控板"下单击加载"micro:bit"，在"传感器"

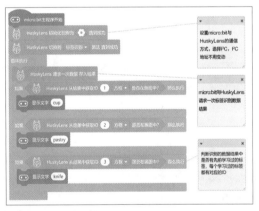

■ 图13 任务1程序示例

■ 图14 运行效果

下单击加载"HUSKYLENS AI 摄像头"（见图11）。

任务1程序流程如图12所示。

3. 程序示例

任务1程序示例如图13所示。

4. 运行效果

当识别到水杯、酥饼、美工刀时，micro:bit 的点阵屏会分别滚动显示"cup""pastry""knife"（见图14）；当没有标签或识别到其他标签时，点阵屏会一直处于熄灭状态。

任务2：开始扫码与结束扫码

1. 程序设计

我们需要添加事件让顾客知道何时开始扫描商品，何时结束。假设按下 micro:bit 上的 A 键开始扫描商品，每一个商品信息滚动显示完就可以进行下一个商品的扫描，那么扫描商品的过程就是一个循环，而跳出这个循环的条件就是按下 B 键。下一个顾客需要扫描商品时，只需再按一下 A 键即可。根据以上分析得出的程序流程如图 15 所示。

2. 程序示例

任务 2 程序示例如图 16 所示。

3. 运行效果

按下 micro:bit 的 A 键前，点阵屏不会显示扫码识别到的商品名；按下 A 键后、

按下 B 键前，点阵屏依次显示扫码识别到的商品名；按下 B 键后，点阵屏不会显示扫码识别到的商品名。

任务3：商品结算

1. 程序设计

商品的总价会随着扫描的商品的数量增加而变大，所以只需在任务 2 程序的基础上添加一个变量即可，每次按下 micro:bit 的 A 键后都需要将前一个顾客的总价清零，识别到一个商品，便将该商品对应的价格加入总价中，按下 B 键后显示所有商品的总价。根据以上分析得出的程序流程如图 17 所示。

2. 程序示例

任务 3 程序示例如图 18 所示。

3. 运行效果

在任务 2 运行效果的基础上，按下 B 键后，micro:bit 点阵屏会显示总价。

项目小结

本项目主要使用 AprilTags 标签表示商品的信息，通过 HuskyLens 的标签识别功能输出特定的 ID，从而实现让 micro:bit 的点阵屏显示对应商品信息的功能，并添加了自动结算总金额的功能，实现了超市自助收银机的最主要功能。

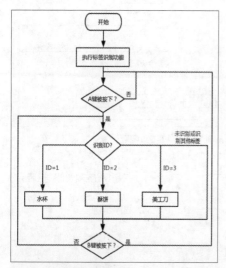

图 15 任务 2 程序流程图

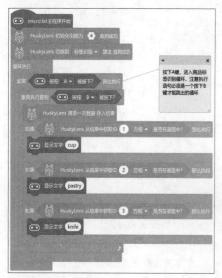

图 16 任务 2 程序示例

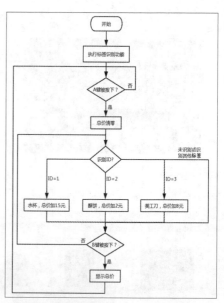

图 17 任务 3 程序流程图

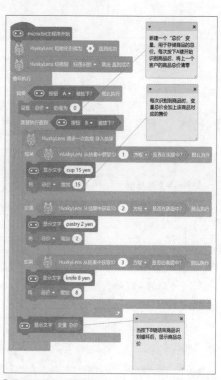

图 18 任务 3 程序示例

项目拓展

在完成了超市自助收银机之后，我们可否用标签表示一个房屋的位置信息，从而让扫地机器人在行进过程中及时判断自己的方位并做出相应调整？

视觉识别场馆防聚集控制系统

▌陈杰

为了防控新冠病毒肺炎疫情，我们要坚持在公众场所落实戴口罩、测体温、不聚集等防控措施。为此，我设计了一款视觉识别场馆防聚集控制系统，它具有以下功能。

（1）人脸识别、测温预警：能够进入场馆的前提条件是来访者人脸信息已经登记且体温正常，如果入口处的哈士奇（HuskyLens）视觉传感器检测到已经登记的人脸且非接触测温传感器检测到来访者体温正常，则系统打开大门放行，并在屏幕上显示来访者照片；如果哈士奇检测到没有登记的人脸则系统不开门放行；如果非接触测温传感器检测到来访者体温异常，系统发出语音提示。

（2）防聚集提醒：场馆内，当哈士奇检测到指定区域内出现的人数超过3个时，语音提示不要聚集。

（3）数据物联：整套系统是基于物联网的，来访者数据、体温异常数据和聚集数据都会上传到物联网平台，做到数据实时上报、数据可查。

硬件清单如附表所示。

▌制作过程

1. 系统设计

本控制系统使用3块主控板，分别是两块 Arduino Uno 和 1 块掌控板，Arduino Uno 1 负责入口的人脸识别和体温检测，掌控板用于反馈 Arduino Uno 1 识别出的人员的信息；Arduino Uno 2 负责识别场馆内指定区域的人数，当人数大于等于一定值（这里设为3）时，语音提

附表　硬件清单

序号	名称	数量
1	Arduino Uno	2
2	I/O 扩展板 V7.1	2
3	哈士奇视觉传感器	2
4	非接触测温传感器	1
5	OBLOQ 物联网模块	2
6	语音合成模块	2
7	电磁锁	1
8	继电器	1
9	小扬声器	2
10	掌控板	1
11	铜柱、螺丝	若干
12	奥松板	若干
13	7.4V 锂电池	2

示"请不要聚集"。整套系统中人脸识别部分使用了两个哈士奇视觉传感器，体温检测使用了非接触温度传感器，系统反馈使用了语音播报的方式。

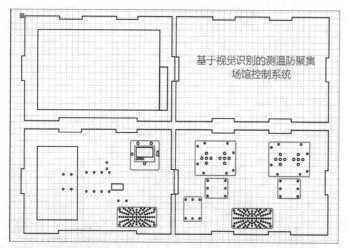

图1 4个侧面板激光切割设计图

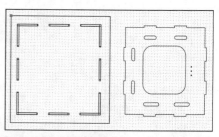

图2 底板与顶板激光切割设计图

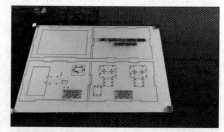

图3 激光切割实物

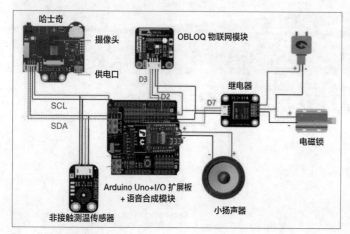

图4 入口处电路连接示意图

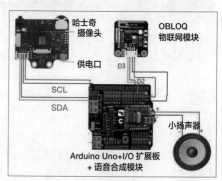

图5 场馆内电路连接示意图

2. 结构设计

本控制系统的结构件使用 Laser Maker 的快速造盒功能设计（见图1、图2），其顶板和底板做了相应的调整。顶板开出一个口子，便于哈士奇检测场馆内的人员聚集情况。激光切割实物如图3所示。

3. 电路连接

入口处的电路连接如图4所示：哈士奇视觉传感器和非接触测温传感器分别连接 Arduino Uno 1 的两个 I²C 接口，OBLOG 物联网模块连接 Arduino Uno 1 的软串口（D2、D3），继电器模块连接

Arduino Uno 1 的数字口 D7，语音合成模块叠加在 I/O 扩展板上。

场馆内的电路连接如图5所示：哈士奇连接 Arduino Uno 2 的 I²C 接口，OBLOQ 物联网模块连接 Arduino Uno 2 的软串口（D2、D3），语音合成模块叠加在 I/O 扩展板上。

▌设备组装

1 用螺丝将非接触测温传感器和哈士奇视觉传感器安装到前面板上。

2 安装前面板背面的电磁锁。

③ 将 Arduino Uno 及继电器安装在侧面板上。

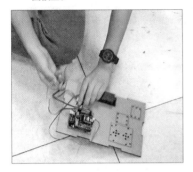

④ 将 4 个侧面板与底板组合到一起。

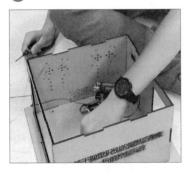

⑤ 将另一个哈士奇固定在顶板对应孔位上。

⑥ 安装门及铰链。

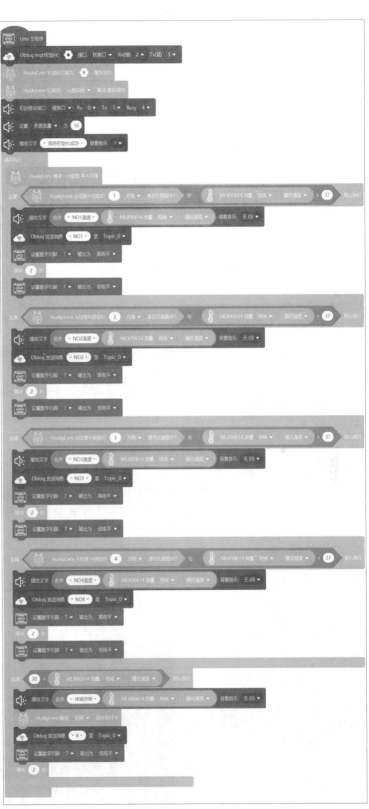

图 6 人脸识别与测温程序

▊ 程序编写

程序分为人脸识别与测温程序（见图6）、信息反馈程序（见图7）和防聚集程序（见图8）。我们还需要在物联网平台Easy IoT上配置用于记录体温数据和人员聚集数据的Topic（见图9）。

▊ 测试与运行

因为这个装置只是个模型，不好演示场馆内人群聚集的情况，所以我使用4张照片作为测试对象进行了测试（见图10~图12）。❌

▊ 图8 防聚集程序

▊ 图7 信息反馈程序

▊ 图9 在物联网平台上添加Topic

▊ 图10 测试人脸识别、测温功能

▊ 图11 检测到体温异常时（为了便于演示，更改了报警阈值），屏幕上出现 ×，同时物联网平台也记录了相应数据

▊ 图12 检测到场馆人员聚集情况，发出语音提示

用 Arduino 玩转掌控板（ESP32）

ESP32 彩屏教程 2：
颜色设置与文本显示

▌陈众贤

上一期，我们讲解了 ESP32 的彩屏驱动库——TFTeSPI库的安装与配置方法，并给大家展示了几个彩屏显示的案例，但是并没有教大家如何对彩屏进行编程，这次就与大家分享 TFTeSPI 库最基本的编程方法，比如怎样设置颜色以及如何显示文字等。话不多说，这就开始吧！

▌材料准备

这次的内容也是入门教程，除了 ESP32 开发板和彩屏之外，并没有其他传感器材料。ESP32 开发板和彩屏的选型与上次一致，ESP32 开发板仍然以 FireBeetle-ESP32 为例，彩屏选择的还是 2.4 英寸的 TFT LCD 彩屏，分辨率为 240 像素 ×320 像素。如果有不明白的地方，大家可以找一下上期文章的内容。材料是一样的，所以电路连接（见图 1）和彩屏库的配置是一样的，这里不再赘述。

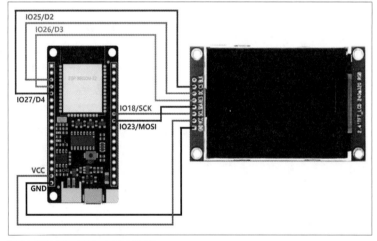

▌**图 1 ESP32 开发板和彩屏的电路连接**

▌彩屏初始化

在使用彩屏前，我们先要做一些初始化工作。先来看一下初始化相关的代码。

```
#include <SPI.h>
#include <TFT_eSPI.h>
TFT_eSPI tft = TFT_eSPI();
void setup() {
  tft.init();
  tft.fillScreen(TFT_BLACK);
}
void loop() {
}
```

本教程使用的彩屏接口是 SPI 接口，

所以先要引入 SPI.h 库文件，然后再引入彩屏驱动 TFT_eSPI.h 库文件。接着定义一个彩屏对象 TFT_eSPI tft = TFT_eSPI()，将这个彩屏对象命名为 tft，方便后面调用。当然这里的名称可以随便取，方便记忆即可。

然后在 setup() 中调用 tft.init() 对彩屏进行初始化，注意这里的 tft 就是我们上面定义的彩屏名称，后面也是一样的。到这里，其实彩屏的初始化已经完成了，不过我们还要在后面加一句代码：

tft.fillScreen(TFT_BLACK)，用来配置彩屏初始化的颜色。这里应该比较容易理解，我希望初始化之后的屏幕颜色为黑色（TFT_BLACK），你也可以设置为其他颜色，比如红色（TFT_RED）、绿色（TFT_GREEN）等，如图 2 所示。

▌彩屏颜色设置

从初识化的代码中，我们看到了几种颜色设置。在 TFTeSPI 库中，已经预定义了一些颜色，我们可以直接使用这些颜

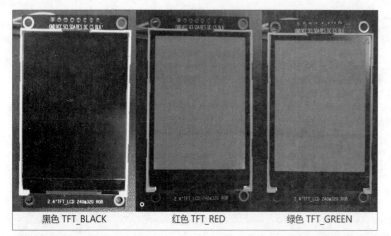

黑色 TFT_BLACK　　　红色 TFT_RED　　　绿色 TFT_GREEN

▌图 2 屏幕初始化颜色

色的名称，方便我们编写程序，比如前面讲到的黑色，它在库中的名称为 TFT_BLACK，红色的名称为 TFT_RED，绿色的名称为 TFT_GREEN 等。

```
// 默认颜色定义
#define TFT_BLACK 0x0000 /* 0,0,0 */
#define TFT_NAVY 0x000F /* 0,0,128 */
#define TFT_DARKGREEN 0x03E0 /* 0, 128,0 */
#define TFT_DARKCYAN 0x03EF /* 0,128, 128 */
#define TFT_MAROON 0x7800 /* 128,0,0 */
#define TFT_PURPLE 0x780F /* 128,0,128 */
#define TFT_OLIVE 0x7BE0 /* 128,128,0 */
#define TFT_LIGHTGREY 0xD69A /* 211,211,211 */
#define TFT_DARKGREY 0x7BEF /* 128,128,128 */
#define TFT_BLUE 0x001F /* 0,0,255 */
#define TFT_GREEN 0x07E0 /* 0,255,0 */
#define TFT_CYAN 0x07FF /* 0,255,255 */
#define TFT_RED 0xF800 /* 255,0,0 */
#define TFT_MAGENTA 0xF81F /* 255,0,255 */
#define TFT_YELLOW 0xFFE0 /* 255,255,0 */
#define TFT_WHITE 0xFFFF /* 255,255,255 */
#define TFT_ORANGE 0xFDA0 /* 255,180,0 */
#define TFT_GREENYELLOW 0xB7E0 /* 180,255,0 */
#define TFT_PINK 0xFE19 /* 255,192,203 */
#define TFT_BROWN 0x9A60 /* 150,75,0 */
#define TFT_GOLD 0xFEA0 /* 255,215,0 */
#define TFT_SILVER 0xC618 /* 192,192,192 */
#define TFT_SKYBLUE 0x867D /* 135,206,235 */
#define TFT_VIOLET 0x915C /* 180,46,226 */
```

上面的代码在注释中分别写出了不同颜色的 R、G、B 值，这里你可能已经发现，代码中并不是直接使用颜色的 RGB 值，而是使用了一个 4 位的十六进制数，比如蓝色 TFT_BLUE 对应的数字为 0x001F，这些数字是怎么来的？又代表什么意思呢？

这跟颜色表示的标准之一，RGB 色彩模式有关。RGB 色彩模式是工业界的一种颜色标准，是通过对红、绿、蓝 3 个颜色通道的变化以及它们相互之间的叠加来得到各式各样的颜色，R、G、B 代表红、绿、蓝 3 个通道的颜色，这个标准几乎包括了人类视力所能感知的所有颜色，是目前运用最广的颜色系统之一。

而 TFT_eSPI 库中所用的颜色表示方法，就是 RGB 色彩模式中的一种：RGB565。

RGB565 模式下，每个像素都有红、绿、蓝 3 个原色，其中 R 原色占用 5 bit，G 原色占用 6 bit，B 原色占用 5 bit，也就是说一个像素总共占用了 5 + 6 + 5 = 16（bit），正好是一个 4 位的 16 进制数（见图 3）。

正常的 RGB 颜色是由 24 位，即 3 个字节来描述一个像素，R、G、B 各占 8 位。每个字节是 8 bit，正好可以表示 0 ~ 255 的范围。而实际使用中为了减小图像数据的尺寸，如在视频领域，研发人员对 R、G、B 所使用的位数进行了缩减，所以就有了新的表示方法，比如 RGB565、RGB555 等。

● RGB565 就是 R-5 bit，G-6 bit，B-5 bit，总共 16 bit，相当于 2 个字节。

● RGB555 就是 R-5 bit，G-5 bit，B-5 bit，总共 15 bit。

● RGB888 其实就是正常的 RGB 表示，其中 R-8 bit，G-8 bit，B-8 bit，总共 24 bit，相当于 3 个字节。

我们习惯了用 R、G、B 三个数值来直接表示颜色，那么这里的 RGB565 与 R、G、B 三个数值分开表示有什么区别或关联呢？其实它们之间是有计算公式的，但是这里就不讲公式了，因为 TFT_eSPI 库中直接提供了转换函数 color565()，我们可以直接用 R、G、B 三个数值来表示颜色。

```
uint16_t color565(uint8_t red, uint8_t
green, uint8_t blue);
```

如果我们要分别表示红色、绿色、蓝色、黄色，可以直接用下面的代码来表示，其中 color565 前面的 tft 是我们前面讲过的彩屏对象名称，你可以根据你的实际命名

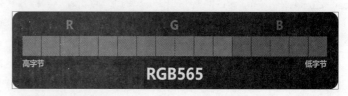

▌图 3 RGB565 字节结构

进行修改。

```
uint16_t red = tft.color565(255,0,0);
uint16_t green = tft.color565(0,255, 0);
uint16_t blue = tft.color565(0,0,255);
uint16_t yellow = tft.color565(255,
255, 0);
```

有了转换函数 color565() 后，我们就可以像平时一样表示颜色了。试试看，下面的两句代码设置的屏幕颜色是不是一致呢？

```
tft.fillScreen(tft.color565(128, 0,
128));
tft.fillScreen(TFT_PURPLE);
```

▌彩屏文本显示

TFTeSPI 库中包含了许多跟文本显示相关的函数，这里只介绍最常用的几个，其余的在本文中就不展开了，感兴趣的读者可以自行去阅读 TFTeSPI 库中包含的代码。

首先是与文本坐标设置相关的函数，最常用的是下面两个函数。这两个函数可以用来设置显示文字的 x、y 坐标，以及文本使用的字体。

```
// 设置文本显示坐标，默认以文本左上角为参
考点，可以改变参考点
void setCursor(int16_t x, int16_t y);
// 设置文本显示坐标和文本的字体
void setCursor(int16_t x, int16_t y,
uint8_t font);
```

彩屏的默认坐标系统如图 4 所示。

然后是与设置文本颜色相关的函数，其中的颜色是用上面讲到的 RGB565 模式表示的。除了设置文本颜色之外，还可以设置文本的背景色（bgcolor = background color）。

```
// 设置文本颜色
void setTextColor(uint16_t color);
// 设置文本颜色与背景色
void setTextColor(uint16_t fgcolor,
```

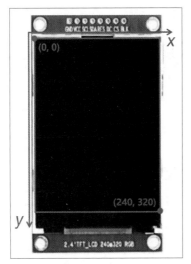

▌图 4 彩屏的默认坐标系统

```
uint16_t bgcolor);
```

接着设置文本大小。

```
// 设置文本大小，文本大小范围为 1~7 的整数
void setTextSize(uint8_t size);
```

字体设置也是 TFT_eSPI 库的一大特色，不仅可以使用预定义的默认字体，还能自己设计字体。由于比较复杂，这里先不展开，后面有机会的话会用专门的篇章来讲解，这里只放出两个最常用的字体设置函数。

```
// 选择 GFX Free Font
void setFreeFont(const GFXfont *f =
NULL);
// 设置字体编号 font，编号范围是 1、2、4、
6、7、8，不同的编号代表不同的字体
void setTextFont(uint8_t font);
```

在 User_Setup.h 或你自己的彩屏配置文件中，可以定义下面几种默认字体，每种字体的详细说明，这里就不再列举，感兴趣的朋友可以自行查询相关资料。

```
// Font 1
#define LOAD_GLCD
// Font 2
#define LOAD_FONT2
// Font 4
#define LOAD_FONT4
```

```
// Font 6
#define LOAD_FONT6
// Font 7
#define LOAD_FONT7
// Font 8
#define LOAD_FONT8
// FreeFonts
#define LOAD_GFXFF
// Smooth Fonts
#define SMOOTH_FONT
```

最后当然是最重要的设置文本内容了，这里其实跟 Serial 串口打印语法是完全一致的，只需要用 print() 或 println() 即可，如下所示。

```
tft.print("Hello World!");
// 显示: Hello World!
tft.print("1234567890");
// 显示: 1234567890
```

下面用一个综合案例来展示字体设置的效果。具体显示内容在代码中都有详细注释。

```
#include <SPI.h>
#include <TFT_eSPI.h>
TFT_eSPI tft = TFT_eSPI();
void setup(void) {
  // 初始化彩屏
  tft.init();
  tft.fillScreen(TFT_BLACK);
  // 设置起始坐标为 (20, 10)，4 号字体
  tft.setCursor(20, 10, 4);
  // 设置文本颜色为白色，文本背景颜色为黑色
  tft.setTextColor(TFT_WHITE, TFT_
BLACK);
  // 设置显示的文字，注意这里有个换行符 \
n 产生的效果
  tft.println("White Text\n");
  tft.println("Next White Text");
  // 设置起始坐标为 (10, 100)，2 号字体，
文本颜色红色，文本背景颜色为白色
  tft.setCursor(10, 100);
  tft.setTextFont(2);
  tft.setTextColor(TFT_RED, TFT_
```

```
WHITE);
  tft.println(" Red Text, White
Background");
  // 设置起始坐标为 (10, 140)，4 号字体，
文本颜色为绿色，无背景设置
  tft.setCursor(10, 140, 4);
  tft.setTextColor(TFT_GREEN);
  tft.println("Green text");
  // 设置起始坐标为 (70, 180)，字体不变，
文本颜色为蓝色，文本背景颜色为黄色
  tft.setCursor(70, 180);
  tft.setTextColor(TFT_BLUE, TFT_
YELLOW);
  tft.println("Blue text");
  // 设置起始坐标为 (50, 220)，4 号字体，
文本颜色为黄色，无背景设置
  tft.setCursor(50, 220);
  tft.setTextFont(4);
  tft.setTextColor(TFT_YELLOW);
  tft.println("2020-06-16");
  // 设置起始坐标为 (50, 260)，7 号字体，
文本颜色为粉色，无背景设置
  tft.setCursor(50, 260);
  tft.setTextFont(7);
  tft.setTextColor(TFT_PINK);
  tft.println("20:35");
}
void loop() {
}
```

实际显示效果如图 5 所示。

屏幕旋转

除了默认的方向外，我们还能设置
彩屏显示的旋转角度，旋转角度在 0°、
90°、180°、270° 之间变化。注意，
设置屏幕显示旋转角度之后，坐标零点也
会跟着改变。

```
// 设置屏幕显示的旋转角度，参数为：0、1、2、
3
// 分别代表 0°、90°、180°、270°
void setRotation(uint8_t r);
```

▌图 5 字体设置效果

我们通过一个具体的案例来展示一下
效果。

```
#include <SPI.h>
#include <TFT_eSPI.h>
TFT_eSPI tft = TFT_eSPI();
void setup(void) {
  // 初始化彩屏
  tft.init();
  tft.fillScreen(TFT_BLACK);
  // 设置 4 号字体，文本颜色为绿色
  tft.setTextFont(4);
  tft.setTextColor(TFT_GREEN);
}
void loop() {
  // 设置屏幕旋转 0°（默认角度）
  tft.setRotation(0);
  tft.setCursor(18, 147);
  tft.fillScreen(TFT_BLACK);
  tft.println("Rotation: 0 degree");
  delay(1000);
  // 设置屏幕旋转 90°
  tft.setRotation(1);
  tft.setCursor(55, 107);
  tft.fillScreen(TFT_BLACK);
  tft.println(" Rotation: 90
degree");
  delay(1000);
```

```
  // 设置屏幕旋转 180°
  tft.setRotation(2);
  tft.setCursor(0, 147);
  tft.fillScreen(TFT_BLACK);
  tft.println("Rotation: 180 degree"
);
  delay(1000);
  // 设置屏幕旋转 270°
  tft.setRotation(3);
  tft.setCursor(45, 107);
  tft.fillScreen(TFT_BLACK);
  tft.println("Rotation: 270 degree"
);
  delay(1000);
}
```

实际显示效果如图 6 所示。

总结

本篇我们主要讲解了彩屏初始化、颜
色设置、文本显示、屏幕旋转等相关内容。
下一篇文章，我将向大家介绍显示几何图
形与图像的编程方法。感兴趣的朋友不要
忘了继续关注哦！⊗

▌图 6 屏幕旋转效果展示

腹式呼吸训练仪

▊ 张隽一

演示视频

　　腹式呼吸是锻炼身体最常见的入门方法之一，却是个说来容易、做起来难的课题。人们日常形成的自然呼吸习惯是不用腹部配合的，只是凭借胸廓的自然运动进行，几乎是在"无意识下"就已经"自动"完成了。

　　可腹式呼吸的初步训练是一次要求练习者在十几分钟乃至更长的时间内让人们主动放弃自然呼吸习惯，改换成完全不同的呼吸方式，还要求节奏合规，如果没有教练的全程指导，普通人很难快速熟悉、掌握并运用自如。于是，设计一个"腹式呼吸训练仪"的想法出现在我脑海里。

　　恰好我今年参加了网络上举办的"2020年 ST MEMS 传感器创意大赛"，并且有幸获得了名次，所以想向大家分享一下我的参赛作品以及集成传感器模组应用开发的新模式。

　　我的作品是腹式呼吸训练仪，设计思路是想研制一种个人辅助电子设备，用来实时引导和监控练习者进行科学合理的腹式呼吸训练。作品用到了两种 MEMS 传感器集成模组：SensorTile.Box 模组和骨振动传感器 LIS25BA 模组，SensorTile.Box 模组如图 1 所示，骨振动传感器 LIS25BA 模组如图 2 所示。

　　SensorTile.Box 模组的特别之处在于开发应用的新模式，即开发人员可以使用智能手机上的图形化应用程序以依次点选或填写方式组合定义额外的应用程序，如同搭乐高积木一样，无须编程，直接构建自己的应用程序，具体详见后述。

▊ 系统模块介绍

　　本设计的系统框图如图 3 所示。

　　系统组装完成后的实际效果如图 4 所示。

　　其中需要自行动手制作的有 3 块自制电路板：分别是鼻呼吸传感识别电路、光采集和信号发送电路、中心主控电路。其

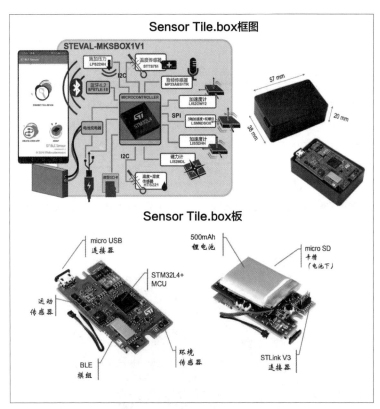

▊ 图 1 SensorTile.Box 模组

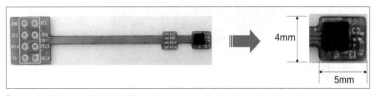

▊ 图 2 骨振动传感器 LIS25BA 模组

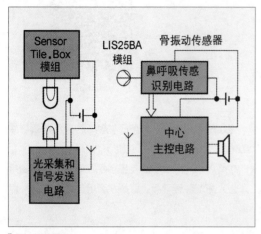

▍图 3 系统框图

中中心主控电路需要佩戴在使用者头部靠近耳朵处，所以我还单独做了配套 3D 打印外壳，一起装到闲置的耳麦夹子上。

从中心主控电路引出电源和信号线到鼻呼吸传感识别电路，该电路正好利用原来耳麦上连接话筒的蛇形穿线软管做固定支撑，这样鼻呼吸传感识别电路板就可以非常方便地用手摆置到正好对准使用者鼻孔下方的位置。

另外，通过仔细观察 SensorTile.Box 模组外壳内部空间的占用和剩余情况，我专门设计了一小块光采集和信号发送电路，正好可以装配进原有外壳的空隙处，并且还可以加引线连接原电路板的电池，方便供电。

光采集和信号发送电路主要利用 SensorTile.Box 模组的信号输出 LED 的亮灭状态，以 2.4GHz 无线传输方式把信号发送给中心主控电路进行处理。中心主控电路负责读取 SensorTile.Box 模组和装有骨振动传感器 LIS25BA 模组的鼻呼吸传感识别电路实时送上来的两路信号，信号分别对应人吸气时腹部起伏变化的时刻和间隔时间、鼻孔呼气的时刻和间隔时间，中心主控电路一方面提示练习人腹部起伏运动和鼻呼吸动作的开始时刻和延时，另一方面要判断两路信号之间的时间配合是否符合前人总结的优选节拍，判断是否由于锻炼者思绪跑偏、疏忽而造成约定的规范呼吸顺序节拍超时，进而及时发出相应的语音提醒，像教练一样帮助练习者及时回归到正确的锻炼流程中。

实际使用时我找了一个用来装手机或充电宝用的拉力弹性腰袋把 SensorTile.Box 模组贴近腹部佩带（见图 5），因模组自带电池、外壳结构简洁小巧，增加自制电路后靠无线信号与主控电路通信，很适合做这种运动姿态检测应用，实测表明该电路能够可靠分辨出呼吸时腹部起伏动作状态。

图 6 所示是制作中所有电路板的正面照片。首先可以看到中心主控电路板有显示数码管的一面，该电路板下边是中心主控电路板没有焊接元器件的空板的正面，电路板这面放置的元器件有单片机 MSP430FR2433、2.4G 收发芯片 LT8920、1 位 8 段微型数码管、触摸感应芯片 TTP223 及感应焊盘、锂电池充电管理芯片 MCP73831、3.2V 的 LDO 以及 mini USB 母座，还有一个 PCB 按钮焊盘、指示 LED 和阻容元件等。

在 SensorTile.Box 模组下边是自制的鼻呼吸传感识别电路，这一面焊接了骨振动传感器 LIS25BA 模组，同时放置了单片机 STM32L053C8T6 和一颗 2.3V

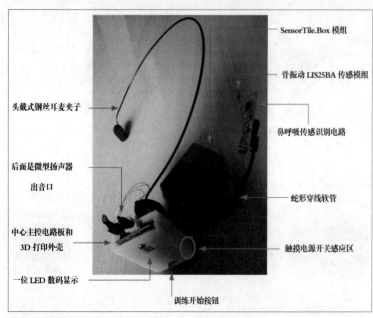

SensorTile.Box 模组
骨振动 LIS25BA 传感模组
鼻呼吸传感识别电路
蛇形穿线软管
触摸电源开关感应区

头戴式钢丝耳麦夹子
后面是微型扬声器出音口
中心主控电路板和 3D 打印外壳
一位 LED 数码显示
训练开始按钮

▍图 4 整体组装实际效果图

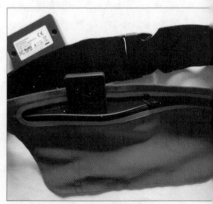

▍图 5 实际使用时佩带用拉力弹性腰袋

▌图6 制作中所有电路板的正面照片

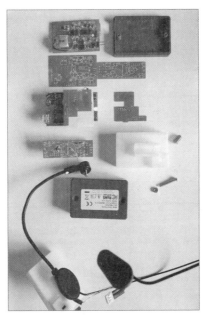

▌图7 制作中所有电路板的反面照片

正面效果，上面放置的被折断了引脚的 LED 可代替按钮，按下时能传递压力到 PCB 按钮焊盘上的金属弹片，使开关导通。

图 7 所示是制作中所有电路板的反面照片，在这张照片中首先可以看到中心主控电路板有小型锂电池的一面，下面放的是中心主控电路板空板的同一面，电路板这面放置的元器件有串口控制的硬解码语音芯片 YX6100，及其配套串口 Flash 芯片 W25Q128、音频功放 TDA2822，以及扬声器引出端子。

光采集和信号发送电路的 PCB 这一面不放置元器件。鼻呼吸传感识别电路这一面焊接了一颗 1.8V 的 LDO 给骨振动传感器 LIS25BA 模组供电。在原来耳麦夹子上蛇形穿线软管尽头的话筒外壳中心开孔，穿螺丝固定电路板。在 3D 打印外壳的背面可以看到微型扬声器的音频开口以及固定壳体用的开槽结构，用 DesignSpark Mechanical 绘制的 3D 打印外壳模型如图 8 所示。

的 LDO。

SensorTile.Box 模组右边是自制的光采集和信号发送电路的 PCB 空板有元器件的一面，板厚 1mm。如果焊上所有元器件，最高处是微型的接线母座，加上 1mm 板厚，一共是 2.4mm，正好可以放进 SensorTile.Box 模组的电路板与其外壳间剩余的空间里，为保险起见，我还是在两块电路板之间垫隔了一片纸做绝缘。这块电路板上焊接的芯片有

MSP430FR2433、LT8920、微功耗比较器 TLV3691、光敏二极管、3.0V 的 LDO、LED 以及阻容元件等，电路板通过将微型接线座公、母头连接到 SensorTile.Box 模组主板的锂电池正负极上进行供电。图 6 最下面是已经使用的 3D 打印外壳——已经卡嵌到一个闲置的钢丝耳麦上的情形。图中另外一个未用外壳可以看到

▌图8 绘制的 3D 打印外壳模型

▌图9 自制电路板（右）装配示意图

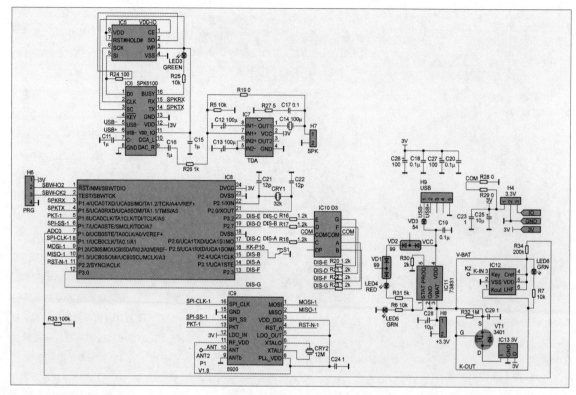

图10 中心主控电路原理图

专门设计的光采集和信号发送电路装入原 SensorTile. Box 模组外壳内的样子如图9所示。这块自制 PCB 上的异形豁口是为避免和原来电路板上尺寸较高的元器件的空间冲突而专门设计的，同时还起到板框结构定位的作用。

电路原理

中心主控电路原理如图10 所示，鼻呼吸传感识别电路原理如图 11 所示，光采集和信号发送电路原理如图 12 所示。

本次作品采用了两种单片机：一种是中心主控电路和光采集信号发送电路中采用的 MSP430FR2433 单片

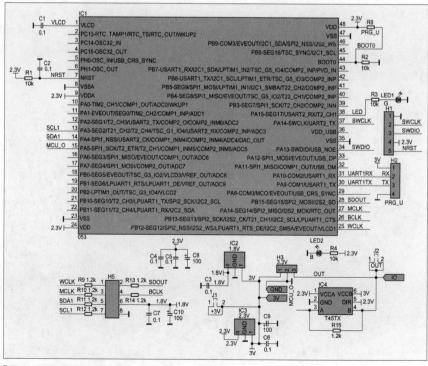

图11 鼻呼吸传感识别电路原理图

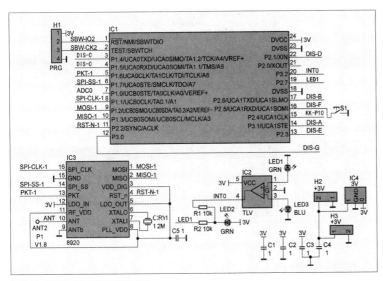

图12 光采集和信号发送电路原理图

机，另一种是鼻呼吸传感识别电路中使用的 STM32L053C8T6 单片机。两种单片机的程序流程如图 13 和图 14 所示。

光采集和信号发送电路的程序只是一个循环检测 I/O 口，并通过无线信号发射少量协议字节的简单程序，这里

就不画程序流程图了。其中主控电路 MSP430FR2433 主程序流程图中提到的"呼气超时"的判断依据是鼻呼吸传感电路发来的 I/O 口电平变化信号；"吸气超时"的判断依据是 SensorTile.Box 模组内陀螺仪因用户腹部起伏变化引起输出数据值超过设定阈值点亮 LED，再通过自制无线光采集和信号发送电路发来的无线信号。

下面说一下 SensorTile.Box 模组的应用编程问题，通过手机配套的专用 App 选择、设定需要用到的传感器模块，并执行所需的相关条件和设定结果输出模式即可。我采用的方法是超过检测阈值后点亮自带的 LED，具体是采用了专家模式的方向变化检测（使用陀螺仪）模式，其手机端设置过程如图 15、图 16 所示，图中已经用数字依次前后排序，我还把数字序号

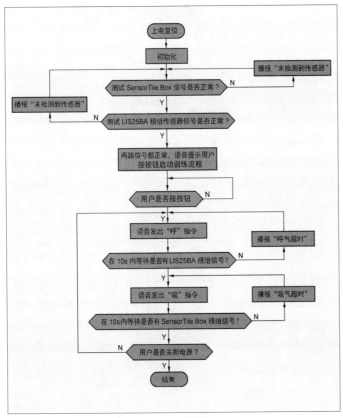

图13 中心主控电路 MSP430FR2433 主程序流程图

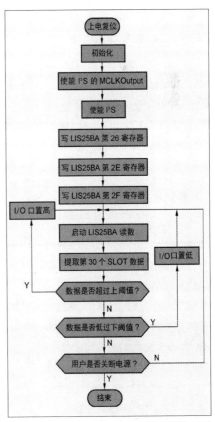

图14 STM32L053C8T6 骨传感鼻呼吸检测程序流程图

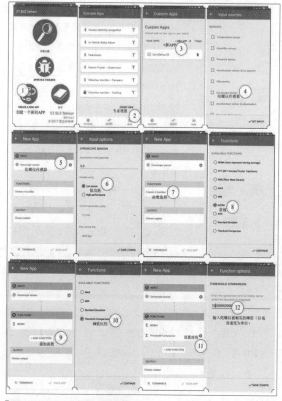

▌图15 手机端设置过程屏幕截图（1）

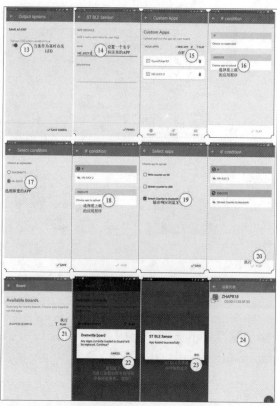

▌图16 手机端设置过程屏幕截图（2）

放在靠近每一步操作按钮或区域的附近，便于大家识别。我截取了主要的24个步骤，到第24步时就可以退出App操作，正常使用陀螺仪的感测和LED发光指示功能了。

▌演示说明

接下来大家可以扫描文章首页的二维码观看演示视频，演示视频中首先演示了正常开机上电到通过鼻呼吸传感器和腹部运动传感器进行的在线检测，即按照语音提示做一次"吸""呼"动作，其中吸气对应的腹部运动是用手轻微触碰SensorTile.Box模组来模拟，呼气对应的鼻孔处呼气振动我用一个橡皮气囊吹气来代替，实际使用时放在鼻孔下的骨振动传感器LIS25BA模组的反应会因真实鼻孔出气的持续时间比气囊长很多而使识别效果更佳，因为用手捏气囊出气无

法实现均匀慢长的模拟。

之后按下提示按键开始正常腹式呼吸训练，过程中我模拟了一下偶尔没有鼻呼吸的"呼"动作、没有腹部运动的"吸"动作，以及"呼"动作不规范等情况，检查了制作的反应和给出提醒的情况。接着演示了用触摸感应开关关机再开机，并在新一轮传感器在线检测时分别模拟没有给出传感器相应动作时，训练仪给出的语音提示。

因为训练仪采用了微型扬声器，所以声音不是很大，视频中可能听得不很清楚，但实际使用时和佩戴耳麦一样，扬声器是靠近耳朵的，所以声音还是很清晰的。

▌总结

利用陀螺仪和加速度传感器监测这个呼吸运动配合过程，并编制相应控制程序

来辅助提示练习者执行鼻呼吸和腹部的凸起、收缩变化动作，可以把握动作节奏。有了这个电子辅助设备，用户从此就像有个贴身教练一样。

另外，在开发这个项目的过程中，我也有所思考。技术人员最好能施行一遍工作可以适应多种用途的思考方式，尽量完善地考虑所有环节中可能出现的问题，以便尽量让所花费的时间获得更高价值，无论是设计硬件还是软件。

本制作的设计过程就采用了这样的想法，比如硬件不变，功能通过软件改换，这个作品就可以轻松转变成一个自制的小型头戴式MP3播放器，虽然存储空间是硬件Flash芯片提供的，存曲数量有限，但足以装下自己爱听的几首歌曲；一个按钮也可以凭单双击、长短按来实现曲目切换或者暂停、继续等功能。Ⓧ

USB 键盘计算器模块

王岩柏

演示视频

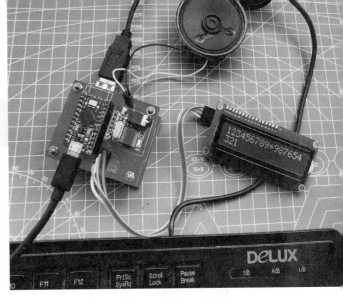

早在 1714 年，英国、美国、法国、意大利、瑞士等国的人相继发明了各种形式的打字机，最早的键盘就出现在这些技术尚不成熟的打字机上。1868 年，"打字机之父"——美国人克里斯托夫·拉森·肖尔斯（Christopher Latham Sholes）获得了打字机模型专利并取得了经营权，几年后，他又设计出了现代打字机的雏形并且首次规范了键盘，即"QWERTY"键盘（见图 1）。肖尔斯造出打字机后，发现打字员击键时总是出故障。机械打印机打字的原理是当敲击键盘时，通过一系列杠杆结构推动字键，让字键敲击在纸上。但是由于当时机械工艺不够完善，字键在

击打之后的弹回速度较慢，一旦打字员击键速度太快，就容易发生两个字键绞在一起的现象。发生故障后，打字员必须把它们分开复原，这严重影响了文字的输入速度。为了解决这个难题，肖尔斯去请他的妹夫——一名数学家兼教师帮忙。他的妹夫提出了一个解决方案：在键盘上把那些经常连在一起使用的字母分开，这样击键的速度就会稍稍减慢，也就降低了发生故障的概率。

肖尔斯采纳了他妹夫的建议，将字母按一种奇怪的 QWERTY 顺序排列。当然，如果直接告诉公众这样排列的原因，或许会让人觉得尴尬，于是他巧妙地耍了一个花招，说这样排列，经过计算是最科学的，可以加快人们的打字速度。但实际上这种说法是一个谎言。1986 年，布鲁斯·伯里文爵士曾在《奇妙的书写机器》一文中表示："QWERTY 的安排方式非常没效率"。比如，大多数打字员惯用右手，但在 QWERTY 键盘上，左手却负担起 57% 的工作。两小指及左无名指是最没力气的指头，却频频要使用它们。排在中间行的字母，其使用率仅占整个打字工作的 30% 左右，因此，为了打一个单词，时常要大范围移动手指。

20 世纪 80 年代，IBM 推出的个人计算机（PC）选择了 QWERTY 键盘布局，

图 1 肖尔斯 1868 年制造的打字机

图 2 "计算器"机械键盘

伴随着 PC 的流行，这种键盘布局成为了主流。"更快的打字速度""更舒服的打字姿势"等理由都无法撼动这种键盘布局的地位。即便在全键盘手机这种移动设备上，依然选用了这样的布局。很明显，采用和计算机相同的键盘排列方式，对于用户来说最容易使用，迁移成本最低。

时至今日，键盘功能性方面的改进也很少见，大多数改进是在手感、声音、尺寸这种侧重用户体验方面的。几年前，阿米洛推出了一款名为"计算器"的限量版机械键盘，特别之处在于这款键盘的右上方增加了显示屏，配合数字小键盘可以当作计算器来使用（见图 2）。

这次我使用 Arduino 制作了一个实现类似功能的"USB 键盘计算器模块"，还加入了语音播报的功能。基本思路是通过 USB Host Shield 获得键盘输入，再将按键信息通过 Arduino Pro Micro 的主控

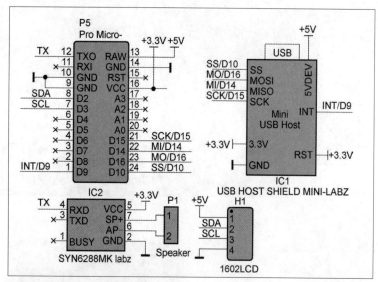

图 3 电路图

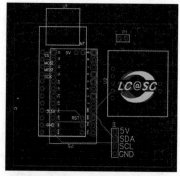

图 4 PCB 设计

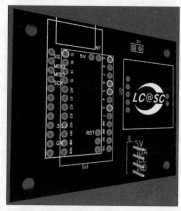

图 5 PCB 3D 预览

表 1　元器件清单

元器件	数量	选择理由
USB Host Shield Mini	1	用于完成对 USB 键盘按键信息的解析
3.3V Arduino Pro Micro	1	工作在 3.3V 的 ATmega32U4 可以直接和 USB Host Shield 通信（常见的 5V 版本无法直接和 USB Host Shield 通信）
SYN6288 语音合成模块	1	合成语音信息
小扬声器	1	播放语音合成模块生成的声音
LCD1602（I²C 接口）	1	用于显示输入和运算结果
直径 3mm 的铜柱	若干	用于固定整体外壳

（ATmega32U4）原封不动地发送给主机，另外如果发现按的键位于小键盘上，则将按键信息发送给计算器使用。这样在不影响原有键盘功能的情况下，实现了计算器的功能。

硬件设计

和上期刊登的《无线 USB 鼠标 PS/2 转接器》中的设计类似，USB 键盘计算器模块在硬件设计上使用了 3.3V 版本的 Arduino Pro Micro，它能够和 USB Host Mini Shield 直接通信。电路图如图 3 所示，元器件清单如表 1 所示。PCB 设计如图 4 所示。PCB 3D 预览如图 5 所示。

软件设计

硬件设计完成后，就要开始进行软件

设计了。

参与运算的数值会超过 Arduino 的整数范围，所以需要使用"大数库"。目前主流编程语言支持的最大整数长度为 8 个字节（目前主流的 x86 处理器是 64 位的），当需要处理超过这个长度的数值时，就需要使用"大数库"。比如，使用 RSA 算法进行加密时，动辄需要计算 100 位的素数，这时候就需要大数库来完成支持。经过实验，我最终确定使用 Nickgammon 编写的 BigNumber Library。这个库使用起来非常简单，代码中首先用 BigNumber::begin (length) 指定程序中使用的大数的最大长度，接下来使用 BigNumber Num (NumStr) 进行声明，这个代码可以将存放在 NumStr 中的字符串转化为 BigNumber 类型的 Num。

这个大数库重载了运算符，大数可以直接进行加、减、乘、除计算。取得的运算结果使用 toString() 可以转化为字符串类型，便于输出和保存。

我通过 USB Host Shield Library 来完成对 USB 键盘按键信息的解析，具体的小键盘区按键的键值可以通过实验来确定（见表 2）。

有了上面两步，就可以进行计算器算法的设计。这部分代码采用状态机设计模式。这是一种程序设计的常用方法，在状态转移图的帮助下，我们可以方便地设计出结构清晰、便于调试的代码。图 6 就是计算器的状态转移图。NUM 表示 0~9 的数字，DOT 表示小数点"."，OP 表示"+""-""*""/"4 个运算符，ENTER 表示"="。

表2 小键盘区按键的键值

Num Lock 0x53	/ 0x54	* 0x55	− 0x56
7 0x5F	8 0x60	9 0x61	+ 0x57
4 0x5C	5 0x5D	6 0x5E	
1 0x59	2 0x5A	3 0x5B	Enter 0x58
0 0x62		DEL 0x63	

代码中实现转化的代码在 void on_usb_data (USBKeyboardData *data){} 这个函数中。输出的运算符号除"+""−""*""/"".外，还有"N"（表示归零）和"E"（表示回车）。

代码运行过程是这样的：上电后，程序处于 Status0，收到 NUM（数字）按键后会转移到 Status1（这也意味着只接收数字键）。在 Status1 下，如果收到 NUM，那么仍然维持在 Status1（第一个运算数变大）；如果收到 DOT（小数点），那么转移到 Status2；如果收到 OP（运算符），那么转移到 Status3……当所有的运算都完成后，会处于 Status4 或者

Status5.1（二者之间的差异在于当收到"."符号后会转移到 Status5.1），再收到回车键会转移到 Status6，代码会根据当前的数值和运算符进行大数运算，取得最终结果并且显示出来。

这部分代码在函数 void loop() 中，通过 CurrentState 来记录当前所处状态。

这次选择 Arduino Pro Micro 的一个重要原因是它内置了 USB Device 的功能，也就是说可以直接模拟出来一个 USB 键盘，所以我们才能在不破坏原有键盘功能的基础上实现计算器的功能。为了实现这个功能，在主程序中 #include "Keyboard.h"，同时 Keyboard.begin();，这样可以使能 USB 键盘的功能。USB Keyboard Library 库中有一个直接将键盘 Buffer 发送到上位机的函数 void sendReport(KeyReport* keys)，其中 KeyReport 结构体的定义如下（这是标准键盘发送格式）。

```
// Low level key report: up to 6
keys and shift, ctrl etc at once
typedef struct
{
  uint8_t modifiers;
  uint8_t reserved;
  uint8_t keys[6];
} KeyReport;
```

这里需要将 Keyboard.h 中的这个函数声明为 Public，然后在 USBReader.cpp 文件中的 void USBReader::ParseHIDData(USBHID *hid, bool is_rpt_id, uint8_t len, uint8_t *buf) 函数中加入下面的代码。

```
KeyReport MyData;
MyData.modifiers=buf[0];
MyData.reserved=0;
for (byte i = 0; i < 6; i++)
{
  MyData.keys[i]=buf[i];
}
Keyboard.sendReport(&MyData);
```

可以看到具体动作就是将收到的键盘数据复制到 KeyReport 结构体中发送出去，PC 端即可收到。

语音播报功能是通过 SYN6288 语音模块实现的。SYN6288 是一种 TTS（Text To Speech，语音合成）模块，相比播放录音的 MP3 模块，TTS 模块可以实现语音的动态生成。比如，医院的排队系统，因为无法提前得知每天挂号的人员名称，只能使用 TTS 模块动态生成语音；又比如公交车的报站系统，可以使用 MP3 模块播放事先录制的站点语音实现，也可以使用 TTS 模块实现。相比之下，TTS 模块具有方便修改（录音需要提前准备，要想修改，必须重新录音）、灵活（可以根据需要立刻合成，比如合成当前时间）、数据量小（只需要主控制器存储和发送少量数据信息，在没有硬件串口的

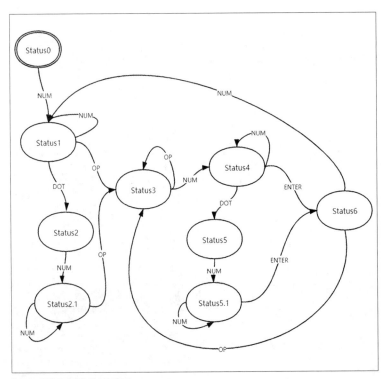
图6 计算器功能的状态转移图

情况下，使用 GPIO 模拟的软串口亦可）的特点。

SYN6288 使用串口通信，表 3 所示是播放语音的一个例子。

从上面可以看到，主机需要给出字符串长度以及待发送文本，再计算数据帧的异或值，从串口发送给设备即可实现语音播报功能。这个模块支持 Unicode 编码，Arduino IDE 内部使用相同的编码方式，在 Arduino 中直接将汉字放入字符串中，编译后可以直接获得对应的编码。在这次的代码中，需要播放的音频信息是有限的，因此先定义好字符的读音存放在 VoiceData[] 数组中。例如："零"的 Unicode 是 0x96,0xF6，那么将下面的数值发送给 TTS 模块即可播放出"零"的声音。这样做的好处是避免每次需要重新计算的麻烦，代码会精练一些。

```
{0xFD, 0x0, 0x5, 0x1, 0x3, 0x96, 0xF6,
0x9A}, // 零 0
```

具体代码在函数 void SpeakOut(uint8_t chr) {} 中，动作就是根据 chr 的值，将 VoiceData[] 数组中的对应值发送到 Serial1 上。选择 Arduino Micro Pro 作为主控的另外原因是这个型号提供了 1 个额外的硬件串口，刚好可以用于和语音合成模块通信。

肖尔斯永远无法想象到，他的发明依然在影响着 180 年后人类的书写方式，亦如 1000 年前的毕昇，他发明的活字印刷术加速了人类知识的传播。在这个不停改变的时代中，每个人的一小步，都有可能像亚马孙雨林中蝴蝶挥动翅膀的那一下，产生影响未来的风暴。Ⓧ

表 3　播放语音的一个例子

数据	起始	长度	命令字	命令参数	待发送文本	异或校验
	0xFD	0x00 0x0B	0x01	0x03	天地玄黄 0x59,0x29,0x57,0x30,0x73,0x84,0x 9E,0xC4	0x4E
数据帧	0xFD 0x00 0x0B 0x01 0x03 0x59 0x29 0x57 0x30 0x73 0x84 0x9E 0xC4 0x4e					
说明	播放文本编码格式为 "Unicode" 的文本 "天地玄黄"					

自制 U 盘播放器

俞虹　王枝俤

　　早期播放音乐一般使用MP3播放器，但MP3播放器存储容量小，有的还不能用扬声器外放，使用受到一定限制，而现在使用较多的是U盘播放器。这里介绍一种可以自制的U盘播放器，它采用直径5cm的扬声器，声音洪亮。供电采用3节5号电池，通用性强。

工作原理

　　U 盘播放器电路如图 1 所示，电路由两部分组成，分别是 MP3 解码电路和音频功放电路。

MP3解码电路

　　MP3 解码电路主要由 IC2 解码芯片 AC1082、USB 接口和 IC1 数据存储芯片 24C02 等元器件组成。AC1082 是一个已经事先写入程序的 16 脚贴片集成电路，外观如图 2 所示。它能用 micro SD 卡和 U 盘进行播放，能对 MP3 和 WAV 格式的音频进行解码，同时还能用按键进行音

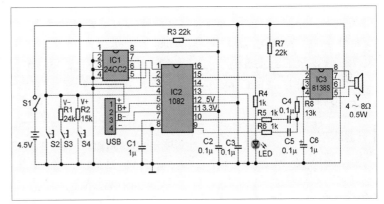

图 1 U 盘播放器电路图

量控制。AC1082 还有遥控功能（这里不用），可以直接推动耳机输出，可以外挂 FM 收音芯片，自带 3.3V 电压输出，其各引脚功能如表 1 所示。

　　24C02 是一个数据存储芯片，最大可以存储 255 字节的数据，它的工作电压为 1.5 ～ 6V，引脚如图 3 所示。VCC 和 VSS 为电源和地，A0、A1、A2 是地址选择引脚，这里不使用，接地。WP 是写保护使能引脚，SCL 是通信时钟引脚，SDA 是通信数据引脚。打开开关 S1，电路工作时，U 盘的 MP3 音频数据通过 USB 接口接入解码芯片 IC2 进行解码，处理后变为模拟信号从 9、10 脚输出。同时乐曲的曲目会存入 IC1 存储芯片中，以便下次能打开同一曲目进行播放，这样就能做到每次播放不会从头开始。用户可通过按钮 S3

表 1　AC1082 引脚功能表

序号	引脚	功能
1	P01	DAT 数据
2	P00	CMD
3	P35	CLK 时钟
4	P02	AD 按键
5	USBDM	USB 接口
6	USBDP	USB 接口
7	VCOM	音频信号偏置
8	DACVSS	模拟地
9	DACL	左声道输出
10	DACR	右声道输出
11	VDDIO	3.3V 输出
12	LDO5V	电源输入
13	VSSIO	数字地
14	P23/24	静音
15	P30/25	LED
16	P46/VPP	红外遥控

图 2 AC1082 外观

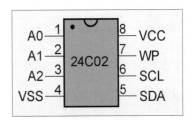

图 3 24C02 存储芯片引脚排列

和 S4 来调节音量大小，通过按钮 S2 控制声音暂停。如果有音乐在播放，蓝色 LED 会闪烁，否则 LED 长亮。

音频功放电路

音频功放电路由型号为 CS8138S 的功放芯片 IC3 和扬声器 Y 等元器件组成。CS8138S 是高效率、无破音、5W 的单声道 D 类音频放大器，有体积小、输出功率大、外围电路简单的特点。同时芯片有过流保护、短路保护和过热保护的功能。其引脚如图 4 所示，1 脚为关断脚，平时通过一个电阻接电源正极；2 脚为模拟参考电压；3 脚为空脚；4 脚为信号输入端；5 和 8 脚为音频输出；6 脚为电源正；7 脚为电源地。工作时，音频信号经电容 C4 和 C5 进行左、右声道音频混合，再经过 R8 的衰减，到 IC3 进行功率放大，最后足够大的音频信号从 5 脚和 8 脚输出到扬声器 Y 发出声音。

元器件清单

制作所需的元器件清单如表 2 所示。

制作方法

选择一个大小合适的塑料外壳，这里使用 130mm×70mm×25mm 的外壳，

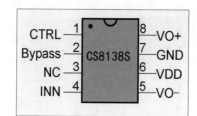

▌图 4 功放芯片引脚排列

大家可以从网上购买，如图 5 所示。这个塑料外壳带电池盒，使用起来会方便一些，特别是取放电池的时候。

然后制作电路板。根据外壳的尺寸规划电路板的尺寸，这里笔者使用的尺寸为 64mm×56mm，接着按电路图制作电路板即可。大家可以使用 Protel 软件制作 PCB 图。布线时要求电源线的宽度在 40～50mil，扬声器引出线 30mil，其他在 20mil 即可（1mil=0.0254mm）。这里微动开关的封装需要自己绘制。注意 IC2 有 2 条接地线，即 8 脚和 13 脚接地。由于元器件较少布线相对容易，设计完成的 PCB 如图 6 所示。焊接完成的电路板正面和反面如图 7 和图 8 所示。

电路板焊接完成后，先测试电路能否

▌图 5 U 盘播放器外壳

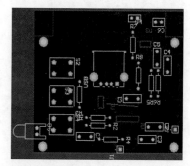

▌图 6 PCB 图

▌图 7 电路板正面

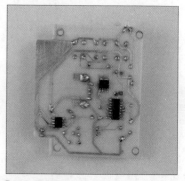

▌图 8 电路板反面

表 2　制作所需的元器件清单

名称	位号	值	数量
电阻	R3、R7	22kΩ	2
电阻	R4、R5、R6	1kΩ	3
电阻	R8	13kΩ	1
电阻	R1	24kΩ	1
电阻	R2	15kΩ	1
独石电容	C1	1μF	1
瓷片电容	C2、C3、C4、C5	0.1μF	4
电解电容	C6	1μF	1
解码芯片	IC2	AC1082(8FAD)	1
功放芯片	IC3	CS8138S	1
存储芯片	IC1	24C02	1
扬声器	Y	4～8Ω/0.5W，高5mm，直径50mm	1
微动开关	S2、S3、S4		3
按钮开关	S1		1
卧式 USB 接口			1
LED		Φ3mm，蓝色	1
带电池盒塑料外壳		130mm×70mm×30mm	1
小型 U 盘		32GB	1

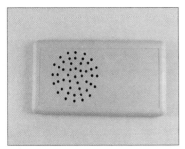

▌图 9 扬声器放音孔

▌图 10 按钮

▌图 11 橡胶按钮

▌图 12 U 盘播放器内部结构

▌图 13 播放器面板

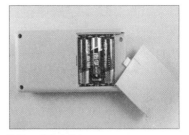

▌图 14 播放器反面

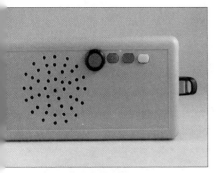

▌图 15 U 盘播放器外观

正常工作。将电路板接 4.5V 电源，打开开关 S1，测 IC2 的 12 脚对地电压是否为 4.5V，11 脚是否为 3.3V；测 IC3 的 6 脚对地电压是否为 4.5V。正常后，插上有音乐内容的 U 盘，这时 LED 会闪烁并播放音乐。按开关 S4，音量能变大，按开关 S3，音量能变小；按开关 S2，音乐能暂停。

然后再检查电路是否能存储播放进度，播放到第二首乐曲时，按下开关 S1 关闭电源再打开，如果还是第二首乐曲（不回到第一首），说明存储电路工作正常。否则需要检查电路的连接情况，如 IC1 的 3.3V 电压是否正常，5、6 脚电压是否和 IC2 的 1、3 脚电压相同，直到整个电路工作正常。

然后将各部件安装在外壳内。先在外壳的上方用小锉刀锉一个小凹槽，让 LED 能够嵌入。为了能使扬声器声音放出，还需要在外壳的面盖上钻一些直径为 2.5mm 的小孔（可以用 Φ2.5mm 的钻头钻出），如图 9 所示。将扬声器放入外壳内，测试是否能盖上外壳。如扬声器太高，可以考虑将面板上扬声器的位置用锉刀锉薄一些。电池盒的底部也可以进行加工（如钻一个小圆孔），直到能正常装入扬声器。

接着在面板上开出按钮 S1 和微动开关 S2 ～ S4 的孔，按钮如图 10 所示，大家可以在面板中间上方位置开一个按钮孔，在右侧开出 3 个微动开关孔。为了按动微动开关时手感好一些，这里使用橡胶按钮来按动微动开关。我从旧电视遥控器上剪下了 3 个橡胶按钮（3 个连在一起），如图 11 所示，再根据橡胶按钮的大小在塑料面盖上开孔。最后在外壳的右侧开一个能让 U 盘插入的矩形孔即可。这些都做完后，我们就可以将电路板、扬声器、开关和橡胶按钮装入外壳，安装到位的 U 盘播放器内部如图 12 所示。锁上螺丝后，一个 U 盘播放器就制作完成了，U 盘播放器面板如图 13 所示，反面如图 14 所示，U 盘播放器工作时如图 15 所示。

现在，U 盘播放器就制作完成了，朋友们快来试一试吧！ⓦ

全国大学生电子设计竞赛获奖队伍专访

F518，西安电子科技大学的"国一"摇篮

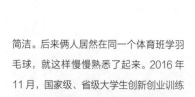

向农 汤宏琳 冀凯

每两年，就会有一批才华横溢、朝气蓬勃的年轻人闪耀在国赛（全国大学生电子设计竞赛）赛场上，让这个本科阶段能够登上的最高舞台成为自己真正追求电子事业的起点。

杨振江老师从 2005 年开始带国赛队伍，这些年看着一批又一批的学生成长。2020 年 1 月，他带着 10 个国家一等奖（以下简称"国一"）、8 个国家二等奖（以下简称"国二"）的骄人成绩结束了自己在西安电子科技大学（以下简称"西电"）机电工程学院的教师生涯。由于看得足够多，他有自己鉴别学生的标准，能够准确分辨出哪些才是真正能在国赛中走得最远的学生。

王怀帅、张伟、刘座辰 3 人有幸成为了杨老师的关门弟子，事实上，能够拿到"国一"的学生，身上 80% 的特质是相同的。而最大的不同是他们是从 F518 走出来的，因为那个地方，他们拿到了"国一"，同时在那里他们收获了比"国一"更重要的东西。

▌投奔根据地

2016 年 10 月，刚刚入校的王怀帅报名参加学校的"星火杯"大学生课外学术作品竞赛，就是在这时，他注意到了话不多但做事特别有条理的张伟，他与大多数手忙脚乱的同学形成了鲜明的对比：同样是大一新生，同样是零基础，在大家纷纷购买套件拼装时，张伟硬是自己摸索着做出了一个超声波测距仪，功能齐备且设计

简洁。后来俩人居然在同一个体育班学羽毛球，就这样慢慢熟悉了起来。2016 年 11 月，国家级、省级大学生创新创业训练计划（以下简称"双创"）启动时，王怀帅、张伟便顺理成章地相约一起做事情。

做事情需要有一个场所，这时，F518 一下子在王怀帅的脑海中冒了出来。F518 实际上是西电机电工程学院位于新校区 F 楼 518 室的一个实验室，为学生提供 24h 的实验室环境，包括场地、设备，同时还提供一些项目的经费支持，TI 等企业每年也会提供经费、试用芯片等供参赛学生使用。一届届的学生在这里钻研技术、准备各种竞赛。此前有同学对无人机特别感兴趣，实验室就向 TI 申请相关的元器件，支持他实现无人机的控制，后来那个同学不仅做出了无人机实验系统，并在这个基础上做了 16 个实验。

在科研学术的氛围中，每一届学生都在成长，每一届学生都在进步。实验室成员在国赛和其他大型比赛中多有建树，毕业后加入国家级研究所和 TI、华为等知名

企业的大有人在。还有不少学生自主创业，小米对讲机的设计公司——蜂语科技的创始人和 CEO 邵明绪就是从这里走出来的。

王怀帅第一次走进 F518 是因为参加学长在 F518 举办的培训讲座，当时他感觉那里很神秘，大佬云集，在做一些自己做不了的事情。"双创"让想进 F518 但一直不好意思开口的王怀帅鼓起了勇气，没想到学长特别痛快地答应了。他顺便把张伟也拽了进来，后来证明这是一个再正确不过的决定。其实 F518 的实验设备很一般，比起同校其他学院实验室的设备还差几个档次，吸引学生们的是这个大环境中科研至上、积极进取的氛围。实验室里老师参与得并不多，主要依靠学生以老带新。每个加入实验室的人在接受学长的指导成长起来后，也愿意牺牲的时间帮助学弟学妹，这样就实现了自我造血的功能，形成了一个良性循环。

刚进 F518 的时候，张伟只会一点单片机知识，连示波器、信号发生器都没用过，更别说频谱仪了，王怀帅也没好到哪里去。

▌左起：王怀帅、张伟、杨振江老师、刘座辰

实验室的整体氛围让他们不敢懈怠，很多学长也在不断督促他们成长，这是让他们坚持下去的一个原动力。王怀帅觉得自己80%的知识是在F518学到的，因为很多非考试范围内的内容，老师在课堂上并不会细讲，而在实际操作时完全跟着资料学，又往往会陷入坑里，熬几天也吃不透，这时学长过来一指点就会豁然开朗，这种收获的心情特别令人激动。

▌起步

2017年9月的一次宣讲会上，王怀帅得知了TI杯省赛，张伟的"入伙"是自然的，但寻找"第三人"的过程一直不太顺利，直到王怀帅拉来了同班同学刘座辰。这在当时看上去并不是一个最佳选择，因为刘座辰虽然成绩好、负责任、有想法，但是电子基础和竞赛经验几乎为零。不过3人小组就这么成立了：张伟擅长软件；王怀帅负责硬件；刘座辰几乎零基础，但是他有满满的兴趣和不错的学习能力。

"有时候就感觉像陷在泥潭里，每往前走一步都很艰难"，这是王怀帅对备战省赛过程的记忆。省赛主要考察学生的模拟电路和数字电路知识，这些课程王怀帅他们大三才会学，所以如何快速补充足够的知识就成了最大的问题。因为大家对有些原理并没有真正理解，所以在摸索的过程中走了很多弯路。于是他们沉下心来，利用业余时间系统地学习相关知识，然后再重点研究自己关注的内容，缠着学长求教，同时对备赛的练习也没有放弃，遇到不懂的知识点继续恶补。开始时他们可能要一个月才能做一道题，后来越来越快。就这样，一年下来，省赛备赛的知识点已经被他们陆续补齐了。

而大二才进入F518的刘座辰，在电子方面只有大一参加星火杯时的那点简单认识。但这里非常好的科研学习氛围和人文环境，让他可以抛开杂念，一头扎进学习中。

在学长的引领下，先是和队友一起做一些简单的基础练习题目，最初他只是去完成队友交给自己的一部分任务，对于整个系统的运行是比较模糊的。随着不断学习，当对硬件电路本身及其所需要的一些软件驱动等知识有了一定的了解后，他也逐渐可以参与整个系统的方案设计了。

2018年TI杯省赛时，他们对单片机用得还是不太熟。比赛中张伟负责程序，另外两名队友负责硬件电路，因此程序怎么编写以及整体架构的安排都要依靠他。如果他在单片机上的方案选择得当，可以大大减轻硬件上的工作量，出错的概率也会小。当时张伟写程序非常吃力，好在最后关头终于完成了。最终陕西省赛区A题第三名的结果让本不抱希望的他们非常兴奋，这也算是对他们之前努力的一种肯定。

▌伯乐现身

省赛之后，团队成员把目标锁定在了2019年的国赛上，而国赛意味着更大范围的能力比拼，显然不能像之前那样光靠自己和学长。曾带出多支国一队伍的杨振江老师当然令人向往，但听说杨老师在退休之前不想再带学生了，不过学长建议他们尝试一下。

一段400多字的短信让杨老师很难直接拒绝这些孩子，也让王怀帅看到了希望。王怀帅带着队友立刻直奔15千米外杨老师在给研究生上课的老校区。面对这3个孩子，杨老师说："要我带也可以，但国二我不带，要带就带国一。如果你们有想拿国一的心我就带，如果只是想凑合，我坚决不带。"

其实早在大二的下学期，杨老师就已经注意到了他们，当时在为西电组织的各种竞赛作评委时，他就发现这支队伍很有天赋。尤其是张伟，不但编程能力特别强，而且善于思考，很多原本不会的东西，在指点之后就会自己钻研、查资料，几天后就有结果。

杨老师，您好，我是来自机电学院F518实验室的大三学生，我叫王怀帅。

很抱歉冒昧地给您发短信，本来今天想着您测B2的时候找您面谈一下，后来得知您昨天已经测完了，所以才以发短信的方式联系一下您。

众所周知，您是一位实力超强的老师，在竞赛方面的成就也很令人瞩目。不知道您小组有没有这份殊荣能邀请您作我们电赛的指导老师，我们小组从半年前开始准备电赛，选题方向主要是测量。其间经历五校联赛、TI杯，分别获得校级三等奖、省一等奖（选的是A题，并且分数是89，报告分是18）。我们也知道打拼博电赛的路途很艰辛，但是我们有信心也有决心打一场硬仗。

我们不奢求老师能够时时监督我们，只希望老师能给我们一个方向，在一个时间段内给我们分配一些任务。因为实验室其他组主要是做电源题，由王水平老师带队。我们现在比较迷茫，不知道自己该往哪个方向努力，所以希望老师能帮帮我们，我们一定不会让老师您失望的！

说的话有点多，很抱歉找到了老师您的邮箱和微信，如果可以的话，我希望可以和您多聊一些，再次感谢老师！

▌当时王怀帅发给杨振江老师的短信

带过这么多学生，杨老师心目中的"天赋学生"指的是对实践兴趣较高，又自觉刻苦的学生。在刻苦之外，也不能太"聪明"，杨老师见过很多学生，比赛时点子太多，一遇到问题就换方案，最后导致时间不够用了。反倒是踏踏实实训练、遇到问题就想办法解决的学生，更容易在国赛中获奖。

在杨老师的指导下，3人开始进行强化备赛，根据老师的安排，从做小题目慢慢过渡到综合题目。杨老师果然没有看走眼，任务一旦布置下去，他们仨就会不断钻研、天天练习，很快就能设计出结果给老师检查。

进步自然是飞速的，当初零基础的刘座辰后来已经可以和王怀帅分别验证、执行一套方案了。而张伟吸取之前TI杯省赛的教训，开始恶补单片机，从各种外设使用到一些更加高阶的技能都有所涉猎。张伟必须在有限的时间里，找到各种可实现的方案，并对比每种方案的优缺点，为后面的比赛打下基础。就这样，在F518的两年里，张伟为后面的比赛稳稳地打下了基础。

▌国赛练兵场

经历了之前的种种，到了国赛赛场上，

3人的状态反而轻松了不少，在拿到赛题的一刹那，团队的分工机制便瞬间启动了：

Step1，三人围到一起讨论题目的选择；

Step2，紧张地查资料和方案，最终确定方案的实现；

Step3，分拆方案所需技术模块；

Step4，每人认领所擅长的模块。

像这样的分工方法，过去一年他们已经演练过很多遍。考虑到题目相关性，团队最终聚焦在了C题、D题和F题，并且都尝试做了小模块分析，最终选择了D题。D题要求设计并制作一个简易电路特性测试仪，用来测量特定放大器电路的特性，进而判断该放大器由于元器件变化而引起故障或变化的原因，主要考察放大器参数的测量（输入电阻、输出电阻、增益、幅频特性等）和故障诊断（人工智能、大数据）方面的内容。

讨论设计时，他们聚焦在了两种实现方案上：第一，通过构建不同的回路来满足对不同参数的测量，这个方案行之有效，但是比较麻烦；第二，通过一发一收的方式，输出一个交流信号，在终端接收到一个交流信号，通过测量这两个交流信号的相位、幅值等确定它的参数，这个方案硬件工程量小，简洁明了，但是对信号质量的要求比较高，风险较大。最终团队选择了方案一。

他们很快就确定了最后的实现方案。由输入/输出阻抗测量与增益测量系统、幅频特性检测系统和电路故障自动分析系统3大部分组成。系统通过对被测放大电路输入端施加合理的电压信号，实时检测被测放大电路的输出端信号，进行处理，得到题目所要求的检测指标。

当然，赛场上也并非一帆风顺。题目要求在2s内精确判断某个元器件的故障原因，包括电阻、电容的开路和短路以及电容值增大2倍的故障，但是这些值却怎么也测不准。大家先是一味地测试和更改限制参数，不奏效后又把模拟电路的书翻了个遍，从原理上

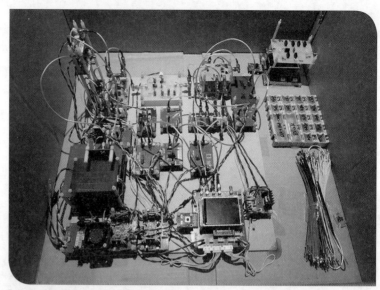

■ 王怀帅团队国赛作品：简易电路特性测试仪

重新分析电路，主要从直流工作点和交流工作状态两方面来判断。在耗费了一天半后，故障点的测量值终于稳定了。

F518，不说再见

之前谁也没有想到，王怀帅、刘座辰、张伟这3个性格迥异的大男孩儿能够走到一起，王怀帅性格极主动，特别能说，擅长外联；刘座辰学习好，爱好多，还是健身达人；张伟平时话不多，但是骨子里藏着有趣的灵魂。大学中最好的2年时光，他们给了国赛，并一起并肩走过。今年已然大四的他们纷纷被保研，但F518成为了他们之间永远也抹不去的纽带，F518里所经历的种种，都是属于他们的独特记忆。

在F518里，刘座辰实现了从零基础到国一，但他更看重的是对自己眼界的开阔、理论和实践相结合的科研习惯的培养，在这里，他明确了自己喜欢的发展方向，对继续深造萌生了巨大的渴望；张伟将这里看作自己前期技术积累不可或缺的地方、比赛成功的基石，在F518待的每一天，每一分付出都是值得的；王怀帅则早已将F518看成了自己的一份精神支持，这里承载了他最初的

梦想，也成为他面向更广阔天空的一块坚实的跳板，F518带给他的是一种顽强、一种拼搏、一种乐观、一种自信！

其实不只是他们，凡是在F518待过的人，在这里收获的都不仅是专业知识，还有满满的友情和与人沟通合作的方法。从王怀帅进来时遇到的2014级学长，到后来的2017级学弟，大家沟通起来没有条条框框的限制，没有拘谨感，关系非常融洽。

只要有人来找王怀帅帮忙，他就会觉得义不容辞，就像当初学长帮助自己一样。在离开F518前，他还在不遗余力地想要提高F518的硬件条件，一方面跟学校沟通多争取资金，另一方面跟普源精电沟通仪器捐赠事宜。

F518对西电机电工程学院的学生而言，不仅仅是新校区的一间实验室，更多的是一种精神的传承。学长学姐们依然会不时地回来，而且会通过"518创新微信群"指导学弟学妹们，不仅解决技术难题，还指导个人的未来发展。

王怀帅和他的小伙伴们在外面很自豪地说自己是从西电F518实验室出来的，F518是一个来了就不想走的地方。 ⊗

全国大学生电子设计竞赛获奖队伍专访

"放着，我来！"
国赛赛场上遇到对的人

向农 汤宏琳 冀凯

"王中威，醒醒！"谷怡洁轻轻地喊道，但眼前这个大男孩依旧睡得香甜，看到没有奏效，刘攀尝试拍了他几下，还是没有反应。两个女孩面面相觑，一时不知所措。这是2019年8月9日下午6点多，一个本该吃饭、玩闹的时间，王中威却怎么也叫不醒。看着他的样子，谷怡洁和刘攀有些心疼，商量着还是让他再多睡一会儿吧。

王中威平时对作息时间有执念，但在参加TI杯2019年全国大学生电子设计竞赛（以下简称"国赛"）的这几天，他必须改变自己的作息时间来配合项目的进展。

请相信我

两天前，拿到题目的那一刻，团队迅速锁定了D题和E题，但究竟该选哪一道，还是游移不定。D题要求制作一个简易电路特性测试仪，E题则要求设计并制作一个基于互联网的信号传输系统。D题软硬件工作量差不多，而E题软件的工作量更大一些。"选E题吧，请你们相信我。"这时团队中负责软件的王中威站了出来，将责任压到了自己身上。

这个时刻也许从组队的那天起就已经注定。2019年3月，经过2轮选拔考试后，从小学就酷爱编程的王中威毫无悬念地进入了西安电子科技大学通信工程学院的院实验室，这离他冲击国赛一等奖的目标又近了一步，但这时他还是"孤家寡人"。按照常理，所有参赛队员都希望能和"大佬"组队，王中威也不例外。但环顾四周，很多团队都是

2018年TI杯省赛时的原班人马，有实力的大佬们早有归属。更为严峻的是，平时慢热的性格导致他在实验室一个人也不认识，更增加了组队的难度。这时同样刚刚进入实验室、谁都不熟悉的刘攀找到他，表明了想做队友的意愿。不久之后同样是实验室新人的谷怡洁也加入了队伍。于是，这个"剩男剩女三人组"成立了。

不管从哪个角度看，这都不是一个完美组合。论默契，与相互了解后双向选择的队伍相比，他们在建队之初彼此间的熟悉度几乎为零；论经验，与身经百战、动辄备赛一两年的参赛队伍相比，他们三人的备赛期只有半年；论个人实力，王中威之前从未接触过电子，而刘攀和谷怡洁在备赛之前，既没有对电子的狂热喜爱，也没有对动手实操有浓厚兴趣。

但他们自身的优势或者说特点又很明晰。王中威对软件有足够的自信，他对软件编程的热爱是根植于骨子里的。从小学二年级开始，王中威就喜欢上了编程，并

在主动报了相关的兴趣班后一发不可收拾。中学时更是一有时间就抓住机会自学与编程相关的内容，还接触了TI彩色图形计算器，并在上面成功运行了自己编写的C语言程序，实现了一些游戏效果。而大学，为他提供了一个充分"修炼"编程的环境。

刘攀和谷怡洁不但有大学3年积累的理论知识和备战国赛的信心，还有认真和勤奋的态度。加入实验室后，她们跟着老师的培训课一周一道题，把训练题中用到的模块做了个遍。在老师的大力推荐下，她们开始了解并使用TI芯片，并在TI官网申请了各种样片。同时，她们通过全国大学生电子设计竞赛培训网观看了相关的培训视频，学习时，看到自己不熟悉的知识，就认真地记下来并在之后的设计中多加注意。半年下来，两个女孩的设计能力提高了不少，但毕竟准备的时间还是太短，与已经专注于硬件设计1～2年的人相比，还有一定的差距。好在国赛不是单打独斗的角斗场，而是综合实力的比拼。在几个

左起：谷怡洁、刘攀、王中威、冯靖寒、南剑、张文子寒

月的备赛过程中，3 个人的默契度和配合度渐入佳境。

王中威在国赛中之所以会建议选择 E 题，是因为在和团队一起经历了陕西省工科高校校际联赛和赛前模拟练习后，深知电路调试工作的烦琐，有时为了更换一个滤波器，就要耗费很多的时间。与 E 题相比，D 题对硬件电路的要求很高，万一遇到问题，又调试不过去，整个队伍就很容易失去信心。选择 E 题意味着更重的任务落在了王中威身上，虽然避开短处、发挥长处才是最聪明的做法，但之前发生的一幕让团队心有余悸。

▌不完美的开局

2019 年 5 月 31 日开始的陕西省工科高校校际联赛中 2 天 1 夜的限时实战项目，刚好可以当作国赛前的演练。尽管当时团队的技术水准还在快速提升中，但 3 人已经找到了一体同心的感觉。

最初组队成功后，刘攀主动坐到了王中威的邻座，当时她觉得这位个子高、话不多的男孩儿其实太高冷了，大多数时间喜欢一个人对着计算机写代码，几乎很少和人交流。好在每周一道的个人训练题，让彼此间会有一些共同话题。她在软件方面遇到问题时，王中威会主动过来帮忙，而她也会将自己找到的一些硬件设计方面的参考资料分享给王中威，有时还帮他焊焊电路。就这样，慢慢熟悉之后才发现，这个原本不熟悉都不理你的男生，在把你当成"自己人"后，就会在各方面"力挺"你，而且考虑问题还很周到。随着谷怡洁的加入，团队成员之间的合作更紧密了。其实刘攀之前在学校运动会的团体操项目中就认识了谷怡洁，但直到她到了实验室才发现谷怡洁也加入了他们的队伍。

任务来了，大家就一起确定实现方案，王中威负责软件，刘攀和谷怡洁考虑硬件，根据自己擅长的部分，各自承担一定数量

的模块，最后再搭建起整个系统。遇到有人调不出来的情况，先调出来的人会及时过去帮忙。偶尔遇到有一套硬件需要调试的情况，就等一个人做累了，另外一个人继续接着做。甚至有时专攻软件的王中威也会来帮忙，在两个女孩的心目中，他已经变成了不折不扣的"暖男"。但有一个时刻例外，那就是王中威调不出来代码的时候，如果这时找他讨论问题，他的态度就很容易"崩"。最开始性格随和的刘攀和谷怡洁搞不清状况，还有些生气，后来就慢慢摸到了规律。"如果你问他两声，他没有说话，并且一直板着脸的话，我们就自动不问了。"刘攀说。

陕西省工科高校校际联赛加深了他们对团队特点的认知。当时题目只有一道：可控输出电流和频率的正弦交流电流源。这个题目对硬件的要求比较高，主要考察对恒流源、恒压源电路的掌握，对功放芯片的合理选择和使用。方案确定后，刘攀和谷怡洁开始搭硬件，王中威同步设计软件。但由于总方案定得不理想，在硬件电路搭建过程中出现了很多问题，导致他们当晚不得不熬夜调试硬件。而平时口口声声主张熬夜最没效率的王中威，在完成了自己的设计后，由于不放心，同时也为了给队友更多的鼓励，硬是陪着两个女孩熬了整整一宿。直至第二天下午，硬件电路才基本成型，这时留给软硬件联合调试的时间也就剩两三个小时了。时间紧、任务重，再加上熬夜之后奇差无比的状态，成绩也就可想而知了。这之后，王中威就告诉自己：不能再给两位队友太大压力，自己要承担更多的责任。另外，国赛时绝对不能再熬夜了。谁知人算不如天算，他的第二个想法不但没有实现，还被打消得非常彻底。

▌我就是"大佬"

国赛赛场上，在大家达成共识选择 E 题后，3 人迅速确定了实现方案：采用 3

块 FPGA 作为主控单元完成基于互联网的信号传输系统，A、B 两块发送模块以 10MSPS 进行 ADC 模数转换，根据测频结果对信号组帧后，利用 TCP 协议以千兆速率实现可靠传输。在接收端 C 解析后，利用频率信息与时钟频率差进行相位补偿，再以 10MSPS 进行 DAC 数模转换，经四阶巴特沃斯低通滤波器和 THS3091 构成功放送出，以满足题目负载要求。

就 E 题而言，软件部分的工作是大头，根据项目需要，王中威把自己 4 天 3 夜的工作进行了分解，并规划了进度表。第一天进展顺利，王中威按照计划完成了 FPGA 的 PL 层设计，当晚 12 点从容地回宿舍睡觉，并在第二天早上 6 点 59 分被队友"残忍"地叫起。但第二天下午，王中威发现设计工具实现的 DMA 操作未能符合预期，而且尝试了很多办法都调不出来，急火上升的王中威不得不熬夜解决问题。

虽然方案是以软件为主，但实际做起来，硬件部分的内容也不算少。题目的要求是双路信号，所以硬件电路的设计包括 AD 模块、DA 模块、频率计、无源滤波器、放大器全都是双份。"一个频率计电路就得调整半天，还得在 50Ω 下，再生输出 A 和 B 两个终端采集的信号，这就提高了对放大器的要求，其间选型、调试和设计，又会耗费不少时间。"王中威谈起硬件电路设计的难度时也头头是道，可见他把队友的工作全都看在了眼里。所幸这些模块在备赛的过程中都接触过，刘攀和谷怡洁在第三天凌晨时把硬件电路搭建好了。

于是在那个凌晨 3 点钟的实验室走廊，当两个女孩在搭完电路后吃泡面时，因进程受阻而焦头烂额的王中威也加入其中。谷怡洁和刘攀没法从技术上进行支持，只能让他多吃几口，并鼓励他，他这么强的人一定能解决。托队友的吉言，王中威最后采用了一个折中的方案，将原来的 2 个 DMA 写数据调整为 1 个 DMA 写数据，问

全国大学生电子设计竞赛获奖队伍专访

哈尔滨工业大学战队——
他们的国赛过程，好像坐过山车

▌向农　汤宏琳　冀凯

每个人都希望自己在国赛（TI 杯2019 全国大学生电子设计竞赛）赛场上一帆风顺，但赛场总会给你出其不意的"惊喜"：也许是刷不出题时的焦急，也许是拿到题目时的茫然，也许是意见不统一时的妥协，也许是熬夜脑袋停转的无奈，更多时候则是遇到一个难缠 bug 时的焦头烂额。

2019 年 3 月 22 日，当学校要求国赛的参赛队员开始组队时，姚凯、曹梨波、温兆亮，这 3 个来自哈尔滨工业大学（以下简称"哈工大"）电气工程及自动化学院的小伙伴，在一个专门为竞赛服务的创新基地群里相遇了。姚凯原本就和他俩认识，对彼此的脾气秉性和技术实力都有所了解，自然而然就走到了一起。

从学期末的 6 月 20 日开始，在距离国赛不到 2 个月的时间里，团队开始了相对于之前比较集中的训练，经过几轮几乎无休的模拟竞赛题后，3 个人成了可以把后背交给彼此的人。姚凯负责硬件，团队里的硬件问题，他都可以处理得很好，而且焊工一级棒；温兆亮主要负责理论分析及仿真和报告的撰写，让队伍有了做更多

题算是暂时解决了。

谁知刚解决完软件问题，硬件又遇到了麻烦。在第三天联调的时候，滤波器又出现了问题，最初的方案是有源滤波器 + 放大器，但以此实现题目要求的指标，需要增益带宽积很大的芯片，而当时团队手头并没有这样的芯片，只能调整为 LC 无源滤波器 + 放大器的方案。傍晚时分，之前整夜未眠的王中威实在撑不住了，提出先睡一两个小时再让队友去叫他，于是就出现了本文开头怎么叫都叫不醒他的那一幕。但毕竟有任务在身，没过一会儿王中威就自己醒了。

示波器的调整又消耗了整整一夜，王中威因为要配合硬件进行联调，又没有合眼。连续两天不眠不休，还要让大脑动力全开，这对很少熬夜的王中威着实是个不小的挑战，以至于在完赛前的最后几个小时，他感觉已经精神迷离，无法再进行进一步的优化了。

团队最终形成的设计中，采集端同时采集信号和频率信息用于还原，使用等精度

测量法保证了测量精度。选用 65MSPS 的ADC，结合 FPGA 和 ARM A9 处理器完成了采集端。还原端选择了同样的 FPGA，驱动 125MSPS 的 DAC，后级选择了高压摆率、高驱动电流的运放。而很多选择了 E 题的队伍，采用了类似的实时传输方案而不是检测波形的结构。设计测试结果为：可以完成 0.1Hz ~ 2MHz 的采集和还原，对于 1 ~ 5Vpp、频率小于 2MHz 的输入信号，输出信号幅度与输入信号幅度差小于 2%，时延差小于 2μs，都超过题目要求。

▌这就是团队啊！

他们凭借前所未有的付出得到了国赛一等奖，但王中威对自己的表现还不够满意，觉得软件设计还可以进一步提高。王中威依靠自己的实力和拼博带领团队获得了国赛一等奖，他将这个结果归功于他们根据题目难度和团队特点所做出的正确选择。

一位高冷心热的程序高手和两位随和且努力的硬件设计女孩，凭着队友间的信

任与帮助，他们顺利走上了国赛一等奖的领奖台。这个团队与其他团队最大的不同在于 3 个人在一起时语言交流不多，他们的亲密无间和相互支持从来不是直白地表达出来的，更多的是"你去睡个觉吧！"或"放着，我来！"。刘攀和谷怡洁也早已感受到了这份"一切尽在不言中"的默契，也只有她们知道这个别人眼中的"冷男"其实是个真正的"暖男"。

经历了国赛，在对的年龄，遇到若干可爱的人，一起并肩作战、为梦想打拼的感觉真好。之前觉得数电、模电理论知识深奥的刘攀，现在已经喜欢上了电子设计，并发现自己其实还挺擅长这方面。"很多书本上的知识一下子变成了现实，感觉这些知识不再那么冷冰冰。"谷怡洁也坚定了自己在电子方面继续深造的决心。王中威则在获得国一后，肆意地玩了整整一个月以前想玩但没时间玩的游戏，并也开始设计一些硬件电路，实现了童年拆卸电子产品时萌发的想要自己设计产品的梦想。⊗

理论尝试的可能；曹梨波负责软件，软件交到他手里，就不用担心后续的问题。按理说，这样没有短板的团队在参赛队伍中算是相当出众的。

然而即便如此，他们却在国赛的4天3夜里经历了过山车般的参赛历程，某几个时刻，甚至觉得会与国赛奖项擦肩而过。现所幸，他们最终获得了国赛C题一等奖，而这段历程也成了他们最深的记忆。

▌难道是遇事不决就选C？

说起选C，做惯了选择题的大家都会心一笑，然而3位小伙伴并不是因为这个原因才选择了C题。"特别崩溃"，看到题目的一瞬间，他们的反应同此次国赛很多前期基于电源方向备赛的队伍一样，因为8道题目中没有一道是传统电源题。

经过思考，他们在现有的题目中圈定了A、C、D三道题。其中A题是电动小车动态无线充电系统，C题是线路负载及故障检测装置，D题是简易电路特性测试仪，它们的共同之处是或多或少都可以用到电源的相关知识点。姚凯回忆起当时大家做判断时的考虑，感觉D题相对简单，

可能会有很多人选，而且难以确定自己的团队能否在众多队伍中脱颖而出；A题对于他们的难点在于手上没有现成的车模和充电硬件，而且要把功率、效率做得很好，并不容易。而C题比较新颖，相对其他题而言，没有一个固定的分类方向，"这样相当于我们和所有做C题的队伍都处于同一起跑线上"，而且他们猜测选择C题的队伍不会太多。

即便事后回忆起来思路非常清晰，但当时3位仍然是在选题提交不能再往后拖的时候，才做出了最终决定。因为在这个彼此尊重的团队中，做出任何决定都需要讨论、相互说服、反复论证。后来他们在和同学们的交谈中得知，在哈工大创新基地的62支参赛队伍中，只有4支队伍选择了C题，这和他们之前的判断一样。

▌艰难的抉择

根据此次国赛专家组责任专家、北京大学信息科学技术学院王志军教授在赛题解答视频中的分析，C题重点考察了学生对基本电容、电感、电阻元件的电路特性分析，同时结合人工智能大环境，考查学生设计

敏捷系统，实现实时自动监测的能力。

事实上，姚凯团队在整个赛程中先后尝试了两种方案。

方案1：通过在测量回路A端施加单一频率正弦波，B端经采样电阻接地，测量电压、电流的幅值比与相位差判断元器件类型并计算其值；通过测量某一频率下负载网络阻抗大小并与3种元器件可能组成的8种负载网络理论阻抗比较确定负载类型；通过寻找短路回路电阻与短路故障点距离关系计算故障距离。此设计方法思路简单，电路结构简洁，但实际负载网络判断可靠性低，没有明显的区分特征，极易混淆，同时电压、电流量级小，采样很难把握精度，故障点距离测量误差较大。

方案2：利用数字电桥原理，待测回路A、B点接在电桥测量端。仍利用相角判断负载类型，用伏安法测量元器件值。判断网络结构时，通过特征点进行树状检索，对于特征模糊的节点，利用二分法寻找谐振点，通过谐振点特征判断。这加快了检测速度并提高了检测精度。定位短路故障点时，输出10kHz正弦波，利用推挽电路输出较大功率，利用电流闭环稳定负载电流为200mA，通过短路阻抗与短路故障点距离之间的线性关系定位。装置内带有二阶带通滤波器，可滤除题目所加的环境噪声。该方案具有很强的电流承受能力，对不同负载网络有很强的适应性。

第一天，他们基于方案1不断做前端的功率放大，利用手头的功率运算放大器搭建了不少实验电路，却没有实质性的进展。在不断翻书、查资料的过程中，他们无意间收获了数字电桥电路，虽然以前从来没用到过数字电桥，但从理论上就能觉得这个结构很巧妙，所以当时就决定后端的处理采用数字电桥电路，也就是方案2，其与方案1的不同之处基本上在于后端电路。

▌左起：温兆亮、姚凯、曹梨波

于是就这样搭着数字电桥、调着功率放大电路，时间一下子到了凌晨12点半，但是电路性能仍然没有达到预期。"当初选定C题之后只有一个大概方案，但在实际动手的过程中才发现有更深层次的问题是一开始没有想到的，"温兆亮如今想起来仍然心有余悸，"当时我的心态特别差，感觉今年取得胜利没有希望了，就有些质疑自己。"在国赛的第一天就遇到这样的事情，姚凯和队友们的心情可想而知。分析越深入，问题也越多，具体验证后又发现现有元器件和电路结构使得整个电路性能满足不了原有方案的要求，这可难坏了他们。故障的判断与检测到底该怎么做？于是3人又聚在一起查资料、讨论方案，拿出大学课本，一点点回忆传统的电学知识、拓扑结构搭建等，最后所有的瓶颈都指向了功率运放的性能。

既然手头没有合适的元器件，后面两天也避免不了熬夜，所以第一天晚上，在没有明确头绪的情况下，3人怀揣着"罪恶感"睡觉了。

▎破局

在国赛紧张的4天3夜中，逛电子市场这事听上去不怎么靠谱，但由于手头的运放型号满足不了要求，于是在国赛的第二天上午，姚凯和温兆亮一起跑到哈工大正门对面的电子市场采购，然后反复验证功率、频率、输出波形等。可惜新的功率运放测试结果仍然不让人满意，于是经过又一轮疯狂地翻书、查资料，3人最后决定尝试用运放结合三极管、二极管搭建的甲乙类互补功率放大电路试一试。但事情就是这么巧，大功率三极管他们手头也没有现成的，姚凯和温兆亮只能第二次去往电子市场。多亏哈工大在电子领域有着优良传统，以至于电子市场都开到了校门口，他们才没有在采购上浪费太多时间。

在这次大赛中，姚凯团队主要使用了TI的控制板TM4C123G、运放LF357等零部件。在平时的教学和训练过程中，无论是学校老师还是自身，都倾向于选择TI芯片。"TI的元器件比较可靠、好用，而且操作起来也简单，资料好查。通过比较，我们发现TI官网提供的解决方案是最全面的，同时还有很多应用案例，这是其他公司所没有的，这也大大降低了我们项目的开发难度。"曹梨波说。元器件到手后，大家又忙着实现电路，终于在下午使前端的功率放大电路性能基本满足方案要求，3人长舒了一口气。

紧接着，温兆亮和姚凯就开始反复调试及验证模块，进行辅助电路，比如采样结构的验证，好在这些方法以前做电源题目时都有所积累。他们的工作步骤是第一天确定好结构后，第二天将结构进行分解，搭建若干个小电路，逐步验证每部分的工作状态，验证好小模块之后，才开始调试整个系统。温兆亮觉得就是这种从模块到系统的方法学让他们的验证工作得以顺利进行。另外得益于大学模电课，在验证小模块时，简单电路配合一级运放的方式，实现的效果比使用集成芯片好很多。

当姚凯和温兆亮两人紧张地调试模块时，曹梨波则在一旁有条不紊地搭建软件框架。起初调试模块期间没有产生数据时，他就自己模拟了很多数据，进行信号分析和网络结构分析。

在旁观者曹梨波的眼中，第二天的硬件搭建工作明显顺利得多，这也给了他十足的鼓励。其实第一天看到伙伴们方案还没有敲定时，曹梨波心里还是有些慌的，尤其是无事可做等待时。"但最重要的是我相信我的队友们能够做出来"，所以他就放心地进行模拟验证，等待主硬件系统的完善。"而到了第二天，在大家的工作步入正轨之后，哪怕是有一些困难，我也能看出整个项目的进度是一直在往前走的，写程序会踏实很多。"曹梨波说。

所有模块评估好，已经是当晚9点多了，硬件二人组开始搭建电路板并且画板子，将所有的功能模块整合。曹梨波也开始测试功能函数。直到凌晨三四点时实在扛不住了，他们才在桌子上趴了一会儿。

▎小插曲

但毕竟心里有事，5点多他们就醒了。经过一宿的奋战，3人早上把PCB画好，然后开始制板、焊接、调试。尽管解决了功率放大的问题使3人轻松不少，但后续发生的小插曲，又让团队成员捏了一把汗。

哈工大创新基地在竞赛期间都是现场

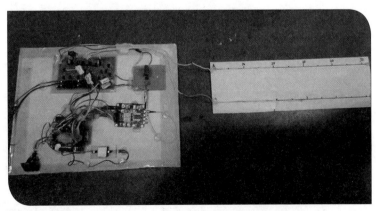

▎姚凯团队C题作品

制板，他们制的第一版 PCB 有些腐蚀过度了，走线铜皮断断续续，几乎无法使用，所以又制了第二版 PCB。可能由于太着急了，发生了一件比较糗的事：学校制板使用的是蚀刻机，需要操作者打印出来 PCB 走线图，分上下两面放置在制板机上。打样出来后，还要手工将上下两面的过孔打通，所以打样一次，前前后后需要 1 个小时。当姚凯团队拿到 PCB，把 200 多个孔打通后才发现：打印时的纸上下放反了，所有的电路和元器件摆放都是镜像的。原本因熬夜脑袋就已经不太转得动的硬件小组，想想调试时还要区分正反，立刻有种崩溃感。有种过了大风大浪，却要在阴沟里翻船的感觉，只能进行第三次打样。由于模块众多，只能焊一部分，再验证一部分。而 PCB 上下面是独立的，所有的过孔都需要人工将正反面连接起来，而且有些走线铜皮是在芯片底部，很容易引起各种各样的问题，焊接稍微不仔细，解决起来都费时费力。所以当整块板的调试完成时，已经是晚上 10 点钟了。

与此同时，曹梨波一直在验证程序，甚至把信号发生器直接接到开发的模块上进行测试，一方面是通过直接向 RAM 中写数据进行测试，另一方面则是通过程序自动实现数据注入以自动测量结果。曹梨波颇为自豪的是，自己专门设计了一套人机交互界面持续观察变化，利用虚拟化的硬件实现虚拟验证平台。不过他也同样未能幸免地遇到了小插曲，主要是在数据结构方面，由于一次数据的存储量偏大，平台出现了交叉覆盖的情况，导致数据出错。他只能重写了将近 200 行代码，推翻了之前的数据存储方案。

就这样当第三天结束时，3 人总算完

成了整个板卡的验证，但是由于太多的小插曲耽误了整个进程，他们一夜无眠，始终在紧张地调试验证。凌晨两点，在夜晚最黑的时候，团队第一次看到了希望。软硬件协同验证时，团队尝试测量电阻、电容、电感的值，与预期的偏差并不太大。凌晨 3 点，初步联调完成。联调，算是最后的挑战了，虽然暴露出不少软硬件的问题，但这也是必然。

姚凯介绍当时需要对采集信号进行相位检测，通过相位差值判断电路性质。结果发现相位差在 70° 以下时相位值正常；相位差在 70° ~ 90° 时有 1° ~ 2° 的差异，也还能接受；但相位差超过 90° 时，实际值和测量值的差别特别大。团队只好从底层开始，从信号源头一点点排除，最后才发现是运放过零点的问题。这时已经来不及大修改，只好通过搭载外围电路并修改软件修正偏差。最终封箱时，已经连续熬了 2 个晚上的 3 人没有太多的兴奋，只想美美地睡上一觉。

玩的就是心跳

也许是命中注定要经历各种波折，在经历了 4 天 3 夜的种种坎坷后，8 月 19 日 8:00 － 15:00 的综合测评中，姚凯团队再次上演了跌宕起伏的大戏。从前期的不顺利，到后面的妥协，直到最后的一个半小时中甚至还推翻了现有的环形多谐振荡器电路。"当时时间那么短，我们还敢去验证，也是经过了慎重的考虑，是在时间和条件允许下才这样做的。"姚凯表示，因为综合测评的题目是做 4 个模块的波形，彼此间互相联系，当前面的模块占用太多资源时，后面就资源不够用了，这导致第三个模块波形输出不是很好，所以他们尝

试了推翻现有电路，重新回到最初尝试的那个方案去产生方波。

当时时间已所剩无几，但曹梨波当机立断投了赞成票，凭借着这份信任，大家迅速进行验证，没想到真的改善了很多。当时他们还有个小心思，想着如果第一个模块节省下来的资源可以满足需求，就能够以最快的速度为其他 3 个模块换上新方案；如果第一个模块测试不行，也可以迅速恢复原方案。不过时间依然紧迫，一旦中途出现问题，就没有足够的解决时间。幸运的是，一切顺利。

"比赛的整个过程都十分刺激，由失去信心到坚持再到看到希望，这个过程不但让我们学到很多专业上的知识，同时更历练了我们的心态"，电赛带给姚凯的东西也许会让他受益终生，这也是小伙伴们的共同感受。曹梨波觉得这次电赛对他们，不管是在心理上还是在能力上都是一个巨大的磨炼，只有在不断解决问题的过程中才能有所成长，这种极具挫败感的过程就是最大的收获，"面对特殊的、没有充分准备的题目，我们这样背水一战，是人生非常难得的一次经历。"

的确，在限定的时间内完成一个复杂的设计，是对自我潜能的极度挖掘，会把自己逼到一种状态中，对提升心理素质也是非常好的挑战。以后的工作中一定会有比这更加难的项目，国赛也算是对未来科研必经之路的一次预演。

"比赛意味着有很多不确定性，我们也选择不了到底是顺风顺水还是艰难坎坷。"姚凯说得很直白，而对于这段充满磨砺与挫折的国赛历程，曹梨波替大家做出的总结是："如果可以再来一次的话，我们肯定还是会继续参加。"Ⓧ

德州仪器开源智能硬件平台助力中国研究生电子设计竞赛

▍本刊记者

　　在近日闭幕的第十五届中国研究生电子设计竞赛全国总决赛（简称"研电赛"）中，来自全国各地高等院校及科研院所的共计66支参赛队伍，以德州仪器（TI）工业派（IndustriPi）开源智能硬件开发平台以及TI-RSLK专家版为赛题的基础开发工具，进行了如火如荼的比赛，创作出了众多优秀的作品。德州仪器这两款硬核智能平台和工具——工业派和TI-RSLK专家版，帮助参加研电赛的工程学子运用创新的人工智能技术实现先进的系统设计，也是产学研结合的最好实践。

▍2020 年第十五届中国研究生电子设计竞赛评测现场

　　本届研电赛，德州仪器基于"工业智能化"，就智能网关、目标跟踪、声源定位和图像识别 4 大领域设置了与未来工业发展紧密相关的命题挑战。参赛学生根据队伍的兴趣和优势，选择使用工业派或 TI-RSLK 专家版完成系统设计，如基于摄像机的双目测距系统、基于话筒阵列的声源定位与目标跟踪系统、基于图像处理的移动目标检测与目标跟随系统、4G 路由器网关系统。

　　工业派是一款基于 TI Sitara 系列产品 AM5708 异构多核处理器设计的最小系统及开源智能硬件开发平台，主要面向工业互联网、智能制造、机器人、人工智能、边缘计算、智能人机交互等应用领域。工业派是一个软硬件完全开源的基础平台，具有千兆以太网接口、百兆工业以太网接口（PRU）、CSI 高清摄像头接口，可以用于功能测试、算法验证及应用开发。由于它具有丰富的工业属性，尤其适用于工业控制、工业通信、工业人机交互、工业数据采集与处理、实时控制等工业应用领域。另外，工业派支持丰富的软件开

▍TI 工业派（IndustriPi）

发生态体系，提供 Processor SDK，可支持 Linux 和 RTOS，支持深度学习架构 TIDL（通过高度优化的 CNN / DNN 实现），

TI-RSLK 专家版

距系统，在比赛中获得诸多好评。

TI-RSLK 专家版以 ARM+DSP+ GPU 异构多核、性能更强的"工业派"为核心控制器，可实现图像识别和处理、声音识别和处理、边缘计算、机器人学习、基于 SLAM 的自主导航和路径规划等人工智能大类专业的高阶实践学习，是一款可以帮助学生深入了解电子系统设计工作原理、学习机器人系统组成和工作方式的优秀工具。TI-RSLK 专家版具有话筒阵列，可实现声源定位及目标跟踪系统；具有 USB 相机模组，可实现基于图像分析的目标跟踪系统；具有激光雷达，可基于 SLAM 实现自主导航和路径规划；具有 Wi-Fi 模块，可与上位机进行无线通信功能。基于 TIDL 深度学习框架 +USB 相机模块 + 机械臂，参赛者还可实现基于深度学习的物体识别与智能搬运系统等。借助 TI-RSLK 专家版，北京理工大学"少先队"及中国民航大学"LW"两支队伍在本届研电赛中脱颖而出，同时获得 TI 命题一等奖。"少先队"利用 MATLAB 标定工具箱、OpenCV 中的视觉函数等工具实现了移动目标检测与跟随系统。"LW" 则采用多个话筒接收数据之间的冗余性简化算法，设计出声源定位及运动目标实时跟踪智能小车，消除了多用户干扰的噪声混响。

TI 全球大学计划总监王承宁博士表示："很高兴看到高校学子选用德州仪器的平台和工具取得了优异的成绩。未来，我们希望发挥 TI 在先进技术和产业应用方面的优势，更好地推动高等工程教育产学研结合，帮助更多学生了解真实的产业需求，助力培养更多掌握世界先进技术的专业人才。" Ⓧ

支持导入和转换 Caffe 或 TensorFlow-slim 框架训练的模型。来自上海第二工业大学的二等奖获奖队伍"Visual02 ∞"利用工业派作为整个控制的核心，设计出了功能完备的基于摄像机的双目测

轻型双翼机器人

韩国建国大学的研究人员创造了一种会飞的机器人 KUBeetle-S，其灵感来自一种叫作独角仙的昆虫。

研究人员在 KUBeetle-S 中安装的控制力矩发生器可以使机器人的机翼扑向左、右、前、后，最终实现垂直升力的改变，同时可产生控制力矩。该发生器与轻型伺服电机集成，也可以通过控制板和研究人员开发的算法反馈控制系统进行电子控制。

KUBeetle-S 能在多种运动方式之间切换，包括悬停飞行，其冲程振幅高达 180°，研究人员还可通过使用低压电源提高它的飞行续航能力。

第一个版本的 KUBeetle-S 重量为 16.4g，由 2 个一组的 7.4V 锂聚合物电池供电。通过改变和扩大机器人的翅膀，研究人员能够将其重量降至 15.8g，将其总飞行时间从 3min 提高到近 9min。机器人可在户外飞行，并携带额外的有效载荷。这些特性使机器人更适合实际应用，比如将物体从一个地方移动到另一个地方。

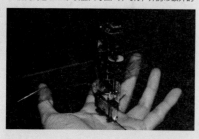

人造羽毛机器鸟

德国费斯托的研究人员宣布创建了一个名为"BionicSwift"的新型仿生项目。该机器鸟可以利用人工羽毛飞行。

BionicSwift 重 42g，身体长 44.5cm，翼展 68cm。机器鸟的结构核心采用了轻质结构。在机器鸟的身体内部，有翅膀扇动机构所需的机械装置、通信装置、控制组件、尾翼、无刷电机、2 个伺服电机、电池、齿轮单元和各种电路板。

这只机器鸟可以环形飞行，还可以进行转弯。其羽毛的单个薄片由非常轻巧灵活但又非常坚固的泡沫制成，相互重叠。羽毛连接到一个碳质薄片上，并连接到实际的翅膀上。在翅膀上冲时，各个薄片会扇形展开；在下冲时，薄片会闭合，为飞行机器人提供更强大的飞行能力。

机械鸟的飞行利用基于无线电的室内 GPS 与超宽带技术进行协调。该团队在空间中安装了多个无线电模块，形成固定的锚点，相互定位并定义受控空域。该系统可以使用预先编程的路径，机器鸟可以自主修正飞行路径，不需要人工输入。

无线电爱好者工作室装备指南（2）

电源的选择

▍杨法（BD4AAF）

上一期，我为大家介绍了电子测量领域最常用的装备——万用表，原本这期应该介绍电子测量仪器"四大金刚"之首——示波器，但考虑装备的实用性，我决定先介绍一下电源。电源虽然看上去没有示波器和频谱仪那样"高大上"，它在工作室里很多时候扮演着一个默默无闻角色，但从实用的角度来说，电源绝对是使用率最高的装备之一，无论是无线电爱好者还是电子爱好者都需要一台可靠的电源。

▍实用的实验电源

实验室和工作室通常配备的通用电源或实验电源是可调直流稳压电源，作用是将电压较高的交流电（通常为市电）转换成直流电（通常是电压较低的直流电）。可调直流稳压电源是能调节、输出恒定电压的装备。在少部分应用中需要恒定的电流，能输出恒定电流的装置称为"恒流源"。很多高级实验室的直流稳压电源也具备恒流输出的功能。

大部分以晶体管和场效应管为基础的电子产品的主电路工作在低压直流电状态。很多家用电子设备，如电视机、台式计算机虽然直接连接市电，但那是在设备内部配置了将高压市电转换为低压直流电的电路单元，一些小型电子设备如笔记本电脑、路由器、电视机顶盒则将电源转换单元独立设计为外置的电源适配器，其作用同样是将高压市电转换成低压直流电。实验室配置的可调直流稳压电源，可以模拟很多电子设备的供电单元为设备供电，并实时监控电路的电压和电流值。在研发工作中，通过实验电源，用户可以了解用电电路的功率情况，与预期设计值和理论数值做对比；在维修工作中，实验电源可以替代设备的原供电单元，通过替代法判断设备的电源单元是否正常，并可监控电流分析故障原因；在电子实验中，实验电源可提供便捷可靠的低压直流电，简化实验搭建，突出实验重点；在电子测量过程中，实验电源可为被测设备供电，模拟各种供电环境。实验电源在实际应用中以"万金油"的形式存在，成为电子实验室应用率最高的装备之一。在大部分无线电爱好者工作室中，直流稳压电源的应用率远高于示波器、频谱仪，甚至高于万用表。

▍实验电源与设备供电电源

实验电源（见图1）是一种专门为实验室设计的电源，相比电子设备中的电源，其在功能和特性方面有很大的不同。设备

▍图1 实验电源

▍图2 设备供电电源

供电电源（见图2）是为特定的用电设备定制的专用电源，直流输出电压为固定值，不可调节，也没有电流、电压值读数装置，电源的功率也是根据用电设备设计的。

为了适配于实验室中的多种应用场景，实验电源大多输出电压可调，并具备短路、过流、过压等多种保护功能，同时提供实时输出电压和电流值显示功能。高级的实验电源保护功能完善，并且保护参数可在用户操作面板进行设定，不但可确保电源的安全，在一定程度上也可保护用电设备的安全。在电子电路的开发实验中，意外短路或过流情况较为常见，因此电源的保护功能就是得十分重要。

▍线性电源与开关电源

直流稳压电源根据稳压电路的实现形式可分为线性电源和开关电源。线性电源将传统的变压器作为电压转换的核心器件

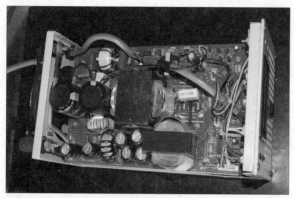

图 3 以大体积工频变压器为核心部件的线性电源

图 4 没有大体积工频变压器的开关电源

（见图 3），配合稳压电路和电流扩展电路构成稳压电源。开关电源（见图 4）将半导体开关元器件作为核心，实现电压转换，不需要大体积的工频变压器。在高功率产品中，开关电源相较于线性电源，具有体积小、重量轻、转换效率高等优势。开关电源的电路工作时，会形成特有的高频纹波干扰，高级的开关电源通过加强滤波等级和相关电路设计来抑制这种高频纹波所产生的干扰，但会明显增加电源的线路复杂程度和生产成本。线性电源采用了体积较大的工频变压器而显得比较笨重（尤其是大功率产品），但其基本不会产生明显的高频谐波，配合良好且成熟的电路设计，线性电源的纹波可得到有效的抑制。

从技术上来看，开关电源技术更为先进，随着产品不断迭代，其性能也在不断

提高。目前，开关电源已成为主流的稳压电源技术。线性电源的技术虽然相对陈旧，但具有纹波干扰小的优势。对纹波和高频谐波有较高要求的用户，可以优先考虑线性电源。此外开关电源的各种保护机制优于线性电源。开关电源在发生故障时，大多会切断输出，不会祸及用电设备；而线性电源存在扩流晶体管被击穿，引起高压输出的安全隐患。

数控电源与数显电源

可调直流电源可通过显示面板显示电流和电压值，图 5 所示为采用指针表头的电源，图 6 所示为数字显示电源（简称为数显电源）。数显电源在早期大多采用发光 8 字数码管，如今高端的数显电源通常采用真空荧光显示屏（VFD）或 LED 显

示屏。

这里要补充一点，数显电源与数控电源是两个完全不同的产品。数显电源是指以数字显示电压、电流读数的电源，数控电源是指采用了数字化控制电路架构的电源。早期的直流稳压电源采用的是模拟控制电路，目前大部分产品引入单片机技术和数字化控制技术，数控电源在调节分辨率和控制功能上优于模拟控制电路的电源。在市场中，低端的数显电源其内部仍为模拟控制电路，可编程稳压电源都是数控电源。

实验电源的重要性能指标与功能

若为实验室或工作室配置可调直流稳压电源，主要性能指标有输出电压调节范围、最大输出电流值、电压与电流的调节

图 5 采用指针表头的电源

图 6 数字显示电源

分辨率、纹波系数、安全性指标等。

输出电压调节范围，指的是电源设计的输出电压的范围，通常情况下，并不是电压的可调节范围越大越好，因为考虑到电压的安全问题和实际使用需求，大部分产品将可调电压上限设计定在安全电压之内，很多电源的电压调节上限在 30V 或 20V。输出超出安全电压的电源通常在输出接口有额外的防护措施。电源输出的最大电流与电源的设计功率有关，通常电源功率越大，体积和重量也越大。电源的电压、电流调节分辨率与产品的稳压电路和调节电路有关。模拟控制电路的直流稳压电源，通过电位器可提供 0.1V 的电压调节分辨率。数控电源可以提供很高的调节分辨率，高端的直流稳压电源，如是德科技（安捷伦）出品的直流稳压电源，可提供 1mV/1mA 的调节分辨率。纹波系数指的是电源输出电流的纯净度，这个数值越小越好。高端直流稳压电源的纹波系数是很小的。

除了以上性能指标，我们还应该关注的功能有直流输出路数、电压和电流显示方式、电压和电流调节方式、保护功能以及其他扩展应用功能。

实验电源（见图 7）有单路电源也有多路电源，单路电源只有 1 组输出，多路电源则有 2 组或 2 组以上输出。多路电源中的每一路输出都可独立设定，使得每一路输出都可以作为稳压电源使用，有的产品还有 2 路或多路输出联动功能和输出功率（显示电压与电流的乘积）显示功能。稳压电源的电压、电流调节的主要方式有模拟电位器调节、步进电位器调节和数字键盘输入，其中后两种方式通常用于数控电源。采用模拟控制电路的电源通常使用旋钮电位器调节输出电压，高端的电源大多采用多圈电位器，这种设计可提供较高的调节分辨率。一般产品使用普通电位器调节，有的产品则采用大阻值电位器串联小阻值电位器的双电位器方案，以较低的成本实现电压的粗调和细调，方便用户使用。高端直流稳压电源具有多种保护功能，基本的保护功能有短路保护、过流保护，有的产品还有过压保护、温度保护、过流限值设定等功能。

高端实验电源的设计与性能

实验电源的档次与品牌、设计、性能有关。实验室所用的高端主流稳压电源品牌以是德科技（安捷伦）、菊水、泰克、罗德与施瓦茨为主。是德科技（安捷伦）的产品主打高精度、高性能，菊水的产品则在大功率、高可靠性电源方面较有优势。高端电源通常性能强大，价格也很贵，一台高端实验电源的官方售价通常在万元以上。

高端稳压电源具有良好的电路设计和丰富的用户界面，由于有完善的保护措施，所以电路十分复杂且

用料上乘，以确保产品拥有较长的使用寿命和较低的故障率。高端实验电源的用户界面上凸显其产品档次，显示屏通常会采用真空荧光显示屏，显示内容丰富。

高端实验电源具有优良的性能，支持高分辨率的电压、电流输出设定。其输出电压稳定性高、响应速度快、纹波系数低，而且电源的可靠性高、故障率低。

电源选择要义

无线电爱好者或电子爱好者如果要配置电源，建议按照应用需求确定电源的性能和功能，并根据预算决定电源档次。

第一，根据预算和偏好确定电源的档次和样式，电源的外形有立式（见图 8）、卧式（见图 9）等，体积通常根据输出功率大小而定。如果工作桌面不大，建议考虑小体积、紧凑型电源。根据使用经验，如果电压、电流共用一个显示表头（使用时通过开关切换），远没有双表头显示方便、实用。

第二，确定电源电压的输出范围，输出范围应包含我们常用的测量电压范围。电子产品常用的工作电压为 5V、6V、9V、12V，选择最高输出为 18V 或 20V 的电源一般就够了，如果需要使用 24V 电压，那么选择最高输出为 30V 的电源比较合适。实验电源的最低可调电压最好低于 1V，这样方便模拟 1.5V 和 3.6V 电池供电的应用场景。0 ～ 20V（18V）和

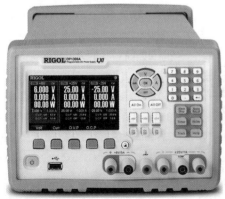

图 7 多功能实验电源

图 8 立式电源

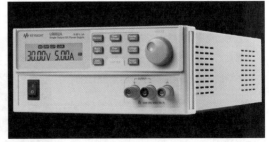

图 9 卧式电源

0～30V 的直流稳压电源是市场上最常见的产品。

第三，确定电源的最大输出电流，这与电源的功率设计有关。建议配置电源的输出电流上限比日常使用电流高出 30% 以上，以求冗余。我们不必购买大功率的电源，一方面大功率的电源体积大、重量重，另一方面大功率电源价格也较高。

第四，确定电源的输出路数。一般单路输出就可以用于大部分简单的应用场景。如果需要在同一应用中使用多个电压输入，那么双路电源甚至多路电源是更好的选择。

第五，考虑电源提供的保护功能和附加功能。对于实验电源，短路保护是最基础的功能，如果有过压保护和过流保护功能更好。有的电源提供低压输出关断功能，这也是个比较实用的功能。

第六，实操一下电源电压的调节装置。数控电源通常使用步进电位器调节电压，高端的电源配有数字键盘，用户可以通过数字键盘设定输出电压。若选购采用模拟控制电路的电源，建议选购配有多圈电位器的电源。

第七，查看一下电源的纹波系数。按理讲，纹波系数低的电源是好电源，若为常规电子产品供电，则不必苛求低纹波系数。

自制与改装电源

传统模拟电路的可调直流稳压电源的基础电路比较简单，有一定动手能力的电子爱好者不难自制，很多前辈所用的电源都是自制或改装的。电子发烧友自制的直流稳压电源用料都比较扎实，一般会配置超大容量的滤波电容和很有大冗余量的扩流晶体管，在电路发生故障后容易自行修理，但需要较强的动手能力。

下面来介绍一下改装电源。资深电子爱好者也会选择二手的可提供固定输出电压的系统供电电源，然后找出电源中稳压部分的电压调节设定部件，将其引线到面板，并加装电压和电流指针表头，这样就完成电源的改装了。虽然改装没有自制难度大，但也需要较高的电路分析能力和动手能力。

电子仪器市场上有很多高性价比的直流稳压电源，这些产品外观漂亮、性能实用、价格不贵，适合电子爱好者选购。目前，自制或改装电源在性价比方面已不占优，笔者推荐读者购买成品直流稳压电源。

二手电源建议与经验

随着科技的发展，直流稳压电源的架构和电路不断更新，产品价格也不断下调。目前在市场中，三五百元就能买到一台外观漂亮、性能实用的可调直流稳压电源（见图10）。为一般电子产品维修而设计的可调直流稳压电源只要一二百元，因为其性能实用、适用范围广、价格较低，受到广大电子爱好者的青睐。不过大部分低端二手电源在电路设计上已经落伍，而且全新的电源价格不贵，笔者不建议读者购买二手电源。

与上期介绍二手万用表一样，笔者推荐的二手电源均为高端产品。比如惠普、安捷伦、是德科技等公司生产的高精度电源，或是菊水公司生产的大功率电源，这些产品做工精良、设计美观、用料扎实、安全性高。在二手市场中，高端电源的售价通常不足原价的二成，但依然要比全新的中小品牌电源贵不少。不过高端产品的性能、功能以及品牌价值使得它们在市场中依然具有不错的竞争力。笔者购买过二手的安捷伦 E3632A 电源，该电源配置实

图10 市场上便宜好用的可调直流稳压电源

用、性能优良、外观漂亮。

二手电源验货经验

第一，看二手电源的外观，尤其是显示部件和调节旋钮、设定按键等是否有否明显的损伤。然后轻摇电源，听电源内部是否有零件散落的声音。若原厂封条未损，则不必担心是组装机或是维修机。不过现在有很多所谓的"原厂"封条也是二手仪器商仿制的。

第二，有条件的爱好者可以打开电源外壳，观察主板是否有维修的痕迹，顺便为其内部电路和风扇除尘。

第三，确认电源是否支持 220V 电压（市电）输入。支持多电压输入的电源跳线（开关）是否在正确的位置上。

第四，接通电源，观察显示屏的显示效果，调节旋钮和按键，观察电源是否正常工作。在旋转电压调节旋钮的过程中观察电压的变化是否均匀，有没有明显的跳跃。有的数控稳压电源有自检模式，在产品说明书上会有介绍。有些真空荧光显示屏因工作时间较长，会有有亮度下降、亮度不均的问题。

第五，给电源接上负载，调节输出电压，利用万用表作为比对仪器，验证电源的输出电压和电流值与表头指示值是否存在误差。

第六，电源接上 60%～80% 的额定功率负载进行"烤机"，其间注意电源的温度升高情况，着重注意电源有没有"焦煳"的味道。如果没有专业的电子负载，可使用适当功率的灯泡或大功率电阻作为负载。

第七，有条件的电子爱好者可以使用示波器测量电源的纹波系数，有些老电源由于滤波电容干枯，纹波增加，性能变差，一般使用时不易察觉。测量纹波要求带负载测量。对于一些机龄超过 20 年的老电源，有动手能力的爱好者可视情况为其更换新的大容量电解电容。在电源中，最容易老化的部件就是电解电容和风扇轴承。Ⓧ

无线电爱好者工作室装备指南（3）

示波器的选择

▌聆听

上一期我为大家介绍了无线电爱好者工作室常用的直流稳压电源，本期将介绍关于示波器选购的相关知识。示波器是电子实验室中常见的电子测量仪器。很多业余无线电爱好者虽然真正用到示波器的机会不多，但他们都希望自己的工作室中有一台高端、大气、上档次的示波器，除了能学习专业仪器使用知识，还能把它作为工作室的"镇宅之宝"，彰显工作室仪器的"硬实力"。

▌认识示波器

示波器是一种基于时域测量的仪器，它能以图形的方式显示一段时间内电压的变化情况，显示的图形就是波形图（见图1）。如果被测信号的电压在一定周期内周而复始地规律性变化，那么示波器就能显示稳定的波形图。通过波形图，我们可以得到信号的幅度、频率、幅度等重要参数。

本系列连载的第一篇文章为大家介绍的万用表，其强项是测量直流电压，其实示波器的强项是测量交流电压，两者正好相互取长补短，成为电子实验室必备的测量仪器。其实示波器也可以测量直流电（直流电源的波形是一条水平直线），但测量直流电不是示波器的主打功能。示波器与万用表的用途不同，虽然示波器的价格通常高于万用表，但并不存在谁更高档的概念。

限于示波器对于带宽的定义和主流数字存储示波器的 ADC 电路配置，示波器并不是高精度测量交流信号幅度的仪器。示波器的带宽一直沿用传统定义，在传统定义中，示波器在标称带宽处得到信号的电压幅度值是实际值的 −3dB。简单地说，示波器测量的交流电压值会随着信号频率逼近示波器设计带宽而慢慢减小，而且这种减小是非线性的，也不会进行补偿修正。主流的数字存储示波器 ADC 模数转换广

▌图1 常见的数字示波器

泛采用 8bit 的转换精度，即在电压量程中分为 256 级分辨率，若测量高精度的电压，其分辨率并不高，甚至还不如一些万用表的分辨率高。示波器的强项在于观察信号波形，利用它的触发功能捕获异常事件，爱好者通过经验，降低频率测量上限，即可较为准确地测量交流信号的幅度。

在数字电路的时代，示波器被赋予了新的用途。我们利用示波器可以检测芯片数据信号，通过附加功能对常用数据信号和总线信号进行测量，如 RS232、I²C、SPI、CAN 等信号的解码值。有些示波器通过硬件扩展，集成了逻辑分析仪的功能。高端的示波器还可以通过专业软件增加眼图测量、串扰测量等功能，应用于特定领域。

很多数字示波器提供有 FFT 功能，即频谱分析功能，从频域的角度来观测信号。虽然中低端示波器的 FFT 性能与专业频谱仪还有很大差距，但依然是一项比较实用的功能。有些多功能示波器提供了混合域测量功能，即从传统示波器的时域测量扩展到频域测量，频域测量为频谱分析仪的主打功能。多功能示波器提供了 RF 输入端口供频谱分析使用，其实它是一种集成了示波器和频谱分析仪的多功能仪器。虽然这类多功能示波器的频谱分析仪的性能可以与入门级专业频谱分析仪媲美，性能比一般示波器提供的 FFT 功能强得多，但

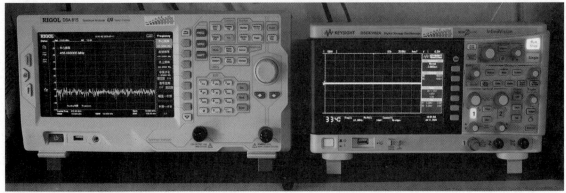

图2 示波器（左）与频谱分析仪（右）

即便是二手仪器，价格也非常高。

实用的示波器

电子爱好者的工作室是否有必要配置示波器呢？笔者认为爱好者需主要考虑用途和预算。如果预算较为充足，从实验室仪器成套配置的角度来说，示波器是每个电子实验室的必选项，现在很多国产入门级示波器价格不高，甚至低于一些高档万用表的价格。

从实用的角度来说，示波器可用来测量交流信号和音频信号，甚至可以测量设计带宽以内的射频信号，可用于测量电源、音频放大器、振荡电路、数字电路、总线数据等信号，应用面很广。例如使用示波器检测遥控器内部晶体振荡电路的输出波形，以及在一些维修中检测芯片的输出波形，判断电路或芯片是否正常工作。

对于业余无线电爱好者，主打测量射频信号功能的频谱分析仪更为实用，如果资金有限，应优先考虑选购频谱分析仪。如果爱好者主要制作射频相关的设备，如天线、滤波器、信号放大器、衰减器、双工器等，那么矢量网络分析仪更为适用。示波器是时域测量仪器，频谱分析仪为频域测量仪器，它们从不同角度观测信号，各自的应用方向不同（见图2）。

数字示波器与模拟示波器

示波器分为模拟示波器和数字示波器，两者的基本功能相同，但实现电路和架构不同。数字示波器在迭代过程中逐渐趋于软件化、智能化，功能越来越多，性能也越来越强。模拟示波器（见图3）早已停产，现在只能在二手仪器渠道见到。早期的数字示波器在一些性能上弱于模拟示波器，尤其是在高带宽应用方面，随着采样芯片、处理器、液晶显示器的性能大幅度提升，数字示波器的性能有了很大的飞跃。

从事电子行业的多年的老手可能对模拟示波器较有感情，对于年轻一代用户来说，数字示波器无论从性能还是操作易用性的角度来说都是首选。若购买工作室的常用仪器，笔者推荐选购数字示波器。二手模拟示波器尤其是老款产品只适合作为

收藏品。

数字示波器的优势

数字示波器通常具有自动设置功能，能为输入信号自动设定适当的时基、幅度参数，不会出现看不到波形的情况（见图4）。现代数字示波器有强大的自动测量和读数功能，对于信号的频率、幅度、占空比等常规参数可以进行全自动测量，然后通过液晶显示屏显示，各种测量数据一目了然（见图5）。

数字示波器的采样率越来越高，能数倍于被测信号频率，保证信号不因采样率过低而发生混叠。早期数字示波器因为采用率较低，高带宽信号容易失真或产生非实时性等问题。现代数字示波器很多都具备深存储功能，在高采样率下，也能录制较长时间的信号波形。

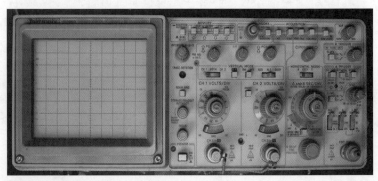

图3 模拟示波器

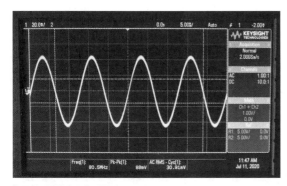

▌图 4 现代数字示波器的显示界面

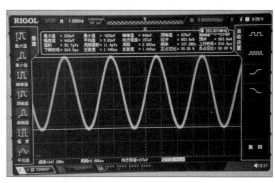

▌图 5 现代数字示波器丰富的自动测量功能

数字示波器的液晶显示屏面积大、延时低，数字荧光显示效果完全超越传统的 CRT 显像管显示效果。主流的宽屏显示器能显示更多的信号周期。中高档的示波器配备了触摸屏，操作更为直观。尽管大面积、高分辨率的显示屏与示波器测量分辨率没有直观关系，但较大的波形和丰富的参数显示还是很容易受到用户的青睐。由于数字示波器显示的图像是由软件重建的，很多示波器提供 VGA 或 HDMI 外接显示器接口，便于展示，方便教学应用。

数字示波器外形小巧，主流的中低档示波器的厚度通常不到传统模拟示波器的 1/3 甚至 1/5，占用空间小，便于移动，特别适合工作台面积不大的个人工作室，有些数字示波器可使用电池供电。

▌非传统示波器

市场上常见的非传统示波器有 USB 示波器、平板示波器、手持示波器。USB 示波器（见图 6）利用计算机和显示器作为显示和控制界面，这种产品价格较低，有一定市场。但 USB 示波器不如传统样式实体按键示波器操控感好，随着数字示波器不断降价，USB 示波器渐渐退出了主流市场。

平板示波器（见图 7）是近年来出现的新型示波器，优点是显示屏大、厚度薄，支持电池供电，携带方便。平板示波器属

▌图 6 USB 示波器

于新型产品，主要面向的是爱好者，性能与入门级示波器相当，但很多平板示波器

没有实体按键和旋钮，爱好者在操作习惯上需要适应。

手持示波器（见图 8）是一种便携示波器，支持电池供电，方便装入电脑包中。市场上低端的手持示波器性能较差。高端的手持示波器以 R&S RTH 系列和 FLUKE 199 系列为代表，虽然性能不错，但价格昂贵，性价比偏低，如果不是经常外出使用，则不建议购买。同等价位可以买到性能和配置更高的小型台式示波器。有些小型台式示波器也支持电池供电，方

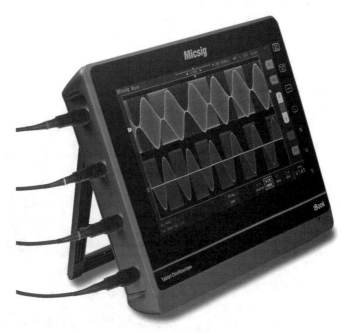

▌图 7 平板示波器

▋图 8 手持示波器

便外出使用。

▋示波器的重要指标

带宽：示波器的带宽代表了示波器对信号最高频率的测量能力。无论是早期的模拟示波器还是现代数字示波器，都延续着 -3dB 带宽的定义标准。实际应用中，当被测信号频率接近示波器标称带宽时，波形失真不大，用来判断波形类型问题不成问题，但测量信号的幅度将逐渐偏小。所以有经验的工程师往往只用示波器标称带宽 1/5 测量信号，以求获得比较准确的测量结果。随着科技的发展，示波器前端信号放大部分的性能已有很大的提升，低失真带宽大大提高。

目前很多示波器的带宽是通过软件进行限制的，用户可通过购买升级授权提升工作带宽。有时厂家和经销商会通过免费固件升级，去除带宽软件限制，作为促销的手段。早期示波器大多以 20MHz 带宽作为划分产品档次的分界线，数字示波器则以 100MHz 带宽作为产品档次的分水岭。随着科技的发展，200MHz 带宽的示波器已成为入门级示波器的重要指标。如果电子爱好者没有特殊应用专业需求，100 ~ 200MHz 带宽的通用示波器性价比比较高。如果是仪器发烧友，可选购 500MHz 以上带宽的国际大品牌示波器。

采样率：采样率是数字示波器特有的参数，是 ADC 模数转换单元性能的重要指标。简单地说，采样率可体现数字示波器 ADC 芯片的性能。按照采样定理，采样频率应至少是模拟信号频率的 2 倍，以保证采样不失真。对于复杂信号，5 倍的采样率才能更好地确保信号不失真。主流的 100MHz 带宽的数字示波器，每个测量通道的最高采样率通常为 500MSa/s，主流新品的采样率为 1GSa/s。

需要注意的是，大部分入门级示波器标称的采样率是所有测量通道共享的总采样率资源。比如一台标称 1GSa/s 采样率的双通道示波器，当使用一个通道测量时，最高采样率为 1GSa/s，当开启 2 个通道测量时，每个通道的最高采样率为 500MSa/s。

高性能的数字示波器采样率会比较高。高端的示波器很多是每个测量通道采样率是独立的，不会因为开启多通道而影响采样率。

测量通道：常见的示波器尤其是入门级示波器大多提供 2 个测量通道，一些高档的产品可提供 4 个或更多的测量通道。爱好者在大部分测量场景中一般只用一个测量通道。示波器的每个测量通道都能独立测量信号波形，通道与通道之间也可进行运算处理。在数字电路中，若要监视多个数据位和信号端同步输出的情况，就需要使用多通道的示波器。

波形捕获率：这是数字示波器工作性能的重要指标。示波器的波形捕获率主要与其处理器的处理能力有关。早期的入门级示波器的波形捕获率只有几百次。中高档示波器的波形捕获率可达数万次甚至数十万次，通常成为示波器性能的重要卖点。波形捕获率与示波器捕获异常事件的成功率密切相关。

存储深度：存储深度是指示波器的数字储存容量。高档数字示波器一般提供较大的存储深度，有利于示波器在测量高频率信号时维持较高的采样率，能记录更多更长时间的波形。随着入门级产品的激烈竞争和半导体存储芯片逐渐廉价化，入门级示波器也开始将存储深度作为产品卖点。对于入门级示波器，存储深度并不是越大越好，限于数字示波器的处理器能力，如果超出示波器运算处理能力，过大存储深度会使示波器的测量速度明显下降，严重时还容易死机。有的厂家采用比较实际的做法，允许用户自行设定存储深度。深度存储在一些应用中有其优势，但并非所有应用都需要深度存储。

数字余辉：传统基于 CRT 示波管的模拟示波器具有辉度显示特性，能展示信号的高次谐波状况。液晶屏只能显示基于横、纵坐标轴的二维图形。一些中高档示波器

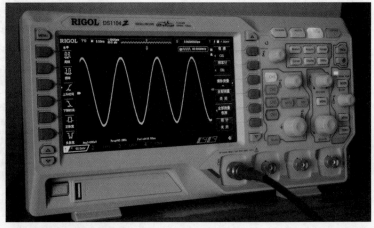

▋图 9 便宜又实用的国产示波器

在重建波形图时模仿了示波管的辉度显示，各个厂家对此有不同的命名，如"数字荧光""数字辉度"等。有数字余辉显示功能的数字示波器的档次要高于入门级产品。

触发方式： 示波器的触发方式是高级应用之一，数字示波器除了一些常规触发方式外还有一些高级触发方式，以应对一些专业用途。善于运用触发方式可提升示波器捕获偶发事件的能力。建议发烧友在选购数字示波器时应对比不同产品的高级触发方式。

显示屏： 显示屏关系到示波器的显示效果和颜值，与示波器自身测量精度没有直接关系。大部分数字示波器采用彩色液晶屏并且屏幕的面积较大，也有中高档产品采用触摸屏。早期数字示波器采用单色液晶屏幕，显示效果不佳，后来升级为彩色液晶屏，显示效果的提升有目共睹。液晶显示屏由早期比例为 4:3 的方形屏演变为目前主流的比例为 16:9 的宽屏，宽屏不但视觉效果好，还可以显示更多的内容，比如可以显示更多的信号周期。

自动测量与高级解码功能： 数字示波器具有基本的自动测量和读数功能，根据产品档次，自动测量的项目有多有少。高级功能还能对一些总线和串口信号进行解码，对一些专项应用非常有用。不过很多示波器的高级解码功能是选配件，需要爱好者另行选购。

示波器选购策略

对于预算不多的电子爱好者，如果想要选购入门级示波器，笔者建议购买国内知名企业的新产品（见图9）。如果爱好者需要分析数字电路，建议选购具有逻辑分析功能的示波器。由于入门级数字示波器的制造技术门槛低，近年来很多民营企业进军仪器市场，所以入门级示波器的价格下降很快。国内厂商竞争激烈，新品的配置也不断提升，目前的产品性价比较高。如果你有 1500 元左右的预算，完全可以选购市场上 100MHz 带宽的国产示波器。国产入门级示波器的性价比很高，国外知名企业的产品不但价格高，性能优势也不明显，而且硬件配置和功能也不及国货。因此，笔者认为若要选购 200MHz 以下带宽的入门级示波器，不用考虑外国的产品。

如果电子爱好者和小微企业、工作室想购买性能好一点的高性价比示波器，市场上普源精电的 DS1000Z-E、DS1000Z 系列，鼎阳的 SDS1000X-C 系列、SDS1000X-E 系列，优利德的 UTD2000CEX 系列、UPO2000CS 系列，固纬的 GDS1000R/B/E 系列都是合适的。

除非有特殊的情怀，笔者不推荐爱好者购买老旧的模拟示波器。模拟示波器的自动化程度没有现代数字示波器高，在操作时更需要经验和专业知识。模拟示波器通常机龄较长，元器件早就超出了设计使用年限，有发生故障的隐患且不易自行维修。对于市场上一些早期的数字示波器包括国外大牌产品，笔者一样不推荐。早期的数字示波器限于技术和成本，硬件配置较低，国际大品牌的低端产品亦是如此。另外一些早期的国产示波器工作年限较长，故障率偏高且维修不易。笔者认为只要是采用 CRT 显像管显示的示波器，无论是模拟示波器还是早期的数字示波器，从实用的角度来说都不值得购买。

笔者推荐购买的二手示波器是中高档产品以及国际知名企业的型号不太老的产品。从实用的角度考虑，中高档示波器性能卓越，尤其是知名企业的产品，其制作工艺优良，采用的元器件品质可靠，仪器寿命长。新款中高档示波器的价格较高，二手货更实惠一些。中高档示波器有很多价格不菲的选配件，对比二手报价时应充分考虑，尤其是一些自己需要的选配件。很多爱好者购买仪器属于一时兴起，那么建议选购外观科技感强、成色好的二手国

际知名企业的产品，如泰克和是德科技（原安捷伦）的入门级示波器。

二手示波器验机指南

（1）检查示波器外观没有损坏，显示屏是否完好，有无压斑或划伤。

（2）确认示波器的输入电压为 220V，对于双电压输入的示波器需正确设置在 220V 输入挡。对于支持电池供电的示波器，需检查示波器内电池仓的电极片是否有明显腐蚀。

（3）轻晃示波器，内部不应有异响。异响通常是由内部部件掉落引起的。

（4）检查探头接口是否牢固稳定且是否有明显的氧化，其新旧程度应与示波器外壳相当。如果示波器外壳很新而接口氧化明显，则很有可能是翻新机。

（5）通电开机。检查示波器开机后是否显示稳定，是否有异常气味。

（6）大部分数字示波器有自检功能。运行自检程序，看是否可以全部通过。

（7）核对示波器显示主机的序列号与主机外壳上标签序列号是否一致。

（8）核对示波器的选配件安装情况。

（9）进行信号测量测试。可以利用示波器自身的探头校正信号源方波进行测量，信号基本参数（幅度、频率）通常会标明在信号源接口附近。

（10）如果你有信号发生器，可进一步对高频率信号进行测量验证，测量时可逐渐增大信号幅度或逐渐提升信号频率，观察示波器显示和测量数值的变化。需要注意的是，我们应正确设置示波器电压自动测量标准（如峰-峰值、平均值、RMS 值等），这将直接影响测量数值。一般高频信号发生器输出电压的数值采用 RMS 值。另外信号发生器的输出阻抗应与示波器输入阻抗一致，两者通过同轴屏蔽电缆连接。

（11）长时间开机运行，检验示波器的运行稳定程度。⊗

无线电爱好者工作室装备指南（4）

频谱分析仪的选择

▍聆听

　　上一期我为大家介绍了示波器的选购经验，本期我将介绍关于频谱分析仪的相关知识。频谱分析仪有"射频万用表"之称，是玩射频的无线电爱好者最常用的仪器，它的功能与之前介绍的示波器和万用表没有什么交集，其属于射频领域中的基础仪器。对于业余无线电爱好者来说，频谱分析仪比示波器实用得多。

▍认识频谱分析仪

　　频谱分析仪是一种频域测量仪器，它能以图示方式展现特定频率区间内信号能量的分布情况，最常见的是通过曲线图显示一定频率范围内信号的特征（见图1）。通过频谱曲线图，我们能发现信号的存在并测量信号的频率、幅度（功率）、带宽占用情况并可获得信号的频谱特征等信息。频谱分析仪可实现传统仪器如高频毫伏表、超高频毫伏表、射频功率计、频率计的主要测量功能。所以频谱分析仪绝对是无线电爱好者必备的神器。

　　频谱分析仪价格高昂，高端的频谱分析仪通常只有科研单位和大型企业的实验室才会配置。近年来，一些国内厂家推出了一些低价位的经济型产品，同时一些老款经典的频谱分析仪流入二手市场，使得小微公司和个人工作室也有机会拥有性价比较高的频谱分析仪。国产入门级频谱分析仪经过近10年的发展，虽然没有像示波器那样出现千元级的"白菜价"产品，但万元级的价格，一些小型工作室和无线电发烧友也能接受，且实用性和性价比很高。目前，很多小型射频工作室配置了国产入门级频谱分析仪。

▍理想的频谱分析仪

　　频率范围宽：频谱分析仪的频率范围越宽，可测量的频谱越广泛，可测量的频率越高。随着无线电频谱的应用不断拓宽，无线电信号的频率也越来越高。5G移动通信的频率已超过了3GHz，人们对高频率信号的测量需求剧增。在电磁兼容（EMC）测量中，也需要很宽的频谱范围。在常见的高端商用频谱分析仪中，26.5GHz的频率范围是基础配置。

　　扫频速度快：拥有高扫描速度或捕获速度的频谱分析仪能大大提高发现瞬时脉冲信号的概率。目前很多无线电信号是TDMA和脉冲信号，需要高速扫频才能发现和捕获。随着现代频谱分析仪技术的不断发展，新款和高档频谱分析仪的扫频速度不断提升。新一

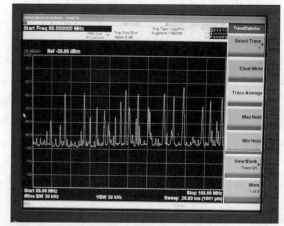

▍**图1　频谱分析仪的显示界面**

代的实时频谱分析仪可以通过新技术，将扫频速度提升，以便于我们观测瞬时的脉冲和跳频信号。

　　低底噪、低相噪：频谱分析仪的DANL（显示平均噪声电平）越低，越有利于发现和显示低电平的微小信号，这与频谱分析仪的电路设计有关。频谱分析仪的相位噪声对于高精度测量的准确度有很大影响，这也与频谱分析仪电路的档次和定位有关。

　　显示方式多样化：传统频谱分析仪以曲线图的方式显示频谱，能很好地展现信号在不同频率上的分布情况和信号幅度情况。新一代的频谱分析仪提供了瀑布图、荧光图、3D频谱图，在展现信号出现的时间、信号出现概率方面有明显优势。

　　操控多样化：显示屏支持触控操作及支持远程操控是新一代频谱分析仪的发展方向。触控显示屏操作起来相对直观，可以提高操作效率。

　　以上都是用户在理想中对于新技术的追求，在实际选购频谱分析仪时，我们可以根据预算情况进行取舍。

频谱分析仪与信号分析仪

在市场上,我们看到进口的频谱分析仪有不同名称,有的叫Spectrum Analyzers(频谱分析仪),有的叫 Signal Analyzers(信号分析仪),这主要是因为产品的功能定位不同。我们可以将频谱分析仪理解为基础的通用仪表,而信号分析仪则是在频谱分析仪的基础上,增加了对于专项信号分析的测量软件,扩展了功能。信号分析仪通常具有频谱分析仪的基本功能,但频谱分析仪不一定具有用于专项信号测量、分析的功能和选配件。

其实厂家对于频谱分析仪与信号分析仪的定义也比较模糊,目前大部分国外大厂将中高端的频谱分析仪称为信号分析仪,确实这些产品都是软件化的,主要附加价值在于安装专项测量选配件后,可以针对特定制式的信号进行优化和测量,测量项目和能力非普通频谱分析仪可比。以是德科技的中端 MXA 系列 N9020 为例,官方将该系列产品称为"Signal Analyzers"(信号分析仪),其实该系列产品就是具有中高性能的基于计算机操作系统的频谱分析仪,通过加载选配件,可以实现专项测量和对特定信号测量的功能。

模拟频谱分析仪与数字频谱分析仪

根据电路架构,频谱分析仪可以分为模拟频谱分析仪和数字频谱分析仪。早期的频谱分析仪都采用的是模拟电路架构,在演变过程中,也曾出现过采用模拟射频电路的数控频谱分析仪、模拟中频数字频谱分析仪。现代频谱分析仪已全面升级为数字化、软件化产品。模拟频谱分析仪已被淘汰,数字频谱分析仪在性能、功能、体积、功耗上大幅度超越模拟频谱分析仪。

扫频频谱分析仪与实时频谱分析仪

频谱分析仪主流架构分成两大类,一类是传统的基于超外差电路的扫频式频谱分析仪,一类是基于 FFT(快速傅里叶变换)运算的频谱分析仪。扫频式频谱分析仪的优点是可以扫描很宽的频率范围,电路相对简单、成熟,厂家也致力于不断提高频谱分析仪的扫描速度以接近实时扫描。FFT 频谱分析仪则通过芯片运算获得频谱图,具有响应快的优点,不过早期产品限于处理器的处理速度和算法,工作带宽有限,对于应用范围有限制。目前,高端的实时频谱分析仪的分析带宽已超过 500MHz,不过售价很高。

现代主流的频谱分析仪还是以扫频架构为主,同时提供分析带宽较窄的 FFT 模式供用户选择。实时频谱分析仪价格较高,尤其是支持高分析带宽的高端产品,高售价制约了产品的普及。

扫频式频谱分析仪能满足无线电爱好者日常对于大部分常规信

号的测量需求,实时频谱分析仪在观测脉冲和跳频之类的瞬时信号时有优势。实时频谱分析仪是技术的发展方向,如果预算充足,选购实时频谱分析仪是不二的选择,我们可以在实时频谱分析仪上观测 Wi-Fi 和蓝牙信号,非常有趣。

频谱分析仪常见形式

常见频谱分析仪有台式、便携式、手持式、USB 型之分。台式频谱分析仪一般主打高性能高指标,其体积大、重量重,针对实验室固定使用环境、高精度测量的需求而设计(见图 2)。台式频谱分析仪一般配有较大的显示屏,方便用户观察,目前主流产品配置了触摸显示屏。台式频谱分析仪的体积较大,内部扩展空间也比较大,可以通过添加硬件模块扩展设备的功能并提升性能。高端的台式频谱分析仪价格较贵,除了企业购买外,也适合预算充裕的无线电发烧友选购。高端产品的扩展性很强,在激活一些测量软件后,可玩性大大提升。

便携式频谱分析仪的主要特点是体积较小、重量较轻,配有提手和前后保护盖,方便搬运。实际上很多便携式频谱分析仪在国内都作为台式频谱分析仪使用(见图 3),如知名的 HP8563、

图 2 高端台式频谱分析仪

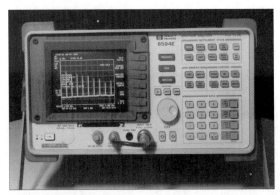

图 3 便携式频谱分析仪

▋图 4 手持式频谱分析仪

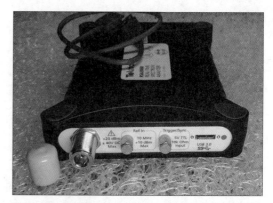

▋图 5 USB 频谱分析仪

HP859X系列、Agilent E4403等。便携式频谱分析仪在性能、体积、价格方面取得了较好的平衡，市场认可度高。便携式频谱分析仪可作为工作室和个人无线电爱好者的首选。

手持式频谱分析仪支持电池供电，主打户外现场应用。手持式频谱分析仪一般在性能和测量指标上不及便携式频谱分析仪，但凭借其轻便、小巧的特点，也有自己的应用领域（见图 4）。手持式频谱分析仪的价格比便携式频谱分析仪低，性价比高，而且知名品牌的手持频谱分析仪的颜值很高，非常适合业余无线电爱好者使用。对于无线电发烧友，手持式频谱分析仪是外出进行频率探索的利器，配上定向天线，还能玩无线电测向。我用过用德科技、罗德与施瓦茨、安立等品牌的产品，感觉这些品牌的产品做得很好，比较实用。我建议业余无线电爱好者可以添置一部手持式频谱分析仪，能为业余无线电活动增添更多色彩。

USB 频谱分析仪是指通过 USB 数据端口与计算机连接，利用计算机显示器作为频谱分析仪的显示界面，并由计算机完成部分数据运算。USB 频谱分析仪的优势是体积小、价格低，很多产品只有一个巴掌的大小，能像移动硬盘一样放入电脑包中（见图 5）。USB 频谱分析仪的性能与大部分手持式频谱分析仪相当，有的用户把 USB 频谱分析仪贴在平板电脑后面，就可以作为一部手持式频谱分析仪使用了。以泰克 RSA306 为代表的高性能 USB 频谱分析仪非常适合预算有限的工作室或个人用户选购。

▋ 频谱分析仪与跟踪源

跟踪源是频谱分析仪常见的扩展应用硬件之一，很多频谱分析仪在设计时，内部都留有跟踪源模块的安装位置，面板也留有信号输出接口。跟踪源本质是一台与频谱分析仪同步扫描的信号发生器，两者协同工作可使频谱分析仪实现部分标量网络分析仪的功能（见图 6）。跟踪源可以扩展频谱分析仪的用途，并不能提升频谱分析仪的性能。由于市场上商业级的矢量网络分析仪价格昂贵，频谱分析仪以较低的硬件成本就可以实现标量网络分析仪的主要功能，比如增加传导测量、反射测量（需配合电桥），实现一机两用。

跟踪源的应用与频谱分析仪的主要功能无关，如果爱好者已拥有矢量网络分析仪，就不必追求频谱分析仪的跟踪源功能。如果爱好者刚刚创建工作室，近期没有配置矢量网络分析仪的预算，但又有测量设备幅频特性的需求，选购配有跟踪源的频谱分析仪是个不错的选择。频谱分析仪配合跟踪源可实现对滤波器、双工器、功分器、放大器等器件性能指标的测量；配合驻波电桥，还能测量天线的驻波频率特性。

▋ 关于频谱分析仪选型的关键参数

频率范围： 即频谱分析仪工作频率的上限与下限。爱好者大都

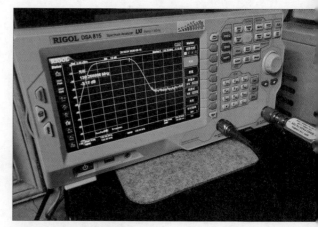

▋图 6 使用跟踪源进行滤波器测量

会关注频谱分析仪的工作上限，频谱分析仪的工作频率越高，可以观测的频谱范围越广，支持测量的频率频段越多。测量一些基础频率很高信号的高次谐波，需要扫描很高的频率范围。同一系列的频谱分析仪通常有多种频率上限可供选择，若在预算范围内，建议爱好者选购频率上限较高的频谱分析仪。频谱分析仪的下限工作频率通常为了满足一些特殊应用，从一个侧面也能反映频谱分析仪的档次，主流频谱分析仪的频率下限为 9kHz，高档产品的测量下限可低至 10Hz 甚至 3Hz。

RBW（分辨率带宽）： RBW 是频谱分析仪对信号的分辨率，较小的 RBW 有利于分辨紧邻的信号。常见的频谱分析仪提供的最小 RBW 不大于 100Hz。过去 RBW 的数值是体现频谱分析仪性能的重要指标，与其配置的滤波器有关。如今，现代频谱分析仪的滤波器已实现数字化控制，很容易实现 1Hz 甚至更小的分辨率，所以单独看 RBW 的数值已经没有实际意义，关键还要看在小 RBW 值下，频谱分析仪的实际扫描速度和实用性。

DANL（显示平均噪声电平）： 噪声电平是体现频谱分析仪电路设计和综合性能的重要指标。频谱分析仪在不同 RBW 值和中心频率下 DANL 会发生变化，厂家提供的参考数值一般是 RBW 为 1Hz 时（极限状态）的测量值，实际在使用较大的 RBW 时，远达不到此参考值。如果想要了解某款频谱分析仪的噪声电平情况，最好由爱好者亲自试用、体验。

扫描速度： 扫描速度是频谱分析仪对信号处理能力的主要指标。在现代应用中，对于日趋增多的脉冲和时分信号，频谱分析仪的扫描速度对测量效果起到非常关键的作用。频谱分析仪在不同 SPAN 扫描、RBW、扫描点数的设置下，扫描速度是不一样的，所以扫描速度并没有参考数值。和噪声电平一样，若想了解频谱分析仪真实的扫描速度，最好亲自体验。

分析带宽： 对于一些支持特定信号分析功能的频谱分析仪，分析带宽标志其硬件设计最大处理信号带宽。目前很多制式信号是宽带的，高分析带宽有利于处理这类信号。主流频谱分析仪分析的分析带宽在 20MHz 以上。

实时带宽： 这是实时频谱分析仪特有的参数，即实时频谱分析仪的最大工作带宽，也是体现产品性能的重要参数。早期的实时频谱分析仪的实时带宽仅为 10 ~ 40MHz，目前高端的实时频谱分析仪的实时带宽可达 500MHz 以上。

相位噪声： 相位噪声是衡量高端频谱分析仪性能的重要指标，与基准源的稳定度有关。对于入门级和手持频谱分析仪，这项指标并不重要。

▌频谱分析仪选购策略

由于中高档频谱分析仪价格昂贵，对于预算在一两万元的创客工作室或业余无线电爱好者，推荐选购全新的国产入门级频谱分析仪或国外知名企业生产的成色较好的二手频谱分析仪。

在性能方面，入门级频谱分析仪的上限工作频率为 1GHz；主流产品的配置为 3 ~ 4GHz，应用场景更广；建议商业工作室选配上限工作频率在 6GHz 以上的产品。若要观测 Wi-Fi 信号，则需要使用 2.4GHz 和 5.8GHz 频段，那么上限工作频率为 6GHz 的频谱分析仪是最低要求（见图 7）。仪器发烧友和专业性工作室，可以选购上限工作频率在 26.5GHz 以上的频谱分析仪。实时频谱分析仪，对于通信信号的测量有优势，只是目前价格较高。对于有专业应用测量需求的用户或高端玩家，频谱分析仪提供的分析测量软件非常重要，如果预算充足，可以选择选配件齐全的频谱分析仪。

目前国产的上限工作频率在 1.5GHz 以下的频谱分析仪价格不高，爱好者应该比较容易接受，很多厂家都本着树立品牌形象的市场营销策略，制定了相对优惠的价格。上限工作频率在 2GHz 以上的频谱分析仪，价格就要贵很多了。

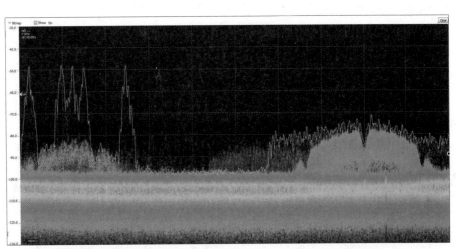

图 7 使用实时频谱分析仪观测 2.4GHz 频段的 Wi-Fi 信号

对于国产万元级频谱分析仪，我推荐普源的 DSA815 和鼎阳的 SSA1015X，这两款全数字频谱分析仪的上限工作频率可达1.5GHz。普源 DSA815TG 的后缀为"TG"，表示其标配跟踪源。普源 DSA815 是最早的国产全数字频谱分析仪，历经近 10 年，当前依然是畅销机型。它的体积与主流入门级示波器相当，在便携式频谱分析仪中堪称小巧。普源 DSA815 以稳定、可靠、好用著称，不少业余无线电发烧友都拥有此机。如果有台二手的惠普 HP8590E/HP8591E，价格和全新的普源 DSA815 相同，我依然会选择 DSA815。我在 2003 年买过一台普源 DSA815TG，现在用起来依然很顺手。近年来普源还发布了 DSA700 系列产品，该系列产品不具备跟踪源，工作频率偏低，主打入门级市场。如果爱好者或工作室的主要需求为测量遥控器等应用（315MHz/433MHz/866MHz），以及简单的小型电路板 EMC 整改，也可以选购 DSA700 系列产品。鼎阳 SSA1015X 是 2018年上市的产品，该系列产品功能较多，配备了触摸显示屏，采用了FFT 模式等新技术，一些性能指标高于 DSA815，价格也会高一些。

国际大牌频谱分析仪以美国是德科技（原惠普、安捷伦）、德国罗德与施瓦茨、美国泰克、日本安立 4 家最为有名。是德科技、罗德与施瓦茨在国内名气较大，其产品广为科研单位使用，二手产品的价格也比较高。罗德与施瓦茨的中高端频谱分析仪做工精细，但大体积的高龄仪器故障率较高。安捷伦的频谱分析仪相对皮实。安立的频谱分析仪在国内为不少企业所采用，而且其涉足手持频谱分析仪的研发、生产较早，综合性能在业内有口皆碑，因此安立的二手产品较为值得选购。

对于预算有限的无线电爱好者，我不推荐旧款的频谱分析仪，包括国际大牌产品。一是旧款频谱分析仪体积大，占用较多的桌面空间；二是高龄机型故障率高，一旦出现故障，修复难度很大。HP 859xE 系列在国内二手市场上比较常见，这是二十世纪八九十年代的产品，10 年前我认为购买二手 HP 859xE 是个不错的选择，但如今已不再推荐。同样在二手市场上也有德国罗德与施瓦茨的 FSEA 系列产品，该系列产品显示屏大，指标也不错，做工精湛，可惜同样都是高龄机型，存在故障风险。目前比较推荐的二手国外大牌台式频谱分析仪是是德/安捷伦的 MXA、CXA、BSA 系列，罗德与施瓦茨的 FSP 系列，安立的 MS2683A/266x 系列。

对于无线电爱好者，我推荐选购轻便实用的手持式频谱分析仪。国际大牌的手持频谱分析仪性能不弱，用于业余无线电活动或射频探索中绰绰有余。我使用过安立 MS2712E 和 MS2721A，感觉相当不错，二手产品的价格在万元左右。MS2712E 上市较晚，性

能较好，上限工作频率可达 4GHz（MS2711E 的上限工作频率为3GHz），

对于预算在 5000 元以下的无线电爱好者，二手国产频谱分析仪如普源 DSA815（不带跟踪源）、固纬 GSP-830、IFR 2398/2399、LG SA-7270A、爱德万 R3131/3132 都是不错的选择。

▌二手频谱分析仪验收经验

能开机显示频谱的频谱分析仪主要隐性故障有衰减器故障、幅度测量误差大、频率测量误差大。

（1）检查二手频谱分析仪的外观有无破损，之后通电开机。

（2）频谱分析仪经过充分热机后进入仪器自检菜单，应该没有自检错误的提示。在自检过程中，我们需观察仪器是否发热或是否产生焦糊味。

（3）利用频谱分析仪自带的校准信号，初步验证频谱分析仪的测量准确度。用低损耗的短电缆连接校准源与频谱分析仪的信号输入口。校准信号的频率和幅度参数一般标注在仪器面板上。一些现代频谱分析仪的校准信号在仪器内部，可通过菜单操作自检过程。

（4）如果没有信号源，可将频谱分析仪的频率调整到 FM 广播频段，然后在频谱分析仪信号输入端口接上天线（或一段导线），看频谱分析仪的显示屏上是否有波峰出现。

（5）利用可信任的信号源对频谱分析仪的幅度测量进行验证。应由低到高选择多个参考点以及多个等级的参考电平，在测量中应充分考虑连接电缆的损耗问题。

（6）利用可信任的信号源或频率基准进行频率误差验证。信号源与频谱分析仪应充分预热，频谱分析仪开启频率计功能。如采用 Maker 最大峰值频率计数方法，建议设置较小的 SPAN 和RBW。

（7）利用可信任的信号源和频谱分析仪的手动衰减器进行控制，验证步进衰减器的每级衰减能否正常工作。

（8）打开频谱分析仪的功能激活管理页面，确认已开启授权使用的功能和应用。频谱分析仪的功能分为试用（限时）模式和永久模式。

（9）注意频谱分析仪的时钟是否工作正常。很多二手频谱分析仪的内部时钟在电池耗尽后会工作异常和丢失记忆数据。如果遇到这种情况，更换一枚新电池就能解决问题。

（10）检验一下由电池供电的频谱分析仪的电池性能，即单次充电后的实际使用时间。我们需要及时清理电池触点上的腐蚀物。如果电池老化，可更换同型号电池或自行替换电池的电芯。Ⓧ

无线电爱好者工作室装备指南（5）

频谱分析仪常用的配件

▌杨法

上一期我为大家介绍了频谱分析仪的选购经验，在实际使用频谱分析仪进行测量时，通常还需要选购一些配件。本期我们本着实用、好用的原则，介绍几种频谱仪常用的配件。

频谱分析仪在实际操作中有两种工作方式：一种是通过天线耦合的开路测量，另一种是电缆连接的闭路测量。在开路测量中，常用的配件是各类测量天线和信号放大器。在闭路测量中，常用的配件是衰减器、连接器（转接头）、滤波器和测试电缆。

▌测量天线

天线是一种将高频电流与电磁波互相转换的装置，是频谱仪开路测量的重要配件。不同外观的天线有不同的特性和用途。

使用频谱仪测量非定量的耦合外界信号只需要一段不太短的导线，普通收音机或对讲机的拉杆天线就能胜任（见图1）。通过天线耦合，我们就可以在频谱仪上看到信号，如射频遥控器信号、手机信号、对讲机信号、广播信号、无线路由器信号等。若对测量的精度要求不高，频谱仪对接收机天线的匹配要求也不高，普通的拉杆天线既便宜又实用，已成为频谱仪的常见配件。为了方便连接，拉杆天线的接口最好与频谱仪的输入接口一致或通过转换器连接。拉杆天线若有可以弯折90°的机构，使用更为方便。笔者为频谱仪配备的是常规天线，一根天线大概十几元，天线接口为普通的BNC接口，通过一个N/BNC转接器与频谱仪连接。不用特别追求天线的频率和驻波匹配时，天线可等效为一段导线。用户手头如有2.4GHz无线路由器天线，也可以使用，在大多数频段，无线路由器天线同样等效为一段导线。如果你是业余无线电爱好者，没有必要购买价格较贵的对讲机或接收机专用的多频段或宽频天线，这些天线的实际使用效果与廉价的拉杆天线相差无几。

如果用户需要对信号进行定量专业测量，建议选购专业的测量天线。测量天线与普通天线最大的不同之处是它能在较宽的频段范围内保持恒定的增益，厂家能给出在不同频段天线增益的参数，方便频谱仪进行定量测量和数值修正。常用的测量天线有偶极子天线、棱锥天线、对数天线、锥盘天线，在测量频率很高的应用中还会用到喇叭口天线。

▌图1 经济实用的拉杆天线

▌图2 频谱仪测向天线

▌图3 对数天线

若用频谱仪对信号进行追踪、干扰、排查，需要选购有指向性的天线以判断来波方向（见图2）。八木天线指向性好，但频率覆盖范围较小且低频段天线尺寸较大，一般适合UHF及以上特定频段使用。对数天线的工作带宽大（见图3），但同样有低频段天线尺寸较大的问题。对数天线是用于UHF以上频段测向的主要天线。对频率较低的VHF和HF频段，考虑到天线的便携性，通常可以选用环形天线。对于频率很高的 SHF 以上频段，喇叭口天线具有比对数天线更好的指向性。市场上专业的对数天线很贵，有些工作室制作的基于印制电路板的对数天线价格便宜，颇具实用性，是业余无线电爱好者的实惠之选。在拆开一些价格昂贵的进口手持对数天线后，笔者发现其内部也采用的是印制电路板。如果应用频率在 800 ～ 2500MHz，你可以选择用于移动电话放大器直放站的对数天线。

信号放大器

频谱分析仪可以测量微小信号，为了提高灵敏度，有时笔者需要使用前置信号放大器（见图 4）。信号放大器的作用是增加输入信号的幅度，由于元器件和电路也会导致底噪抬高、电平测量的准确度降低，我们需要在特定的测量条件下使用前置放大器。大部分现代频谱仪内置信号放大器，但有些频谱仪将信号放大器作为选配件，需要用户额外购买或授权使用。频谱仪内置的信号放大器一般可提供 10 ～ 20dB 的增益，对于一些特殊应用，如 EMC 近场探头探测，需要更高增益的信号放大，则需要使用外置的专用信号放大器。对于一些没有或无法使用内置信号放大器的频谱仪，外置信号放大器也是常用的解决方案。

增益越大，并不能说明信号放大器的性能越好，更重要的是其标称带宽和字标称带宽范围内增益曲线的平坦程度以及低噪声系数。

市场上，国际大牌的信号放大器性能好但价格贵。对于预算有限的无线电爱好者，如果常用的测量频率不高（3GHz 以下），可以选购一些国内工作室出品的信号放大器，它们价格便宜，性能也不错。

EMC 整改工作室的配置

EMC 测试又叫作电磁兼容测试，指的是对电子产品在电磁场方面干扰大小（EMI）和抗干扰能力（EMS）的综合评定，是电子产品质量最重要的指标之一。EMC 测试目的是检测电器产品所产生的电磁辐射对人体、公共电网以及其他正常工作的电器的影响。

EMC 整改是很多射频工作室创业的新方向。用于 EMC 测试的频谱分析仪，要求具有扫描速度快、频率覆盖广、本底噪声低等特点。有的工作室以普源 DSA815 频谱分析仪或泰克 RSA 306 USB 实时频谱分析仪为核心搭建 EMC 整改平台，效果不错。

用于针对电路板的 EMC 整改的基础硬件配置是 EMI 测试接收机、测量天线、近场探头、电源网络系统和屏蔽设备。小微工作室中一般用普通的频谱分析仪代替价格昂贵的 EMI 测试接收机，利用近场探头寻找电路板上超标、杂散的辐射源。如果频谱仪的灵敏度不够高，可考虑在探头与频谱仪之间加装低噪声放大器。

近场探头的电路结构是环形天线，有经验的无线电爱好者可以 DIY 或用示波器探头改造。国际大牌的测量天线、近场探头、低噪声放大器的价格都很高，如果对于测量的要求不是很高，建议在网上选购一些工作室出品的产品实用性很强且价格低廉的产品。如果爱好者对品牌有要求并对价格敏感，普源生产的 NFP-3 近场探头做工不错，价格合理。

频率基准

一般频谱仪内置的频率基准能满足常规测量的需要，一些频谱仪还能通过软件和硬件升级提升频率基准性能。对于一些对频率稳定度和准确度要求十分高的应用，频谱仪可以外接频率基准，提高整机的频率稳定度。大部分频谱仪有参考频率输入（就是输入外接频率基准）端口。使用外部频率基准要注意设置匹配的基准频率和信号输入幅度，大部分产品的基准频率为 10MHz，有的产品可选择多个基准频率。

衰减器

衰减器是频谱仪最常用的配件。衰减器的作用是减小信号幅度。频谱仪是高灵敏度仪器，虽然其内置可变衰减器，但不支持大功率信号直接输入。频谱仪内置的衰减器会与仪器内部增益联动，一般来说，外置的衰减器更好用。一般的频谱仪推荐的输入信号功率范围是 −10 ～ −20dbm，过高的输入电平会使频谱仪失真，影响测量准确度。频谱仪输入端口标称的警告输入电平为损坏电平，高于此电平的信号进入频谱仪会损坏仪器。为了使较高的电平信号能满足频谱仪输入信号的幅度要求，需要串联衰减器，以降低输入信号的幅度。衰减器能成倍降低输入信号的幅度，将多余的能量转化为热量，所以大功率衰减器都配有厚重的散热片。

衰减器分为可调衰减器和固定值衰减器两大类。可调衰减器大多用于科研，其衰减量可以调节，相当于多个固定值衰减器。固定值衰减器的衰减量不可调节，固定值衰减器的有适配大功率的产品，可承受较大的输入功率，是日常应用较多的衰减器。固定值衰减器的主要指标参数是衰减量、承受功率、工作频率范围、接口规格、输入阻抗。大功率固定值衰减器与小功率固定值衰减器各有所长，大功率固定

图 4 信号放大器

▌图5 大功率衰减器

▌图6 小功率衰减器

值衰减可以承受较大的功率（见图5）；小功率固定值衰减器体积较小（见图6），可直接安装在频谱仪输入端口上，免去连接电缆，没有插入损耗。在小功率固定值衰减器中有高精度产品，在很宽的频率范围内可保持微小的衰减波动。在大多数测量场合，大功率固定值衰减器和小功率固定值衰减器会组合使用。

若无线电爱好者想要打造一间工作室，笔者建议选购一个大功率衰减器和几个小功率衰减器。大功率衰减器的衰减量一般为20～50dB，在日常应用中，输入功率越大，衰减量也越大，衰减器的功率不小于实际输入信号的功率最大值。小功率衰减器可以选择衰减量为10dB、20dB、30dB的产品，小功率衰减器可与大功率衰减器串联使用，以得到更合适的衰减量。一般的商用频谱仪输入端口为N型接口，建议选购N型接口的衰减器，这样衰减器可以直接连接频谱仪，不需要使用转接头。另外衰减器的设计工作频率范围应大于被

测信号的频率，否则衰减量的误差会增大。国际大牌的衰减器价格昂贵，在爱好者选购二手产品时，应注意衰减器的接口是否有氧化痕迹，有条件的爱好者可用网络分析仪测试一下衰减器工作状态和频率特性。国内小厂生产的固定值衰减器（大功率衰减器和小功率衰减器）的性能和工艺日益提高，工作频率在3GHz以下的衰减器性价比很高。若要选购工作频率在18GHz及以上的衰减器，建议各位选购国内大厂和国际大牌的产品。

▌限幅器

限幅器是一种特殊的配件，它的作用是限制幅度过大的信号进入频谱仪，属于频谱仪的保护性配件。如果频谱仪的使用者专业意识不强，限幅器可有效保护仪器。市场上限幅器的种类较少，价格也比较贵，有些工程师用"土办法"来保护频谱仪，他们在频谱仪的输入端连接一个1～3dB的小功率衰减器，作为频谱仪的保护盾。

▌滤波器

滤波器是一种具有选择性频率通过特性的配件（见图7）。频谱仪与监测接收机的主要区别在于频谱仪前端信号处理的滤波单元比较简单，抗邻频干扰的能力弱。在实际应用中，为频谱仪连接适当的滤波器，可以显著提升频谱仪的测量准确度。

频谱仪的典型应用主要有信号高次谐波测量和频谱监测。在高次谐波测量中，利用高通滤波器可将主频信号滤除，能更准确地测量高次谐波信号。在频谱监测中使用高通滤波器、低通滤波器、带通滤波器，能减少与目标监测频段相邻的大信号干扰。频谱仪使用小功率滤波器即可，对于大功率输入信号，滤波器可安装在衰减器之后。业内知名的固定值系列滤波器为Mini-Circuits，规格繁多。笔者玩业余电台较多，为了更好地测量业余电

台设备的高次谐波，为工作频率为1～22MHz、145MHz、435MHz的电台分别配备了HPF25MHz、HPF200MHz、HPF500MHz高通滤波器。为高次谐波测量选配滤波器的原则是：滤波器类型为"高通滤波器"，滤波器高通频率点高于被测频率并低于被测频率2倍频。

▌转接器

在我们使用频谱仪进行测量时，往往会使用各种转接器（见图8）。选购转接器时，除了关注转接规格外，还要了解转接器的材质与制作工艺。主流的转接器采用的是黄铜镀镍壳体，芯线接触件的材质为铍青铜。高级产品的壳体采用不锈钢材质，以提升耐用性，芯线接触件的材质为铍青铜镀金或整体镀金，镀金的厚度也有讲究。黄金的导电性虽然不如银好，但抗氧化性很好。高级转接器的接插件不但材料好，更重要的是尺寸公差小、导电率高、接触面抗氧化性强、外壳坚固耐用、工作频率高。这也是一些廉价转接器价格不到5元，而高级转接器的售价为几百元的原

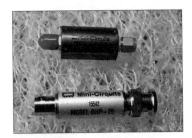

▌图7 滤波器

▌图8 高品质转接器

因。在一些针对高频率的测量应用中，性能不佳的转接器会明显增加插入损耗，劣化驻波比。

近年来，国内一些转接器厂家不断提升生产工艺，产品的性能也在不断提高，若工作频率在 3GHz 以下，笔者建议选购国产的高性价比转接器。一般业余无线电爱好者常用的测量频率不是很高，可以选择普通的转接器，既实惠又好用。另外，爱好者在购买转接器时要注意螺纹规格，国内常用的是公制螺纹，公制螺纹与英制螺纹在连接时无法上紧。

测试电缆

测试电缆是连接被测设备和频谱仪的常用配件（见图 9）。选购测试电缆通常要从工作频率、长度、接口的类型和材质、线体材质、线体粗细、线体柔软程度、价格几方面综合考量。高性能的测试电缆价格很高，对产品外观和品牌有追求的无线电爱好者可以选购二手产品。

动手能力较强的无线电爱好者完全可以自己制作测试电缆，测试电缆的 DIY 过程并不难，网上有很多 DIY 测试电缆的案例，国内很多小公司也是购买进口电缆和连接器之后进行加工制作，然后用矢量网络分析仪扫描产品的频率衰减特性。若选择自行 DIY 的测试电缆，在 DIY 完成后，可用万用表测量其内部是否存在短路和断路，再用驻波表、信号源（电台）和负载

图 9 测试电缆

器测量其传输匹配程度，有条件的爱好者可使用网络分析仪全面测量其频率衰减特性和传输匹配程度。为了减少连接器的松动或弯折损坏，我们可使用带内胶的热缩套管作为保护套，很多成品测试电缆也是这样做的。

若选购成品测试电缆，笔者建议大家选择低损耗和柔软的产品，一般较短的测试电缆可考虑 -3 规格的产品，较长的测试电缆可考虑 -5 规格的产品。若要选购高性能 -3 规格的测试电缆，笔者推荐选购 RG223、SS402、RG142、ENVIROFLEX 400；若要选购普通的 -3 规格的测试电缆，笔者推荐选购 RG58U。笔者不推荐选购特氟龙电缆，特氟龙电缆的优势在于电缆外皮耐高温，电缆的低损耗特性一般，且由于电缆外皮采用的是特氟龙材料，电缆较硬，在使用时不是很方便。Ⓧ

远程上呼吸道新冠病毒标本采样机器人

即便戴上了口罩，医护人员仍可能在给 COVID-19 密切接触者做鼻咽拭子采样的时候暴露在新冠病毒前。为解决这个问题，韩国机械材料研究所和东国大学医学院的科学家们开发出了一款远程上呼吸道新冠病毒标本采样机器人。

这套系统由一系列基于计算机控制的组件结合而成，受试者可将面部稳固地放在托架上，以便医护人员远程完成对 COVID-19 密切接触者的拭子采样。

临床医生会根据摄像头传来的实时视频流进行操作，操纵杆与飞行模拟游戏的体验很像。机器人可将一次性棉签伸入受试者的鼻子或嘴里，以完成鼻拭子或咽拭子的采样。

为确保取样过程的安全性，机器人上的传感器和力反馈装置可感知动作的阻力，以避免用力过猛。同时这套系统还提供了可供双方进行交流的集成视听系统。

医护人员无须与患者进行直接接触便能完成取样，还可以通过视频实时确认采样拭子的位置，提升检测的安全性和准确度，大大降低医护人员被感染的风险和工作强度。

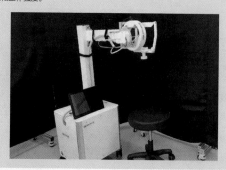

可精准控制的迷你软体机器人

武汉大学工业科学研究院薛龙建教授课题组研制出一种可精准控制方向和速度、综合性能极佳的迷你软体机器人 Geca-Robot，该机器人预期可在废墟狭缝、生物体内完成各种复杂作业。

机器人的仿生足部结构相当于给机器人穿上了最好的"防滑跑鞋"，不管是在粗糙或光滑平面上，均能获得足够的抓地力，不会打滑。疏水的结构可保证机器人能在有水的表面运动。在运动过程中，哪怕水覆盖住机器人的足部，它的运动过程也不会受到阻碍。

仿生足部设计和仿尺蠖的运动步态，可以使机器人在高达 30° 坡度的光滑表面稳定停泊而不发生滑移，并可以在光照下进行上、下坡运动。机器人可以在 -20℃ ~ 100℃ 的温度区间内运动。此外，还可以在负载超过其自重 50 倍的情况下稳定运动。

由于具有良好的表面适应性和负载能力，而且可以被从紫外线到红外线全波段的光远程控制，Geca-Robot 很适合在狭窄、恶劣的环境中作业。例如，可在裂纹和深坑中进行地质勘探、在废墟裂隙中进行搜救和目标定位，甚至借助可穿透皮肤的红外线光源，在具有复杂表面形貌、酸碱性、温度和湿度的生物器官内或血管中进行药物递送或是病灶检查，应用潜力巨大。

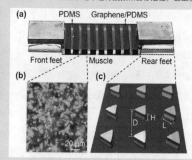

无线电爱好者工作室装备指南（6）

信号发生器

▌杨法

信号发生器是无线电爱好者常用的设备，也被称为信号源，在实验室中用于产生各类信号。信号发生器生成的信号频率、幅度、波形、调制方式、调制度、调制信息等都是可控的，可以作为输出模拟、测试、校准的理想信号源，故广泛应用于各类电子实验、无线电接收机调试、仪器校准等工作场景。在无线电爱好者工作室中，添置一台信号发生器会为电子实验和设备调试提供极大便利。

高级的信号发生器可以在很宽的频率范围内提供高准确度的信号，高端的矢量信号发生器可以输出数字信号，高精度的信号发生器技术含量高，有能力生产的厂家屈指可数，所以高精度的信号发生器向来都是实验室中的高档货。随着科技的发展，DDS频率合成技术与FPGA技术的逐渐普及，重新定义了信号发生器和架构和成本，基础型信号发生器向个人用户打开大门。一些中小型企业生产的函数信号发生器以及一些个人基于DDS技术制作的信号发生器的价格已十分便宜。随着仪器的更新换代，在矢量信号发生器占据主流的时代，很多传统的高频信号发生器及相关仪器纷纷进入二手市场，无线电爱好

▌图2 安捷伦高频信号发生器

者拥有一台心仪且实用的信号发生器不再只是梦想。

▌不同功能的信号发生器

信号发生器最基本的功能是产生各类信号，在实际工作中，信号的类型很多，不同的应用场景需要使用不同类型的信号发生器。

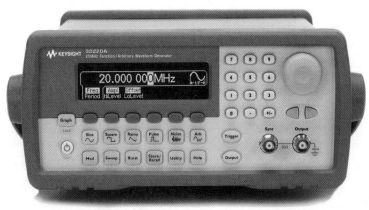

▌图1 经典的安捷伦33220A函数信号发生器

一般来说，我们可以把信号发生器分为4类：函数信号发生器（见图1）、高频信号发生器（见图2）、专用信号发生器（见图3）、矢量信号发生器。矢量信号发生器的功能更为全面，在一些应用中可以替代上述前3类信号发生器，但中高端产品的价格较贵。

函数信号发生器可以产生各类基本函数波形信号，如方波、正弦波、三角波、锯齿波等，也被称为"波形发生器"。早期的函数信号发生器只能产生固定类型的波形信号。当下的产品采用软件和FPGA技术，可以产生各类波形信号，这类函数信号发生器也被称为"任意波形发生器"。函数信号发生器通常工作频率不高，多数用在电子实验中。

高频（射频）信号发生器可以产生高频率信号，高端产品的工作频率最高可达10GHz级别。主流的高频信号发生器通常支持常规的AM、FM调制且调制参数可调，

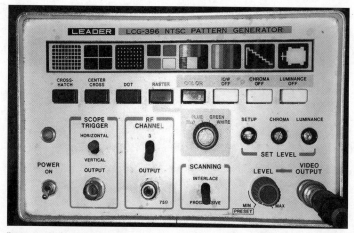

▌图3 模拟电视专用信号发生器

有的还支持 PM 调制。高频信号发生器大多可以提供范围在 -130 ~ +13 的 dBm 的信号输出幅度，可模拟空中的无线电通信（FM 或 AM）信号，业余无线电爱好者常用它来调试、测试无线电接收机。

专用信号发生器可以生成某种特定信号，过去常见的是电视信号发生器、FM 收音机信号发生器，如今有各种数字专用信号发生器。专用信号发生器大多用于特定的场景。如果无线电爱好者专注于收音机方面的应用，那么 FM（含短波 AM）收音机信号发生器是十分好用且实惠的仪器。

矢量信号发生器是一种现代多功能信号源（见图4），主要用于产生数字信号和宽带信号，如 PSK（相移键控，包括 BPSK、QPSK、OQPSK、π/4DQPSK、8PSK、16QPSK、D8PSK 等）、FSK（频移键控，包括 2FSK、4FSK、8FSK、16FSK、MSK 等）、QAM（正交调幅，包括 4QAM、16QAM、32QAM、64QAM、128QAM、256QAM 等）。以上这些功能都是传统高频信号发生器不具备的。矢量信号发生器广泛应用于 GSM、GSM EDGE、W-CDMA、APCO-25、DECT、NADC、PDC、TETRA 等主流

数字通信的研发工作中。矢量信号发生器也具备传统高频（模拟）信号发生器的基本功能。

如果无线电爱好者需要调测移动电话和数字集群对讲机，那么普通的信号发生器是不够用的，需要一个能模拟基站 BTS 功能的测试仪器，一般需要选购通信综合测试仪或支持相应制式的矢量信号源。

▌信号发生器常用附件

信号发生器常用的附件有衰减器和连接电缆。衰减器（见图5）的主要功能是减小信号输出，当信号发生器输出的最小幅度仍不能满足应用需要时，可以通过外接衰减器减小信号幅度。衰减器有固定衰减器和可调衰减器。通常固定衰减器价格便宜，对于一些信号输出幅度可调范围不

大的简易信号发生器，可调衰减器更为实用。在小信号应用中，一般不必关注衰减器的承受功率指标，只要接口和阻抗匹配即可。笔者建议无线电爱好者准备一个 20 ~ 40dB 的衰减器。

连接电缆是信号发生器在应用中的必备附件。在选购连接电缆时，我们需要考虑电缆的物理长度、耐用性以及对高频信号的损耗。实际工作中，电缆线体的柔软程度也会影响操作的舒适性和便捷性。若是信号频率在 3GHz 以上的应用，应当重视连接电缆对信号传输的影响，因为信号衰减会直接影响整个系统的信号输出幅度和准确度。高性能的连接电缆虽然不能避免损耗，但其所产生的损耗较小，有的厂家还提供了补偿数据。对于无线电爱好者来说，如果不打算购买昂贵的测试电缆，可以用高性能的同轴电缆和接头自制，自制的连接电缆的性能可以用网络分析仪验证并取得在不同频段下的补偿数据。

信号发生器输出的频谱纯度是有限的，通常指标不高，尤其是经济型和简易型产品。信号发生器输出信号必然存在高次谐波，如果用户想要得到更高频谱纯度的信号，常用的办法是外接无源低通滤波器（见图6）。无线电爱好者可以为自己常用的工作频率配备低通滤波器，可以进一步抑制高次谐波。一个一二百元的滤波器就能使信号发生器输出信号的纯度提升几个档次，不过由于常见的滤波器是针对固定频

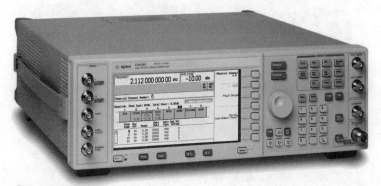

▌图4 矢量信号发生器

▍图 5 N 接口衰减器

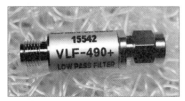

▍图 6 低通滤波器

率的, 所以一个滤波器只对改善某一小段频率的信号输出有效。在选购低通滤波器时, 建议标称的截止频率略高于工作频率。市面上著名且价格适中的滤波器品牌有Mini-Circuits, 常用的低通滤波器有 SLP和 VLF 系列, 两者功能相同, 但实现电路和制作工艺不同。在实际工作中, 信号发生器输出信号的纯度在一般情况下可以满足常规调测收音机、对讲机接收电路的需求, 外接滤波器并不是必需的。

▍小型工作室信号发生器装备策略

国产的函数信号发生器比较便宜, 生产厂家也多, 建议预算不紧张和讲究实用的用户购买国产新产品 (见图 7)。如果用户只是想体验一下, 并不是将信号发生器作为生产工具, 那么可以选择价格便宜的信号发生器。对于仪器发烧友, 二手的HP/Agilent 33120A 和 33220A 是不错的选择, 外形设计与知名的 Agilent34401A多用表和 Agilent53131A 计数器一脉相承。有的函数信号发生器提供频率计功能, 用户不必十分在意这个功能, 其精度一般与专业的频率计还有差距。

高频信号发生器的价格比较昂贵, 国产高频信号发生器的价格也要上万元。对

于预算有限的无线电爱好者, 二手的信号源是性价比更高的选择。无线电爱好者可以选购 HP8648 系列、HP8657B、R&SSMG/SMX、IFR2031 等, 新一些的产品如 E4432B/4436B、N5181B、R&SSML/SMC 等, 它们的外观更加现代化。笔者不建议爱好者选购"古董级"的信号发生器, 至少应该选购基于频率合成技术的产品。一方面这类"古董级"产品体积大, 搬运不便, 另一方面, 这些"高龄"设备存在故障风险。早期的高频信号发生器没有频率合成技术, 它们使用 LC 电路产生频率, 频率稳定度和操作的便利性都不能与当前的产品相比。

专用信号发生器为特定用途服务, FM立体声信号发生器 (见图 8) 为调测收音机设计, 频率覆盖短波波段和 FM 立体声广播波段, 提供 AM、FM、FM 立体声调制, 用来调测收音机是极好的, 二手产品的价格比较便宜, 几百元就能买到, 但若用来调测超短波电台的接收功能, 专用信号发

生器的频率覆盖通常不够用。

▍信号发生器实用替代策略

高性能和新款的高频信号发生器和矢量信号发生器价格不菲, 预算有限的业余无线电爱好者可以考虑替代仪器的策略。一些通信综合测试仪集成了信号发生器的功能, 甚至还可以产生特定制式的信号或作为模拟基站 BTS 使用。虽然很多通信综合测试仪的原价比信号发生器更贵, 但在二手市场中, 由于供大于求, 所以价格相对便宜。笔者推荐选购德国罗德与施瓦茨公司的 CMU200 综合测试仪 (见图 9)。随着小灵通和 CDMA 产品走下历史舞台, 二手市场中有很多 CMU200, 二三千元就能买到, 性价比非常高。CMU200 集成了很多功能, 其中包括实用性很强的信号发生器、频谱分析仪、功率计等通用功能。通信综合测试仪集成的信号发生器性能 (如频谱纯度、稳定度) 没有专业高级信号发生器好, 但用于调测通信设备绰绰有余。

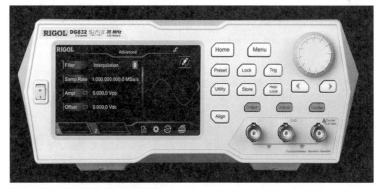

▍图 7 性价比很高的国产普源函数信号发生器

▍图 8 FM 立体声信号发生器

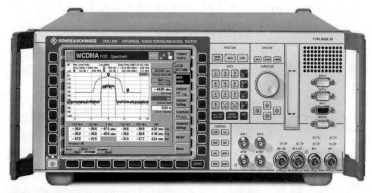

图9 CMU200 综合测试仪

二手市场上通信综合测试仪常见的型号有 IFR2944/2945、R&S CMS50/52、HP/Agilent 8920A/8935/E6380A 等，但性价比最高的还属 CMU200。

二手市场上还有一些韩国生产的寻呼机测试仪也集成了信号发生器的功能，但由于它们的工作频段不连续（仅常规通信频段），输出幅度范围窄（输出信号不够小），虽然价格便宜但性能较差，笔者不推荐爱好者选购。

信号发生器选择

选择信号发生器首先要明确应用场景。业余无线电爱好者的工作室以调测通信机为主要应用，推荐选购高频信号发生器。如果需要使用数字信号源，在预算充足的前提下，建议爱好者选购矢量信号发生器。

信号发生器的工作频率范围： 频率范围大，输出频率上限高的信号发生器适用范围广，但价格也贵。

信号发生器输出幅度范围： 不同的应用对信号发生器信号输出幅度的要求不同。对于通信机调测，往往需要信号发生器输出低电平小信号模仿空中微弱的无线电信号，要求输出的信号低于 −125dBm。对于一些电路和元器件的研究往往需要信号发生器提供较大电平的信号，要求输出的信号高于 +10dBm。有些信号发生器的高功率输出是选购功能。在一些专业高功率

信号应用中，信号发生器可以通过外接宽带功率放大器输出高功率信号。

信号发生器的调制功能： 很多高频信号发生器提供调制功能，包括基本的 AM、FM 以及 PM 调制，且 AM 调制幅度和 FM 调制频率、调制频偏都可以设定，为调测通信机提供了便利。信号发生器结合调制功能可以真正地模仿无线电通信信号。

信号发生器性能： 信号发生器的性能主要表现在频谱杂散、频率稳定度、相位噪声。对于中档和实用级信号发生器，则不必过于关注这些指标。

信号发生器常见问题

输出电平误差大： 通常是衰减器损坏或校准数据丢失造成的。如果信号发生器输出的电平误差很大，大概率是由衰减器损坏引起的。信号发生器的衰减器损坏是最常见的故障，多数是用户将大功率信号逆向输入信号发生器造成的。

频率误差大： 频率基准的元器件老化或校准数据丢失都会导致信号发生器输出信号频率误差增加。通常可以通过重新校准来解决。

无信号输出： 信号发生器由于锁相环失锁或 DDS 故障，会出现有屏幕显示但实际无信号输出或某些波段无信号输出的情况。少数无信号输出情况是信号发生器的

信号缓冲放大级故障导致的。信号发生器无信号输出属于严重故障，这类仪器不建议选购。

无存储记忆： 由于信号源内部记忆电池电量耗尽会导致无法存储设定的参数。早期的很多信号发生器内部的记忆电池不是纽扣电池，而是一次性电池或是充电电池，长期搁置不用就会出现记忆数据丢失的情况。一般情况下，更换同型号电池就能解决。

二手信号发生器验机指南

（1）观察仪器外观有无损坏；晃动仪器，听是否有异常响动。

（2）确认仪器输入工作电压是 220V，支持双电压工作的仪器的电压输入是否正确设定在 220V，尤其是对于外国生产的仪器应特别注意。

（3）通电启动仪器，观察仪器是否显示正常，显示内容有无出错信息，各按键旋钮是否有效工作。

（4）热机后启动仪器的自检功能，查看是否有故障项目。

（5）用频谱仪验证信号发生器的输出信号幅度。应选择不同频段的全输出电平幅度范围，验证信号发生器输出电平准确度。测试应充分考虑连接电缆的插入损耗。

（6）用频率计或频谱仪验证信号发生器信号输出频率的准确度，建议多选几个频点验证。随着测试频率的升高，误差的绝对值也会增加，这是正常的，误差百分比不应有明显波动。

（7）进入仪器配置菜单确认选件的安装情况。

（8）检查仪器的原厂封条是否存在或损坏。如果没有封条，可以打开仪器外盖，查看是否有维修或拼装痕迹，顺便用吸尘器或高压气体进行清灰。除此之外，笔者不建议进一步拆解仪器。 ⊗

年终业余无线电台设备大盘点

▌杨法

2020年是不平凡的一年，由于一些特殊情况，很多HAM有更多时间待在家里去钻研和实践业余无线电通信技术，客观上也促进了业余无线电台的繁荣，一些新技术、新玩法、新装备引人关注。大部分HAM选购电台设备，嘴上说的是性能，心里想的是颜值，脸上要的是面子，兜里装的是钞票，最终下单付款提货最诚实。在颜值时代，业余电台设备的颜值成为博得HAM垂青的超重要因素。

▌2020年HAM通联方式新热点

在通联方式和技术方面，今年最大的热点是MMDVM和FT8的迅速普及、公网网络无线电排定座次。

MMDVM是基于互联网的开源项目，实现多种数字调制制式对讲机融合通信和远程互联。MMDVM使业余电台和商用的DMR、D-STAR、YSF（C4FM）、P25数字制式对讲机互通成为现实，使得超短波对讲机不再受电波传输特性的限制，可轻易实现远程互联互通。通过MMDVM热点（见图1），业余电台爱好者在家中仅凭一部小功率手持超短波对讲机就能轻易实现城际、省际、国际的远程通联，享受与传统短波远距离通信不一样的通信体验。过去有些HAM地处偏远，所在地区HAM密度低，超短波对讲机通信距离有限，无用武之地，现在他们通过MMDVM网络系统就能轻易加入全国和全世界的HAM通联大家庭。MMDVM在客观上也带动了国内数字调制制式的对讲机在业余电台界的发展，国内大量用户添置了DMR和YSF制式数字对讲机，更多的基于MMDVM互联的中继台在全国设立。

FT8是基于编码新技术的数据通信新方式。FT8主要用于短波通信，具有自动化操作程度高、信噪比要求低、通联成功率高的特点，它在弱信号条件下的通信能力甚至可以挑战人工电报通信的通信能力。FT8非常适合城市短波背景噪声高的通信环境，颇受新老业余无线电台玩家的推崇。FT8本身不需要特别的电台设备，它是一种通信协议，由软件在计算机上运行，短波电台是其射频前端，FT8可以使用现有的绝大部分短波电台。FT8的硬件部分是计算机与电台间的音频连线和PTT控制。现代很多业余电台设备内置有USB声卡和控制单元，与计算机连接只需一条标准的USB电缆即可实现"一线通"（包括传输双向音频数据和控制数据），使用起来简洁、方便。很多HAM为了玩FT8而升级购买了内置USB声卡的新款电台，FT8在一定程度上促进了业余无线电台爱好者的设备更新。

公网网络无线电经过多年运行，终于在业余无线电台界占据了一席之地。公网网络无线电严格说并不属于业余无线电台的范畴，使用公网网络无线电设备也不需要持有业余无线电台执照。距离产生美感，

▌图1 MMDVM热点

业余电台发烧友对无线电专用网络充满好奇，对数字集群系统更是渴望，商用的公网数字集群成为替代的佳品。公网网络无线电通信距离远，无须架设大型天线，这都是用户所喜闻乐见的，很多HAM"应急通信队""救援队"购买了公网对讲机，体验了一把数字集群的魅力，虽然要付费，但比自己搭建的简单单站中继好用得多。各大移动电话运营商提供的物联网专用数据流量卡价格不断下跌，很多地方不到10元就能使用一年，大大降低了公网对讲机的使用费用。民间经营公网对讲机的平台有很多，卓智达是早期HAM比较喜欢使用的一个平台，其性能稳定，很多公网对讲机都支持这个平台。不过在各类免费公网对讲平台的冲击下，业余无线电爱好者

付费用户日渐式微。南山对讲和滔滔对讲两大免费公网平台聚集了众多通信爱好者，人气日旺。很多 HAM 选择基于安卓系统的公网对讲机，通过安装客户端支持多种公网对讲平台。一个设备里安装三四个对讲平台客户端对 HAM 来说早已习以为常。集智能移动电话和公网对讲机于一体的终端是 HAM 最喜欢的高级装备，海能达的 PDC680 和鼎桥的 EP820/821（见图2）是今年的网红产品。

图2 鼎桥 EP821 专网多功能手台

老牌业余无线电台设备制造企业一览

KENWOOD（建伍）、YAESU（八重洲）、ICOM（艾可慕）、ALINCO（艾林可）是传统业余无线电台设备四大品牌。

KENWOOD 是老 HAM 公认的业余无线电台设备第一品牌，产品以音质佳、性能好、品质优著称。从早期的 TS440/450 短波电台到近代的 TS990 短波电台和 TH-F6/TH-D74 手持对讲机，可谓经典无数。近年来，其在业余电台投入和新品研发方面都放缓了脚步，更注重商用专业无线电市场，多年未见业余电台新品。由于 KENWOOD 新品少、国内营销力度不大，大部分新加入的 HAM 对 KENWOOD 业余电台设备认知度不高。不过对于资深 HAM 来说，KENWOOD 的很多产品虽然早已不是新款，但依然是人所共求的珍品，在电台室里摆放一部

KENWOOD 高档电台是资历和品位的象征，就是好货不便宜，一分价钱一分货。TS990S 作为 KENWOOD 的旗舰机，性能和价格都高高在上，一般玩家只有仰望的份。次旗舰 TS890S 价格容易被人接受、外形前卫、音质一流，在资深玩家心目中是 3 万元级短波电台的首选（见图3）。KENWOOD 的 TS480 系列车载短波电台和 TH-D74 手持对讲机在同类产品中依然性能一流。

YAESU 是近年来在业余无线电台界最活跃的品牌，不但新品送出，而且我们在国内各大业余电台活动中都能看到 YAESU 的广告和营销。YAESU 的很多

电台在同类进口品牌产品中价格相对便宜，做工精致注重细节，性能不妥协，是公认的"性价比王"。得益于 YAESU 的低价位 YSF 中继推广政策，全国众多地方建起了 YSF 数字中继，在推广数字模式和中继台互联互通方面起到了重要作用。今年，很多接入 MMDVM 的中继台都是 YAESU 的设备。YAESU 在超短波车载电台方面以 FTM-100DR、FTM-300DR、FTM-400XDR 产品线全面替代了上一代的 FT-7800R、FT-8800R、FT-8900R，并在入门级产品中保持了"性价比王"的称号。新一代 YAESU 业余电台车载台输出功率 U/V 段都提升到 50W，成为新一代产品的标准，同时 YAESU 的主力产品都标配有 YSF 数字调制模式。今年新上市的 FTM-300DR 车载台的配置和功能升级显著，在一些功能方面（如双 C4FM/YSF 接收和 TF 卡录音功能），甚至超越了目前旗舰级的 FTM-400XDR。手持机 FT3DR 上市以来，广为业余电台用户称赞，销量颇佳，其全新的设计和彩色触摸屏引领业余电台手台发展方向，配置和功能目前鲜有敌于，3000 元左右的售价对于大多数无线电玩家而言容易接受。FT3DR 在颜值、面子、功能、可玩性、性价比方面都很出色，笔者也在 3DR 上市之后第一时间购买了一台并作为 EDC 电台使用。YAESU FTDX101 系列高端短波电台凝聚着八重洲公司的很多期望，上市以来如愿叫好也叫座，界面豪华时髦，配置高，放在家里好看又实用（见图4）。不管是不是内行，一看就知道它是高档货，3 万元左右的基础款价格定位对于很多业余电台发烧友来说也容易接受，所以它自从上市以来，低调地卖出了一台又一台，很多买家都是 HAM 中的技术派。YAESU FT991A 作为便携式全功能电台，上市几年来颇受喜欢户外架台的 HAM 的青睐，也是八重洲万元级短波电台的主打

图3 KENWOOD TS890S 高品质电台

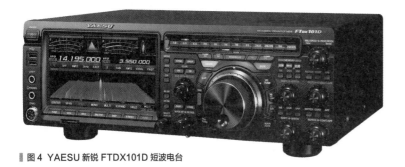

▌图4 YAESU 新锐 FTDX101D 短波电台

产品。YAESU FT991A 同价位的直接竞争对手是 ICOM 7300，FT991A 在移动性设计和配置方面（含 U/V 波段）占优，7300 则在用户界面和外观设计方面占优。YAESU 多年来无敌手的微型全功能电台 FT-818 在 ICOM 新品 IC-705 面前遇到空前的压力，还好价格方面守住了最后的防线，看来在微型电池供电电台方面，八重洲再挤牙膏可不行了。年底之际，有消息称 YAESU 搭载最新科技的 FTDX10 即将上市，FTDX10 将采用 SDR 技术，定位 100W 短波便携台，界面上提供更豪华的 3D 频谱显示，这可是以往只在高端机 FTDX101 上才有的功能。FTDX10 被认为是 FTDX101 的减配便携版和户外架台新利器。

ICOM 的业余电台产品以精致漂亮著称，短波电台产品以降噪处理优秀、界面豪华广受全世界 HAM 喜爱。虽然近年来 ICOM 在国内营销力度不大，国内的 D-STAR 中继也关闭了不少，影响了用户对 ICOM 手持对讲机的体验，但酒香不怕巷子深，还是有大批的 ICOM 短波电台粉丝。ICOM 新款的 IC-7610 和 IC-7300 是国内 HAM 最喜欢的短波电台。两者虽然档次定位不同，但共同的特点是具有 SDR 技术带来的豪华频谱显示界面，都是好看又好用的基地短波台。IC-7300 和 IC-7610 分属入门级短波电台和高性能短波电台。售价不到 1 万元

的 IC-7300 成为很多 HAM 新手首选的短波基地台，甚至鲜有对手。售价不到 3 万元的 IC-7610 虽然不算便宜，但对于富裕的 HAM 来说，价格还算容易接受，作为一个漂亮的大玩具还是值得投入的。一些 HAM 购买了 IC-7300 后为产品风格所吸引，陆续购买了 IC-9700（U/V 段基地台）和 R8600 接收机，ICOM 产品的颜值吸引力可想而知。IC-7300 和 IC-9700 并排放置，从功能到外形都很搭配。ICOM 今年推出了 ID-52A 彩屏手持对讲机，但此款产品因为制式和推广原因，在国内并没有受到重视。ICOM 今年最受关注的产品是 IC-705 微型全功能多波段便携电台（见图5）。IC-705 首先在日本展会上突然登场，这是一款完全新设计和采用最新无线电技术的电台产品。SDR 短波直采、彩色触摸屏、漂亮

频谱显示、HF+U/V、便携电池供电⋯⋯几乎是人们以前对同类型 FT-817 QPR 电台升级换代的所有期望的大集合。IC-705 从发布出样到上市销售经过了较长的一段时间，堪比饥饿营销。年底上市之初，国内 50 台现货被抢购一空，对于等待已久的器材发烧友来说，此时价格和小 bug 已不是问题。IC-705 不负众望，在音质、频谱性能、颜值方面都让用户得偿所愿，甚至用来听收音机都很棒。

ALINCO 也是日本业余电台设备著名品牌，其卡片机和手持接收机比较有名，造型别致的 DM-330MVE 开关电源也引人注目。不过近年来 ALINCO 产品在国内曝光率低，渐渐淡出了国内业余电台市场。

▌业余无线电台频域中专业对讲机品牌

摩托罗拉和海能达是专业对讲机领域最知名的两个品牌。中国的海能达对讲机经过多年的磨练，其产品已具备竞争"世界第一对讲机品牌"的实力。很多业余电台爱好者对专业无线电通信充满好奇和向往，所以竭尽所能搜寻专业通信设备。摩托罗拉和海能达虽然没有专为业余电台设计的对讲机，但很多产品支持在业余电台

▌图5 ICOM IC-705 便携电台

图6 海能达 PDC680 宽窄带融合对讲机

频段工作，所以这些产品成为一些 HAM 追求的目标，尤其是可以显示身份的高端设备。

MMDVM 近年来的兴起，增加了业余电台用户对 DMR 设备的需求，摩托罗拉和海能达正是 DMR 对讲机最大、也是技术最为领先的生产厂家。摩托罗拉的 Xir P8668i/M8668i、SL2K、SL2M 都是高级货，自然成为摩托罗拉粉丝争相购买的佳品，继而再配上肩咪、耳机、第二块电池、皮套等。摩托罗拉的高级货价格昂贵，幸好有很多单位淘汰货，对于一些囊中羞涩的 HAM 来说，购买摩托罗拉高端二手对讲机既有面子又实惠。

在 MMDVM 网络中，海能达中高档的对讲机支持显示别名附加信息，这个功能也使一些 HAM 优先选择海能达对讲机。PD980 是海能达最高端型号对讲机，支持宽频和双声码器，应用场景令一些 HAM 浮想联翩。近年来，PD980 成为最受 HAM 欢迎的海能达对讲机，据说通过零售渠道出售的 PD980 已有上百台。对于讲究实用的 HAM，海能达 TD370 小巧好用，支持 USB 充电，价格也便宜，是第二台、第三台对讲机的好选择。海能达 PDC 系列对讲机主打宽窄带融合，集智能电话、公网对讲机、模拟常规、DMR 常规于一体，早期上市的 PDC760 价格太高，很多 HAM 只能仰望，今年海能达新款的 PDC680（见图6）的价格降到与 PD980 的价格相当的水平，引来一波热销。

新锐业余无线电台设备制造企业

SDR 电台是近年来业余电台界最时髦的名词。由于 SDR 电台大多能提供漂亮的频谱图，所以广受 HAM 青睐。在业余电台界，SDR 短波电台的领头羊是 FlexRadio，其在 SDR 领域已耕耘多年，产品也有多代更新。FlexRadio 目前在国内卖得最好的是 FLEX-6400，价格在2万元左右（见图7）。FlexRadio 需要计算机作为操控界面辅助运行，一些用户过了新奇劲头，还是感觉传统电台实体操作界面使用起来更方便，更有感觉，为此该公司推出了 Maestro 控制面板（见图8）。虽然其售价超过1万元，但它满足了用户对实体按键、旋钮和高分辨率大尺寸触摸屏显示的要求。FlexRadio 最大的优点是可以接入网络，可远程使用笔记本电脑、平板电脑、手机进行操作。想象一下，你在出差的酒店或城市公寓中，也能随时操作架设在郊外别墅中的短波电台，避开城市的电磁干扰和天线架设限制，这是多美妙的事。FlexRadio 已成为一些业余电台短波高级玩家和通信比赛发烧友的佳选，最高端的 FLEX-6700 支持最大8个切片接收机和频谱窗口，对比赛十分有利。

奋进中的国产无线电台设备

国产无线电设备在 2020 年中有了长足的发展，很多企业都推出了 DMR 数字对讲机产品，还出口海外。很多国产 DMR 对讲机直接做出口订单，在国内市场上暂时还看不到。

宝峰对讲机在业余电台爱好者中有"神机"的美称，因为它比某米对讲机功率大、频率宽，价格还便宜。UV-5R 是其典型产品，其发射功率、接收灵敏度、

图7 FlexRadio FIEX-6400 SDR 电台

图8 FlexRadio Maestro 实体控制面板

▌图9 宝峰 DM-5R 低价位 DMR 对讲机

▌图10 自由通 AT-D878 UV DMR 玩家机

▌图11 欧讯 KG-WV50 公网模拟常规一体机

通信距离不比比它贵二三倍的机器差。由于宝峰 UV-5R 物美价廉，出口到欧美国家同样受到欢迎，笔者在一次去东南亚国家的旅途中，看到某国政府部门也使用 UV-5R 对讲机。宝峰推出的 DM-5R 创造了 DMR 对讲机价格的新低，还支持业余电台用户最看重的手动频率输入和双频段工作功能（见图9）。之后宝峰又推出了 DM-1701 和 DM-1801 两款新品，在外观设计、电路实现、做工等方面有明显提升。由于 DM-5R 价廉，MMDVM 的玩家还专门为其开发了第三方固件，使其可以变身为 MMDVM 大功率接入中继。

业余电台界 DMR 对讲机的黑马是 AnyTone（自由通），代表产品是 AT-D878UV（见图10）。一般的 DMR 对讲机都是为商用设计的，而自由通的产品针对业余电台用户设计，权限开放性高，功能多，支持多 ID 和手动修改 ID。业余电台 DMR 玩家或 MMDVM 资深玩家几乎人手一台 AT-D878UV，尽管其稳定性有待改进，但可玩性无与伦比。自由通先做国外市场取得佳绩，今年开始在国内市场逐渐铺开，年底之际还开卖了其新款车载电台 AT-D578UVPRO，该产品集蓝牙、GPS、APRS、跨段中转等多种时髦功能于一身。

欧讯的公网＋常规业余对讲机是业余电台界公认的性能最佳的产品，代表产品是 KG-WV50（见图11）。其出厂标配公网平台是卓智达，模拟电台部分的性能可以与同厂的专用模拟对讲机的性能媲美，也是少数支持 5W 高功率模拟信号输出的公网机。KG-WV50 是公网发烧友人手一机的标配机型。欧讯的常规对讲机做得也挺不错，在国内外业余电台界是公认的优质优价产品，其功能已不比进口大牌产品的功能少，性能也不比进口大牌产品的性能差。最新的代表产品是 KG-UV3Q，它采用彩色液晶屏，并提供 10W 超大功率输出。

国产短波电台方面，协谷科技可谓一枝独秀。协谷的短波电台成名于它的 X5105，今年推出的 G90S 更是融入了时髦的 SDR 科技，成为 2000 元档国产业余短波电台的佳选，很多短波入门新手和学生用户都选择 G90S 作为人生的第一部短波电台。协谷 G90S 主打便携，采用 SDR 架构并内置天调，具有实用的最大 20W 输出功率，配用 1.8 英寸彩色液晶屏，提供时髦的频谱显示，综合性价比与可玩性都很高。G90S 作为新品还通过检测，获得了国家无线电发射设备型号核准，确保发射性能。

▌业余电台热门DIY产品一览

今年业余电台界最热门的 DIY 产品是 MMDVM 热点板和 NanoVNA 分析仪，高科技产品的代表是科创 KC908 射频多用表。

MMDVM 最常用和可靠的接入方式是通过 MMDVM 热点板，俗称"小盒子"接入（见图12）。MMDVM 热点板是由硬件射频版、树莓派、显示屏以及配套 Pi-STAR 软件构成的（见图13）。射频板有双工和单工之分。树莓派支持 1B 到最新的 4B 以及 Zero W。显示屏可以显示一些信息，但不是必需的。软件存储在 micro SD 卡中，安装在树莓派板上。通联派 HAM 和新手可以直接购买高手们制作的成品，技术

▌图12 MMDVM 热点板"小盒子"

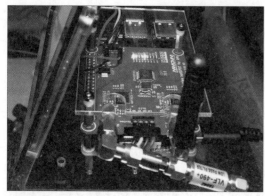

■ 图13 MMDVM 热点板

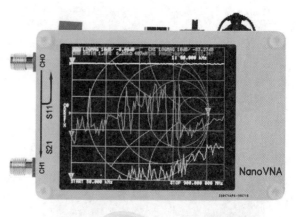

■ 图14 NanoVNA 网络分析仪

派 HAM 可购买射频板，自己用树莓派组装甚至连射频板也自己制作。组装过程本身也有乐趣，如果有兴趣编程，还能自己定制显示界面。不同性能的树莓派运行 Pi-STAR 差别不大，即便是树莓派 Zero W，运行起来也绰绰有余。树莓派 Zero W 体积小，容易集成到狭小空间（如充电宝盒）内。MMDVM 热点板没有现成的外壳，用户可以发挥想象力，利用自有资源打造各种外壳。完成 MMDVM 热点板核心电路后，自己配屏幕和制作外壳也是一件很有意思的事。MMDVM 热点板的设计不断改进，目前网上销售的成品都经过改良，使用高性能的温度补偿晶体振荡器，有效解决了以往误码率高的问题。

NanoVNA 分析仪（见 图14）来源于开源项目，通过巧妙的构思，低成本实现了矢量网络分析仪的部分功能，HAM 可以将它作为天线分析仪测量天线，精准度属于实用级水平。NanoVNA 由于不是 HAM 圈子专有的项目，加上制作者进行商业化运作，所以 DIY 级的成品价格便宜，甚至比前几年流行的 HAM 自制的天线分析仪还便宜很多。NanoVNA 测量频率范围宽，功能支持测量 S 参数、电压驻波比 SWR、史密斯圆图、相位图、群时延等。

科创仪表继推出多款手持矢量网络分析设备后，经过多年蓄势，又推出了基于 SDR 频谱仪架构的 KC908 射频多用表（见 图15）。KC908 的功能与专业的监测接收机和手持频谱仪的功能相仿，可测量信号特征和解调常规调制信号，配合指向性天线，可用来进行无线电测向。KC908 的基础是 SDR 实时频谱仪，工作频率可达 10.8GHz 和 18.6GHz，技术含量很高。KC908 的网上售价近 3 万元，但对比同类国际大厂的 PR100/200、SignalShark 监测接收机的价格，要便宜太多。业余无线电爱好者中的骨灰级玩家试用后，对其性能和操作携带方便性都称赞不已。科创仪表经过多年的耕耘，已成为具有一定规模的高新企业，也是业余无线电爱好者由个人兴趣爱好走向专业领域开创新天地的典范。🅧

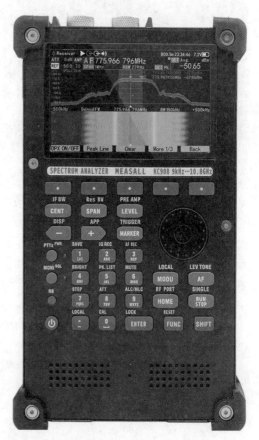

■ 图15 KC908 射频多用表

探秘月面反射通信（2）

月面反射通信的发展历程及月球的天体位置

▍国家无线电监测中心　刘明星　郝才勇　陈棋　钱肇钧

▍月面反射通信的历史

英国邮政局的 W.J. Bray 于 1940 年提出将月球用作无源通信卫星的设想，据他计算，利用可用的大功率微波发射设备和低噪声接收器，可以将微波信号从地球发射出去，并且信号可以从月球反射回来。他还认为可能至少有一个语音通道，通信时延为 2.5s。但由于当时对气象和天体研究较为欠缺，特别是电子无器件还欠发达，月面反射通信只能用于有限的军事用途。

第二次世界大战期间，备战需要极大地促进了雷达技术和无线通信技术的发展。为了满足当时的远程应急通信需求，美军在 1946 年提出月面反射通信（EME）的概念和理论。在 Zoltan Bay 教授的带领下，美军在匈牙利境内使用 110MHz 频段脉冲

▍图 2 美军试验船（AGTRs）

▍图 3 牛津号军舰上的方向性天线

雷达发射源发射信号，并成功地接收到了来自月球反射的信号。

同期，业余无线电爱好者们也热衷这一新兴技术。1953 年 1 月 27 日 Bill Smith（W3GKP）和 Ross Bateman（W4AO）开展了一次月面反射通信实验（见图 1），实验基于 1kW 的 2m 波段发射源和 1 个 32 单元天线阵，成功接收到了由月面反射的脉冲信号。

1954 年 7 月 24 日，美军完成了人类第一次月面反射语音通信，由位于马里兰州 Stump Neck 的海军陆战队研究实验室发送并接收了第一个从月面反射回地球的人类语音信号。

1960 年，美国完成了第一次在不同地点的民用业余双向月面反射通信，月面反射通信由此变得流行起来。此次通信是在 Elimac Gang 无线电俱乐部

（W6HB，位于加利福尼亚州的圣卡洛斯）和 Rhododendron Swamp 超短波学会（W1BU/W1FZJ，位于马萨诸塞州）之间进行的，使用 1296MHz 频段实现连续波通信交换。

1961 年至 1971 年，美军在试验船（AGTRs）上搭建了 TRSSCOMM 月面反射通信系统（见图 2），使用 1.8GHz 和 2.2GHz 频率进行加密双工通信。1961 年 12 月 15 日午夜，海军作战司令 George W. Anderson 和海军陆战队研究实验室主任 R.M. Page 博士通过月面反射通信，从马里兰州 Stump Neck 向距其约 2414 km 的大西洋上的牛津号军舰发送了一条信息（见图 3）。这是美国海军第一次成功地将地面站的信息传送给船只。

日本的业余电台也从 20 世纪 70 年代中期开始这项活动，1975 年 9 月，

▍图 1 Bill Smith（W3GKP）和 Ross Bateman（W4AO）开展月面反射通信实验

JAIVDV 曾使用 430MHz 频段与美国西部的 WA6LET 进行 EME 通信。同年 8 月，九州久留米市业余无线电台 JA6DR 使用 144MHz 频段与美国西部的业余无线电台 W6PO 完成 EME 通信。

然而人造通信卫星的发展，使月面反射通信再度消失在大众视野当中。直到最高输出功率可达 1500W 的发射设备问世以及 20 世纪 80 年代 GaAs FET（砷化镓场效应管）前置放大器出现，加之近年来灾害频发，各种应急通信方案被提出才再次把月面反射通信重新推上舞台。1984 年，日本业余无线电台（JR4BRS）使用 1296MHz 与奥地利业余无线电台（OE9XX）成功地进行了 EME 通信。

近些年，我国也有过一些月面反射通信实验。清华大学的业余电台 BY1QH 在 1997 年 10 月 19 日，用 144MHz（2m）频段成功地和瑞典 SM5FRH 等业余电台进行了第一次双向的 EME 通联，实现了我国业余电台在这一领域的突破。2011 年 3 月 20 日至 31 日，由中国无线电协会业余无线电分会（CRAC，The Chinese Radio Amateurs Club）组织的业余无线电月面反射通信实验（实验电台呼号：BJ8TA）在香格里拉县和云南天文台澄江抚仙湖太阳观测站圆满完成（见图 4）。此次实验在 3 月 20 日至 24 日在香格里拉进行，27 日至 31 日在澄江进行。其中，澄江实验使用了位于澄江抚仙湖太阳观测站的 11m 抛物面天线，该天线经过简单的改装后成为能接收和发射的双向通信系统。该系统分别在 144MHz（2m）频段和 432MHz（0.7m）频段连续工作了 4 天，与德国、俄罗斯、荷兰、瑞典、爱沙尼亚、保加利亚、法国、意大利、瑞士、西班牙、丹麦、芬兰、日本、澳大利亚、斯洛伐克等国家的业余电台完成了 38 次双向通信。此次 EME 通信是业余无线电爱好者首次

与国家专业天文研究机构深度合作完成的通信实验。

美国等一些国家的业余无线电组织还经常组织 EME 通信的国际比赛，我国的无线电业余爱好者也有参加。

月面反射通信频段

在频率使用方面，月面反射通信可使用 21MHz~76GHz 频段的频率资源，月面反射通信常用频段见附表。

其中，144MHz（2m）频段是使用最广泛的月面反射通信频率，尽管在 50MHz（6m）频段上进行月面反射通信已经非常成功，但庞大的天线阵列以及天空的背景噪声对大多数人来说都是难以解决的困难，不过仍有许多爱好者在此频段上操作。432MHz（70cm）频段是 EME 通信中第二个常用频段，它比起 144MHz（2m）频段既容易又困难：安装一个天线阵较容易，其频率较高，就相同数量的振子单元来说，432MHz（70cm）频段的天线更为小巧。其次 432MHz（70cm）频段上信号传播也相对容易，但仍需要较高的功率使其能将信号送至月球。另一个较流行的频段为 1296MHz（23cm）频段，所选用的天线是抛物面天线。只有少数人定期在 2320MHz（13cm）频段上通信，使用 10GHz（3cm）频段进行通信的就更少了。

附表　月面反射通信常用频段

序号	频段	波长
1	50MHz	6m
2	144MHz	2m
3	432MHz	70cm
4	1296MHz	23cm
5	2320MHz	13cm
6	5760MHz	6cm
7	10GHz	3cm

EME通信中的月球

上文介绍了 EME 通信是利用月球表

图 4　香格里拉月面反射（EME）通信实验组装好的天馈系统

图 5　月相盈亏

面反射无线电信号，并在地球上有效接收后实现信息的传递。可以说月球反射环节是 EME 通信实现的关键，那么作为反射介质的月球就是完成通信的关键节点。因此，认识月球对 EME 通信至关重要。

我们平时看到的月球，总是大小在变，形状也在变，如上弦月、下弦月，还有满月，

图 6 爱好者拍摄的"超级月亮"

这是月球、地球和太阳之间的相对位置发生变化而造成的视觉效果，叫作月相盈亏（见图 5）。

我们也经常能见到"超级月亮"，此时月球距离地球最近，又恰逢月圆。2020 年 4 月 7 日，"超级月亮"曾点亮夜空（见图 6）。

人类利用月球反射无线电信号完成 EME 通信，是建立在对月球有充分认识的基础上。但以往只通过肉眼观测，对月球的认识可能不够全面。随着我国探月工程的逐步开展，我们对月球的认识也将更加深入。

要想较好地开展 EME 通信活动，既要从宏观层面认识月球的基本属性，又要对月球的反射性能有充分的认知。下面将介绍月球的空间特性。

月球是太阳系的成员

太阳系（Solar System）是质量很大的太阳，以其巨大的引力维持着周边行星、行星的卫星、小行星和彗星绕其运转的天体系统（见图 7）。截至 2019 年 10 月，太阳系包括太阳、8 颗行星、205 颗卫星和至少 50 万颗小行星，还有矮行星和少量彗星。

人类在太阳系的活动范围很小

若以海王星作为太阳系的边界，其直径为 60 个天文单位，即约 9×10^9 km。一般情况，一个天文单位可理解为地月系的质心到太阳的平均距离约 1.5×10^8 km。

月球是太阳系中 205 颗卫星之一，也是地球唯一的卫星，还是人类目前到访过唯一的地外天体。月球赤道直径约 3476.2km，两极直径约 3472.0km，在太阳系的卫星家族中也算不上大，排在木星的卫星——木卫三、木卫六、木卫四、木卫一之后。

若按月球的平均半径 1737km，地球的平均半径 6371km 计算，地球的体积约为月球的 49 倍。如果将地球比作篮球的话，月球只比网球稍大一点。

从地球上看去，月球是圆的，但不是绝对意义上的标准球形。不过相比于地球的赤道和两极半径的差异，月球已经很接近球形了。月球两极直径和赤道直径之间的差异大约在 1.2‰，在大多数不涉及精确

计算的情况下，这点差异可以忽略。正是因为月球有相较于地球适中的体积和距离，人们在地球上才能看到月球美好多变的形象。

太阳系对于人类来说非常大，人类探索宇宙最远的飞行器——旅行者 1 号，经过 43 年的时间，仍然没有飞出太阳系，可以说人类探索宇宙的路途还很遥远。

月球与地球之间的距离是EME 通信的关键

地球是太阳系中距离太阳第 3 近的行星，也是太阳系中直径、质量和密度最大的类地行星，距离太阳约 1.5×10^8 km。

月球是距离地球最近的天体，也是人类肉眼可见最大的天体，地月之间的平均距离大约为 384 400km（见图 8），这个距离相对于太阳系可以说是微不足道，但登月已经是人类活动的最远距离。

在人类的通信活动中，距离决定了通信的难易程度。EME 通信的往返路径超过 7×10^5 km，对于业余无线电通信来说，通信距离也确实非常远。

虽然空间良好的视距传播条件是 EME 通信的基础，但月球与地球之间的距离是

图 7 太阳系各天体的空间位置示意图（非实际比例）

▌图8 月地平均距离示意图

384 400 km

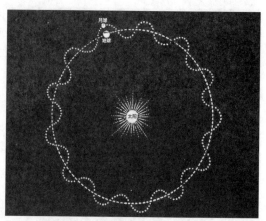

▌图10 月球围绕地球运动的轨迹投影

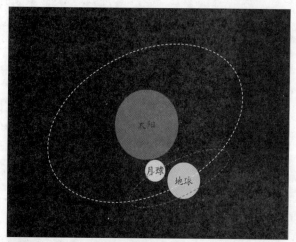

▌图9 太阳、月球、地球位置关系示意图

对地静止轨道（GSO）卫星轨道高度的20倍左右，因此EME通信的路径传输损耗远大于卫星通信，再加上月球的无源反射损耗，在24GHz频段往返的路径传输中损耗高达293dB，而我们常用的无线电通信系统的路径传输损耗一般在200dB以下。

▌月球位置的变化对EME通信会产生影响

地球在自转的同时，带着绕着它转动的月球，一起围着太阳公转。如果把地球、月球、太阳放在一张图里，大致的位置关系如图9所示。由于地球本身围绕太阳公转，月球围绕地球运动的轨迹投影如图10所示。

我们能够看到的月相盈亏和日升月落都是3个天体之间的相对运动所致。月球距离我们时近时远，因此我们看到的月球也时大时小，于是就有了中秋月圆，也有了新月和满月，还有了日食和月食。

月球在伴随着地球公转时，相对于太阳的位置也发生着变化。当月球靠近太阳时，引起空间通信环境变化，增加了EME通信的难度。月球相对于地球的位置改变，使得EME通信中，通信方需要随时间改变天线的指向，还要保证通信的双方同时对月球可见。

月地距离和相对位置的变化，导致空间引力呈规律性变化，引起潮水的涨落，其原理如图11所示。月球和太阳的引力叠加造就了钱塘江大潮的壮观，还对地球磁场和气候造成了影响，对我们的生产、生活也有影响。

虽然月球和太阳对地球引力的叠加作用并不会改变电磁波的传播路径，但天体之间的相对位置变化，使得发射频率经过反射后在接收时偏离原有中心频率，地月位置变化引起的多普勒频移在10GHz频段高达30kHz。

在地球磁场和电离层的共同作用下，无线电信号在传播中出现的极化旋转现象被称为法拉第旋转效应，该效应将对不同频段的EME通信产生影响。因此在EME通信中还需要考虑极化旋转，合理调整天线的接收方式。关于多普勒频移、法拉第旋转效应和天线架设等内容，将在之后的连载文章中进行介绍。Ⓧ

▌图11 潮汐现象形成原理

探秘月面反射通信（3）

月面反射通信的基本原理

▌ 国家无线电监测中心　刘明星

▌ 月球是地球的天然卫星

上期介绍过，月球与地球之间的平均距离大约为 384 400km，为什么是大约呢？因为月球围绕地球运动的轨道形状不是标准的圆形，而是椭圆形。太阳系所有行星的运动都遵守开普勒第一定律，也称椭圆定律。虽然月球并非行星，但其运动仍遵循这一定律。

月球作为地球的天然卫星，绕着地球作椭圆运动，二者的空间相对位置示意图如图 1 所示。月球轨道的近地点距离地球约为 363 300km，远地点距离地球约为 405 493km。

月球的轨道参数

要想了解月球相对于地球的空间位置，首先要了解月球的轨道参数。根据开普勒第一定律，卫星在空间中围绕某个天体作椭圆运动，可用 6 个参数来描述卫星运动的情况，它们分别为半长轴 a、偏心率 e、轨道倾角 i、升交点赤经 Ω、近地点幅角 ω、真近点角 v，这 6 个参数也被称为"轨道六根数"。

其中，半长轴 a 为椭圆长轴直径的一半，地球是椭圆直径中的一个焦点，如图 2 所示。

轨道的偏心率 e 为焦距 c 和半长轴 a 的比值，即 $e=c/a$，$0 \leq e < 1$。圆轨道的 2 个焦点重合为圆心，偏心率为 0。图 3 所示的橙色、黄色、蓝色 3 个椭圆为月球的

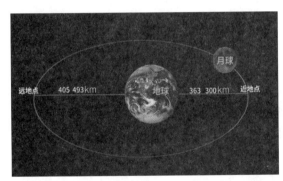

▌ 图 1 月球的远地点和近地点示意图

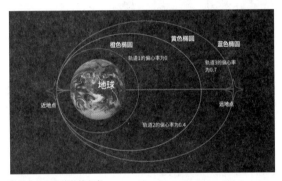

▌ 图 3 卫星轨道的偏心率 e

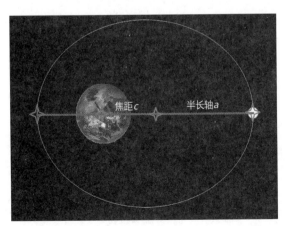

▌ 图 2 卫星轨道的半长轴 a

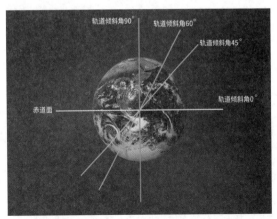

▌ 图 4 卫星轨道的倾角 i

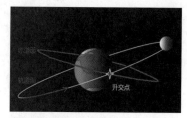

▌图 5 卫星轨道的升交点赤经 Ω

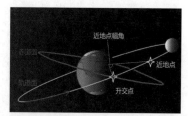

▌图 6 卫星轨道的近地点幅角 ω

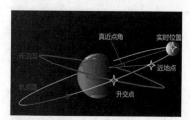

▌图 7 卫星轨道的真近点角 ν

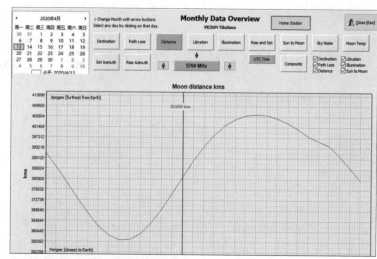

▌图 8 月球空间位置预测，界面为月面反射 Planner 软件

运行轨道，偏心率分别为 0、0.4、0.7。

轨道倾角 i 为轨道平面与赤道平面的夹角，如图 4 所示。

升交点赤经 Ω 为轨道平面与赤道平面的相交点对应的经度，如图 5 所示。

轨道的近地点幅角 ω 为升交点到近地点之间的角度，如图 6 所示。

卫星在近地点运动，某时刻其所在位置与近地点之间的角度为真近点角 ν，如图 7 所示。

总体来说，半长轴 a 和偏心率 e 确定了轨道的运行形状，影响卫星在轨道不同位置的速率。轨道倾角 i、升交点赤经 Ω 和近地点幅角 ω 确定了轨道的位置，也决定了卫星的覆盖方式和过境时长。真近点角 ν 可确定卫星的实时位置。

月球的公转轨道用轨道六根数描述如下：半长轴 384 403km，偏心率 0.0549，轨道倾角 5.1°，升交点赤经 125°，近地点幅角 318°，距离我们最近时刻的真近点角为 0°。

由于地球的自转和月球的公转不在同一个平面，所以月球每天在天空中出现的位置都不相同，单纯地用"轨道六根数"来描述月球的相对运动显得十分复杂，不利于月面反射通信的开展。为此，广大天文和业余无线电爱好者开发了相关软件，可将轨道参数和星历数据转换成图形，用来预测月球的空间位置，图 8 所示为使用月面反射 Planner 软件预测的地月之间距离随时间的变化曲线。

月面反射 Planner 软件不仅能准确地预测月球在某地的最佳通信时间，还能结合已有的月面反射站点和空间天气，预测月面反射通信的效果，给 HAM 提供一些参考，HAM 借助软件可以提高月面反射通信的成功率。

月球的运动属性

我们知道地球的自转周期大约为 1 天，公转周期大约为 1 年。月球的公转周期约为 27 天，但其自转有点特殊，其周期和公转周期相等。也正是单位时间内自转和公转所转的角度相同，这就导致月球的一面一直"看着"地球，这种现象也称为潮汐锁定（见图 9）。

潮汐锁定现象使人类想要了解月球的另一面变得非常困难，但在我国的"鹊桥"卫星（嫦娥四号月球探测器的中继卫星）成功发射后，在月球背面着陆的"玉兔"号月球车将月球背面的相关情况传给"鹊桥"卫星，然后"鹊桥"卫星再转发回地球，从此我们就能看到完整的月球了。"鹊桥"卫星通信示意图如图 10 所示。

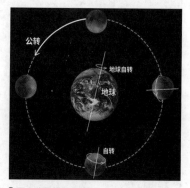

▌图 9 潮汐锁定示意图

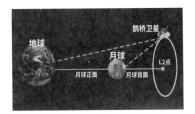

图10 "鹊桥"卫星通信示意图

为了便于读者理解，我们将月球面向地球的一面称为正面，将另一面称为月球的背面。潮汐锁定现象意味着月球的背面背对着地球，值得庆幸的是，月球正面的反射条件优于背面，也正因为有潮汐锁定现象，月面反射通信中，月球的反射面基本处于稳定的状态。

月球公转轨道的偏心率为0.0549，这说明月球的运行轨道接近圆形，因此月球在其运动轨道上的运动速率变化不大，这对月面反射通信来说是有利条件。月球的公转周期约为27.32天，通过计算可知月球运行的角速度为0.55°/h，角速度很慢，对于月面反射通信比较友好，我们很容易调整天线的指向，甚至在某个月面反射通信的窗口期内不用重新设置天线指向。

月球是月面反射通信的反射介质

自古以来，不少文人骚客给月球赋予了很多美好的寓意，比如团圆、美好、永恒等，但月球作为月面反射通信中无线电信号的反射介质，现实情况不太美好。月球没有与地球类似的大气层，也不会形成与地球相似的气象环境，因此月面反射通信的无线电信号在月球表面附近不会受近地空间传播时大气衰落的影响。受为没有大气层的保护，在月昼时，受太阳直射，月表的温度高达120℃；在月夜时，月表的温度会降到-230℃。

月球表面能够反射无线电波

作为人类登上的第一个地外天体，月球表面（月壳）在受到陨石撞击后，月幔流出，玄武岩岩浆覆盖了低地，形成了较低洼的广阔平原——这种地貌通常被称为"月海"。虽然叫作"月海"，但其中一滴水也没有，也不算平整，但可作为太阳光和无线电信号的反射介质。

图11所示是由激光高度计测得的月球正面（近地侧）和背面（远地侧）的地形高程。

从图中可以看出，月球正面的平整程度比背面要好很多。

也正是因为月球表面可以反射太阳光，所以月球是我们在天空中除太阳之外看起来最亮的天体。尽管我们在月圆时看到月球呈现非常明亮的白色，但其表面实际很暗，无法与标准的镜面反射相比。

据目前已知的情况，月壳中存在储量可观的铁、铝、钛等金属元素及其化合物。这些金属物质构成的深色月壤对电磁波具有一定的吸收作用，因此月面反射通信的损耗也其受影响。

月球反射无线电信号的能力不强

因为月球可以反射太阳光，光也是一种电磁波，人们因此想到了可以用月表作为反射介质，进行月面反射通信。但月球表面并不光滑（见图12），布满了撞击坑，月球的理想反射率只有58%。

月球表面的撞击坑让反射后的无线电信号出现漫反射（见图13），使得能够返回地球的无线电信号能量更少，有效反射率仅有7%左右。

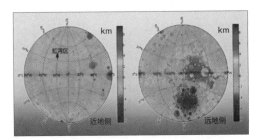

图11 月球正面和背面的高程图

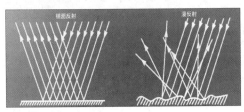

图13 镜面反射和漫反射

图12 月球表面的照片

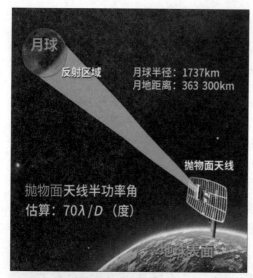

图 14 月球反射面积示意图

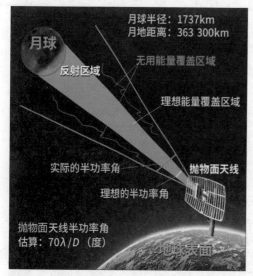

图 15 天线发射的无线电信号能量分布示意图

距离大约为 384 400km。但这个距离相对人类在地面的通信来说，已经足够遥远。因为有潮汐锁定现象，适用于月面反射通信的月球反射区域相对固定。那在月面反射通信实验中，月球反射区域的面积有多大呢？

为了计算无线电信号能够到达并覆盖月球表面的面积，假设信号频率是地月通信的最高频率 24.048GHz，经口径为 15m 的抛物面天线发出，如图 14 所示。根据工程经验公式：

$$\theta = 70\lambda/D$$

公式中 θ 为发射天线的半功率角，单位为度；λ 为发射频率对应的波长，单位为米；D 为抛物面天线的口径，单位为米。

得到天线的半功率角之后，可以计算信号覆盖月面的截面直径 d_L，公式为：

$$d_L = 2 \times d \times \tan\frac{\theta}{2}$$

式中 d_L 为能够反射月面反射信号的月球截面区域直径，单位为千米；d 为地球和月球之间的距离，取近地点距离 363 300km；θ 为发射天线的半功率角，单位为度。

通过计算得到的截面直径为 21 156km，远大于月球的直径 3476km。所以我们不用担心无线电信号反射所占月球面积（约 49% 的月表面积）不够大。

实际上，天线发出的全部能量并不能集中照射到月球表面。图 15 中仅理想能量覆盖区域部分的无线电能量到达月球表面，而无用能量覆盖区域部分的无线电能量并不会到达月球表面，但月球表面的反射面积足够大，所反射的能量能够支持地球上不同的电台利用其作为反射体实现通信。在工程中可以通过提升天线的方向性，提升无线电能量在月球表面的集中程度，为月面反射通信提供增益。

一个月面反射发射站点发出的无线电信号经过月面反射后，能够被多个站点接收，如图 16 所示。关于如何选取月面反射通信的发射和接收站点的位置，将在之后的文章中介绍。了解了月球的基本参数、运动状态和反射效能，月面反射通信的第一步就实现了，下期将介绍月面反射的通信系统、通信制式及工程实现等相关内容。🅧

从地球发出的无线电信号在经过月球表面的吸收和漫反射后，最终能够回到地球的能量取决于通信链路往返路径中的总消耗量，即路径传输损耗。要想利用月球表面进行月面反射通信，还需要掌握无线电信号路径传输损耗的规律。

月面反射通信的能量无法集中

月球是人类肉眼能够看到最大的，也是距离地球最近的天体。它与地球的平均

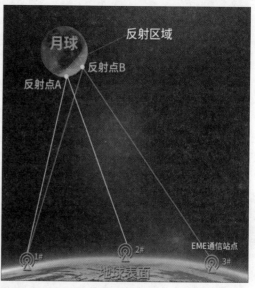

图 16 无线电信号在月球表面反射示意图

八重洲车载电台诚意之作
YAESU FTM-300D 测评

▍杨法（BD4AAF）

日本八重洲公司（YAESU）是全球知名的业余无线电台器材生产企业，其产品深受国内外业余无线爱好者的青睐。八重洲公司推出的入门级车载电台FTM-100D和旗舰级车载电台FTM-400XDR均增加了C4FM数字通信模式，并且集成了GPS和APRS等模块，使电台的可玩性更高。本期，笔者将对八重洲公司最新发布的FTM-300D车载电台进行介绍。

▍产品定位

FTM-300D 的外观让人眼前一亮，这部电台采用了全新的外观设计，机头控制面板上的彩色显示屏和4个旋钮格外显眼，看起来十分高档（见图1）。FTM-300D的硬件配置也十分丰富，其内置 GPS、蓝牙、APRS 模块，支持 C4FM 数字通信模式，支持使用Micro SD卡扩展存储空间。另外，FTM-300D 的手持话筒也进行了升级，增加了静音键。在笔者看来，这些都是很实用的配置，可以满足无线电爱好者日常的使用需求，不用额外选购其他扩展配件。

从 FTM-300D 性能和配置来看，笔者认为它是八重洲的一款定位于中档的车载电台。在射频方面，FTM-300D 为VHF/UHF 双频段、双接收车载电台，比 FT-7800/7900 和 FTM-100D 等 双频段、单接收的车载电台要高一个级别；虽然FTM-300D 采用了彩色显示屏，但其彩色显示屏的尺寸小于旗舰级车载电台FTM-400XDR（见图2），且不支持触控操作。另外，FTM-300D 的定价也低于FTM-400XDR。

在 FTM-300D 发 布 之 前，FT-8800R 是八重洲公司的中档车载电台产品。相 比 FT-8800R，FTM-300D 在性能和功能方面有了很大的提升。FTM-300D 在 VHF/UHF 双波段的输出功率都可以达到 50W，而 FT-8800R 在 UHF 波段的发射功率仅有 35W。在接收性能方面，FTM-300D 和 FT-8800R 均支持双通道同时接收，并无明显差别。在其他功能方面，FTM-300D 采用了彩色显示屏，支持 C4FM 数字通信模式，集成了

▍图1 搭载彩色显示屏的FTM-300D

▍图2 左侧为FTM-400XDR，右侧为FTM-300D

GPS、蓝牙、APRS 等模块，这些功能和配置都是 FT-8800R 所不具备的。

外观与设计

传统的车载电台的机头控制面板通常采用长条状的单色显示屏，机身厚度与机头控制面板的高度基本保持一致。FTM-300D 的机头控制面板的高度为机身厚度的 1.5 倍，加高的机头控制面板为彩色显示屏提供了空间（见图 3）。FTM-300D 采用了一块 2 英寸的 TFT 彩色液晶屏，显示效果很好，提升了整机的颜值。FTM-300D 的机身和机头控制面板采用了可分离式设计，机头控制面板与机身通过卡口连接，拆装方便。FTM-300D 的机头控制面板背后有安装螺丝孔，如果将其安装在车上，除了粘贴固定外，还可以使用吸盘固定。

FTM-300D 的彩色显示屏设置在机头控制面板的中央位置，显示屏左右两侧各有一排操作按键，在面板的最外侧设有 4 个调节旋钮。FTM-300D 的操作界面分为上下两层，可分别显示 2 个工作频段，每个频段有对应的音量调节旋钮和频率（频道）调节旋钮。

FTM-300D 的机身采用了加厚设计，优势在于一是可选用大口径的扬声器，二是散热性能更好。车载电台通常使用超薄

型内磁式扬声器，FTM-300D 选用了直径为 65mm 的外磁式纸盆扬声器（见图 4），配合大功率的音频输出电路（最高输出功率为 3W），其音质和响度均值得称道。FTM-300D 采用铸铝中框架构，机身内部采用了加强型散热结构设计（见图 5），配合温控散热风扇，散热效率较高。

机身内侧配有各类接线端口（见图 6），其中用于连接机身与机头控制面板的控制电缆采用的是 R-J45 接头（8 芯电缆），之前八重洲公司的车载电台的控制电缆通常会使用 R-J12 接头（6 芯电缆），不过 R-J45 接头也比较常见，HAM 自制延长电缆还是很方便的。

FTM-300D 拥有 C4FM 数字通信模式和 APRS 功能，为了方便数据传输，该机增加了 DATA 接口。另外，HAM 也可以通过 DATA 接口对电台进行固件升级。FTM-300D 机头控制面板的侧面分别设有 Micro SD 卡插槽（见图 7）和外接 GPS 模块接口。

FTM-300D 标配的是 SSM-85D 话筒（见图 8），这是一款配有白色背光数字键盘的手持话筒，外带 4 个可编程功能键和频率调整键。该话筒的体积要比同厂的 MH-48 话筒稍大一些，话筒内部有配重，很有质感。笔者比较喜欢使用这种大话筒，握感很好。另外该话筒有一个

图 4 机身内部采用了 65mm 的外磁式纸盆扬声器

图 5 机身内部采用了加强型散热结构设计

图 6 机身内侧的各类接线端口

图 7 机头控制面板上的 Micro SD 卡插槽

图 3 FTM-300D 的外观

图 8 电台标配的 SSM-85D 话筒

图9 FTM-300D 的主板

MUTE（静音）键，这是一个很实用的功能，比如 HAM 在使用电台的过程中需要接打电话，这时可按下 MUTE 键，将电台临时静音。另外，SSM-85D 话筒的连接线采用的是常见的 RJ-12 接头，便于 HAM 自制话筒延长线。

硬件配置与性能

FTM-300D 拥有 VHF/UHF 双波段、双通道发射和接收功能，在 VHF 和 UHF 波段都可设置最高 50W 的输出功率，并有 25W 和 5W 功 率 输 出 挡 位。FTM-300D 支 持 UHF+UHF、UHF+VHF、VHF+VHF 三种双接收模式，支持 108 ~ 999MHz 通信频率的接收，可以作为接收机使用。FTM-300D 的调制模式有 FM、AM（仅接收）、C4FM 数字模式，其中 C4FM 数字模式支持图像传输和 DG-ID（Digital Group ID，数字组编号）传输。FTM-300D 提供高速频谱显示功能，在 VFO 模式下可监视最多 63 个步进频率，且扫描速度很快。

FTM-300D 的做工和用料都很好，主板设计规整，十分"养眼"（见图9）。

主滤波电容耐热性能好，最高上限工作温度为 105℃。继电器等元器件选用的是日本欧姆龙和松下公司的产品，品质可靠。该机采用了直径 4cm 的磁悬浮静音风扇，散热效率较高。音频功放使用的是美国国家半导体公司的 L4950TS，音频输出功率最高为 3W。FTM-300D 支持双通道音频输出，有分离 A/B 通道输出的设置，可外接 2 组扬声器。

FTM-300D 的 GPS 芯片拥有 66 个搜索信道，接收灵敏度高，实测性能很棒，将电台放置在室内窗口位置定位迅速，在

室外、车内的定位速度也很快（前提是车窗膜不能阻挡电波）。该机的 APRS 应用和 C4FM 应用均可调用 GPS 芯片中的位置数据。FTM-300D 支持外接 GPS 模块，以适用于不同的应用场景。

FTM-300D 内置的 APRS 模块可通过内置调制解调器独立发射和接收（解码）APRS 信息，无须使用笔记本电脑或其他设备，性能已不输于主打 APRS 功能的 FTM-350 车载电台。

FTM-300D 内置蓝牙模块，可与原厂的 SSMBT10 蓝牙对讲耳机配对使用，支持 VOX 声控功能。一些为移动电话设计的蓝牙耳机也可与 FTM-300D 配对使用。支持蓝牙功能的业余电台日渐增多，不过一般需要 HAM 额外选购外接的蓝牙模块，内置蓝牙模块的业余电台并不多见。FTM-300D 最大支持使用容量为 32GB 的 Micro SD 存储卡，不仅支持记录 APRS 和 GPS 数据，还支持存储语音录音。

使用感受

在功能方面，FTM-300D 与八重洲公司旗舰级手持数字电台 FT3DR 十分相似。不过 FTM-300D 的最高输出功率为 50W，而 FT3DR 的最高输出功率只有 5W。FTM-300D 主要是靠按键和旋钮进

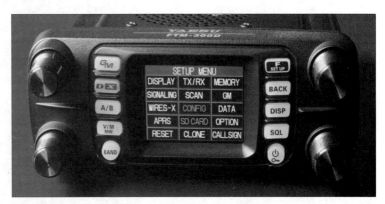

图10 FTM-300D 的设置菜单

行操作和设置，按键的逻辑设置合理，常用的功能可通过快捷键设置。音量、频率（频道）调节都是由独立的旋钮控制。静噪等级由专用的按键配合频率旋钮设置。A/B通信工作区切换、频率和频道模式、波段切换、GM模式都有专用按键，可一键切换，频谱显示也可一键调出。FTM-300D的设置菜单按功能划分，长按 F 键可进入设置菜单，短按 F 键可进入快速设置菜单（见图10）。以前很多 HAM 抱怨 FT-8800的 4 个旋钮较小，步进幅度也不大，不方便操作。FTM-300D 采用了大尺寸旋钮，支持大幅度快速调节。

在 FTM-300D 的显示界面中，A/B通信工作区分为上下结构，每个接收通道都有独立的信号表。FTM-300D 不能单独关闭其中一个接收通道，不过可以开启副频段接收静音功能，在主频段有效接收时，副频段不会产生干扰。显示界面顶部的状态条可以显示电压、GPS、扩展卡、录音状态等信息。其中电压显示很有用，HAM 通过电压显示可以了解电台的实际输入电压以及在电台的发射状态时电压的下降情况，从而评估电台供电系统的性能。

FTM-300D 标配的 SSM-85D 话筒手感很好，HAM 可以通过话筒直接输入频率，不用考虑当前的工作波段，输入频率就像电话拨号一样，十分方便。话筒有 4 个功能键，其中 P2、P3、P4 键可在菜单中设置快捷功能，如切换输出功率、HOME 频道、扫描、倒频、静噪强制打开等，非常实用。

在实际通联中，FTM-300D 操作方便，输出功率大，音质还原出色。另外，FTM-300D 的频谱监测功能也是一大特色，利用双接收通道的配置，在主频段接收工作不受影响的前提下，显示屏可显示当前频段的中心频谱，频谱监测在工作时呈"可听可看"状态，而且扫描速度很快，实用性很强。

产品实测

笔者这台 FTM-300D 的实际发射范围为分别为 144.000 ~ 148.000MHz 和 430.000 ~ 440.000MHz，发射频率均在我国业余电台规定的发射范围之内。八重洲公司的业余电台设备一向遵守我国有关无线电进口和销售的相关法规。FTM-300D 设有 3 挡输出功率，分别为 50W、25W、5W，实测各挡发射功率如附表所示。

当 FTM-300D 的工作电压为 13.8V时，在 435MHz 以高功率（50W）发射，工作电流接近 9A。若在待机且保持接收状态时，工作电流接近 0.3A。经过测试，笔者的这台 FTM-300D 的发射频率误差很小，数字电台对发射频率的精度有很高的要求，较大的频率误差会增加数字模式的误码率。在 430MHz 频段实测，FTM-300D 的发射频率误差为 -12Hz，相当于 0.028×10^{-6}，远高于国家对 430MHz 业余电台设备频率容限 5×10^{-6} 的指标。

FTM-300D 的接收灵敏度很高，在 VHF/UHF 波段的接收灵敏度均优于 $0.16\mu V$。八重洲公司在信号表显示方面一向做得很好，FTM-300D 的信号表也不例外，其信号表提供了 10 个递进显示格，信号的强度显示范围为 -120dBm ~ -87dBm，在实际使用中具有很好的参考价值。FTM-300D 的接收灵敏度很高，在室内使用时，搭配一根放在窗口的 70cm 长的拉杆天线就能收到不少信号。

FTM-300D 的杂散发射控制得非常好（见图11），展现了八重洲公司新一代产品良好的射频设计实力，其指标甚至优于商业电台（-70dB）的标准。笔者也测试了 FTM-300D 的扫描速度，连续扫描了 800 个频点，用了 53s，大约 1s 可扫描 15 个频点，虽然扫描速度不是 FTM-300D 的强项，但测试结果也还不错。

总体来说，FTM-300D 作为中档车载电台，在硬件配置方面，采用了彩色显示屏，内置 GPS 和蓝牙等数据模块，领先于同档次产品。在功能方面，FT-300D 拥有 C4FM 数字通信和 APRS 功能，除了满足 HAM 日常通联需求外，可玩性也很高。相信 FTM-300D 有望成为新一代数字车载电台中的代表之作。Ⓧ

图11 FTM-300D 的发射杂散频谱

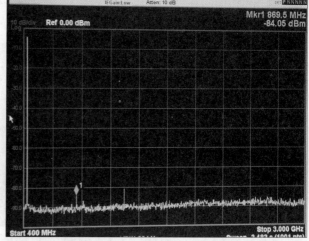

测试频点	H 挡（标称 50W）	L1 挡（标称 25W）	L2 挡（标称 5W）
435.100MHz	49.8W	25.1W	5.1W
144.900MHz	51.2W	25.4W	5.3W

附表 发射功率实测

探秘月面反射通信（4）

EME 通信电波的传播损耗

▌国家无线电监测中心 李安平 王孟 张烨

EME 通信电波传输往返路径长达 8×10^5 km，无线电波需要穿过大气层、电离层及宇宙空间到达月球表面，然后电波经过月球表面反射后再返回地球。影响电波传播的主要因素包括路径传输损耗、多普勒频移、法拉第旋转、天空噪声以及空间位置的变化引起的极化改变等（见图1）。

▌EME 路径传输损耗

月面反射通信中的无线电信号需要往返经过地球大气层、月地间的宇宙空间等重要的区域，每个区域均会对信号传播产生影响，主要包括自由空间传输损耗和大气吸收损耗。EME 电波传播示意图如图2所示。

1. 自由空间传输损耗

传输损耗中最基本的就是自由空间传输损耗了。无线电波在自由空间传输时，发射天线辐射功率大部分能量向其他方向扩散，随着传输距离增加，信号在单位面积中的能量会因为扩散而减少，接收天线接收的信号功率仅为很小的一部分。通信距离越远，信号辐射的面积越大，接收点截获的功率越小，即传输损耗越大。除了距离以外，自由空间传输损耗还和通信的频率有关，频率越高，自由空间损耗也越大。

随着距离和频率的上升，自由空间的传输损耗也随之上升，到了一定界限后呈缓慢上升趋势。自由空间传输损耗可由下列公式计算得出。

$$L_f = 32.44 + 20\lg d + 20\lg f$$

在公式中 f 为电磁波的频率，单位为 MHz；d 为传播路径的距离，单位为 km。

EME 通信距离约为 8×10^5 km，无线电信号要穿越不同的介质，可将无线电信号在大气层以外的空间传播看作自由空间传播。自由空间传输损耗为 EME 整个通信链路的主要损耗。根据经验，可采用自由空间损耗公式对该部分损耗进行计算，

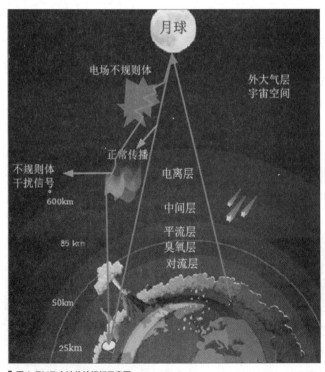

▌图1 EME 电波传输损耗示意图

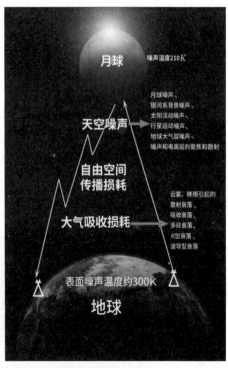

▌图2 EME 电波传播示意图

表 1 典型频率的 EME 传输损耗

序号	频率（MHz）	地月之间的平均距离（km）	平均传输损耗（dB）
1	50	384 400	242.9
2	144		252.1
3	432		262.6
4	902		268.0
5	1296		271.2
6	2304		276.2
7	3456		279.7
8	5760		284.1
9	10368		289.2
10	24048		293.5

表 2 大气层对无线电波的影响

传播问题	物理原因	主要影响
天空噪声和衰减增加	云、大气气体、雨	大约 10GHz 以上的频率
信号去极化	冰结晶体、雨	Ku 和 C 频段的双极化系统
大气多径和折射	大气气体	低仰角通信和跟踪
信号闪烁	电离层和对流层的折射扰动	对流层：仰角低且高于 10GHz 的频率 电离层：低于 10GHz 的频率
反射阻塞和多径	地球表面和表面上的物体	探测器的跟踪
传播变化、延迟	电离层和对流层	精确定位、定时系统

获得自由空间的传播损耗数值。典型频率的 EME 传输损耗如表 1 所示。

2. 大气吸收损耗

在传输过程中，无线电波除了在自由空间传输外还要在大气层中往返，且大气环境的变化会导致接收机接收的电平产生波动，这种现象称为大气吸收损耗或衰落。衰落的情况与地面站位置、气候条件、电波频率等因素有关（见图 3）。从衰落的物理因素来看，可以分为如下几种类型：云雾、降雨引起的散射衰落、吸收衰落、波导型衰落、K 型衰落、多径衰落。无线电波经过平流层、对流层（含云层和雨层）、外层空间和电离层，跨越距离大，因此必须考虑这些因素对于电波传播的影响。表 2 所示为大气层对无线电波的影响。

K 型衰落是多径传输产生的衰落。反射波和直射波在到达接收端时的行程差导致相位不一样，在叠加时产生的电波衰落就是 K 型衰落。这种衰落与行程差有关，而行程差是随大气的折射参数 K 值的变化而变化的，故称作 K 型衰落。这种衰落在湖泊、水面、平滑的地面传播时较为明显。

在 EME 通信中，除了自由空间传播和大气吸收产生的传播损耗外，多普勒频移、法拉第旋转以及天空噪声等也是影响 EME 通信的几个重要因素。

▌多普勒频移

当发射机与接收机之间存在相对运动时，接收机接收的频率会有所变化，这种现象称为多普勒效应。接收频率与发射频率之间的差被称为多普勒频移。假定发射频率为 f，接收频率为 f'，则多普勒频移可以用公式表示：$\Delta f = f' - f$。

如图 4 所示，当汽车向男子靠近时，男子听到的汽车声音的频率会大于汽车本身的声音发射频率，即 $\Delta f > 0$，此时听到的声音较为尖锐；当汽车向远离女子运动时，女子听到的声音频率会小于汽车音频，即 $\Delta f < 0$，此时听到的汽车声音较为粗钝。

地球在围绕着太阳运行公转的同时也在自转，自转的平均角速度为 7.292×10^{-5} rad/s，在地球赤道上的自转线速度为 466m/s。图 5 为太阳、地球和月球的运动轨迹示意图。

由于地球和月球的相互运动引起的多普勒效应会影响电台对于 EME 信号的接收，处于地球上不同纬度的电台，由于地月的相对运动速度不同，产生的多普勒频移也不同，接收频率可能低于或高于发射频率。

由于地月的相互运动产生了多普勒频移，如图 6 所示，A 点距发射站最近，B 点到发射站和接收站的距离相同，C 点距接收站最近。假设月球由 E 点向 A 点运动，多普勒频移分别为 Δf_1 和 Δf_2，B 点处的多普勒频移为 Δf_3 和 Δf_4，C 点向 F 点运动时的多普勒频移为 Δf_5 和 Δf_6。当月球从 E 点向 A 点运动，月球同时靠近发射站和接收站，此时 $\Delta f_1 > 0$，$\Delta f_2 > 0$，多普勒频移（$\Delta f_1 + \Delta f_2$）> 0；当月球从 A 点向 B 点

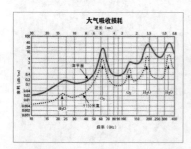

▌图 3 不同海拔下，不同频率对应的大气吸收损耗值

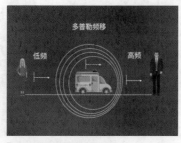

▌图 4 声音多普勒频移示意图

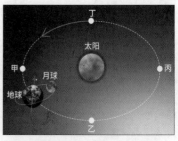

▌图 5 太阳、地球和月球的运动轨迹示意图

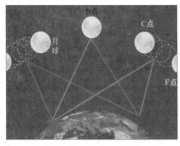

▌图 6 多普勒频移影响 EME 通信的示意图

运动时，月球将远离发射站，但继续靠近接收站；当运动到 B 点时，月球到发射站和接收站的距离相同，即 $\Delta f_3=-\Delta f_4$，此时的多普勒频移（$\Delta f_3+\Delta f_4$）=0；同理月球从 C 点向 F 点运动，月球远离发射站和接收站，故 $\Delta f_5<0$ 且 $\Delta f_6<0$，此时多普勒频移（$\Delta f_5+\Delta f_6$）< 0。根据多普勒频移效应，最终推导出的多普勒频移公式为：

$$\Delta f=\frac{f}{c}\times v\times\theta$$

在公式 Δf 中多普勒频移，单位为 Hz；θ 为接收站与入射波方向的夹角，单位为度；v 是地球自转的速度，单位为 m/s；c 是电磁波传播速度，$c=3\times10^8$m/s；f 为载波频率，单位为 Hz。

EME 通信的总路径为 R，波长为 γ，传播总数为 $\frac{R}{\gamma}$，每个波长对应相位的变化为 2π，传播路径的总相位变化的公式如下。

$$\theta=2\pi\times\frac{R}{\gamma}$$

由于地月相对运动，R 和相位都会随着时间变化而变化，求相位和时间的导数，可得到相位随时间的变化率，即角频率的计算公式如下。

$$\omega=\frac{\Delta\theta}{\Delta t}=\frac{2\pi}{\gamma}\times\frac{\Delta R}{\Delta t}$$

角频率单位为 rad/s，从公式中可以看到相位随时间的变化率是角频率，因而得到多普勒频移与 EME 传输总路径的变化率成正比，典型的 EME 通信频率的最大多普勒频移如表 3 所示。

表 3 典型的 EME 通信频率的最大多普勒频移

序号	频率（MHz）	最大多普勒频移
1	144	440Hz
2	1296	4000Hz
3	10 000	30 000Hz

▌法拉第旋转

在开始 EME 通信前，我们需要调整接收天线的方位角和极化角，以便接收到较强的信号。在 EME 通信过程中，我们会发现一个有趣的现象：需要不断地调整极化角，以接收到最强的信号。这是由于地球存在磁场，电波在穿过电离层时受地磁的影响导致其极化角发生了偏转，我们称之为法拉第旋转，称这种现象为法拉第旋转效应。

1. 法拉第旋转效应的发现

1845 年，英国科学家法拉第在探究电磁现象和光学现象之间的关系时偶然发现当一束偏振光穿过介质时，如果在介质中沿光的传播方向加上一个磁场，我们可以观察到光到达后振动面时会有一个角度偏转，如图 7 所示，这种现象被称为法拉第效应。

实验表明，法拉第效应可定量描述为当磁场不是很强时，偏转角度 ψ 与磁感应强度 B 和光穿越介质的长度 L 的乘积成正比，这个规律又叫法拉第 - 费尔德定律，即 $\psi=VBL$。在公式中 V 为费尔德常数，与介质性质及光波频率有关。

2. 法拉第效应与EME通信

电离层本身是个等离子体，地球产生的恒定磁场使电离层变成了磁化等离子体。我们发射的无线电波在穿过磁化等离子体时就会被分解成两个等幅而旋转方向相反的圆极化波。而且因为受地球磁场的影响，被分解的两个圆极化波相位变化速率不一致，这就使合成后的电波的极化角会产生

偏移，如图 8 所示。

法拉第效应中的极化偏转方向只取决于磁场的方向，因此在接收电波时，偏转角是累加的，无法抵消。幸运的是，如果在通信中，电波极化偏转了 360° 的整数倍，则相当于没有受到法拉第效应的影响。

地球电离层的厚度不同，尤其是极地或赤道上空，再加上日出日落的影响，偏转角会有非常明显的变化。根据这个原理，我们可以通过测量电波极振面的旋转角，推算电波路径上的总电子含量。

3. 频率与法拉第旋转的关系

为更直接地表示电波在不同频率穿透电离层时的法拉第旋转角数值大小，我们引用在（20° N,75° E）经纬度下采用国际参考电离层模型提供的计算结果，如表 4 所示。表中的数据以太阳活动强度中等，太阳黑子指数为 50.9、入射角为 50°、方位角 18° 为参考值。

▌天空噪声

EME 成功通信的关键是要确保接收的

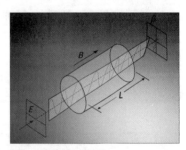

▌图 7 法拉第效应示意图

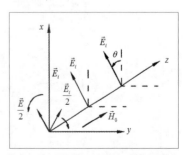

▌图 8 电波分解且各相位移速不同而形成的偏移角

表4　电波在不同频率下的法拉第旋转角

序号	频率（GHz）	法拉第旋转角（°）
1	0.02	10800
2	0.144	720
3	0.432	360
4	1.4	12.1
5	6.8	0.51
6	10.7	0.21
7	18.7	0.07
8	23.8	0.04
9	37	0.02

信号满足一定的信噪比。前文介绍了信号在传输过程中由于自由空间传输损耗、大气吸收损耗、法拉第旋转等因素的影响，信号强度变弱、信噪比降低。在 EME 通信过程中，受天空噪声的影响，也会增加信号的噪声进而降低信噪比。

天空噪声主要来自地球、大气层、月球表面以及银河系等，也可能来自太阳和其他辐射源（考虑在地球的上方加入大气层，太阳在月球的另一面的某处，且银河系和系外噪声源在更远的位置并覆盖整个上空）。天空噪声包含银河系噪声、太阳噪声、月球噪声、行星噪声和电离层的聚焦和散射等。天空噪声的典型值如图9所示。对于北半球的电台，天空噪声影响非常明显，特别是月球处于新月或处于最南端时，EME 通信效果均不理想。

1. 银河系噪声

银河系宇宙背景存在着稳定的、频段范围宽广的无线电波辐射造成的噪声。银河系对 50MHz 频段的电磁信号有很大的影响，在 144MHz 和 432MHz 频段进行 EME 通信，银河系噪声的影响也是比较大的，尤其是在 144MHz 频段，主要的噪声源是来自银河系的背景噪声辐射。

如图10所示，其中上图中的虚线为银河系面，正弦曲线（实线）为黄道面。地球绕太阳公转的轨道平面（黄道面）运动，月球在每月中沿黄道面 ±5° 范围进行运动。在噪声温度为 200K、500K、1000K、2000K 和 5000K 时绘制等高线图。其中下图是沿着黄道面绘制 144MHz 处的星空背景噪声投影，并以波束宽度

15° 进行平滑。

该图绘制了全星空的 144MHz 频段噪声温度。可以看出，沿着银河系面的噪声最强，且指向银河系的中心。同时，银河系噪声温度与频率的 2.6 次幂成反比，故在 50MHz 频段处的噪声温度应乘以 15，而在 432MHz 频段处的噪声温度应除以 17。在 1296MHz 及以上频率，大多数方向上的银河系噪声均可忽略。

2. 太阳噪声

太阳的辐射同样会影响 EME 通信，太阳内部不断发生核聚变，产生大量的能量，这些能量以电磁波的形式辐射出去。太阳黑子、太阳耀斑、太阳风等太阳活动产生的噪声也会影响无线电信号的传播（太阳黑子对噪声湿度的影响见表5）。

在发射机或接收机与太阳和月球共线时，或者天线有很大的旁波瓣时，所收到的太阳辐射噪声会非常强，有时甚至会超过接收机所具有的噪声。若使用较低的波段进行 EME 通信，太阳辐射噪声相对较

表5　太阳黑子对噪声温度的影响

序号	频率（MHz）	温度（K）（太阳黑子数量为0）	温度（K）（太阳黑子数量为100）
1	144	1 100 000	1 210 000
2	220	1 000 000	1 120 000
3	432	400 000	600 000
4	1296	150 000	300 000

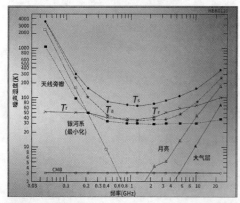

▌ 图9 天空噪声的典型值

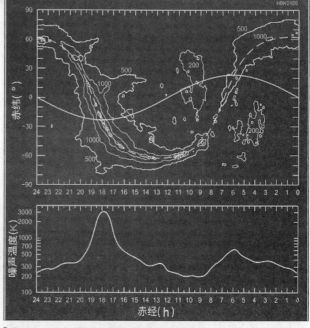

▌ 图10 144MHz 频段全星空背景噪声等高线示意图

国家无线电管理展室参观活动小记

本刊编辑部

国家无线电监测中心检测中心（以下简称"SRTC"）是国家无线电监测中心（以下简称"中心"）、国家无线电频谱管理中心的下属机构，专注于无线电技术领域的检测认证、产品研发、科研标准化、政府支撑等工作，是我国无线电行业唯一的国家级质检机构。

SRTC 始终引领行业前行的步伐，一路创新，顽强拼搏，其承担了宽带移动通信、无线专业通信、无线传感器、北斗导航等前沿无线技术领域的诸多国家重大科研项目，完成了 2008 年北京奥运会、国庆 70 周年阅兵等重大活动的无线电设备技术检

图 1 参观人员在展室中合影

图 11 行星对 EME 产生的噪声示意图

表 6 典型频率的天空噪声温度

频率 （MHz）	CMB（宇宙微波背景噪声）温度（K）	大气噪声温度（K）	月球噪声温度（K）	银河系噪声温度（K）
50	3	0	0	2400
144	3	3	3	160
432	3	0	0	9
902	3	3	1	1
1296	3	0	2	0
2304	3	0	4	0
5760	3	3	13	0
10 368	3	10	42	0

为严重。

3. 月球噪声

月球黑体温度在 S 频段为 220K 左右，在 Ka 频段和 X 频段为 240K。月球的视直径与太阳几乎一样，约为 0.5°。月球噪声温度在天线波束的偏移角大于 2° 时可以忽略不计。对于 430MHz 及 1.2GHz 频段，有可能会接收到银河系星球的辐射噪声干扰，月球表面产生的约为 210K 的辐射噪声也会对信号产生干扰（见表 6）。

4. 行星噪声

天线的波束经过行星附近时，行星产生的噪声也会对接收造成一定影响，行星的运动规律也可能造成电波的实际传播路径变得更远，示意图如图 11 所示。

5. 电离层聚焦和散射噪声

地球的电离层会对 EME 通信的信号传输产生影响，影响程度主要取决于穿过电离层的直线距离，在低海拔地区影响较为明显。电离层磁暴对 VHF 和 UHF 频段产生的影响较大，主要表现在 EME 穿过夜间的地球磁场赤道带和极光区的路径范围。

本期系统地梳理了 EME 通信过程中，影响信号传输质量的各种因素，以及对无线电信号强度影响的大小，对后面介绍关于 EME 通信系统的链路预算、工程实施中发射和接收系统的选型提供了理论依据。Ⓧ

▍图 2 展室的工作人员进行介绍

▍图 3 近距离感受老式电台的魅力

▍图 4 老 HAM 进行莫尔斯电码发报

测任务，树立了一个又一个新的里程碑。

为了开展无线电科普活动，中心联合《无线电》杂志，于 2020 年 8 月 6 日邀请北京市中小学从事无线电教学工作的优秀教师参观国家无线电管理展室及部分实验室（见图1，以下简称"展室"和"实验室"）。

展室分为新中国成立前无线电事业发展区、新中国成立后无线电事业管理区、无线电应用体验区、无线电事业未来区，每个展区都独具特色，让参观者亲身感受到无线电管理的重要性以及我国无线电管理工作者所做出的贡献。尤为让人感动的是在新中国成立初期，物资和技术都十分匮乏，我国的无线电工作者依旧致力于技术的研究与应用，克服种种困难，使新中国无线电事业经历了从无到有的过程。在 20 世纪中后期，我国无线电技术研发与应用迅速发展。如今我国在无线电频谱管理、新技术的应用等领域均保持世界领先水平，这一成就离不开每名无线电工作者以及心系无线电工作的爱好者的奉献。参观的照片如图2~图5所示。

展室中陈列了很多老物件，如 19 世纪 80 年代的火花式电台、第一次世界大战时期的电台以及我国自主研发的老式电台等。这些电台设备以往只能在书中看到介绍，如今却可以近距离地观看，让人大饱眼福。另外，展室还有莫尔斯发报体验区，这套发报

设备使用的是老式发报电键和平板电脑，老物件和新产品相结合，十分有趣，老师和爱好者纷纷尝试。

除了老物件，展室也对无线电技术新的发展方向进行了展示。如无线电在智能物联网、航天与卫星、军事及射电天文领域的应用。无线电技术广泛应用于通信、广播、雷达探测等领域。如今在互联网、人工智能等领域，照样少不了无线电技术，比如 5G、Wi-Fi、蓝牙、NFC、RFID、无线充电等，都是无线电技术的前沿应用。

参观后，老师和爱好者纷纷表示收获颇丰，认为展室非常适合进行无线电知识科普。相信在未来，中心和本刊能够策划更加丰富多彩的科普活动，让广大无线电爱好者及青少年了解无线电的前沿应用，感受无线电的魅力。

本次参观活动邀请了来自北京第十九中学、陈经纶中学、北京第十二中学、中关村中学、北京市海淀区万泉小学、北京市宣武青少年科学技术馆的多名从事与无线电相关教学工作的教师以及北京市无线电运动协会的领导、无线电爱好者参加（见图6）。

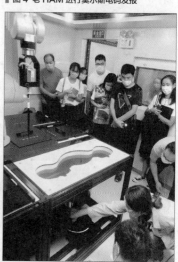

▍图 5 参观中心实验室

▍图 6 参观人员在 SRTC 的合影

堆料"小怪兽"
欧讯 KG-UV3Q 手持电台测评

▎杨法（BD4AAF）

　　泉州欧讯电子有限公司生产的手持对讲机和车载电台在国内HAM界有口皆碑，KG-UV9D、KG-UV9D（plus）业余电台和KG-WV50公网电台深受用户喜爱，KG-UV9D和KG-UV9D（plus）更是远销海外，成为外国HAM津津乐道并广泛使用的电台产品。在公司成立20周年之际，泉州欧讯电子有限公司推出了一款名为KG-UV3Q的手持电台，它的性能如何？又有哪些亮点？下面由我为大家进行介绍。

▎产品概述

　　KG-UV3Q从产品的配置和设计上看，是一款针对HAM群体设计的手持电台，属于欧讯的高端产品。该电台采用了彩色液晶显示屏，屏幕底色和字体颜色可供HAM选择（见图1）。在射频方面，该电台最大发射功率为10W，且采用了UHF/VHF双频段双守听电路设计，具有U/V跨段中继功能。另外，KG-UV3Q还标配了语音加密功能。我相信KG-UV3Q能够凭借全面的功能和较为丰富的可玩性获得HAM的喜爱。

▎外形与设计

　　KG-UV3Q 的体积为64mm×41mm×130mm。受传统商用手持电台外形设计的影响，手持电台长条状的外观看上去更显专业。KG-UV3Q 的体积略小于摩托罗拉主流商用手持电台，如GP3688、MTP850 等，在实际使用中，KG-UV3Q 的握持感很好（见图2）。KG-UV3Q 机身较厚，是因为它标配了一块7.4V、3200mAh 的大容量聚合物锂电池，一般同体积的对讲机通常会配备1200～1800mAh 的电池。标配大容量电池的主要原因是 KG-UV3Q 的最大发射功率为10W，高功率发射需要更大的电流和电池容量，手持电台的发射功率通常为4～5W。

KG-UV3Q

　　正面采用了传统的三段式设计，上部是显示屏，中部是扬声器，下部是数字功能键盘。KG-UV3Q 的顶部设有 SMA-J 型天线插座、可以360°旋转的频率频道旋钮、用于音量调节兼电源开关的旋转电位器、LED 照明灯和收发状态指示灯，电台顶部看上去满满当当，很有科技感（见图3）。电台的左侧设有 PTT 按键和2个自定义按键（见图4）。另一侧设有外接耳机、话筒接口，接口采用了商用电台常用的盖板式设计（见图5）。在耳机盖板和电池触

▎图1 彩色液晶显示屏非常好看且实用

▎图2 欧讯 KG-UV3Q（左）与摩托罗拉 MTP850 的外观对比

图 3 KG-UV3Q 的顶部设计科技感很强

图 4 KG-UV3Q 左侧显眼的 PTT 按键和 2 个自定义按键

图 5 KG-UV3Q 右侧的耳机、话筒插口

点处，KG-UV3Q 采用了防水设计，但官方没有宣称其具有高等级的防水特性。

KG-UV3Q 原厂标配一条长度约 21cm 的 VHF/UHF 双频软橡胶天线。由于该电台支持 VHF 频段通信，为了确保天线的发射效率，天线设计得比较长。KG-UV3Q 天线的长度大约是主机的 2 倍，配合长条状机身看起来还算协调（见图 6）。如果 HAM 只使用 UHF 频段，又不喜欢长天线，那么可自行选购长度较短的 UHF 单波段天线。

产品特点

KG-UV3Q 的彩色液晶显示屏是其亮点之一。彩色液晶显示屏已渐渐成为高档电台的标配，KG-UV3Q 的彩色液晶显示屏出彩之处不在于尺寸大，而在于显示界面的设计。KG-UV3Q 采用了黑色反显式设计，这种设计常见于电子表，看起来十分炫酷。在该电台的显示界面中，主频的字号较大，副频的字号稍小，并且分用采用不同样式的信号表，显示逻辑清晰（见图 7）。

KG-UV3Q 的另一大亮点是可以提供 10W 的发射功率。目前市面上主流的手持电台的最大发射功率为 4 ~ 5W。发射功率与通信距离并不是正比例关系，从实用的角度来说，功率的提升对于通信效果的提升有限，不过对于追求高功率发射的 HAM 来说，还是很有吸引力的。KG-UV3Q 可以调整发射功率，在设定中提供中功率挡，输出功率为 5W。喜欢折腾的

HAM 可以为 KG-UV3Q 连接车载天线和外接手持话筒，并在车中使用 10W 功率发射，其性能堪比一台中低功率的车载电台。

语音加密是 KG-UV3Q 的另一处亮点。KG-UV3Q 属于模拟电台，尽管支持亚音功能，但在传统 FM 模拟制式下通信，信息的保密性仍然是一个短板。为了弥补这一短板，业界主流的做法是进行端对端的加密设置。市场上很多支持加密设置的模拟电台价格昂贵，KG-UV3Q 标配的是模拟语音倒频谱加密方式，虽然密度不算高但依然实用，作为个人通信工具，多一层防护总是好的。

KG-UV3Q 的中继功能支持 VHF/UHF 跨段转发，并提供一系列细节设定，如跨段定向、跨段双向、中转监听、中继提示音等。KG-UV3Q 除了支持常规模拟亚音和数字亚音，还支持非标准亚音，可以直接输入频率。此外该电台还提供亚音扫描功能，方便与其他品牌的电台配对使用。

电路设计

KG-UV3Q 是一台支持 VHF、UHF 双频段工作的手持电台。电台设计了双通道接收电路，即可以同时独立接收两个频段的信号。这个功能在商用用途中实用性不大，但对 HAM 来说，则是很好玩的功能，用户能同时接受一个私有频道和一个公众热门频道或本地中继频道，电台采用双通道接收电路设计，在 HAM 界是产品档次

图 6 KG-UV3Q 的天线、主机、电池

图 7 KG-UV3Q 的显示界面

的"黄金标准"。双通道接收电路设计的附加好处是提供了跨段中继的可能性。

KG-UV3Q 作为一款为 HAM 设计的产品，在 2 个接收通道都配备了精细的信号强度表，不但实用而且好看。KG-UV3Q 还有一个独立的 FM 收音机接收电路，可用于接收调频广播，这个功能在国产电台中较为常见。

KG-UV3Q 提供 10W 发射功率，在手持对讲机中属于超大功率输出。该电台也提供了中功率 5W 和小功率 1W 的功率输出挡位。高功率发射时需要较高的电流，实测在 3.1A 左右，为此需要较大容量的电池和较高的电压。KG-UV3Q 标配 3200mAh 锂电池，这个电池容量在手持电台中算是很大的了，可以确保较长的续航时间。KG-UV3Q 的待机功耗控制得不错，亮屏待机时，电流在 150mA 左右，彩色液晶显示屏没有想象中的那么耗电。KG-UV3Q 音频电路的输出功率为 500mW，配合口径较大的扬声器，输出音量和音质都非常不错。

▌性能测试

KG-UV3Q 的收发频率分别为 400.000 ~ 479.9995MHz 和 136.000 ~ 174.9995MHz，频率范围覆盖业余无线电台、海事、商用、公众对讲等常用频段。KG-UV3Q 支持 25kHz 间隔和 12.5kHz 间隔发射带宽标准，在设置菜单中可以设定。另外 KG-UV3Q 支持独立的 FM 调频广播接收。

在 435.000MHz，KG-UV3Q 高功率发射时工作电流为 3.1A；亮屏待机时，电流为 150mA；灭屏待机时，电流为 120mA；在省电模式下，待机电流仅为 30mA。经测试，KG-UV3Q 的待机时长和工作时长都很棒。在满电状态下，发射功率实测如表 1、表 2 所示。

KG-UV3Q 在 VHF 频段（145.100MHz）的接收灵敏度为 0.180μV，在 UHF 频段（435.100MHz）的接收灵敏度为 0.177μV，属于上乘水平。KG-UV3Q 主信号表为条状，共有 9 个有效步进显示，对应电平如表 3 所示。

KG-UV3Q 的语音加密为模拟语音加密，共提供 8 组加密码，实测加密有效。我们在 430 ~ 440MHz 设置 12.5kHz 步进顺序扫描总共 800 个信道，实测 KG-UV3Q 的频率扫描性能，总耗时约 140s，大约 1s 可以扫描 5 个信道。

▌使用体验

KG-UV3Q 的外形尺寸大小适中，由于机身略厚，配重不错，所以握感很好。在操作方面，KG-UV3Q 继承了传统手持电台的经典设计，电台的开关由音量旋钮兼任，音量由旋钮直接调节，方便快速降低音量或关闭电台。KG-UV3Q 的彩色液晶显示屏很好看也很好用。笔者很喜欢这样简洁明快的界面设计和黑底白字（可设定）的色彩搭配，白色背光键盘在有信号时会自动点亮，十分好看。KG-UV3Q 的 PTT 按键上有红色的装饰纹路，比较显眼。

KG-UV3Q 支持频率模式和频道模式，适用于不同的应用场景。频道模式适合商用用户使用，频率模式适合 HAM 使用。KG-UV3Q 提供了 999 个存储信道并且信道名称可编辑，HAM 可以存储常用的频率，非常方便。

KG-UV3Q 的发射功率比较稳定，接收语音还原洪亮，效果不比商用电台差。KG-UV3Q 的接收灵敏度比主流商用电台还要高，与国外知名企业的业余电台机型相当，除此之外，10W 超大发射功率是 KG-UV3Q 的亮点。KG-UV3Q 具有双通道接收功能，可当 2 台接收机使用。我很欣喜地发现 KG-UV3Q 通过短按 RPT 键可切换至单通道接收模式，单通道模式通常更为实用。

中继功能是 HAM 的最爱，KG-UV3Q 的中继功能很强，实用程度和可玩性超过了大部分进口电台。KG-UV3Q 的中继功能支持 VHF 频段和 UHF 频段间转发，而且转发规则在多个菜单中可设置，适合多种应用场景。利用中继功能，我们可以给 KG-UV3Q 连接室外天线，有利于接收远处的信号，然后将接收的信号转发到本地频道上，这样在家中可以利用另一部接收本地频道的手台收听更远处的信息。如果采用双向转发，家中的手台就可以变成一个无线手持话筒。

我在使用中感觉不便的是 KG-UV3Q 的耳机、话筒盖板使用大帽螺丝固定，但大帽螺丝的开槽较窄，不能用一元硬币作为工具来转动螺丝。

总体来说，欧讯 KG-UV3Q 是一台性能出色、配置实用的手持电台，对得起堆料"小怪兽"这个称呼。彩色液晶显示屏、10W 发射功率、语音加密等均为 KG-UV3Q 的卖点。据了解，KG-UV3Q 的市场价为 1350 元，价格实惠，相信这部彩屏业余电台能够获得 HAM 的喜爱。🅧

表 1 UHF 频段发射功率测试

频率（MHz）	400	410	420	430	440	450	460	470
发射功率（W）	9.0	9.2	9.2	9.7	9.6	9.2	9.0	9.4

表 2 VHF 频段发射功率测试

频率（MHz）	136	140	145	146	148	150	160	174
发射功率（W）	10.3	9.6	9.9	10.0	9.8	9.7	9.5	8.9

表 3 信号表和实测电平的对应关系

第 1 格	第 2 格	第 3 格	第 4 格	第 5 格	第 6 格	第 7 格	第 8 格	第 9 格
-122dBm	-121dBm	-119dBm	-116dBm	-114dBm	-112dBm	-111dBm	-109dBm	-107dBm

探秘月面反射通信（5）

EME 通信系统

▌国家无线电监测中心　周凯　陈京　赵甫胤　薛静静　房之军　郑高哲

EME 通信系统主要由发射单元、（发射、接收）天线和接收单元 3 部分构成（见图 1），实现从地球上发射无线电信号，并接收经月球反射后，又回到地球的信号的过程。受传输距离超长、电离层对信号的吸收、月球反射的损耗以及极化衰减等因素影响，电波传输损耗高达 250dB 以上，因此只有极其微弱的回波信号能被接收到，这对通信系统各环节都提出了很高的要求。

根据无线电通信的基本原理，要正确地解调信息，接收到无线电信号的信噪比（SNR）就要高于一定的阈值，SNR 用分贝（dB）表示的公式如下。

$$SNR = P_r - P_n = P_t + G_t - L + G_r - P_n \quad (1)$$

在公式中，SNR 表示接收信号的信噪比，单位为 dB；

P_r 表示接收信号功率，单位为 dBw；

P_t 表示发射信号功率，单位为 dBw；

P_n 表示总噪声功率，单位为 dBw；

G_t 表示发射天线增益，单位为 dBi；

L 表示路径传输损耗，单位为 dB；

G_r 表示接收天线增益，单位为 dBi。

由公式（1）可知，提高接收信号信噪比的途径包括增加发射功率、增大发射 / 接收天线的增益和减小接收端的噪声（提升接收机的灵敏度）。

在 EME 通信的研究初期，受编码技术、电子元器件等方面的限制，天线设备体积庞大，发射机功率需高达几百甚至上千瓦，其通信系统的复杂程度和高昂的硬件成本对大多数爱好者来说遥不可及。随着高频电子技术和信号处理技术的不断发展，EME 通信系统也在不断演进，应用微波频段实现 EME 通信的门槛越来越低，实现方式也趋于多样化。因此，我们在进行通信系统的设计和搭建方面有了更多选择。

通信系统的设计是各个环节综合平衡的结果。根据工作频率不同，EME 通信过程中的路径传输损耗，从 50MHz 频段约 242.9dB 变化至 10.368GHz 频段约 289.2dB，传输损耗随着频率的增高不断增加。而在工程实践中，若使用一定的发射功率，信号在较高频率下发射，高增益的天线会产生较窄的波束，更容易产生较高的通量密度，月球的回波将会更强。

经过不断地探索与实践，业余无线电爱好者总结出了基于连续波制式进行通联的系统设计方案，包括天线类型、尺寸、增益及发射机功率等参数，如表 1 所示。

▌通信天线

1. 天线要求

天线是决定 EME 通信站性能的重要因素之一，EME 通信要求天线增益尽可能高。八木天线和抛物面天线由于具有增益高、易于建造、风阻较低等优点，成为业余无线电爱好者设计、制作的首选，以下主要针对八木天线和抛物面天线进行介绍。

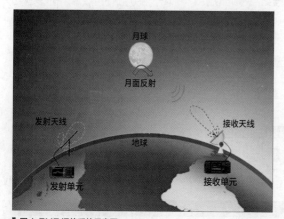

▌图 1 EME 通信系统示意图

表 1　连续波 EME 通信典型天线和功率要求

频率（MHz）	天线类型	天线尺寸	增益（dBi）	3dB 波束宽度（度）	发射功率（W）
50	4 组八木天线阵列	4m×12m	19.7	18.8	1200
144		4m×6m	21.0	15.4	500
432		4m×6m	25.0	10.5	250
1296	抛物面天线	3m	29.5	5.5	160
2304		3m	34.5	3.1	60
3456		2m	34.8	3.0	120
5760		2m	39.2	1.8	60
10368		2m	44.3	1.0	25

2. 天线增益

根据工程经验，设计较好的长度为 d 的八木天线增益近似值的计算公式如下。

$$G=8.1\lg(\frac{d}{\lambda})+11.4 \qquad (2)$$

在公式中，G 表示天线增益，单位为 dBi；

d 表示八木天线的整体长度，单位为 m；

λ 表示无线电波波长，单位为 m。

直径为 d 的抛物面天线在效率为 55% 的典型馈线设置下，增益近似值的计算公式如下。

$$G=20\lg(\frac{d}{\lambda})+7.3 \qquad (3)$$

在公式中，G 表示天线增益，单位为 dBi；

d 表示抛物面天线直径，单位为 m；

λ 表示无线电波波长，单位为 m。

根据公式（2）和公式（3），我们可以了解利用八木天线（阵列）和抛物面天线进行 EME 通信的典型设计方案。图 2 所示为上述天线在不同频段的增益变化情况，在低于 430MHz 的频段，八木天线阵列的增益较高，尺寸上也更易制作。在

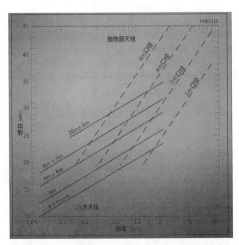

■ 图 2 八木天线（阵列）和抛物面天线在不同频段的增益变化情况

表 2　八木天线部分几何参数

名称	长度	间距
引向器	$(0.41 \sim 0.46)\lambda$	$(0.15 \sim 0.4)\lambda$
反射器	$(0.5 \sim 0.55)\lambda$	$(0.15 \sim 0.23)\lambda$
主振子	$(0.46 \sim 0.49)\lambda$	

高于 1.2GHz 频段，抛物面天线的增益更高。

3. 天线方向图

EME 通信天线的辐射方向图要求旁瓣尽可能小，否则发射时会分散辐射功率，接收时容易引入外界噪声。实践证明，在 430MHz 以上频段，通过旁瓣接收的噪声会显著增加系统的噪声温度。由于绝大部分 EME 天线的主瓣和旁瓣 3dB 波束宽度较宽，在接收端会收到其他辐射源的噪声。因此，在选择和设计天线时，要尽可能使方向图尖锐，并抑制旁瓣。

4. 天线设计

早期 EME 通信使用的工作频率较低，当时，八木天线成了最佳选择。八木天线由主振子、反射器和引向器 3 个基本部分组成（见图 3），其增益与轴向长度、振子数量、振子长度和振子间距都有密切关系。其中，引向器数量变多时，最佳长度变短；间距变长时，其增益变高，频带变窄。

图 4 所示是早期业余爱好者设计的一副 10 振子的八木天线，长约 5.83m，可实现 15.3dBi 的增益，用于 144MHz 频段通信。

表 2 所示为八木天线部分几何参数。

在八木天线阵列里，天线振子数量每增加一倍，阵列可以提高近 3dB 的增益（减去相位线损耗），目前比较流行的是采用 4 副八木天线组成

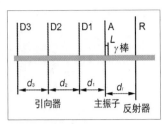

■ 图 3 八木天线结构示意图

■ 图 4 早期单副八木天线示例图

八木天线阵列。天线阵列采用功分器和移相器将发射单元输出功率做适当分配，然后输入每副八木天线。需要注意的是，多副天线之间会互相影响，天线阵列的组成结构不仅影响增益，也会影响天线的驻波特性，需要反复试验调整。

图 5（a）和图 5（b）所示为 4 单元八木天线组成的阵列，工作于 144MHz 频段，可实现 20dBi 以上的增益。图 5（c）所示为大型八木天线阵列，可实现高于 25dBi 的增益。

在 1.2GHz 以上的微波频段，相对于八木天线，抛物面天线更容易实现 EME 通信，其增益更高，方向性更强。

设计抛物面天线时，有以下注意事项：（1）应尽量增大天线直径，采用低噪声系数的高频头；（2）抛物面天线的反射面并不需要用整块金属板制作，可采用金属网或金属条，反射网网孔小于 1/10 波长即可，可节省材料，降低制作难度，减轻天线重量；（3）抛物面天线只要更换或增加馈源就能改变天线工作频段，通过旋转馈源可改变天线的极化。

在 1.2GHz 以上频段，使用中等尺寸（口径约 4m）的抛物面天线可以获得 25dBi 及以上的增益。图 6（a）所示为 7.3m 口径的抛物面天线，用于 432MHz 和

（a）4单元八木天线阵列

（b）4单元"H形"八木天线阵列

（c）八木天线阵列

▌图5 八木天线阵列

（a）7.3m口径的抛物面天线

（b）3.7m口径的抛物面天线

（c）3m口径的抛物面天线

▌图6 抛物面天线

（a）144MHz频段单八木天线

（b）144MHz频段双八木天线

（c）432MHz频段双八木天线

（d）432MHz频段双八木天线

▌图7 固定架设的八木天线（阵列）

1296MHz 频段的通信；图6（b）为所示3.7m口径的抛物面天线，用于5.76GHz频段通信；图6（c）所示为3m口径的抛物面天线，用于10GHz和5.76GHz频段通信。

5. 天线极化

在 EME 通信中，为克服空间极化偏移和法拉利旋转角对接收的影响，可采用如下的解决方案：在 VHF 和较低 UHF 频段上，采用交叉极化八木天线阵列，可以有效地克服极化旋转的影响。在 1.2GHz 以上频段，由于月面反射产生圆极化反转，使用抛物面天线在圆极化某一方向上进行发射，则在相反的极化方向上进行接收。例如采用右旋极化发射和左旋极化接收的

方式，已经成为 1.2GHz 频段和 2.3GHz 频段 EME 通信标准，并且也将成为更高频段的使用标准。

6. 天线架设

EME 天线具有增益高和主波束窄的特性，天线需要准确地对准月球。目前主要有 3 种基本架设结构。

第一种是固定架设。该方法实现简单，在通联（QSO）过程中不需要调整。很多低配电台系统或临时架设的天线采用这种做法。但这种架设方法的局限性在于通联时间比较短，只在月亮升起或者下落（月球位置与架设点水平面夹角为 0°～12°时）这段时间能正常进行，整个过程约40min。图7（a）～图7（d）所示为固定架设的八木天线（阵列）。

第二种是极轴架设（见图8）。该方法是将天线固定在一个主轴上，保持天线的仰角不变，仅调整主轴方位角。预先调整主轴安装仰角的角度，让主轴与月球运行轨道平面相垂直（该角度随地球、月球的相对运动，每天约偏转2°，每次使用前需要重新固定）。使用时，只需旋转主轴方向角就能跟踪月球。主轴采用电动控制，安装一个电动控制器即可。月球在天空的移动速度比较慢，因此，采用这种架设方法也很容易通过人工调整角度追踪月球。

▌图8 极轴架设的抛物面天线

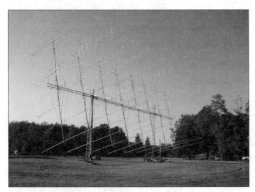

▌图9 两轴架设的八木天线阵列

▌图11 发射机示例

第三种是两轴架设（见图9）。采用该架设方法，天线分别由水平方向旋转器和垂直方向旋转器控制（也称水平、俯仰旋转器）。天线可以跟踪空中的任意一点，但是需要同时控制方向角和俯仰角。两轴架设是目前EME通信天线最普遍的架设方法。

▌发射单元

1. 发射机

通信系统的发射机需要完成3次信号转化：首先将传输信息转化成低频电信号；然后将低频电信号转化到高频段（中频）；最后将高频信号转化为电磁波（射频）通过天线辐射出去（如图10所示），其中发射机为了将信号传输得更远，需要在调制信号之后增加高频功率放大器。

根据公式（1），接收端的信噪比（SNR）与发射功率P_t、噪声功率P_n相关，而接收带宽范围内的热噪声功率可用公式表示：

$$P = KTB \qquad (4)$$

在公式中，P表示热噪声功率，单位是W；

K表示波尔兹曼常数，单位是J/K；

T表示绝对温度，单位是K，KT就是在当前温度下每赫兹的热噪声功率；

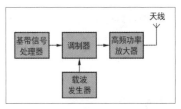

▌图10 发射单元结构图

B表示信号带宽，单位是Hz。

由公式（4）可知，信号带宽会影响热噪声功率，因此，为减小噪声功率，EME通联信号常选取为莫尔斯电码（Morse）和单边带（SSB）等窄带信号。目前不少商用发射机能够实现上述信号的调制和发射。如图11所示的发射机能工作于144MHz、432MHz和1.2GHz等多个频段。

动手能力较强的爱好者也可以自己制作发射机。值得注意的是，发射机产生信号的振荡器随工作时间变长可能产生频率漂移。对于发射机尤其是兼具收发功能的设备，在开始工作之前一定要测试发射频率的稳定度，为了获得最佳的连续波效果，在工作频率上1min左右的频率漂移不应超过10Hz。

2. 线性功率放大器

在EME通信中，尽可能使用较高的发射功率，采用外接线性功率放大器可以提供从100~1500W的功率输出。很多业余无线电爱好者利用电子管和晶体管自制功率放大器，也能取得很好的功率放大效果。

在 50~432MHz 的频段范围内，利用三极或四极真空管如 4CX250、8930、8877、GU-74B 和 GS-35B 等，都可以提供高达 1000~1500W 的功率输出。图 12 所示为专门为 EME 通信设计的线性功率放大器，能够长时间将信号的发射功率放大至 400W，甚至能够在 1000W 的输出状态下连续工作 30min。

在高于 1.2GHz 的频段，一些高功率管如 GI-7B、TH308 和 YL1050 都能满足要求。此外，在高频段使用行波管（TWT）也能实现百瓦级输出功率。

近年来，固态功率放大器（SSPA）在卫星通信领域迅速普及应用，价格逐渐下降，功率性能逐渐提高，而且它具有频带宽、线性好、寿命长和易维护的特点，在 EME 通信中的应用也越来越多。

接收单元

1. 接收机灵敏度

接收机灵敏度是衡量接收机识别最小信号的能力。只有接收的信号电平强度高于接收机的灵敏度，才能正确调出信号信息。由于在 EME 通信中，接收天线能收到的回波信号强度

非常低，因此 EME 通信中使用的接收机要有较高的灵敏度（灵敏度值很小），才有利于通信成功。

接收系统灵敏度计算公式如下式：

$$S=10\lg(KTB)+NF+SNR \quad (5)$$

式中：S 表示接收灵敏度，单位是 dBw；

KTB 表示带宽范围内的热噪声功率，单位是 W；

NF 表示接收系统的噪声系数，单位是 dB；

SNR 表示解调所需信噪比，单位是 dB。

由公式（5）可知，在 KTB 和 SNR 两个因素不易改变的前提下，要提高接收系统灵敏度，就只能降低接收系统噪声系数。接收系统可以看成是 n 级电路串联组成的系统，其总的噪声系数如公式（6）所示。

$$NF_{1\cdots n}=NF_1+\frac{NF_2-1}{G_1}+\frac{NF_3-1}{G_1G_2}+\cdots +\frac{NF_n-1}{G_1G_2\cdots G_n} \quad (6)$$

在公式中，NF_n 表示第 n 级的噪声系数，单位为 dB；

G_n 表示第 n 级的增益，单位为 dB；

$NF_{1\cdots n}$ 表示接收系统总的噪声系数，单位为 dB。

由公式（6）可知，增加前置低噪声放大器（LNA）可以大大提高信号的信噪比，提高接收效果（见图 13）。

要提高接收系统的灵敏度，主要是通过选用低噪声系数的接收机和增加前置低噪声放大器。在接收系统总的噪声系数中，越靠近接收前端部件的噪声系数和增益对接收系统整体的噪声系数影响越大，所以将 LNA 安装在离天线端较近的位置至关重要。实践证明，在天线和接收机之间，无论使用多短的馈线，都会引入衰

▌图 13 低噪声放大器效果示意图

▌图 14 基于 G4DDK 设计的 LNA

减和噪声，LNA 前的每 0.1dB 损耗会导致接收机灵敏度损失约 0.5dB。

EME 通信中的 LNA 一般要求自身噪声系数低于 0.8dB，放大倍数不低于 20dB。目前，LNA 常采用 GaAs FET 或 HEMT FET 等低噪声场效应元器件制成。基于 G4DDK 设计的工作于 1.296GHz 频段的 LNA 如图 14 所示，噪声系数为 0.19dB。

2. 解调方式

在 EME 通信中，接收的信号通常非常微弱，目前主要采用莫尔斯电码和数字调制方式。因此 EME 接收机要有 CW 或 JT65 等对应模式的信号解调功能。

接收机设置为 CW 解调模式，可解调莫尔斯电码的音频信号，然后人工通过音频的通断来解析莫尔斯电码的通信内容，或者将音频输入计算机，利用 CwGet（莫尔斯电码翻译器）等软件解码通信内容。

EME 数字通信一般是通过软件完成的（比如 JT65 模式常用 WSJT 和 JT65 软件），图 15 所示为常见的接收解调过程，接收机收到 EME 通信信号，采用 SSB 解调方式解调出音频，再将音频输入计算机，

▌图 12 专门为 EME 通信设计的线性功率放大器

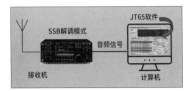

▌图 15 接收系统解调过程

▌图 16 业余无线电爱好者设计的收发机

计算机利用相应软件解调出通信内容。由此可以看出要进行 EME 数字通信，接收机要具备 SSB 解调功能。

在 EME 通信中如果使用莫尔斯电码进行通联，接收机要具有 CW 信号解调模式；使用数字通信方式进行联络，接收机则要具备 SSB 信号解调功能。所幸业余无线电爱好者常使用的 FT-847、FT-857、FT-897、IC-706、IC-820、IC-7000、IC-910、IC-9100、TS-2000 等电台备备 CW 和 SSB 解调模式。

3. 接收机

目前业余无线电爱好者使用的大多是兼具收发功能的通信设备。业余无线电爱好者设计的收发机如图 16 所示，能输出 100W 的发射功率，其接收机内部噪声系数约为 0.9dB。

4. 接收机配件

使用兼具收发功能的收发机时，同一副天线要根据发射和接收状态进行切换，通常还要用继电器实现配置切换。在发射

时，LNA 不能接入电路，要使用承载高功率低损耗的线路；在接收时，切换到连接 LNA 的接收线路如图 17（a）所示。

为了充分利用双线极化系统，还可使用额外的继电器，发射时选择水平极化或垂直极化，在接收时同时使用两种极化方式。双通道接收机可以对两个通道中的信号进行线性组合，以精确匹配期望的信号极化方式，如图 17（b）所示。

在选择馈线的时候要注意发射和接收线路都不能用普通的同轴线缆，要用低损耗的发泡或超发泡馈线，同时要尽可能缩短馈线长度，减小损耗。

▌小结

随着电子元器件和通信技术的发展，业余无线电爱好者对通信系统进行了诸多试验改进，在发射端提升发射效率，降低发射功率；在接收端进一步降低接收机本底噪声，提升灵敏度，增加抗饱和措施；天线系统采用阵列天线，并尽量进行小型化设计。

本期对 EME 通信系统发射单元，天线和接收单元的特点分别进行了说明，后续文章将详细介绍所发射信号的通信制式和机理特点。⊗

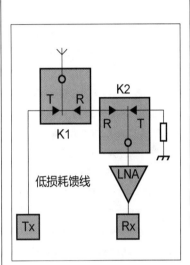

（a）K2、K1 分别为收 / 发继电器

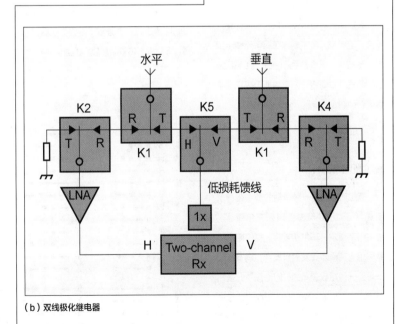

（b）双线极化继电器

▌图 17 用继电器实现配置切换

探秘月面反射通信（6）

EME 通信制式

▌ 国家无线电监测中心　张学玲　唱亮

在往期文章中，我们介绍了 EME 通信链路的长度约为 7.6×10⁵km，传输损耗约为 250dB，EME 通信系统的链路长度与传统传输损耗远远大于其他无线电通信系统。由于业余无线电收发系统的发射功率、天线增益等指标相对受限，因此必须采用在较低信噪比下的高可靠性通信制式，才能满足 EME 通信的需求。

采用连续波制式的莫尔斯电码具有模式简单、使用广泛、收发信机成本低廉等特点，且在微弱信号的通信链路上使用效果比较好，成为许多业余爱好者们在早期 EME 通信中的首选，其也是 EME 通信的传统制式。

数字制式具有传输可靠、性能优异的特点。近年来，数字制式在业余无线电领域广泛应用，逐渐成为目前主流 EME 通信的制式。本期将介绍莫尔斯电码和数字通信两种制式的特点。

▌ 连续波制式

莫尔斯电码简介

莫尔斯电码是一种早期的数字化通信制式，于 1836 年由美国人艾尔菲德·维尔与萨缪尔·莫尔斯发明。莫尔斯电码最早用火花间隙式发射机发送，其发送的信号是一种指数递减的"阻尼波"，虽然使用广泛但传播效率很低，因此很快被连续波调制传输的莫尔斯电码取代。连续波制式采用一种频率平稳、时断时续的无线电信号传送信息，现在被称为"CW"

（Continuous Wave，连续波），它有以下 3 个优点。

1. 编码简明

连续波采用国际统一的莫尔斯电码，以国际通信的 Q 简语以及英文单词的缩写作为发报内容，不存在语言障碍，对于国内爱好者来说，即使英文水平一般，学习莫尔斯电码后，也能熟练掌握并与世界各国的业余无线电爱好者进行简单的常规通联。

2. 传输优质

连续波采用等幅音频信号，在通联过程中，双方听到的都是某种音调的单一信号，没有语音音频那种幅度较大的变化，因此连续波是一种分辨率很高、抗干扰很强、等功率下传输距离较远的通信方式。

3. 设备简单

连续波是等幅电报，其发射机结构是所有通信制式中最简单的。因此，发送连续波的发射机相对容易制作。

国际莫尔斯电码规则

莫尔斯电码由一种"时通时断"的信号代码组合而成，通过不同的"点""划"排列顺序可表达不同的英文字母、数字和标点符号。莫尔斯电码使用两种符号，分别为"点"（·）和"划"（–），或叫"滴"（dit）和"答"（dah）。但是它不同于只使用 0 和 1 两种状态的二进制代码，它的代码包括以下 5 种。为了便于理解，用"1"表示"点"，用"111"表示"划"，用"0"表示停顿间隔。

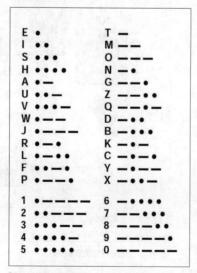

▌ 图1 莫尔斯电码表

▌ 图2 莫尔斯电码信号频谱瀑布图

（1）点（·）：1；

（2）划（ˉ）：111；

（3）字符内部的停顿间隔（在点和划之间）：0；

（4）字符之间的停顿间隔：000；

（5）单词之间的停顿间隔：0000000。

常用的莫尔斯电码如图1所示。"点"的长度决定了发报的速度，并且被当作发报时间参考。"划"一般是3个"点"的长度；"点""划"之间的间隔是一个"点"的长度；字符之间的间隔是3个"点"的长度；单词之间的间隔是7个"点"的长度。一段莫尔斯电码的示例信号频谱瀑布图如图2所示。

根据国际电联ITU-R M.1677-1建议书，国际莫尔斯电码有如下发送通则。

（1）两站之间的所有通信应以呼叫信号开始。对于呼叫，除非对所用设备类型有特别的规定，主叫站应发送所需站的呼号（不得超过两次）、加上字母"DE"并随后附上自己的呼号、表示优先电报的适当业务缩写词、表示呼叫原因的标志和K"-·-"符号。呼叫应以人工发报的正常速度进行。

（2）被叫电台必须通过发送主叫电台的呼号加上"DE"并附上自己的呼号以及邀请发射信号K"-·-"给予回答。

如果被叫电台无法接收，需给出等待信号AS"·-···"。如果被叫电台认为等待将超过10min，需给出原因和等待的时间。

当被叫电台未回答时，主叫电台可以适当的间隔重复呼叫。

当被叫电台未回答重复呼叫时，主叫电台需要检查通信系统是否存在故障。

（3）发送双连字符BT"-····-"作为分隔符，用于区分报头和业务标志、各种业务标志、业务标志和地址、收报站和电文、电文和签名。

（4）在非紧急情况下，双方一旦开始发送信号，则不得为更高优先级的通信让位而中断通信。

（5）每一次通联必须发送AR"·-·-·"表示停止通信。

（6）在发送AR"·-·-·"表示停止通信后，随附邀请发射信号K"-·-"表示我方通信已结束并邀请对方发送信号。

（7）双方均需发送通联结束符号SK"·····-"表示本次通联结束。

莫尔斯电码的EME消息格式

EME通信在采用连续波制式时通常多次重复发射，核心传输内容可通过多个较强信号片段组合的模式来进行恢复，以实现最低限度的通联。按照惯例，连续波EME通联采用类似于表1中的消息序列。

标准的QSO通联消息是顺序发送的，

表1 EME通信中的典型消息

周期	消息
1	CQ CQ CQ DE W6XYZ W6XYZ
2	W6XYZ DE K1ABC K1ABC
3	K1ABC DE W6XYZ OOO OOO
4	W6XYZ DE K1ABC RO RO RO
5	K1ABC DE W6XYZ RRR RRR
6	W6XYZ DE K1ABC TNX 73

并且操作者只有在收到了基本信息（呼号、信号报告、确认）后才继续处理下一条消息。收到对方呼号，需要发送信号报告。因为连续波的长音比短音更容易辨别，所以默认的EME信号报告是字母"O"，意指"我已经收到了两个呼号"。一个电台接收到呼号和"O"，回复"RO"，并且以"RRR"表示一个有效通联的最终确认。在432MHz及更高的频段上，有时使用字母"M"表示"双方呼号都已艰难地收到"。当信号强度能够保证正确接收时，一般使用常规的"RST"（可读性、信号强度和音调）体系作为信号报告，并可以适当放宽对消息结构和时间的限制。

一般来说，EME通信的莫尔斯电码的传输速度介于12～15 word/min，如果发报速度过慢的话，由于EME通信链路存在较强的不稳定性，会导致多个传输片段的信号幅度衰落较大而无法正常解析；如果发报速度过快的话，接收内容将会混杂不堪，增大解调难度。根据经验，在EME通信过程中，使用比常规间隙稍大一些的单词间隙可提高通信效率。

▌数字制式

数字制式的基本概念

在介绍EME所采用的数字制式之前，有必要先介绍一下数字调制的基本概念。所谓"调制"，可以简单理解为将需要传送的信息转换为适合于通信传输的某种信号，一般是对某一个特定频率正弦波的幅

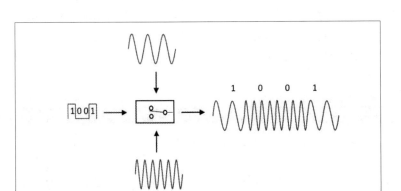

▌图3 二进制FSK调制原理

表 2　典型业余无线电数字通信制式汇总

名称	调制方式	波特率（Bd）	音调间隔(Hz)	频宽（Hz）	收发时间(s)	信噪比(dB)	子模式	用途
JTMS	MSK	1378	689	2067	30	−1	–	流星余迹通信
FSK441	4FSK	441	441	1764	31	−1	FSK315	流星余迹通信
MSK144	OQPSK	2000	441	2400	30	−8	"短握手"消息	流星余迹通信
ISCAT	42FSK	21.5	21.5	905	30	−17	B 模式速率，频宽高一倍	电离层散射
JT6M	44FSK	21.5	21.5	947	30	−10		电离层散射通信
JT4	4FSK	4.375	4.375 ~ 315	17.5 ~ 1260		−23 ~ −17	A~G，A 频宽小、最灵敏	微波段 EME 通信
QRA64	64FSK	1.736 ~ 27.778	1.736 ~ 27.778	111.1 ~ 1751.7	60	−26 ~ −22	A~E，A 频宽小、最灵敏	VHF/UHF 段 EME 通信
JT65	65FSK	2.7	2.69/5.38/10.77	178/355/711	60/30	−25 ~ −21	A 、 B 、 C 、 B2、C2	VHF/UHF 段 EME、HF/MF 低功率通信
JT9	9FSK	1.736 ~ 222.222	1.736 ~ 222.222	15.6 ~ 1779.5	60	−27 ~ −20	A~H，A 频宽小、最灵敏	LF/HF/MF 低功率通信
FT8	8FSK	6.25	6.25	50	15	−21	远征模式	HF 低功率通信

注：信噪比为信号功率与 2.5kHz 带宽下测量得到的噪声功率比值。

度、频率、相位进行规律性的改变，来加载调制的信息。对应的调制方式也称为调幅、调频、调相。而"数字调制"是指将传输信息转换为"01"比特流，再进行调制的过程。图 3 为二进制调频信号的基本流程框图，通过"01"序列周期性交替切换传输信号的频率，实现信息的传输。业余无线电中的数字制式大多采用多进制 FSK 调制，不同频率载波切换的速率可以称为符号速率或波特率，若切换更多的频率则称为多进制调制信号。

EME 的典型数字制式

在业余无线电中已有多种多样的数字制式得到广泛应用，它们有着不同的参数、特点及应用范围。目前大部分数字制式均由业余无线电的标志性人物——诺贝尔物理学获奖者乔·泰勒（Joe Taylor,K1JT）开发，在介绍 EME 数字制式之前，我们不妨先梳理一下主流数字制式的主要参数、特点和用途，详见表 2。

从表 2 可以看出，EME 通信制式一般选择耐受信噪比较低、收发时间较长、通信稳定性较高的制式。乔·泰勒分别于 2003 年、2004 年和 2016 年设计了用于

EME 通信的 JT65、JT4 和 QRA64 三种调制方式，其中绝大部分 EME 通联采用 JT65 制式，JT65 子模式的主要参数如表 3 所示。之后我们将对该模式的基本概念、主要参数和特点进行介绍。

JT65 中的"JT"为 Joe Taylor 的简写，"65"代表其调制方式为 65 个频率音的 FSK 信号。JT65 有 3 个子模式，它们的信号频谱瀑布图如图 4 所示。

在时域上，JT65 的每次传输在 UTC 时间的整分钟内，在 $t = 1s$ 时开始，在 $t= 47.8s$ 结束，然后用 4s 的时间解码。在 65 个调制音中，1 个调制音用于信号的同步，它占用了一半发射功率，其他 64 个调制音用于信息传输。典型的 JT65 EME 通信信号频谱图如图 5 所示，左侧相对恒定的垂直线表示用于同步信号的调制音，其他 64 个调制音用于传输信息。

JT65 的典型消息格式如表 4 所示。包括简写消息和长消息两种，简写消息包含为梅登海德（Maidenhead）网格定位器预留的空格，如第 2 列 2、3 行的"CN87""FN42"。一般而言，只有复制了上一步的信息以后，才可以继续下一个通联。默认信号报告可以"OOO"为结尾发送，但是大多数爱好者更喜欢发送和接收由软件测量的数字信号报告。WSJT 软件可以测量以 dB 为单位的信号强度与 2500Hz 标准带宽下的噪声功率的比值，即信噪比，如表 4 中"使用长消息"列中第 3、4 行消息结尾处的"−21""−19"。图 6 所示是 WSJT 软件的界面。左上方的方框中显示的是接收到的信号，下面的列表框提供了信号参数及传输条件等详细信息。其中上面框图中显示的 3 条曲线分别代表同步信号幅度：时间、信号幅度：频

表 3　JT65 子模式主要参数

子模式名称	调制方式	主要使用的频率（MHz）	波特率（Bd）	音调间隔（Hz）
JT65A	65FSK	50	2.7	2.7
JT65B1		144/432	2.7	5.4
JT65B2		144/432	5.4	5.4
JT65C1		1296	2.7	10.8
JT65C2		1296	5.4	10.8

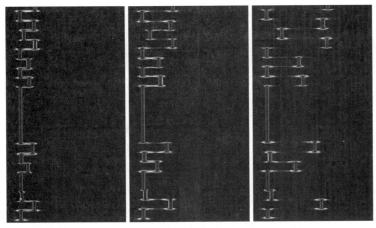

▌图4 JT65A（左）、JT65B（中）和JT65C（右）的信号频谱瀑布图

率（红色）和信号幅度：时间（绿色）。右上角4个参数和中间框图传输参数的定义如下。

　　Az：月球当前水平方位角，单位为度。

　　El：月球当前仰角，单位为度。

　　Dop：地球和月球的多普勒频移，单位为Hz。

　　Dgrd：相对路径损耗度量，一般绝对值大于5则认为损耗较大，不宜进行EME通信。

　　Sync：同步位数。

　　dB：接收信噪比（-30~-1dB）。

　　DT：根据接收到的信号与本地时钟计算出的时间偏移值，典型值范围是0.3~2.9，单位为s，正值表示接收时间比计算时间落后，负值表示接收时间比计算时间提前。

　　DF：与中心频率的频偏值，单位为Hz。

　　W：同步信号宽度，"0"表示没有检测到同步信号，"#"表示解出的为带有"OOO"的信息，"*"表示信息正常。

JT65的主要特点

1. 传输可靠

　　JT65采用了同步传输模式，即收发双方约定好了通信的绝对起止时间，并引入了高冗余度的信道编码技术，大幅度提高了EME通信的可靠性。所谓信道编码，即在传输过程中插入一定比例人为设计的特定码字，可以有效检测并纠正传输过程中的信息错误，以保证信息可以正确解调。具体来说，JT65将72bit的信源信息编码为378bit，即加入了多达4倍以上的冗余信息。图7所示为Message #1~Message#3消息经过信道编码后的结果示例。相比于莫尔斯电码，JT65的传输可靠性更高。

2. 低信噪比

　　JT65制式解调所需的信噪比连续波制式低5~10dB，这对爱好者而言，就是对通信系统的发射功率和天线的要求显著降低。采用连续波制式进行通信时，至

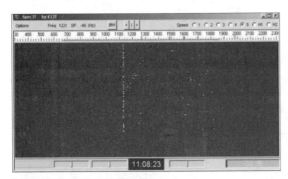

▌图5 典型的 JT65 EME 信号频谱图

表4　JT65制式典型的消息格式

时段	使用简写消息	使用长消息
1	CQ W6XYZ CN87	CQ W6XYZ CN87
2	W6ZYZ K1ABC FN42	W6XYZ K1ABC FN42
3	K1ABC W6XYZ CN87OOO	W6XYZ K1ABC −21
4	RO	W6XYZ K1ABC R −19
5	RRR	K1ABC W6XYZ RRR
6	73	TNX RAY 73 GL

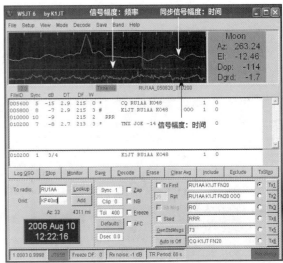

▌图6 WSJT 软件的界面

```
Message #1:   G3LTF DL9KR JO40
Packed message, 6-bit symbols:  61 37 30 28  9 27 61 58 26  3 49 16
Channel symbols, including FEC:
   14 16  9 18  4 60 41 18 22 63 43  5 30 13 15  9 25 35 50 21  0
   36 17 42 33 35 39 22 25 39 46  3 47 39 55 23 61 25 58 47 16 38
   39 17  2 36  4 56  5 16 15 55 24 61  7 26 51 17 18 49 10 13 24

Message #2:   G3LTE DL9KR JO40
Packed message, 6-bit symbols:  61 37 30 28  5 27 61 58 26  3 49 16
Channel symbols, including FEC:
   20 34 19  5 36  6 30 15 22 20  3 62 57 59 19 56 17 35  2  9 41
   10 23 24 41 35 39 60 48 33 34 49 54 53 55 23 24 59  7  9 39 51
   23 17  2 12 49  6 46  7 61 34 49 50 16 40  8 45 55 45  7 24

Message #3:   G3LTF DL9KR JO41
Packed message, 6-bit symbols:  61 37 30 28  9 27 61 58 26  3 49 17
Channel symbols, including FEC:
   47 27 46 50 58 26 38 24 22  3 14 54 10 58 36 23 63 35 41 56 53
   62 11 49 14 35 39 60 40 44 15 45  7 44 55 23 12 49 39 11 18 36
   26 17  2  8 60 14 37  5 48 44 18 41 50 16  4  4 49 55 57 37 13 25
```

图 7 典型 JT65 信道编码示例

表 5　莫尔斯电码和 JT65 两种通信制式的比较

比较内容	莫尔斯电码	JT65
调制方式	CW	65FSK
带宽	约 50Hz	175Hz/350Hz/700Hz(A/B/C 模式)
可靠性	较低	高
制式复杂度	较低	较高
可检测信噪比	约 −15dB	−25~−21dB
传输效率	较高	较低

少需要庞大的 4 阵列八木天线和千瓦级的发射功率，而采用 JT65 制式进行通联，可采用单八木天线和 100 ～ 200W 发射功率进行通联，明显降低了业余爱好者参与 EME 通联活动的门槛。

▌结语

为了便于对比，现将莫尔斯电码与 JT65 两种通信制式的比较列为表 5。可以看出，虽然 JT65 在制式复杂度、传输效率、占用带宽等方面略逊于莫尔斯电码，但在通联信噪比、可靠性等关键要素上有明显的优势。总体而言，使用 JT65 等数字制式代替莫尔斯电码进行 EME 通信是大势所趋。同时，我们也应进一步关注 QRM64、JT9 等新制式在 EME 通信中的应用，以期进一步提升 EME 的通联效果。ⓧ

低成本开源四足机器人

纽约大学与德国马克斯·普朗克智能系统研究所合作开发的 Solo 8，旨在向研究人员提供低成本的开源机器人模型，希望大家能够通过分享数据而让彼此获益。

Solo 8 机器人的大小和狗差不多，具有 8 个活动关节，另有 12 个活动关节的版本。Solo 8 的重量仅略超 2kg，具有很高的功率 / 重量比。除了支持多种步态和行走方向，Solo 8 的扭矩控制电机和驱动关节还允许机器人跳跃、在遭遇碰撞后恢复行走，并保持其方向、姿态和稳定性。

Solo 8 的柔韧性相当惊人，如果它是仰卧的，那只需要转动腿就可以将自身上下颠倒。通过使用力矩控制电机和虚拟弹簧而非机械弹簧，机器人可以很容易地进行重新编程，以此来根据需要调整"弹簧"的刚度。

Solo 8 项目汇集了广泛的专业知识，机器人的部件可以 3D 打印，全球任何实验室都可以在线下载文件、打印零件，然后自行采购其他所需零件。每个研究人员都可轻松为其添加额外的功能，从而极大地加速全球机器人研究的进程。

新技术让盲人识别形状和物体

有一项新技术可使盲人能够识别物体的形状，这项新技术使用了植入到大脑视觉皮层上的电极网格。科学家使用电力将形状绘制到视力障碍志愿者的大脑中，参与者即可轻松识别物体形状。

这项最新的成果是建立在现有研究的基础上的，该研究证明了对大脑视觉皮层的电脉冲如何使人看到闪光。在这项新的研究工作中，科学家不仅用电击打了视觉皮层，还使用植入 6 名志愿者大脑中的电极绘制了形状。以特定的模式拨动电极的开关，这种对组织的刺激提供了简单的清晰图像，例如字母。志愿者们能够找出这些形状，然后告诉研究人员。科学家将这种技术比作触觉刺激，即一个人在看不见的情况下也可以将字母传递到另一个人手上，接受刺激的人也可以看到正在绘制的内容并对其进行识别。

志愿者们每分钟能够识别出 86 个形状，虽然这项研究是使用基本的字母形状进行的，但研究人员表示，更复杂的图像，如常见物体的轮廓，也可以被盲人绘制、解释。未来在 AI 的帮助下，将这种系统安装到盲人的视觉皮层上可以使其能识别对象从而获得类似于视觉的功能。

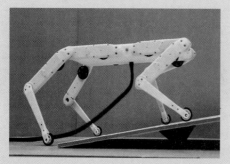

莫尔斯电码仿真通联机器 CWBot 开发实战（1）

▮ 赵竞成 /BG1FNN

实现用莫尔斯电码与机器进行交流是学习人工智能技术并开发CW通联机器人CWBot的最终目标。莫尔斯电码是对英语字符以及数字、部分标点符号的一种编码，使用莫尔斯电码拍发的报文一般是基于英语的。英语属于一种自然语言，因此使用莫尔斯电码与机器进行交流本质上属于使用自然语言的人机交流范畴，也就是说CWBot是一种能够双向翻译的对话机器人。与图像（包括人脸）、语音的计算机识别相同，对话机器人也是当今人工智能的研究热点之一，而且因为涉及自然语言计算机处理的理论和技术，研究领域更为广泛，也更接近人的认知。笔者希望通过CWBot项目开发与广大HAM一起学习和实践具有一定代表性且应用上较为完整的人工智能技术。

《无线电》2020 年 3、4 期刊登的《打造智能识别莫尔斯电码的卷积神经网络》（以下简称为"前文"）介绍了如何基于卷积神经网络实现莫尔斯电码的计算机识别，就是说 CWBot 已经可以将输入的莫尔斯电码声音信号翻译成对应的 CW 报文，但如何让 CWBot 理解报文含义，并自动生成能达到相互交流目的的对话报文尚未涉及。现在就让我们一起努力解决这个更具挑战性的难题吧！

▮ 话说NLP

NLP 即自然语言处理，这里的"处理"当然是指计算机处理。自然语言计算机处理可以追溯到图灵在 1950 年发表的论文《机器能思维吗》，图灵认为，检验计算机智能高低的最好办法是让计算机讲英语和理解英语。在 20 世纪 90 年代以前，自然语言处理基本上是采用基于符号和规则的方法，认为人类的认知和思维过程就是表征语言的符号按一定规则运算的过程。例如在机器翻译领域提出了"原语词法分析、原语句法分析、原语译语词汇转换、原语译语结构转换、译语句法生成、译语词法生成"的六部曲和相应规则。20 世纪 90 年代中期，由于互联网的发展和普及，基于大型语料库的数据驱动方法被认为是自然语言处理的标准方法。在机器翻译领域，人们甚至认为只要基于机器学习技术并从任何双语语料库获取相关知识，就可以构建这两种语言的机器翻译系统。

自然语言计算机处理是一个交叉学科，但它毕竟源于语言学，其丰富程度绝非一般自然科学可比，你随便买几本关于自然语言计

算机处理的专著，它们的内容甚至可能全然不同。尽管如此，自然语言计算机处理的最终目标还是要让计算机能理解并自动生成自然语言。让计算机理解自然语言被称为语义识别，语义识别的基础是词法分析和句法分析。如果你感兴趣，当然是找些入门书籍系统学习为好，这里只能粗略介绍一些，先和它们见个面打声招呼，同时也看看哪些技术有助于我们完成制作。

1. 词法分析

词法分析的主要目的是进行词类（词性）标注，即判断一个句子中每个词扮演的语法角色，语法角色可能是名词、动词、形容词等。中文句子中的词是连续排列的，在标注词类前必须进行分词。早年的搜索引擎要求使用分隔符将搜索关键词分隔开，现在只要写上一段能表达搜索意图的文字即可，分割并提取关键词的事则交给计算机处理了。不过 CW 报文属于英语，报文中的单词之间都是用空格分开的，一般并无分词的必要，只要把一个个单词提取出来就可以了。

词法分析还有一个重要任务，就是识别一些被称为"命名实体"的特殊句子成分，如机构名称、人名、地名、数字等。原因是词法分析方法要依赖于词典，而词典不可能录入所有的命名实体，但这些实体对于正确解析语义又是需要的，这项识别工作只能交给计算机完成。CW 报文也包括命名实体，最具特色的就是 HAM（无线电爱好者）的呼号。有兴趣的读者可能会问："我的计算机能做这些工作吗？"回答是肯定的。进行词法分析的计算机软件不少是开源的，都可免费下载，下载网址和安装方法不少专著介绍过，网上

也可找到，这里不再赘述。下面的程序是在 Python（当前最热门的人工智能编程语言）上调用 NLTK 自然语言处理平台的词性标注函数，对一段关于天气的英文的标注结果。

```
>>> import nltk
>>> text=nltk.word_tokenize("The weather is fine here and the
temperature is 18 degrees centigrade.")
>>> nltk.pos_tag(text)
[('The','DT'),('weather','NN'),('is','VBZ'),('fine','JJ'),
('here', 'RB'),('and','CC'),('the','DT'),('temperature',
'NN'),('is','VBZ'),('18','CD'),('degrees','NNS'),2
('centigrade','NN'),('.','.')]
```

其中 The、weather、is、fine、here、and 等分别被标注为定冠词（DT）、名词（NN）、动词（VBZ）、形容词（JJ）、副词（RB）、连接词（CC）等，标注结果是正确的。遗憾的是，与该句英文语义完全相同的 CW 报文的标注结果与此并不相同。

```
>>> import nltk
>>> text=nltk.word_tokenize("WX HR IS RAIN ES TEMP 18C.")
>>> nltk.pos_tag(text)
[('WX','NNP'),('HR','NNP'),('IS','NNP'),('RAIN','NNP'),
('ES','NNP'),('TEMP','NNP'),('18C','CD'),('.','.')]
```

其中 WX、HR、RAIN、ES 等都被标注为专有名词（NNP），改为小写后也只能正确标注 is、rain、18C，而 WX、HR、ES 仍无法正确标注。分析原因，一是 CW 报文使用了简略、缩略语，需要还原，如 WX 还原为 weather，GM 还原为 good morning；二是 CW 报文需要严格符合英语语法，例子中 HR（即 here）作为地点状语放置的位置是不对的。词法分析可以说是 NLP 领域最成熟的技术，但仍无法直接用于 CW 报文的标注，甚至作为 NLP 研究基础的各大语料库中是否包含 CW 通信的语料也未可知。

2. 句法分析

句法分析的目的是依据语法体系自动推导出句子的语法结构，即分析句子包含的语法单元和这些语法单元之间的语法关系。目前句法分析主要有两种理论，一是基于短语结构的转换生成语法，二是依存语法。

转换生成语法是由著名语言学家乔姆斯基创立的，他认为语法是第一性的，语言则是派生的，而且语法规则是由几条普遍原则转化而来的，转换生成语法也由此得名。NLTK 中有基于转换生成语法的句法分析函数 ChartParser()，使用这个函数要预先定义必要的句法，分析结果通常由解析树（也称为生成树）表示。图 1 所示是上例英文分析结果的解析树。

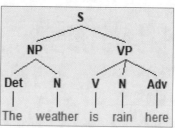

图 1 基于转换生成语法的句法解析树

图 1 中 S 表示树根，可见这棵树是向下生长的！图线连接处的节点是文法的非终结符，图线的非连接端点是文法的终结符，即组成句子的单词；图线（树枝）的含义则是预先定义的句法规则。根节点 S 可以支配所有节点，而 NP 节点和 VP 节点只能分别支配其下的节点，也就是说解析树的结构是分层次的，同样是名词，在 NP 下是主语（weather），在 VP 下则是宾语或表语（rain）。解析树的另一个特征是向下可以延伸，就是说一颗解析树可以长在另一颗解析树的非终结节点上，形成更大的解析树，即复杂句可以由简单句生成。

3. 语义识别

通过句法分析可以知道一个句子的语法结构，如"A 是 B"，即用 B 来说明 A。具体到上面的例子，就是用 rain（下雨）这个概念来说明 weather（天气）这个概念。但到此是否可以说 CWBot 已经可以理解这个句子的语意？恐怕还不行，因为 CWBot 还无法生成回复的报文，即使使用同样句型回复，总不能鹦鹉学舌说自己这里也下雨吧！原因其实很简单，CWBot 缺乏知识，它除了刚刚接触到的 rain 这个天气现象，并不知道还有其他天气现象。所以还需要有一个语义知识库，甚至有研究者直截了当提出了数据库语义学。转换生成语法使用语义知识库最直接的途径就是自动生成数据库查询语句以便进行查询。NLTK 中专门有一个关于聊天机器人的工具 nltk.chat，我们在其中一个示例机器人的数据库中增加了如下关于天气的对话知识。

```
(
  r"WX is (.*) here",
  (
    "WX is rain here",
    "WX is fine here",
    "WX is snow here",
    "WX is cold here",
  ),
),
(
  r"WX HR is (.*) here",
  (
```

```
  "WX HR is rain here",

  "WX HR is fine here",

  "WX HR is snow here",

  "WX HR is cold here",

),
```

当我们运行这个对话机器人的 Python 程序并在对话输入行输入 "WX is cold here" 时，得到的回复如下。

```
Hello.  How are you feeling today?

>WX is cold here

WX is fine here
```

这项测试表明：机器人的回复是我们定义的回复用语之一，且是随机选取的。这说明 WX 作为主语使用并不违反规则，但估计这个机器人也不会聪明到能识别出 WX 就是 Weather。继续测试，我们在对话输入行输入 "WX HR is fine"，但这次并没有那么幸运，机器人没有正面回复，而是进入了无法理解语义时设置的"饶舌"状态。

```
Hello.  How are you feeling today?

>WX HR is fine

I see.  And what does that tell you?
```

测试说明这个示例机器人是要检查语法的，它遇到了不完全符合英语语法的 CW 报文，与进行词法分析时存在同样的困惑。

在 NLP 中建立语义知识库也可基于"语义场"的概念，即在知识库中将晴天、阴天、下雪、刮风等有关天气状况的概念组合到一起，天气状况作为上义词，晴天、阴天、下雪、刮风等作为下义词，当 CWBot 回复所在地的天气状况时，就可以到这个语义场检索。

此外，NLP 中还有知识图谱的概念，即用实体、关系、属性表述各种人、事、物之间的关系，基于这些关系就可以挖掘出新的关系。过去搭建语义知识库采用手工标注的方法，如今已广泛采用人工神经网络（深度学习）的机器标注技术，但直接基于人工神经网络的语义分析应用似乎并不多见，其复杂程度可想而知。

话说 NLP 最后需要说明的是：NLP 中的很多重要概念、理论、方法我们尚未涉及，我们只是选择了一句关于天气的 CW 报文以及与其相近的英语，看看如何让机器识别并能生成好像是 OP 回复的报文。另外，我们也只局限于在 Python 环境下 NLTK 开发平台所提供的几个函数体验 NLP 的功能，希望能够以此为关注 CWBot 的 HAM 提供一些必要的 NLP 知识，让我们的制作能激发出你继续学习 NLP 的兴趣。

▌CW报文语义识别方法选择

对话机器人又称为 ChatBot，是最能体现图灵测试的人工智能技术成果。美国麻省理工学院开发的基于 Web 的问答系统 Start

是早期的对话机器人，它可以回答关于地点、电影、人物等不同类型的问题。此外微软、阿里等也都推出了自己的客服机器人。显然这些大名鼎鼎的对话机器人采用的 NLP 技术和运行环境都不是 CWBot 能够效仿的。甚至就是上面我们测试使用的示例对话机器人，虽然应用程序并不复杂，但其调入的 nltk.chat 包以及运行的 Python 解释环境也不可能移植到基于单片机的 CWBot 上。看来是没有捷径了，让我们从头开始吧！

一般而言，开发 CWBot 采用何种自然语言计算机处理方法要综合考虑领域特点、预期目标以及限制条件等。以领域特点分类的话，一般分为属于开放领域的对话机器人和属于垂直领域（即专业领域）的对话机器人。前者不限制使用者的对话意图，允许谈论广泛的话题和进行多轮对话；后者限制使用者的对话意图，只允许交流特定的话题。CW 通联受技术和有关规定的限制，内容和语言表述相对单纯，基本可以不考虑同一话题的多轮对话，最多只是请求对方重复发报，对于普通练习者而言主要是学习并熟练掌握"简易通报"范围的用语。显然 CWBot 属于后者，就是说不必处理种类繁多、数量巨大的语料和复杂甚至存有歧义的语言现象，不论是基于当今热门的语料库数据驱动方法，还是基于经典的符号和规则处理方法都可满足开发要求。

本次开发的预期目标是实现莫尔斯电码练习者与 CWBot 之间的人机通联，解决其中报文理解和报文生成问题，就是说目前还不必考虑如何应对聊天式 CW 通联时话题的广泛性和随意性。最后但同样重要的考虑是，拟开发的 CWBot 定位于基于 ARM 的独立装置，其使用并不依赖于 PC，处理速度、内存和程序规模都受到很大限制，只能构建"超轻量级"的数学模型。另外，个人开发者构建大规模 CW 通联语料库是很困难的，而语料库是数据驱动方法的基础，不可或缺。还有一个考虑，就是 CW 机器人在莫尔斯电码信号识别上采用的基于卷积神经网络的深度学习方法（参见前文）就是典型的数据驱动方法，CW 报文处理希望能换一种思路，便于更广泛体验人工智能的丰富内涵。综上分析，采用基于符号和规则的处理方法是比较合理和现实的，甚至不排除采用某些虽然古老但容易与其他人工智能技术融合的方法。

对于 CWBot 还有一些重要问题需要考虑。首先是要尽可能放宽对语法上的要求，如语序对于正确理解语义是很重要的，但 CW 报文并不会因此发生理解上的歧义；再如命名实体识别本是词性标注时要解决的问题，Q 简语和缩略语在分词时需要还原，但我们也可以将其直接包含在知识库中。其次是要考虑上下文相关问题。前面在讲到词法分析、句法分析、语义识别时，都没有涉及 CW 报文各句之间的关系，但实际上这种关系是存在的。例如呼号中包含着 OP 所属的国家和分区的信息，只要未离开原设备地区发射，其 QTH 和当地时间都不应与国家和分区信息矛盾。Ⓧ

群星闪耀时

从计量单位看电磁学发展（上）

▎刘景峰　王枫

> 计量单位是用来度量、比较同类量大小的一个标准量或参考。而法定计量单位则是国家以法令的形式规定使用的计量单位。计量是实现单位统一和量值准确可靠的活动，也是支撑社会、经济和科技发展的重要基础。

我国是全世界最早统一度量衡的国家，距离现在已经有 2000 多年的历史了。公元前 221 年秦始皇一统六国以后，便颁发了统一度量衡的诏书，对长度、容积、质量做出了精准定义，制定了一套严格的管理制度，结束了原来各战国之间的混乱、多样的计量单位，方便了国家治理和民间生产生活往来。而同时期的古埃及、古罗马等国家也都发明了各自的计量制度。彼时，国家之间来往尚不密切，科学技术的发展还在初始阶段，计量单位不统一、不精确的问题对当时社会的发展造成的困扰尚不明显。

然而，随着科学技术的发展，尤其近两百年，人类对计量单位的统一及精确度的需求大大提高。各国之间的交往愈发频繁，各领域科学技术大爆发、大发展，社会的工业化程度也越来越高，这些都需要统一而精确的计量单位作为支撑。

为了适应工业生产、科学技术和国际贸易的发展，保证在国际范围内计量单位和物理量测量的统一，法国、俄国、德国等 17 个国家在 1875 年 5 月 20 日签署了一项以"米制"为基础的《米制公约》，并成立米制公约组织。随着《米制公约》的推行与实施，各国的计量单位制得到完善和统一，后来越来越多的国家加入《米制公约》，世界范围内的计量单位逐渐走向统一。这一时期，电磁学刚刚完成了电学、磁学和光学的统一，与计量体系不断完善之路同行，以奔涌之势把近代科学乃至人类文明带入了前进的快车道。

麦克斯韦的思想使计量单位进入新时代

1 米的长度最初定义为通过巴黎的子午线上，从地球赤道到北极点的距离的千万分之一，后来以这个长度制作了国际米原器——铂杆（见图 1）。而时间的计量单位，最初从人们认识"一天"开始，基于地球公转的周期来定义，19 世纪末，人们将一个平太阳日的 1/86400 作为 1 秒，称为世界时秒。虽然，这种以地球的大小和运动作为计量基础的方法赢得了当时全世界范围的共识，但随着天文学和地理学的发展，人们认识到使用这种计量基础的方法并不可靠。

伟大的理论物理学家和思想家、电磁学的集大成者和奠基人麦克斯韦（James

▎图 2　麦克斯韦画像

Clerk Maxwell，1831—1879，见图 2）在其代表著作《电磁论》中曾提出："从数学的观点看，任何一种现象的最重要方面就是可测量的问题。"他不但对计量的科学价值高度重视，还提出了提高计量精度的革命性思想，改变了计量的发展方向和历史进程。他说："如果希望得到绝对恒久的标准，我们不能以地球的大小或运动来寻找，而应以波长、振动周期和这些永恒不变的绝对数值，来寻找这些永恒不变且完全相似的计量单元。"

麦克斯韦利用电磁波（光波）的波长测量距离和频率定义时间的理想，虽未能在他所生活的时代实现，但他这一科学预言极具前瞻性。1967 年召开的第 13 届国际计量大会[1]对"秒"的定义改为：铯

▎图 1　国际米原器——铂杆

133 原子基态的两个超精细能阶之间跃迁时所对应辐射电磁波的 9 192 631 770 个周期所持续的时间。这个定义提到的铯原子必须在绝对零度（−273.15℃）时是静止的，而且所在的环境是零磁场。这就是我们通常所说的国际原子时，原子钟的精度可以达到每 2000 万年才误差 1 秒，直到现在 "秒" 的定义仍由铯原子喷泉钟保持。

20 世纪 70 年代，由于激光技术的发展，光速的测定已非常精确。1983 年国际计量大会重新制定了对于 "米" 的定义，即光在真空中行进 1/299 792 458 秒的距离为 1 标准米。麦克斯韦的思想突破了技术条件的限制，他的计量预言在他逝世一百多年后得以实现。从这个角度可以说，麦克斯韦及其电磁学思想，把对计量的定义从牛顿的力学时代引向了量子时代。

根据国际计量大会规定，现在通行的国际单位制（SI）[2] 有 7 个基本单位（见表 1），它们好比 7 块彼此独立又相互支撑的 "基石"，通过这 7 个基本单位能够导出所有其他的物理量单位，这些基本单位构成了国际单位制的基础。同时，为了方便使用，国际计量大会在 2019 年最新版本的 SI 手册中又规定了 20 个具有专门名称的 SI 导出单位（见表 2）。

在上述 27 个国际单位中，我们可以发现共有 10 个和电磁学相关的计量单位。分别是：安培、库仑、伏特、法拉、欧姆、西门子、亨利、赫兹、韦伯和特斯拉（时间单位秒、长度单位米等基本计量单位未统计在内）。

在科学史上，为了纪念那些做出重大贡献的科学家，以他们的名字来命名国际计量单位已成为一种惯例，也是至高荣誉。在电磁学领域，也是如此。这 10 个计量单位全都是以该领域杰出代表的名字命名的，正是这些杰出的科学家奠定了电磁学乃至现代科学的巨厦之基，他们的成就如同璀

表 1　国际单位制中的 7 个基本单位

序号	量	符号	单位名称	单位符号
1	长度	L	米	m
2	质量	m	千克	kg
3	时间	t	秒	s
4	电流	I	安培	A
5	热力学温度	T	开尔文	K
6	物质的量	n	摩尔	mol
7	发光强度	Iv	坎德拉	cd

表 2　国际单位制 20 个具有专门名称的导出单位

序号	导出量	符号	单位名称	用基本单位表示
1	频率	Hz	赫兹	$1Hz=1s^{-1}$
2	力	N	牛顿	$1N=1kg \times m \times s^{-2}$
3	压力、压强、应力	Pa	帕斯卡	$1Pa=1kg \times m^{-1} \times s^{-2}$
4	能（量）、功、热量	J	焦耳	$1J=1kg \times m^2 \times s^{-2}$
5	功率，辐射通量	W	瓦特	$1W=1kg \times m^2 \times s^{-3}$
6	电荷（量）	C	库仑	$1C=1A \times s$
7	电压、电动势、电势	V	伏特	$1V=1kg \times m^2 \times s^{-3} \times A^{-1}$
8	电容	F	法拉	$1F=1kg^{-1} \times m^{-2} \times s^4 \times A^2$
9	电阻	Ω	欧姆	$1\Omega=1kg \times m^2 \times s^{-3} \times A^{-2}$
10	电导	S	西门子	$1S=1kg^{-1} \times m^{-2} \times s^3 \times A^2$
11	磁通（量）	Wb	韦伯	$1Wb=1kg \times m^2 \times s^{-2} \times A^{-1}$
12	磁通密度、磁感应强度	T	特斯拉	$1T=1kg \times s^{-2} \times A^{-1}$
13	电感	H	亨利	$1H=1kg \times m^2 \times s^{-2} \times A^{-2}$
14	摄氏温度	℃	摄氏度	$1℃=1K$
15	光通量	lm	流明	$1lm=1cd \times sr$
16	（光）照度	lx	勒克斯	$1lx=1cd \times sr \times m^{-2}$
17	（放射性）活度	Bq	贝可（勒尔）	$1Bq=1s^{-1}$
18	吸收剂量、比授（予）能、比释动能	Gy	戈瑞	$1Gy=1m^2 \times s^{-2}$
19	剂量当量	Sv	希沃特	$1Sv=1m^2 \times s^{-2}$
20	催化活性（度）	kat	卡他	$1kat=1s^{-1} \times mol$

图 3　安培画像

璨的明珠，几乎串联了整部电磁学史。今天让我们透过这些名字来探究其背后的电磁学发展之路。从本期开始，我们将用 3 篇文章对 10 个计量单位进行详细介绍。

电流（I）的单位：安培（A）

安培是国际单位制中 7 个基本单位之一。当初引进安培这个单位就是因为随着电磁学的发展，原有的基本单位（长度、时间、重量等）已经不够用了。如果仍然用原来的基本物理量推导出其他物理量，不仅烦琐，而且会推导出荒谬的结论。因此，在 1881 年国际电学大会 [4] 上正式决定增

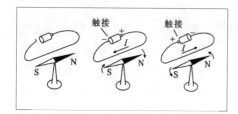

图 4 奥斯特实验

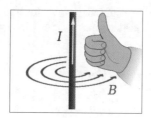

图 5 安培定则 1

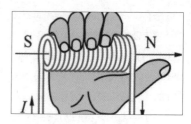

图 6 安培定则 2

加一个基本量——电流强度（I），并把它的单位命名为安培（A）。

安培（André-Marie Ampère，1775—1836，见图 3），法国著名的物理学家、化学家。在家庭的影响下，安培自幼开始自学数学、拉丁文、历史、哲学等，尤其在数学方面更是展现了异于常人的天赋。安培对自然科学有着近乎痴迷的学习热情，从那个有名的小故事中我们就能看出他对自然科学的痴迷程度。为了不让别人打扰他，安培在自己家门口写了"安培不在家"的提示牌。一天，他从外面走路回家时，头脑中还思考着自己研究的东西，结果自己走到门口时，叹了一声："哎，原来安培不在家啊。"于是他扭头又走了。

1820 年 7 月，丹麦物理学家奥斯特通过一个实验，无意中发现了通电导线的瞬间会使磁针发生偏转，这个就是著名的奥斯特实验（见图 4）。这个实验揭开了电磁学的大幕，人类开始深入了解并研究电与磁之间的关系。

当时 45 岁，已经是法兰西科学院院士的安培马上意识到这是个重大的发现，他立刻开始重复奥斯特的实验，并进一步深入拓展，总结出了"安培定则"。安培定则 1：用右手握住通电直导线，让大拇指

指向电流方向，那么弯曲四指的指向就是磁感线的环绕方向（见图 5）。安培定则 2：用手握住螺旋线管，让四指指向螺旋线管中的电流方向，则拇指所指的那端就是螺旋线管的 N 极（见图 6）。因此安培定则也叫右手螺旋法则，是我们高中物理必学的内容之一。

同时，安培证明了安培力定律：两根平行通电直导线，电流同向时，相互吸引；电流反向时，相互排斥。他还总结出两个电流元之间的作用力正比于它们的长度（ΔL_1、ΔL_2）和电流强度（I_1、I_2），而与它们之间距离（r）平方成反比，即著名的安培定律（见图 7）。当两导线平行时，公式可以简化为 $F=K \times (\Delta L_1 \times I_1)(\Delta L_2 \times I_2)/r^2$。奥斯特发现了电流对磁体的作用，而安培发现了电流的相互作用，这无疑是巨大的突破。

国际单位制中，关于安培的定义也先后发生了几次改变。1908 年在伦敦举行的国际电学大会上，定义在 1s 的时间间隔内，从硝酸银溶液中能电解出 1.118mg 银的恒定电流值为 1A。1948 年，国际计量委员会给出安培的定义为：在真空中，截面积可忽略的两根相距 1m 的平行且无限长的圆直导线内，通以等量恒定电流，在 1m 长度的导线间，相互作用力为 2×10^{-7}N 时，则每根导线中的电流为 1A。2018 年 11 月 16 日，第 26 届国际计量大会通过"修订国际单位制（SI）"决议，将 1 安培定义为"1s 内（$1/1.602176634$）$\times 10^{19}$ 个电荷

（电荷的定义及计量见下文）移动所产生的电流强度"。此定义于 2019 年 5 月 20 日世界计量日起正式生效。

1820 年，安培首先引入了电流、电流强度等名词，还制造了第一个可测量电流的电流计。此外，安培还提出了分子电流假说。他认为，电和磁的本质是电流。1827 年他的《电动力学理论》一书出版，该书被认为是 19 世纪 20 年代电磁理论的最高成就。

电量（Q）的单位：库仑（C）

库仑（Charlse-Augustin de Coulomb，1736—1806，见图 8）是法国著名的物理学家，早期研究静电力学的科学家之一。他因发现静电学中的"库仑定律"而闻名于世。库仑定律指两个电荷间的力与两个电荷量的乘积成正比，与两者的距离平方成反比。该定律也是电学发

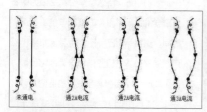

图 7 安培定律示意图

未通电　通 2A 电流　通 2A 电流　通 3A 电流

图 8 库仑画像

展史上的第一个定量规律，它使电学的研究从定性进入定量阶段，是电学史中的一块重要的里程碑。

18世纪初，虽然人们对静电已经有了一定的认识，如英国人格雷（Stephen Gray 1666—1736）在1720年研究了静电的传导现象，发现了导体和绝缘体的区别；美国人富兰克林（Benjamin Franklin，1706—1790）提出了正、负电荷的概念和电荷守恒原理，但都只限于定性认识，很难开展定量研究。这是由于静电力非常小，在当时没有测量如此微小力的工具。库仑就是在这个时期发明了扭称实验（见图9），并通过这个实验得出了库仑定律。

库仑所用的装置如下：一个玻璃圆缸，在上面盖一块中间有小孔的玻璃板。小孔中装一根玻璃管，在玻璃管的上端装有测定扭转角度的测微计，在管内悬一根银丝并伸进玻璃缸内。悬丝下端系住一个小横杆，小横杆的一端为木质小球A，另一端为平衡小球，使横杆始终处于水平状态。玻璃圆筒上刻有360个刻度，悬丝自由松开时，横杆上小木球A指向零刻度。

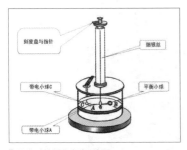

图9 库仑扭称实验示意图

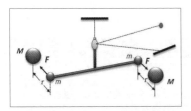

图10 卡文迪许测量万有引力的实验示意图

之后使固定在底盘上的小球C带电，再让两个小球A、C接触后分开，以致两个小球均带同种等量电荷，两者互相排斥。带电的木质小球A受到的库仑斥力产生力矩使横杆旋转，悬丝也扭转形变产生扭转力矩。因为悬丝很细，作用在球上很小的力就能使棒显著地偏离其原来位置。当悬丝的扭转力矩和库仑力力矩相平衡时，横杆处于静止状态。

库仑改变底盘上带电球C和横杆上带电小球A之间的距离，作了3次记录。第一次，两球相距36个刻度，测得银丝的旋转角度为36°。第二次，两球相距18个刻度，测得银丝的旋转角度为144°。第三次，两球相距8.5个刻度，测得银丝的旋转角度为575.5°。上述实验表明，两个电荷之间的距离为4:2:1时，扭转角为1:4:15.98。库仑认为第三次的偏转是由漏电所致。经过误差修正和反复的测量，并对实验结果进行分析，库仑终于得到了两电荷间的斥力即库仑力的大小与距离的平方成反比。公式为：$F=k\dfrac{q_1 q_2}{r^2}$

在公式中，"k"是静电力常量，约为$9\times10^9\mathrm{N\cdot m^2/C^2}$。这个常量并不是由库仑计算得来的，而是在100年后，麦克斯韦根据理论推导得出的。这和引力常数的得出过程有着惊人的相似。在牛顿发现万有引力定律$F=\mathrm{G}\dfrac{Mm}{r^2}$时，他并不知道引力常数"G"的值是多少，直到100多年后，才由英国科学家卡文迪许（Henry Cavendish，1731－1810）通过类似的扭称实验装置计算出来（见图10）。

虽然单个电荷量不是由库仑测得的，但这并不妨碍库仑的伟大。要知道，由于科技水平和物质条件的限制，在遥远的18世纪，库仑就能用这么巧妙的实验装置，放大并显示了这么微小的电荷直接的相互作用力，已经难能可贵了。

电量表示物体所带电荷的多少。实际

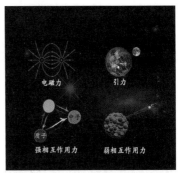

图11 4种相互作用力的示意图

上1C（库仑）的电量是比较大的，因为电荷的电量非常小，一个电子的电量仅为1.60×10^{-19} C，1C相当于6.25×10^{18}个电子带电量。它和我们前面讲过的电流之间的关系是，电量等于电流强度（单位为安培）与时间（单位为秒）的乘积，公式为$Q=It$。因此1C电量表示1A电流在1s内输运的电量。1881年的国际电学大会上，电量的单位被定义为库仑。

自然界中，已知的基本相互作用力有4种：万有引力、电磁力、强相互作用力和弱相互作用力（见图11）。强相互作用力、弱相互作用力是一种短程力，其作用距离不超过原子核限度。在微观世界中，万有引力与强相互作用力、弱相互作用力、电磁力相比是可以忽略不计的，比如电子与质子之间的库仑力（电磁力的一种）约是万有引力的10^{39}倍，而强相互作用力比电磁力还要大。因此，在微观领域，起作用的是强相互作用力、弱相互作用力、电磁力。理论认为，强相互作用、弱相互作用和电磁相互作用可以统一为一种相互作用。而万有引力定律和库仑定律在形式上的相似性，是否意味着这两种作用力存在某种内在的统一性？这还是一个谜，有待人们去揭示。

▌电压（U）的单位：伏特（V）

伏特（Count Alessandro Giuseppe Antonio Anastasio Volta，1745－1827，见

▌图 12 伏特画像

日，伏特去世，终年 82 岁。为了纪念他，1881 年国际电学大会将电动势（电压）的单位命名为伏特（V）。

电压是推动电荷定向移动形成电流的原因。电流之所以能够在导线中流动，是因为在电流中有着高电势和低电势之间的差别。这种差别就叫电势差，也叫电压。换句话说，在电路中，任意两点之间的电位差称为这两点间的电压。

在国际单位制中，1V 定义为对每 1C 的电荷做了 1J 的功。具体实践来讲，我们在日常生活中会经常接触电压和伏特（简称"伏"）这两个名词，可以说所有电器都离不开电压这个基本的单位。如 7 号电池上会注明 1.5V，表示可以提供 1.5V 的电压输出；我们常见的手机和笔记本电脑的充电器上会有"输入 AC100~240V"字样，它表示充电器需要插在 100～240V 的交流电源上；轿车上的电瓶所提供的输出电压一般在 12V 左右。⊗

图 12），意大利物理学家。在伏特之前，人们只能应用摩擦发电机，将电存放在莱顿瓶中（见图 13）以供使用。这种方式相当麻烦，所得的电量也受到限制。1800 年，已经 55 岁的伏特发明了伏特电堆，其实就是电池，不过他的发明在早期被称为"电堆"，这可能跟它的形状有关（见图 14）。伏特的这项发明使得电的取得变得非常方便。

实验中，伏特把金属银条和金属锌条浸入强酸溶液中时，他发现在两个金属条之间竟然产生了稳定而又强劲的电流。于是，他把浸透盐水的绒布或纸片垫在锌片与银片之间，平叠起来。伏特用这种化学方法成功地制成了世界上第一个伏特电堆。伏特电堆实际上就是串联的电池组，也是我们现在所用的电池原型。

伏特电堆的发明，使得科学家可以用比较大的持续电流来进行各种电学研究。伏特电堆是一个重要的起点，它带动了后续电气相关研究的蓬勃发展。

1807 年，法国军团征服了意大利，法兰西第一帝国皇帝拿破仑特意在巴黎接见了伏特（见图 15）。为了表彰他对科学所做出的贡献，1810 年拿破仑封他为伯爵，并赏赐给伏特一大笔钱。1827 年 3 月 5

▌图 13 莱顿瓶

▌图 14 伏特亲手制作的电堆

▌图 15 伏特为拿破仑演示伏特电堆

补充内容

[1] **国际计量大会（CGPM）**：国际计量大会由《米制公约》缔约国的代表参加，是米制公约组织的最高组织形式。1889 年，第一届国际计量大会召开，历届大会讨论国际单位制之改进及推展等事项，审查会员国最新研究发展出来的量测标准等。我国在 1977 年加入了该组织。

[2] **国际单位制（International System of Units，SI）**：源自米制，旧称"万国公制"，是现在世界上最普遍采用的标准度量衡单位系统，采用十进制进位系统。国际单位制是国际上通用的测量语言，是人类描述和定义世间万物的标尺。国际单位制是在公制基础上发展起来的单位制，于 1960 年第十一届国际计量大会通过，推荐各国采用，其简称为"SI"。

用图形化编程实现
手机 App 通过 Easy IoT 物联网平台控制 Arduino

▌鲍军利

我看到一些作品是用手机程序（App）控制或使用协助机器人来完成任务，感觉很"高大上"，便在网上搜集资料、学习教程，但这些控制程序通常是用 C 语言或 Python 语言编写的，只会图形化编程的我根本看不懂。正当徘徊不前时，一个偶然的机会，我接触到了 Mind+ 图形化编程软件，试用后就被它强大的功能吸引了，它既能像 Scratch 一样进行软件编程，又支持 Arduino、micro:bit、掌控板等多种开源硬件的编程，更神奇的是它还有语音识别、图像识别、物联网、语音合成、人脸识别等高级的人工智能模块，Mind+ 这个图形化编程神器真是我这种编程菜鸟的福音。后来我又在网上找到了制作手机 App 的图形化编程软件 App Inventor 2，用 Mind+ 和 App Inventor 2 编程，大大提升了工作效率。

本项目要实现的主要功能：（1）在手机 App 页面的文本输入框中输入指令控制与 Arduino 主控板连接的 LED 的亮灭；（2）在手机 App 上查看 Arduino 主控板 A0 引脚模拟温度传感器的实时温度值。所需的硬件及所用的软件如表1、表2所示。

▌进入Easy IoT物联网平台注册物联网账号并创建设备

（1）通过浏览器访问 Easy IoT 物联网主页。

（2）单击页面右上角的"注册"，注册属于自己的物联网账号。

（3）注册完成后，用自己的账号登录物联网平台（见图1）。

（4）单击顶部的"工作间"，进入工作间后单击"添加新的设备"即可新建自己的设备。设备默认的名称是"New Device"（见图2）。把鼠标指针移到设备名上，设备名的右侧会出现铅笔图标，单击这个图标将设备重命名为"App"，也可以起个自己喜欢的名字。这个设备就是用来发送和接收消息的（见图3）。

图中标记的参数在随后要填入 Mind+ 的 MQTT 初始化参数和 App Inventor 2 的 MQTT 客户端属性中。

表 1　硬件清单

序号	名称	数量
1	Arduino Uno 主控板	1
2	面包板	1
3	OBLOQ 物联网模块	1
4	LED	1
5	200 Ω 电阻	1
6	模拟温度传感器	1
7	杜邦线	若干

表 2　软件清单

序号	名称	作用
1	Mind+	Arduino 主控板编程软件
2	App Inventor 2	安卓手机 App 在线编写软件
3	Easy IoT 物联网平台	手机 App 和 Arduino 主控板信息交互平台

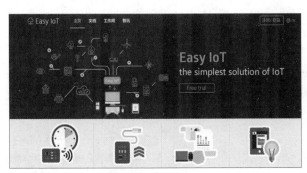

▌图 1　注册 Easy IoT 物联网账号并登录

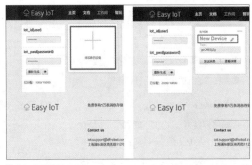

▌图 2　添加新的设备

图3 将设备重命名为"App"

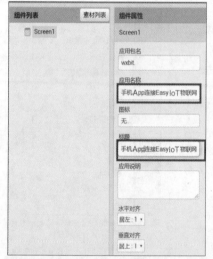

图5 修改应用名称和标题

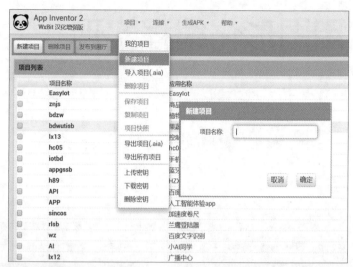

图4 新建项目

组件类型	所属类别	名称	作用
标签	用户界面	标签1	用文字显示手机与物联网的连接状态以及收发的信息
水平布局	界面布局	水平布局1	放置文本输入框和按钮
文本输入框	用户界面	文本输入框1	用户在此输入要发送的信息
按钮	用户界面	按钮1	点击此按钮向物联网发送文本输入框中输入的信息
MQTT客户端	通信连接	MQTT客户端1	使用MQTT协议与Easy Iot物联网平台进行通信

图6 本应用中的所有组件

编写安卓手机App应用程序

（1）用浏览器登录 App Inventor 2 在线编程平台，可用 QQ 账号授权登录。

（2）用 App Inventor 2 在线编写 App。App Inventor 是一款在线开发工具，它是 SAAS（软件即服务）工作平台。当你开发项目时，项目中的所有信息都会即时保存在网络服务器上，当你关闭 App Inventor 后重新登录时，项目数据依然还在，不需要在本地计算机中保存任何信息。

新建项目

如果你是第一次访问该网站，会看到项目页多半是空的，因为你还没有创建过任何项目。单击页面左上角的菜单"项目→新建项目"创建一个项目，输入"EasyIoT"作为项目名称（注意名称不能有空格、不能用汉字），然后单击"确定"按钮（见图4）。

设计组件

新建项目后打开的第一个窗口是组件设计视图，首先在右侧的组件属性栏中修改 Screen1 的属性，将应用名称改为"手机 App 连接 Easy IoT 物联网"，标题也改为"手机App连接Easy IoT物联网"（见图5）。本应用需要标签、水平布局、文本输入框、按钮这 4 个可视组件（可以理解为在应用中用户可以看到的组件），和 MQTT 客户端这个非可视组件（见图6）。

添加标签

在组件面板中，打开用户界面类组件，单击标签（用户界面组件列表中的第3项），并将其拖动到工作面板的预览窗口中。你会看到预览窗口的左上角出现一个矩形框，框内有"标签 1"字样。

修改标签的属性

这时设计视图右侧的属性面板中显示了标签 1 的属性，将文本对齐设置为居中，将"是否显示"取消勾选，文本设置为空，字号设为 16 号，宽度为充满，高度为 30 像素。本应用中的组件较少且同种类的组件只用到了 1 个，所以不用修改组件名称。如果在一个应用中使用的组件较多，一定要修改组件的名称，以方便阅读程序，理解其中的逻辑。

添加水平布局组件&修改属性

在组件面板中，打开界面布局类组件，并将水平布局组件拖动到工作面板的预览窗口中，放置在"标签 1"的下方。并设

图7 MQTT 客户端 1 属性

图8 连接测试手机

置其水平对齐方式为居中，垂直对齐方式为居中，宽度为充满，高度为自动。

添加文本输入框组件&修改属性

在组件面板中，打开用户界面类组件，将文本输入框组件拖动到工作面板的预览窗口中，放置在水平布局中。设置文本输入框的提示属性为"输入要发送的内容"，字号为 16 号，宽度为充满，高度为自动。

添加按钮组件&修改属性

在组件面板中，打开用户界面类组件，将按钮组件拖动到工作面板的预览窗口，放置在水平布局中文本输入框的右侧。设置文本对齐方式为居中，文本为"发送"，字号为 16 号。此时查看组件列表，你会发现文本输入框 1 和按钮 1 缩进排列在水平布局组件之下，这表明是水平布局组件的次级组件。同时注意到所有的组件都缩进排在 Screen1 之下。

添加MQTT客户端组件&修改属性

在组件面板中，打开通信连接类组件，将 MQTT 客户端组件拖动到预览窗口中，它的位置在下方的不可见组件区。

MQTT 客户端 1 属性栏中的内容一定要填写准确，否则无法连接物联网。其中"tcp://"是传输协议，后面是服务器网址，"1883"是 MQTT 协议默认端口号。用户名称填自己注册的物联网平台上 IoT_id(user) 中的信息，密码填物联网平台上 IoT_pwd(password) 中的信息（见图 7）。

图9 手机上的 AI2 伴侣界面

实时测试

在使用 App Inventor 开发应用的过程中，可以随时连接安卓设备对应用进行测试。这种边做边测的开发方式非常实用。使用安卓设备进行测试需要具备 2 个条件：首先，你的手机与计算机要连接到同一个 Wi-Fi 网络中。其次，你的手机上需要安装一个叫作"AI2 伴侣"的 App。在 App Inventor 开发环境（浏览器）中，从窗口上部的菜单中，打开"连接"菜单，并选择

"AI2 伴侣"，页面上就会跳出一个二维码（见图8）。运行手机上的"AI2 伴侣"App，点击"扫描二维码"，当条码扫描程序启动后，将手机摄像头对准计算机显示器扫描二维码（见图 9）。

为组件添加行为

组件已经创建完成，单击页面右上角的"逻辑设计"，切换到逻辑设计页面来设定组件的行为。在逻辑设计页面的左侧"模块"下面，可以看到 3 个模块分组：内置块、Screen1 以及任意组件，其中 Screen1 分组中列出了这个应用中的全部组件：标签 1、水平布局、文本输入框 1、按钮 1 以及 MQTT 客户端 1。单击其中任何一个组件的名称，将打开该组件的模块

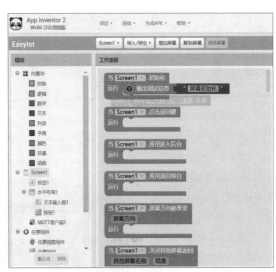

图10 单击 Screen1 显示该组件的模块

抽屉，你会看到属于该组件的可选模块。单击Screen1，打开Screen1的模块抽屉，将看到与Screen1有关的模块，可以用它们来设置Screen1的行为，最上面的模块是"当Screen1初始化"（见图10）。

调用MQTT客户端连接物联网

单击模块"当Screen1初始化"，模块将出现在工作面板上。那些包含了"当"字的模块被称为"事件处理程序"，用来定义某个特定事件发生时应用中组件的行为。接下来我们在这个模块中添加一段程序，来响应这个初始化事件。单击"MQTT客户端1"打开模块抽屉，拖出"调用MQTT客户端1连接"模块。此时你可能已经注意到"调用MQTT客户端1连接"模块的外形刚好与Screen1初始化事件模块相契合，就像拼图一样（见图11）。这是App Inventor的特别设计，只有相契合的模块才能连接到一起。设置完成后，手机端应用就会发起了与Easy IoT物联网平台的连接。

调用MQTT客户端向物联网平台订阅消息

这里需要搞清楚手机App、Easy IoT物联网平台和Arduino硬件三者的关系。Easy IoT物联网平台类似于一个公告栏，手机App和Arduino硬件都能在上面发布消息，也能看到已发布的消息。但公告栏中的消息是分类保存在不同的主题（Topic）中的，通过手机App想看消息首先要告诉公告栏（Easy IoT）想看哪个主题中的消息，这就是消息订阅功能。订阅后，当这个主题中有新消息时，公告栏就会马上将这个新消息的内容同

步至手机App。当手机App在公告栏上发布消息时，也需要告诉公告栏要在哪个主题中发布消息，然后发布的消息就会显示在这个主题中。如果手机App和Arduino硬件都在公告栏中订阅了同一个主题，而且把消息也发布在这个主题中，那么手机App和Arduino硬件就能即时互相看到对方发布的消息，从而实现交互通信。那么MQTT客户端在这个过程中起到什么作用呢？它就是手机App的一个员工，负责替手机App查看公告栏的消息和发布消息（见图12）。

上一步MQTT客户端发起了与Easy IoT物联网平台的连接，当连接成功后，MQTT客户端就要向Easy IoT物联网平台订阅消息。操作过程如下：单击"MQTT客户端1"，打开模块抽屉，拖出"当MQTT客户端1已连接"事件模块放在工

图11 Screen1初始化时连接物联网平台

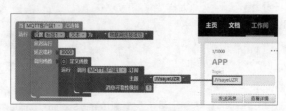

图12 MQTT客户端1向物联网平台订阅消息

作面板中。单击"标签1"，从标签1的模块抽屉中拖出"设置标签1文本为"模块，放在MQTT客户端1已连接事件模块中，再打开内置块分组中的模块抽屉，拖出输入文本模块，将其插入到"设置标签1文本为"模块的插槽中，并在文本框里输入文字"物联网连接成功"。这时手机App界面上标签1处就会显示文字"物联网连接成功"。单击内置块分组中的"控制"，从"控制"模块抽屉中拖出"延时运行"模块，放在"设置标签1文本为"模块的下面，将模块的"延迟毫秒"参数修改为3000。延时的目的是为了让"物联网连接成功"这几个字显示3s。

从MQTT客户端1模块抽屉中拖出"调用MQTT客户端1订阅"模块，放在延时运行的定义函数模块中；从文本抽屉中拖出输入文本模块放在"主题"后的插槽中，并将Easy IoT物联网平台上Topic（主题）里的内容复制粘贴到输入文本模块中，这就是从物联网平台订阅主题的过程。打开内置块分组中数学模块抽屉，拖出数字模块"1"放在"消息可靠性级别"后的插槽中（1是为了确保MQTT客户端能收到消息）。

MQTT客户端向物联网平台发送测试消息

主题订阅成功后，要在标签1中显示"消息订阅成功"，提示用户消息订阅成功。显示3s后，调用MQTT客户端向物联网平台的主题发布消息"开始测试"。因MQTT客户端已订阅了这一主题的消息，所以物联网平台在收到"开始测试"后，又会将这一消息立即发送给手机App。代码如

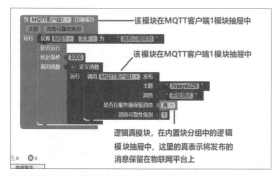

图 13 MQTT 客户端向物联网平台发布测试消息

图 15 MQTT 客户端向物联网平台发送消息

图 14 MQTT 客户端接收并显示物联网平台发来的消息

图 16 显示 MQTT 客户端的错误信息

图 13 所示。

MQTT 客户端接收并显示物联网平台发来的消息

当 MQTT 客户端收到消息时，标签 1 中要显示收到的消息内容（见图 14）。具体操作如下：在 MQTT 客户端 1 模块抽屉中，拖出"当 MQTT 客户端 1 收到消息"事件模块放在工作面板中。从标签 1 模块抽屉中，拖出"设置标签 1 文本为"模块放在事件中。打开内置块分组中的文本模块抽屉，拖出"合并文本"模块插入"设置标签 1 文本为"模块的插槽中。在文本模块抽屉中，拖出一个输入文本模块插入"合并文本"模块的插槽中，并在文本框中输入文字"收到消息："。MQTT 客户端 1 收到消息事件模块有 2 个参数："主题"和"消息"，将鼠标指针移到参数"消息"上，从跳出的界面中拖动"消息"模块，填充到"合并文本"模块的第 2 个插槽中。这时手机就能接收物联网发来的消息了。

MQTT 客户端向物联网平台发送消息

在手机 App 界面的文本输入框中输入要发送的内容，然后点击"发送"按钮，就将消息发送到了物联网平台，同时清空文本输入框中的内容（见图 15）。

显示 MQTT 客户端的错误信息

如果 MQTT 客户端与物联网连接出错，手机 App 的标签 1 中就会显示错误信息，以提醒用户查找错误原因或重新连接（见图 16）。

具体操作是在 MQTT 客户端 1 模块抽屉中，拖出"当 MQTT 客户端 1 出错"事件模块放在工作面板中。从标签 1 模块抽屉中，拖出"设置标签 1 文本为"模块放在事件模块中。打开内置块分组中的文本模块抽屉，拖出"合并文本"模块插入"设置标签 1 文本为"模块的插槽中。在文本模块抽屉中，拖出一个输入文本模块插入"合并文本"模块的第一个插槽中，并在文本框中输入文字"客户端出错："。

MQTT 客户端 1 出错事件模块有两个参数："错误"和"描述"。将鼠标指针

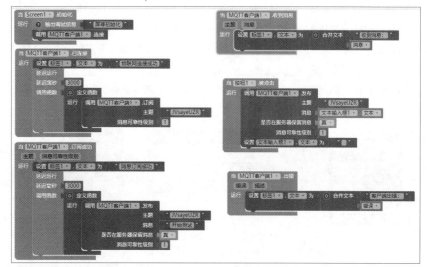

图 17 手机 App 应用的完整代码

图18 手机 App

图19 在物联网平台查看手机发来的消息

移到参数"错误"上,从跳出的界面中拖动"错误"模块,填充到"合并文本"模块的第二个插槽中。至此,手机 App 的程序就全部编写完成了(见图17)。

在安卓手机中下载并安装这个应用

单击网页上部的菜单"生成 APK",选择"显示二维码",将项目生成为 APK 文件,并用手机扫描二维码,将 APK 文件下载到安卓手机中,然后安装这个应用。在手机上打开 App 后,等待大约 1s,你在页面上就能看到"物联网连接成功"的提示。随后手机会自动向物联网发送测试信息"开始测试",物联网收到消息后会将消息再发送给手机应用,这时手机端会显示"收到消息:开始测试"。手机与物联网双向通信成功,你的手机 App 就能投

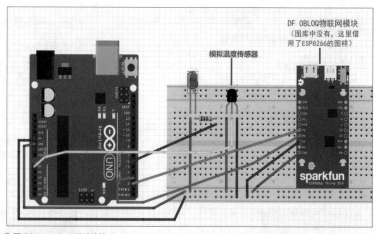

图20 Arduino 硬件连接

入使用了(见图18)。登录 Easy IoT 物联网平台,单击设备中的"查看详情",在新页面下方的"查询结果"中就能看到手机发来的消息内容(见图19)。

连接 Arduino 主控板

从 Arduino 主控板的 5V、GND 引脚引出两根线分别接面包板的正负极上。LED 的正极串联 200Ω 电阻后接 Arduino 主控板的 6 号引脚,负极接面包板的负极。模拟温度传感器的 VCC、GND 端分别接面包板上的正负极接口,信号输出端接 Arduino 板 A0 引脚。OBLOQ 物联网模块的 VCC、GND 端分别接面包板上的正负极接口,TX、RX 端分别接 Arduino 板的 2、3 号引脚。硬件连接如图 20 所示。这里的 TX、RX 用的是软串口连接,如果接硬串口 0、1 引脚,

会影响程序的上传。

Arduino 主控板程序编写

用浏览器登录 Mind+ 网站,根据自己计算机的操作系统选择下载并安装 Mind+ 编程软件,安装完成后双击打开该软件。在页面右上角选择"上传模式",单击页面左下角的"扩展",在主控板窗口选择"Arduino Uno",在通信模块窗口选择"Obloq mqtt"物联网模块。然后单击左上角的"返回",回到编程页面,开始编写程序。

首先初始化"Obloq mqtt"物联网模块。设置"Obloq mqtt"物联网模块的参数(见图21),Wi-Fi 名称和密码填写 Arduino 硬件所在环境中可以连接的 Wi-Fi 名称和密码。物联网平台参数有 2 个,要与你自己注册的物联网平台上的参数填写一致,

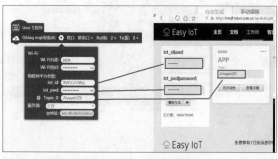

图21 设置"Obloq mqtt"物联网模块初始化参数

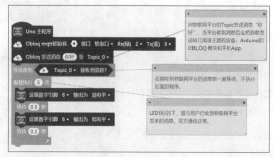

图22 测试与物联网平台的通信是否正常

图 23 手机 App 查看温度值

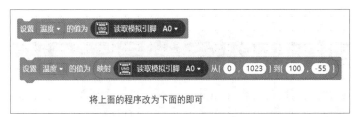

图 24 对模拟端口的数值进行转换

服务器选择"中国",IP 地址是默认的。接口选软串口,RX 选择 2,TX 选择 3(注意这与硬件连接中的接线正好相反,因为物联网模块的 TX 接主控板的 RX,物联网模块的 RX 接主控板的 TX)。测试 Arduino 与物联网平台的通信是否正常(见图 22)。

接收 Easy IoT 物联网平台发来的消息指令,根据指令执行不同的动作任务。这里需要新建两个变量:一个字符类型变量"指令",用来保存接收到的消息;另一个数字类型变量"温度",用来保存 A0 引脚温度传感器的数值。

将程序上传到Arduino,对程序进行调试

上传程序: 程序基本完成后,拿 USB 数据线将 Arduino 主控板和计算机进行连接,连接好后单击计算机编程页面左上方的"连接设备",选择相应的接口,然后单击右上角的"上传到设备",程序就开始上传了,上传完毕后,不要断开 USB 线,程序就会开始运行。

调试程序: 等待 3 ~ 5s,OBLOQ 物联网模块的指示灯由红色变为蓝色再变为绿色,接在 6 号引脚的 LED 也会闪烁 5 下,这时 Arduino 主控板与 Easy IoT 物联网平台就连接成功了,同时打开手机 App,页面上会看到"收到消息:你好"。这是 Arduino 板发送给物联网平台的消息,物联网平台又将消息发给了手机 App,已实现三者的正常通信。

在手机 App 页面的文本输入框中输入"开灯",点击"发送"按钮,连接在 Arduino 主控板的 LED 点亮;输入"关灯",点击"发送"按钮,连接在 Arduino 主控板的 LED 熄灭;输入"温度",点击"发送"按钮,手机页面上就会显示 Arduino 主控板 A0 引脚模拟温度传感器的当前读数(见图 23)。

修改完善程序: 环境温度怎么会达到 604℃呢?这是因为模拟传感器的读数范围在 0 ~ 1023,我们需要根据实际情况对这个数值进行转换。本项目中用的模拟温度传感器测量范围为 -55 ~ 100℃,而且是温度越低,读数会越大,所以在这里需用"映射"模块对 A0 引脚的数值进行转换(见图 24)。修改程序后重新进行测试,温度值就正常显示了。

以上就是手机 App 通过物联网平台控制 Arduino 硬件的制作过程,本项目只实现了最简单的通信功能,大家可以在本项目的基础上充分发挥自己的想象力和才华,创作出更高端的物联网作品。Ⓧ

哈尔滨工业大学业余无线电俱乐部成立 25 周年在线纪念活动

惊风飘白日,光景驰西流。恍然间,哈尔滨工业大学业余无线电俱乐部已经成立 25 周年。2020 年 6 月 6 日,以"追忆往昔,畅想未来"为主题的迎哈工大百年校庆暨业余无线电俱乐部 25 周年庆活动在哔哩哔哩平台在线举行。

此次线上活动邀请到社团创始人之一周斯年,社团的优秀前辈周定江、冯晓东、尹心平、房宵杰、米明恒、何天然、吴庭丞等人和社团的老朋友"B 站"知名 up 主"宅台长"、业余无线电爱好者 BG2KAJ 等,大家一起分享和 BY2HIT(哈尔滨工业大学集体电台)产生的奇妙的"化学反应"。

活动伊始,一段宣传视频帮助大家回忆了过去 25 年社团的成长,引入活动主题。紧接着由技术主席陈功讲述社团历史,并与各届前辈在线互动,回顾大家在社团中的点点滴滴。更有前辈们将在社团收获的深厚友谊娓娓道来。

BY2HIT 成立于 1995 年,在前辈们的拼搏付出和无私奉献下,BY2HIT 成为哈尔滨工业大学科技含量最高、最具影响力的大型社团之一。此次"追忆往昔,畅想未来"活动,旨在传承社团精神,点燃社团成员们建设社团、发展社团的热情,让社团站在前辈打造的基础上,一往无前,再创辉煌!

STM32入门100步（第24步）

利用超级终端显示日历与RCC时钟设置

■ 杜洋 洋桃电子

利用超级终端显示日历

上一期我们介绍了RTC（实时时钟）的基本原理与功能，本期我们将超级终端和RTC功能相联系，分析一个用超级终端显示RTC日历的程序。在附带资料中找到"超级终端显示日历程序"的工程，将工程中的HEX文件下载到核心板，看一下效果（见图1）。程序写入后打开超级终端，打开串口，按下回车键，窗口中将出现一串中文说明："洋桃开发板STM32实时时钟测试程序"。下一行显示现在实时时间，再下两行是修改时间的方法说明。方法是在超级终端中直接输入一串数字，包括4位年、2位月、2位日、2位时、2位分和2位秒，然后按回车键确定。实时时间由RTC产生，每次按回车键是从RTC读出时间显示在窗口中。输入"C"可以初始化时钟，输入后会显示"初始化成功"。再按回车键可以看到时间为"1970年1月1日0:00:00"，说明RTC计数器全部清零，时钟强制初始化。接下来按照格式输入"20180121015202"，按回车键确定，显示"写入成功！"。再按回车键，时间成功修改，星期值也通过换算自动生成。

接下来分析程序。打开"超级终端显示日历程序"，此工程复制了上一期"LED显示RTC走时程序"的工程。如图2所示，main.c文件第17～35行没有修改，只是在第27行定义了一个8位变量"bya"。如图3所示，while主循环中加入串口和RTC操作的程序。另外一处修改是在usart.c文件第102行是否开启USART1串口中断的参数中写入ENABLE，开启串口中断（见图4）。先简单说一下串口中断处理函数，串口中断处理函数中所使用的程序和之前相同，也是用状态标志位USART1_RX_STA保存串口状态，通过数组USART1_RX_BUF存放超级终端发来的数据。数据内容通过回车键确认，判断相邻两个数据是否是0x0D和0x0A

（回车键），如果是将USART1_RX_STA最高2位变成1，再将之前接收的数据数量值存放进USART1_RX_STA的低14位。主函数处理串口数据时，主要考虑数组收到哪些数据、状态标志位和数据数量。关注这3部分就能在主函数中处理串口数据了。

接下来分析主函数，如图3所示。第37行USART1_RX_STA与0xC000按位相与运算，判断变量最高两位是不是1，都是1表示有回车键输入。接着第38行USART1_RX_STA和0X3FFF按位相与运算，判断结果是不是0，与运算使得最高两位被忽略，剩下的数据是串口收到的数据数量，数量为0表示未输入字符，直接按下回车键，这种操作时重新显示说明文字。先通过第39行的if语句调用RTC_Get函数，读取当前时间。返回值为0表示读取成功。第40行通过printf函数发送一串汉字说明信息，结尾的"/r/n"

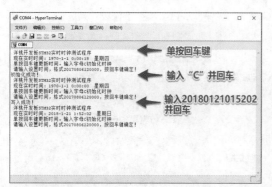

■ 图1 超级终端显示效果

```
17  #include "stm32f10x.h" //STM32头文件
18  #include "sys.h"
19  #include "delay.h"
20  #include "led.h"
21  #include "key.h"
22  #include "buzzer.h"
23  #include "usart.h"
24  #include "rtc.h"
25
26  int main (void){//主程序
27      u8 bya;
28      RCC_Configuration(); //系统时钟初始化
29      RTC_Config(); //实时时钟初始化
30      LED_Init();//LED初始化
31      KEY_Init();//按键初始化
32      BUZZER_Init();//蜂鸣器初始化
33      USART1_Init(115200); //串口初始化，参数中写波特率
34      USART1_RX_STA=0xC000; //初始值设为有回车的状态，即显示一次欢迎词
35      while(1){
```

■ 图2 main.c文件开始部分

```
36
37      if(USART1_RX_STA&0xC000) { //如果标志位是0xC000表示收到数据串完成,可以处理
38  ┌    if((USART1_RX_STA&0x3FFF)==1) { //单独的回车键时显示一次欢迎词
39  ┌─    if(RTC_Get()==0) { //读出时间值,同时判断返回值是不是0,非0时读取的值是错误的
40             printf(" 洋桃开发板STM32实时时钟测试程序 \r\n");
41             printf(" 现在实时时间: %d-%d-%d %d:%d:%d ",ryear,rmon,rday,rhour,rmin,rsec);//显示日期、时间
42             if(rweek==0)printf(" 星期日  \r\n"); //rweek值为0时表示星期日
43             if(rweek==1)printf(" 星期一  \r\n");
44             if(rweek==2)printf(" 星期二  \r\n");
45             if(rweek==3)printf(" 星期三  \r\n");
46             if(rweek==4)printf(" 星期四  \r\n");
47             if(rweek==5)printf(" 星期五  \r\n");
48             if(rweek==6)printf(" 星期六  \r\n");
49             printf(" 单按回车键更新时间,输入字母c初始化时钟 \r\n");
50             printf(" 请输入设置时间,格式为20170806120000,按回车键确定! \r\n");
51  ┌─    }else{
52             printf("读取失败! \r\n");
53        }
54  ┌    }else if((USART1_RX_STA&0x3FFF)==1) { //判断数据是不是2
55  ┌─    if(USART1_RX_BUF[0]=='c' || USART1_RX_BUF[0]=='C') {
56             RTC_First_Config(); //键盘输入c或C,初始化时钟
57             BKP_WriteBackupRegister(BKP_DR1, 0xA5A5); //配置完成后,向后备寄存器中写特殊字符0xA5A5
58             printf("初始化成功! \r\n");
59  ┌─    }else{
60             printf("指令错误!       \r\n"); //显示指令错误
61        }
62  ┌    }else if((USART1_RX_STA&0x3FFF)==14) { //判断数据是不是14个
63             //将超级终端发送过来的数据换算并写入RTC
64             ryear = (USART1_RX_BUF[0]-0x30)*1000+(USART1_RX_BUF[1]-0x30)*100+(USART1_RX_BUF[2]-0x30)*10+USART1_RX_BUF[3]-0x30;
65             rmon = (USART1_RX_BUF[4]-0x30)*10+USART1_RX_BUF[5]-0x30; //串口发来的是字符,和0x30后才能得到十进制0~9的数据
66             rday = (USART1_RX_BUF[6]-0x30)*10+USART1_RX_BUF[7]-0x30;
67             rhour = (USART1_RX_BUF[8]-0x30)*10+USART1_RX_BUF[9]-0x30;
68             rmin = (USART1_RX_BUF[10]-0x30)*10+USART1_RX_BUF[11]-0x30;
69             rsec = (USART1_RX_BUF[12]-0x30)*10+USART1_RX_BUF[13]-0x30;
70             bya=RTC_Set(ryear,rmon,rday,rhour,rmin,rsec); //将数据写入RTC计算器的程序
71             if(bya==0)printf("写入成功!      \r\n");//显示写入成功
72             else printf("写入失败!      \r\n"); //显示写入失败
73  ┌─    }else{ //如果以上都不是,即显示错误的指令
74             printf("指令错误!      \r\n"); //如果不是以上正确的操作,显示指令错误
75        }
76        USART1_RX_STA=0; //将串口数据标志位清0
77      }
78   }
79  }
```

图 3 main.c 文件主循环部分

用于换行。第 41 行发送一串有变量的字符。"现在显示时间:"后面接"%d"用来显示时间变量,"%d"是指以十进制有符号的整数显示时间值。显示内容就是逗号后边按位对应。年数据是 16 位的全局变量。比如"2018"即表示 2018 年。后面显示字符"–",再显示月变量,月份是十进制 8 位变量,显示在"2018-"后面。接下来显示"–"和日变量。然后用空格把日期和时间隔开。"%d: %d: %d"显示小时、分钟、秒钟。第 42 ~ 48 行显示汉字的星期,%d 不能用于显示汉字,于是使用 7 行 if 语句判断。第 42 行判断如果星期值为 0 则表示星期日,于是用 printf 函数发送汉字字符"星期日"并换行。直到星期值为 6,显示"星期六"。第 49 ~ 50 行是两行汉字显示。第 51 行 else 语句是判断时钟读取失败的处理,如果第 39 行时钟读取错误则执行第 52 行显示"读取失败"。未能初始化、晶体振荡器损坏、RTC 设置错误等问题都能导致读取错误。接下来第 54 行通过 else if 语句判断数据数量,数量为 1 表示按回车键之前收到 1 个数据,即执行第 55 ~ 61 行的程序。第 55 行判断数组第 0 位(第 1 个数据)是不是小写字母 c,

使用"||"同时判断是不是大写字母 C。按下 C 键执行第 56 ~ 58 行调用 RTC 首次初始化,在备用寄存器写入 0xA5A5,显示"初始化成功! "。如果数据不是 c 或 C 则执行第 60 行的 else 语句,显示"指令错误! "。

如果收到的不是回车也不是 1 个字符,则在第 62 行判断收到的是不是 14 个数据。因为修改时间就是需要输入 14 个关于年、月、日、时、分、秒的数据,如果是 14 个数据表示是修改时间的指令,于是第 64 ~ 76 行是对 RTC 重新修改时间。方法是把收到的 14 个数据按格式依次存放到年、月、日、时、分、秒的变量,输入的年数据"2017"是 4 个字符,需要把 4 个数据合并成 1 个

年数据,再写入变量"ryear"。首先读出数组中的第 0 位(第 1 个字符)"2","2"是字符,需要先将字符转化成十六进制数据。如何转化呢?方法是减去 0x30,0x30 是 ASCII 码偏移量,ASCII 表中 0x30~0x39 对应字符"0"~"9",只要减去 0X30 便可得到数据 0 ~ 9。数组第 0 位是字符"2",减去 0x30 变成十六进制数值 2,可用于计算,第 64 行中把数值 2 乘以 1000。因为 4 个字符 2、0、1、7 需要合并为数值 2017,将 2 乘以 1000 变成 2000 即得到千位值。同样道理,数组第 1 位减去 0x30 再乘以 100,得到百位值。数组第 2 位减去 0x30 乘以 10,得到十位值。数组第 3 位减去 0x30 得到个位值。把 4 个数值相加,得到数值 2017 存入变量"ryear"。月、日、时、分、秒的方法以此类推。最终在所有变量中得到新的时间值。接下来第 70 行调用 RTC_Set,将时间所有变量放入函数的参数,返回值放入变量"bya"。返回值为 0 表示写入成功,为其他值时表示写入失败。所以第 71 行判断变量"bya"是否为 0,为 0 显示"写入成功! ",否则显示"写入失败! "。第 73 行的 else 语句的作用是当数据数量不是 0、1、14 时,在第 74 行显示"指令错误"。最后第 76 行将串口状态标志位 USART1_RX_STA 清空,使串口中断可以接收新的数据。以上就是串口接收处理的完整过程。

```
105
106  void USART1_IRQHandler(void) { //串口1中断服务程序(固定的函数名不能修改)
107      u8 Res;
108      //以下是字符串接收到USART_RX_BUF[]的程序,(USART_RX_STA&0x3FFF)是数据的长度(不包括回车)
109      //当(USART_RX_STA&0xC000)为真时表示数据接收完成,即超级终端里按下回车键
110      //在主函数里写判断if(USART_RX_STA&0xC000),然后读USART_RX_BUF[]数组,读到0x0D 0x0A即是结束
111      //注意在主函数处理完串口数据后,要将USART1_RX_STA清0
112      if(USART_GetITStatus(USART1, USART_IT_RXNE) != RESET) { //接收中断(接收到的数据必须以0x0D 0x0A结尾)
113          Res =USART_ReceiveData(USART1); //读取接收到的数据
114          printf("%c",Res); //把收到的数据以 a 符号变量 发送回计算机
115          if((USART1_RX_STA&0x8000)==0) { //接收未完成
116              if(USART1_RX_STA&0x4000) { //接收到了0x0D
117                  if(Res!=0x0a)USART1_RX_STA=0; //接收错误,重新开始
118                  else USART1_RX_STA|=0x8000; //接收完成了
119              }else{ //还没收到0x0D
120                  if(Res==0x0d)USART1_RX_STA|=0x4000;
121                  else {
122                      USART1_RX_BUF[USART1_RX_STA&0X3FFF]=Res ; //将收到的数据放入数组
123                      USART1_RX_STA++; //数据长度计数加1
124                      if(USART1_RX_STA>(USART1_REC_LEN-1))USART1_RX_STA=0;//接收数据错误,重新开始接收
125                  }
126              }
127          }
128      }
```

图 4 usart.c 文件的中断处理函数

```
50 void RTC_First_Config(void){ //首次启用RTC的设置
51     RCC_APB1PeriphClockCmd(RCC_APB1Periph_PWR | RCC_APB1Periph_BKP, ENABLE);
52     PWR_BackupAccessCmd(ENABLE);//后备域解锁
53     BKP_DeInit();//备份寄存器模块复位
54     RCC_LSEConfig(RCC_LSE_ON);//外部32.768kHZ晶体振荡器开启
55     while (RCC_GetFlagStatus(RCC_FLAG_LSERDY) == RESET);//等待稳定
56     RCC_RTCCLKConfig(RCC_RTCCLKSource_LSE);//RTC时钟源配置成LSE
57     RCC_RTCCLKCmd(ENABLE);//RTC开启
58     RTC_WaitForSynchro();//开启后需要等待APB1时钟与RTC时钟同步，才能读写寄存
59     RTC_WaitForLastTask();//读写寄存器前，要确定上一个操作已经结束
60     RTC_SetPrescaler(32767);//设置RTC分频器，使RTC时钟为1Hz,RTC period = RTC
61     RTC_WaitForLastTask();//等待寄存器写入完成
```

图 5 在 RTC 首次初始化函数中和 RCC 有关的程序

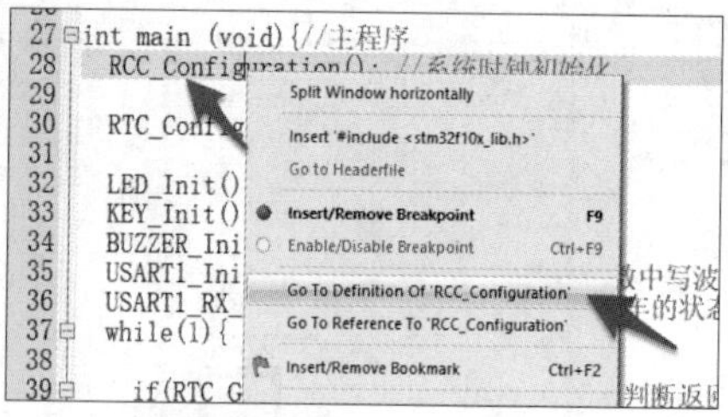

图 6 鼠标右键跳转法

RCC时钟设置

下面再为大家介绍 RTC 初始化程序时涉及的 RCC 设置函数。RCC 是复位和时钟功能的缩写，通过 RCC 功能可以设置单片机内部各功能的时钟输入源与频率。之前介绍过的每个示例程序都有 RCC 设置函数。现在我们来学习 RCC 设置函数。上期我们分析了 RTC 初始化函数，函数中涉及 RCC 设置函数。如图 5 所示，第 51 行启动 PWR 和 BKP 功能，第 54 行开启外部低速晶体振荡器，第 55 行等待晶体振荡器进入稳定状态，第 56 行设置 RTC 时钟的时钟输入源，第 57 行开启 RTC 走时，这些都是对 RCC 功能的操作。RCC 功能是设置单片机的复位和系统时钟的分配。使用 RTC 时涉及 32.768kHz 外部低速晶体振荡器，使用晶体振荡器必须设置 RCC。单片机上电后先要设置时钟输入源，是用外部高速晶体振荡器还是内部高速晶体振荡器？是否倍频或分频？各总线的时钟频率是多少？以上都是通过设置 RCC 来决定。现在打开“LED 灯显示 RTC 走时程序”的工程，把鼠标指针放在函数上单击鼠标右键，选择“Go To Definition Of RCC_Configuration”跳到 RCC 函数所在的 sys.c 文件（见图 6）。文件中有两个函数：中断向量控制器的设置函数和 RCC 时钟的设置函数，第 27 ~ 51 行是对单片机内部各种时钟进行选择和设置（见图 7）。了解每行程序的含义需要借助“时钟树框图”，打开“STM32F103X8-B 数据手册（中文）”第 12 页找到“时钟树框图”，接下来结合框图来分析程序。还要打开“STM32F103 固件函数库用户手册（中文）”第 193 页找到复位和时钟设置 RCC 固件库函数，其中有涉及 RCC 的寄存器的内容，后面几页有 RCC 相关的全部固件库函数，包括外部高速晶体振荡器、内部高速晶体振荡器，PLL 时钟、倍频器等设置。还包括各种内部总线、USB 时钟、ADC 时钟、RTC 时钟源、AHB 和 APB 总线的设置。RCC 的设置比较复杂，我们仅就已经学过的内容来分析外部高速时钟、倍频、分频相关的设置。

先来分析“时钟树框图”（见图 8）。框图中可以把设置项分成两部分，以系统时钟为连接点，SYSCLK 是指系统时钟，最大值是 72MHz，也就是常说的单片机主频。框图左边部分表示如何通过 RCC 设置产生主频。右边部分表示产生的主频通过 RCC 设置输送到各种内部总线和功能。简单来说，左边是产生主频，右边是分配主频。我们先来看主频如何产生。主频有两个时钟来源，一个是外部连接的高速晶体振荡器（HSE），使用的单片机两个引脚为 OSC_IN 和 OSC_OUT，对应第 5 脚和第 6 脚。两个引脚连接在外部晶体振荡器 TX1 的两脚上，同时连接 2 个 20pF 起振电容，电容另一端接地（GND），外部晶体振荡器频率是 8MHz。另一个时钟源是 8MHz 的内部 RC 振荡器（HSI）。接下来是各种选择器的设置。第一种方式可以看图中加粗实线，它将外部的时钟频率通过红线输送到选择器，只要将选择器 SW 设置为 HSE 外部时钟输入，就可以直接产生主频。第二种方法是通过圆点虚线的通道进入主频选择器 SW，把选择器设置为 HSI 就能将内部 8MHz 的 RC 振荡器输入给主频。第三种方法是长线虚线标示路径，使用内部倍频器将外部高速时钟通过两个选择器（PLLXTPRE 和 PLLSRC）输送到锁向

```
26 void RCC_Configuration(void){ //RCC时钟的设置
27     ErrorStatus HSEStartUpStatus;
28     RCC_DeInit();              /* RCC system reset(for debug purpose) RCC寄存器恢复初始化值*/
29     RCC_HSEConfig(RCC_HSE_ON); /* Enable HSE 使能外部高速晶体振荡器 */
30     HSEStartUpStatus = RCC_WaitForHSEStartUp(); /* Wait till HSE is ready 等待外部高速晶体振荡器使能完成*/
31     if(HSEStartUpStatus == SUCCESS){
32       /*设置PLL时钟源及倍频系数*/
33       RCC_PLLConfig(RCC_PLLSource_HSE_Div1, RCC_PLLMul_9); //RCC_PLLMul_x（枚举2~16）是倍频值。当HSE=8MHZ,RCC_PLLMul_9时PLLCLK=72MHZ
34       /*设置AHB时钟（HCLK）*/
35       RCC_HCLKConfig(RCC_SYSCLK_Div1); //RCC_SYSCLK_Div1----AHB时钟 = 系统时钟(SYSCLK) = 72MHZ（外部晶体振荡器8HMZ）
36       /*注意此处的设置，如果使用SYSTICK做延时程序，此时SYSTICK(Cortex System timer)=HCLK/8=9MHZ*/
37       RCC_PCLK1Config(RCC_HCLK_Div2); //设置低速AHB时钟（PCLK1）,RCC_HCLK_Div2----APB1时钟 = HCLK/2 = 36MHZ（外部晶体振荡器8HMZ）
38       RCC_PCLK2Config(RCC_HCLK_Div1); //设置高速AHB时钟（PCLK2）,RCC_HCLK_Div1----APB2时钟 = HCLK = 72MHZ（外部晶体振荡器8HMZ）
39       /*注：AHB主要负责外部存储器时钟。APB2负责AD，I/O，高级TIM，串口1。APB1负责DA，USB，SPI，I2C，CAN，串口2，3，4，5，普通TIM */
40       FLASH_SetLatency(FLASH_Latency_2); //设置Flash 存储器延时时钟周期数
41       /*Flash 时序延迟几个周期，等待总线同步操作。
42       推荐按照单片机系统运行频率：
43       0～24MHz时，取Latency_0;
44       24～48MHz时，取Latency_1;
45       48~72MHz时，取Latency_2*/
46       FLASH_PrefetchBufferCmd(FLASH_PrefetchBuffer_Enable); //选择Flash预取指缓存的模式，预取指缓存使能
47       RCC_PLLCmd(ENABLE); //使能PLL
48       while(RCC_GetFlagStatus(RCC_FLAG_PLLRDY) == RESET); //等待PLL输出稳定
49       RCC_SYSCLKConfig(RCC_SYSCLKSource_PLLCLK); //选择SYSCLK时钟源为PLL
50       while(RCC_GetSYSCLKSource() != 0x08); //等待PLL成为SYSCLK时钟源
51     }
52     /*开始使能程序中需要使用的外设时钟*/
53 //  RCC_APB2PeriphClockCmd(RCC_APB2Periph_USART1 | RCC_APB2Periph_GPIOA | RCC_APB2Periph_GPIOB |
54 //  RCC_APB2Periph_GPIOC | RCC_APB2Periph_GPIOD | RCC_APB2Periph_GPIOE, ENABLE); //APB2外设时钟使能
55 //  RCC_APB1PeriphClockCmd(RCC_APB1Periph_USART2, ENABLE); //APB1外设时钟使能
56 //  RCC_APB1PeriphClockCmd(RCC_APB1Periph_USART3, ENABLE);
57 //  RCC_APB2PeriphClockCmd(RCC_APB2Periph_SPI1, ENABLE);
58 //  RCC_APB2PeriphClockCmd(RCC_APB2Periph_AFIO, ENABLE);
59 }
```

图 7 sys.c 文件中的 RCC 时钟设置函数

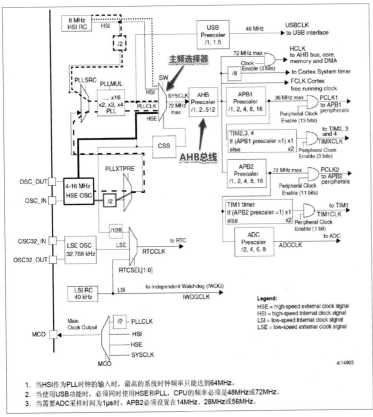

图8 时钟树框图

1. 当HSI作为PLL时钟的输入时，最高的系统时钟频率只能达到64MHz。
2. 当使用USB功能时，必须同时使用HSE和PLL，CPU的频率必须是48MHz或72MHz。
3. 当需要ADC采样时间为1μs时，APB2必须设置为14MHz、28MHz或56MHz。

环倍频器 PLLMUL，设置倍频系数产生不同倍数的频率，再将频率输送到主频选择器 SW，只要选择器通过 PLLCLK 就能将倍频频率输送给主频。第四种方法是短线虚线标示的路径，内部 RC 振荡器通过"/2"的部分减少一半的频率，再输送到倍频器 PLLMUL。设置倍频器的倍数，把倍频后频率输送到主频选择器 SW。4 种方法由用户在 RCC 函数中进行设置。

接下来回到 sys.c 文件，看一下 RCC 时钟设置具体如何实现。如图 7 所示，第 27 行是定义枚举变量，主要用在第 31 行的 if 判断，判断外部晶体振荡器的使能是否成功。枚举值为"SUCCESS"表示成功，为"ERROR"表示失败。第 28 行调用 RCC 初始化函数，将 RCC 内部寄存器全部设为初始值，接下来设置过程中没有被设置到的寄存器处于默认值。第 29

行是使能（即开启）外部高速晶体振荡器。示例程序都使用外部晶体振荡器倍频产生 72MHz 主频率，所以这里先开启外部高速晶体振荡器，开启后要再次确认晶体振荡器是否正常工作，所以第 30 行的固件库函数读出晶体振荡器状态，第 31 行把读出的值放入枚举进行判断，晶体振荡器成功开启则为真，为真时执行第 33 ~ 51 行的程序。第 33 行设置 PLL 时钟源及倍频系数，调用设置 PLL 的固件库函数 RCC_

PLLConfig。此函数有两个参数，第 1 个参数是选择时钟源，或者说使用哪种方式输入。第 2 个参数是 PLL 倍频器的倍频系数。我们先把鼠标指针放在第一个参数上面，单击鼠标右键选择"Go To Definition Of RCC_PLLSource_HSE_Div1"跳到参数宏定义的部分，跳转到了 RCC.H 文件，如图 9 所示，里面有 3 个设置内容。第 一 个 RCC_PLLSource_HSE_Div1 是设置 PLL 的输入源为外部高速时钟，使用 DIV1 不分频方式，对应图 8 中长线虚线标示的路径。8MHz 外部高速时钟通过 PLLXTPRE 和 PLLSRC 选择器进入 PLLMUL 倍频器后输入到主频。第 2 个 RCC_PLLSource_HSE_Div2 也是外部高速晶体振荡器输入，使用 DIV2 方式将频率除以 2。对应图 8 中双线加长线虚线所标示的路径。外部高速晶体振荡器频率除以 2（减半），之后通过 3 个选择器进入主频。注意：外部频率直接输入还是减半后输入是由 PLLXTPRE 选择器决定，DIV1（直通）和 DIV2（减半）是切换选择器的输入设置。还有一个设置项 RCC_PLLSource_HSI_Div2 是内部高速时钟，选择方式只有 DIV2。对应图 8 中短线虚线标示的路径，8MHz 内部 RC 振荡器减半后输送到 PLLMUL 倍频器再输送给主频。有朋友会问，之前说过的 8MHz 晶体振荡器产生的频率可以通过圆点虚线标示的路径输送到主频，还有外部晶体振荡器通过加粗实线标示的路径输送给主频。但是这两个路径由选择器 SW 控制，目前

```
81  #define RCC_PLLSource_HSI_Div2              ((uint32_t)0x00000000)
82
83  #if !defined (STM32F10X_LD_VL) && !defined (STM32F10X_MD_VL) && !defined (STM32F
84   #define RCC_PLLSource_HSE_Div1             ((uint32_t)0x00010000)
85   #define RCC_PLLSource_HSE_Div2             ((uint32_t)0x00030000)
86   #define IS_RCC_PLL_SOURCE(SOURCE) (((SOURCE) == RCC_PLLSource_HSI_Div2) || \
87                                      ((SOURCE) == RCC_PLLSource_HSE_Div1) || \
88                                      ((SOURCE) == RCC_PLLSource_HSE_Div2))
89  #else
90   #define RCC_PLLSource_PREDIV1              ((uint32_t)0x00010000)
91   #define IS_RCC_PLL_SOURCE(SOURCE) (((SOURCE) == RCC_PLLSource_HSI_Div2) || \
92                                      ((SOURCE) == RCC_PLLSource_PREDIV1))
93  #endif /* STM32F10X_CL */
```

图9 PLL 时钟源及倍频系数的选择项

设置的是 PLL 相关的选择器，只能设置 PLLXTPRE 和 PLLSRC，其他选择器不归 PLL 的选择器管理。

继续分析程序。如图 7 所示，第 1 个参数选择外部晶体振荡器的原始频率（不减半）RCC_PLLSource_HSE_Div1。第 2 个参数是 PLL 倍频系数，是图 8 中的 PLLMUL。设置系数可以将 3 种方式输入的频率进行倍频，多少倍由倍频系数决定。在倍频系数的程序文字上单击鼠标右键，选择"Go To Definition Of RCC_PLLMul_9 跳到定义位置。如图 10 所示可以看到倍频系数最低为 2，最高为 16，对应 2 ~ 16 倍，RCC_PLLMul_9 代表 9 倍。已知外部时钟输入源频率为 8MHz，进入倍频器乘以 9，最终输出 72MHz 频率（8MHz×9=72MHz）。注意：单片机主频不得超过 72MHz，不论输入频率和倍频系数是多少，结果不得大于 72MHz。第 33 行选择了时钟输入源和倍频系数，设置主频为 72MHz。接下来是将主频在各种内部总线和功能之间进行分配。第 35 行是对 AHB 总线时钟的设置。图 8 中 AHB 总线是其他总线和功能的"前端"，也就是说 AHB 总线的分频频率将会分配给其下所有的总线和功能（除了 USB 功能）。USB 功能时钟是通过倍频器直接产生的，不受 AHB 总线控制。第 35 行调用的固件库函数 RCC_HCLKConfig，参数是 AHB 总线分频系数，用"鼠标右键跳转法"跳到定义位置。图 11 所示是 AHB 总线分频系数的选择项，RCC_SYSCLK_Div1 表示不分频，RCC_SYSCLK_Div2 表示频率除以 2，RCC_SYSCLK_Div512 表示 512 分频（除以 512）。目前选择 RCC_SYSCLK_Div1，不分频，即 AHB 时钟为 72MHz。第 37 ~ 38 行设置 APB1 和 APB2 总线，对

应框图中 APB1、APB2 两个位置。它们可以设置分频系数，从不分频道到 16 倍分频，目前 APB1 使用 2 分频（除以 2），APB2 不分频。设定总线频率前要先考虑总线上的功能需要多大频率。

接下来第 40 行是单片机内部 Flash 的设置，因为系统主频和各功能的分频不同，Flash 读写速度会受到影响，所以要对 Flash 进行设置。第 41 ~ 45 行的注释信息是 Flash 设置的说明。设置好系统主频后，按照频率范围可以设置 Flash 时序延迟参数为 0、1、2。目前主频是 72MHz，所以设置为 Flash_Latency_2。接下来第 46 行打开 Flash 的"预取缓存模式"，预取缓存是把要用的数据提前从 Flash 中读出来放入 RAM，执行程序时 RAM 中就已经有了事先放入的数据，运行效率大大提高。如果关闭此功能，程序数据不会提前读出，拖慢了运行速度。一般选择开启。开启后会占用一些 RAM 空间，不过单片机 RAM 空间足够大，占用一点也没关系。

接下来第 47 行是使能 PLL，锁相环倍频器开始工作。第 48 行判断 PLL 是

否工作稳定。第 49 行设置系统输入时钟源，可以在参数上用"鼠标右键跳转法"跳到定义处，如图 12 所示，有 3 个选项。RCC_SYSCLKSource_HSI 是使用内部高速时钟，RCC_SYSCLKSource_HSE 是使用外部高速时钟，RCC_SYSCLKSource_PLLCLK 是使用 PLL 时钟。3 个参数对应着系统时钟 SW 选择器的 3 种选项（HSI、PLLCLK、HSE）。加上之前设置的 PLL 两个选择器（第 33 行），就对系统时钟输入源进行了全面的控制和选择。第 50 行等待时钟源切换进入稳定状态。执行完以上程序，单片机的主频输入源、三大内部总线的分频系数就设置好了，各种内部功能就可以使用设置好的时钟了。比如第 53 ~ 58 行调用固件库函数对 APB2 和 APB1 总线上的内部功能进行开启和设置。至于哪个总线连接哪个功能，可以参考"STM32F103 固件函数库用户手册（中文）"第 11 页中的单片机内部结构框图。大家会发现我把第 53 ~ 58 行的程序屏蔽了，因为我要把各功能的开启程序放在各功能的初始化函数中，比如 LED.C 文件中 LED 初始化函数的第 2 程序就是

调用 RCC 固件库函数，开启 APB2 总线上的 GPIO 端口。这样设计的好处是在不使用某项功能时不会加载此功能的 C 文件，不会开启此功能的 RCC 设置，需要时直接加载或删除功能的 C 文件，同步完成了 RCC 的设置。各位可以试着在"LED 闪灯程序"的工程中修改 RCC 时钟输入源和倍频系数，观察 LED 的闪烁速度是否发生变化。若有变化就表示 RCC 设置对主频产生了影响。RCC 牵连的内容较多，设置项就会比较敏感，设置失误会导致单片机工作不稳定。初学者尽量不要修改 RCC 设置，只需了解程序原理并按默认设置即可。

图 10 倍频系数的设置项

图 11 AHB 总线的设置项

图 12 系统输入时钟源的设置项

提升家用 Wi-Fi 性能的 "秘籍"

■ 国家无线电监测中心 彭振 王文俭 蒋立辉

移动互联网的发展迭代不断驱动着家用网络设备的激增和升级，除了手机、平板电脑、计算机等传统上网设备，随着物联网技术的发展，智能家居的梦想逐渐成为现实，越来越多的传统家用电器，如电视机、冰箱、空调等也接入了互联网，家庭网络成为智能家居的重要基础。如何构建一个简单、稳定、可靠、高速的家庭网络系统，成了大家关注的话题。本文将为大家介绍如何提升家用无线网络（Wi-Fi）的性能，享受 "精智" 生活。

■ 优质的无线局域网络生态让你的智能家居更聪明

在家庭网络环境中，有线网络具有传输质量高、稳定性好等特点，但布线时需要网线、网卡等设备，成本较高，尤其是在装修后布线更为麻烦，还有可能影响美观，另外网口的位置也不方便调整，使用场景受到局限。而 Wi-Fi 利用电磁波特性进行传输，具有安装方便、传输高效、终端可移动等特点，已成为现代家庭生活中不可或缺的部分（见图 1）。为此，我国无线电管理部门先后规划 2.4 ~ 2.4835GHz、5.725 ~ 5.85GHz（室内）和 5.15 ~ 5.35GHz 等免许可频段供无线局域网使用，充分保证了家庭无线网络高速率、大带宽的使用需求。

统计数据表明，中国家庭通过无线路由器接入互联网的设备平均数量达到 6 个，包括电视机、手机、平板电脑和其他设备等。随着 Wi-Fi 技术的普及，超过 80% 的用户使用 Wi-Fi 访问互联网及使用各类互联网应用。

■ 教你一招，轻松检测家中的 Wi-Fi 信号

用户在享受无线网络带来的便利时，下载速度慢、网络掉线、播放高清视频时视频卡顿等问题也时有发生，严重影响用户的使用体验。

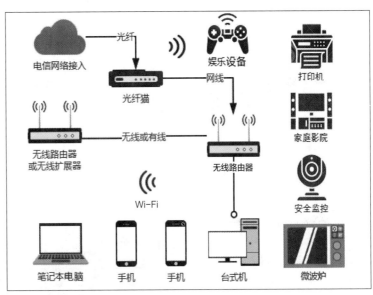

■ 图 1 家用网络设备的连接示意图

针对当前家庭无线网络存在的问题，国家无线电监测中心下属单位北京东方波泰无线电频谱技术研究所研发了 Wi-Fi 检测 App（可扫描文末二维码进行下载），可以对室内 Wi-Fi 信号强度和干扰情况进行分析。同时，国家无线电监测中心检测中心通过真实场景测试，对无线路由器的场强覆盖性能开展了综合评测。测试的场景选择了一套面积为 90m^2 的两室一厅住宅（见图 2），无线路由器放置于餐厅靠墙处，并按照用户手册配置路由器，进入正常工作模式。选取餐厅、客厅、主卧、次卧、卫生间、阳台等 11 个采样点进行测试，Wi-Fi 信号强度分布及实际各点速率情况如附表所示。使用 Wi-Fi 检测 App 对房间内无线信号进行分析，结果如图 3 所示。

对采样数据进行分析可以看出，在屋内的无线网络环境下，Wi-Fi 信号很容易受到房屋结构和其他无线局域网信号的干扰，导致部分区域的 Wi-Fi 信号较弱，用户的上网体验不佳，其主要原因有以下两点。

1. 房屋墙体遮挡影响传输性能

屋内的门窗、墙体、家具等都会对 Wi-Fi 信号的传输产生不利影响，当无线路由器与无线上网设备处在不同的区域时，无线信号需要穿过混凝土、金属等传输损

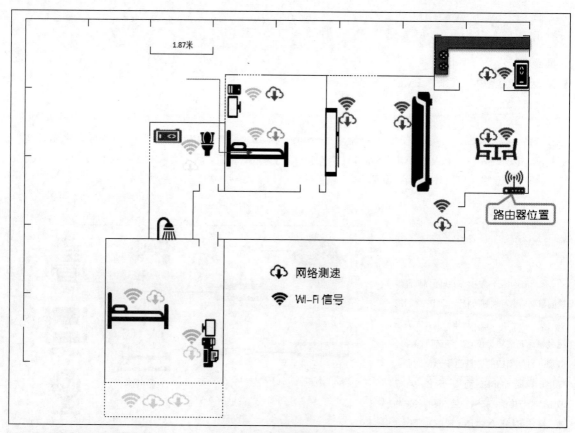

1.87米

网络测速

WI-Fi信号

路由器位置

图2 Wi-Fi信号强度及速率测试结果

附表 Wi-Fi信号测评表

信号强度	颜色	吞吐量	信号标志
8		>20Mbit/s	Wi-Fi信号图标 3/3
7		10~20Mbit/s	
6		5~10Mbit/s	
5		3~5Mbit/s	Wi-Fi信号图标 2/3
4		2~3Mbit/s	
3		1~2Mbit/s	
2		0.5~1Mbit/s	Wi-Fi信号图标 1/3
1		0~0.5Mbit/s	
0		0	搜不到Wi-Fi网络

耗较大的介质，导致信号变弱，信号数据速率降低，影响上网体验。

2. 外界无线信号干扰影响传输性能

在家庭环境中，各类使用无线网络的手机、家电甚至邻居家的路由器都会引发频率资源的竞争，从而造成无线网络拥塞，导致网络速度变慢。通过 Wi-Fi 检测 App 的信道图和时间图我们可以看出，屋内的无线信号十分复杂，在同一区域内可以搜索到 10 余个邻居家的 Wi-Fi 信号，多个 Wi-Fi 信号叠加在一起，导致部分信道阻塞，干扰非常严重。

提升Wi-Fi路由器性能的技巧

我们可以尝试以下技巧提升 Wi-Fi 信号的传输性能。

1. 选择合理的位置摆放无线路由器

首先选择在室内居中的位置或者墙体较少的位置摆放无线路由器；其次选择在门窗多的居室摆放无线路由器，可以有效减小穿透难度；此外，合理估算无线路由器信号的反射效果和穿透程度，对改善Wi-Fi速率、增强室内信号覆盖也有所帮助。根据不同频段无线电的特性，无线路由器所发出的信号对不同材质的遮挡物的穿透度和衰减程度也是不同的，Wi-Fi 信号的穿透性由易到难的排序大致为：空气 < 木板 / 玻璃 < 砖墙 / 水泥墙 < 瓷砖墙 / 钢筋混凝土墙 < 金属板。

2. 合理配置无线路由器的工作频率

工作在 2.4GHz 或 5GHz 频段的无线路由器具有不同的技术特征。2.4GHz 频段的无线信号在空气中传播时衰减较小，传输距离更远。5GHz 频段的无线信号所受干扰较少，传输速率更高，但传输距离较近。像手

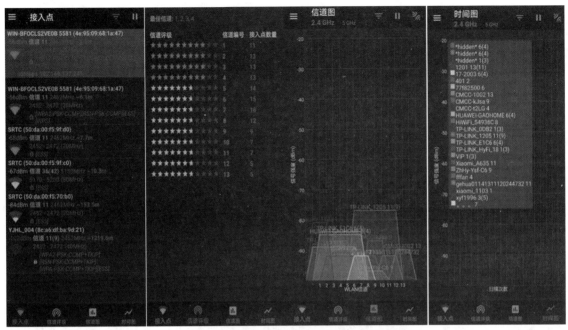

图 3 Wi-Fi 信号分析

机和平板电脑等便于移动的设备,建议优先连接 2.4GHz 网络,发挥其覆盖范围广的优势,确保移动设备在每个房间都能正常上网;对于高清电视机、台式计算机等数据吞吐量较大的设备,建议与路由器同一房间使用,并选择 5GHz 网络,发挥其速度快、干扰小的优势,以获得更快、更稳定的使用体验。

3. 选择合适的 Wi-Fi 工作信道

在日常生活中,各种各样的无线设备随处可见。当不同的设备选择同一个信道通信或者在重叠的信道通信时,会对网络造成严重的干扰。用户可通过 Wi-Fi 检测 App,查看房屋内 Wi-Fi 信号干扰情况,通过路由器自带的优化软件,合理地设置无线路由器的工作信道,可有效减少信号间的干扰,提升室内无线通信质量。例如工作在 2.4GHz 频段的无线路由器,共支持 14 个信道,国内可用 1 ~ 13 信道,

其中 1、6、11 三个信道为互不干扰信道,为了降低干扰所带来的影响,用户可以在路由器界面配置信道,例如选择信道 6 作为优选信道(见图 4)。

后记

根据无线路由器存在的问题,用户可以根据房屋的空间结构和家具物品的摆放情况,为无线路由器选择合适的位置,减少物理阻隔对于家庭 Wi-Fi 覆盖范围及传输速率的影响;还可依据 Wi-Fi 检测 App 的分析结果,选择推荐的 Wi-Fi 工作频率和信道可减小干扰,获得更好的使用体验。

无线路由器虽然面临诸多难题和挑战,但这些也是行业的发展契机。拥有超高速率、低延迟、频率功率自适应调整、休眠等新功

图 4 路由器设置信道的界面

能、新技术的设备将不断涌现,相信设备的更新换代将逐步提升家庭中无线网络的使用体验。🅧

下载 Wi-Fi
检测 App 的二维码

小贴士

Wi-Fi 检测 App 由北京东方波泰无线电频谱技术研究所设计研发。适用于检测 Wi-Fi 信号强度。App 通过对不同的信号进行查看,可检测每个 Wi-Fi 信号的详细情况,用户可以直观地看到检测结果。另外,该 App 可利用信号强度识别拥挤的信道,为优化你的 Wi-Fi 网络提出建议。

群星闪耀时
——从计量单位看电磁学发展（中）

▌刘景峰　王枫

▌电阻（*R*）的单位：欧姆（Ω）

乔治·西蒙·欧姆（George Simon Ohm，1787—1854），德国物理学家，因发现欧姆定律而被世人所知（见图1）。欧姆定律的公式是 $R=U/I$ 或 $U=IR$，表示在一段电路中，电流强度与电阻的乘积等于电压。欧姆定律以清晰的概念、简明的形式，阐释了电路中电流强度、电压和电阻的相互关系，它不仅是直流电路中的基础公式，也客观反映了交流电路及微观电路的定量关系。我们在初中时便、学过这个简单的公式，可在当年，人们连电压、电阻这些概念还不是很清楚的时候，欧姆能够通过实验的方法得出这个定律，真是相当厉害。

欧姆在1813年获得哲学博士学位后一直在中学当老师，由于他喜欢研究电学和动手制作实验装置，因此他一边教学一边钻研刚刚兴起的电学知识。当时已经有人开始研究金属的电导率了，人们发现不同材质、不同长度、不同横截面积的导体在电路中会对电流产生不同的影响。在前人研究的基础上，欧姆利用库仑、伏特、安培等科学家的实验结果，制作了巧妙的测量装置（见图2），并经过了大量的实验、推理、计算，最终在1826年4月发表了论文《金属导电定律的测定》，提出了欧姆定律。1881年国际电学大会将电阻的单位定为欧姆（Ω）。

现在我们知道，导体对电流的阻碍作用就为该导体的电阻，它在物理学中表示

▌图1 乔治·西蒙·欧姆

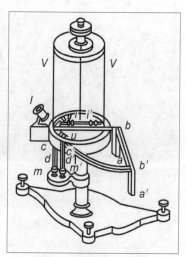

▌图2 欧姆设计的测量装置的示意图

导体对电流阻碍作用的大小。导体的电阻越大，表示导体对电流的阻碍作用越大。电阻也是导体本身的一种特性，与导体是否在电路中无关。电阻的大小与导体的材质、长度、横截面积和温度都有关系，其公式为 $R=\rho L/S$，其中 ρ 为导体的电阻率，电阻率与导体的材料和温度有关。随着科学的发展，科学家发现某些物质在温度很低时（如将铝冷却至−271.76℃时，将铅冷却至−265.95℃时），它们的电阻值竟然变为了0，这就是超导现象。导体没有了电阻，电流流经超导体时就不发生热损耗，因此电流可以毫无阻力地在导线中形成强大的电流，从而产生超强的磁场。如果利用超导现象制成超导材料，将给人类带来很多的好处。比如在电

厂发电、运输电力、储存电力等方面采用超导材料，可以大大降低由于电阻引起的电能损耗。再比如用超导材料制造电子元器件，由于没有电阻，就不必考虑元器件散热的问题，因此电子元器件的尺寸可以大大缩小，进一步实现电子设备的微型化。超导材料研究是当今材料科学领域的前沿，必将在未来大放异彩。图3所示为西南交

▌图3 西南交通大学搭建的超导磁悬浮列车实验线平台

通大学搭建的超导磁悬浮列车实验线平台。

电容（C）的单位：法拉（F）

电容，也叫电容量，是表现电容器容纳电荷本领的物理量，单位用法拉（F）表示。电容器是一种容纳电荷的元器件，电容器的电容值越大，表示它能装下的电荷越多；数值越小，表示它能装下的电荷越少。

电容器的结构比较简单，它由两个相互靠近的导体极板和中间一层不导电的绝缘介质构成。当给电容器的两个极板加上电压时，电容器就会储存电荷。电容器的电容在数值上等于一个导电极板上的电荷量（Q）与两个极板之间的电压（U）之比，用公式表达为 $C=Q/U$。如果一个电容器带 1C 电量时，两极板间电压是 1V，这个电容器的电容就是 1F。

在上期文章中介绍电量的知识时曾提到 1C 是相当大的电量，由此，1F 也是相当大的电容。我们实际的电路设计中很少用到法拉（F）这个单位，用到更多的是微法（μF）、皮法（pF）。它们之间的换算关系如下为：$1F = 1 \times 10^6 \mu F$；$1\mu F = 1 \times 10^6 pF$。

既然法拉的单位这么大，为什么我们将法拉定义成电容的单位呢？这要从电磁学的一位"大神级"人物法拉第说起（见图4）。

迈克尔·法拉第（Michael Faraday，

图4 迈克尔·法拉第

1791—1867）是英国杰出的物理学家、化学家。法拉第出生在一个乡村铁匠的家庭中，由于家境贫困，他只上了两年小学。辍学后，他开始当报童卖报，当学徒给老板干活。小法拉特更喜欢读书，尤其是科学方面的书籍，他找到一本就读一本，并认真思考做笔记，同时他还喜欢听各种学术讲座。在他 22 岁时，当时英国鼎鼎有名的化学家戴维（Humphry Davy，1778—1829）独具慧眼，招收了这个勤奋好学的小学徒做他的助手。从此，法拉第踏上了探索科学的道路。

1820年，丹麦物理学家奥斯特（Hans Christian Φrsted，1777 — 1851）发现了电流的磁效应，这一发现引起了很多科学家的注意。法拉第在对奥斯特实验进行详细研究后一直在思考，既然电流能产生磁场，那么磁场也应该能够产生电流，但是如何才能证明他的假设呢？终于在1831年8月，法拉第制作了一个装置，向世人宣告磁场也可以产生感应电流（见图5）。

法拉第在软铁环两侧分别绕了两个线圈，其中一个线圈为闭合回路，在导线下端附近平行放置一个磁针。另外一个线圈与电池组相连，并接上开关，形成有电源的闭合回路。通过实验发现，合上开关，磁针发生偏转；切断开关，磁针发生反向偏转，这表明在没有电池的线圈中出现了感应电流。

在此之后，他根据电磁感应原理制作了世界上第一台发电机（见图6），这一发现使电能的大规模生产和远距离输送成

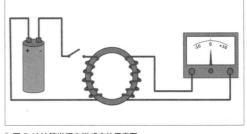

图5 法拉第发现电磁感应的示意图

图6 法拉第圆盘发电机的示意图

为了可能。电磁感应现象是电磁学中最重大的发现之一，它揭示了电与磁之间的相互联系，并对麦克斯韦电磁场理论的建立也具有重大意义。

除此之外，1837年法拉第引入了电场和磁场的概念，指出电和磁的周围都有场的存在，这打破了牛顿力学"超距作用"的传统观念。为了纪念法拉第的突出科学贡献，1881年国际电学大会用"法拉"作为电容的单位。

电感（L）的单位：亨利（H）

电感表示闭合回路的一种属性。当电流通过线圈后，在线圈中会形成磁场感应，这个感应磁场又会产生感应电流来抵制通过线圈中的电流。这种电流与线圈的相互作用关系被称为电感，用符号 L 表示，单位是亨利（H），简称亨。电感是自感和互感的总称。

电感器一般由骨架、绕组、屏蔽罩、

封装材料、磁芯或铁芯等组成（见图7），它能够将电能转化为磁能存储起来，在适当的时候可将能量转化成电能释放，它的核心原理就是电磁转换。

上文介绍了法拉第进行的电磁感应实验，他所缠在软铁上的线圈其实就是电感器。任何导线在有电流通过时都会产生磁场，把导体（导线）绕成螺旋状，磁场就会产生聚集，绕的圈数越多，磁场的强度越大，产生的能量也就越多，所以电感器的实质其实就是一个被绕成螺旋状的导线。

电感的大小取决于绕线圈数、磁芯的磁导率、磁芯的截面积和有效磁路长度，它不会因为电流或者频率的增高而增大。电感单位除了亨利（H）之外，还有毫亨（mH）、微亨（μH），换算关系为：$1H=10^3mH$，$1mH=10^3\mu H$。

电感的单位亨利（H）是为了纪念美国著名的物理学家约瑟夫·亨利（Joseph Henry，1797—1878）而以他的名字命名的（见图8）。本系列连载文章之前介绍的都是欧洲科学家，讲到这里，终于有一位非欧洲科学家了。

亨利所生活的18世纪早期，世界科学的中心在欧洲。当时美国处在建国初期，主要依靠移植欧洲现有的技术，借助欧洲科学家发现的科学原理开发新技术发展经济。在美国政治家、发明家富兰克林（Benjamin Franklin，1706—1790）进行了轰动欧洲科学界的电磁相关研究之后的70年间，电磁学研究在美国几乎无人问津。同时，美国的科学界也普遍存在着重视技术发明而忽视基础科学理论研究的倾向。亨利对电磁学非常感兴趣，他一直在潜心研究电磁学的相关课题。

18世纪初，在奥斯特发现了电流的磁效应后，一些科学家开始用通电螺线管使钢针磁化，比如安培通过这个实验研究出了安培定则，法拉第受这个实验启发发现了电磁感应，可见奥斯特实验对后续科学研究产生的巨大影响。1825年，英国科学家斯特金（William Sturgeon，1783—1850）在一块马蹄形状的软铁上涂上了一层清漆，然后在上面间隔绕了18圈裸导线，通电后软铁就成了电磁铁，吸起了约4kg的重物。这一实验引起科学家的极大兴趣，亨利正是其中之一。他开始着手改进电磁铁。1831年他成功研制了一个能吸起约1000kg重物的电磁铁。

亨利对电磁铁（见图9）进行了改装，他在小电磁铁的附近加了一个带弹簧的小铁片，弹簧的另一端固定，当电磁铁通电

图8 约瑟夫·亨利

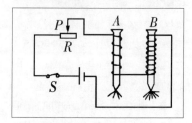

图9 电磁铁示意图

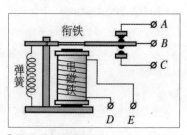

图10 继电器示意图

时，小铁片被电磁铁吸引；切断电源，铁片又被弹簧拉回原处。在这个过程中，小铁片来回运动，通过撞击电磁铁发出"嘀嗒嘀嗒"的声音，这就是最原始的继电器（见图10）。继电器对电报的发明有着极为重要的影响，亨利对电报的发明人莫尔斯（Samuel Finley Breese Morse，1791—1872、电话的发明者贝尔（Alexander Graham Bell，1847—1922）都给予很大帮助。

1829年8月，亨利发现线圈在断开电源时产生了电火花。1832年，他在《美国科学学报》发表了题为《关于磁生电流

图7 各式各样的电感

与电火花》的论文,这是关于自感现象最早的研究。他在 1835 年发表的另一篇论文中还详细介绍了自己关于发现自感的实验过程。由于当时没有合适的仪器,他甚至用人体接受自感电动势的电击,并将其称之为"直接受振法",以验证自感电动势的存在和辨别它的强弱。

1893 年 8 月,在美国芝加哥召开的国际电学大会上,来自 9 个国家的 26 位科学家代表一致同意,正式将"亨利"命名为电感的标准单位,"亨利"与"法拉""欧姆""安培"一样成了世界通用的计量术语。

电导(G)的单位:西门子(S)

电导代表某一种导体传输电流能力的强弱。电导值越大,导体传输电流的能力就越强;电导越小,导体传输电流的能力就越弱。看到这一物理量,我们马上就会想起另外一个物理量——电阻。电阻表示的是导体对电流阻碍作用的大小。所以我们不难看出,电导和电阻是描述导体传输电流能力的两个不同的角度。在纯电阻线路中,电导和电阻互为倒数,其换算公式为 $G=1/R$。

为什么有了电阻后还要引入电导这个概念呢?因为在某些场景下,用电导更容易理解和计算。比如,在并联电路中求总电阻值,我们需要将各电阻值的倒数相加再求倒数(见图 11)。而引入了电导的概念,我们只需要将各电导值直接相加就可以得到总电导值。再比如我们在测量一些电解质溶液的导电能力时,常用的参数就是电导率,通过测定电导率,我们就可以知道

这些液体的导电能力如何,以及确定离子浓度甚至是含盐量。使用电导概念,更方便我们理解,也能更好地描述液体在导体方面的特性,用来测量电解质溶液的电导仪如图 12 所示。

电导的单位为西门子(S),这是为了纪念德国的发明家、企业家维尔纳·冯·西门子(Ernst Werner von Siemens,1816—1892,见图 13)。我们对西门子的印象和认知可能更多的来自于西门子公司(见图 14)。的确,西门子公司就是由西门子在 1847 年创立的,至今已有 170多年的历史。目前,西门子公司的业务主要集中在信息通信、自动化控制、电力、交通、医疗系统和照明六大领域,业务遍及全球 190 多个国家和地区,全球有超过 40 万员工。

西门子生活的时代,第一次工业革命刚刚完成,人类正在向第二次工业革命进军。在以电力技术的发明和广泛应用为标志的第二次工业革命浪潮中,西门子无疑是这波汹涌浪潮中最出色的弄潮儿之一。1847 年,西门子和哈尔斯克(Johann Georg Halske,1814—1890)合伙建立了西门子 – 哈尔斯克电报机制造厂,也就是西门子公司的前身,主要生产西门子发明的指针式电报机。

1853 年,他们成功铺设了从芬兰到克里米亚一万多千米的电报线路。1866 年,西门子研发出了自激式直流发电机。1877年,西门子对贝尔发明的电话进行改良,使产品性能大幅提升,于是产品畅销欧洲。1880 年,西门子在海曼姆工业博览会安装

图 12 电导仪

图 13 维尔纳·冯·西门子

SIEMENS
Ingenuity for life

图 14 在电气领域课经常可以看到西门子公司的 LOGO

了世界上第一台电梯,取代了原来依靠蒸汽动力的升降机。1881 年,西门子在德国建立了第一个电子公共交通系统,使有轨电车成为人类出行的交通工具之一。除了电气技术产品,西门子和他弟弟卡尔·西门子提出了平炉炼钢法,利用高温回热炉把铁砂直接冶炼成钢,革新了炼钢工艺。从那时开始,西门子公司便活跃在电气工程的每一个领域,产品涉及我们现代化生活的方方面面。而西门子成了举世闻名的德国"电子电气之父"。Ⓧ

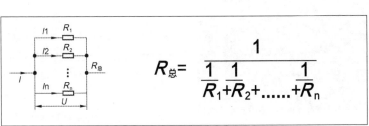

$$R_{总}= \cfrac{1}{\cfrac{1}{R_1}+\cfrac{1}{R_2}+\cdots\cdots+\cfrac{1}{R_n}}$$

图 11 并联电阻计算公式

STM32入门100步（第25步）

触摸按键的设置

▌ 杜洋　洋桃电子

原理介绍

上一期我们介绍了利用超级终端显示日历与 RCC 时钟的设置，核心板的内容已全部介绍完毕。接下来我将介绍开发板的各项功能的电路原理和编程方法。本期我先从简单的内容开始，介绍开发板上的 4 个触摸按键。

首先，我们要将核心板插到开发板上，操作非常简单，只要将核心版放到开发板的对应的排孔上，注意核心板上的"UP"三角箭头和开发板上的箭头对应。然后将排针对排孔插入，用大拇指按住单片机芯片用力向下压，使排针完全压入排孔，完成核心板的安装（见图 1）。接下来将开发板上标注为"触摸按键"（编号 P10）的 4 条跳线短接（插上），再把标注为"继电器"（编号 P26）的 2 条跳线（J1 和 J2）断开（拔出）。因为与继电器连接的 I/O 端口上电时输出低电平，若程序没有对继电器进行初始化，继电器会吸合，会额外消耗功率，所以在不使用继电器时尽量断开跳线。将 USB 线插入核心板上的 USB 接口，给开发板上电。接下来下载程序，在附带资料中找到"洋桃 1 号开发板与核心版的电路原理图"文件夹，在文件夹里找到 2 个文件："洋桃 1 号开发板电路原理图（开发板总图）"和"洋桃 1

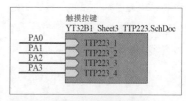

▌ 图 2 开发板总图中的触摸按键子电路

号开发板电路原理图（触摸按键部分）"。找到"洋桃 1 号开发板周围电路手册资料"文件夹，打开文件名为"TTP223 单触摸键检测"的 PDF 文件。在附带资料中找到"触摸按键驱动程序"，将工程中的 HEX 文件下载到开发板，看一下效果。我们下载的这个示例程序是用来驱动触摸按键的，可让开发板正下方的 4 个 A、B、C、D 按键控制核心板上 LED 的开关状态。触摸 A 键，核心板上 LED1 点亮；触摸 B 键，LED2 点亮；触摸 C 键，2 个 LED 熄灭；触摸 D 键，2 个 LED 点亮。触摸按键不同于核心板上的微动开关，用手轻轻触摸就可触发。下面我将为大家介绍触摸按键的电路实现原理和程序。

先来分析电路原理图，打开"洋桃 1 号开发板电路原理图（开发板总图）"文件。总图中包含核心板的连接排孔，下方每个绿色方块（子电路图）对应开发板的各项功能。图 2 所示是触摸按键的子电路部分，与触摸按键连接的 I/O 端口共有 4 个（PA0、PA1、PA2、PA3），分别连接触摸按键子电路图中的 TTP223_1 ~

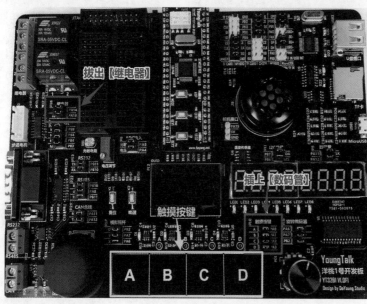

▌ 图 1 开发板上的跳线设置

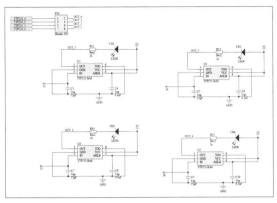

图 3 触摸按键部分

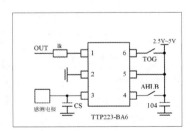

图4 芯片数据手册中的引脚定义

引脚号	引脚名	I/O 类型	引脚定义
1	Q	O	CMOS 输出引脚
2	Vss	P	负电源电压，接地端
3	I	I/O	传感输入口
4	AHLB	I-PL	输出高电平或者低电平有效选择，1（默认）为低电平有效；0 为高电平有效
5	VDD	P	正电源电压
6	TOG	I-PL	输出类型选择引脚，1（默认）为触发模式，0 为直接模式

图 4 芯片数据手册中的引脚定义

TTP223_4。TTP223_1对应PA0接口，TTP223_4对应PA3接口。打开"洋桃1号开发板电路原理图（触摸按键部分）"（见图3）。我们在图纸左上角可以看到TTP223_1～TTP223_4，这与开发板总图中的TTP223_1～TTP223_4在电路上是相连接的。4条线通过P10跳线连接到网络标号OUT_1~OUT_4。不需要触摸按键时，可将P10跳线上的跳线帽取下来，使触摸按键电路与I/O端口断开。接下来看一下触摸按键的电路原理图，图中有4组完全相同的电路，包括触摸按键芯片TTP223和电容、电阻等周边元器件，区别是每个电路的输出分别连接不同的I/O端口。除了输入、输出端的连接口不同外，其他各组电路都相同，因此我们通过分析一组电路就能了解触摸按键的电路原理。为实现触摸功能，我选用了触摸按键芯片，型号为TTP223。这是一款单按键、高稳定、低功耗的触摸按键芯片。之所以用单按键芯片，主要是因为每个按键的电路都是独立的，方便大家在项目开发中自行设定按键数量。

在我们了解触摸按键原理后，可通过阅读触摸按键芯片的数据手册，学习各项功能的使用和参数的设定。首先我们打开"TTP223单触摸按键检测"文档，从中

可以了解到芯片工作电压是2～5.5V，当电压为3V时，工作电流是3.5μA，最大电流是7.0μA，非常省电。芯片是SOT32-6贴片封装的，有6个引脚，引脚说明如图4所示。1脚Q是触摸按键的输出管脚。2脚GND是电源负极。3脚I是传感器输入引脚，连接触摸按键的金属片。4脚AHLB是输出电平的选择设置位，4脚连接高电平，触摸时1脚输出低电平；4脚接地，触摸时1脚输出高电平。5脚VDD是电源正极。6脚TOG是输出类型选择设置，6脚连接高电平为触发模式，连接低电平为直接模式。触发模式是指锁存输出效果，按下触摸键输出高电平，松开按键依然保持高电平，再次按下触摸键输出低电平，松开按键保持低电平。效果和微动开关按键的锁存效果相同。直接模式没有锁存效果，没有按下触摸按键时输出高电平，按下时输出低电平，松开后回到高电平。洋桃1号开发板上的电路设计为直接模式。输出模式的选择在"TTP223单触摸按键检测"手册第4页有详细说明。手册第5页给出了应用电路图（见图5），3脚输入线连接了一个感应电极，即一块正方形的金属片。在洋桃1号开发板上的触摸按键的PCB板下方是一片方形铜片，充当感应电极。各位可以在PCB上画出

敷铜区域作为感应电极，也可以用一片金属板作为感应电极。感应电极的输入端还连接了CS电容，可以用它调节触摸灵敏度。4脚和6脚的选择设置端可根据我们的需要接高电平或低电平。手册第4页有关于调节触摸按键灵敏度的说明。触摸按键灵敏度有3个决定因素：一是感应电极的面积，面积越大，灵敏度越高；二是铜片厚度；三是CS的电容值。图5是经典的应用电路图，CS电容值在0～50pF，不连接电容时灵敏度最高，电容值越大，灵敏度越低；当电容值为50pF时，灵敏度最低。实际电路中，要在感应电极面积与厚度确定时，通过反复测试不同的电容值确定CS电容。

我们回看触摸按键的电路原理图（见图3）。电容C3、C5、C7、C9是灵敏度电容CS，电容值是15pF。实际测试的触摸效果良好，但这并不代表在其他电路

图 5 芯片数据手册中的应用电路

```
 1 ⊟#ifndef  __TOUCH_KEY_H
 2  #define  __TOUCH_KEY_H
 3  #include "sys.h"
 4
 5  #define TOUCH_KEYPORT GPIOA //定义I/O接口组
 6  #define TOUCH_KEY_A    GPIO_Pin_0 //定义I/O接口
 7  #define TOUCH_KEY_B    GPIO_Pin_1 //定义I/O接口
 8  #define TOUCH_KEY_C    GPIO_Pin_2 //定义I/O接口
 9  #define TOUCH_KEY_D    GPIO_Pin_3 //定义I/O接口
10
11
12  void TOUCH_KEY_Init(void);//初始化
13
```

图6 touch_key.h 文件的全部内容

中可以沿用此电容，还需要通过实际测试进行检验。J3 是金属触片（感应电极），电容 C4 是 0.1μF 滤波电容，它可让芯片更稳定地工作。4 组芯片中左上角一组芯片的第 1 脚连接 OUT_1（PA0），其他各组芯片的连接方式以此类推。1 脚连接了 LED 指示灯 VD1 和限流电阻 R22。我们将 4 组电路连接在 3.3V 电源上，4 脚连接高电平，6 脚连接低电平，设置为无锁存的直接模式，按下触摸键输出低电平。在这里我们可沿用之前的按键处理程序。还有一点需要注意：电容触摸芯片在上电瞬间会读取感应电极的电容状态，为未触摸按键的初始状态。所以在上电瞬间，手指不能放在按键上，按键周围也不要放其他电子产品。在实际使用中，触摸按键可能会受到笔记本电脑、手机、无线电台、路由器等大功率电子产品的无线电干扰。

▌程序分析

接下来我们打开触摸按键的驱动程序，分析读取按键值的程序。用 Keil 软件打开工程，通过工程设置将 Hardware 文件夹中加入 touch_key.c 和 touch_key.h 文件，具体设置方法和上期相同。在示例程序的工程中已经添加了驱动程序文件，若你发现设置中已经有相应的文件就不用重复添加。首先打开 touch_key.h 文件（见图6）。第 5 ~ 9 行是接口宏定义，定义 TOUCH_KEYPORT 为 GPIOA 接口，TOUCH_KEY_A ~ TOUCH_KEY_D 对应 PA0 ~ PA3 接口。第 12 行是声明触摸按键的初始化函数。打开 touch_key.c 文件（见图7），文件中仅有触摸按键初始化函数 TOUCH_KEY_Init，第 25 行定义按键端口，第 26 行定义上拉电阻的输入模式。第 27 行调用 GPIO 固件库函数，定义过程与微动开关按键的定义相同。接下来打开 main.c 文件（见图8），第 21 行加载了 touch_key.h，第 26 行加入了触摸按键的初始化函数 TOUCH_KEY_Init。第 28、31、34、37 行是 4 个 if 语句对 4 个按键的判断与处理程序，使用 GPIO_ReadInputDataBit 固件库函数读取触摸按键连接的 I/O 端口状态，通过判断按键状态控制 LED 点亮和熄灭，这与微动开关的按键状态的读取方法相同。

但触摸按键和微动开关的处理程序有一些不同，微动开关的处理程序需要去抖动处理，而触摸按键不需要。因为触摸按键芯片可输出平滑、稳定的电平，不需要去抖动处理。除此之外，触摸按键和微动开关的处理方法相同，你可以试着套用微动开关的示例程序，用触摸按键实现同样的效果。Ⓧ

```
21  #include "touch_key.h"
22
23 ⊟void TOUCH_KEY_Init(void){ //微动开关的接口初始化
24   GPIO_InitTypeDef  GPIO_InitStructure; //定义GPIO的初始化枚举结构
25   GPIO_InitStructure.GPIO_Pin = TOUCH_KEY_A | TOUCH_KEY_B | TOUCH_KEY_C | TOUCH_KEY_D; //选择端口
26   GPIO_InitStructure.GPIO_Mode = GPIO_Mode_IPU; //选择I/O接口工作方式 //上拉电阻
27   GPIO_Init(TOUCH_KEYPORT, &GPIO_InitStructure);
28 }
```

图7 touch_key.c 文件的全部内容

```
17  #include "stm32f10x.h" //STM32头文件
18  #include "sys.h"
19  #include "delay.h"
20  #include "led.h"
21  #include "touch_key.h"
22
23 ⊟int main (void){//主程序
24   RCC_Configuration(); //系统时钟初始化
25   LED_Init();//LED初始化
26   TOUCH_KEY_Init();//按键初始化
27 ⊟  while(1){
28     if(!GPIO_ReadInputDataBit(TOUCH_KEYPORT, TOUCH_KEY_A)){ //读触摸按键的电平
29       GPIO_WriteBit(LEDPORT, LED1, (BitAction)(1));//LED控制
30     }
31     if(!GPIO_ReadInputDataBit(TOUCH_KEYPORT, TOUCH_KEY_B)){ //读触摸按键的电平
32       GPIO_WriteBit(LEDPORT, LED2, (BitAction)(1));//LED控制
33     }
34     if(!GPIO_ReadInputDataBit(TOUCH_KEYPORT, TOUCH_KEY_C)){ //读触摸按键的电平
35       GPIO_WriteBit(LEDPORT, LED1|LED2, (BitAction)(0));//LED控制
36     }
37     if(!GPIO_ReadInputDataBit(TOUCH_KEYPORT, TOUCH_KEY_D)){ //读触摸按键的电平
38       GPIO_WriteBit(LEDPORT, LED1|LED2, (BitAction)(1));//LED控制
39     }
40   }
41 }
```

图8 main.c 文件的全部内容

ESP8266 开发之旅　基础篇（5）

Ticker——ESP8266 定时库

单片机菜鸟博哥

前言

Ticker 是 Arduino Core For ESP8266 内置的一个定时器库，这个库用于在规定时间后调用函数。

Ticker库

Ticker 的功能非常简单，就是在规定时间后调用函数。图 1 是笔者总结的思维导图。

根据功能，我们可以把方法分为两大类：

■ 定时器管理方法；

■ 定时器启用方法。

1. 定时器管理方法

（1）detach()：停止Ticker

```
void detachc () ;
```

（2）active()：Ticker是否激活状态

```
* @return bool true 表示 ticker 启用
bool active();
```

2. 定时器启用方法

（1）once()：××秒后执行一次

```
* seconds: 秒数
* callback: 回调函数
void once(float seconds, callback_
function_t callback);
* seconds: 秒数
*callback: 回调函数
* arg: 回调函数的参数
void once(float seconds, void
```

```
(*callback)(TArg), TArg arg);
```

callback_function_t 定义如下：

```
typedef std::function<void(void)>
callback_function_t;
```

（2）once_ms()：××毫秒后只执行一次

```
* seconds: 秒数
* callback: 回调函数
void once_ms(float seconds, callback_
function_t callback);
* seconds: 秒数
* callback: 回调函数
* arg: 回调函数的参数
void once_ms(uint32_t milliseconds,
void (*callback)(TArg), TArg arg);
```

（3）attach()：每隔××秒周期性执行

函数说明：

```
* seconds: 秒数
* callback: 回调函数
void attach(float seconds, callback_
```

```
function_t callback);
* seconds: 秒数
* callback: 回调函数
* arg: 回调函数的参数
void attach(float seconds, void
(*callback)(TArg), TArg arg);
```

（4）attach_ms()：每隔××毫秒周期性执行

函数说明：

```
* seconds: 秒数
* callback: 回调函数
void attach_ms(float seconds,
callback_function_t callback);
* seconds: 秒数
* callback: 回调函数
* arg: 回调函数的参数
void attach_ms(uint32_t
milliseconds, void (*callback)(TArg),
TArg arg);
```

注意：

■ 不建议使用 Ticker 回调函数来阻

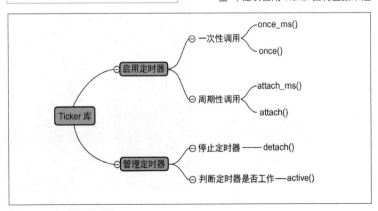

图 1 Ticker 库的思维导图

塞 I/O 操作（网络、串口、文件）；可以在 Ticker 回调函数中设置一个标记，在 loop 函数中检测这个标记。

■ 对于 arg，数据类型必须是 char、short、int、float、void 之一。

▍实例

1. 实例1

板载 LED 慢闪 0.3s，然后快闪 0.1s，最后常亮。

源代码：

```
#include <Ticker.h>
Ticker flipper;
int count = 0;
void flip() {
  int state = digitalRead(LED_
BUILTIN); // get the current state
of GPIO1 pin
  digitalWrite(LED_BUILTIN, !state);
// set pin to the opposite state
  ++count;
  // 当翻转次数达到 20 次的时候，切换 LED
的闪烁频率，每隔 0.1s 翻转一次
  if (count == 20) {
    flipper.attach(0.1, flip);
  }
  // 当次数达到 120 次的时候关闭 Ticker
  else if (count == 120) {
    flipper.detach();
  }
}
void setup() {
  //LED_BUILTIN 对应板载 LED 的 I/O 口
  pinMode(LED_BUILTIN, OUTPUT);
  digitalWrite(LED_BUILTIN, LOW);
  // 每隔 0.3s 翻转一下 LED 状态
  flipper.attach(0.3, flip);
}
void loop() {
}
```

注意：

■ LED_BUILTIN 并没有在代码中定义，这个是根据每个板子的不同写在不同的配置文件中的，详情如图 2 所示。

各位读者可以查阅 LED_BUILTIN 在源代码中的位置，就会发现有很多常用的板子（笔者使用的是 NodeMCU）。

2. 实例2

板载 LED 来回快速闪烁。

源代码：

```
#include <Ticker.h>
Ticker tickerSetHigh;
Ticker tickerSetLow;
void setPin(int state) {
  digitalWrite(LED_BUILTIN, state);
}
void setup() {
```

```
  pinMode(LED_BUILTIN, OUTPUT);
  digitalWrite(1, LOW);
  // 每隔 25ms 调用一次 setPin(0)
  tickerSetLow.attach_ms(25, setPin,
0);
  // 每隔 26ms 调用一次 setPin(1)
  tickerSetHigh.attach_ms(26, setPin,
1);
}
void loop() {
}
```

▍总结

本篇文章其实非常简单，只是介绍 Ticker 定时器的使用，读者朋友可快速翻阅，了解一下基本使用方法，为后面的教程做准备。 ⊗

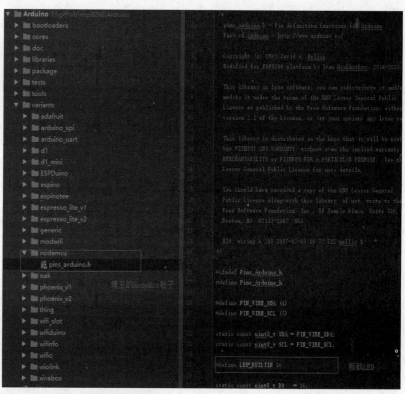

▍图 2 LED_BUILTIN 在配置文件中的位置

人类探索火星发射时机与抵达时刻计算图表

■ 邢强博士　小火箭

2020年是人类探索火星的关键之年，有关火星探索的历史和技术细节本文就不细说了。每隔26个月才会出现的发射窗口期，以及从地球飞到火星需要半年多的飞行时间，这些内容可能有的读者已经了解了。那么，有没有一种简单的，每个人都可以像深空探测飞行器轨道设计师那样，"掐指一算"就能够得出火星探测器的发射时机和抵达日期的方法呢？

本文努力给出可供参考的图表，通过图表我们可以知道本轮火星探测器的发射时机，以及预测下一轮火星探测的最佳发射时机；按最优地球－火星转移轨道的方法，可推算飞行器被火星引力俘获的时刻。除此之外，我们还可以推算中国火星探测器抵达火星时刻和着陆火星的日期。

图1为实用性较强的特征能量图，看起来很像等高线图，又被称为"火腿图"，因为看起来像切开的大火腿。我们给图1赋予了3种信息，具体如下。

（1）彩色渐变图。熟悉地形图或者对地理感兴趣的朋友能够立刻上手。图中右侧的刻度条，越往下，表示其特征能量越小，意味着发射同样探测器的运载火箭可以更加省力。这个地形图是由太阳有心力场、地球和火星的真实相对位置关系，按经典力学的方法计算之后，用可视化的方法来展示出来而得到的。此类图表为人类几十年的太空探测活动提供了非常有力的支撑。

（2）图中虚线上的数值表示地球－火星转移轨道飞行所需天数。

（3）图中实线上的数值表示探测器被火星引力捕获时的飞行速度，单位为 km/s，主要用于计算探测器着陆火星的日期。

2020年7月23日12时41分，中国在海南岛东北海岸中国文昌航天发射场，用长征五号遥四运载火箭将我国首次火星探测任务"天问一号"探测器发射升空。火箭飞行2000多秒后，成功将探测器送入预定轨道，"天问一号"开启火星探测之旅，迈出了我国自主开展行星探测的第一步。

按图1计算，最优转移轨道需时203天（即6个月零19天），预计在2021年2月11日，也就是2021年的大年三十那天，"天问一号"探测器将被火星引力俘获。按当时的探测器速度，取最优减速轨道，考虑火星着陆前的绕firm探测时间，预计2021年4月23日，也就是在2021年的中国航天日前夜实施火星着陆机动。

图2中的主图为2022年的可实操探索火星发射窗口和抵达日期计算图。图2右下的辅助图表为2020年的实操探索火星发射窗口和抵达日期计算图，各位可进行对比。

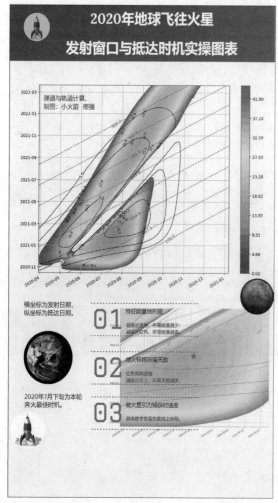

图 1 本轮火星探测窗口期的特征能量图

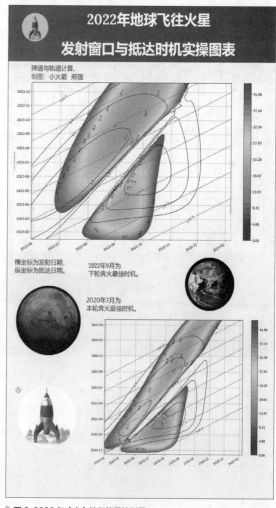

图 2 2022 年（主）特征能量地形图

让我们一起

用对火星的畅想

来拥抱

这一整颗星球的孤独。

祝"天问"任务一切顺利！ ⊗

群星闪耀时
——从计量单位看电磁学发展（下）

■ 刘景峰　王枫

电磁学，是研究电磁现象的规律和应用的物理学分支学科。在奥斯特发现电流的磁效应之前，人们一直认为电和磁是完全独立的。直到近代，随着人们对二者的研究越来越深入，大家才发现它们的关系非常紧密。

根据近代物理学的观点，磁现象是由运动电荷产生的，因而在电学范围内必然会涉及磁学的内容。其实人们对磁的认识和利用比对电的认识和利用要早很多。早在两三千年前，世界各地的人们就已经发现了自然界各种天然存在的磁铁，同时也

图1　司南

图2　指南针

就发现了"磁"这种现象。在我国的战国时期，尽管人们对于"磁"的原理尚不清楚，但当时的人们已经能够制作并使用司南（也就是指南针的前身）辨别方向了（见图1、图2）。

提到近代磁学，首先要介绍一位英国著名的医生、物理学家威廉·吉尔伯特（William Gilbert，1544—1603）。吉尔伯特医术高明，曾担任英国女王伊丽莎白一世的御医。不过吉尔伯特在科学方面的兴趣，远远超出了医学范围。他在化学和天文学方面有渊博的知识，但他研究的主要领域还是物理学。他用观察、实验方法科学地研究了磁与电的现象，并把多年的研究成果，写成名著《论磁》，该书于1600年在伦敦出版。吉尔伯特用实验的方法提出地球本身就是一个大磁体，还提出了如"磁轴""磁子午线"等概念。在之后的18世纪末期至19世纪初期，库仑、泊松、格林等人先后通过实验及数学理论建立起了静电学和静磁学，对电与磁之间的关系有了科学、理性的初步认识。

我们在之前的连载文章中已经介绍了7个关于电学的国际计量单位，本期，我们会介绍两个关于磁学的国际单位制导出单位——特斯拉（T）和韦伯（Wb），以及一个不仅在电磁学中常用，而且在其他学科一样普遍应用的单位——赫兹（Hz）。

■ 磁感应强度（B）的单位：特斯拉（符号为T）

尼古拉·特斯拉（Nikola Tesla，

图3　尼古拉·特斯拉

1856—1943）是塞尔维亚裔美籍物理学家、发明家（见图3）。他是交流电、无线电、无线遥控、火花塞、X光乃至水电工程的重要创造者和推动者，他是公认的电力商业化的鼻祖。特斯拉一生中最重要的贡献在于他主持设计了现代交流电系统，这是电力时代大发展的基础。也正因为这一点，他的崇拜者视他为"发明了20世纪的人"。1960年，为了纪念特斯拉，第十一届国际计量大会决定把国际单位制中磁感应强度的单位命名为特斯拉。美国电动汽车及能源公司以特斯拉（Tesla）命名，也是在向这位伟大的天才和先驱致敬（见图4）。

磁感应强度也被称为磁通量密度或磁通密度，是描述磁场强弱和方向的物理量，常用符号B表示。数值越大表示磁感应强度越强；数值越小，表示磁感应强度越弱。

那1T究竟表示多大磁感应强度呢？根

▌图4 特斯拉电动汽车

据公式 $B=\dfrac{F}{IL}$ 推导，其中 F 为在磁场中垂直于磁场方向的通电导线所受的安培力，I 为电流大小，L 为导线长度，我们将带有 1A 恒定电流的直长导线垂直放在均匀磁场中，若导线每米长度上受到 1N 的力，则该均匀磁场的磁感应强度定义为 1T。医院中常用的核磁共振成像设备就是根据设备磁感应强度的不同分为 1.5T、3T、4T 等型号（见图5）。

其实，1T 的磁感应强度相当大，地球磁场的磁感应强度大概是 $5\times10^{-5}\sim6\times10^{-5}$T。特斯拉是国际单位制单位，在电磁单位系统中还有另外一种单位制——高斯单位制（Gaussian units）。高斯单位制也属于公制，它是从厘米（cm）、克（g）、秒（s）衍生出来的。随着时光的流逝，越来越多的国家逐渐放弃了高斯单位制，改为采用国际单位制。在大多数领域，国际单位制是主要使用的单位制。目前，高斯单位制必须与国际单位制挂钩才有实验意义，因为只有国际单位制才对各个物理量有精确的定义。

在高斯单位制中，表示磁感应强度的单位叫高斯（Gs）。它和特斯拉之间的换算关系是 $1T=1\times10^{4}Gs$。所以地球磁场的磁感应强度也可以表示成 0.5～0.6 Gs。

高 斯（Johann Carl Friedrich Gauss，1777—1855）是德国著名的数学家、物理学家、天文学家。他被认为是历史上最重要的数学家之一，并享有"数学王子"之称（见图6）。高斯一生的成就非常多，单纯以"高斯"命名的数学概念就至少有几十个，如高斯分布、高斯曲率等。

除了数学之外，高斯在物理学、天文学等方面都有很大的突破，在电磁学方面取得的成绩尤为突出。高斯从 1831 年开始进行电磁学的实验研究。1833 年，他建成了一座地磁观察台，这个观察台成为当时观察研究磁偏角变化的中心。同时，他与下文即将提到的另一位物理学家韦伯合作，成功研制了德国第一台电磁电报设备。1839 年，他确立了静电场中最基本的一个定理——高斯定理。

▌磁通量（Φ）的单位：韦伯（符号为Wb）

韦 伯（Wilhelm Eduard Weber，1804－1891）是德国著名的物理学家（见图7）。1843 年，韦伯被莱比锡大学聘为物理学教授。之后，韦伯对电磁作用的基本定律进行了研究。

19 世纪初，牛顿力学定律成功运用于测量那些看得见的物体，在天文学上也获得了惊人的成功。但并不是所有已知的物理现象都能得到合理的解释，如何确定肉眼不可见的电、磁、热等的度量，这在当时是一个重要的研究方向。

为了研究这些基本性质，韦伯发明了许多电磁仪器。他于 1841 年发明了既可测量地磁强度又可测量电流强度的电流表，1846 年他发明了可用来测量交流电功率的电功率表，1853 年他还发明了测量地磁强度垂直分量的地磁感应器。1856 年，他和科尔劳施测出了静电单位电量与电磁单位电量的比值，为麦克斯韦算出光速提供了理论依据。

此外，韦伯还和"数学王子"高斯一起合作研究磁学。韦伯负责做实验，高斯负责理论研究。韦伯的实验引起了高斯对物理问题的兴趣，而高斯则用数学处理物

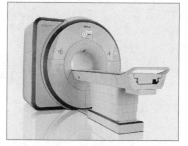

▌图5 德国西门子公司生产的 3T 磁共振成像设备

▌图6 "数学王子"高斯

▌图7 德国物理学家韦伯

理问题，这也影响了韦伯的思想方法。1933 年国际电工委员会[1] 通过了以"韦伯"为磁通量的实用制单位，并在 1948 年获得了国际计量大会的承认。

磁通量是一个标量，符号为 Φ，它的计算公式为 $\Phi=BS\cos\theta$，其中 θ 为平面 S 与磁场 B 的垂面的夹角（见图8）。如果在磁感应强度为 B 的匀强磁场中，一个

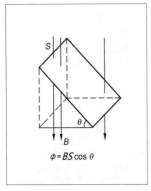

图 8 平面 *S* 与磁场 *B* 存在夹角时，磁通量 *Φ* 的示意图

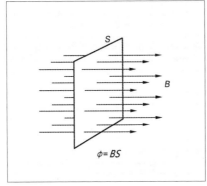

图 9 平面 *S* 与磁场 *B* 垂直时，磁通量 *Φ* 的示意图

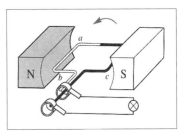

图 10 发电机示意图，转子转动越快，磁通量的改变越大，电流越强

面积为 *S* 且与磁场方向垂直的平面，磁感应强度 *B* 与面积 *S* 的乘积 *Φ* 就是穿过这个平面的磁通量（见图 9）。

由此我们得知，磁通量 *Φ* 的物理意义就是表示穿过某个面积的磁感线的"条数"。发电机就是利用"切割磁感线"原理发电的，"切割磁感线"的目的在于改变磁通量，磁通量的改变可以产生感应电流，而感应电流的大小和磁通量改变的快慢有关（见图 10）。

1Wb 的磁通量是多大呢？根据公式 $\Phi=BS\cos\theta$，我们可以这样计算：在磁感应强度为 1T 的均匀磁场中，面积为 1 ㎡的平面与磁场方向垂直，*θ* 为 0°，$\cos\theta$ 等于 1，此时经过这个平面的磁通量就是 1Wb。因为 1T 的磁感应强度相当大，所以 1Wb 的磁通量也非常大。

韦伯（Wb）是国际单位制单位，在高斯单位制中表示磁通量的单位是麦克斯韦（Mx）。1Mx 和 1Wb 的换算关系是 $1Wb=10^8Mx$。那么麦克斯韦又是谁呢？

说起麦克斯韦，在物理学界可以说是无人不知，无人不晓（见图 11）。这位伟大的英国物理学家、数学家被认为是对现代物理学最有影响力的人之一。他凭着过人的天赋与极深的数学造诣在电磁学、分子物理学、统计物理学、光学、力学、弹性理论方面都有所建树，在这其中最为闪耀的就是他在电磁学方面的成就。

1864 年，麦克斯韦在英国皇家学会宣读了《电磁场的动力学理论》，第一次完整地阐述了他的电磁场理论，展示了著名的麦克斯韦方程组，震惊了世界。这个方程组也被认为是人类历史上最伟大的公式之一（见图 12）。

麦克斯韦用逻辑清晰的数学公式描述了电场与磁场的关系，以一种近乎完美的方式统一了电和磁，并预言了电磁波的存在。德国科学家赫兹（Heinrich Rudolf Hertz，1857－1894）对麦克斯韦的理论深信不疑，在麦克斯韦去世 8 年后，赫兹最终用实验证实了电磁波的存在。麦克斯韦这位电磁学的集大成者也被后人誉为"电磁学之父"。

频率（*f*）的单位：赫兹（符号为 Hz）

频率（*f*）是单位时间内完成周期性变化的次数，是描述周期运动频繁程度的量。其公式为 $f=1/t$，频率可以看成时间的倒数，其单位为赫兹（Hz），简称赫，它表示 1 秒钟周期性变动重复次数。如 1Hz 就表示在 1s 内周期性运动 1 次；同理，2Hz 就表示在 1s 内周期性运动 2 次，依此类推。因此，在描述有周期性运动的物理现象时都会用到频率这个物理量。

图 11 英国物理学家麦克斯韦

$$\oint_S \boldsymbol{E}\cdot d\boldsymbol{a} = \frac{1}{\varepsilon_0}Q_{enc}$$
$$\oint_S \boldsymbol{B}\cdot d\boldsymbol{a} = 0$$
$$\oint_C \boldsymbol{E}\cdot d\boldsymbol{l} = -\int_S \frac{\partial \boldsymbol{B}}{\partial t}\bullet d\boldsymbol{a}$$
$$\oint_C \boldsymbol{B}\cdot d\boldsymbol{l} = \mu_0\left(I_{enc} + \varepsilon_0 \frac{d}{dt}\int_S \boldsymbol{E}\cdot d\boldsymbol{a}\right)$$

图 12 积分形式的麦克斯韦方程组

在电磁学中，电磁波的频率比较高，赫兹这个单位使用起来不太方便了，所以电磁学中常用的单位是千赫兹（kHz）、兆赫兹（MHz）、吉赫兹（GHz）等。换算关系为：$1GHz=1\times10^3MHz=1\times10^6kHz=1\times10^9Hz$。根据频率高低，电磁波可分为如图 12 所示的几种类型。

赫兹（见图 13）因证实电磁波的存在而被人铭记。在赫兹之前，虽然法拉第发现了电磁感应现象，麦克斯韦也完成了较为完备的电磁理论体系，但谁也没有验证过电磁波的存在，整个电磁理论还处于"空

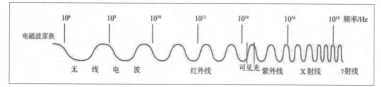

图13 根据频率高低，可将电磁波进行分类

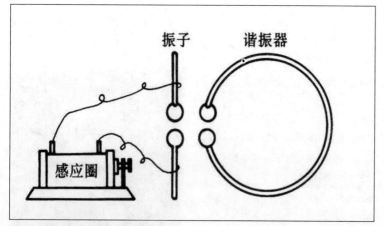

图14 赫兹验证电磁波实验装置示意图

图15 德国物理学家赫兹

想"阶段。直到赫兹首先验证了电磁波的存在，才使理论变成了现实，天才的思想终成世人公认的真理。

1888年，赫兹设计了一个谐振器用来检测电磁波（见图14）。这个谐振器非常简单，就是把一个粗铜丝弯成环状，环的两端各连接一个小球。左边的装置就是一个简单的电磁波发射器，当通电时，感应线圈中产生了振荡电流，在振子中间的两个金属小球间会放电，形成电火花，而此时距离发射器几米之外的谐振器则会产生感应电流，在两个小球间也会生成电火花。赫兹认为，这种电火花就是电磁波。这个实验成功地表明感应线圈上发出的能量确实被辐射出来，且能量跨越了空间并被成功接收。但是，即使赫兹是最早证实了电磁波的人，他也从来没有想到电磁波能干什么或者有什么用处，他更不会想到，未来的世界将被电磁波包围。

在发现电磁波7年后，意大利的马可尼和俄国的波波夫各自独立实现了无线电信息的传递，随后无线电报很快投入使用。其他利用电磁波原理的技术也如雨后春笋般相继问世，无线电广播、无线电导航、无线电话、电视、微波通信、雷达，以及遥控、遥感、卫星通信、射电天文学等，这些技术和应用使世界发生了巨大变化。人类文明与科技由电磁波紧紧地联系在一起，电磁波变成我们生活中不可或缺的一部分。赫兹对人类社会做出的贡献无疑是十分巨大的。但不幸的是，天妒英才，1894年1月1日，赫兹因患血液病而英年早逝，年仅36岁。为了纪念他，人们把频率的单位称为赫兹（Hz），赫兹肖像如图15所示。

结语

国际单位制中，与电磁学相关的10个计量单位到此就介绍完了。在过去的200年间，正是这些我们耳熟能详的科学家们前仆后继，为电磁学的理论大厦不断添砖加瓦，后来人才能更好地认识、理解和应用电磁波，使之为我们的现代化生活服务。这些电磁学的先驱，值得我们永远铭记。

以他们的名字命名计量单位便是对他们致以最高的敬意。

在近代社会中，人们通过"科学→技术→生产"的发展模式使人类发展进入了快车道。当这些伟大的科学家建立了较为完整的电磁学理论学科体系后，迅速指导了技术实践，电磁学很快在实际生产中得到应用。19世纪末至20世纪初，以马可尼、波波夫、费森登等人为代表的新一代电磁学继承人先后发明了无线电报、无线广播等新兴技术，革命性地改变了人类生产生活方式。

随着电磁学的深入探索和研究，手机、Wi-Fi、蓝牙、卫星导航、雷达、微波炉、卫星通信、射电天文等电磁学新应用、新技术、新产品不断涌现，电磁波已经渗透到我们生产生活中的方方面面，我们现在已经离不开电磁波了。

回顾历史是为了更好地前行。展望未来，人类文明向前的脚步不会停歇，电磁学的发展也必将会继续推动科技的进步和社会的前进。⊗

注：
[1]国际电工委员会（IEC）：成立于1906年，是世界上成立最早的国际性电工标准化机构，负责有关电气工程和电子工程领域中的国际标准化工作。它的宗旨是促进电工、电子和相关技术领域有关电工标准化等所有问题上（如标准的评定）的国际合作。现任国际电工委员会主席为中国工程院院士舒印彪。

STM32入门100步（第26步）

数码管的设置

▌ 杜洋　洋桃电子

原理介绍

　　数码管是一种常用的输出设备，它可以发光显示数字和部分字母。相比液晶显示器，数码管的成本更低，在单片机开发中较为常用，现在我们来分析数码管电路的原理及驱动程序。首先对开发板上的跳线进行设置，如图1所示。把标注为"数码管"（编号为P9）的两个跳线短接（插上），这样单片机的I/O端口才能和数码管电路连接。再把标注为"CAN总线"（编号为P24）的两个跳线断开（拔出），这是CAN总线与单片机的连接跳线。因为CAN总线使用的I/O端口与数码管相同，所以使用数码管时要将CAN总线的跳线断开。找到核心板右侧的3列跳线帽中左边最下方标号为"LM4871--GND"的跳线，将此跳线断开，从而将开发板上的扬声器断开，因为单片机与数码管的通信会使扬声器发出杂音。跳线设置好后就可以下载示例程序了。在附带资料中找到"数码管RTC显示程序"，将工程中的HEX文件下载到开发板，效果是开发板上的数码管显示了数字，数码管下方的8个LED以流水灯的方式依次点亮。数码管上显示

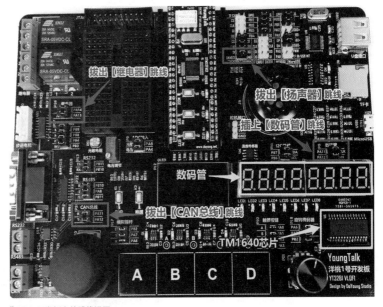

▌ 图1 开发板上的跳线设置

的内容是RTC时间，从左到右依次显示日期、小时、分钟、秒钟。秒钟在不断走时，每组数据占2位，各组数据用小数点分隔，这就是用数码管显示RTC时钟的效果。

　　流水灯效果在硬件电路上是如何设计的呢？为了解数码管驱动电路的原理，我们需要准备两份资料，在附带资料中找到"洋桃1号开发板电路原理图（TM1640数码管部分）"。在"洋桃1号开发板周围电路手册资料"文件夹中找到"TM1640_V1.2数据手册（中文）"。先打开"洋桃1号开发板电路原理图（开发板总图）"，在图纸的右边可以找到"8位数码管+8个LED"的子原理图（见图2）。这个

部分占用PA11和PA12两个I/O端口。PA11连接TM1640_SCLK，PA12连接TM1640_DIN。接下来打开"洋桃1号开发板电路原理图（TM1640数码管部分）"文档，在原理图下方有两个网络标号：TM1640_SCLK和TM1640_DIN，它们连接着PA11和PA12端口。端口连接了P9跳线（数码管上方的跳线），两个I/O端口连接在TM1640芯片第7脚（DIN）和第8脚（SCLK）。

　　打开"TM1640_V1.2数据手册（中文）"文档，TM1640是一款专用的数码管驱动芯片，相当于LED驱动控制专用电路，最多可以驱动16个8段数码管。开发

▌ 图2 开发板总图中的数码管部分

板上的数码管是8位8段的。此外芯片还具有8级亮度可调、支持串行总线通信、采用SOP28封装等特点。这款芯片在开发板上位于数码管下方，如图1所示。也许各位在其他的单片机教程中学过如何使用数码管，驱动方式通常是用单片机I/O端口连接数码管引脚，驱动程序较为复杂，还需对数码管实时扫描。其实单片机直接驱动数码管的方法更适合51单片机的教学，能让新手清晰地了解数码管的工作原理，但是在项目开发中使用这种方式会使单片机的工作量增大，在单片机处理其他任务时会导致数码管出现显示停滞等问题。所以我们在项目开发中通常会使用专用的驱动芯片，单片机将显示内容发送给驱动芯片，驱动芯片会自行刷新显示内容，保证系统的稳定性，也让单片机可以高效地处理其他任务。目前市场上数码管的驱动芯片很多，我采用的是经过大量项目开发测试，比较稳定的一款驱动芯片，它的成本也较低。目前开发板上的驱动芯片型号为TM1640，同系列还有TM1628、TM1629、TM1650等，不同的数码管数量、驱动方式、总线连接方式都有对应型号的驱动芯片可供选择。

接下来看接口定义，TM1640可以驱动16个8段数码管，开发板上的为共阴数码管。手册第1页下方是引脚定义图，芯片第17脚是VDD电源正极，第6脚是VSS电源负极，输入电压是5V。第7脚DIN和第8脚SCLK连接开发板的PA12和PA11 I/O端口。其他接口都与数码管的引脚连接，从第18脚GRID1逆时针向上到第5脚GRID16，这16个引脚分别连接数码管的16个位。从第9脚的SEG1逆时针向下到第16脚的SEG8分别是数码管每1位的8个显示段位。在下方的"正常工作范围"可以看到芯片的工作电压为5V。在"电气特性"表格中可以看到芯片的电流和功率数据。在"接口说明"部分有通信协议说明，SCLK是时钟同步线，

DIN是数据线。第4~5页还有"通信时序图"，在编写芯片驱动程序时会用到时序图。第6~8页是通信的数据指令集、地址命令设置、显示控制指令等。我已写好了驱动程序，时序图和指令集在分析程序时会讲到。第8页介绍了TM1640芯片与数码管电路的连接方式。第一幅是驱动共阴数码管的电路图，第二幅是驱动共阳数码管的电路图，开发板使用的是共阴数码管，所以只看第一幅图。图中给出了16个单独的共阴数码管，数码管上的8个段位a、b、c、d、e、f、g、dp（小数点）连接在TM1640芯片的SEG1~SEG8端口，每个数码管上的共阴极引脚连接到GRID1~GRID16。图纸上给出的是独立1位的数码管，而洋桃1号开发板上的数码管是4位合为一体的，但电路连接原理相同。数据手册的最后是IC封装尺寸图，设计PCB封装时可以参考。

回看"洋桃1号开发板电路原理图（TM1640数码管部分）"，如图3所示，芯片的第17脚连接5V电源，第6脚接GND，5V和GND之间连接两个滤波电容C1和C2。芯片第7脚和第8脚通过P9跳线连接开发板的I/O端口。第18脚到第26脚通过网络标号"1"到"9"连接到第一个4位共阴数码管（J1）的共阴极的1、2、3、4，和第二个4位共阴数码管（J2）的共阴极的1、2、3、4。数码管J1在开发板左边，J2在右边。第18脚控制数码管J1第1位（从左数，后同），第19脚控制数码管J1左数第2位，第20脚控制第3位，第21脚控制第4位。第22脚控制数码管J2第1位，第23脚控制数码管J2第2位，第24脚控制第3位，第25脚控制第4位。两组4位数码管（J1和J2）的8个段码的阳极"a、b、c、d、e、f、g、dp"分别与SEG1~SEG8端口相连，这样连接后，开发板就能控制数码管显示了。如图3所示，左边有独立的8个LED电路，它也通过驱动芯片控制。8个LED的负极全部连接到第26脚（DRID9），

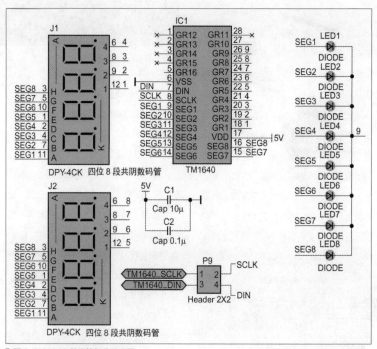

图3 TM1640数码管部分原理图

```
17  #include "stm32f10x.h" //STM32头文件
18  #include "sys.h"
19  #include "delay.h"
20  #include "rtc.h"
21  #include "TM1640.h"
22
23
24
25  int main (void){//主程序
26      u8 c=0x01;
27      RCC_Configuration(); //系统时钟初始化
28      RTC_Config();  //RTC初始化
29      TM1640_Init(); //TM1640初始化
30      while(1){
31          if(RTC_Get()==0){ //读出RTC时间
32              TM1640_display(0,rday/10);  //天
33              TM1640_display(1,rday%10+10);
34              TM1640_display(2,rhour/10); //时
35              TM1640_display(3,rhour%10+10);
36              TM1640_display(4,rmin/10);  //分
37              TM1640_display(5,rmin%10+10);
38              TM1640_display(6,rsec/10);  //秒
39              TM1640_display(7,rsec%10);
40
41              TM1640_led(c); //与TM1640连接的8个LED全亮
42              c<<=1; //数据左移  流水灯
43              if(c==0x00)c=0x01; //8个灯显示完后重新开始
44              delay_ms(125); //延时
45          }
46      }
47  }
```

图 4 main.c 文件的全部内容

其为共阴极驱动位。LED 的正极分别连接在 SEG1~SEG8,这样使得 8 个 LED 相当于 1 位数码管的 8 个段码。也就是说 8 个 LED 相当于 1 位数码管的控制方法,因为数码管每 1 位的 8 个段码本质上是 8 个 LED,所以在使用上可以将 8 个 LED 理解为第 9 位数码管显示,点亮 LED 的方法和驱动数码管的方法一样。

程序分析

接下来打开名为"数码管 RTC 显示程序"的工程。在 Hardware 文件夹中新建 TM1640 文件夹,加入 TM1640.c 和 TM1640.h 文件,这是我编写的数码管驱动程序。在 Keil4 设置中添加这两个文件。接下来打开 main.c 文件,如图 4 所示。在文件开始处第 21 行加载 TM1640 库文件。主函数中第 28 行调用 RTC 初始化函数,第 29 行调用 TM1640 初始化函数。while 主循环中是实现数码管显示的程序。第 31 行使用 if 语句读取 RTC 时间,第 32 ~ 39 行调用 TM1640 显示函数。显

示函数有两个参数,第一个参数是数码管的位选项,第二个参数是显示内容。第一个参数如果是 0,表示 8 位数码管最左边 1 位显示,如果是 7,表示最右边 1 位显示。第 32 行是在左边第 1 位显示日数据的十位(rday/10)。左边第 2 位显示日数据的个位(rday%10+10),其中的"+10"是通过加 10 操作点亮左边第 2 位的小数点,依此类推,凡是数据后面 +10 的,都是点亮这 1 位的小数点。然后是小时的十位、个位,分的十位、个位,秒的十位、个位。第 41 行通过函数 TM1640_led 点亮数码管下方的 8 个 LED,第 42 行使变量 c 的值不断左移,c 值左移结束后重新回到初始值(0x01),实现循环流水灯的效果。第 44 行是 125ms 的延时函数,该函数决定了流水灯的闪烁速度。

main.c 文件中第 29 行调用了 TM1640 初始化函数,第 32 ~ 39 行调用了 TM1640 数码管显示函数,第 41 行调用了 8 个 LED 控制函数。如果你掌握了这 3 个函数就掌握了数码管的全部显示功能。若你在新工程中使用数码管,首先要在主函数加入 TM1640 初始化函数 TM1640_Init,在程序内部需要让数码管显示数字的地方,调用数码管显示函数

TM1640_display,函数第一个参数是显示位置。开发板上数码管最左边是位置 0,最右边是位置 7。第二个参数实现内容显示,内容是十进制数字 0~9。想显示小数点就给第二个参数加 10,还可以在第二个参数输入"20"来关闭某一位的显示。TM1640_led 函数控制 TM1640 连接的 8 个 LED,参数是把数据拆分成 8 位二进制数。比如二进制"00000001"的 8 个位对应 LED1~LED8,数据最低 1 位(最右边)关联 LED1,最高 1 位关联 LED8,0 表示熄灭,1 表示点亮。所以"00000001"是点亮 LED1,熄灭其他 LED。由于 C 语言不允许写二进制数,所以要把二进制转化为十六进制,"00000001"转化成十六进制是 0x01。让 8 个 LED 全部点亮的二进制数据"11111111"转化成十六进制是 0xFF。修改程序,重新编译、下载,8 个 LED 会全部点亮。当前函数中参数是变量 c,初始值为 0x01,也就是让 LED1 点亮,第 42 行让变量 c 左移 1 位。所谓"左移"是让 8 个二进制数整体向左移动,使得二进制数中"1"的位置从右起第 1 位变到第 2 位,使 LED2 点亮。主循环每循环一次,变量 c 都会向左移动 1 位,从 LED1 到 LED8 依次点亮,当变量 c 移动 8 次后变为 0x00,这时通过第 43 行 if 判断,将变量 c 变为初始值 0x01,重新从 LED1 点亮,开始新的循环。

接下来分析 TM1640 的驱动程序。首先打开 TM1640.h 文件,如图 5 所示。第 5 ~ 7 行定义了 TM1640 使用的

```
4
5   #define TM1640_GPIOPORT GPIOA //定义I/O接口
6   #define TM1640_DIN  GPIO_Pin_12 //定义I/O接口
7   #define TM1640_SCLK GPIO_Pin_11 //定义I/O接口
8
9   #define TM1640_LEDPORT  0xC8  //定义I/O接口
10
11
12  void TM1640_Init(void);//初始化
13  void TM1640_led(u8 date);//
14  void TM1640_display(u8 address, u8 date);//
15  void TM1640_display_add(u8 address, u8 date);//
16
```

图 5 TM1640.h 文件的全部内容

```
20
21  #include "TM1640.h"
22  #include "delay.h"
23
24  #define DEL  1    //宏定义 通信速率（默认为1，如不能通信可加大数值）
25
26  //地址模式的设置
27  //#define TM1640MEDO_ADD  0x40   //宏定义 自动加1模式
28  #define TM1640MEDO_ADD  0x44    //宏定义 固定地址模式（推荐）
29
30  //显示亮度的设置
31  //#define TM1640MEDO_DISPLAY  0x88   //宏定义 亮度  最小
32  //#define TM1640MEDO_DISPLAY  0x89   //宏定义 亮度
33  //#define TM1640MEDO_DISPLAY  0x8a   //宏定义 亮度
34  //#define TM1640MEDO_DISPLAY  0x8b   //宏定义 亮度
35  #define TM1640MEDO_DISPLAY  0x8c    //宏定义 亮度（推荐）
36  //#define TM1640MEDO_DISPLAY  0x8d   //宏定义 亮度
37  //#define TM1640MEDO_DISPLAY  0x8f   //宏定义 亮度 最大
38
39  #define TM1640MEDO_DISPLAY_OFF  0x80   //宏定义 亮度 关
40
```

▌图 6 TM1640.c 文件的内容

I/O 端口，DIN 连接 PA12，SCLK 连接 PA11。第 9 行定义了 8 个 LED 的操作地址 0xC8。第 12 ~ 15 行是对 TM1640.c 文件中的函数的声明，第 12 行声明的是 TM1640 初始化函数，第 13 行声明的是 8 个 LED 的驱动函数，第 14 行声明的是 TM1640 数码管显示函数。第 15 行声明的也是数码管显示函数，此函数具有自动加 1 的功能，可自动增加地址，但这里暂不使用第 15 行的函数。前 3 个函数是以下分析的重点。打开 TM1640.c 文件，如图 6 所示，第 21 ~ 22 行声明了 TM1640.h 和 delay.h 延时函数的库文件。在 TM1640 底层驱动程序中使用了延时函数，所以需要加载延时函数。第 24 行是宏定义 DEL，代表 1，我们用 DEL 表示通信速度，1 表示速度最快。如果发现数码管的数据经常丢失或显示不稳定，可以将速度值增大。第 27 ~ 28 行设置地址模式，有两种地址模式。一种是固定地址模

式，另一种是地址自动加 1 模式。我们这里使用固定地址模式。第 31 ~ 37 行设置亮度，TM1640 有 8 挡亮度，当前亮度是 0x8C，若想降低亮度，可将这行程序屏蔽，

然后在第 31 ~ 37 行中选择需要的亮度，将那一行的屏蔽取消，大家可以尝试最小和最大亮度，从而理解"挡位"和实际亮度的关系。需要注意：亮度调节是针对全体数码管的，不能对某 1 位数码管单独设置亮度。在第 39 行中（0x80）表示关闭亮度，即关闭数码管显示。

如图 7 所示，TM1640_start 注释信息中写有"底层"，表示底层通信协议，函数直接操作数据线 DIN 和 SCLK。TM1640_stop 和 TM1640_write 函数都是 TM1640 的底层函数，是根据芯片数据手册中的通信协议图编写的程序，我们暂时不分析函数的具体实现方法。如图 8 所示，第 84 行是 TM1640 初始化函数 TM1640_Init。第 87 ~ 90 行设置 I/O 端口，我们将 I/O 端口设置为推挽输出，速

```
42
43  void TM1640_start(){ //通信时序 启始（基础GPIO操作）（低层）
44    GPIO_WriteBit(TM1640_GPIOPORT, TM1640_DIN, (BitAction)(1)); //接口输出高电平1
45    GPIO_WriteBit(TM1640_GPIOPORT, TM1640_SCLK, (BitAction)(1)); //接口输出高电平1
46    delay_us(DEL);
47    GPIO_WriteBit(TM1640_GPIOPORT, TM1640_DIN, (BitAction)(0)); //接口输出0
48    delay_us(DEL);
49    GPIO_WriteBit(TM1640_GPIOPORT, TM1640_SCLK, (BitAction)(0)); //接口输出0
50    delay_us(DEL);
51  }
52  void TM1640_stop(){ //通信时序 结束（基础GPIO操作）（低层）
53    GPIO_WriteBit(TM1640_GPIOPORT, TM1640_DIN, (BitAction)(0)); //接口输出0
54    GPIO_WriteBit(TM1640_GPIOPORT, TM1640_SCLK, (BitAction)(1)); //接口输出高电平1
55    delay_us(DEL);
56    GPIO_WriteBit(TM1640_GPIOPORT, TM1640_DIN, (BitAction)(1)); //接口输出高电平1
57    delay_us(DEL);
58  }
59  void TM1640_write(u8 date){ //写数据（低层）
60    u8 i;
61    u8 aa;
62    aa=date;
63    GPIO_WriteBit(TM1640_GPIOPORT, TM1640_DIN, (BitAction)(0)); //接口输出0
64    GPIO_WriteBit(TM1640_GPIOPORT, TM1640_SCLK, (BitAction)(0)); //接口输出0
65    for(i=0;i<8;i++){
66      GPIO_WriteBit(TM1640_GPIOPORT, TM1640_SCLK, (BitAction)(0)); //接口输出0
67      delay_us(DEL);
68
69      if(aa&0x01){
70        GPIO_WriteBit(TM1640_GPIOPORT, TM1640_DIN, (BitAction)(1)); //接口输出高电平1
71        delay_us(DEL);
72      }else{
73        GPIO_WriteBit(TM1640_GPIOPORT, TM1640_DIN, (BitAction)(0)); //接口输出0
74        delay_us(DEL);
75      }
76      GPIO_WriteBit(TM1640_GPIOPORT, TM1640_SCLK, (BitAction)(1)); //接口输出高电平1
77      delay_us(DEL);
78      aa=aa>>1;
79    }
80    GPIO_WriteBit(TM1640_GPIOPORT, TM1640_DIN, (BitAction)(0)); //接口输出0
81    GPIO_WriteBit(TM1640_GPIOPORT, TM1640_SCLK, (BitAction)(0)); //接口输出0
82  }
83
```

▌图 7 TM1640.c 文件的内容

```
84 ┌void TM1640_Init(void){ //TM1640接口初始化
85 │    GPIO_InitTypeDef  GPIO_InitStructure;
86 │    RCC_APB2PeriphClockCmd(RCC_APB2Periph_GPIOA|RCC_APB2Periph_GPIOB|RCC_APB2Periph_GPIOC,ENABLE);
87 │    GPIO_InitStructure.GPIO_Pin = TM1640_DIN | TM1640_SCLK; //选择端口号(0~15或all)
88 │    GPIO_InitStructure.GPIO_Mode = GPIO_Mode_Out_PP; //选择I/O接口工作方式
89 │    GPIO_InitStructure.GPIO_Speed = GPIO_Speed_50MHz; //设置I/O接口速度(2/10/50MHz)
90 │    GPIO_Init(TM1640_GPIOPORT, &GPIO_InitStructure);
91 │
92 │    GPIO_WriteBit(TM1640_GPIOPORT,TM1640_DIN,(BitAction)(1)); //接口输出高电平1
93 │    GPIO_WriteBit(TM1640_GPIOPORT,TM1640_SCLK,(BitAction)(1)); //接口输出高电平1
94 │    TM1640_start();
95 │    TM1640_write(TM1640MEDO_ADD); //设置数据，0x40、0x44分别对应地址自动加1和固定地址模式
96 │    TM1640_stop();
97 │    TM1640_start();
98 │    TM1640_write(TM1640MEDO_DISPLAY); //控制显示，开显示，0x88、 0x89、 0x8a、 0x8b、 0x8c、 0x8d、 0x8e、 0x8f分别对应脉冲宽度为:
99 │            //--------------1/16、 2/16、 4/16、 10/16、11/16、12/16、13/16、14/16   //0x80关显示
100│    TM1640_stop();
101│
102└}
103┌void TM1640_led(u8 date){ //固定地址模式的显示输出(8个LED控制)
104│    TM1640_start();
105│    TM1640_write(TM1640_LEDPORT);            //传显示数据对应的地址
106│    TM1640_write(date);  //传1Byte 显示数据
107│    TM1640_stop();
108└}
109┌void TM1640_display(u8 address,u8 date){ //固定地址模式的显示输出
110│    const u8 buff[21]={0x3f,0x06,0x5b,0x4f,0x66,0x6d,0x7d,0x07,0x7f,0x6f,0xbf,0x86,0xdb,0xcf,0xe6,0xed,0xfd,0x87,0xff,0xef,0x00};//
111│        //--------------  0  1  2  3  4  5  6  7  8  9  0. 1. 2. 3. 4. 5. 6. 7. 8. 9.  无
112│    TM1640_start();
113│    TM1640_write(0xC0+address);            //传显示数据对应的地址
114│    TM1640_write(buff[date]);        //传1Byte 显示数据
115│    TM1640_stop();
116└}
117┌void TM1640_display_add(u8 address,u8 date){ //地址自动加1模式的显示输出
118│    u8 i;
119│    const u8 buff[21]={0x3f,0x06,0x5b,0x4f,0x66,0x6d,0x7d,0x07,0x7f,0x6f,0xbf,0x86,0xdb,0xcf,0xe6,0xed,0xfd,0x87,0xff,0xef,0x00};//
120│        //--------------  0  1  2  3  4  5  6  7  8  9  0. 1. 2. 3. 4. 5. 6. 7. 8. 9.  无
121│    TM1640_start();
122│    TM1640_write(0xC0+address);            //设置起始地址
123┌    for(i=0;i<16;i++){
124│        TM1640_write(buff[date]);
125│    }
126│    TM1640_stop();
127└}
```

图 8 TM1640.c 文件的内容

度为 50MHz。第 92 ～ 93 行将 I/O 端口变为高电平。第 94 ～ 100 行是底层通信协议内容，参数使用了宏定义。第 98 行设置显示亮度。也就是说初始化函数做了两件事，一是对初始化 I/O 端口，0 二是设置数码管的地址模式和亮度。第 103 行是 8 个 LED 的控制函数 TM1640_led，调用底层协议 TM1640_start 函数开启通信，TM1640_write 函数写入数值。参数 TM1640_LEDPORT 是宏定义的 LED 地址 0xC8，对应数码管第 9 位。根据 TM1640 数据手册中的地址指令表，显示地址从 0x00 到 0xFF 共 16 位，其中 0x08 对应第 9 位，这个数据的最高两位必须为 1，所以数据才是 0xC8。同样原理，前 8 位地址分别是 0xC0 ～ 0xC7，8 个地址对应数码管上的 8 个位，第 9 位

是 0xC8，对应硬件 LED 连接的引脚地址。第 106 行给出一个数据，数据是在函数调用时所用的变量 c。第 107 行是 TM1640_stop 函数，结束通信。第 109 行 TM1640_display 函数是固定地址模式的显示函数。第 110 行定义了一个数组，用于显示数字 0 ～ 9 和带小数点的 0 ～ 9，它们有对应的显示段码。显示这些数字实际上是在点亮不同的段码，每个段码有不同的位置。数组中不同段码数据组成了数码管上显示的段码数据。第 112 行开启通信，第 113 行将第一个参数 address 加上 0xc0，参数给出的是 0 ～ 7，主程序中 TM1640_display 函数的第一个参数是 0 ～ 7（对应 8 个显示位置）。0 ～ 7 加上 0xC0，结果是 0xC0 ～ 0xC7，正好对应地址指令表的地址 0xC0 ～ 0xC7。第

114 行是第二个参数所给出的 0 ～ 9，或者 10 ～ 19（带小数点），或者 20（关闭显示）。显示内容的数据是从 buff[ ] 数组中调用的段码数据，将数组里的段码数据送到对应位置就能在数码管上显示数字 0 ～ 9。第 115 行结束通信。第 117 行是地址自动加 1 的显示函数，同样给出了显示数组，只是显示内容通过 for 语句循环 16 次显示，即将地址 0 ～ 16（16 个位的全部内容）显示为同一个数字。地址加 1 模式并不常用。需要注意：TM1640 芯片以一定频率不断刷新数码管，让数码管保持动态显示状态。所以在程序中不需要反复调用 TM1640_display 函数，只需在修改显示内容时调用此函数。初学者了解数码管的应用就足够了，若要深入研究，可在网上搜索相关资料。⊗

ESP8266 开发之旅 网络篇（1）

认识 Arduino Core For ESP8266

▎单片机菜鸟博哥

ESP8266 开发之旅主要分为 3 个部分：基础篇、网络篇、应用篇。

从这一期开始，笔者将带领各位读者进入网络的世界。在此，笔者默认各位读者已经具备下面两个能力。

● C 语言编程能力以及 Arduino 的开发能力。

● 可以自行烧写 Arduino Core For ESP8266 的固件。

▎Arduino Core For ESP8266是什么？

刚开始接触 Arduino Core For ESP8266 的时候，笔者和很多初学者一样，一脸茫然，心想这到底是个什么东西？

对开发人员来说，要想提高个人开发能力，必须知其然，并知其所以然。说到底，它就是一个在 Arduino 平台上开发 ESP8266 的插件，特别适合有 Arduino 开发经验的入门者。同时，Arduino Core For ESP8266 也有专门的官方文档说明，建议初学者多次认真阅读，里面包含了很多 API 方法说明。

Arduino Core For ESP8266 为 ARPUNO 环 境 下 的 ESP8266 芯片提供支持。它允许用户使用熟悉的 Arduino 函数和库编写代码，并直接在 ESP8266 上运行它们，不需要外部微控制器。

Arduino Core For ESP8266 提供了使用 TCP 和 UDP 协议通过 Wi-Fi 进行通信的库，可设置 HTTP、mDNS、SSDP 和 DNS 服务器，进行 OTA 更新，在闪存中使用文件系统，使用 SD 卡、舵机、SPI 和 I²C 外围设备。

▎Arduino Core For ESP8266库

为了向大家更好地讲解 Arduino Core For ESP8266，需要大家自行到 GitHub 网站搜索 ESP8266 下载源代码，然后用查看代码的 IDE 工具打开，笔者这里使用了 WebStorm，大家可以看到图 1 所示的代码结构。

▎图 1 Arduino Core For ESP8266 的代码结构

现在，我们先重点关注 libraries 目录，该目录下的库就是我们编写代码的基础库。笔者根据库的作用，给大家整理了一个思维导图（见图2），后期根据学习进度再进行更新。

仔细分析图2，根据功能，我们可以将其分为下面两大部分15小类。

（1）Arduino 功能：把 ESP8266 当作 Arduino 使用。

● SD：SD 卡库。

● SPI：SPI 库。

● Servo：舵机 库。

● Hash：与 Hash 有关的函数库。

● Wire：I²C 库。

● EEPROM：EEPROM 库。

（2）Wi-Fi 功能：其中又可以分为网络服务功能和无线更新 ESP8266 功能，提供了使用 TCP 和 UDP 协议通过 Wi-Fi 进行通信的库等。

● ESP8266WiFi：Wi-Fi 基础功能。

● ESP8266HTTPClient：HTTP 客户端功能。

● ESP8266WiFiMulti：ESP8266 Wi-Fi 多连接功能。

● ESP8266WebServer：局域网 Web 服务器功能。

● WiFiUdp：UDP 服务。

● ESP8266mDNS：局域网本地发现功能。

● DNSServer：真正的 DNS 域名服务。

● ArduinoOTA：OTA 无线更新。

● ESP8266HTTPUpdateServer：在线更新功能。

读者重点关注一下思维导图中的"引入"二字，后续的代码编写中会引入各种头文件，到时候读者就会知道具体的头文件拥有什么样的功能。

▌总结

本篇主要带读者从源码结构上初步理解 Arduino Core For ESP8266 的整体库结构，让大家有个初步认识，干货不多，后面笔者会一步步进行讲解，敬请期待。Ⓧ

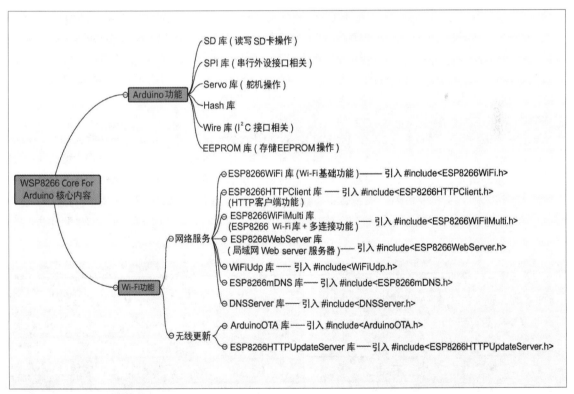

▌图2 Arduino Core For ESP8266 思维导图

无线电中的科学精神

百年无线电广播（上）

▌刘景峰　王枫

▌前沿

无线电广播是以无线电波为载体的一种广播方式。1920 年，自世界上第一个取得营业执照的无线广播电台——美国匹兹堡无线广播电台 KDKA 开始播音以来，无线电广播已经走过了整整 100 年。在这 100 年里，我们迎来了人类历史上革命性的科技大爆发，科学理论日新月异，各种新应用、新发明层出不穷。由于科学的进步与发展，人们的生活在一百年中也发生了翻天覆地的变化。无线电广播就是在这样一个大环境下孕育、诞生，并且迅速发展、成熟，成为一种有广泛和深刻影响力的传播工具（见图 1）。

根据联合国教科文组织的数据统计，截至 2019 年，全球共有超过 44000 个广播电台，无线电广播人口覆盖率也已超过 95%。也就是说，比起电视、互联网等"后起之秀"，无线电广播这一历史悠久的媒介仍与人们的生活息息相关。有些地区或

许没有网络或电视信号，或者我们在开车、跑步、做家务时，只要我们打开收音机，就可以收听当今世界的最新信息，无线电广播真正实现了"广为传播"的意义。

在不同的历史时期，传播信息的工具各不相同，每一次传播工具的改进都标志着人类文明向前跨出了一大步。

一千多年前，印刷术的诞生使得知识可以大量生产、存储和流通，进一步扩大了信息交流的范围。尤其是在公元 15 世纪，古登堡印刷术在欧洲普及，降低了信息传播的经济成本，使得文化知识散播开来，推动了欧洲社会的进步，解决了知识在民众中传播的问题，极大地推动了欧洲从黑暗的中世纪走向文艺复兴。

20 世纪初，随着人类科技的发展和进步，无线电电报、电话、广播、电视相继被发明并得到了广泛的应用，这些都使得信息传递的速度大大提升，使信息跨越了那些曾经在空间和时间上难以逾越的鸿沟，

让人们能够更加迅捷、有效、全面地获取各类信息。

在 21 世纪，计算机和网络技术的发展使人们对信息的处理能力、处理速度再次产生飞跃，我们每天所能获取的信息量可能是从前几十年甚至几百年都无法得到的（见图 2）。

如今各种信息的新载体层出不穷，信息铺天盖地，迎面而来，令人眼花缭乱，目不暇接。在这样一个信息爆炸、嘈杂喧嚣的时代，大家不妨跟随本文，回到 100 年前，回到那个"车马很慢，书信很远"的世界，回到广播刚刚诞生的日子。

▌诞生

1887 年，德国物理学家赫兹（Heinrich Rudolf Hertz，1857 — 1894）第一次用实验证实了电磁波的存在。但是即使赫兹是最早证实了电磁波的人，他也从来没有想到电磁波能干什么或者有什么用处。他

▌图 1 无线电广播深入世界各地人们的生活

▌图 2 今天的我们已经被各种信息包围

图 3 马可尼与他的无线电发报机

图 4 无线电爱好者制作的火花式发报机，两个小球之间产生的就是电火花

更不会想到，他的这个发现会彻底改变人类传递信息的方式。

在赫兹之后，许多科学家都在想这种看不见、摸不着的东西如何为人们所利用，于是人们对电磁波进行了各种各样的实验。这其中以英国科学家马可尼（Guglielmo Marconi，1874—1937，见图 3）和俄国科学家波波夫（1859—1906）最为成功。1895 年，他们各自独立地完成了无线电信号的传送实验。从此，人类可以摆脱导线的束缚，通过无线电波将信息进行远距离传送。

电磁波最初是用莫尔斯电码发送和接收无线电报的。在收发无线电报中，人们用火花式发报机发射信号（见图 4），用金属屑检波器接收信号。火花式发报机的原理是让发电产生的火花从仪器的一端跳到另一端。1901 年，马可尼完成了从英国到加拿大的跨大西洋无线通信。由于马可尼在无线电方面的贡献，他在 1909 年获得了诺贝尔物理学奖。

然而这种电火花电波是断断续续的，用于传送时断时续、"滴滴嗒嗒"的莫尔斯电码（见图 5）没问题，但并不适于传递人声。此时，有线电话已经被发明并投入了使用，如何将声音的振动通过无线电传播就成为了人们当时最感兴趣的研究课题之一。这个难题的解决离不开电子管的

发明。

1904 年，英国科学家弗莱明（John Ambrose Fleming，1864—1945，见图 6）发明了真空二极管。两年后，美国人福雷斯特（Lee de Forest，1873—1961，见图 7）在真空二极管基础上，又增加了一个栅极，调整栅极的电位就可以控制阳极和阴极之间的电流大小，这就是真空三极管。真空二极管与真空三极管一起被称为电子管。电子管不仅可以控制发射的强度，还可以精确控制频率，发送连续稳定的高频振荡信号。这样，无线电不仅可以传递莫尔斯电码，而且可以传递语言、音乐及其他声音信号。

福雷斯特发明三极管后并没有引起人们的关注。当他带着自己发明的产品向别人推销时甚至被当成了骗子，还被人送到了纽约法庭审判。1912 年，顶着随时可能入狱的压力，福雷斯特来到加利福尼亚州帕洛·阿尔托小镇，坚持不懈地改进三极管。在爱默生大街 913 号小木屋里，福雷斯特把若干个三极管连接起来，与电话机话筒、耳机相互连接，戴上耳机，再将他的手表放在话筒前方，手表的"滴嗒"走时声几乎把他的耳朵震聋，这就是最早的电子扩音机。由于三极管可以放大微弱信号，所以它很快被应用于信号发生器、电台、雷达、收音机等电子设备，成为电子领域中最重

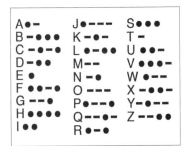

图 5 用莫尔斯电码表示 26 个英文字母

图 6 弗莱明

要的元器件。真空三极电子管是一项划时代的发明，它的诞生成为电子工业革命的开端，三极管在无线电领域的地位是其他任何元器件都无法取代的。

美国工程师费森登（Fessenden，Reginald Aubrey 1866—1932）一直致

▌图7 福雷斯特和他手中的三极管

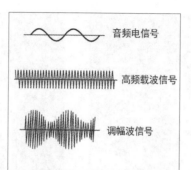

音频电信号

高频载波信号

调幅波信号

▌图8 调幅原理图

▌图9 正在进行广播的费森登

力于如何把人的声音通过无线电波传出去。一天，他在湖边思考时，下意识地将石块扔到水里，湖面泛起的涟漪突然让他眼前一亮：如果声音能像湖面的波纹一样，连续地在无线电波中传送，效果会怎样？后来他正是沿着这个思路研发出了一套无线电设备。在这套设备中，费森登将人的语音通过送话器转变为音频电信号，再将音频电信号叠加到高频载波上变成调幅信号发射出去，这个过程其实就是调幅（AM，见图8）。1906年12月24日，费森登在美国马萨诸塞州首次用这套设备广播了歌曲，为此他甚至在报纸上作了预告，并

用莫尔斯电码发出信号通报大西洋上的来往船只。当晚，在大西洋上的一些船只上，报务员通过耳机听到了乐曲声，并在最后听到了祝大家圣诞快乐的声音，这成为有历史记载的第一次广播实验活动（见图9）。

费森登的这次广播实验活动在当时并没有引起很大的轰动，因为除了发射机的调制技术不成熟外，普通听众还未拥有接收广播的设备，因此当时只有极少数的人能够收听到这些广播。要真正实现无线电广播，还需要一种普通公众都能拥有的、专门用于收听声音信号的无线电接收机——收音机。

收音机

无线电广播和收音机是一对双胞胎，没有收音机，无线电广播播给谁听

呢？第一个收音机是美国人邓伍迪（H.C. Dunwoody，1842—1933）和皮卡德（G. W. Pickard，1877—1956）在1910年制作的矿石收音机。他们发现有些矿石具有检波作用，能够检测到无线电信号，如果再连接其他几种电子元器件就能通过耳机收听到无线电信号，这种收音机被称为矿石收音机（见图10）。由于它不用电池，结构和组装简单，即使到现在还有很多的矿石收音机爱好者在不断学习组装、改进、收藏矿石收音机。

后来人们用真空二极管来检波，取代了矿石检波器，同时用真空三极管做高频和音频放大，较好地改善了收音机性能。电子管的应用对改善收音体验有很大的帮助，人们不再局限于用耳机收听广播，而是可以把收音机放在客厅，供全家人一起

▌图10 无线电爱好者制作的矿石收音机

▌图11 德国萨巴电子管收音机

图 12 从收音机构内部造中可以看到电子管

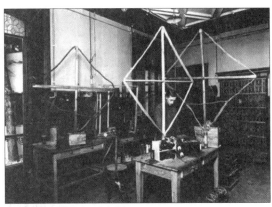

图 13 阿姆斯特朗在巴黎实验室

图 14 阿姆斯特朗早年设计的模型之一

图 15 1948 年贝尔实验室，巴丁（左）、肖克莱（中）、布拉顿（右）

阿姆斯特朗早年设计的模型如图 14 所示。今天世界上 99% 的无线电收音机、电视机、卫星地面站是利用超外差电路工作的。

然而收音机的真正普及，还是等 20 年后另外一个革命性器件的出现——晶体管。1947 年，美国贝尔实验室的肖克莱（William Bradford Shockley，1910 — 1989）、巴丁（John Bardeen，1908 — 1991）和布拉顿（Walter Houser Brattain，1902 — 1987）成功研制了世界上第一个晶体管（见图 15）。晶体管是一种半导体元器件（见图 16），比起电子管，晶体管具有体积小、质量轻、性能好、省电及寿命长等特点。它被认为是现代历史中最伟大的发明之一，目前晶体管广泛应用于通信、广播电视、计算机等电子工业领域。1956 年，肖克莱、巴丁和布拉顿 3

收听广播节目，电子管收音机如图 11 所示，电子管收音机的内部如图 12 所示。

1918 年，美国工程师阿姆斯特朗（Edwin Howard Armstrong，1890—1954，见图 13）根据超外差原理制作了超外差式收音机。之前的收音机都是直放式的，它把调谐后收到的信号全部交给后级放大电路，放大效果不仅不好，而且不容易区分不同频率的信号。超外差式收音机从电路原理上对直放式收音机进行了改进，使收音机的性能脱胎换骨，接收灵敏度也大大提高，接收电台的频率范围更为广泛。超外差式收音机可以接收到更多的广播电台节目，在实际应用中大放异彩。

图 16 晶体管十分小巧

图 17 天津海鸥 708 型半导体收音机

位科学家因发明晶体管而共同获得了诺贝尔物理学奖。

晶体管第一个商业化产品就是收音机。比起电子管收音机庞大的身躯，晶体管收音机体积更小，价格还便宜，晶体管收音机才是真正意义上的现代收音机（见图17）。人们不再局限于在家里收听广播了，而是可以将收音机拿到户外，想在哪里听就在哪里听。随后，美国、德国、苏联等国家开始大规模生产晶体管收音机。因为晶体管的原材料是锗和硅等半导体，所以晶体管收音机又被老百姓称为半导体收音机，或者干脆简称为"半导体"。而电子管收音机则逐渐退出了市场，被送进了博物馆，当作收藏品。我国在20世纪50年代末开始研制半导体收音机，并在20世纪70年代形成生产高潮，半导体收音机的总产量在到1986年已经达到2亿多台。

再后来，随着集成电路的发展，越来越多的收音机采用了集成电路，收音机的体积变得更小了（见图18、图19）。如果说晶体管收音机还得用手提，那么集成电路收音机则完全可以放在口袋里，更加方便人们随身携带，随时收听无线电广播。⊗

▌图18 采用集成电路后的收音机

▌图19 用集成电路装配的收音机

移动机器人和仿生软手结合

Festo 开发的仿生移动机器人 BionicMobileAssistant 是一种机器人系统的原型机，它可在三维空间内独立移动、识别物体、自适应抓取，并与人类进行合作。

整套系统是 Festo 与苏黎世联邦理工学院共同开发的，它采用了模块化的设计，BionicSoftHand 2.0 与一个球轮平衡机器人和一个轻量化的电动机器人手臂（DynaArm）组合在一起。DynaArm 采用轻量化的结构，集成的驱动模块只有1kg，能执行快速动态的动作。

为了让 BionicSoftHand 2.0 真实复现人类手掌的精巧运动，研究人员在最为紧凑的空间内集成了微型阀技术、传感器、电子元器件和机械元器件。

BionicMobileAssistant 可在各个方向上自由移动。所有系统的能源已板载：主体内安装了用于手臂和机器人的电池；气动抓手的压缩空气储存筒位于上臂。该机器人不仅可移动，还可自主工作，存储在主机上的算法控制系统的自主运动。机器人用两台相机就可独立实现在三维空间内的方向定位。得益于模块化的设计，BionicSoftHand 2.0 还可被快速安装在其他机器人手臂上，易于调试。

STM32入门100步（第27步）

旋转编码器的设置

▍杜洋　洋桃电子

▍原理介绍

此前，我们介绍过微动开关和触摸按键两种输入方式，本期我们来学习旋转编码器的输入方式。旋转编码器（以下简称编码器）是一种数字旋钮，它通过左右转动调节数值加减，在项目开发中很常用。开始学习之前，先设置开发板上的跳线。在洋桃1号开发板上把标注为"旋转编码器"（标号为P18）的跳线短接（插上），再把标注为"模拟摇杆"（标号为P17）的跳线断开（拔出）。模拟摇杆数据线与编码器共用1组I/O端口，使用编码器时要将模拟摇杆的跳线断开。跳线设置如图1所示，完成以上操作就可以下载演示程序了。

我们在附带资料中找到"旋转编码器

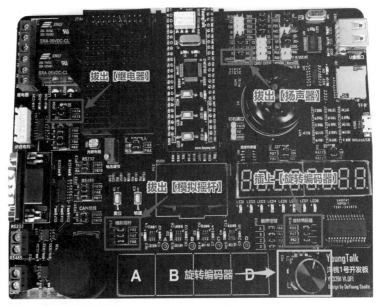

▍图1 连接编码器的跳线设置

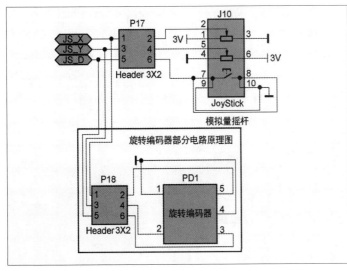

▍图2 编码器部分电路原理图

数码管显示程序"，将工程中的HEX文件下载到开发板，看一下效果。效果是在数码管左边两位显示"00"，这是编码器的计数显示。数码管下方的旋钮就是编码器，它是由方形编码器主体和上面的圆形金属旋钮帽组成的。编码器共有3种操作，即逆时针旋转、顺时针旋转和向下按压旋钮。旋转旋钮时会有段落感，每旋转1格（1个段落），数码管上的数字会变化，顺时针旋转1格，数字加1；逆时针旋转1格，数字减1；按下旋钮时计数清0。这就是编码器的基本操作，试一试在快速旋转和慢速旋转时，数字的变化是否灵敏。编码器在工业项目中较为常用，旋转操作能快速加减数值，比触摸按键和微动开关更高效。项目开发中需要快速设置参数或调节音量之

图3 开发板总图中的编码器的子电路图

类的功能都可使用编码器实现。

接下来看一下编码器的内部原理以及电路设计。在附带资料中找到"洋桃1号开发板电路原理图"文件夹，打开"洋桃1号开发板电路原理图（编码器和摇杆部分）"文件。如图2所示，电路原理图中上半部分为模拟量摇杆电路，下半部分为编码器电路。元器件PD1就是编码器，它有5个引脚，以逆时针方向排列。第1、4引脚连接到GND，第2、3、5引脚分别连接到P18的跳线，经过跳线连接到开发板总图的JS_X、JS_Y、JS_D接口。因为3个接口和模拟摇杆共用，在使用编码器时需要将P18的跳线连接，将P17的跳线断开。编码器和摇杆部分的电路图中，除了编码器和跳线之外没有其他元器件，电路设计非常简洁。接下来在"洋桃1号开发板电路原理图（开发板总图）"中找到"旋转编码器＋摇杆"子电路图，如图3所示。JS_X、JS_Y、JS_D接口分别连接PA6、PA7、PB2端口，只要操作这3个I/O端口就能读出编码器状态。

编码器如何与单片机进行通信？编码器的内部结构是什么样呢？图4是编码器内部电路结构图，图4中左边是编码器外观图，编码器下方有5个引脚，中间黑色圆形是操作旋钮，1、2引脚用于判断按键按下，按下旋钮时1、2引脚短接。3、4、5引脚用于判断左右旋转，旋转时3个引脚会有对应的输出。再看图4右边的编码器内部电路等效原理

图，1、2引脚相当于微动开关K1，按下旋钮时K1闭合，使1、2引脚短接。3、4、5引脚相当于两个微动开关K2和K3，4脚是公共端，K2另一端连接5引脚，K3另一端连接3引脚。旋转时K2和K3以一定顺序短接和断开。单片机读取K2和K3的短接顺序就能判断旋转方向，也能得出旋转的段落数量。

我们来分析一下旋钮旋转时K2和K3的波形时序图，如图5所示。这里先设定两个方向：方向1和方向2。之所以不直接说左转、右转，是因为不同厂家的编码器在设计上有所不同，可能A厂家的编码器向左转时输出方向1的波形，B厂家的编码器向右转才输出方向1的波形，所以要根据实际情况来判断。这里假定方向1为左转（逆时针），方向2为右转（顺时针）。旋钮左转时K2和K3会分别输出方向1的波形，注意波形的时间前后关系。旋钮静止时K2和K3都处在断开状态，连接的I/O端口为高电平。旋钮向左旋转时K3会先短接变成低电平，K3短接一段时间后K2才短接，K3和K2的两个I/O端口先后变成低电平。随着旋转角度的增加，K3断开，变成高电平。再继续旋转，随后K2断开，也回到高电平，这时就完成了一个旋转段落的时序过程。我们听到编码器发出"嘎嗒"的响声，这短暂的响声就对应了一个旋转段落中，K2和K3的波形变化过程。继续旋转下一个段落又会有同样的波形变化。再看方向2，

旋钮向右旋转时，K2和K3的先后顺序反转，右转首先短接的是K2，过一段时间K3短接，然后K2先断开，过一段时间K3断开，完成一个段落的波形过程。继续向右转，下一个段落会有同样的波形。判断谁先短接就能判断旋钮的旋转方向，判断K2或K3的低电平次数就能判断旋转的段落数量。另外，旋钮每旋转一个段落会有电平变化（由高电平变到低电平），电平变化会有机械开关的抖动问题。1s旋转360°时，抖动小于2ms。K1、K2、K3都属于机械式微动开关，电平变化时才有抖动问题，这和微动开关的抖动原理相同，在编写程序时需要考虑去抖动问题。不同型号的编码器，每圈的段落数量不同，有15段、20段、30段等，洋桃1号开发板采用20段的编码器。

我们掌握了编码器的内部结构后再回看原理图，如图2所示。编码器1、4引脚连接GND，就是将K1的一个引脚接地，K2和K3的公共端（4引脚）接地。编码器的2、3、5引脚通过跳线连接到I/O端口，也就是将K1、K2、K3的另外一端分别连接不同的I/O端口。这样只要将I/O端口设置为"上拉电阻输入方式"，就能在K1、K2、K3短接时使I/O端口输入低电平，从而读取编码器内部3个微动开关的状态。其中编码器的2引脚（微动开关K1）负责旋钮按下的操作，连接在PA7端口上。3、5引脚连接内部的K2和K3，分别连接PA6和PB2端口。

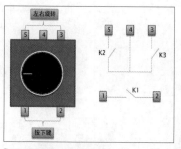

图4 编码器内部电路结构图

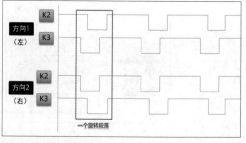

图5 旋转波形时序图

程序分析

我们打开附带资料中的“旋转编码器数码管显示程序”的工程，这个工程复制了上一期“数码管RTC显示程序”的工程，并加入了关于编码器的驱动程序，加入的位置是在Hardware文件夹下面新建ENCODER文件夹，文件夹中加入encoder.c和encoder.h文件。这是编码器的驱动程序文件，在今后的项目开发中可以直接调用。在Keil4中加入编码器的程序文件的方法和之前所述方法相同。

我们看一下在main.c文件中有哪些修改。如图6所示，文件在第23行加载了encoder.h文件，第27行定义的3个变量a、b、c，并且将a、b的初始值设为0，c的初始值设为0x01。接下来第31行加入了编码器初始化函数ENCODER_Init。第33行调用了TM1640的初始化函数。第33～41行给出了数码管8个位的显示内容，数码管的前2位显示变量a的十位和个位，其他位不显示（参考中的“20”表示熄灭数码管）。第44行使用ENCODER_READ函数读取编码器的编码器值（操作码），即操作状态，将读到的值存入变量b。第45～48行判断变量b的值。第45行，如果b等于1，说明编码器右转（顺时针），这时让变量a的值加1（当a值大于99时则清0）。第46行，如果b等于2表示旋钮左转（逆时针），让a的值减1（当a的值等于0时，继续减则让a等于100，再减1后等于99）。通过两个if语句能够限定a的值在0～99。第47行，如果b等于3表示旋钮被按下，让a的值清0。于是我们得到以下的效果：b为1表示右转（顺时针），为2表示左转（逆时针），为3表示按钮被按下，为0表示旋钮没有任何操作。我们通过这样的读取和判断可达到对编码器取值的目的，并做出对应的处理。编码器处理程序在第48～50行。第48行判断b是否为0，不为0表示旋钮有操作，然后第49～50行调用数码管显示程序，让数码管最左边两位显示变量a的十位和个位。最终效果是每次旋转旋钮时，变量a会加1或减1，数码管上的数字加1或减1，达到演示效果。

```
17 #include "stm32f10x.h" //STM32头文件
18 #include "sys.h"
19 #include "delay.h"
20 #include "rtc.h"
21 #include "TM1640.h"
22
23 #include "encoder.h"
24
25
26 int main (void){//主程序
27     u8 a=0,b=0,c=0x01;
28     RCC_Configuration(); //系统时钟初始化
29     RTC_Config();  //RTC初始化
30
31     ENCODER_Init(); //旋转编码器初始化
32
33     TM1640_Init(); //TM1640初始化
34     TM1640_display(0,a/10); //显示数值
35     TM1640_display(1,a%10);
36     TM1640_display(2,20);
37     TM1640_display(3,20);
38     TM1640_display(4,20);
39     TM1640_display(5,20);
40     TM1640_display(6,20);
41     TM1640_display(7,20);
42
43     while(1){
44         b=ENCODER_READ(); //读出旋转编码器值
45         if(b==1){a++;if(a>99)a=0;} //分析按键值，并加减计数器值。
46         if(b==2){if(a==0)a=100;a--;}
47         if(b==3)a=0;
48         if(b!=0){ //如果有旋转器的操作
49             TM1640_display(0,a/10); //显示数值
50             TM1640_display(1,a%10);
51         }
52
53 //      TM1640_led(c); //与TM1640连接的8个LED全亮
54 //      c<<=1; //数据左移 流水灯
55 //      if(c==0x00)c=0x01; //8个灯显示完后重新开始
56 //      delay_ms(150); //延时
57     }
58 }
```

图6 main.c文件的全部内容

现在只剩下一个问题，ENCODER_READ函数是如何读取编码器的信息并得到操作码的？接下来分析编码器的驱动程序原理，主要介绍3方面内容：一是如何判断编码器的旋转方向，二是如何处理编码器“卡死”问题，三是项目开发中编码器的操作有哪些注意事项。

我们首先打开encoder.h文件，如图7所示。文件第4行加载了延时函数。因为在encoder.c文件中调用了延时函数。第6～11行定义连接编码器的3个I/O端口，分别为PA6、PA7、PB2，这与电路原理图中的定义相同。第14～15行声明了两个函数，第一个是编码器的初始化函数，第二个是编码器的数值读取函数。再打开encoder.c文件，如图8所示。第21行加载了encoder.h文件，第24～25行定义了两个变量，8位无符号变量kup是编码器“旋钮锁死”的标志位，16位无符号变量cou是通用计数器变量，分析程序时会讲到它们的作用。接下来是两个函数的内容。第27行是编码器初始化函数ENCODER_Init，内容是I/O端口的初始化。第29行在RCC时钟设置中打开3组I/O端口的时钟源。第30行设置GPIOA组的两个端口号，第31行设置端口工作方式为上拉电阻输入方式。第34行设置GPIOB组的端口号，第35行设置端口工作方式上为拉电阻输入方式，第32和36行用库函数对端口进行初始化。

```
1  #ifndef __ENCODER_H
2  #define __ENCODER_H
3  #include "sys.h"
4  #include "delay.h"
5
6  #define ENCODER_PORT_A  GPIOA  //定义I/O接口组
7  #define ENCODER_L GPIO_Pin_6 //定义I/O接口
8  #define ENCODER_D GPIO_Pin_7//定义I/O接口
9
10 #define ENCODER_PORT_B  GPIOB  //定义I/O接口组
11 #define ENCODER_R GPIO_Pin_2 //定义I/O接口
12
13
14 void ENCODER_Init(void);//初始化
15 u8 ENCODER_READ(void);
```

图7 encoder.h文件全部内容

第39行是编码器的状态读取函数ENCODER_READ，它没有参数却有返回值，返回值是编码器的当前操作状态（操作码）。在分析ENCODER_READ函数之前，先要了解单片机如何读取编码器，如何判断旋钮的旋转方向。接下来再分析一次“波形时序图”，如图5所示，从时序中找到如何判断旋转方向的方法。不管旋钮是左转还是右转，编码器内部的两个微动开关K2和K3都会输出低电平，区别是输出低电平的先后顺序不同。在方向1

中 K3 先变为低电平，过一段时间 K2 再变为低电平。方向 2 正好相反，K2 先变为低电平，过一段时间 K3 再改变。根据这个特性可得出判断方法，即判断哪个微动开关先进入低电平。反复读取 K2 和 K3 的电平状态，如果是 K3 的电平状态先变化，表示方向 1，如果是 K2 的电平先变化，表示方向 2。这是一种比较常见、易理解的判断方法，根据原理编写程序就能判断是左转还是右转。除此之外还有第 2 种方法，这种方法的特征是循环判断 K2 是否有电平变化，一旦 K2 变成低电平则同时读取 K3 的电平状态。若是方向 1 则 K3 先为低电平，然后 K2 才变成低电平。但方法 2 只判断 K2 的电平状态，K2 变成低电平的瞬间才开始判断方向，读取 K3 电平的状态就可以了。如果 K3 为低电平表示是方向 1，但如果是方向 2，那么 K2 的电平变化时间会早于 K3，也就是说 K2 的电平变化时 K3 还没有变化，所以 K3 还处在高电平状态。用这种方法只要不断循环判断 K2 的电平状态，在 K2 变为低电平的瞬间判断 K3 的电平，也能判断方向。K3 是低电平表示方向 1，K3 是高电平表示方向 2。

我们回看程序部分，编码器的状态读取函数 ENCODER_READ 采用的是第二种判断方法。如图 8 所示，第 40 行定义变量 a，用来存放输出的编码器状态数值。第 41 行定义变量 kt，用来记录 K3 的状态。接下来是程序执行的部分，第 42 行让 a 的值清 0，即当编码器没有任何操作时，返回值输出为 0。第 43 行是 if 判断，读取 ENCODER_L 的 I/O 端口（K2），判断 K2 是否为 1（高电平），如果为 1 则将 KUP 标

志位清 0。KUP 标志位用于判断旋钮是否锁死，这行判断暂不用考虑。先来看下面第 44 行的 if 判断，它依然判断 K2 是否为 0。注意：判断的前面加了 "!"（逻辑非）符号，即端口值为 0 时才成立。"&&" 为与操作，用于同时判断变量 KUP 是否为 0。KUP 是锁死标志位，暂不用考虑。我们只看前面这一段 if(!GPIO_ReadInputDataBit(ENCODER_PORT_A,ENCODER_L)，判断旋钮是否旋转，也就是判断 K2 是否为 0（低电平）。根据第二种方法，K2 短接后马上判断 K3 的电平状态，从而判断旋转方向。第 45 行加入 100μs 延时，以去除机械开关的抖动。第 46 行读取 ENCODER_R，将从 K3 端口读取的值存入变量 kt。第 47 行是 3ms 延时去除机械抖动。编码器电平变化瞬间机械抖动小于 2ms。第 48 行重新读取 K2 端口，确定 K2 是否还在低电平，如果是，表示按键有效，执行第 49～53

行的内容。第 49 行判断变量 kt 是否为 0，即 K3 的电平状态。如果 kt 为 0（K3 为低电平），就让 a 等于 1（方向 1）；如果 kt 为 1（K3 为高电平），则让 a 等于 2（方向 2）。判断完成后，第 54 行进入循环判断计数，这里先不考虑循环部分，只要看第 55 行的 while 循环判断 K2 端口是否依然为低电平。一直为低电平则继续循环等待，直到 K2 变成高电平。也就是说通过 while 循环等待 K2 按键被放开，这与等待微动开关按键被放开的程序相同。K2 回到高电平时退出 while 循环。所以这部分程序判断 K2 微动开关是否放开状态，一旦放开则表示本次操作结束，同时也跳出了第 44 行的旋转方向判断程序。

第 60 行判断按键是否被按下，用 if 语句判断编码器内部的微动开关 K1 的电平状态，为 0 表示 K1 变成低电平（旋钮被按下），执行 if 语句里面的内容。后边的 "&&" 同时判断 KUP 是否为 0（按键锁

```
21    #include "encoder.h"
22
23
24    u8 KUP;//旋钮锁死标志 (1为锁死)
25    u16 cou;
26
27  void ENCODER_Init(void) { //接口初始化
28      GPIO_InitTypeDef  GPIO_InitStructure;  //定义GPIO的初始化枚举结构
29      RCC_APB2PeriphClockCmd(RCC_APB2Periph_GPIOA|RCC_APB2Periph_GPIOB|RCC_APB2Periph_GPIOC, ENABLE);
30      GPIO_InitStructure.GPIO_Pin = ENCODER_L | ENCODER_D;  //选择端口号
31      GPIO_InitStructure.GPIO_Mode = GPIO_Mode_IPU;  //选择I/O端口工作方式 //上拉电阻
32      GPIO_Init(ENCODER_PORT_A,&GPIO_InitStructure);
33
34      GPIO_InitStructure.GPIO_Pin = ENCODER_R;  //选择端口号
35      GPIO_InitStructure.GPIO_Mode = GPIO_Mode_IPU;  //选择I/O端口工作方式 //上拉电阻
36      GPIO_Init(ENCODER_PORT_B,&GPIO_InitStructure);
37  }
38
39  u8 ENCODER_READ(void) { //接口初始化
40      u8 a;//存放按键的值
41      u8 kt;
42      a=0;
43      if(GPIO_ReadInputDataBit(ENCODER_PORT_A,ENCODER_L))KUP=0;  //判断旋钮是否解除锁死
44      if(!GPIO_ReadInputDataBit(ENCODER_PORT_A,ENCODER_L)&&KUP==0){ //判断  否旋转旋钮,同时判断是否有旋钮锁死
45          delay_us(100);
46          kt=GPIO_ReadInputDataBit(ENCODER_PORT_B,ENCODER_R);  //记录旋钮另一端电平状态
47          delay_ms(3);  //延时
48          if(!GPIO_ReadInputDataBit(ENCODER_PORT_A,ENCODER_L)){ //去抖动
49              if(kt==0){ //用另一端判断是左转还是右转
50                  a=1;//右转
51              }else{
52                  a=2;//左转
53              }
54              cou=0; //初始锁死判断计数器
55              while(!GPIO_ReadInputDataBit(ENCODER_PORT_A,ENCODER_L)&&cou<60000){ //等待旋钮被放开,同时累加判断锁死
56                  cou++;KUP=1;delay_us(20); //
57              }
58          }
59      }
60      if(!GPIO_ReadInputDataBit(ENCODER_PORT_A,ENCODER_D)&&KUP==0){ //判断旋钮是否被按下
61          delay_ms(20);
62          if(!GPIO_ReadInputDataBit(ENCODER_PORT_A,ENCODER_D)){ //去抖动
63              a=3;//在按键被按下时加上按键的状态值
64              //while(ENCODER_D==0);  等待旋钮被放开
65          }
66      }
67      return a;
68  }
```

图 8 encoder.c 文件的全部内容

死），先不考虑。如果 K1 为低电平，第 61 行先运行 20ms 延时去除抖动。第 62 行再次判断 K1 是否为低电平，如果是则 a 等于 3，即按钮被按下。第 64 行等待旋钮被放开，这行程序暂时屏蔽，如果需要等待按键被放开的处理可以解除屏蔽。第 67 行通过 return a，将 a 的值存入返回值。读取 ENCODER_READ 函数的返回值就可以得出编码器的当前状态（操作码）。操作码为 0 表示无操作，为 1 表示方向 1，为 2 表示方向 2，为 3 表示旋钮被按下。不同型号的编码器，左转和右转对应的 K3 状态不同。使用我的程序时如果发现编码器的旋转状态反了，只需要修改 a 的值，将 a=1 改成 a=2，将 a=2 改成 a=1，就可以得到正确的方向了。

理论上讲，使用编码器处理程序已经没有问题了，但实际使用中可能还会遇到问题，最常见的就是编码器"卡死"。我们首先来了解编码器"卡死"的原因。编码器旋钮有段落，旋转后旋钮会落到段落空挡，这是由旋钮内部结构决定的，在段落处阻尼最小，所以转动时会有"嘎嗒"的响声。少数情况下，旋钮会停在段落空挡中间，这时会出现"卡死"问题。波形时序图上段落空挡的位置 K1 和 K2 是高电平。从一个段落进入下一个段落的过程中会产生 K2 和 K3 的电平变化，但到达下一个段落后又回到高电平。而"卡死"状态是旋钮停在段落之间，如果 K2 和 K3 都停在低电平状态，没有施加外力时 2 个开关不能断开，保持在低电平。这就是"卡死"现象的原理，实际使用中偶尔会出现，出现之后驱动程序会在第 55 行判断 K2 放开的 while 循环中不断循环。K2 不能回到高电平，循环无限进行下去，使得编码器"卡死"，单片机处于瘫痪状态。解决"卡死"问题需要加入能够检测"卡死"的程序，在编码器出现"卡死"问题时能够自动检

测并自动跳出。方法是在 encoder.c 文件中定义"卡死"状态的标志位 KUP，如果编码器"卡死"则把标志位变成 1，如果没有"卡死"则将标志位清 0。第 25 行定义 16 位变量 cou，这是用于"卡死"状态的循环计数器。

编码器的旋钮一旦"卡死"会在 while 循环中不断循环且不能跳出，我们可以给 while 循环加一个计数器变量 cou，让 while 循环判断 K2 是否放开的同时判断变量 cou 是否小于 60000。首先要在 while 循环的上方第 54 行给变量 cou 初始值 0，在第 55 行的循环中"&&"符号后面判断 cou 是否小于 60000。在 while 循环内部第 56 行让每循环一次 cou 加 1（cou++）。然后让"卡死"标志位 KUP 等于 1，表示"卡死"状态。然后延时 20μs。这样如果进入死循环，cou 每循环一次加 1 并延时 20ms，循环 60000 次是 1200ms，即 1.2s。当 cou 加到 60000 时，"cou<60000"的判断不再成立，跳出循环。也就是说程序不断检查 K2 电平状态的同时判断时间是否到了 1.2s，如果 cou 计数器超过 60000 次，表示当前是"卡死"状态。因为在正常状态下即使旋钮旋转得很慢，两个段落切换时间也不会大于 1.2s，大于 1.2s 一定是旋钮"卡死"。所以超过 1.2s 就跳出循环，这样使得单片机能够继续执行其他程序，不会卡在 while 循环。当单片机执行完其他程序，再次进入编码器状态读取程序时，第 43 行的 if 语句发挥作用。读取 ENCODER_L（K2）是否为 1，如果为 1 则将"卡死"标志 KUP 清 0。也就是说如果旋钮一直处于"卡死"状态，K2 一直是低电平。K2 为高电平则说明旋钮的"卡死"状态已经退出，可以将"卡死"标志位清 0。第 44 行判断旋钮是否被按下时"&&"后面的"卡死"标志位判断，KUP 为 0 表示当前没有"卡死"，

KUP 不为 0 表示 K2 还处在"卡死"状态。"&&"与运算使得两个条件中任何一个条件没有满足，if 语句结果都为假。如果"卡死"标志位没有清 0，就不能执行第 45~59 行的旋钮判断程序，也不能执行旋钮的按下判断，程序会直接退出，返回值为 0（第 42 行 a 等于 0），表示旋钮没有任何操作。只有旋钮进入段落挡位，K2 为高电平，程序在执行第 43 行 if 语句时才会成立，KUP 清 0。简单来说，旋钮"卡死"则不做任何判断，返回值为 0。离开"卡死"状态才会重新判断旋钮是否旋转和被按下，这样就解决了编码器"卡死"的问题。

在实际的开发中，我们可能还会遇到扫描延时造成的读取错误。我们可以在 main.c 文件中解除第 53~56 行程序的屏蔽，使 8 个 LED 流动显示，重新编译、下载。当 LED 流动显示时，编码器的旋转变得迟钝甚至失灵。出现这种现象是因为流水灯程序中第 56 行有 150ms 的延时函数，延时函数拖慢了编码器的扫描时间。在没有加入 LED 流水灯效果时，程序一直快速地调用编码器的读取函数，使得单片机以很快的速度判断 K2 的电平变化。但是在程序其他部分加入延时函数会拖慢编码器的检测。快速转动旋钮时程序没有及时反应，错过了很多次电平变化，使得编码器反应迟钝或者失灵。要解决这个问题有两个办法：一是在延时函数中加入 K2 的触发判断，一旦 K2 变成低电平就运行编码器数值读取；二是使用单片机的中断向量控制器，通过 K2 产生低电平中断触发，在中断处理函数中读取编码器，如此一来就不需要反复检测 K2 状态了。

以上是编码器驱动程序的全部分析。其实编码器还可以做更多的扩展操作，比如旋钮的按下操作可以加入双击和长按，还可以加入按下后旋转等复杂操作。Ⓧ

ESP8266 物联网开发入门

陈吕洲 李敏帛

物联网与Arduino

物联网（Internet of things，简称IoT），是通过网络将设备相互连接，从而实现设备与设备间通信的技术。数据传输、信息采集、行为控制是物联网的常见功能。

而信息采集、行为控制也是Arduino的优势所在，只要给Arduino扩展联网能力，使其能通过网络进行数据传输，Arduino就是物联网设备开发的绝佳平台。

物联网的网络连接形式多样，相关的协议和方案更是繁多，因此Arduino扩展联网能力的方案也很多。本文的物联网开发内容都是基于Wi-Fi的，Wi-Fi是生活中常见的物联网连接方式之一，在家庭和办公场景普及度极高，因此也是众多物联网设备的首选连接方式。大部分物联网连接方式有空间限制，但使用Wi-Fi的设备通常可连接到互联网，可和全球各地的设备进行连接和通信，同时获取网络中庞大的资源。

给Arduino Uno添加Wi-Fi模块，可以让Arduino接入Wi-Fi网络，但这样不仅会增加硬件成本，还要编写Arduino和Wi-Fi模块间的通信逻辑。我们更推荐直接使用支持Wi-Fi通信的新型Arduino兼容开发板。

支持Wi-Fi的Arduino兼容开发板

以ESP8266为核心的Arduino兼容开发板，如WiFiduino-8266（见图1），相对于传统的以AVR单片机为核心的Arduino，不仅有更强劲的性能、更丰富的外设、更大存储空间（通常外扩了Flash芯片）和更低廉的价格，最重要的是还提供了原生Wi-Fi支持，可以更轻松地构建物联网项目。

ESP8266和ESP32是乐鑫（ESPRESSIF）公司提供的芯片，以这两种芯片为核心的开发板（见图2），都可以使用乐鑫提供的Arduino SDK进行开发。

需要注意的是，常见的ESP8266开发板的部分引脚是复用的。WiFiduino的复用情况可见开发板背面连线。和传统Arduino开发板不同的是，WiFiduino的程序中需要使用Dx（如D9）或开发板背面印刷的GPIO编号（如13）控制对应的I/O接口，如a=digitalRead(D9)与a=digitalRead(13)是等效的。

点灯（blinker）物联网解决方案

本文还将用到一套物联网解决方案——点灯（英文名为blinker）。这是一套跨硬件、跨平台的物联网解决方案，提供App端、设备端、服务器端支持，使用公有云服务进行数据传输。它可用于智能家居、远程控制、数据监测等领域，可以帮助开发者更好、更快地搭建和部署物联网项目。

1. blinker具备哪些优势

（1）支持多种连接方式：blinker提供当前最流行的连接方式支持，如蓝牙、Wi-Fi、NBiot/GPRS，可以应对大多数物联网场景需求。

（2）支持多种开发平台：对于MCU，blinker提供Arduino、freeRTOS支持库，可以使用AVR、ARM、ESP8266、ESP32等芯片进行开发。对于Linux设备，blinker提供Python、JavaScript接入支持。

图1 WiFiduino-8266 开发板

图2 ESP8266 开发板（左）和 ESP32 开发板（右）

（3）提供丰富的附加功能：通信是blinker方案的核心，此外blinker也提供了多种附加功能，如定时控制、自动化控制、场景控制、云存储、固件更新、设备分享、微信通知、消息推送、短信报警、语音控制、智能音响接入等。这些功能都是物联网设备常见功能，使用blinker方案，不需要复杂的开发，只需调用blinker提供的功能函数即可。

2. blinker免费版

blinker免费版是针对DIY爱好者、个人开发者推出的项目原型快速开发方案。

物联网项目开发通常需要进行设备端、客户端、服务器端开发，每一部分开发，都需要投入人力、财力。个人开发者通常不可能一人完成这3部分的开发。blinker提供了手机App到设备端的控制方案，有多种设备端SDK支持，让开发者更好地聚焦于设备端，配合由blinker团队运维的客户端（blinker App）、服务端，快速打造出自己的物联网设备。

本文将介绍使用blinker结合WiFiduino-8266开发板，实现手机对开发板的控制。

开发准备

1. 硬件准备

硬件方面，需要准备WiFiduino-8266或其他ESP8266/ESP32开发板、LED、DHT11/22温/湿度传感器、电阻等。

2. 软件准备

（1）安装Arduino IDE和ESP8266/ESP32扩展包：Arduino IDE默认没有集成ESP8266/ESP32扩展包，因此需要单独安装。ESP8266/ESP32扩展包可以通过Arduino IDE中

图3 通过App获取设备密钥

的"开发板管理器"安装，也可以使用离线安装包安装。安装扩展包后，即可在Arduino IDE的菜单→工具→开发板中选择对应的开发板。

（2）安装blinker Arduino支持库：将下载好的blinker库解压到"Arduino/libraries"文件夹中。

（3）在手机上安装blinker App：Android版可通过blinker官网下载，iOS版可通过App Store搜索"blinker"安装。安装App后，注册并登录即可。

3. 通过App获取设备密钥

每一个设备在blinker上都有一个唯一的密钥，blinker设备会使用该密钥认证设备身份，从而使用blinker云平台上的相关服务。

进入blinker App，点击"添加设备"，进行设备添加。选择Arduino，再选择Wi-Fi接入，即可获取一个唯一的密钥（见图3）。暂存这个密钥，此后程序中会使用到它。

4. 载入示例界面

返回设备列表页，会看到已经添加的设备，点击设备图标，可进入设备控制面板。首次进入设备控制面板，会弹出向导页。在向导页点击"载入示例"，即可载入示例界面。点击右上角编辑图标，可以进入编辑模式，对界面进行修改（见图4）。

控制开关灯

欢迎来到物联网的Hello World环节，这里将使用载入的示例界面控制开发板上的LED。

下面是第一个blinker程序——Hello Blinker，可以通过Arduino IDE→文件→示例→Blinker→BlinkerHello→HelloWiFi找到该程序。请不要急着编译、上传，因为我们还要先对其进行简单的配置。

连接配置

在程序中找到名为auth、ssid和pswd的变量，依次填入之前在App中获取的密钥、设备要连接的Wi-Fi名称和密码。

完整代码如下。

```
#define BLINKER_WIFI

#include <Blinker.h>

char auth[] = "abcdefghijkl"; // 密钥

char ssid[] = "blinkerssid"; //Wi-Fi
名称

char pswd[] = "123456789"; //Wi-Fi密码
// 新建组件对象

BlinkerButton Button1("btn-abc");

BlinkerNumber Number1("num-abc");
// 按下按键即会执行该函数

void button1_callback(const String &
state)
{
  BLINKER_LOG("get button state: ",
```

图4 载入示例界面

```
state);
  digitalWrite(LED_BUILTIN, !digitalRead
(LED_BUILTIN));
}
// 如果未绑定的组件被触发, 则会执行其中内
容
void dataRead(const String & data)
{
  BLINKER_LOG("Blinker readString: ",
data);
  counter++;
  Number1.print(counter);
}
void setup()
{
  // 初始化串口
  Serial.begin(115200);
  BLINKER_DEBUG.stream(Serial);
  // 初始化有 LED 的 I/O
  pinMode(LED_BUILTIN, OUTPUT);
  digitalWrite(LED_BUILTIN, HIGH);
  // 初始化 blinker
  Blinker.begin(auth, ssid, pswd);
  Blinker.attachData(dataRead);
  Button1.attach(button1_callback);
}
void loop() {
  Blinker.run();
}
```

注: 例程中宏 LEDBUILTIN 为开发板厂家定义的连接板载 LED 的引脚, 如果你

选择的开发板没有定义 LEDBUILTIN, 可以自行修改为你要使用的引脚。

配置完成后, 编译并上传这个程序, 查看串口输出信息, 等待设备连接到 blinker 平台。

然后, 在 App 中点击设备图标, 进入该设备控制界面, 点击开关灯按钮就可以控制 Arduino 上的 LED 开关。

尝试按下计数按钮, App 会向设备发送指令, 设备收到会记录指令发送的次数, 并返回给 App 显示。

原理与程序解析

为了方便大家更好地了解 blinker 的原理和学习 blinker 程序编写, 这里做一些简要讲解。

整套 blinker 方案由 3 个主要部分构成: 设备端、服务器端、客户端(见图5)。

blinker 服务器端的数据中心(DataCenter)负责存储设备端和客户端的数据, 服务器端的传输中介(Broker)负责交换设备端和客户端的信息(Message)。

blinker 设备端运行后, 会使用密钥从数据中心获取必要的连接信息, 然后连接到指定的传输中介。传输中介可将设备发出的信息转发给客户端(App), 亦可将客户端发出的指令信息传输到设备端, 从而实现设备端和客户端的通信。

blinker 团队的核心工作是制定设备和设备间、设备和客户端间通信及交互的标准。blinker 方案本身没有限定硬件、硬件外设、云平台、开发方式, 在硬件资源足够的前提下, 开发者可自由扩展任何功能。

1. 选择连接方式

blinker 支持多种连接方式, 本示例中使用了 ESP8266 进行 Wi-Fi 连接, 在程序中需要添加如下宏定义。

```
#define BLINKER_WIFI
```

当使用其他硬件时, 还可以使用 BLINKER_BLE 等宏设定其他的连接方式, 不同的接入方式对应的 blinker 初始化函数也不同, 这里仅展示 Wi-Fi 接入方式。

```
#define BLINKER_WIFI
#include <Blinker.h>
void setup() {
  Blinker.begin(auth, ssid, pswd);
}
```

2. 创建组件对象并绑定回调函数

blinker 方案包含一个拖曳布局器, 其中提供了多种 UI 组件。blinker 库中提供了对应的组件类, 我们通过调用这些类创建的对象, 即可控制组件, 或解析组件发送来的指令信息。

新建组件

```
BlinkerButton Button1("btn-abc");
BlinkerNumber Number1("num-abc");
```

使用组件的键名创建对应的对象可以将设备与 blinker App 界面上的 UI 组件进行绑定。构造函数中的参数为组件的键名(key), 在 App 中切换到编辑模式可以看到各组件对应的键名。

回调函数

回调函数是具体处理指令信息的部分。

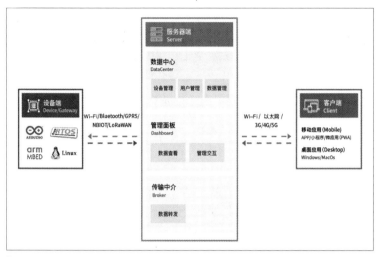

图5 blinker 方案的 3 个主要部分

按键组件发送的指令信息可以在对应的回调函数中获取，开发者可依据指令编写对应的动作。

```
void button1_callback(const String &
state) {
  BLINKER_LOG("get button state: ",
state);
  digitalWrite(LED_BUILTIN, !digitalRead
(LED_BUILTIN));
}
```

绑定回调函数

可以使用如下语句将回调函数 button1_callback 绑定到 Button1 上。

```
Button1.attach(button1_callback);
```

当 App 中组件 Button1（键名为 btn-abc 的按键）被按下时，将触发该组件注册的回调函数，从而改变开发板上 LED 的状态。

3. 其他数据管理

对于其他和组件没有关联的数据，可单独使用一个回调函数处理。

```
void dataRead(const String & data)
{
  BLINKER_LOG("Blinker readString: ",
data);
```

```
counter++;
  Number1.print(counter);
}
```

和组件回调函数一样，这个回调函数也需要在设备初始化时绑定。

```
Blinker.attachData(dataRead);
void loop() {
  Blinker.run();
}
```

Blinker.run() 语句负责处理 Blinker 收到的数据，每次运行都会将设备收到的数据进行一次解析。在使用 Wi-Fi 接入时，该语句也负责保持网络连接。

4. 开启设备端调试信息

为了方便开发调试，我们可以通过以下语句，让 blinker 设备串口输出更多内部信息。

```
BLINKER_DEBUG.stream(Serial);
```

它用于指定调试信息输出的串口，在设备开发时调试使用，项目或产品成型后可以删除。

如果需要查看更多内部信息，可以添加下面的代码。

```
BLINKER_DEBUG.debugAll();
```

5. 在App端查看指令收发情况

在 App 设备界面添加调试组件，可以看到 App 收到的指令信息（见图 6）。

6. 按键与状态反馈

入门示例调用 Number1.print (counter); 向 App 反馈信息，所以 App 中的对应组件显示了接收到的数值。除了数据组件，按键组件也可以接收反馈信息，并改变 UI 状态。

在 App 设备界面的编辑模式下，点击按键组件可进入编辑组件页面。

我们可以看到"按键类型"有 3 个选项：普通按键、开关按键、自定义。3 种模式区别如下：

普通按键： 每次按下该组件，都会发送值为 tap 的消息，如 {"btn-abc":"tap"}。

开关按键： 按键组件本身会保存开关状态，默认为 off，当被按下时会发送值为 on 的消息，如 {"btn-abc":"on"}。当保存的状态为 on 时，按下会发送值为 off 的消息，如 {"btn-abc":"off"}。设备端可以发送指令改变当前按键的开关状态。

自定义： 用户可以自定义按下按键发送的指令内容，如 {"btn-abc":"自定义的内容"}。当按下按键时，这些指令会经由中介服务器转发到设备，设备上运行的 blinker 支持库可以解析这些指令，并执行开发者自定义的动作。

本示例将按键组件样式设置为样式2，将按键类型设置为开关按键（见图 7）。

设备端示例程序如下。

```
#define BLINKER_WIFI
#include <Blinker.h>
char auth[]= "abcdefghijkl"; // 密钥
char ssid[]= "blinkerssid"; //Wi-Fi
名称
```

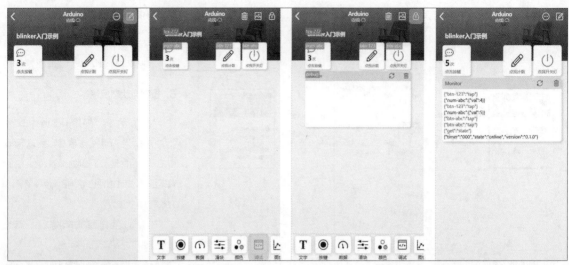

图 6 在 App 设备界面添加调试组件

```
char pswd[]= "123456789";//Wi-Fi 密码
// 新建组件对象
BlinkerButton Button1("btn-abc");
// 按下按键即会执行该函数
void button1_callback(const String &
state) {
  BLINKER_LOG(" get button state: ",
state);
  if (state=="on") {
    digitalWrite(LED_BUILTIN, LOW);
    // 反馈开关状态
    Button1.print("on");
  } else if(state=="off"){
    digitalWrite(LED_BUILTIN, HIGH);
    // 反馈开关状态
    Button1.print("off");
  }
}
void setup() {
  // 初始化串口
  Serial.begin(115200);
  // 初始化有 LED 的 I/O
  pinMode(LED_BUILTIN, OUTPUT);
  digitalWrite(LED_BUILTIN, HIGH);
  // 初始化 blinker
  Blinker.begin(auth, ssid, pswd);
  Button1.attach(button1_callback);
```

```
}
void loop() {
  Blinker.run();
}
```

编译并上传以上示例程序，待设备上线后，点击 App 上的按键组件，即可看到按键组件的 UI 和设备上 LED 状态同步了。

7. 心跳与同步反馈

在 blinker App 上，点击设备图标进入设备控制页面时，App 会向设备发送一个状态查询指令（心跳包）。此后，Wi-Fi 设备每隔 59s 会发送一次心跳包。状态查询指令如下。

```
{"get":"state"}
```

默认状态下，设备会返回如下代码。

```
//Wi-Fi 设备
{"state":"online"}
//BLE 设备
{"state":"connected"}
```

blinker 提供了改写心跳包内容的方法，使用此方法可将一些数据放置在心跳包中返回，数据可用于界面初始化、数据同步、状态查询等操作。

blinker 设备的设计原则是：设备端不主动发送数据，一切反馈都由客户端（App）发起。这样设计可以节约服务器资源，避免浪费。

改写心跳包的方法如下。

```
void setup() {
  // 注册一个心跳包
  Blinker.attachHeartbeat(heartbeat);
}
// 心跳包函数
void heartbeat() {
  // 反馈的内容
}
```

通过心跳反馈初始化 UI，示例程序如下。

```
#define BLINKER_WIFI
#include <Blinker.h>
char auth[]= "abcdefghijkl"; // 密钥
char ssid[]= "blinkerssid";  //Wi-Fi
名称
char pswd[]= "123456789";//Wi-Fi 密码
// 新建组件对象
BlinkerButton Button1("btn-abc");
// 按下按键即会执行该函数
void button1_callback(const String &
state) {
  BLINKER_LOG(" get button state: ",
```

图 7 按键组件设置

```
state);
}
// 心跳包函数
void heartbeat() {
  Button1.icon("fas fa-lightbulb");
  Button1.color("#fddb00");
  Button1.text("关灯","打开啦");
  Button1.print("on");
}
void setup() {
  // 初始化串口
  Serial.begin(115200);
  // 初始化有 LED 的 I/O
  pinMode(LED_BUILTIN, OUTPUT);
  digitalWrite(LED_BUILTIN, HIGH);
  // 初始化 blinker
  Blinker.begin(auth, ssid, pswd);
  Button1.attach(button1_callback);
  // 注册一个心跳包
  Blinker.attachHeartbeat(heartbeat);
}
void loop() {
  Blinker.run();
```

使用以上示例,可在进入设备控制页面后,初始化界面上的 UI。

8. 数据同步

通过心跳反馈同步数据示例如下。

```
#define BLINKER_WIFI
#include <Blinker.h>
#include <DHT.h>
char auth[] = "abcdefghijkl"; // 密钥
char ssid[] = "blinkerssid";  //Wi-Fi
名称
char pswd[]= "123456789";//Wi-Fi 密码
BlinkerNumber HUMI("humi");
BlinkerNumber TEMP("temp");
#define DHTPIN D7
//#define DHTTYPE DHT11   //DHT 11
#define DHTTYPE DHT22//DHT22
(AM2302),AM2321
//#define DHTTYPE DHT21 //DHT21
(AM2301)
DHT dht(DHTPIN, DHTTYPE);
float humi_read = 0, temp_read = 0;
void heartbeat()
{
  HUMI.print(humi_read);
  TEMP.print(temp_read);
}
void setup()
{
  Serial.begin(115200);
```

```
  BLINKER_DEBUG.stream(Serial);
  BLINKER_DEBUG.debugAll();
  pinMode(LED_BUILTIN, OUTPUT);
  digitalWrite(LED_BUILTIN, LOW);
  Blinker.begin(auth, ssid, pswd);
  Blinker.attachHeartbeat(heartbeat);
  dht.begin();
}
void loop()
{
  Blinker.run();
  float h = dht.readHumidity();
  float t = dht.readTemperature();
  if (isnan(h) || isnan(t))
  {
    BLINKER_LOG("Failed to read from
DHT sensor!");
  }
  else
  {
    BLINKER_LOG("Humidity:",h," %");
    BLINKER_LOG("Temperature: ", t,
" *C");
    humi_read = h;
    temp_read = t;
  }
  Blinker.delay(2000);
}
```

需要注意的是：Arduino 程序中的 delay()，在 blinker 开发中都需要使用 Blinker.delay() 替代，这样可以避免因阻塞程序，造成设备 Wi-Fi 断连。

以上程序实现了在 App 端显示当前设备的数据。

历史数据存储

blinker SDK 提供了历史数据存储功能，设备端允许每分钟向服务器提交一次数据；blinker App 端提供了以图表形式查看历史数据的功能，用户可随时随地查看历史数据。

1. 数据存储

设备端数据存储极其简单、易用，我们只需两步，即可开启历史数据存储功能。

（1）关联回调函数，开启历史数据存储功能。

```
Blinker.attachDataStorage
(dataStorage);
```

（2）在回调函数中，设定要存储的键名和值。

```
void dataStorage() {
  Blinker.dataStorage(key, value);
}
```

完成以上设定后，设备将每分钟存储一次数据。

我们可以通过 Arduino IDE →示例→ blinker → CLOUDDATA_WiFi 查看上传随机数的示例。

这里提供一个使用 DHT22 采集温 / 湿度数据并上传云端的示例。

```
#define BLINKER_WIFI
#include <Blinker.h>
#include <DHT.h>
char auth[] = "abcdefghijkl"; // 密钥
char ssid[]= "blinkerssid"; //Wi-Fi
名称
char pswd[]="123456789"; //Wi-Fi 密码
BlinkerNumber HUMI("humi");
```

```
BlinkerNumber TEMP("temp");
#define DHTPIN D7
//#define DHTTYPE DHT11  //DHT11
#define DHTTYPE DHT22 //DHT22
(AM2302),AM2321
//#define DHTTYPE DHT21 //DHT21
(AM2301)
DHT dht(DHTPIN, DHTTYPE);
float humi_read = 0, temp_read = 0;
void heartbeat()
{
  HUMI.print(humi_read);
  TEMP.print(temp_read);
}
void dataStorage()
{
  Blinker.dataStorage("temp", temp_
read);
  Blinker.dataStorage("humi", humi_
read);
}
void setup()
{
  Serial.begin(115200);
  BLINKER_DEBUG.stream(Serial);
  BLINKER_DEBUG.debugAll();
  pinMode(LED_BUILTIN, OUTPUT);
```

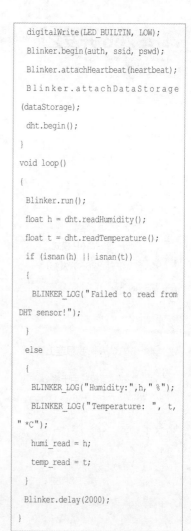

```
  digitalWrite(LED_BUILTIN, LOW);
  Blinker.begin(auth, ssid, pswd);
  Blinker.attachHeartbeat(heartbeat);
  Blinker.attachDataStorage
(dataStorage);
  dht.begin();
}
void loop()
{
  Blinker.run();
  float h = dht.readHumidity();
  float t = dht.readTemperature();
  if (isnan(h) || isnan(t))
  {
    BLINKER_LOG("Failed to read from
DHT sensor!");
  }
  else
  {
    BLINKER_LOG("Humidity:",h,"%");
    BLINKER_LOG("Temperature: ", t,
" *C");
    humi_read = h;
    temp_read = t;
  }
  Blinker.delay(2000);
}
```

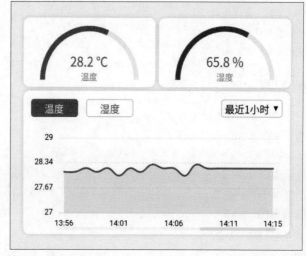

图 8 App 显示数据

2. 数据查看

在 blinker App 中添加两个数据组件和一个图表组件，点击"编辑组件"，将键名设置为程序中设定的键名，如 temp 和 humi，点击"保存"，该组件即可显示键名对应的实时数据和历史数据，如图 8 所示。Ⓧ

ESP8266 开发之旅 网络篇（2）

ESP8266 工作模式与 Wi-Fi 库

单片机菜鸟博哥

在网络篇（1）中，我们主要讲解了 Arduino 上开发 ESP8266 的插件库 Arduino Core For ESP8266。但是，并没有讲这个模块的工作模式，本篇将着重讲解这个模块的 3 种工作模式：Station 模式、AP 模式、AP 兼 Station 模式。

重点来了，ESP8266 开发都是基于以上 3 种模式中的一种模式进行开发。所以，开发时需要先确定工作模式。

ESP8266工作模式

1. Station模式 —— 我想连上谁

Station（STA）模式用于将 ESP8266 模块连接到由接入点（Access Point，可理解为热点）建立的 Wi-Fi 网络，如图 1 所示。

Station 模式有以下几个特点。

■ 在连接丢失的情况下，一旦 Wi-Fi 再次可用，ESP8266 将自动重新连接到最近使用的接入点，这一点往往容易出问题（有时路由器重启了，会发现 ESP8266 一直连接不上路由器）。

■ 模块重启也会发生与上一条相同的情况。

■ ESP8266 将最后使用的接入点认证信息（ssid、密码）保存到 Flash（非易失性）存储器中。

■ 如果在 Arduino IDE 中修改代码，但代码不更改 Wi-Fi 工作模式或接入点认证信息（ssid、密码），则 ESP8266 使用保存在 Flash 上的数据重新连接。

2. AP模式—— 谁想连上我

AP（Access Point）模式可以理解为 Station 模式的相反面，用于将 ESP8266 模块作为接入点建立 Wi-Fi 网络，供其他 Station 模式的模块连接进来，如图 2 所示。

■ AP 模式可以用于建立 Station 模式模块之间交互的中转站（让所有模块处于同一个 Wi-Fi 网络中）。

■ 在将 ESP8266 模块（Station 模式）连接到 Wi-Fi 之前，一般我们是不知道当前 Wi-Fi 网络的 ssid 和密码的，那么我们怎么告诉 ESP8266 呢？

在 AP 模式下，我们可以使用手机或者笔记本电脑连接 ESP8266 模块，然后就可以给 ESP8266 模块发送连接网络的 ssid 和密码。一旦完成，ESP8266 自动切换到 Station 模式，就可以连接到目标 Wi-Fi 接入点了。

3. AP兼Station模式

该模式是以上两种模式的整合，如图 3 所示。

图 1 Station（STA）模式

图 2 AP（Access Point）模式

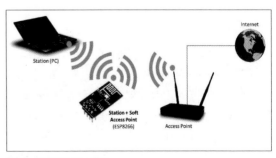

图 3 AP 兼 Station 模式

4. 核心点

牢牢记住，Wi-Fi 有 3 种工作模式：Station 模式、AP 模式、AP 兼 Station 模式，这样就足够了。每个 ESP8266 模块肯定工作于这 3 种模式之一，除非你没用 Wi-Fi 功能，而是把它当作 Arduino 开发板用。

ESP8266WiFi库

前面我们总体上介绍了 ESP8266 的工作模式，同时也了解到 Arduino IDE 上主要通过 Arduino Core For ESP8266 这个核心库来开发 ESP8266 功能，并且也谈到这个核心库其实包含了众多小核心库，比如 ESP8266WiFi、ESP8266WebServer、ESP8266HTTPClient、ESP8266mDNS 等。虽然我们在实际开发中并不会使用全部的库，但是至少需要形成一个意识，那就是 Arduino Core For ESP8266 库，在 ESP8266 SDK 的基础上给我们提供了很多操作方式。

其中，我觉得最核心、最重要的一个库就是 ESP8266WiFi（在后面我们代码中你会经常看到 #include，那时你就应该知道这个库具体是用来做什么的）。

1. ESP8266WiFi库源码结构

如果你是按照我之前说的方式去克隆 Arduino Core For ESP8266 的代码，把 libraries 目录导入源码查看 IDE（这里我推荐大家安装 WebStorm），然后打开 ESP8266WiFi 目录，你会发现很多成双成对的 h 头文件和 cpp 源文件。

这里，我先分享给大家 11 个知识点。

（1）名字里面带 Secure、SSL、TLS 的，跟安全校验有关，俗称 https。

（2）名字里面带 Client 的，跟客户端有关。

（3）名字里面带 Server 的，跟服务端有关。

（4）名字里面带 8266 的，你可以理解为针对 ESP8266 的代码封装。

（5）名字里面带 Scan 的，跟 Wi-Fi 扫描有关。

（6）名字里面带 STA 的，跟 ESP8266 Station 模式有关。

（7）名字里面带 AP 的，跟 ESP8266 AP 模式有关。

（8）ESP8266WiFiType.h 文件，主要是用来定义各种配置选项，比如 Wi-Fi 工作模式（WiFiMode）、Wi-Fi 睡眠模式（WiFiSleepType）、Wi-Fi 物理模式（WiFiPhyMode）、Wi-Fi 事件（WiFiEvent）、Wi-Fi 断开原因（WiFiDisconnectReason）等。

（9）ESP8266WiFiGeneric（ESP8266 模块通用库），ESP8266 的 SDK 提供了一些功能，但在 Arduino Wi-Fi 库中没有。包括管理 Wi-Fi 事件，如连接 / 断开连接 / 获得 IP、Wi-Fi 模式的变化、管理模块睡眠模式、以 IP 地址解析的 hostName 等；

（10）ESP8266WiFi 库不仅仅局限于 ESP8266WiFi.h 和 ESP8266WiFi.cpp 这两个文件，只不过说它们是最核心的统一入口。

（11）WiFiUdp 库在 ESP8266WiFi 功能的基础上包装了 UDP 广播协议，适用于 UDP 通信，需要另外添加头文件。

记住这 11 点，整个 ESP8266WiFi 库你就了解一半了，剩下就是看具体使用（引入时使用一步到位的 #include，当然你也可以一个个 include）。

```
#include<ESP8266WiFi.h>
```

2. ESP8266WiFi.h 和 ESP8266WiFi.cpp 详解

这里我讲解一下用得最多的两个文件——ESP8266WiFi.h 和 ESP8266WiFi.Cpp。可以看到 ESP8266WiFi 类，继承了 ESP8266WiFiGeneric、ESP8266WiFiSTA、ESP8266WiFiScan、ESP8266WiFiAP，同时引入了 WiFiClient、WiFiServer、WiFiServerSecure、WiFiClientSecure 等，可谓集合百家功能于一身。

■ ESP8266WiFiGeneric：ESP8266 模块通用库，包括管理 Wi-Fi 事件。前面的 11 个要点中已经解释过，这里不再重复。

■ ESP8266WiFiSTA：Station 模式下使用的代码功能。

■ ESP8266WiFiScan：Wi-Fi 扫描功能（处于 Station 模式）。

■ ESP8266WiFiAP：Wi-Fi 网络接入点功能（AP 热点）。

■ WiFiClient：TCP 客户端（发送端）。

■ WiFiServer：TCP 服务端（接收端）。

为了让大家更加清晰地了解到各个库的具体内容，我花了点时间做了一思维导图，供大家参考（见图 4）。

思维导图的内容比较多，大家浏览一下，有一个初步印象即可。本篇不详细介绍每个函数怎么用，等后面用到的时候，我会再陆续给大家介绍使用方法。

总结

本期要记住的重点是核心库 ESP8266WiFi 到底有什么功能可以供我们使用。理解它是后续开发的基本。我们下次见！ ⊗

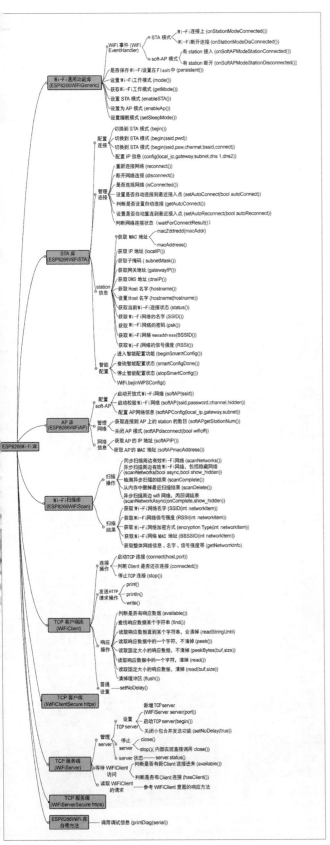

图4 ESP8266WiFi库思维导图

漫话人工智能　1

浅述人工智能

闫石

　　人工智能这个词大约从两年前开始频繁出现，至今已成为热点话题，同时也成为资本疯狂追逐的对象。人工智能在我国发展迅速，很多高校都开设了人工智能课程，相关实验室也陆续建立。

　　那么，大家可能会有疑问：人工智能是什么，为什么越来越多的人参与人工智能相关的项目？人工智能将发挥什么作用？从本期开始，我将深入地回答这些问题，希望通过阅读本系列文章，你能对人工智能有更加深刻的理解。

人工智能的起源

　　首先，人工智能是个非常宽泛的概念，至于定义，很多专家给出了各自的看法，在文章中就不一一阐述了，简单而言，人工智能就是希望人造的机器可以像人一样拥有智慧。为了达到这个目的，无数聪明的先驱者付出了巨大的心力和才智。

　　现在公认的第一台计算机——分析机（见图1），设计者是查尔斯·巴贝奇（见图2）。这台分析机是一台全机械的运算器，运用齿轮进行计算。巴贝奇的想法非常超前，当时他并没有想到分析机可能会在多领域通用，他只是希望分析机能够代替人完成复杂的数字计算。关于分析机和巴贝奇的故事非常精彩，有兴趣的朋友可以在网上搜索相关纪录片。

　　重点介绍的是巴贝奇的助手奥古斯塔·埃达·金（见图3），是著名英国诗人拜伦之女，也是世界上第一位程序员，她为这部机器倾注了巨大心血，但即便是聪明的埃达，也只是这样评价分析机："分析机谈不上能创造什么，它只能完成我们命令它做的事情。"

　　然而，分析或者计算机的功能仅此而已吗？

　　计算机科学之父——艾伦·麦席森·

图1 分析机

图2 查尔斯·巴贝奇（Charles Babbage，1792—1871）

图3 奥古斯塔·埃达·金（Augusta Ada King，1815—1852）

图4 艾伦·麦席森·图灵（Alan Mathison Turing，1912—1954）

图灵（见图4）在1950年发表了著名论文《计算机器与智能》。在论文中，图灵提及埃达对于分析机的论点并引出问题：计算机器能思考吗？对此问题，图灵的回答是：能！

顺便说一句，在论文的开头，小标题是"Imitation game"（模仿游戏），2014年上映的同名电影《模仿游戏》（见图5），讲述的就是图灵的故事，有兴趣的读者可以观看。

机器学习

图灵揭开了人工智能的大幕，众多科学家投身其中。最开始，这些科学家的做法也比较简单，不理想处主要就是希望通过人为地制定规则、提供数据、抽取特征，然后形成算法，写出程序，让机器实现我们期望的智能（见图6）。

经过几十年的耕耘，人们也取得了一些成果，但总体而言不理想，最起码和我们预期相差甚远。不理想处理主要体现在以下4个方面。

（1）人工提取特征，效率非常低，而且受限于人的感知能力，能做的并不多。

（2）能提取特征的人，只能是从事研究的科技人员，很受限制。

（3）对于图像识别等复杂的、很难表述其特征的事，做起来非常吃力。

（4）构造的模型可移植性很差，例如程序员写了一个识别苹果和香蕉的程序，如果用这个程序识别桃子和梨，则无法实现，需要重新编写，因为要识别的对象的特征完全不同。

后来，人们提出了新的想法——能不能把顺序调整一下（见图7）。

我们提供数据和结果，由机器自己发掘潜在的规则，然后用于对未知数据的预测。于是，这就引出了机器学习的概念。机器学习把算法问题转换成了计算问题，理论上人们只要提供数据就可以。

但机器学习真的就避免了以往人工算法的诸多弊端吗？

不是的，在很多机器学习的算法中，特征值还是需要人工提取的，现在的热点深度学习，的确基本实现了最初的预期，它提供了一种端到端的解决方案，就是输入原始数据，输出即为我们所求，不需要人为提取特征，对操作人员的要求也降低了许多，这个内容后面细说。深度学习的优势有以下4点。

（1）无须人工提取特征

（2）对人员要求大大降低

（3）模式问题转化为计算问题

（4）模型的可移植性好了很多

机器学习的概念很早被提出，人们基于机器学习的理念愈发深入，但直到20世纪90年代，机器学习才开始真正发挥作用。机器学习按照功能，通常可分为：回归、分类、聚类。

回归：根据已有数据生成模型，并利用该模型对未知数据进行预测。最简单、最常见的例子是房价预测。如图8所示，横轴坐标是房屋面积，纵轴坐标是房价。根据已有数据，建立模型对数据拟合，可以是简单的一元线性模型，也可以是复杂的多元非线性模型，在对模型训练完成后，

图5 电影《模仿游戏》

图6 早期科学家对于人工智能的普遍理解

图7 科学界对于机器学习的认识

我们输入一个面积值，模型就可以估算出房价。

分类：对现有数据，根据已知的标签进行分组（见图9）。例如一大堆照片，按照影像将其分为猫和狗两类。注意，回归预测的值是连续量，分类预测的值则是离散量。

聚类：简单来说就是把具有相似性的数据分组。如图10所示，不同颜色的点可

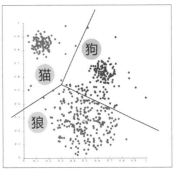

图10 聚类

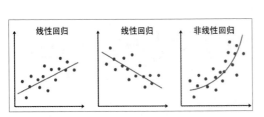

图8 线性回归和非线性回归

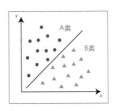

图9 分类

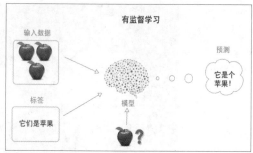

图 11 有监督学习

图 12 无监督学习

以按照颜色划分为 3 类。但如果红色点代表猫，蓝色点代表狗，绿色点代表狼，我可以把蓝绿色点划分为一类，因为狗和狼都是犬科；或者可以将猫狗划为一类，因为它们都是宠物。聚类是一种无监督方法，因此结果与预期有很大关系。

刚才是按照功能进行划分，若按照实施方法，机器学习通常可分为有监督学习、无监督学习、半监督学习、强化学习。

有监督学习：数据都已经有了特定标签，模型在训练过程中可以得到明确指示（见图 11）。如今，有监督学习领域的发展相对成熟，以往我们认为很难实现的图像识别问题，已经得到了很好的解决，识别率也已经超越了人工判断。

无监督学习：数据没有标签，模型完全依据数据自身特点，寻找其内在本质。如图 12 所示，模型的输入仅仅是图像，模型完全根据数据对图像进行分类。

半监督学习：提供的数据一部分有标签，一部分没有标签，而且理论上没标签的数据应占大多数。如果我们仅使用有标签数据训练模型，那么无标签的大量数据就会被浪费。通常的做法是用有标签的数据对模型进行训练，再通过模型预测标签的数据，将其标注，这些标注称为伪标签，然后将全部数据输入模型重新训练。在现实世界中，大量数据是无标签的，为所有数据标注标签是很难实现的，当然也无此必要，因此半监督和无监督学习是未来机

器学习的主要工作方式（见图 13）。

强化学习：这是一种激励学习。人们对宠物狗进行捡瓶子的训练就是例子，狗可能不清楚捡瓶子的意义，它只知道只要捡瓶子就有零食吃，这种奖励不断重复，促使狗学会捡瓶子，学习过程如图 14 所示。

注意一点，在很多时候，奖励不是即时发生的，例如谷歌下属公司 Deepmind 公司开发的阿尔法围棋（AlphaGo）程序，程序并不是在每下一步棋后，就明确知道这步落子是否正确，只有最终棋局结束，才能知晓胜负。棋局结束后，程序会反思每步的落子，这和人类的思维方式相似。特别强调一下，该公司的升级版程序 AlphaGo Zero，不需要事先了解棋谱，可以完全从零自学，并以 100:0 的战绩完胜 AlphaGo。

强化学习有很多有趣

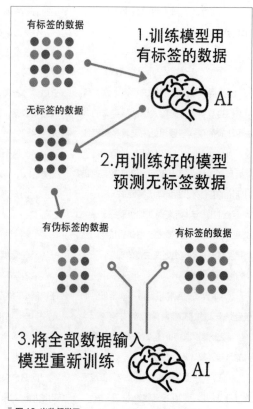

1.训练模型用有标签的数据

2.用训练好的模型预测无标签数据

3.将全部数据输入模型重新训练

图 13 半监督学习

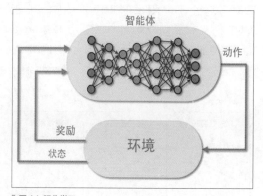

图 14 强化学习

图 15 强化学习的动画

图 16 强化学习的失败案例

的例子，如图 15 所示，谷歌设计了一个动画模型，它在未知世界探索，没人告诉它应该怎样做，经过大量尝试，动画中的模型学会了奔跑。强化学习非常重要的一点就是不断进行各种探索。

另外还有一个失败的例子，如图 16 所示，开发者希望小船通过获得奖励的方式尽快驶向终点，但在算法实施后，小船发现原地转圈可以最大程度地获得积分，导致小船停滞不前。强化学习很有趣，难度也大，需要开发人员不断探索。

现在介绍一下机器学习的主要算法，最常见的十大算法如下所示。

（1）线性回归。

（2）逻辑回归。

（3）决策树。

（4）K 近邻。

（5）K 均值。

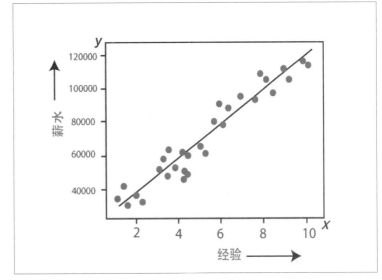

图 17 线性回归

（6）支持向量机。

（7）朴素贝叶斯。

（8）随机森林。

（9）维度降低。

（10）Gradient Boost & Adaboost 算法。

有些算法可能大家没听说过，不过其中的一些算法并不难理解，例如线性回归、逻辑回归、决策树、K 近邻、K 均值等，下面我来简单介绍一下。

线性回归： 机器学习算法里面最简单的，算法先预估一个线性模型，它在二维空间里是一条线，在高维空间里是一个超平面，通常利用最小二乘法确定模型参数（见图 17）。

逻辑回归： 虽然称其为回归，其实是

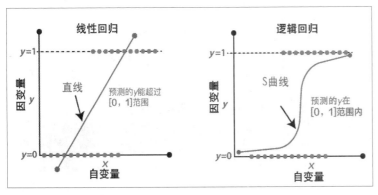

图 18 线性回归与逻辑回归

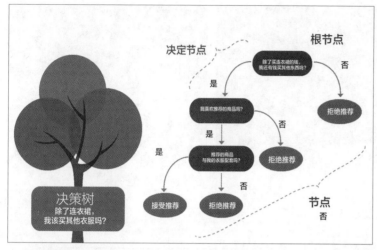

图19 决策树

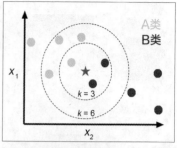

图20 K近邻算法的分类方式

图22 弗拉基米尔·万普尼克（Vladimir Naumovich Vapnik）

分类。只是在回归的结果上进行 sigmoid 函数处理，将其映射到0~1空间，0归为一类，1归为另一类。线性回归与逻辑回归的区别如图18所示。

决策树： 如图19所示，算法通过一系列条件语句（if……else）处理数据。

K近邻： 算法的含义类似于"近朱者赤，近墨者黑"。数据集已经有分类，对于一个未知数据，根据它邻居的情况，也就是根据它到最近的邻居的距离，决定数据的分类（见图20）。这个距离可以是欧式距离，也可以是曼哈顿距离或者其他距离。K值不同，其分类结果也不一样。

K均值： 这是一种聚类算法，算法首先随机选择K个点作为中心点，所有数据计算与K点的距离，根据距离远近选择归属于哪个中心点，然后移动中心点位置，再次计算，反复迭代，直至K个中心点不再移动或者限定迭代次数（见图21）。因为迭代到300次以上，通常中心点的移动距离非常小，继续迭代对结果没有影响。K均值算法要求事先确定K值，这在实际工作中很不方便，因为大多数时候，我们无法事先观察出数据到底应该分为几类，但这个算法的优点是简单。

支持向量机算法（SVM），这个算法是苏联数学家万普尼克（图22）在20世纪90年代提出的，其实他在20世纪60年代就发表过相关论文，只不过当时万普尼克的研究成果没有广泛传播。后来苏联解体，万普尼克来到美国，支持向量机的论文重新发表后引起了科学界的关注，

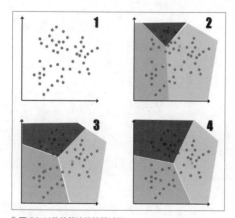

图21 K均值算法的计算过程

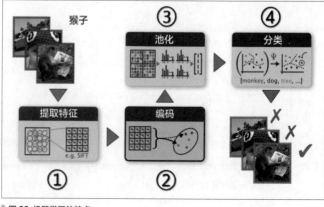

图23 机器学习的特点

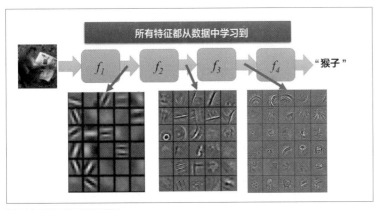

图24 神经网络逐层提取特征

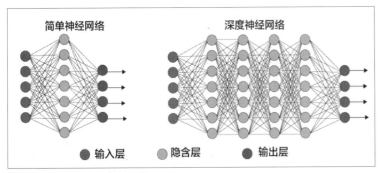

图25 简单神经网络和深度神经网络

图26 AI、ML、DL 三者的关系

在图像识别、语音识别等领域取得了令人瞩目的成绩，其优越性远超过同期的神经网络技术，但现在神经网络已不可同日而语，支持向量机算法反倒不受关注。支持向量机算法其实很像浅层的神经网络，处理线性数据自然不在话下，对于复杂的、线性不可分数据，利用核函数将其映射到高维空间，从而使得线性可分。关于神经网络和支持向量机的渊源，之后会提到。其他几个算法涉及较多的数学知识，我们以后再做介绍。

下面，我们总结一下机器学习的特点。如图23所示，如果我们试图识别图片中的猴子，在传统的机器学习中，前三步都是在人为地提取特征，只有第四步真正实现分类操作。人的认知能力是有限的，对于少量数据、浅层应用，人做这些是可以的，但是对于大量数据、数据之间关联的特性难以觉察的，人工分辨就非常吃力了，甚至根本无法完成，这也导致传统机器学习算法到了一定程度就进入瓶颈期，很难再跨越一步。

深度学习

深度学习，所有的数据特征都由机器自动提取，由算法最大程度地发现数据潜在的规律，数据量越大，这种优势越明显。如图24所示，其中都是神经网络自己学到的特征，尽管很多特征人类不理解，但它的确可以很好地工作，而且人不理解的未必就是不对的。

深度学习，就是构建深度神经网络，对数据进行分类、回归乃至生成，是机器学习的众多算法之一（见图25）。但科技的发展，致使其地位与其他算法完全不在一个等级，而且发展越来越快，成果也异常抢眼，受到科技界的极大关注。大家现在谈及的人工智能，绝大多数说的是深度学习这个子领域，众多与人工智能相关的书籍，也都绕不开深度学习这个话题。

深度学习目前在图像识别、自然语言处理、语音识别等领域取得的成果最显著、效果最好，而这是过去无法做到的。神经网络本身也还有很多问题，这在后面会谈到。

现在总结一下，人工智能包罗万象，机器学习是人工智能的子集，深度学习又是机器学习的子集，因为深度学习使用神经网络这个工具，因此称呼上深度学习和神经网络基本等同。

现在，我们介绍完了人工智能（AI）、机器学习（ML）、深度学习（DL）的具体内容以及三者之间的关系（见图26），后面，我们将揭示人工智能的前世今生，我们下期再见。🅧

无线电中的科学精神

百年无线电广播（下）

▌刘景峰

无线电广播经历了 100 年的发展，上期我们回顾了收音机在 100 年中的演变过程，本期我们再来看看无线电广播在 100 年中经历了怎样的发展历程。

在 1906 年费森登第一次广播实验后，福雷斯特也没有放弃对无线电广播的追逐。1908 年，他在法国的埃菲尔铁塔上广播了唱片节目，被 40km 外的法国军事电台收到了。1910 年，他又从美国纽约实况转播了大都会歌剧院演出的歌曲，尽管有信号干扰，但还是有大约 50 名听众收听到了清晰的节目。

作为个人来讲，费森登与福雷斯特的实验性广播电台无疑算是成功的，但真正进行商业化运作，把广播变成一项商业行为的是一家财力雄厚的公司——美国西屋电气公司。1920 年，西屋电气公司看中了无线电广播广阔的市场前景，开始组织人员在匹兹堡架设广播电台，为其申请了商业执照，呼号为"KDKA"（见图 1）。

1920 年 11 月 20 日，匹兹堡 KDKA 广播电台开始播音。它是第一个获美国联邦政府颁发实验执照的广播电台，也是全球第一家正式建立的商业广播电台。当天它就播出了哈定（Warren Gamaliel Harding，1865—1923）当选美国第 29 任总统的消息。宾夕法尼亚州、俄亥俄州和西弗吉尼亚州的人们都收听到了此广播，这也标志着无线电广播这一传播新媒介开始走进和影响人们的生活。

此后，在无线电制造商的推动下，各国的无线电广播陆续诞生：1921 年至 1925 年，英国、苏联、德国、中国（1923 年 1 月 23 日，上海）等国先后开通广播电台。当时无线电广播的频率主要是在中波和长波波段，1921 年业余无线电爱好者发现波长在 200m 以下的短波波段具有远距离传输特性后，无线电广播很快又增设了短波波段。

这一时期，世界各国诞生的无线电台以私营商业电台为主，这些商业电台以播放听众喜爱的音乐、教育等娱乐性强的内容来吸引听众，以播放大量商业广告、推销商品来获得收益，究其本质而言，这些无线电广播电台是为商业公司销售产品、获取利益服务的。

20 世纪 30 年代，无线电广播开始由商业媒体性向公共媒体过渡，无线电广播的公共属性逐渐突显。1933 年，罗斯福（Franklin Delano Roosevelt，1882—1945）就任美国总统的第一周便开创了"炉边谈话"形式的广播。此举给处于经济大萧条中的人们带来了极大的精神慰藉，罗斯福总统也因此赢得了美国底层民众的支持。有人说，大萧条中最大的收获，就是一家人晚上在一起收听广播（见图 2）。无数个抱团取暖的家庭，组成了克服经济寒冬的一个个堡垒，让渡过难关成为可能。

▌走向成熟

早期的广播采用的都是调幅广播。调幅广播就是用声音频率来改变高频载波的振幅，使载波的振幅随声音的变化而变化。

▌图 1 早期的 KDKA 广播电台

▌图 2 20 世纪 30 年代美国家庭收听广播的照片

调幅波容易受闪电和其他工业信号的干扰而出现杂音，影响收听效果，而这种干扰和杂音又很难消除。

1933 年，那个发明了超外差式收音机的阿姆斯特朗又天才般地用一种新的方式来解决这个问题——调频广播。调频广播是用声音频率来改变高频载波的频率，使载波的频率随声音的变化而变化，而振幅始终不变，这就使得广播信号可以不受天电噪声干扰（见图 3）。同时，调频广播的频带带宽比调幅广播的要宽，这就像我们从 4G 网络升级为 5G 网络一样，更大的带宽意味着更好的声音质量。1941 年，美国首先开始将调频广播付诸商用，此后越来越多的无线电广播电台开始使用调频广播。从此，人们迎来了不受天电噪声干扰，且具有高保真度的无线电广播新时代。到目前为止，世界上绝大多数的广播电台采用的是调频广播。

在第二次世界大战中，广播具有感染力强、受众面广、传递信息及时等优势，因而在战争中发挥出了巨大的影响力。协约国与同盟国纷纷利用广播进行宣传，展开了以广播为中心的舆论战、心理战。

我国也同样充分认识到了广播对于战争的重要作用，延安新华广播电台（中央人民广播电台前身）利用无线电广播开展了大规模的抗战救国宣传运动，同时开办日语广播，为瓦解日军的意志、消减敌人的斗志进行了有力的分化宣传。1945 年 8 月 15 日，日本天皇裕仁通过广播发布了宣布日本投降的诏书。

20 世纪 50 年代后期，无线电广播电台发展迅速，无线电广播逐渐成为当时最快捷、最生动的新闻、文化传播媒体。广播逐渐成为人们最为重要的精神食粮之一，无线电广播发展至顶峰。在我国，无线电广播的发展成熟还为广播体操运动在全国的普及推波助澜，从而使这项运动影响了几代中国人，成为我国老百姓心中不可磨灭的记忆。

除了广播体操外，无线电广播因其便利性、可靠性，也有了一些新应用。在大学英语四、六级考试的听力部分，很多大学采用的就是无线电广播的方式，考场上每个考生都会使用头戴式收音机收听听力试题（见图 4）。要想取得好的听力成绩，没有一个性能良好的收音机是万万不能的。

■ 图 4 无线电广播在英语听力考试中的应用

目前，世界各国都把广播作为灾难中应急传播的主要工具。在地质灾害多发的日本，许多家庭的应急包里都有收音机。在我国，应急广播系统逐渐建立。2013 年 4 月 22 日下午，在芦山地震发生 56 小时后，国家应急广播芦山抗震救灾应急电台前方直播间正式开始播音。这是中国第一个专门为灾区民众提供实用信息服务的定向应急广播。

新的探索与挑战

自 20 世纪 60 年代以来，电视媒体崛起并逐渐普及。20 世纪 90 年代以后，以计算机技术为支撑的互联网、智能手机等新媒体开始大量应用，这些都对广播这种传统媒介产生了巨大冲击。在新旧媒介交替的背景下，广播开始寻求适应自身发展的路径。

从技术层面讲，随着数字技术的发展，20 世纪八九十年代出现了继调幅广播、调频广播之后的第三代广播——数字无线电广播。它不仅可以传递音频，也可传递相关信息（如路况、气象、新闻等），甚至可以传递图像。除了抗干扰能力强之外，数字无线电广播电台的发送传递距离更远。但是由于存在着频率规划、技术标准不统一，更换发射机、接收机需要费用等问题，目前数字广播只在美国和部分欧洲国家使用，并没有大面积普及。

在 2000 年前后，由于卫星技术的发展，美国、日本、韩国等国家的一些公司采用地球同步轨道卫星的方式发射卫星音频广

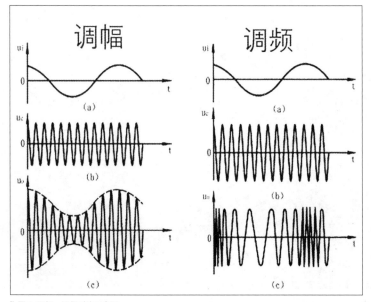

■ 图 3 调幅、调频对比示意图

播（见图 5），这是继短波通信以来无线电广播业务领域历史性的飞跃。与调频广播相比，每颗地球同步轨道卫星的覆盖范围可扩展到地球的 1/3 面积，这是调频广播无法比拟的，同时其信号稳定，音质优良。但同样由于卫星接收机（见图 6）比传统收音机昂贵太多，卫星音频广播在全球的普及程度也较低。

尽管从技术层面看，新型无线电广播技术的发展并未达到预期效果，但依然是无线电广播为了更好地跟随科技的进步、满足人们不断增长的需求而努力进行的探索和尝试。

无线电广播也在尝试与各种新媒体积极融合。在智能手机终端或者在互联网上，无线电广播仍在源源不断地向人们传递着各种信息，依然有众多听众忠实地守在收音机旁。尼尔森网联发布的《2019 中国广播及音频应用发展报告》显示，2018 年中国广播听众规模仍有 4.2 亿左右。而在非洲及一些欠发达国家和地区，电视机和互联网的覆盖率极其有限，无线电广播更是最受欢迎的一种媒介。

2011 年，联合国教科文组织在第 36 届大会上确定将 2 月 13 日定为世界广播日（World Radio Day，也称为"世界无线电日"）。联合国秘书长安东尼奥·古特雷斯在 2020 年的世界广播日发表致辞。在致辞中，安东尼奥·古特雷斯指出："无线电把人们联系在一起。在一个媒体快速发展的时代，无线电广播作为重要新闻和信息的可获取来源，在每个社区都保持着特殊的地位。值此世界无线电日之际，我们认识到无线电在促进多样性和帮助建设一个更加和平和包容的世界方面经久不衰的威力。"

展望

在媒体的发展历史中，有的媒体黯然退出历史舞台，如曾经的无声电影；有的

媒介在移动互联网时代前途未卜，如纸质报纸。广播的未来在哪里？通过梳理百年广播的发展过程，我们发现，在不同的社会环境条件下，广播既能把握自身优势、围绕声音本身打造独特的竞争力，又能主动融合不同媒体，寻求自我传播效力的最大化，使其拥有更多可能。

在科幻电影《流浪地球》中（见图 7），在地球即将坠入木星轨道的关键时刻，韩朵朵通过全球应急广播中国 CN171-11 救援队正在执行拯救地球的任务，恳请其他国家正在撤离的救援队返回支援。可以说，这次广播让人类重燃了生的希望，它的作用至关重要。

在信息传播工具如此丰富的时代，未来广播将会以何种形态、何种特性、何种功能出现在公开传播中，我们且拭目以待。但可预见的是，广播以声音作为传播方式，一对多、点对面的传递信息的本质属性将被保留，发展了百年的无线电广播已载入人类文明史册，成为"永不消逝的电波"。Ⓧ

图 5 卫星音频广播示意图

图 6 根德 S800 卫星广播接收机

图 7 即使在未来世界里，广播依然能发挥它的重要作用

STM32入门100步（第28步）

I²C 总线

杜洋　洋桃电子

I²C总线原理

I²C 总线不同于我们之前学过的 USART 串口，串口的使用和操作比较简单，涉及的知识不多。I²C 总线涉及的底层协议复杂，上层的使用、硬件电路的连接、驱动程序的处理也都比较复杂，所以本期我们仅介绍 I²C 总线应用层面的知识。

先来学习 I²C 总线的基本概念和电路连接原理。在开始实验之前，我们先对开发板上的跳线进行设置，把标注为"I²C 总线"（编号为 P11）的两个跳线短接（插上），把标注为"数码管"（编号为 P9）的跳线也短接（插上），如图 1 所示。接下来在附带资料中找到"温度传感器数码管显示程序"的工程。将工程文件夹中的 HEX 文件下载到开发板看一下效果。效果是开发板上的数码管显示 4 位数字，即当前的环境温度，下方的流水灯开始流动。温度数据是从 I²C 总线上的温度传感器中读取的。温度传感器位于数码管的上方，可以用手指接触温度传感器，使温度升高。

图 1 跳线设置

如果这时数码管上的温度数字开始上升，说明温度传感器在实时采集温度数据，手指移开后温度开始回落，这就是温度传感器在数码管上的显示效果。这里我们暂不考虑温度传感器的应用，仅介绍 I²C 总线的原理。首先我们要下载一些资料，在附带资料中找到"洋桃 1 号开发板周围电路手册资料"文件夹，在文件夹里找到"I²C

总线规范（中文）"文档。再打开"洋桃 1 号开发板电路原理图"文件夹，找到"洋桃 1 号开发板电路原理图（OLED 和温度传感器部分）"文件。

接下来我将介绍 I²C 总线在应用层面的知识。I²C 总线的电路连接如图 2 所示。I²C 总线是总线结构，通过时钟线 SCL 和数据线 SDA 进行通信。在 I²C 总线上只允许有一个主设备，这里是 STM32 单片机。总线上允许挂接多个从设备，总线电路连接示意图（见图 2）中挂接了 3 个 I²C 从设备，每个设备也有时钟线 SCL 和数据线 SDA，所有设备的时钟线和数据线并联。通信时，总线通过识别不同的从设备地址

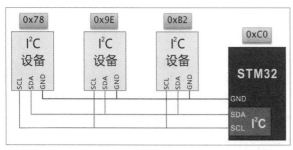

图 2 I²C 总线电路连接示意图

来分辨设备，而且所有 I²C 主设备和从设备必须共地（GND 连接在一起）。这是 I²C 设备最基本的电路连接特性，只要照此连接就能完成 I²C 通信的硬件要求。I²C 是板级总线，它多用于同一块 PCB 的内部通信，通信距离不能超过 2m，I²C 总线的数据线理论上需要串联 2kΩ 的上拉电阻，这个阻值只是理论值，具体阻值要根据通信速度、电路连接属性来确定。以上是在理论层面上对 I²C 总线的介绍，接下来介绍下 I²C 总线的实际电路。

首先看单片机引脚中 I²C 总线的复用接口。STM32F103 单片机中共有两组 I²C 总线，第 43、44 脚是复用的 I2C1，它占用两个引脚 I2C1_SCL（42 脚）和 I2C1_SDA（43 脚），这两个引脚与 PB7 和 PB6 复用。只要打开 I²C 总线的功能，引脚会从 I/O 端口自动切换到 I²C 数据线。第 21、22 脚是第二组 I²C 总线接口，I2C2_SCL（21 脚）和 I2C2_SDA（22 脚）两个引脚与 PB10 和 PB11 复用。目前开发板上只使用 I2C1，它连接 OLED 显示屏和 LM75A 温度传感器。

I²C 接口的使用有一些要点：首先是电路连接，I²C 接口只有两条线——一条时钟线 SCL 和一条数据线 SDA。总线需要串联 1Ω ~ 10kΩ 的上拉电阻，电阻值根据实际电路选择。官方给出的理论电阻值是 2.2kΩ，目前开发板上使用 5.1kΩ 电阻，这是在实际调试中得出的。另外在单片机读取 I²C 总线时，与 I²C 复用的 I/O 端口要设置为"复用开路模式"。另外一个重点就是器件地址，所有的 I²C 总线设备都连接在同一组数据线上，区分它们的方法是器件地址，通信时先发送地址，

图 3 OLED 和 LM75 的子电路部分

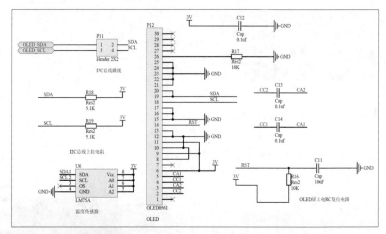

图 4 OLED 和温度传感器部分

就像打电话时先拨电话号码一样。如果把 I²C 总线比喻成电话网络，器件地址相当于电话号码，也就是给电话网络中每台电话机一个固定的号码，每个 I²C 器件在总线上都有唯一的器件地址。器件地址由 7 位的十六进制数表示，同一条 I²C 总线上最多挂接 127 个设备。STM32 单片机作为主设备也有一个器件地址，地址值是由用户设定的，我们暂时设定为 0xC0。每个从设备也有地址，一些从设备的地址是固定的，比如 OLED 的通信地址为 0x78。而 LM75A 温度传感器的器件地址允许修改，LM75A 芯片上有 3 个引脚用来设置地址，可以将 3 个引脚拉高或拉低来设置器件地址。当前温度传感器设置的地址为 0x9E。

接下来打开"洋桃 1 号开发板电路原理图开发板总图"，图 3 所示是 OLED 和温度传感器的电路部分。子电路部分所连接的 I/O 端口是 PB7（I2C1_SDA）和 PB6（I2C1_SCL），对应单片机引脚上 I2C1 复用的端口号。这两个 I²C 接口连接到子电路图中的 OLED_SDA 和 OLED_SCL。打开"洋桃 1 号开发板电路原理图（OLED 和温度传感器部分）"文件，如图 4 所示。图纸左上角是 I²C 总线的两个数据接口，通过跳线 P11 进入 OLED 和温

度传感器的电路部分。使用 OLED 或温度传感器时要将跳线 P11 短接。跳线下方是 I²C 总线的上拉电阻。SDA 和 SCL 数据线分别通过 5.1kΩ 电阻连接 3.3V 电源。下方是 LM75A 温度传感器，这是恩智浦公司生产的一款温度传感器，共有 8 个引脚，1、2 脚是 I²C 数据线。图纸中间是 OLED 的电路连接，器件标号 P12 是 OLED 的排线接口。其中 18、19、20 脚连接在 I²C 总线的 SCL 和 SDA，这是 OLED 的 I²C 总线接口。以上是 I²C 总线在实际电路中的连接方式。接下来打开"I²C 总线规范（中文）"文件，其中介绍了 I²C 总线的全部设计标准，各位可以了解 I²C 总线的工作原理、通信协议、时序图、地址定义、传输性能、高速模式等内容。文档包含了 I²C 总线的全部标准规范，如果能够坚持从头看完，将对熟练使用 I²C 总线很有帮助。

接下来打开"温度传感器数码管显示程序"工程，这个工程复制了上一期的"旋转编码器数码管显示程序"工程，加入了 I²C 总线和 LM75A 温度传感器的驱动程序。在未来的开发中，你可直接复制写好的驱动程序文件，不需要自己编写。添加驱动程序文件之后，还要在 Keil 4 软件中进行设置。

工程中新加入的文件有 3 组：一

是在 Lib 文件夹中加入的 I²C 固件库 stm32f10x_i2c.c 和 .h 文件。二是在 Basic 文件夹添加 i2c.c 和 i2c.h 文件；这是 I²C 总线的驱动程序，它只负责 I²C 总线通信，不涉及 I²C 器件。三是总线上的器件驱动，Hardware 文件夹中的 LM75A 文件夹里面有 lm75.c 和 lm75.h 文件，这是 LM75A 温度传感器的驱动程序。这 3 组文件呈现了 3 个层次。底层是官方固件库，它操作 I²C 底层寄存器；中层是 I²C 总线驱动程序，它调用官方固件库使得 I²C 总线初始化并设置工作方式；高层是器件驱动，它调用 I²C 驱动程序来收发器件数据，最终实现器件通信（子设备），具体到温度传感器上的操作就是读取温度值。在此基础之上是用户的应用程序。

I²C程序分析

分析 I²C 驱动程序前，先看一下工程中各文件的组成关系。在此我再给出更详细的扩展，即从硬件电路到用户应用程序之间都经历了什么。硬件层中硬件电路部分中总线与器件的连接，也就是 I²C 器件的两条数据线与单片机的 I²C 总线接口连接，再通过操作单片机内部的功能配置寄存器对 I²C 功能进行操作。操作寄存器等于控制 I²C 总线数据接口输出高低电平或设置 I²C 功能。程序底层是 ST 公司提供的官方固定库，固定库中有 stm32f10x_i2c.c 和 stm32f10x_i2c.h 文件，库函数直接操作底层寄存器，省去了用户记录和查找寄存器的麻烦。只需要调用固件库中的函数就能操作底层寄存器，从而操作 I²C 总线的底层硬件电路。再往上一层是 I²C 总线的驱动程序，驱动程序可以被用户调用，I²C 总线的驱动程序是 i2c.c 和 i2c.h 文件，这些文件需要用户自己编写，我已经编写好，各位直接使用我的 I²C 总线驱动程序即可。总线驱动程序本质上是调用固件库的函数，按照 I²C 总线的协议要求调用不同固件库

函数实现 I²C 通信。所以 I²C 驱动程序的编写需要参照 I²C 总线规范。再上一层是 I²C 器件驱动程序，I²C 总线驱动程序只负责 I²C 总线的通信（发送与接收数据），而连接在 I²C 总线上的器件需要根据不同的特性写出不同的驱动程序，这些属于 I²C 器件驱动程序。以温度传感器为例，使用 LM75a.c 和 LM75a.h 文件来读取温度值的器件驱动程序，器件驱动程序内部调用的是总线驱动程序。再上一层是用户应用程序，应用程序在 main.c 文件中，最后完成各器件的协作，达成某项应用。请大家仔细研究从硬件电路到用户应用程序中间经历了哪些层级，层级间怎样相互调用，形成了有层次的、系统的文件组合。在未来的开发中，我们只要引用现有的经典电路、固件库、总线驱动程序、器件驱动程序，在示例中修改程序，即可完成项目开发，图 5 所示为程序结构关系。

接下来我将对固件库、总线驱动、器件驱动程序进行分析。首先看 I²C 功能的固件库，包括 stm32f10x_i2c.c 和 stm32f10x_i2c.h 文件。打开"STM32F103 固件函数库用户手册"，第 135 页有很多 I²C 功能函数，如图 6 所示。比如 I²C 初始化函数 I2C_Init、发送一个数据的函数 I2C_SendData、接收一个数据的函数 I2C_

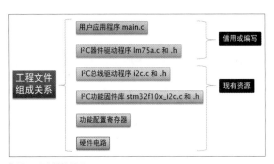

图 5 程序结构关系

图 6 I²C 功能函数表

ReceiveData。这些固件库函数都可以在 I²C 总线驱动程序中调用。接下来看 I²C 总线的驱动程序 i2c.c 和 i2c.h 文件。这两个文件是我编写的。它们是 I²C 总线初始化函数 I2C_Configuration、发送数据串函数 I2C_SAND_BUFFER、发送一个字节函数 I2C_SAND_BYTE、读取数据串函数 I2C_READ_BUFFER、读取一个字节函数 I2C_READ_BYTE，以上这 5 个函数构成了 I²C 总线的驱动程序，编写 I²C 器件驱动时要调用这 5 个函数。再来看 I²C 器件驱动程序，以 LM75A 温度传感器为例，使用的是 lm75A.c 和 lm75a.h 文件。其中只有两个函数，一是温度值的读取函数

"LM75A_GetTemp"，二是开启掉电模式函数 LM75A_POWERDOWN。温度读取函数中第 30 行读取温度数值使用 I2C_READ_BUFFER（I²C 读取数据串函数），而掉电模式函数中第 58 行调用了 I2C_SAND_BYTE（I²C 写入一个字节的函数）。不论使用哪款 I²C 器件，编写器件驱动程序都只需调用这 5 个函数。

接下来打开"温度传感器数码管显示程序"工程，先来分析 i2c.h 文件，如图 7 所示，第 5 ~ 7 行是定义 I²C 总线的 I/O 端口，使用了 PB6（时钟线 SCL）和 PB7（数据线 SDA）两个端口。接下来第 9 ~ 10 行定义了两个参数。HostAddress 是主机的器件地址，也就是单片机在总线上的地址 0xC0，你可以修改这个地址，但不要与其他器件的地址重复。BusSpeed 是总线速度，I²C 总线有低速、高速两种模式，器件一般支持高速模式，但在使用中我发现总线速度过高会出现卡死问题，也就是数据在通信时出错，导致总线不能使用。所以尽量将总线速度调低一些，建议不高于 400kHz，我在示例程序中选择 200kHz 的速度，转换成数值是 200000，大家可以根据实际情况调整速度值。接下来在第 13 ~ 17 行声明了 5 个函数，这是 I²C 总线驱动程序函数，函数内容在 i2c.c 文件。打开 i2c.c 文件，如图 8 所示，在文件开始处第 21 行声明了 i2c.h 文件。接下来第 24 ~ 45 行的两个函数是 I²C 初始化函数。需要注意，真正由用户调用的初始化函数是第 34 行的 I2C_Configuration 函数，I2C_GPIO_Init 只是 I2C_Configuration 函数中的一部分。之所以将接口初始化单独拿出来封装成函数，是为了方便修改程序。当需要修改 I/O 端口时，只需要在接口初始化函数中修改。需要设置 I²C 功能时，可在 I²C 初始化函数中完成。下面就从 I²C 初始化函数来分析。第 35 行定义结构体。第 36 行是 I²C 端口初始化，即调用第 24

图 7 i2c.h 文件的内容

```
 4
 5  #define I2CPORT     GPIOB      //定义I/O接口
 6  #define I2C_SCL     GPIO_Pin_6 //定义I/O接口
 7  #define I2C_SDA     GPIO_Pin_7 //定义I/O接口
 8
 9  #define HostAddress 0xc0       //总线主机的器件地址
10  #define BusSpeed    200000     //总线速度（不高于400000）
11
12
13  void I2C_Configuration(void);
14  void I2C_SAND_BUFFER(u8 SlaveAddr, u8 WriteAddr, u8* pBuffer, u16 NumByteToWrite);
15  void I2C_SAND_BYTE(u8 SlaveAddr, u8 writeAddr, u8 pBuffer);
16  void I2C_READ_BUFFER(u8 SlaveAddr, u8 readAddr, u8* pBuffer, u16 NumByteToRead);
17  u8 I2C_READ_BYTE(u8 SlaveAddr, u8 readAddr);
18
```

图 8 i2c.c 文件的内容

```
20
21  #include "i2c.h"
22
23
24  void I2C_GPIO_Init(void){ //I2C接口初始化
25      GPIO_InitTypeDef  GPIO_InitStructure;
26      RCC_APB2PeriphClockCmd(RCC_APB2Periph_GPIOA|RCC_APB2Periph_GPIOB|RCC_APB2Periph_GPIOC, ENABLE);
27  RCC_APB1PeriphClockCmd(RCC_APB1Periph_I2C1, ENABLE); //启动I²C功能
28      GPIO_InitStructure.GPIO_Pin = I2C_SCL | I2C_SDA; //选择端口号
29      GPIO_InitStructure.GPIO_Mode = GPIO_Mode_AF_OD; //选择I/O接口工作方式
30      GPIO_InitStructure.GPIO_Speed = GPIO_Speed_50MHz; //设置I/O接口速度 (2/10/50MHz)
31  GPIO_Init(I2CPORT, &GPIO_InitStructure);
32  }
33
34  void I2C_Configuration(void){ //I²C初始化
35      I2C_InitTypeDef  I2C_InitStructure;
36      I2C_GPIO_Init(); //先设置GPIO接口的状态
37      I2C_InitStructure.I2C_Mode = I2C_Mode_I2C; //设置为I²C模式
38      I2C_InitStructure.I2C_DutyCycle = I2C_DutyCycle_2;
39      I2C_InitStructure.I2C_OwnAddress1 = HostAddress; //主机地址（从机不得用此地址）
40      I2C_InitStructure.I2C_Ack = I2C_Ack_Enable; //允许应答
41      I2C_InitStructure.I2C_AcknowledgedAddress = I2C_AcknowledgedAddress_7bit; //7位地址模式
42      I2C_InitStructure.I2C_ClockSpeed = BusSpeed; //总线速度设置
43      I2C_Init(I2C1,&I2C_InitStructure);
44      I2C_Cmd(I2C1, ENABLE); //开启I²C
45  }
46
```

图 9 i2c.c 文件的内容

```
46
47  void I2C_SAND_BUFFER(u8 SlaveAddr,u8 WriteAddr,u8* pBuffer,u16 NumByteToWrite){ //I²C发送数据串（器件地
48      I2C_GenerateSTART(I2C1,ENABLE); //产生起始位
49      while(!I2C_CheckEvent(I2C1, I2C_EVENT_MASTER_MODE_SELECT)); //清除EV5
50      I2C_Send7bitAddress(I2C1,SlaveAddr,I2C_Direction_Transmitter); //发送器件地址
51      while(!I2C_CheckEvent(I2C1, I2C_EVENT_MASTER_TRANSMITTER_MODE_SELECTED)); //清除EV6
52      I2C_SendData(I2C1, WriteAddr); //内部功能地址
53      while(!I2C_CheckEvent(I2C1, I2C_EVENT_MASTER_BYTE_TRANSMITTED)); //移位寄存器非空，数据寄存器已空，产生
54      while(NumByteToWrite--){ //循环发送数据
55          I2C_SendData(I2C1, *pBuffer); //发送数据
56          pBuffer++; //数据指针移位
57          while (!I2C_CheckEvent(I2C1, I2C_EVENT_MASTER_BYTE_TRANSMITTED)); //清除EV8
58      }
59      I2C_GenerateSTOP(I2C1,ENABLE); //产生停止信号
60  }
61  void I2C_SAND_BYTE(u8 SlaveAddr,u8 writeAddr,u8 pBuffer){ //I²C发送一个字节（从地址、内部地址、内容）
62      I2C_GenerateSTART(I2C1,ENABLE); //发送开始信号
63      while(!I2C_CheckEvent(I2C1,I2C_EVENT_MASTER_MODE_SELECT)); //等待完成
64      I2C_Send7bitAddress(I2C1,SlaveAddr, I2C_Direction_Transmitter); //发送从器件地址及状态（写入）
65      while(!I2C_CheckEvent(I2C1, I2C_EVENT_MASTER_TRANSMITTER_MODE_SELECTED)); //等待完成
66      I2C_SendData(I2C1, writeAddr); //发送从器件内部寄存器地址
67      while(!I2C_CheckEvent(I2C1, I2C_EVENT_MASTER_BYTE_TRANSMITTED)); //等待完成
68      I2C_SendData(I2C1, pBuffer); //发送要写入的内容
69      while(!I2C_CheckEvent(I2C1, I2C_EVENT_MASTER_BYTE_TRANSMITTED)); //等待完成
70      I2C_GenerateSTOP(I2C1,ENABLE); //发送结束信号
71  }
```

行的函数。进入端口初始化函数后，第 35 行定义结构体。第 26 行调用了 RCC 功能函数，开启 I/O 端口时钟，第 27 行是开启 I2C1 功能的 RCC 时钟。需要注意，使用 I²C 总线一定要开启 I²C 时钟，不然 I²C 总线无法工作。第 28 行设置 SCL 和 SDA（PB6 和 PB7），第 29 行将端口设置为复用的开漏输出。I²C 接口与 I/O 端口复用，

所以选择复用方式。另外总线外部连接了上拉电阻，不需要选择上拉电阻模式，最终设置为复用的开漏输出。开漏模式是指不连接上拉或下拉电阻，端口处在悬空状态。第 30 行设置端口速度为 50MHz。第 31 行将以上设置写入 I/O 端口初始化固件库函数，完成端口初始化。

再回到 I²C 初始化函数，设置 I²C 总

线的各种功能，这需要了解 I²C 总线的基本功能，如果你对 I²C 总线规范了解不深，建议使用默认设置。I²C 总线写数据包括两个部分，如图 9 所示，第 47 行是数据串的发送函数 I2C_SAND_BUFFER，第 61 行是 I²C 发送一个字节的函数 I2C_SAND_BYTE。它们的区别是发送的数据量。先来分析单个字节的发送函数 I2C_SAND_BYTE，函数有 3 个参数：第一个参数 SlaveAddr 是发送器件地址，也就是 I²C 总线上每个器件对应的地址，这个参数可以指定向哪个器件发送数据。第二个参数 writeAddr 是器件子地址。子地址指向器件内部的寄存器中写入数据的地址，每个 I²C 器件内部都有很多组寄存器，每个寄存器存放着不同功能的数据，要读取哪组数据就给出对应的寄存器子地址。最后一个参数 pBuffer 是向子地址写入的数据内容。

以上过程在函数内部是如何实现的呢？我们需要参考 "I²C 总线规范" 第 12 页给出的 I²C 数据通信的时序图，如图 11 所示。时序图中左侧开始位置需要给出起始信号 START，接下来是 7 位的器件地址 ADDRESS，第 8 位是读写操作位 R/W，通过这一位来确定接下来的操作是读还是写。第 9 位是应答位 ACK，是器件（从设备）对单片机的回应。接下来是要发送的 8 位数据内容 DATA，器件回复一个应答位 ACK；再写入一个 8 位数据 DATA，再回应一个应答位 ACK。数据发送完成，给出结束信号 STOP。I²C 读写函数的内容就是按照此时序图编程的。如图 9 所示，第 62 行给出一个开始信号 I2C_GenerateSTART，第 63 行 while 循环等待 I²C 功能完成指令，也就是确定开始信号发送完成（接下来的程序中每一步操作都需要等待的过程，以确定 I²C 功能的操作完成）。第 64 行调用发送器件地址，第 66 行发送器件内部的寄存器地

```
72  void I2C_READ_BUFFER(u8 SlaveAddr,u8 readAddr,u8* pBuffer,u16 NumByteToRead){  //I²C读取数据串
73      while(I2C_GetFlagStatus(I2C1,I2C_FLAG_BUSY));
74      I2C_GenerateSTART(I2C1,ENABLE);  //开启信号
75      while(!I2C_CheckEvent(I2C1,I2C_EVENT_MASTER_MODE_SELECT));  //清除 EV5
76      I2C_Send7bitAddress(I2C1,SlaveAddr, I2C_Direction_Transmitter);  //写入器件地址
77      while(!I2C_CheckEvent(I2C1,I2C_EVENT_MASTER_TRANSMITTER_MODE_SELECTED));//清除 EV6
78      I2C_Cmd(I2C1,ENABLE);
79      I2C_SendData(I2C1,readAddr);  //发送读的地址
80      while(!I2C_CheckEvent(I2C1,I2C_EVENT_MASTER_BYTE_TRANSMITTED));  //清除 EV8
81      I2C_GenerateSTART(I2C1,ENABLE);  //开启信号
82      while(!I2C_CheckEvent(I2C1,I2C_EVENT_MASTER_MODE_SELECT));  //清除 EV5
83      I2C_Send7bitAddress(I2C1,SlaveAddr, I2C_Direction_Receiver);  //将器件地址传出，主机为读
84      while(!I2C_CheckEvent(I2C1,I2C_EVENT_MASTER_RECEIVER_MODE_SELECTED));  //清除 EV6
85      while(NumByteToRead){
86          if(NumByteToRead == 1){  //只剩下最后一个数据时进入 if 语句
87              I2C_AcknowledgeConfig(I2C1,DISABLE);  //只剩下最后一个数据时关闭应答位
88              I2C_GenerateSTOP(I2C1,ENABLE);  //只剩下最后一个数据时使能停止位
89          }
90          if(I2C_CheckEvent(I2C1,I2C_EVENT_MASTER_BYTE_RECEIVED)){  //读取数据
91              *pBuffer = I2C_ReceiveData(I2C1);  //调用库函数将数据取出到 pBuffer
92              pBuffer++;  //指针移位
93              NumByteToRead--;  //字节数减 1
94          }
95      }
96      I2C_AcknowledgeConfig(I2C1,ENABLE);
97  }
98  u8 I2C_READ_BYTE(u8 SlaveAddr,u8 readAddr){  //I²C读取一个字节
99      u8 a;
100     while(I2C_GetFlagStatus(I2C1,I2C_FLAG_BUSY));
101     I2C_GenerateSTART(I2C1,ENABLE);
102     while(!I2C_CheckEvent(I2C1,I2C_EVENT_MASTER_MODE_SELECT));
103     I2C_Send7bitAddress(I2C1,SlaveAddr, I2C_Direction_Transmitter);
104     while(!I2C_CheckEvent(I2C1,I2C_EVENT_MASTER_TRANSMITTER_MODE_SELECTED));
105     I2C_Cmd(I2C1,ENABLE);
106     I2C_SendData(I2C1,readAddr);
107     while(!I2C_CheckEvent(I2C1,I2C_EVENT_MASTER_BYTE_TRANSMITTED));
108     I2C_GenerateSTART(I2C1,ENABLE);
109     while(!I2C_CheckEvent(I2C1,I2C_EVENT_MASTER_MODE_SELECT));
110     I2C_Send7bitAddress(I2C1,SlaveAddr, I2C_Direction_Receiver);
111     while(!I2C_CheckEvent(I2C1,I2C_EVENT_MASTER_RECEIVER_MODE_SELECTED));
112     I2C_AcknowledgeConfig(I2C1,DISABLE);  //只剩下最后一个数据时关闭应答位
113     I2C_GenerateSTOP(I2C1,ENABLE);  //只剩下最后一个数据时使能停止位
114     a = I2C_ReceiveData(I2C1);
115     return a;
116  }
```

图 10 i2c.c 文件的内容

址（子地址）。接下来第 68 行发送数据，参数 pBuffer 是要发送的数据。第 70 行发送结束信号。这样就按照通信时序图的规范完成了一次数据发送。了解了单个字节的发送，多个字节的发送原理相同，如图 9 所示。第 47 行在参数中使用了指针变量 *pBuffer，通过指针发送数据。后面新加了一个参数 NumByteToWrite，这个参数用于表示指针的长度（发送的数据长度）。其内容与单个字节发送几乎相同。第 48 ~ 53 行是发送起始位、等待完成、发送器件地址、等待完成、发送子地址、等待完成。第 54 行通过 while 循环发送多个数据，while 循环对数据数量做减法，每循环 1 次减 1，减到 0 为止，最终实现了多个字节的数据发送。第 55 行是调用的发送数据的固件库函数，发送的数据是指针数据 *pBuffer，每发送一次指针值加 1。发送完成后，第 57 行也要等待完成，然后返回第 54 行发送下一个数据，直到数据发送结束。第 59 行发送结束信号。

I²C 的接收方法也和发送方法大同小异，先来看单个数据的读取函数 I2C_READ_BYTE，如图 10 所示。第 100 行的 while 循环判断总线是否繁忙，繁忙则循环等待，总线空闲则向下执行。第 101 行发送起始信号，第 102 行等待完成，第 103 行发送器件地址（器件地址是参数中的 SlaveAddr），第 104 行等待完成，第 105 行开启 I2C1 功能，第 106 行发送器件的子地址（子地址是参数中的 readAddr），第 107 行等待完成。第 108 行是允许 I²C 产生开始信号的条件，也就是单片机允许其他器件产生开始信号，向单片机发送数据，即开启 I²C 接收。第 109 行等待完成。接下来再一次给出器件地址，等待接收数据，如果没有收到数据则一直执行 while 循环。收到数据则跳出 while 循环。第 112 行最后读到一个数据时关闭应答位，并发送停止位表示通信结

ESP8266 开发之旅 网络篇（3）
Soft-AP——ESP8266Wi-Fi AP 库的使用

▌单片机菜鸟博哥

▌前言

上一期，我向大家讲解了 ESP8266 的软件、硬件配置，以及基本功能使用，目的是让大家有个初步认识。我一直重点强调 ESP8266 Wi-Fi 模块有 3 种工作模式：

（1）Station 模式，也叫站点模式；

（2）Soft-Access Point 模式，简称 Soft-AP 模式，可以理解为 Wi-Fi 热点模式；

（3）Station 兼 Soft-Access Point 模式，这是以上两种的集合，也是 Mesh NetWork 的实现基础。

任何基于 ESP8266 的 Wi-Fi 功能开发，都是基于上面其中一种工作模式进行

的。所以，它们是我们学习 Wi-Fi 应用基础的重点。本篇我们先来讲解 Soft-Ap 模式。

▌回顾Soft-AP模式 —— 谁想连上我

AP 是 Access Point 的简称，也就是访问接入点，这是网络的中心节点。一般家庭中的无线路由器就是一个 AP，众多站点（STA，Station）加入它所组成的无线网络，网络中的所有的通信都通过 AP 转发完成（见图 1）。

其实生活中，类 Soft-Access Point 模式的应用非常广泛。比如网购时，你和商家就相当于站点，快递公司就相当于

AP，负责把你下单的东西从商家传送到你手上。比如你点一个奶茶外卖，你和奶茶店就相当于站点，跑腿平台就相当于 AP，负责把奶茶从奶茶店送到你手上。

Soft-AP 也叫作软 AP，硬件部分是一块标准的无线网卡，比如 ESP8266，但可以通过驱动程序使其提供与硬件 AP 一样的信号转换、路由等功能。

与传统 AP 相比，Soft-AP 的成本很低，功能也差不多。在基本功能上，Soft-AP 与 AP 并没有太大的差别，不过因为是用软件实现 AP 功能，所以 Soft-AP 的接入能力和覆盖范围远不如 AP。

注意：一般能同时连接到 Soft-AP 的站点的个数上限是 8 个，但一般默认是 4

束。完成以上的操作后 I²C 功能寄存器中就存放了一个接收的数据，通过第 114 行把接收的数据存放到变量 a，第 115 行使用 return 返回 a 的值，在函数的返回值中给出接收数据。第 72 行 I²C 读取数据串函数 I2C_READ_BUFFER 的操作也是类似的，区别是在第 85 行加入 while 循环，用指针变量存放多个数据。第 91 行循环接收数据内容，循环的次数是参数 NumByteToRead 中给出的数据，接收的数据内容存放在指针 *pBuffer 中，读取指针就能读到数据。Ⓦ

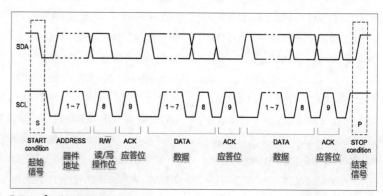

图 11 I²C 数据通信的时序图

个，至于为什么是 4 个，下文会告诉你。

ESP8266Wi-Fi AP库

有了前面的理论基础，我们就来详细了解一下 ESP8266 Soft-AP 模式的专用库——ESP8266Wi-Fi AP 库，大家使用时不需要写"#include <ESP8266WiFiAP.h>"，只需写"#include<ESP8266WiFi.h>"。不知道原因的朋友，可以回顾上一期内容。

对于 AP 类库的描述，我们可以拆分为 3 个部分。

（1）第一部分：建立 AP 网络（Wi-Fi 热点）。

（2）第二部分：管理第一部分建立的网络连接。

（3）第三部分：获取 AP 的信息，包括 MAC 地址、IP 地址等。

图 2 所示是 ESP8266Wi-Fi AP 库的思维导图，大家看一下，先有一个整体认识。

1. 建立AP网络

（1）softAP

函数讲解如下。

```
/* 建立一个 AP 热点
 * @param ssid 为 SSID 账号（最多63个
字符）
 * @param passphrase 为密码（对于WPA2
加密类型，最少为8个字符；对于开放网络，设
置为 NULL）
 * @param channel 为 Wi-Fi 通道数字，范
围为1~13，默认是1
 * @param ssid_hidden 为 Wi-Fi 是否需要
隐藏（0 = broadcast SSID, 1 = hide
```

■ 图 1 Soft-AP 模式

```
SSID），设置别人是否能看到你的 Wi-Fi 网络
 * @param max_connection 为最大的同时连
接数，范围为 1~4。超过这个数，再多的站点想
连接只能等待
 * @param bool 返回设置 Soft-AP 的结果
 */
bool softAP(const char* ssid, const
char* passphrase = NULL, int channel
= 1, int ssid_hidden = 0, int max_
connection = 4);
```

应用实例如下。

```
// 这只是部分代码，不能直接使用
// 启动开放式网络（所谓开放式网络就是不需
要密码，只需要知道 AP 名字就可以使用的网络）
WiFi.softAP(ssid);
```

（2）softAP

函数讲解与前面一样，应用实例如下。

```
// 启动校验式网络（需要输入账号、密码），通
道为1, Wi-Fi 不隐藏，最大连接数为4
WiFi.softAP(ssid, password);
// 启动校验式网络（需要输入账号、密码），通
道为2, Wi-Fi 隐藏，最大连接数为4
WiFi.softAP(ssid, password,2,1);
```

（3）softAPConfig

函数说明如下。

```
/* 配置 AP 信息
 * @param local_ip 为 AP 的 IP 地址
 * @param gateway 为网关 IP 地址
 * @param subnet 为子网掩码
 * @note soft-AP 为建立的网络，默认的 IP
地址是 192.168.4.1
 */
bool softAPConfig(IPAddress local_ip,
IPAddress gateway, IPAddress subnet);
```

注意

■ 账号、密码尽量使用英文字符。

2. 管理网络

（1）softAPgetStationNum

函数说明如下。

```
/* 获取连接到当前 Soft-AP 的站点或者
Client 数目
 * 返回站点数目
 */
uint8_t softAPgetStationNum();
```

应用实例如下。

```
// 这只是部分代码，不能直接使用
Serial.printf("Stations connected
to soft-AP = %d\n", WiFi.
softAPgetStationNum());
```

（2）softAPdisconnect

函数说明如下。

```
/* 关闭 AP
 * @param wifioff 定义是否禁用模式，值
为 true 会调用 WiFi.enableAP(false);
 * 返回 wl_status_t enum 的值
 */
bool softAPdisconnect(bool wifioff =
false);
```

函数源码如下。

```
bool ESP8266WiFiAPClass::
softAPdisconnect(bool wifioff) {
  bool ret;
  struct softap_config conf;
  /** 清除最近配置的账号、密码 */
  *conf.ssid = 0;
  *conf.password = 0;
  conf.authmode = AUTH_OPEN;
  ETS_UART_INTR_DISABLE();
  if(WiFi._persistent) {
    ret = wifi_softap_set_config(&conf);
  } else {
    ret = wifi_softap_set_config_
current(&conf);
  }
  ETS_UART_INTR_ENABLE();
  if(!ret) {
    DEBUG_WIFI("[APdisconnect] set_
```

```
config failed!\n");
  }
  if(ret && wifioff) {
    // 禁止 AP
    ret = WiFi.enableAP(false);
  }
  return ret;
}
```

3. 获取AP的信息

（1）softAPIP

函数说明如下。

```
// 返回 Soft-AP 的 IP 地址
IPAddress softAPIP();
```

应用实例如下。

```
// 这只是部分代码，不能直接使用
Serial.print("Soft-AP IP address = "
);
Serial.println(WiFi.softAPIP());//
Soft-AP IP address = 192.168.4.1
```

（2）softAPmacAddress

函数说明如下。

```
/* 获取 soft-AP 的 MAC 地址
  * @param mac 指针指向 uint8_t 数组，长
度为 WL_MAC_ADDR_
  * 返回指针，指向 uint8_t*
  */
uint8_t* softAPmacAddress(uint8_t*
mac);
  // 返回 String mac
  String softAPmacAddress(void);
```

应用实例如下。

```
// 实例代码 1 ，这只是部分代码，不能直接使
用
uint8_t macAddr[6];
WiFi.softAPmacAddress(macAddr);
Serial.printf( " MAC address =
%02x:%02x:%02x:%02x:%02x:%02x\
n " , macAddr[0], macAddr[1],
macAddr[2], macAddr[3], macAddr[4],
macAddr[5]);//MAC address =
```

```
5e:cf:7f:8b:10:13
// 实例代码 2，这只是部分代码，不能直接使用
Serial.printf("MAC address = %s\n",
WiFi.softAPmacAddress().c_str());
```

（3）softAPSSID

函数说明如下。

```
/* 获取配置的（不在闪存中）Soft-AP 的
SSID 名称
  * 返回 String SSID
  */
String softAPSSID() const;
```

（4）softAPPSK

函数说明如下。

```
/* 获取配置的（不在闪存中）Soft-AP 的密码
  * 返回 String PSK
  */String softAPPSK() const;
```

▌ 实例操作

上面讲了一堆理论，下面我们开始操作实例，我尽量在代码中进行注释，直接看代码就好。

1. 实例源码

```
/* 在 AP 模式下，演示 AP 函数方法的使用
  */#include <ESP8266WiFi.h>
#define AP_SSID "AP_Test_博哥" // 这里
```

```
改成你的 AP 名字
#define AP_PSW "12345678" //这里改成你
的 AP 密码，8 位以上
// 以下 3 个定义为调试定义
#define DebugBegin(baud_rate) Serial.
begin(baud_rate)
#define DebugPrintln(message) Serial.
println(message)
#define DebugPrint(message) Serial.
print(message)
IPAddress local_IP(192,
168,4,22);IPAddress gateway
(192,168,4,9);IPAddress subnet
(255,255,255,0);
void setup(){
  // 设置串口波特率，以便打印信息
  DebugBegin(115200);
  // 延时 2s, 为了演示效果
  delay(2000);
  DebugPrint( " Setting soft-AP
configuration ... ");
  // 配置 AP 信息
  WiFi.mode(WIFI_AP);
  DebugPrintln(WiFi.softAPConfig
(local_IP, gateway, subnet) ? "Ready"
: "Failed!");
  // 启动 AP 模式，并设置账号和密码
  DebugPrint("Setting soft-AP ... "
```

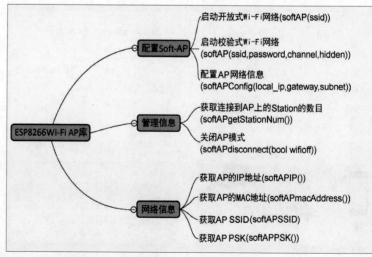

■ 图 2 ESP8266Wi-Fi AP 库的思维导图

```
);
  boolean result = WiFi.softAP(AP_
SSID, AP_PSW);
  if(result){
    DebugPrintln("Ready");
    // 输出 Soft-AP 的 IP 地址
    DebugPrintln(String(" Soft-AP
IP address = ") + WiFi.softAPIP().
toString());
    // 输出 Soft-AP 的 MAC 地址
    DebugPrintln(String(" MAC address
= ") + WiFi.softAPmacAddress().c_
str());
  }else{
    DebugPrintln("Failed!");
  }
  DebugPrintln("Setup End");
}
```

```
void loop() {
  // 不断打印当前的站点个数
  DebugPrintln(String("
Stations connected = ") + WiFi.
softAPgetStationNum());
  delay(3000);
}
```

实例,引导大家入门。Station 模式和 Soft-AP 模式是运用 ESP8266 的基础和重中之重,所以请大家认真阅读。大家也可以在网上找一下其他例子,亲自试一试。 Ⓧ

2. 实例结果

代码运行的结果如图 3 所示。

总结

本期主要基于 ESP8266Wi-Fi AP 库来讲解 Soft-AP 模式下的函数使用,并且给大家提供了一个

图 3 代码运行的结果

STM32入门100步（第29步）

LM75A 温度传感器

▌杜洋　洋桃电子

这期我们来分析 LM75A 温度传感器的驱动程序，分析驱动程序可以了解器件的基本原理，在未来开发其他 I²C 器件时可以借鉴。分析程序之前，你需要在附带资料中找到"洋桃 1 号开发板周围电路手册资料"文件夹，其中"LM75 温度传感器"文件夹中的 4 个文件都是 LM75A 温度传感器的资料，有数据手册、编程说明等。之前我已经把 I²C 硬件电路、总线驱动程序讲完了，接下来我们要利用 I²C 总线驱动程序的 5 个函数来编写 I²C 器件驱动程序。

I²C 器件有很多种，洋桃 1 号开发板上有 2 个，分别是 LM75A 温度传感器和 OLED 显示屏。先来分析 LM75A 温度传感器的驱动程序，并分析主函数如何调用器件驱动程序，在数码管上显示温度。

打开"温度传感器数码管显示程序"工程。在工程中打开 3 个文件：main.c 文件、Hardware 文件夹中的 lm75a.c 文件、lm75a.h 文件。首先看 lm75a.h 文件，如图 1 所示。文件开始处没有定义 I/O 端口，因为 LM75A 温度传感器借用 I²C 总线通信，I²C 接口定义在 i2c.h 文件中，

```
1  #ifndef __LM75A_H
2  #define __LM75A_H
3  #include "sys.h"
4  #include "i2c.h"
5
6
7  #define LM75A_ADD 0x9E   //器件地址
8
9
10
11 void LM75A_GetTemp(u8 *Tempbuffer);//读温度
12 void LM75A_POWERDOWN(void);//掉电模式
```

图 1 lm75a.h 文件的内容

```
21  #include "lm75a.h"
22
23
24
25  //读出LM75A的温度值（-55~125℃）
26  //温度正负号（0正1负）、温度整数部分、温度小数部分、（小数点后2位）依次放入*Tempbuffer（十进制）
27  void LM75A_GetTemp(u8 *Tempbuffer){
28      u8 buf[2]; //温度值储存
29      u8 t=0, a=0;
30      I2C_READ_BUFFER(LM75A_ADD,0x00,buf,2); //读出温度值（器件地址、子地址、数据储存器、字节数）
31      t = buf[0]; //处理温度整数部分，0~125℃
32      *Tempbuffer = 0; //温度值为正值
33      if(t & 0x80){ //判断温度值是否是负数（MSB表示温度符号）
34          *Tempbuffer = 1; //温度值为负数
35          t = ~t; t++; //计算补码（原码取反后加1）
36      }
37      if(t & 0x01) {a=a+1; } //从高到低按位加入温度积加值（0~125）
38      if(t & 0x02) {a=a+2; }
39      if(t & 0x04) {a=a+4; }
40      if(t & 0x08) {a=a+8; }
41      if(t & 0x10) {a=a+16; }
42      if(t & 0x20) {a=a+32; }
43      if(t & 0x40) {a=a+64; }
44      Tempbuffer++;
45      *Tempbuffer = a;
46      a = 0;
47      t = buf[1]; //处理小数部分，取0.125精度的前2位（12、25、37、50、62、75、87）
48      if(t & 0x20) {a=a+12; }
49      if(t & 0x40) {a=a+25; }
50      if(t & 0x80) {a=a+50; }
51      Tempbuffer++;
52      *Tempbuffer = a;
53  }
54
55  //LM75进入掉电模式，再次调用LM75A_GetTemp();即可正常工作
56  //建议只在需要低功耗情况下使用
57  void LM75A_POWERDOWN(void){//
58      I2C_SAND_BYTE(LM75A_ADD,0x01,1); //
59  }
60
```

图 2 lm75a.c 文件的内容

这里不需要定义。第 7 行定义器件地址，0x9E 是 LM75A 的器件地址，代替名为 LM75A_ADD。第 11 ~ 12 行声明两个函数，LM75A_GetTemp 是读取温度函数，LM75A_POWERDOWN 是进入掉电模式函数。掉电模式多用于低功耗设备，读取温度之后进入掉电模式可减少耗电。当前程序中只使用温度读取函数。

接下来看 lm75a.c 文件，如图 2 所示。文件开始部分加载了 lm75a.h 文件，第 27 行是读取温度值函数 LM75A_GetTemp，函数有一个参数，没有返回值。参数使用了指针变量 *Tempbuffer，温度数据存放在这个指针变量中。第 57 行是掉电模式函数 LM75A_POWERDOWN，其中只使用 I2C_SAND_BYTE（发送一个字节）函数。在温度读取函数中也使用 I²C 总线驱动函数，第 30 行调用 I2C_READ_BUFFER（读取多字节）函数得到温度数据。首先看这两个 I²C 总线驱动函数的参数，I2C_READ_BUFFER 函数有 4 个参数：器件地址（LM75A_ADD）、子地址（0x00）、数据存放的数组（buf）、读取数据的个数（2）。I2C_SAND_BYTE 函数有 3 个参数：器件地址（LM75A_ADD）、子地址（0x01）、

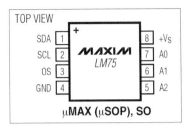

图3 LM75A 芯片的接口定义

BIT 7	BIT 6	BIT 5	BIT 4	BIT 3	BIT 2	BIT 1	BIT 0
1	0	0	1	A2	A1	A0	R/$\overline{W}$

图4 数据手册中的器件地址说明

REGISTER NAME		ADDRESS (hex)	POR STATE (hex)	POR STATE (binary)	POR STATE (℃)	READ/WRITE
Temperature	温度	00	000X	0000 0000 0XXX XXXX	—	Read only
Configuration	配置	01	00	0000 0000	—	R/W
T$_{HYST}$	滞后	02	4B0X	0100 1011 0XXX XXXX	75	R/W
T$_{OS}$	过温	03	500X	0101 0000 0XXX XXXX	80	R/W

X = 无关。

图5 数据手册中的寄存器功能说明

	UPPER BYTE 高8位							LOWER BYTE 低8位							
D15	D14	D13	D12	D11	D10	D9	D8	D7	D6	D5	D4	D3	D2	D1	D0
Sign bit 1= Negative 0 = Positive	MSB 64℃	32℃	16℃	8℃	4℃	2℃	1℃	LSB 0.5℃	X	X	X	X	X	X	X

正负号表示位　　　　　整数部分　　　　　　小数部分　　　　未使用部分

图6 数据手册中的温度寄存器说明

数据内容（1）。

接下来介绍器件地址和子地址的原理。打开"LM75 数据手册（中文）"文档，第1页有芯片的接口定义，如图3所示。第4页有接口定义说明。LM75A 有8个引脚，1、2脚是 I²C 总线接口，3脚是中断输出，4脚和8脚分别是电源的 GND 和 VCC（正极），5、6、7脚用于定义器件地址。图4所示是器件地址的位说明。在表格中有一个字节中的8个位，左边7位是器件地址，右边1位是读写标志位，默认为0。在器件地址的7位中，BIT7~BIT4 这4位是固定值1001，BIT3~BIT1 可以通过5、6、7引脚设置。引脚接高电平（VCC），对应位为1；接低电平（GND），对应位为0。从洋桃1号开发板的电路原理图上可以看到，5、6、7脚都接在高电平，即 A0~A2 都为1。将8位二进制数转换成十六进制数即得到器件地址为 0x9E，lm75a.h 文件中的器件地址 0X9E 由此得来。用引脚修改器件地址是为了方便在一条 I²C 总线中连接多个相同器件。比如在一条 I²C 总线上连接两个 LM75A，一个芯片的5、6、73个引脚都连高电平（地址是0x9E）；另一个传感器的5脚连到高电平，6、7脚连低电平（地址是0x98）。通信时给出不同的器件地址，可以分别从两个传感器中读出温度值。有3个地址引脚，最多可以在一条 I²C 总线上连接7个 LM75A。

接下来介绍子地址（寄存器地址）。"LM75 数据手册（中文）"文档的

第8页有寄存器表，如图5所示。这是 LM75A 内部寄存器，I²C 总线器件的功能都以寄存器方式呈现。比如第一项 Temperature 是温度寄存器，它有2个8位字节存放温度，子地址是 0x00。第二项 Configuration 是配置寄存器，用来设置温度传感器的功能，子地址是 0x01。过温寄存器、滞后寄存器这两个功能寄存器暂时用不到，只需要关注温度寄存器和配置寄存器。读取寄存器是通过子地址 0x00 和 0x01 实现的。比如要操作温度传感器的配置寄存器，寄存器中8个位的0或1状态对应着不同功能的开关，其中最低位 B0 的功能是工作模式，为0时温度传感器正常工作，为1时进入掉电模式。如图2第58行所示，进入掉电模式函数调用了 I2C_SAND_BYTE(LM75A_ADD,0x01,1)，其中 LM75A_ADD 是器件地址 0x9E；第2个参数是子地址 0x01，是配置寄存器的地址；第3个参数就是向配置寄存器写入数据1，使得最低位 B0 为1，进入掉电模式。

温度寄存器的子地址是 0x00，包含两个8位数据（两个字节）。LM75A 采集外部温度并转化为数据，存放在温度寄存器的两个字节里。图6所示是两个字

的功能，16位（两个字节）中高8位中最高位 D15 用来存放正负号。D14~D8 这7位存放温度的整数值，而低8位存放小数值。LM75A 芯片型号不同，精度不同，精度有 0.5℃ 和 0.125℃。精度不同也导致小数点后面的数据有所不同，有些芯片的小数部分只有1位数据（D7），低位中其他数据（D6 ~ D0）没有使用；一些高精度芯片有3位小数数据（D7~D5），低位中其他数据（D4 ~ D0）没有使用。

"LM75A 编程说明（中文）"文档第10页的温度数据对照表如图7所示，第一列是温度对应的11位二进制数，通过对比数据可以得知温度和数值的关系。如图6所示，温度数据的11个位中，每一位对应着一个温度值，把所有为1的位对应的温度值相加就是实际温度值。其中 D15 表示正负号，为0表示正数，为1表示负数。当温度为负数时，温度数值要取补码。D14~D8 为温度的整数部分，D8 表示1℃，D9 表示2℃，D10 表示4℃，直到 D14 表示64℃。比如 D12和D9 为1，其他位为0，温度结果就是 16℃ +2℃，等于18℃。如果最高位 D15 为1，即温度为负，D14~D0 取补码，哪位为0才

Temp 数据			温度值
11 位二进制数（补码）	3 位十六进制	十进制值	℃
0111 1111 000	3F8h	1016	+127.000℃
0111 1110 111	3F7h	1015	+126.875℃
0111 1110 001	3F1h	1009	+126.125℃
0111 1101 000	3E8h	1000	+125.000℃
0001 1001 000	0C8h	200	+25.000℃
0000 0000 001	001h	1	+0.125℃
0000 0000 000	00h	0	0.000℃
1111 1111 111	7FFh	−1	−0.125℃
1110 0111 000	738h	−200	−25.000℃
1100 1001 001	649h	−439	−54.875℃
1100 1001 000	648h	−440	−55.000℃

▌图 7 数据手册中的温度数据对照表

加上对应的温度（补码取反）。小数部分的原理相同，温度是正值时，D7 为 1 时，则小数部分加 0.5℃。高精度芯片的 D6 和 D5 也有效，它们对应的是 0.25℃ 和 0.12℃。当这两位为 1 时，也要加上表格中对应的数值。

我们回到程序中逐行分析，如图 2 所示。第 28 行定义 buf 数组，内部有两个字节，存放从器件读到的数据。第 29 行定义变量 t 和 a。第 30 行用 I2C_READ_BUFFER 读取温度值，器件地址为 0x9E，子地址为 0x00（温度寄存器），读出 2 个字节数据存放在 buf 数组。buf 数组的第 1 个元素 buf[0] 存放温度的整数部分，buf[1] 存放温度值的小数部分。接下来是对温度数值的转换和处理。第 31 行读取 buf[0] 的数据（温度的整数部分）送入变量 t。第 32 行把指针 *Tempbuffer 写入 0，也就是正号，先设定为正温度，然后来判断温度的最高位。第 33 行将 t 的值和 0x80 按位进行与运算，得到温度数值的最高位（D15），D15 为 1 表示温度是负值，那么将 *Tempbuffer 变为 1（负数）。如果温度为负数，则对温度数据取补码，第 35 行就是将温度数据取反后加 1 取到补码。如果是正数，则不需要第 33 ~ 36 行的取补码程序。接下来是对温度数值的

计算。第 37 ~ 43 行将温度数值的每一位单独取出来。哪一位为 1 则将 a 的值加上对应的温度数据，最低位（D8）加 1℃，最高位（D14）加 64℃。第 44 行将指针 Tempbuffer 地址加 1，第 45 行把 a 的值写入指针的下一个地址处。第 47 行将温度值的小数部分送到变量 t，第 48 ~ 50 行用同样的原理相加每一位数据对应的小数值。第 51 行将指针 Tempbuffer 地址加 1，把 a 的值写入指针的下一个地址处，这样就完成了一次温度读取。最终得到 3 个字节的数据，第一个字节是正负号，第 2 个字节是温度整数部分，第 3 个字节是温度小数部分。数值以十进制表示，温度传感器的取值范围是 -55~+125℃。

最后看 main.c 文件，如图 8 所示。看一下器件驱动函数如何在主程序中调用。第 22 行声明了 lm75a.h 文件，主程序开始部分第 29 行调用了 I²C 总线初始化函数 I2C_Configuration，在主循环中第 42 行调用了温度传感器的读取函数 LM75A_GetTemp，参数使用在第 25 行定义的 3 个字节数组 buffer，存放温度值的正负号、

```
17  #include "stm32f10x.h" //STM32头文件
18  #include "sys.h"
19  #include "delay.h"
20  #include "TM1640.h"
21
22  #include "lm75a.h"
23
24  int main (void){//主程序
25      u8 buffer[3];
26      u8 c=0x01;
27      RCC_Configuration(); //系统时钟初始化
28
29      I2C_Configuration();//I²C初始化
30
31      TM1640_Init(); //TM1640初始化
32      TM1640_display(0,20); //初始显示内容
33      TM1640_display(1,20);
34      TM1640_display(2,20);
35      TM1640_display(3,20);
36      TM1640_display(4,20);
37      TM1640_display(5,20);
38      TM1640_display(6,20);
39      TM1640_display(7,20);
40
41      while(1){
42          LM75A_GetTemp(buffer); //读取LM75A的温度数据
43
44          TM1640_display(0,buffer[1]/10); //显示数值
45          TM1640_display(1,buffer[1]%10+10);
46          TM1640_display(2,buffer[2]/10);
47          TM1640_display(3,buffer[2]%10);
48
49          TM1640_led(c); //与TM1640连接的8个LED全亮
50          c<<=1; //数据左移  流水灯
51          if(c==0x00)c=0x01; //8个LED显示完后重新开始
52          delay_ms(150); //延时
53      }
54  }
55
```

▌图 8 main.c 文件的内容

整数部分、小数部分。第 44 ~ 47 行在数码管上显示温度。数组第 0 位（正负号）在数码管显示中没有使用，温度整数部分在第 44 ~ 45 行被 "/" 和 "%" 运算分开成十位和个位，显示在数码管左边两位。温度小数部分在第 46 ~ 47 行分成十位和个位，显示在数码管左边 3、4 位。如此就完成了温度的采集和显示。程序运行到第 42 行就会从 LM75A 器件读取最新的温度数据并刷新数组。在未来的编程开发中，大家只要在自己的程序中加入 LM75A_GetTemp 函数，参数给出 3 个字节的数组，就能使用数组中的温度数据。需要注意：主函数之所以没有声明 i2c.h 文件，是因为在 lm75a.h 文件中已经声明了，无须重复声明。lm75a.c 文件中没有初始化函数，因为器件只读温度值。如果使用芯片中的滞后与过温功能，则需要编写初始化函数。🅧

ESP8266 开发之旅 网络篇（4）

扫描 Wi-Fi 网络 —— ESP8266WiFiScan 库的使用

▎单片机菜鸟博哥

▎**前言**

想让手机连上一个 Wi-Fi 热点，我们需要打开手机设置里面的 Wi-Fi 设置功能，然后在里面的 Wi-Fi 热点列表中选择我们想要的连接的 Wi-Fi。一般情况下，我们只要打开手机中的 Wi-Fi 功能，就会发现附近有很多 Wi-Fi 热点（连接有风险，大家需谨慎），那么手机是怎么知道附近的 Wi-Fi 的呢？

通常，无线网络提供的 Wi-Fi 热点，大都开放了 SSID 广播（上一期笔者讲过 Wi-Fi 热点也可以隐藏），扫描 Wi-Fi 网络（Scan Wi-Fi）的功能就是扫描出附近所有 Wi-Fi 热点的 SSID 信息，这样一来，客户端就可以根据需要选择不同的 SSID，连接对应的无线网络。

▎**扫描 Wi-Fi 网络功能**

扫描 Wi-Fi 网络一般需要几百毫秒才能完成。而扫描的过程包括触发扫描过程、等待完成和提供结果。ESP8266Wi-Fi Scan 库提供了两种方式实现上面的扫描过程。

（1）同步扫描。通过单个函数在一次运行中完成，需要等待完成所有操作才能继续运行下面的操作。

（2）异步扫描。把上面的过程分成几个步骤，每个步骤由一个单独函数完成，我们可以在扫描过程中执行其他任务。

学过多线程的读者应该都知道同步和异步的区别，这里不再细说，感兴趣的读者可以自行了解相关内容。

▎**ESP8266WiFiScan库**

有了前面的理论基础，下面我们开始详解一下 ESP8266 扫描 Wi-Fi 网络专用库——ESP8266WiFiScan 库，大家

使用的时候不需要 #include<ESP8266WiFiScan.h>，只需要 #include<ESP8266WiFi.h> 即可。

对于 ESP8266WiFiScan 类库的描述，我们可以将其拆分为两个部分。

（1）扫描操作。

（2）获取扫描结果。

讲解之前，大家先浏览一下图 1 所示的思维导图，对 ESP8266WiFiScan 库有一个整体认识。

1. 扫描操作方法

（1）scanNetworks

函数说明如下。

```
/* 同步扫描周边有效 Wi-Fi 网络
 * @param async   是否启动异步扫描
 * @param show_hidden 是否扫描隐藏网络
 * @param channel 是否扫描特定通道，0 代表扫描所有通道
 * @param ssid*  是否扫描特定的 SSID，NULL 代表扫描所有的 SSID
 * @return 返回扫描到的网络数量
```

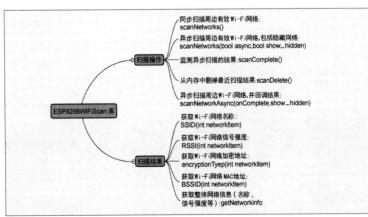

▎**图 1　ESP8266WiFiScan 库的思维导图**

```
*/
int8_t scanNetworks(bool async = false, bool show_hidden =
false, uint8 channel = 0, uint8* ssid = NULL);
```

应用实例如下。这只是部分代码，不能直接使用。

```
int n = WiFi.scanNetworks();//不需要填任何参数
Serial.println("scan done");if (n == 0) {
    Serial.println("no networks found");
} else {
    Serial.println("networks found");
}
```

（2）scanNetworks(async)

函数说明如下。

```
/* 异步扫描周边有效 Wi-Fi 网络
   参数讲解与同步扫描相同
 */
int8_t scanNetworks(bool async = false, bool show_hidden =
false, uint8 channel = 0, uint8* ssid = NULL);
```

应用实例如下。这只是部分代码，不能直接使用。

```
WiFi.scanNetworks(true);// print out Wi-Fi network scan
result uppon completionint n = WiFi.scanComplete();if(n >=
0){
  Serial.printf("%d network(s) found\n", n);
  for (int i = 0; i < n; i++){
    Serial.printf("%d: %s, Ch:%d (%ddBm) %s\n", i+1, WiFi.
SSID(i).c_str(), WiFi.channel(i), WiFi.RSSI(i), WiFi.
encryptionType(i) == ENC_TYPE_NONE ? "open" : "");
  }
  // 打印一次结果之后把缓存中的数据清掉
  WiFi.scanDelete();
}
```

（3）scanNetworksAsync

函数说明如下。

```
/* 异步扫描周边有效 Wi-Fi 网络，并回调结果
 * @param onComplete 当扫描结束时执行事件处理器
 * @param show_hidden 是否扫描隐藏网络
 */
void scanNetworksAsync(std::function<void(int)> onComplete,
bool show_hidden = false);
```

应用实例如下。

```
#include "ESP8266WiFi.h"
void prinScanResult(int networksFound){
```

```
  Serial.printf("%d network(s) found\n", networksFound);
  for (int i = 0; i < networksFound; i++)
  {
    Serial.printf(" %d: %s, Ch:%d (%ddBm) %s\n", i + 1,
WiFi.SSID(i).c_str(), WiFi.channel(i), WiFi.RSSI(i), WiFi.
encryptionType(i) == ENC_TYPE_NONE ? "open": " ");
  }
}
void setup(){
  Serial.begin(115200);
  Serial.println();
  WiFi.mode(WIFI_STA);
  WiFi.disconnect();
  delay(100);
  WiFi.scanNetworksAsync(prinScanResult);
}
void loop() {}// 应该会打印如下类似的显示 //5 network(s)
found//1: Tech_D005107, Ch:6 (-72dBm)//2: HP-Print-A2-
Photosmart 7520, Ch:6 (-79dBm)//3: ESP_0B09E3, Ch:9 (-89dBm)
open//4: Hack-4-fun-net, Ch:9 (-91dBm)//5: UPC Wi-Free, Ch:11
(-79dBm)
```

（4）scanComplete

函数说明如下。

```
/* 检测异步扫描的结果
 * @return 扫描结果
 * -1 如果没有扫描到，返回 -1
 * -2 如果没有触发扫描，返回 -2
 */
int8_t scanComplete();
```

（5）scanDelete

函数说明如下。

```
// 从内存中删除最近的扫描结果
void scanDelete();
```

注意

如果不删除，将会叠加上次扫描的结果！

2. 扫描结果方法

（1）SSID

函数说明如下。

```
/* 获取 Wi-Fi 网络名字
```

```
* @param i 指定要从哪个网络项获取信息
* @return 返回网络扫描列表中指定项目的 SSID 字符串
*/
String SSID(uint8_t networkItem);
```

（2）RSSI

函数说明如下。

```
/* 获取 Wi-Fi 网络信号强度
* @param i 指定要从哪个网络项获取信息
* @return 网络扫描列表中指定项的 RSSI 无符号值
*/
int32_t RSSI(uint8_t networkItem);
```

（3）encryptionType

函数说明如下。

```
/* 获取 Wi-Fi 网络加密方式
* @param i 指定要从哪个网络项获取信息
* @return 网络扫描列表中指定项的加密方式
* ...802.11 加密协议的映射关系 ...
*    AUTH_OPEN        ---->      ENC_TYPE_WEP  = 5,
*    AUTH_WEP         ---->      ENC_TYPE_TKIP = 2,
*    AUTH_WPA_PSK     ---->      ENC_TYPE_CCMP = 4,
* ... 此外，7、8 这两种在 802.11-2007 协议作为保留项存在 ...
*    AUTH_WPA2_PSK    ---->      ENC_TYPE_NONE = 7,
*    AUTH_WPA_WPA2_PSK ---->     ENC_TYPE_AUTO = 8
*/uint8_t encryptionType(uint8_t networkItem);
```

（4）BSSID

函数说明如下，这里有两种方式。

```
/* 获取 Wi-Fi 网络的 MAC 地址
* @param i   指定要从哪个网络项获取信息
* @return uint8_t *   扫描网络的物理地址
*/
uint8_t * BSSID(uint8_t networkItem);
/* 获取 Wi-Fi 网络的 MAC 地址
* @param i   指定要从哪个网络项获取信息
* @return uint8_t *  扫描网络的物理地址
*/
String BSSIDstr(uint8_t networkItem);
```

（5）getNetworkInfo

函数说明如下。

```
/* 获取指定网络的信息，如名字、信号强度等
* @param networkItem uint8_t  指定网络
```

```
* @param ssid  const char**  SSID 字符串
* @param encryptionType uint8_t *  加密方式
* @param RSSI int32_t *  信号强度
* @param BSSID uint8_t **  MAC 地址
* @param channel int32_t *  信道
* @param isHidden bool *  是否隐藏
* @return  返回值为真
*/
bool getNetworkInfo(uint8_t networkItem, String &ssid,
uint8_t &encryptionType, int32_t &RSSI, uint8_t* &BSSID,
int32_t &channel, bool &isHidden);
```

> **注意**
> 参数前面多数加了"&"，这意味着调完函数后外面获取到详细信息。

（6）channel

函数说明如下。

```
// 获取 Wi-Fi 网络通道的编号
int32_t channel(uint8_t networkItem);
```

（7）isHidden

函数说明如下。

```
/* 判断 Wi-Fi 网络是否是隐藏网络
* @param networkItem  指定要从哪个网络项获取信息
* @return bool (true == hidden)
*/bool isHidden(uint8_t networkItem);
```

实例操作

上面讲了一堆理论知识，下面我们开始讲解操作实例，笔者尽量在代码中进行了注释，大家直接看代码就好。

1. 操作实例1：同步扫描

实例代码如下。

```
//STA 模式下，演示同步扫描 Wi-Fi 网络功能
#include <ESP8266WiFi.h>
// 以下 3 个定义为调试定义
#define DebugBegin(baud_rate)    Serial.begin(baud_rate)
#define DebugPrintln(message)    Serial.println(message)
#define DebugPrint(message)      Serial.print(message)
void setup() {
  // 设置串口波特率，以便打印信息
  DebugBegin(115200);
```

```
  // 为了演示效果，延时 5s
  delay(5000);
  // 我不想别人连接我，只想做个站点
  WiFi.mode(WIFI_STA);
  // 断开连接
  WiFi.disconnect();
  delay(100);
  DebugPrintln("Setup done");
}
void loop() {
  DebugPrintln("scan start");
  // 同步扫描，等待返回结果
  int n = WiFi.scanNetworks();
  DebugPrintln("scan done");
  if (n == 0){
    DebugPrintln("no networks found");
  }else{
    DebugPrint(n);
    DebugPrintln("networks found");
    for (int i = 0; i < n; ++i){
      DebugPrint(i + 1);
      DebugPrint(":");
      // 打印 Wi-Fi 账号
      DebugPrint(WiFi.SSID(i));
      DebugPrint(",");
      DebugPrint(String("Ch:")+WiFi.channel(i));
      DebugPrint(",");
      DebugPrint(WiFi.isHidden(i)?"hide":"show");
      DebugPrint("(");
      // 打印 Wi-Fi 信号强度
      DebugPrint(WiFi.RSSI(i));
      DebugPrint("dBm");
      DebugPrint(")");
      // 打印 Wi-Fi 加密方式
      DebugPrintln((WiFi.encryptionType(i) == ENC_TYPE_
NONE)?"open":"*");
      delay(10);
    }
  }
  DebugPrintln("");
  // 延时 5s 之后再次扫描
  delay(5000);
}
```

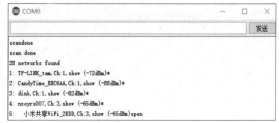

图 2 同步扫描测试结果

测试结果如图 2 所示，这些就是笔者附近潜在的 Wi-Fi 热点。

2. 操作实例2: 异步扫描方式1

实例代码如下。

```
//STA 模式下，演示异步扫描 Wi-Fi 网络功能
#include <ESP8266WiFi.h>
// 以下 3 个定义为调试定义
#define DebugBegin(baud_rate) Serial.begin(baud_rate)
#define DebugPrintln(message) Serial.println(message)
#define DebugPrint(message) Serial.print(message)
// 定义一个扫描时间间隔
#define SCAN_PERIOD 5000long lastScanMillis;
void setup() {
  // 设置串口波特率，以便打印信息
  DebugBegin(115200);
  // 为了演示效果，延时 5s
  delay(5000);
  // 我不想别人连接我，只想做个站点
  WiFi.mode(WIFI_STA);
  // 断开连接
  WiFi.disconnect();
  delay(100);
  DebugPrintln("Setup done");
}
void loop() {
  long currentMillis = millis();
  // 触发扫描
  if (currentMillis - lastScanMillis > SCAN_PERIOD){
    WiFi.scanNetworks(true);
    Serial.print("\nScan start ...");
    lastScanMillis = currentMillis;
  }
  // 判断是否有扫描结果
```

```
int n = WiFi.scanComplete();

if(n >= 0){

    Serial.printf("%d network(s) found\n", n);

    for (int i = 0; i < n; i++){

        Serial.printf("%d: %s, Ch:%d (%ddBm) %s\n", i+1,
WiFi.SSID(i).c_str(), WiFi.channel(i), WiFi.RSSI(i), WiFi.
encryptionType(i) == ENC_TYPE_NONE ? "open" : "");

    }

    // 打印完一次扫描结果之后，删除内存中保存的结果

    WiFi.scanDelete();

  }

}
```

测试结果如图 3 所示。

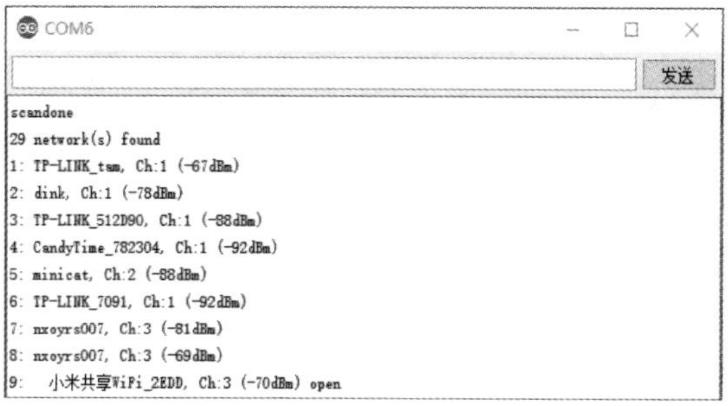

3. 操作实例3：异步扫描方式2

实例代码如下。

```
//STA 模式下，演示异步扫描 Wi-Fi 网络功能

#include <ESP8266WiFi.h>

// 以下 3 个定义为调试定义

#define DebugBegin(baud_rate) Serial.begin(baud_rate)

#define DebugPrintln(message) Serial.println(message)

#define DebugPrint(message) Serial.print(message)

/* 打印扫描结果

 * @param networksFound 结果个数

*/void prinScanResult(int networksFound){

 Serial.printf("%d network(s) found\n", networksFound);

  for (int i = 0; i < networksFound; i++)

  {

      Serial.printf("%d: %s, Ch:%d (%ddBm) %s\n", i + 1,
WiFi.SSID(i).c_str(), WiFi.channel(i), WiFi.RSSI(i), WiFi.
encryptionType(i) == ENC_TYPE_NONE ? "open" : "");

  }

}

void setup() {

  // 设置串口波特率，以便打印信息

  DebugBegin(115200);

  // 为了演示效果，延时 5s

  delay(5000);
```

图 3 异步扫描方式 1 测试结果

```
  // 我不想别人连接我，只想做个站点

  WiFi.mode(WIFI_STA);

  // 断开连接

  WiFi.disconnect();

  delay(100);

  DebugPrintln("Setup done");

  Serial.print("\nScan start ... ");

  WiFi.scanNetworksAsync(prinScanResult);

}

void loop() {

}
```

测试结果如图 4 所示。

总结

扫描 Wi-Fi 网络其实不是很复杂的功能，主要分同步扫描和异步扫描两种，一般情况下，笔者建议采用异步扫描的方式，这样不影响代码运行。

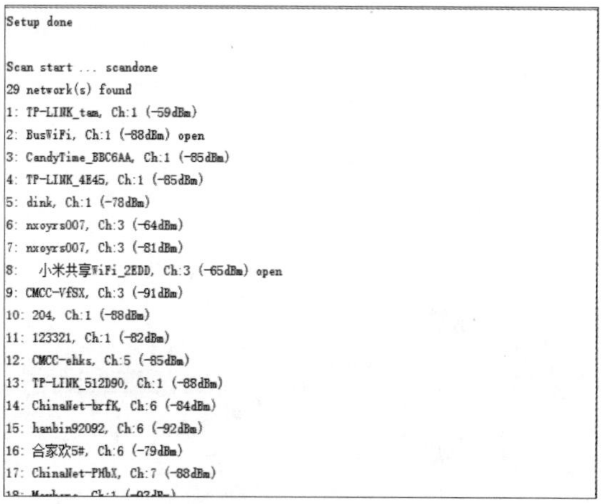

图 4 异步扫描方式 2 测试结果

初学者创客项目
供电方案的选择与设计

▎杨威

我们知道,大多数电子设备需要供电才可以正常工作。电源就是为电子设备供电的装置。小到点亮一个LED,大到大型电子项目研发,电源是任何电子系统绕不开的话题,让初学者困惑,让研发者纠结,可谓是电子设计领域的大难点。

讲到电源,就不得不提一下庞大的电源家族中纷杂的成员构成了。我们可以先根据电源性质的不同将电源分为交流电源和直流电源两大类(见图1)。

▎交流电源

交流电源是日常使用最多的电源,基本上是市电网供电,通过插座、插头使家用电器与可携式小型设备通电工作。

市电网提供的交流电压幅度为220V,频率为50Hz。早年,在用电高峰期时,电网电压就会被拉低,供电电压不稳定,造成电器设备不能正常使用。随着经济的发展,电网供电愈发成熟,然而各种电子设备性能也大幅提高,稳定的交流供电需求不断增多。直接使用交流电网供电已不能满足很多电子设备的用电要求,特别是计算机技术应用到各个领域后,对优质交流电源的需求越来越大。具有恒压伏安特性的交流稳压电源应运而生并不断被应用到越来越多的领域。

交流稳压电源很多朋友可能不大了解,但是音响发烧友们一定不会对它陌生。因为以音质著称的胆机所匹配的电源通常就是优质的交流稳压电源(见图2)。"胆机"指的是电子管功率放大器,它是音响业界古老而经久不衰的常青树,胆机的特点是声音温暖耐听、柔和自然。电子管动态范围大,线性好,绝非其他元器件所能轻易替代,而电子管又以交流供电声音最优。胆机的情怀需要靠交流稳压电源保驾护航,一台优质的交流稳压电源是胆机在音质上傲视群雄的最佳拍档。

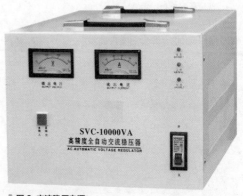

▎图2 交流稳压电源

▎直流电源

将交流市电转换为电子设备需要的低压直流电常常需要稳压电源,这种稳压电源称为直流稳压电源,广泛应用于各种电子设备。

相比于依赖市电网的交流电源,直流电源是我们在便携设备以及电子项目开发中更常接触的供电装置。它可以使电路中形成并维持稳恒的电压、电流,有着电子设计者最熟悉的 VCC 和 GND。

直流电源可分为化学电源和直流稳压电源两大类。下面分别进行介绍。

1. 化学电源

化学电源也就是如干电池、动力电瓶、手机电池、模型电池等我们常称的各种电

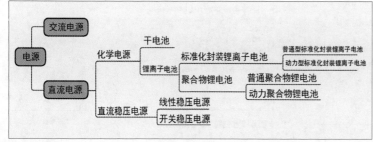

▎图1 电源种类

池，具有便携轻质的优点，广泛用于便携式设备以及运动设备供电。

这类电源在内部将化学能转化为电能，随着使用时间变长，化学电池电量通常会逐渐降低，需要使用者及时充电。而随着充放电次数的增加，电池的性能也会逐渐降低。相比于将市电转化为低压直流电的直流稳压电源，各类电池通常拥有更加广泛的应用以及更加灵活的选择空间。

在电子设计项目中，电池供电是很多便携式项目的首选，更是小车、无人机等动力设计的必选。无论是一次性电池，还是各种材料的可充电电池，有几个参数是选购电池时不容忽视的。

常说的"C数"就是电池的放电倍率，表示电池放电速度，可以用来衡量电池放电快慢。电池的C数决定了电池放电能力，也是普通聚合物锂电池与动力聚合物锂电池最根本的区别所在。相同容量的电池，C数高的最大放电电流就大。

之所以在描述最大放电电流时强调相同容量的电池，就是因为决定电池放电电流的，除了电池的C数外，还要考虑电池容量。电池容量是衡量电池性能的另一个重要指标，它表示在一定条件（放电率、温度、终止电压等）下电池放出的电量，这通常需要使用专业测试仪器测量，电池的容量通常以"毫安时"（mAh）为单位。一块电池，即使拥有很高的放电C数，容量不足的情况下也无法为用电器提供更大的电流。将电池并联是增大电池容量的常用方法。而大容量的电池通常也意味着不小的体积，平衡好容量与体积需求是选择合适电池的必修课。

电池可提供的动力大小与电池放电电流的大小息息相关，电池的最大放电电流等于电池放电倍率与电池容量的乘积。选择电池时要同时考虑这两个重要参数，尤其是动力锂电池，在实际选择时，一味追求高C数的电池并不一定能得到足够的带

载能力，只有综合考虑容量与放电倍率才能选到合适的电池。

最广为人知的就是大街小巷随处可以买到的干电池，这是商品级电子产品最常见用的供电方式。无论是从研发成本的角度还是电池稳定性的角度，抑或是品牌兼容性的角度，碱性干电池都是极具性价比的选择。普及率高且品类丰富的优点让它成为最受买家市场欢迎的供电方式。

早年，一次性电池以碳性干电池为主，但由于碳性干电池外壳由金属锌构成，锌制外壳与中心碳棒构成正负极，放电过程中锌外壳不断发生化学腐蚀，所以碳性干电池非常容易损坏，放电电流较小，长时间使用或存放也十分容易发生电解质泄漏问题。并且碳性干电池中含有镉，必须妥善回收，随意丢弃会对环境造成损害，所以它后来逐渐被碱性干电池代替。

一次性碱性干电池的出现解决了碳性干电池带来的电池环保难题，还可以承担更大电流的放电任务，适合长时间使用和存放，众多优点使得碱性干电池逐渐替代碳性干电池成为主流。

碱性电池的内阻比普通碳性干电池小，电池容量大，适用于闪光灯、玩具汽车、高功率手电等高功率应用，是目前性能比较好的一次性电池。它的内阻确实比镍氢、镍镉电池的内阻大点，但镍氢、镍镉电池属于可充电的二次电池，镍氢、镍镉电池的单体端电压也低于碱性干电池的。

干电池的供电手段通常是借由电池盒将单节标准电压为1.5V的电池串联，从而达到电压需求。使用者可根据自己所需，选择合适的电池盒。如常见的2AA电池盒适合供电电压为3V的设计，4AA电池盒适合供电电压为6V的设备。图3、图4所示是几种常见的干电池与电池盒。

一次性电池固然方便易得，可人们在条件允许的情况下总是更倾向于可以重复充放电的电池，近年来随着电子设备的爆炸式发

展，可充电电池供电方案越来越多。可充电电池具有维护简单、节约资源的优势。市面上可充电电池以镍氢电池和锂离子电池（通常简称为锂电池）为代表。其中锂离子电池又在可充电电池领域占据主要地位。

锂离子电池中最常见的18650、16340等标准化封装的锂离子电池，使用方式与一次性碱性干电池相似，单节电压在3.7V左右，也可以借助电池盒等进行串联得到所需电压，几乎可以完美替代一次性碱性干电池。

正如之前所说的，锂离子电池分为动力型和普通型两种，相似外形下可能是不一样的灵魂，在购买时一定要注意。别人的18650锂离子电池能让无人机上天，而你的18650锂离子电池只能给手电供电，并不代表你买了假货，可能只是购买时少看了介绍一眼。

总体来说，以18650为代表的一众标准化封装的锂离子电池应用广泛，通常作

图3 几种常见的干电池

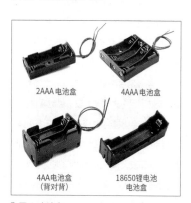

图4 电池盒

为 N20 电机小车或小型玩具模型的供电方案，动力型 18650 锂离子电池甚至是电动自行车和部分电动汽车的动力方案。不过它也具有一定局限性，体积大、质量重是绕不开的话题，一些对体积以及带载能力有要求的设计就不适合使用这些标准化封装的锂离子电池了。图 5 所示是 18650 标准封装锂离子电池。

至于充电部分，使用 TP4056 芯片就可以完成充电电路设计，网上也有大量成品充电模块售卖，使用起来也非常方便。

若想兼顾体积进行设计，除了上述电池外，还可以选择聚合物锂电池（又称高分子锂离子电池），它是用铝塑复合薄膜制造电池外壳的凝胶状电解质电池。聚合物锂电池也分为普通型和动力型两大类，普通的聚合物锂电池有常见的手机电池、玩具 / 模型电池等；动力型聚合物锂电池有无人机电池、大型模型电池、中大型小车电池等。

电子设备轻薄化已经成为趋势，聚合物锂离子电池小型化、薄型化、轻量化的特点使其成为小体积便携式电子项目供电方案的不二选择。聚合物锂电池还具备容量密度大、寿命长、内阻小等特点，其铝塑软包装的外壳设计相比金属外壳的电池来说安全性能也得到了质的提升。众多优势使其在应用领域扮演着越来越重要的角色（见图 6）。

单片聚合物锂电池电压通常为 3.7V 左右，体积根据容量的不同有众多选择，很多厂家也支持定制，这也是聚合物锂电池的应用更加灵活百搭的根本原因，不过普通型聚合物锂电池，单片最大放电电流小于动力型锂聚合物电池，带载能力通常不强，无法满足中大型动力设备供电需求。

普通聚合物锂电池无法正常驱动电机等高功耗设备。动力型标准化封装锂离子电池体积、质量较大，不适合对带载能力要求严格的小车和无人机项目。而无人机、航模的设计作为电子设计的热门领域，也有其适配

图 5 18650 标准封装锂离子电池

图 6 聚合物锂电池

的电池项目选择，动力聚合物锂电池和镍氢电池都是适合它们使用的电池。

动力聚合物锂电池和镍氢电池对于动力项目的研发来说是最合适的选择。镍氢电池具有良好的耐过充、过放能力，不存在重金属污染问题，而且在工作过程中可以实现密封设计、免维护。不过镍氢电池有着明显的短板：容量密度较低，同样容量下电池体积较大。此外，镍昂贵的价格使镍氢电池在与聚合物锂电池的竞争中渐露下风。如今镍氢电池已经慢慢退出主流动力电池的行列。

动力聚合物锂电池是可以为电机等动力装置提供动力的电池，与普通可充电聚合物锂电池不同，其具有更高的放电倍率，最高可达 12 ~ 50C，这也是其高带载能力的原因之一。

上文介绍过，电池最大放电电流与电池容量和放电倍率有关，但放电倍率与电池容量通常无法兼顾，一味追求高放电倍率、忽略容量也是不可取的。一块 4200mAh 的动力电池可以在短短几分钟

内将电量放光，但是相同容量的普通电池完全做不到，因此普通电池的放电能力完全无法与动力电池相比。动力电池与普通电池最大的差别，在于其放电功率更大，比能量高，能量密度也更大。动力型电池的主要用途是为动力系统供给能源，所以相较于普通电池要有更高的放电功率。

简单了解过可充电电池的种类与区别，我们来具体探讨一下常用聚合物锂电池的使用以及维护。关于聚合物锂电池的维护，各类"知识"真假难辨，在这里也简单地做一下介绍，去伪存真，供大家参考。

聚合物锂电池第一次充电并不用激活，更不用特意充很长时间，充满即可。电池充满电的时间看电池自身剩余电量的多少。第一次放电也不用放光，放光意味着聚合物锂电池过放。过充、过放对电池的伤害反而更大，容易产生鼓包的现象，甚至形成安全隐患。

一般情况下，电池的充电环境温度允许范围为 0 ~ 45℃，放电环境温度允许范围为 -10 ~ 60℃，电池表面温度高于 60℃ 时，最好暂停使用，等电池温度下降后再用，或者选用性能更佳的电池或容量、型号规格。不过聚合物锂电池产品种类繁杂，关于使用温度区间的具体参数还应以厂家说明为主。

为了防止过充、过放，以及防止放电电流超过产品最大放电电流（大电流放电导致放电电芯容量剧减并过热），普通的聚合物锂电池通常会采用电池保护板，顾名思义就是保护电池的电路板，其作用是保证电池不过放、不过充、不过流，还有短路保护功能等。

聚合物锂电池过充、过放都会产生鼓包现象，这是电池损坏的现象之一，十分危险。电池一旦出现气胀或漏液情况就要立即停止使用，也不能想当然地通过扎眼进行放气，这样可能会造成电池内部短路，引起电池爆炸或燃烧。电池短路的危害更

是不用赘述，总之，电池保护板对聚合物锂电池来说是十分必要的辅助。

相对于对放电功率要求不高的普通聚合物锂电池，动力聚合物锂电池本身就要求短时间内大功率放电，这显然与电池保护板并不契合，确实不自带电池保护板，所以使用动力聚合物锂电池需要更加注意电池容量。动力聚合物锂电池一般会配合电池电量报警器使用，以免电池过放发生损坏，所以使用动力聚合物锂电池时，更需要使用者对电池重要参数有一定敏感性，动力聚合物锂电池放电不能超过参数要求的最大放电倍率，否则会严重影响电池的性能甚至直接导致电池损坏，电池损坏后修复的可能性非常小，无论是从经济的角度还是从安全的角度出发，放电倍率（C数）和容量都是使用动力聚合物锂电池不能忽视的参数。

同样，对于没有电池保护板的动力聚合物锂电池，充电也不能像普通聚合物锂电池一样随意。恒流充电，电流不能超过1C；恒压充电，单节电压不能超过4.2V，条件允许的情况下建议以0.5C左右电流恒流充电，市面上大多数动力聚合物锂电池充电设备是专用的智能平衡充电器，这种仪器可以在充电的环节保证电池不过充，对电池组也可以进行分片充电。科学控制每片电池的充电状态，也能防止电池组单片电池间出现相互充电的现象。

使用简易充电器的朋友就要多注意一些了，锂电池一般会在2h左右充满电，为了安全起见，切记要在监护下进行充电，充满后立即切断电源，避免发生危险。

说完使用的注意事项后还要多说一句关于锂电池存储的小知识，如果较长时间不使用的话，最好的方法并不是将电池充满存储。锂电池最佳存放电压是单片3.8～3.85V，再次使

用时需要充满电再使用，这样做可以有效避免电池出现胀气现象，尽可能维持电池性能。长时间不用的锂电池，先小电流充电、放电试用，以调节电池达到最佳状态，当然，长时间未用的锂电池使用简易充电器的话更要多注意一下。如放置超过3个月，有条件的建议定期检查电压，低于最佳电压后及时为锂电池充电。锂电池的存储环境相信大家多多少少有些了解，比如不能与金属一起存放，不可挤压或是用尖锐的物体划戳，电池的最佳储存环境温度为20～25℃，相对湿度为50%～70%。尽量选择干燥阴凉的地方，避免阳光直射这些基本的用电常识在这里也不一一赘述，总之，锂电池发出异味、发热、变色、变形、噪声、漏液或在使用、储存、充电过程中出现任何异常，都要立即停用并将锂电池从装置或充电器中移开。

2. 直流稳压电源

前文提到过，将交流市电转换为电子设备需要的低压直流电所需的稳压电源被称为直流稳压电源。调整管是稳压电源中的输出功率管，在稳压电源电路中相当于可变电阻，随着输入电压的波动，调整导

图7 直流稳压电源

通程度，以达到输出稳定电压的目的。根据调整管的工作状态，我们常把稳压电源分成两类：线性稳压电源和开关稳压电源。

实验室常见的"大块头"电源大都是线性稳压电源。输出波形平滑、噪声低、电源纯净是线性稳压电源的代名词。因为调整管工作在线性区，故被称为线性稳压电源。也正是因为调整管工作在线性区，所以线性稳压电源才能拥有超低的输出电压噪声、不到350μV的输出电压纹波，这些也是线性稳压电源最大的优势。

线性稳压电源拥有极高的信噪抑制比，非常适合为对噪声敏感的小信号处理电路供电，线性稳压电源没有开关时电流变化所引发的电磁干扰，也在很大程度上方便了外围电路的设计。

线性稳压电源的主要缺点是效率不高（35%左右）、体积大，且只能用于降压的场合。效率不高也是其发热量大的根本原因，线性稳压电源通常需要结合散热片使用，更加无法兼顾体积。线性稳压电源是使用较早的一类直流稳压电源（见图7）。常见的7805等78XX系列（正电压型）、79XX系列（负电压型）、LM317、LM337以及LM1117等都是线性串联型稳压电源芯片。

近年来广泛应用的新型稳压电源是开关型稳压电源，简称开关电源，一般指输入为交流电压、输出为直流电压的AC/DC变换器。我们常使用的各类电源适配器就是开关电源的一种。

开关电源内部的功率开关管工作在高频开关状态，本身消耗的能量很低，电源效率可达75%～90%，比普通线性稳压电源效率高近一倍。开关电源效率高、体积小，以及其本身适应市电变化能力较强、输出电压可调范围宽等众多优点使其在各种领域被广泛运用。

但开关型稳压电源电路相对复杂，还存在较为严重的开关干扰，如果不采取一

定的措施对相关干扰进行抑制、消除和屏蔽，就会严重地影响整机的正常工作。此外由于开关稳压电源的振荡器没有工频变压器的隔离，干扰就会串入工频电网，使附近的其他电子仪器、设备和家用电器受到严重影响。

开关型直流稳压电源是我们最常见、也最常使用的将交流市电转换为直流电的方案，得益于随处要用的大大小小的适配器，如今，越来越多的小型家电在设计时都会选择通过 USB 口供电，这就是看中了开关电源适配器的适配性，我们在设计一套项目的有线供电方案时，如果对电源噪声需求并不严格，开关型直流稳压无疑是一个老少皆宜的优秀选择。图 8 所示为开关型直流稳压电源，图 9 所示为几种常见的电源适配器。

▌ 供电方案的选择

介绍完各类电池的分类及特点，在这里通过具体案例来详细的讨论一下供电方

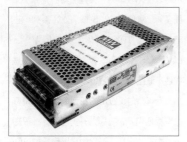

▌ 图 8 开关型直流稳压电源

▌ 图 9 电源适配器

案的选择方式，希望对朋友们的项目供电方案选择有所帮助。项目制作本是具体问题具体分析，各有所好，因此没有一个所谓的固定答案，本文观点并非权威指导意见，仅供参考。

单片机开发板以及一些学习用开发板通常带有各种类型的 USB 接口，没有便携式要求时，了解好供电电压后使用相应电源适配器就可以完成供电，虽然 Arduino、树莓派、Jetson Nano 等常用开源硬件工作电压大多为 5V，但供电问题马虎不得，一定要先看好板子的额定参数再进行操作。总之，有 USB 接口的设计如果没有特殊需求，选择一个合适的开关电源适配器就可以完成供电。

电源适配器的选择也是一个令人纠结的问题，我国市电为交流 220V，部分国家市电可能为交流 110V，支持宽电压输入的电源适配器的输入电压通常为交流 100 ~ 240V，可以安全地插在插座上。交流电本身没有正负极之说，也不存在插错造成安全隐患的问题。不同国家的市电频率也存在一定差别，欧洲国家、美国、日本、韩国的交流电频率为 60Hz，与我国 50Hz 的交流电频率不同，不过大多数情况下不影响使用。输入参数大同小异，很少有厂家会在这个地方特立独行。

电源适配器最需要注意的参数还是输出参数，输出电压决定了该电源适配器是否与用电器适配，多数情况下大家都能准确选择适合自己所需输出电压的适配器，

不过需要注意一下部分劣质的线材电阻较大，会分走用电器两端电压，使用电器工作在欠压条件下。这就是很多用电器出现工作不稳定或反复复位现象的原因。更换优质线材就可以解决。

此外，很多人在选择电源适配器时担心电流值过大会烧坏主板，其实这种担忧是完全没有必要的，输出电压一定的情况下，用电器的启动功率才能决定电流的大

小，并不是像想象中那样电源适配器固定输出标定值大小的电流。电源适配器上标定的电流值是该电源适配器能承载的最大电流值，而具体电流多少，还是由电路负载决定的。$P=UI$，通过额定电压和额定电流可以计算出该电源适配器的最大输出功率，根据欧姆定律，功率还可以表示为 $P=U^2/R$，通过公式可以看出，输出功率是由电压和负载决定的。同样，当使用劣质线材时，电路负载增大，最大功率 P 不变的情况下，电压 U 就会下降，这也是上文提到"电阻分压"的另一个论据。

成品电源适配器适合给直接留出 USB 接口的项目供电，至于需要在引脚或接线柱上供电的电路系统，如果没有便携式的需要，也不严格要求噪声干扰的话，普通的开关电源也是一个很好的选择，开关电源使用起来也很简单，零线 N 和火线 L 接对应的引脚就好，不过存在市电操作的问题，请务必注意用电安全。

最后就是比较复杂的便携式项目供电方案的选择问题了，老生常谈，首先要根据用电系统是否为动力系统来划分阵营。普通的单片机开发板供电或是点亮少量 LED 等项目，根据需求选择合适的电池盒搭配干电池或者普通锂电池即可，电池串联电压翻倍，并联容量翻倍。普通锂电池通常配有电池保护板，在安全上有一定保障，品类繁多，应用灵活，方便设计。需要注意的就是锂电池的尺寸以及容量，锂电池的尺寸对系统设计至关重要，为锂电池留出的空间过大会携带不便；过小则容易夹坏电池，也不利于散热。大规模 LED 项目需要较大电流，不建议使用普通锂电池供电。标准化封装的锂电池有带保护板的和不带保护板的两种，带保护板的虽然更加安全，但存在放不进电池盒的问题，在选择时也需要额外注意。图 10 所示是一个普通供电系统。

对于控制以舵机、电机等为代表的动

力系统的供电选择来说，电池供电要考虑的问题就比较复杂了，下面以设计一辆循迹小车为例，讲一讲电池选配的技巧。

关于镍氢电池还是动力锂电池的选择，主要还是考虑电池容量以及对体积的需求。对于简单的玩具小车或是循迹小车来说，标准化的 18650 锂电池以及镍氢电池都是不错的选择；而对于航模或无人机等对载重要求较高的项目来说，目前主流选择还是动力锂电池。图 11 所示为一个动力锂电池供电系统。

我们拟定循迹小车选择锂电池供电，一辆普通的 N20 电机两驱循迹小车工作电流并不大，普通锂电池甚至干电池都可以驱动；若是选用 TT 电机或更具动力的 370 等电机作为动力装置，就一定要选择动力锂电池。若选择动力锂电池为小车供电，首先要估算整车功耗，并权衡小车待机时间，其中不能忽视的一点是电池容量和体积是成正比的，大容量意味着更大的载重，而载重大的小车功耗也更大。所以平衡好电池容量与整车功耗是设计小车的第一步。

功率等于启动合力与速度的乘积，即 $P=Fv$，根据设计需求选择合适容量的电池。不同质量、不同运行速度，甚至不同材质的车轮都会对电池的选择产生影响。常见

的小车直流电机，如 N20 电机、TT 电机、370 电机，也是分别适合小型车、中型车、大型车的设计。目前市场上可选的电池 1S 电压为 3.7V，常使用的电压主要有 2S（7.4V）、3S（11.1V）、4S（14.8V）几种，电压越高，提供给电机的动力越足，电机转速越快。动力锂电池放电倍率一般有 20C 就可以满足需要，如前文所说，电池放电倍率与容量此消彼长，完全没必要过分追求超高倍率的放电能力，选择合适的容量和放电倍率才是科学的。

N20 电机和 TT 电机的工作电压都是常见的 5 ~ 12V，当然实际应用建议用 6 ~ 9V 最佳。选择 7.4V 的动力锂电池也就是最常见的 2S 锂电池比较安全，放电倍率选 15 ~ 20C 就完全可以满足动力需求了。

370 电机具有更大的扭矩，工作电压为 3 ~ 24V，建议工作电压为 12 ~ 16V。3S 或 4S 的动力锂电池是最常见的选择。由于动力型锂电池没有锂电池保护板，不能超过设计最大放电倍率放电，11.1V 电池以空载电压在 10.8V 以上为宜，7.4V 电池以空载电压 7.2V 以上为宜。

舵机是各种动力执行器中供电最为复杂的一个了，与各种电机不同，不同系统使用舵机的数量相差很大，舵机种类也不尽相同。以普通的 995 舵机为例，建议

工作电压为 6V，单个舵机驱动电流约为 500mA，只驱动一个的话，普通 5V 供电就可以完成，多个舵机则选用相应型号的动力型锂电池即可。

总结

根据前面的分享，相信大家对电源有了更加全面的了解，在项目设计的过程中，对电源的选择一定要有所依据，不要抱着"试"的心理，更不能想当然地选择更大功率的电源。设计需求明确后，根据各部分功率总和以及相匹配的电压值选择合适的电源才能最大限度满足项目需要，并兼顾安全。

无论是产品使用还是电力项目设计，与市电网相连的供电项目都要尽量选择三相接地插头，在日常生活中不用湿手接近插座，有效防止触电危险的发生。使用电池时一定要有意识地避免短路和反接，非特殊情况下尽量选择带保护板的电池，注意电池的充放电系数，避免过充、过放，也要避免尖锐物刺破聚合物锂电池的绝缘皮造成电池爆炸，当手中电池不再保持原有形态时一定要及时停用、更换，防止危险发生。

在电源使用问题上，安全永远是第一位要考虑的要素，强化用电安全，不只是对项目负责，更是对生命负责。❌

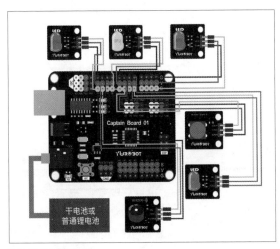

图 10 普通供电系统

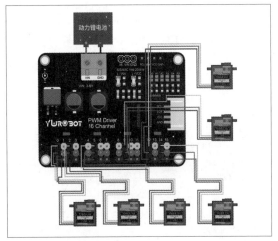

图 11 动力锂电池供电系统

漫话人工智能 **2**

神经元模型和感知机

▌闫石

其实神经网络不是什么新鲜物，几十年前就有，但是屡受挫折，现在终于枯木逢春。我们结合历史，探寻其发展轨迹，看看为什么它会有这么多波折。

人们很早就开始探求人类大脑的奥秘，试图发现智慧产生的根源。

生物科学已经揭示，人的大脑有 860 亿个神经元，神经元是最基本的神经细胞。每个神经元有多个树突，用于接受来自其他神经元的刺激信号；还有一个轴突，用于向其他神经元传递刺激（见图 1）。

神经元通过树突，接收来自于其他神经元的刺激，但并不是一接收到刺激马上就传递。这样做很有必要，如果有一点刺激就传递出去，那我们就成了癫痫患者。神经元会将这些刺激累加，和自身的阈值比较，等累加的刺激超过了阈值，才将刺激传递给其他神经元，否则就置之不理。大脑几百亿个神经元就是这么工作的。

早在 1943 年，神经学家沃伦·麦卡洛克（见图 2）和数学家沃尔特·皮茨（见图 3），就以神经元为蓝本，提出了神经元模型（见图 4）。这个模型对人类神经

图 2 沃伦·麦卡洛克

图 3 沃尔特·皮茨

元做了极大简化，它接收诸多信号，每个信号权重不同，累加后，减去神经元本身的偏置，经过阶跃函数计算，决定对外输出是 1 还是 0。

现在我们看这个模型很简单，但是它的提出具有划时代的意义。设计者麦卡洛克曾兴奋地说道，我们第一次知道了我们是怎么知道的。即便是现在，神经网络异常复杂，大型网络的神经元数量已经过亿，但最基本的神经元依旧使用这个模型。

虽然这个理论是在 1943 年提出的，但直到 1957 年，康奈尔大学的弗兰克·罗森布莱特（见图 5）才制作出了第一个

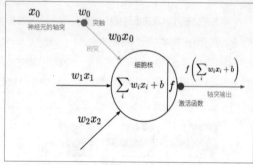

图 4 数学抽象的神经元模型

实际产品——感知机（见图 6），其本质就是十几年前的神经元模型。制作出产品原型并不难，罗森布莱特最厉害的是提出了"学习"的概念，他认为神经元模型的权值不应由人计算得来，而是神经元模型通过学习自己获得。这是开天辟地的想法，非常超前，我们现在的深度学习，思想就

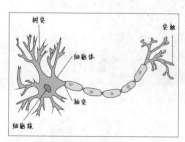

图 1 神经元的结构

图5 弗兰克·罗森布莱特

图6 感知机

是这个。

感知机只有两层结构，它是如何工作的呢？如图7所示，一个感知机接收4个二进制信号输入（x_1、x_2、x_3、x_4），使用一个简单的规则来计算输出。通常可以有更多的输入，但本例只使用4个输入来说明问题。罗森布莱特引入了权重（w_1、w_2、w_3、w_4）的概念，权重是表示相应输入对于输出重要性的参数，神经元的输出由分配权重后的总和以及神经元本身的阈值决定。

阈值是个实数，是神经元的参数，神经元通过阶跃函数计算输出。这就是感知机所做的全部工作，感知机可以认为就是根据权重做决定的设备。

注意，感知机的输入信号是二进制数，输出也是二进制数。

现在的深度神经网络，工作原理和1957年的感知机本质上没有不同，只不过层数多了、算力强了、算法完善了，仅此而已。

刚才的介绍过于数学化，我们举个例子，大家更直观地体会一下。

我们买手机，都有自己的评判标准。

购买者通常要考虑诸多条件，每一项都有各自的重要性，顾客根据自己的喜好赋予对应的权值。每个人心里都有个最起码的及格线，就是刚才说的阈值——在图7所示这个例子中是8分，如果总分超过8分，就会把这款手机列入备选行列，可以详细考察；如果总分低于8分，则会直接不考虑这款手机。

所有的买家，选心仪的手机，都遵从这个函数集合，只不过不同的人，赋予对应选项的权值不同。图8所示这个例子中的买家比较注重拍照效果，因此最后一项的权值很高；男性顾客可能注重手机的性能，对于芯片和存储容量更加看重。不管怎样，每个人对手机的选择都遵从这样一个大的模型框架。

这个例子，我想足够清晰了。

现在，我们看看感知机是如何学习的。

其实，这已经有了损失函数的萌芽，现在通常使用均方误差或者交叉熵函数，没有本质区别。

罗森布莱特是个天才，想法太超前了！

学习过程简单说一下：给定训练数据，如果分类正确，权值参数不做调整；如果

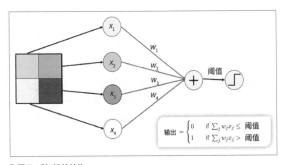

图7 感知机的结构

$$输出 = \begin{cases} 0 & \text{if } \sum_j w_j x_j \leq 阈值 \\ 1 & \text{if } \sum_j w_j x_j > 阈值 \end{cases}$$

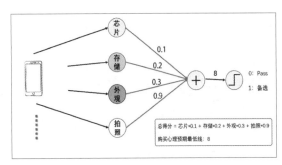

图8 买家选择手机的数学模型

总得分 = 芯片×0.1 + 存储×0.2 + 外观×0.3 + 拍照×0.9
购买心理预期最低线：8

0：Pass
1：备选

$$w_i \leftarrow w_i + \alpha(r - y)x_i \qquad (2.4)$$

$$h \leftarrow h - \alpha(r - y) \qquad (2.5)$$

α 是确定连接权重调整值的参数。α 增大则误差修正速度增加，α 减小则误差修正速度降低 ①。

感知器中调整权重的基本思路如下所示。

- 实际输出 y 与期望输出 r 相等时，w_i 和 h 不变
- 实际输出 y 与期望输出 r 不相等时，调整 w_i 和 h 的值

参数 w_i 和 h 的调整包括下面这两种情况。

1. 实际输出 $y=0$、期望输出 $r=1$ 时（未激活）
   - 减小 h
   - 增大 $x_i=1$ 的连接权重 w_i
   - $x_i=0$ 的连接权重不变
2. 实际输出 $y=1$、期望输出 $r=0$ 时（激活过度）
   - 增大 h
   - 降低 $x_i=1$ 的连接权重 w_i
   - $x_i=0$ 的连接权重不变

▍图 9 最开始出现的感知机，在数学上是如何修正参数值的，也就是它是怎样"学习"的

分类不正确，就有针对性地调整参数。

图 9 是从《图解神经网络》里截取的，详细讲述了感知机在数学上是如何修正参数的，感兴趣的读者可以细看，中心思想和现在的损失函数一样。这里的 α 就是现在的学习率（Learning-Rate）。

这里还要提到另外一个人——斯坦福大学的维德罗教授，他在 1960 年也提出了类似的神经网络产品——自适应线性神经单元（Adaline）和自适应线性神经网络，也得到了关注。自适应线性神经网络和感知机在思想上差别不大，具体区别各种资料互相矛盾，我查了很久才搞清楚。

图 10 左图所示是维德罗教授的自适应线性神经网络模型，误差计算的是未激活的求和值，而感知机的误差计算的是经过激活函数处理的求和值（见图 10 右图）；前者的损失函数是均方误差，后者的损失函数是绝对误差。此外就没什么差别了。

深度学习最基本的思想，早在 1960 年就已经具备，现在人们能想到的，人家早想到了，只是客观条件还不具备而已。我们往下看。

罗森布莱特很为自己的设计感到骄傲，

当时新闻界也对这个创举以及可能的人工智能无比憧憬，《纽约时报》在头版头条上对此进行了报道，大书特书，美国海军等部门在资金上给予大力支持，罗森布莱特本人也因为过于高调，在科学界很不受欢迎。

如果技术无懈可击，那也无所谓，有骄傲的资本，但当时罗森布莱特还是太年轻了，30 岁刚出头，他对困难估计不足，

对未来也过于乐观。感知机虽然想法超前，但在技术上还存在很大问题。

感知机本质上是一个二分类器：输出 0 表示类别 1，输出 1 表示类别 2，但是它只能对线性可分的数据进行分类，一旦数据本身是线性不可分的，它就没有能力处理。

这极大地限制了感知机的应用范围。在逻辑运算角度，它可以实现与门、或门、非门、与非门的运算，但对于异或门就束手无策。这样说可能比较抽象，我们看图 11。

对于图 11 左侧的线性可分数据，感知机就可以正确分类；对于图 11 右侧的线性不可分数据，感知机只能爱莫能助。

计算机界泰斗马文·明斯基（见图 12）在 1969 年出版了一本书《感知机》，专门指出了感知机的技术缺陷，各种机构

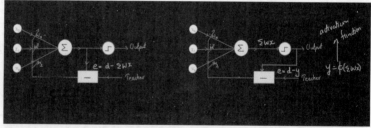

▍图 10 自适应线性神经网络（左）和感知机（右）的数学差异

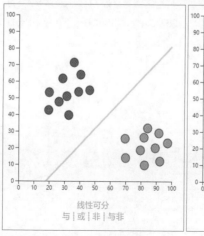

线性可分
与 | 或 | 非 | 与非

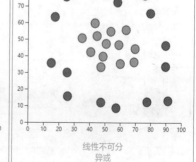

线性不可分
异或

▍图 11 线性可分数据和线性不可分数据

图12 马文·明斯基

训练的方法，理论上也得到了证明，就是只要数据线性可分，一定可以收敛得到适合的参数。

但如果是多层感知机，哪怕只增加了一层，该理论就会立即失效，因为它只能训练一层权值参数，不能对全体权值参数进行训练。

请看图13左侧图，罗森布莱特的算法，可以学习得到红色线上的权值参数；但增加了网络层数后，图13右侧图中橙色线上的权值参数，没有办法通过训练学习到，导致模型不可用。

同样的问题，维德罗教授也遇到了，他制作了3层模型，叫作MadLine，同样无法解决模型权值参数的学习问题。

深度学习的三大要素是算力、数据和算法。虽然三者都不可缺，但相对而言，还是算法更重要，没有算法，有再强的算力、再多的数据也没办法处理。

现在我们知道利用梯度下降和反向传播可以训练整个网络，但当时没有算法支撑，导致神经网络基本无用，被打入冷宫。人工智能进入第一次寒冬。⊗

逐渐停止对感知机和神经网络的研究。罗森布莱特这位天才最终英年早逝，有传言说是自杀身亡，年仅43岁。

单层感知机虽然能力有限，但多层网络可以实现异或运算，可以解决线性不可分数据的分类。既然如此，大家会想，那就增加层数呗，但事实上没这么简单。

对于单层感知机，罗森布莱特提出了

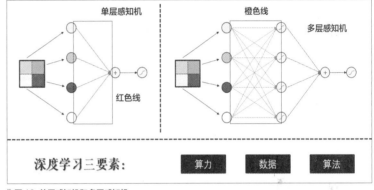

图13 单层感知机和多层感知机

微型相机背包

华盛顿大学的一组研究人员设法制造了一个实时流式无线摄像头，这种摄像头非常小，即使是昆虫也可以戴上它。这款背包相机被称为"甲虫的GoPro"，它带有一个可操纵的微型摄像头，可以以1~5帧/秒的速度传输视频，相机装置重量仅为250mg。

研究人员在研究中复制了自然界中苍蝇如何看待世界的方式。背包相机使用了超低功耗黑白相机，该相机通过机械臂可平移60°。施加电压后，手臂会弯曲，并且可以在回到初始位置之前在新位置停留1min。

鉴于其尺寸和低功耗设计，摄像机的流传输能力同样受到限制，蓝牙连接的最大距离约为120m，这要求远程操作员始终与摄像机保持非常近的距离。相机可以运行长达2h，为了延长使用寿命，研究人员还配备了一个加速度计，以便相机仅在甲虫移动时捕获和广播图像，这样以将相机的电池寿命延长至6h以上。

新开发的摄像头还被用于制造同样微型的自主机器人，该机器人可以2~3cm/s的速度运动。

可贴在皮肤上的彩色显示屏

日本东京大学工学院研究教授染谷隆夫博士的研究团队与一家印刷公司合作，联合开发出了一种可以贴在皮肤上的可拉伸的弹性全彩超薄皮肤显示器。

这款全彩超薄皮肤显示器能够将外部的图像信息显示在皮肤上，显示器通过利用独特的可拉伸混合电子安装技术能够响应弯曲形状，同时将12×12的LED与可拉伸的配线安装在橡胶板上，以实现全彩效果。这个显示器能够显示9000多种颜色。此外，这款显示器还集成了显示单元、驱动电路、蓝牙低能耗通信电路以及电源。其中显示器的驱动电压为3.7V，频率为60Hz，平均最大功耗为100mW。控制电路和电池安装在显示区域附近，因此不需要配电缆。用户还可以通过蓝牙低能耗通信电路从外部控制显示内容，并将内容呈现在皮肤显示器上。

研发团队表示，该显示屏可以接收并显示智能手机等外部终端传来的图像数据，今后有望即使不使用智能手机也能通过屏幕获取和了解信息，掌握自身的健康状况等。

用 M5StickV 摄像头和 Arduino 制作跟随小车

■ 北京市海淀区第二实验小学清宁分校 贾宸煜

近几年关注自动驾驶技术的人越来越多，很多公司在自动驾驶技术的研发中投入了大量人力、物力、财力。自动驾驶的2个主要技术方向是图像识别和雷达检测。本次我使用了具有图像识别功能的 M5StickV 智能摄像头，制作了具有跟随功能的 Arduino 小车。硬件清单如附表所示。

设计思路

工作原理

M5StickV 摄像头具有图像识别功能。可预先用摄像头对要跟随的目标进行拍照识别和学习训练，以便之后精准地识别目标。当摄像头识别目标后，可以分析当前位置距离目标位置的远近和方位偏差，将信息通过串口发送给 Arduino Uno 主控板，后者通过合理的逻辑关系，控制 L293D 电机驱动板，调整 Arduino 小车的速度和方向，从而实现跟随功能。图1所示为小车的原理及功能划分。

小车的组成

小车由两部分组成。第一部分是控制电路板（见图2）和小车的车体（见图3）。我使用的是 Arduino Uno 主控板、L293D

附表　硬件清单

序号	名称	数量
1	M5StickV 摄像头	1
2	Arduino Uno 主控板	1
3	L293D 电机驱动板	1
4	I/O 扩展板 V7	1
5	电机	4
6	亚克力车体结构件	若干

电机驱动板和 I/O 扩展板 V7。这部分使用 Arduino IDE 进行编程。

第二部分是 M5StickV 摄像头部分（见图4），我们用它来分析目标图像，根据识别结果将位置信息通过串口发送给 Arduino Uno 主控板。这部分使用 Python 语言进行编程。

■ 图1 小车的原理及功能划分

■ 图2 所用到的控制电路板

■ 图3 小车车体

■ 图4 M5StickV 摄像头

制作过程

第1步 组装小车车体

小车由 2 块亚克力板、4 个轮子、4 个电机组成（见图 5）。在安装过程中，需要注意轮子与电机的安装位置，不要出现轮子摩擦车体的现象。

图 5 小车车体组装

第3步 连接摄像头与Arduino小车

在 M5StickV 摄像头上插入数据线，并把数据线的另一端插在 Arduino Uno 主控板 10 引脚上（见图 7）。这组数据线一共有 4 根，但是我们只用了 3 根，把白色线插到数字引脚的绿色一列，黑色线插到数字引脚的黑色一列，红色线插到数字引脚的红色一列。注意：黄色数据线不要连接，避免短路。

图 7 连接 M5StickV 摄像头与小车

第2步 将Arduino Uno主控板与小车进行组装

首先把 Arduino Uno 主控板放在车体上面，然后将 L293D 电机驱动板插在 Arduino Uno 主控板上，并与电机连接好，最后把 I/O 扩展板 V7 安装在电机驱动板上（见图 6）。要注意 3 个电路板的安装顺序，并对车头位置做好标记。

图 6 连接小车的电路部分

第4步 系统联调

调整 M5StickV 摄像头的位置，使其与小车的前进方向一致。分别把跟随目标放在车体前方的不同位置，记录 Arduino Uno 主控板识别若干目标位置的反馈值，包括速度、转向角度等，评估小车运行的平稳性和跟随效果，经过多轮迭代，使其可以稳定地跟随目标。

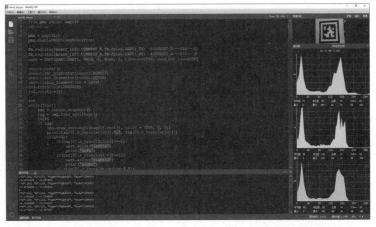

图 8 M5StickV 摄像头程序

树莓派智能门禁系统

▍杨和谕　李守良　曾佳茹

随着新冠肺炎疫情防控进入常态化，住宅小区、办公楼、火车站、机场等场所的出入口均有工作人员手持体温枪检测进出人员的体温。虽然防疫监测工作已经做得很到位了，不过也存在人工测量体温工作量很大、效率较低、有感染的风险等问题。另外，目前检测的设备很难检测出入人员是否佩戴口罩或口罩是否佩戴标准。因此，我们设计制作了一款基于树莓派的人工智能门禁系统，它可以检测出入人员是否佩戴口罩或口罩是否佩戴标准，也可以检测出入人员的体温是否正常，并基于以上信息判断是否打开门禁。

▍设计原理

根据上述需求，在门禁系统的设计过程中，我们需要考虑以下 3 个问题：

（1）准确检测出入人员是否佩戴口罩及口罩是否佩戴标准；（2）自动测量出入人员的体温；（3）根据不同情况，自动播放语音提示。

我们通过百度 AI 开发平台中的"人脸识别"功能建立口罩佩戴标准数据，将这些数据与来往行人的人脸数据进行比对，识别出入人员的口罩佩戴情况。当人靠近时，摄像头会进行拍照，将照片与人脸数据库的数据进行比对。如果口罩佩戴标准，门禁系统就会为他测量体温。如果他的体温高于正常范围，门禁系统会语音播放提示信息并联系安保人员。门禁系统的工作流程图如图 1 所示。

▍硬件装置

制作门禁系统所需的材料和说明如附表所示。

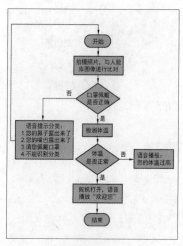

▍图 1 门禁系统工作流程图

▍程序编写

M5StickV摄像头程序分析

程序的主要功能是发现识别目标，锁定目标范围和方位。当目标位置偏右时，向串口发出"left"指令；当目标位置偏左时，向串口发出"right"指令；当目标距离逐渐接近时，向串口发出"slow"指令；当目标距离逐渐变远时，向串口发出"fast"指令；当目标丢失时，报出跟丢信息。程序如图 8 所示。

Arduino程序分析

程序的主要功能是通过串口接收 M5StickV 摄像头传来的指令，控制电机执行相应的动作，从而实现小车对跟踪进行跟随，程序如图 9 所示。Ⓧ

```
#include <SoftwareSerial.h>

SoftwareSerial mySerial(10, 11); // RX, TX
int m1Dir = 4;//左方向
int m1pwm = 5;//左速度
int m2pwm = 6;//右速度
int m2Dir = 7;//右方向
int speed=100;//速度

void setup()
{
  Serial.begin(9600);
  mySerial.begin(9600);
  pinMode(m1Dir , OUTPUT);
  pinMode(m1pwm , OUTPUT);
  pinMode(m2Dir , OUTPUT);
  pinMode(m2pwm , OUTPUT);
}
```

```
void loop() // run over and over
{
  String str;
  if (mySerial.available()){
    str=mySerial.readStringUntil(0);
    Serial.println(str);
    mySerial.flush();
    if(str=="quick"){
      quick();
    }
    else if(str=="slow"){
      slow();
    }
  }
  forward();
}
```

▍图 9 Arduino 程序

附表　硬件清单

名称	数量	说明
树莓派及扩展板	1	主控板
3mm 椴木板	1	搭建门禁系统的模型
红外避障传感器	1	检测是否有人接近
非接触式温度传感器	1	测量人的体温
舵机（180°）	1	控制门的开关
摄像头	1	拍摄进出人员照片
音箱	1	播放语音提示

▌代码编写

我们将约 1000 张包含 4 种关于人们佩戴口罩（正确佩戴口罩、没有佩戴口罩、佩戴口罩但露出鼻子、佩戴口罩但露出嘴巴）的样本（照片）上传至百度 AI 平台进行训练，训练完成之后，人工智能的识别精确率可达 93%（见图 2），说明识别效果不错。

我们使用树莓派古德微平台编程，首先需要配置"API url"和"Access Token"信息，将树莓派的数据和百度 AI 平台信息互通。系统通过红外避障传感器检测是否有人通过，然后对出入人员进行拍照，识别其口罩是否佩戴标准。若出入人员通过口罩检测，门禁系统会为出入人员检测体温。若体温正常，闸门可自动打开，否则会有语音提示，程序如图 3 所示。

▌组装测试

功能测试成功之后，使用 LaserMaker 绘制门禁模型的搭建图纸，利用激光切割机加工 3mm 厚椴木板并完成搭建（见图 4）。然后对门禁系统进行测试，我们分别模拟体温正常但佩戴口罩露出鼻子、体温正常但没有戴口罩、体温正常且正确佩戴口罩和体温高于正常范围等情况。经测试，门禁系统功能正常。

▌反思和改进

在测试过程中，我们发现识别口罩

▌图 2　识别精确率为 93.02%

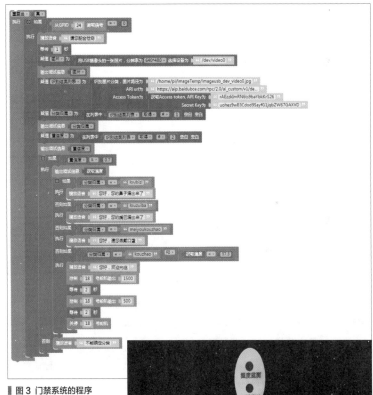

▌图 3　门禁系统的程序

佩戴的准确性可以进一步提高。后期我们可以输入更多样本（照片）至百度 AI 人脸数据库，让这个门禁系统进行更多的识别训练，从而使识别结果更加准确。Ⓧ

▌图 4　门禁系统的模型搭建完成

Laserblock——让机器人教育走向开源、普惠（2）

超好玩的 Laserblock 动力机械篇

▌梁志成　龙丽嫦

Laserblock 是开源激光切割积木结构件的代称，它可广泛用于机械结构搭建、开源机器人等开源硬件项目，具有相当高的可玩性和拓展性。在 2020 年第 5 期《无线电》杂志中，我们介绍了 Laserblock 的由来、样式、组件及其名称。

本期我们将介绍基于 Laserblock@红棉创客空间 V1.5 的结构件，以及使用电机、舵机等电子器件作为动力装置或借助风能等自然动力源，搭建好玩的、具有交互功能的、无须编程的机械结构装置，相信读者可以体会到使用 Laserblock 搭建机械传动装置的乐趣。

▌解密Laserblock搭建技巧

Laserblock 的结构件上布有很多孔洞，我们可以使用螺栓等零件穿过结构件之间的孔洞，完成结构搭建。在 Laserblock 的项目搭建过程中，我们可以了解结构件与电子器件的搭建技巧。相信在参与 Laserblock 的搭建项目时，每个人都能乐在其中。

Laserblock的紧固方式

Laserblock 结构件有两类紧固方式，一类是使用螺栓、螺母紧固，另一类是使用塑料铆钉紧固。每一类紧固方式都有两种连接方法，分别为紧连接和松连接，如图 1 所示。

使用螺栓、螺母紧固时，一般会形成紧连接，即通过螺栓、螺母将结构件拧紧固定。若需要形成松连接，可使用螺栓作为结构件的转动轴，先把螺栓紧固在一块结构件上，然后装上活动的结构件，再使用螺母进行限位，避免结构件在频繁转动时发生错位。

使用塑料铆钉紧固时，铆钉的长度决定了结构件之间连接的松紧程度。Laserblock 的结构件一般选用厚度为 3mm 的板材，因此使用长 7mm 铆钉可紧固 2 层结构件，使用长 10mm 铆钉可以紧固 3 层结构件。而使用长 8mm 或 11mm 铆钉则可以分别使 2 层或 3 层结构件之间形成松连接。由于塑料铆钉的长度规格有限，若要对超过 4 层的结构件进行连接，通常推荐使用螺栓和螺母。

Laerblock的连接方式

Laserblock 结构件有两种连接方式，一种是平行连接，另一种是垂直连接，如图 2 所示。

平行连接是搭建中最常用的连接方式，它是指两块结构件平行叠放，使用螺栓、螺母或铆钉穿过孔洞进行连接。这种连接方式可使结构件构成一个平面的静态或可活动的结构。通过多个结构件的平行堆叠，可以搭建一个三维立体的结构。

垂直连接是 Laserblock 转角片结构件特有的连接方式。在转角片结构件上有螺栓槽，使用螺栓和螺母可将转角片结构件与目标结构件进行垂直固定，实现更加丰富的连接应用。

▌解密几种常用的机械传动方式

在机械结构中，常用的传动方式有齿轮传动、连杆传动、凸轮传动等，如图 3

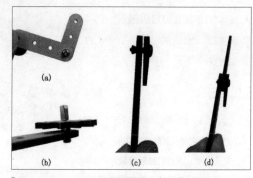

▌图 1 Laserblock 的多种紧固方式：（a）螺栓紧连接；（b）螺栓松连接；（c）铆钉松连接；（d）铆钉紧连接

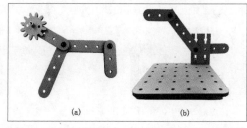

▌图 2 Laserblock 连接方式：（a）平行连接；（b）垂直连接

所示。这些传动方式在生活中比较常见，比如自行车、风车等。

齿轮传动是通过2个或2个以上的齿轮，将动力源传递到其他结构上的一种传动方式。不同直径的齿轮配合使用，可以实现等速、加速或减速等传动。

连杆传动是通过铰链、滑道等实现往复运动或者曲线运动的一种传动方式。无论使用哪种结构件搭建，转动点和铰接点之间可以看作一根杆，连杆机构因此而得名。三连杆、四连杆就是常见的连杆机构。进一步增加杆的数量或改变杆的连接关系，还可以形成运动轨迹更复杂的连杆机构。使用Laserblock可以轻松搭建这些连杆机构。

凸轮传动是指利用具有曲线轮廓的转轮，实现等速回转运动或往复直线运动，也可以使用电机等器件驱动结构件在特定的路径上运动。凸轮传动可以实现比连杆传动更复杂的运动，并且在设计和制造上比连杆要简单，因而广泛应用在生活生产中。比如发动机控制进气／排气门开关、自动包装流水线上控制切料刀具上下运动。

▌Laserblock动力机械装置搭建案例：小鹿摇摇摇

1. 项目设想

我们先"脑补"一个场景：雪地里有一头驯鹿拉着雪橇车飞快地奔跑。根据这个场景，我们使用Laserblock搭建"小鹿摇摇摇"动力机械趣味装置，实现小鹿们摇头互盼，摆锤同步敲钟的效果和功能。

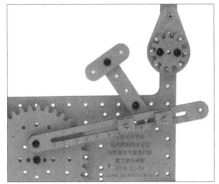

▌图4 摆锤的敲钟效果

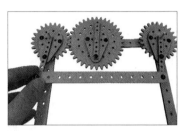

▌图5 鹿头摇动的效果

2. 项目中的机械知识

在本综合案例中，我们将学到以下机械知识。

（1）使用齿轮组实现减速传动。

（2）使用曲柄摇杆，使电机驱动连杆摆动。

（3）使用平行铰链四杆机构实现鹿头模块同步摆动。

（4）使用限位滑槽和曲柄摇杆使电机驱动摆锤摆动。

3. 装置效果及其实现原理

摆锤敲钟：其动力来源于电机，我们通过大齿轮与扁孔中齿轮配合，构成减速齿轮组，将电机的转速减速后分两路输出，其中一路驱动滑槽杆限位结构件运动。滑槽杆限位结构件固定在外框结构件上，摆锤置于滑槽杆的滑槽中，以一个长螺栓作为摆锤的推力支点，借助滑槽上的2个可以调节的限位块，将大齿轮的转动转化为摆锤的左右运动。滑槽上的2个限位块的

▌图6 鹿头左右对望的效果

位置决定了摆锤的摆幅以及摆动的左右极限位置。结构如图4所示。

2个中号鹿头模块同步左右摇头：该结构由分处左右两端的由2个中齿轮鹿头模块和1根6号13孔连杆组成平行铰链四连杆构成，在经减速齿轮组减速后，另一路动力驱动曲柄摇杆，实现2个中号鹿头模块左右摇头的效果。结构如图5所示。

大号鹿头模块和中号鹿头模块左右对望：左侧中号鹿头模块和大号鹿头模块组成减速齿轮组。在中号鹿头模块的驱动下，大号鹿头模块进行相反方向、速度减慢的摇摆，实现大鹿头时而与左侧鹿头对望，时而望向右侧鹿头的效果。结构如图6所示。

4. 搭建材料

该项目使用的Laserblock、电子器件以及连接件如表1、表2所示。

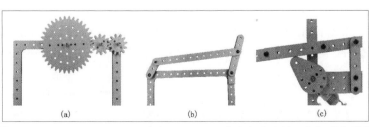

▌图3 Laserblock 常见的传动方式：（a）齿轮传动结构；（b）连杆传动结构；（c）凸轮传动结构

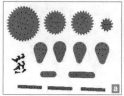

图 7 齿轮鹿头和摆钟模块的搭建零件及搭建过程

5. 搭建过程

搭建齿轮鹿头和摆钟模块：鹿头、摆钟是由齿轮和凸轮组成的模块。使用中齿轮搭建的鹿头中心有一根向下延伸的连杆，这个连杆将作为后面搭建的铰链平行四连杆模块的摆动杆。以凸轮为外形的摆钟上的齿轮作为装饰，还可增加摆钟的厚度。我们使用 R3075 号塑料铆钉连接鹿头和摆钟主体，使用 R3100 号塑料铆钉连接中号鹿头上的连杆。图 7(a) 所示为零件图，图 7(b) ~ 图 7(f) 所示为搭建过程。

搭建动力减速齿轮组：在外框结构件的左下方有安装 TT 电机的专用位置。我们使用长 25mm 的螺栓穿过外框和电机上的孔洞，用螺母拧紧。需要注意的是，TT 电机上的黄色小突起是用于定位、限位的部件，务必将它与对应孔洞相连。另外 TT 电机输出轴的长度约为 3 层结构件的厚度，因此可使用一个小齿轮作为垫片，然后使用平头木牙螺栓和金属垫片将中号齿轮固定在电机的输出轴上，如图 8(f) 所示。最后使用 R3100 号塑料铆钉将大号齿轮和方形垫片与外框在合适位置相连，大号齿轮与中号齿轮形成咬合状态。图 8(a) 所示为零件图，图 8(b) ~ 图 8(h) 所示为搭建过程。

搭建鹿头齿轮组和平行铰链四杆：首先将 25mm 螺栓用螺母固定在外框结构件上，作为 3 个鹿头的转动轴，如图 9（b）所示。然后，依次垫上方块垫片和鹿头模块，构成如图 9(c) 所示的齿轮组。使用 13 孔连杆将左右两侧的中号鹿头进行连接，构

成平行铰链四连杆，如图 9(d) 所示。在调整鹿头朝向时，应先使中号鹿头摆杆垂直向下，然后再调整大号鹿头的朝向。图 9(a) 所示为零件图，图 9(b) ~ 图 9(d) 所示为搭建过程。

连接、调整动力源与平行铰链四连杆

之间的曲柄摇杆：首先使用 R3100 塑料铆钉将刻度连杆一端和圆形垫片与动力源上的齿轮相连，如图 10(b) 所示。垫片的作用是避免连杆在摇动时与齿轮中间的螺栓突起发生碰撞，使鹿头的摆动更加顺畅。

然后将鹿头向左偏转一定角度并将动力

表 1　结构件的编号、名称和图片

编号	名称	数量	编号	名称	数量	编号	名称	数量
01	小齿轮	1	02	中齿轮	3	03	大齿轮	2
04	凸轮	4	05	扁孔小齿轮	1	06	扁孔中齿轮	1
07	3 孔连杆	1	08	5 孔连杆	1	09	密孔连杆	3
10	垫片 6		11	外框	1	12	长转角片	2
13	6 孔矩形片	2	14	刻度滑槽杆	2	15	13 孔连杆	1

表 2　电子器件和连接件

编号	名称	编号	名称	编号	名称
01	5V 双轴 TT 电机	02	M3 铆钉（R3075）	03	M3 铆钉（R3100）
04	M3 螺栓（长 15mm）	05	M3 螺栓（长 25mm）	06	M3 六角螺母
07	M2 平头木牙螺栓（长 5mm）	08	M3 金属垫片	09	M3 六角双通螺柱

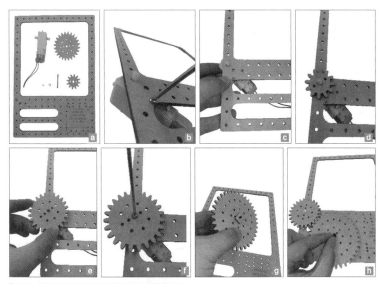

▌图 8 电机及减速齿轮组的搭建零件及搭建过程

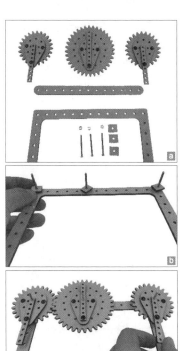

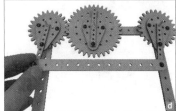

▌图 9 鹿头齿轮组和平行铰链四连杆的搭建零件及搭建过程

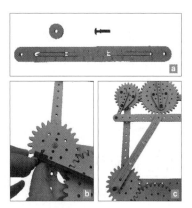

▌图 10 动力源与平行铰链四杆之间的曲柄摇杆的搭建零件及搭建过程

齿轮和摇杆连接点调整到平行杆的最远端，如图 10(c) 所示。使用 R3075 塑料铆钉将刻度连杆的另一端与平行杆上合适的孔洞连接。最后，旋转动力齿轮，观察摇杆是否能驱动鹿头左右摆动，且摆动过程是否顺畅。

▌图 11 摆钟和锤子的搭建零件及搭建过程

如果我们觉得摆动幅度不合适，可以适当调整刻度连杆和平行杆连接的位置以及鹿头的初始位置。图 10(a) 所示为零件图，图 10(b) ~图 10(c) 所示为搭建过程。

搭建摆钟和摆锤：首先组装摆钟，然后利用螺母和长 15mm 的螺栓将摆钟固定在外框结构件的摆钟转动轴上，然后拧入 1 个或多个小螺母作为垫片，最后放入摆钟并拧入六角螺柱限位。然后按图 11(c) 组装摆锤，在锤柄下方用螺栓、螺母组成一个推力支点。最后调整摆钟和摆锤的位置，如图 11(d) 所示。图 11(a) 所示为零件图，图 11(b) ~图 11(d) 所示为搭建过程。

搭建滑槽限位机构：首先将 2 个限位块组装在滑槽杆上，它们之间需要拉开一定距离，如图 12(b) ~图 12(d) 所示。然后将摆锤推力支点置入 2 个限位块之间的滑槽中。最后将滑槽杆一端和大齿轮相连，形成曲柄摇杆，如图 12(g) 所示。在调节摆锤摆幅和左右极限位置时，可以反复调整 2 个限位块的距离和在杆上的位置，直到满意为止。图 12(a) 所示为零件图，图 12(b) ~图 12(g) 所示为搭建过程。

组装稳定底座：由于上述所有的结构都是在边框结构件上组装的，为了能稳定地将各个结构固定在立式平面上，需要使用转角片结构件制作直角底座。首先使用 R3075 塑料铆钉将 6 孔矩形片安装在边框结构件的底部两侧。然后使用螺栓和螺母，通过转角片结构件上的螺栓槽，将转角片结构件垂直地连接在长方形结构件上，即完成底座支架的制作。图 13(a) 所

由"AI"出发，防疫有我
——Pepper 机器人智能测温项目

▌嘉兴市秀洲区高照实验学校　于佳　陈小华

2020 年初，全国各地都笼罩在新冠肺炎疫情的阴影之中。4 月中旬，国内部分地区的中小学陆续复课，师生每日进校都要接受体温检测。高照实验学校的师生基于软银 Pepper 机器人（见图 1）和红外测温传感器，通过程序设计和调试，组织开展了利用 Pepper 机器人测量、显示和判断师生体温是否正常的机器人教育实践项目（见图 2）。

▌设计目的

本项目的内容是由教师带领具有编程基础、掌握 Pepper 机器人基本使用技巧的初中学生，设计、制作具有智能测温功能的

▌**图 1** 软银 Pepper 机器人

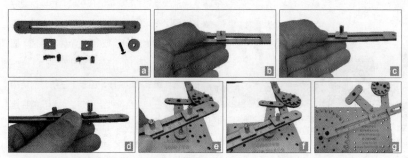

▌**图 12** 推动锤摆的摇杆和滑槽、限位块的组装过程

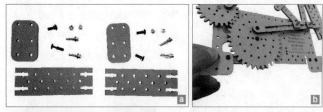

▌**图 13** 稳定底座的搭建零件及搭建过程

示为零件图，图 13(b) ~ 图 13(c) 所示为搭建过程。

至此，"小鹿摇摇"动力机械装置搭建完成。图 14(a) 为"小鹿摇摇"前视图，图

14(b) 为斜视图。为电机接上 5V 电源后，小鹿们就能欢快地左顾右盼，摆锤也能"当当"地敲响摆钟了。⊗

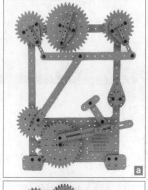

▌**图 14** "小鹿摇摇"动力机械装置搭建完成

▌图2 通过红外测温传感器，Pepper机器人可以获取学生的体温信息

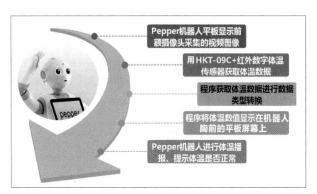

Pepper机器人平板显示前额摄像头采集的视频图像

用HKT-09C+红外数字体温传感器获取体温数据

程序获取体温数据进行数据类型转换

程序将体温数值显示在机器人胸前的平板屏幕上

Pepper机器人进行体温播报、提示体温是否正常

▌图3 设计思路

表1 设计目的清单

序号	设计目的
1	初步了解机器人算法的设计与实现
2	将软银 Pepper 机器人与红外测温传感器相连接，实现 Pepper 机器人智能测温功能
3	提升学生小组合作形式的项目式学习能力，培养学生自主探究科学的精神
4	引导学生建立关爱生命、守护健康的生命价值观

▌图4 HKT-09C+ 红外数字体温传感器

Pepper 机器人。在项目中，学生可以了解和体验机器人编程，提升信息技术学科素养，培养自主学习能力。设计目的清单如表1所示。

▌基本思路

学生要将 Pepper 机器人与红外测温传感器相连接，基于项目的目标进行观察与分析，编写计算机程序，实现读取、显示、播报体温数据的功能，并判断师生的体温是否正常（见图3）。

▌硬件选择及流程图绘制

Pepper机器人

Pepper 是一款人形机器人，由日本

表2 硬件清单

名称	数量	备注
台式计算机	1 台	需安装 LabVIEW 2015 机器人编程软件
Pepper 机器人	1 个	-
HKT-09C+ 红外数字体温传感器	1 个	-

软银集团和法国 Aldebaran Robotics 公司合作研发，它可以综合考虑周围环境，并积极主动地做出反应。高照实验学校在 2019 年开设了 Pepper 机器人编程课程，学生已尝试将 Pepper 机器人运用于校园的各类场景中。Pepper 机器人可爱友好的形象、数字化的呈现方式、开放的编程环境深受学生喜爱。也正是因此，Pepper 机器人成为本项目的首选硬件。

HKT-09C+红外数字体温传感器

HKT-09C+ 红外数字体温传感器（见图4）采用红外热感应元器件，通过放大、AD 采样、USB 通信等电路，可将测得的体温数据转送至计算机。该传感器价格低廉、体积小巧，支持用户二次开发和体温数据修正，可实现高精度非接触式红外体温测量，适用于本项目的应用场景。该项目的硬件清单如表2所示。

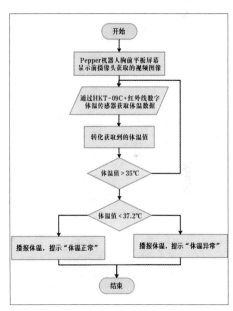

▌图5 程序流程图

绘制流程图

（1）Pepper 机器人胸前的平板屏幕可显示前摄像头获取的视频图像。

（2）通过外接 HKT-09C+ 红外数字体温传感器获取学生的体温数据。

（3）通过计算机中的 Pepper 编程软件 LabVIEW 2015 获取体温值，体温值保留小数点后一位。当体温高于 35℃时进入第二轮判断。

▌图6 学生进行问题分析

表3 项目分组情况

牵头组织小组活动环节	第一小组	第二小组	第二小组
问题分析	王伟博	邵佳琪	吴克勇
程序设计（绘制流程图）	虞秀萍	谢银祥	谭灿
程序编写	高鹏	潘哲毅	邓云耀
程序调试	吴俊宇	郭嘉宜	颜萧航
项目总结	段民锐	钟笑咪	王怡珊

▌图7 教师对学生予以指导

（4）当温度低于37.2℃时，Pepper 机器人播报学生的体温值，并提示"体温正常"；否则 Pepper 机器人播报学生的体温值，并提示"体温异常"。

根据以上分析绘制的程序流程图如图5所示。

研究过程

项目分工

本项目采用小组合作的学习形式，每名学生均参与其中。根据每项分工，每个小组指定一个牵头负责人，在每个环节组织小组其他成员合作开展。分组情况如表3所示。

活动过程

1. 问题分析

项目的使用场景是学生在每日进校前，教师需对学生进行体温检测。学生需要根据这个场景结合硬件及软件资源开展小组讨论，进行问题分析（见图6）。

2. 程序设计

学生在小组讨论的基础上自主分析问题，梳理问题解决思路，理清程序实现方法，设计程序流程图。教师在这个环节指导学生，帮助学生修改程序流程图（见图7）。

3. 程序编写

每个小组的学生分别进行程序搭建，将遇到的问题进行记录。在收集完问题后开展小组间的研讨和"头脑风暴"，由教师进行难点点拨，之后进行第二轮的小组程序设计与搭建。运行程序时，需要学生记录问题与错误。部分程序如图8所示，最终实现的效果如图9所示。

4. 项目调试

针对程序出现的问题进行反复修改调试，主要问题有以下4点。

（1）HKT-09C+ 红外数字体温传感器无法正常获取师生的体温数据：建议检查驱动程序的安装情况及 LabVIEW 2015 软件是否安装 VISA 模块。

（2）体温数据类型转化和数值校准的过程出现问题：需进一步熟悉 LabVIEW 2015 软件中数据类型转化规则。

（3）无法判断体温是否正常：检查关于判断的程序是否有问题。

（4）Pepper 机器人胸前的平板屏幕无法显示前摄像头拍摄的视频图像：建议检查前摄像头设备是否有故障或摄像头显示程序是否存在错误。Ⓦ

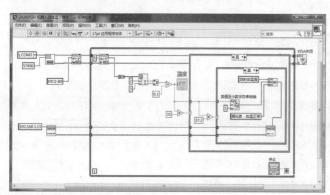

▌图8 程序编写

▌图9 实现测温、播报的功能

DF创客社区 推荐作品

虚谷物联与科学探究：
声音在不同物体中的传播

涉及学科：物理、技术

▍狄勇

声音的传播是小学科学课物质科学领域的内容，教育部制定的《义务教育小学科学课程标准》要求3~4年级的学生探索声音在不同物质中的传播。为此，教育科学出版社小学科学教材四年级上册设计了一个实验，让学生探索声音在铝箔、棉线、尼龙绳、木质米尺中的传播效果。本案例为该实验的数字化改造，改造后的实验更具可操作性，并将原实验设计的主观判断改为量化比较。

▍改造教材中的实验设计

教材中，原实验设计为学生直接用耳朵贴着实验介质听传导过来的声音。为了取得更明显的实验效果，我引导学生改造了"土电话"，分别制作了铝箔、棉线、尼龙绳3种介质的"土电话"（见图1~图4）。这样即便不借助数字化实验装置，也能让实验结果更具区分度。我们还可以基于开源硬件，用传感器替代人耳，用掌控板分辨不同介质传播声音的效果，并用虚谷物联进行数据记录。

▍图1 这位同学正在制作铝箔"土电话"

▍图2 这组用绑大闸蟹用的粗棉绳制作"土电话"

▍图3 这是尼龙绳版本的"土电话"

▍图4 测试"土电话"的效果

用虚谷号搭建SIoT服务器

SIoT 已在虚谷号出厂时预装，若被删除，可至 GitHub 下载针对 vvboard 的版本进行安装。虚谷号部署 SIoT 的步骤如下。

1 将 USB 线连至虚谷号的 USB OTG 口。

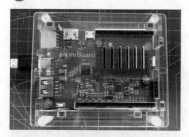

2 稍后，系统会将虚谷号识别为一个U 盘。

3 打开 vvBoard 文件夹。

4 用记事本编辑 vvBoard_config 文件。

5 将 SSID 和 SSID_PSD 改为局域网的 Wi-Fi 账号、密码，保存配置文件。

6 重启虚谷号，双击"访问 siot"快捷方式。

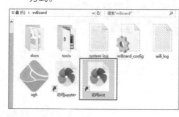

7 正常情况下，此时浏览器应呈现SIoT 的后台登录页面。

8 如果未自动生成包含虚谷号 IP 地址的快捷方式，可再次进入 vvBoard文件夹，打开其中的 wifi_log 日志文件。

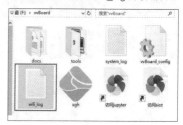

9 虚谷号的 IP 地址为 192.168.0.1，访 问 http://192.168.0.101:8080/html/ 即可打开后台页面。

实验装置的硬件搭建

材料清单见附表，硬件连接如图 5 所示。

程序设计

程序设计的思路是：设置一个变量max 记录声音传感器获取的数据。每次敲击音叉前，按下按钮 A 开始记录，在按钮B 被按下之前，系统会持续将这一时段的最大值赋值给变量 max，这样就能获取该次敲击的最大音量数据。图形化程序如图6 所示。

附表 材料清单

名称	数量
虚谷号	1
掌控板	1
掌控 I/O 扩展板	1
模拟声音传感器	1

课堂教学实践

自从用上了虚谷物联，我上课时通常是提着图 7 所示这么一篮子东西去的。这一篮子东西包括无线路由器、虚谷号、前

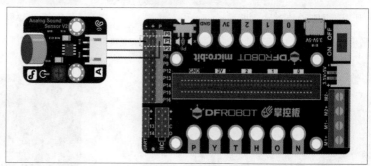

图 5 硬件连接示意图

▌图7 一篮子实验装置

▌图6 图形化程序

▌图8 实验过程

述实验装置、充电宝、音叉。

在实验过程（见图8）中，小组成员的配合比较重要。敲击手发力是否稳定、介质长短是否接近、捏住纸杯的同学是否保持了介质的紧绷，都可能影响实验结果。所以当出现离谱数据时，老师还要引导学生找出问题所在，并让学生重新操作，尽量减少影响实验结果的变量。

图9所示折线图上的每一个点，代表一次敲击，其中有一些是明显失误的记录。这些失误的记录倒也并非没有价值，因为可以就此让学生明白控制实验变量的重要性，并努力消除这些影响。

▌小结

改进后的数字化实验，实验结果更加直观，更有说服力，但仍有值得完善的地方。

（1）用创客的方式减少实验变量。敲击力度的一致性、介质是否保持紧绷等实验变量，在教材的原始实验设计和我们的实验中共同存在。我计划用铁架台结合3D打印支架固定"土电话"，并由掌控板发送指令控制舵机敲击音叉。这样应该能在很大程度上消除这两个变量。

▌图9 实验结果

（2）如果条件允许，数字化实验装置可以由学生来设计、制作。其实大家都明白这个过程的价值，但是教学的时空掣肘，依然是STEAM课程落地的痛点。迎合了时间上的限制，就不能提供更适合孩子的学习方式。Ⓧ

互动水墨画

▌江苏省海安市实验小学　佘友军

演示视频

　　国画是中国的传统绘画形式，具有悠久历史和优良传统，以其鲜明的特色和风格在世界画苑中独具体系。我看到了一组非常有意思的国画作品，设计者创造性地将传统的国画制成了动画，画中的鸟儿、蝴蝶可以自由地飞舞、嬉戏，这一幅幅精妙绝伦的国画仿佛有了生命。

　　这些作品给了我很大启发，将传统艺术与现代技术结合在一起，可以设计出独特的作品。现在我们结合《小儿垂钓》这首古诗所描绘的意境，利用声音传感器，制作一幅互动水墨画，古诗原文如下。

　　蓬头稚子学垂纶，侧坐莓苔草映身。
　　路人借问遥招手，怕得鱼惊不应人。

　　根据古诗，我们的画中有位垂钓的蓬头稚子，有问路的路人，鱼儿在水中游动。如果结合声音传感器，当传感器检测到有人说话的时候，互动水墨画中的小孩会摆手示意，让路人不要说话。这将是一个很有趣的作品，下面我们来研究如何使用光环板检测环境音量。

▌准备工作

　　光环板内置话筒（见图1），使用它可以检测环境中的声音大小，还能够进行语音识别。无论是制作一个具有语音交互功能的小机器人，还是通过简单语音指令控制智能家居设备，都能通过光环板实现。

　　那么如何用光环板检测音量的大小呢？首先我们使用USB连接线将光环板与计算机相连，接下来打开慧编程mBlock软件，单击"添加"按钮，在设备库中，

这里就是光环板上的话筒，看到话筒标志了吗？

▌图1 光环板内置话筒

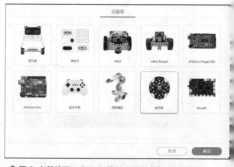

▌图2 在慧编程 mBlock 软件的设备库中选择光环板

选择"光环板"并单击"确定"按钮（见图2）。

　　我们利用光环板的音量识别功能实现与舞台角色的互动，完成互动水墨画的制作。因此我选择"在线"模式，单击"连接"按钮（见图3）。

　　此时会弹出"连接设备"窗口（使用网页版的"慧编程 mBolck"需要启动mLink程序），选择光环板所连接的串口，

图中为COM3，单击"连接"按钮（见图4）。

　　这样我们就完成了软件和硬件的连接，接下来我们使用光环板检测环境音量。打开"感知"分类，选中"麦克风 响度"，这样我们就能在舞台上看到当前环境的实时音量（见图5）。

　　现在，我们分别检测在当前环境中的音量值和对着话筒说话时的音量值。算出两个音量值的平均值，若超过这个平均值，可以判断为有人在说话。

　　我们可以借助图6来理解，如果环

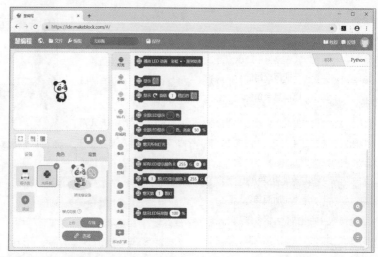

▌图3 选择"在线"模式，单击"连接"按钮

图4 选择光环板所连接的串口

图6 设定音量值的中间值

境音量值为 12，对着说话时的音量值为 88，那么就可以取两个音量值的中间值，即为 50。

设计方案

利用声音传感器检测环境音量，当音量传感器检测到的音量值低于平均值时，画中的小孩在安静地垂钓（见图7）；当有人说话的时候，画中的小孩会转过身来，对着屏幕前的"路人"做出摆手的动作，水中的鱼儿也会游走。

1. 获取并存储音量值

首先我们需要获取传感器的音量值，并存储在变量中，以便其余角色共同使用传感器的音量值。选中设备中的"光环板"，选择"变量"分类，单击"建立一个变量"（见图8）。

在新窗口中，建立变量"音量值"，记住，务必确保选中"适用于所有角色"选项，该选项默认为选中状态，这么做的好处是便于其余角色共同使用该值。单击"确定"按钮完成变量的新建。接下来，我们使用"重

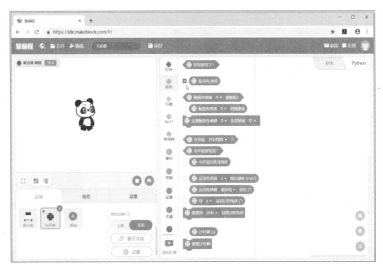

图5 勾选"麦克风 响度"

图7 小孩在垂钓的画面

图8 新建"音量值"变量

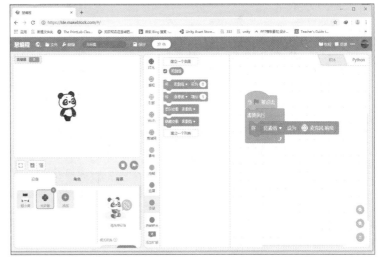

图9 将"麦克风 响度"存入"音量值"变量中

复执行"积木获取话筒的响度并存放到变量"音量值"中（见图9）。

2. 准备舞台和角色

这一步就跟组织一场演出一样，我们

需要搭建舞台，然后请演员上台。单击"背景"，按下"+"按钮（图10）。

在弹出的窗口中单击"上传背景"，选择宣纸图片作为背景，单击"打开"按钮。此图片将出现在"我的背景"库中，单击"确

图 10 添加舞台背景

图 11 选择宣纸图片作为舞台背景

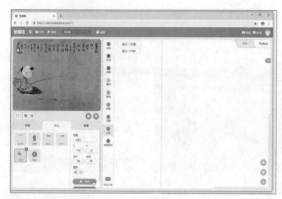

图 12 添加小孩角色

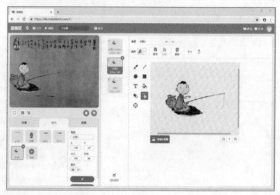

图 13 添加不同的造型

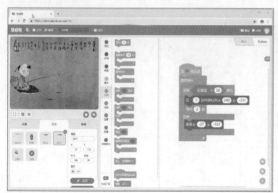

图 15 鱼儿游走的代码

图 14 小孩的代码

开分支积木，我们需要使用"如果……否则"积木完成代码编写。小孩的代码如图 14 所示。"重复执行"积木让程序一直检测当前的音量值。

3. 鱼儿游走

鱼儿的代码结构与小孩的代码结构类似，我们可以复制小孩的代码。拖动整段代码，放到小鱼角色上，即可完成复制。如果音量值高于 50，我们就让鱼儿游动到舞台的右侧边缘处，否则还让鱼儿待在原来的位置。代码如图 15 所示。

单击"绿旗"，测试一下我们的互动水墨画。我们还可以对图画的背景进行修改，比如增加一些植物、河流、远山，可以更好地体现古诗的意境。我们还可以进一步完善小孩的造型，让他看起来更加可爱。⊗

定"按钮，完成背景设计（见图 11）。

单击"角色"进入"角色库"，按"添加"按钮弹出"角色库"窗口。单击"上传角色"按钮，依次导入自己设计的角色：fish1、fish2、印章、诗文内容，删除默认的熊猫角色。接下来我们导入主角——小孩，单击"添加"按钮，导入"小孩 1.png"文件（见图 12）。若要让小孩有动态效果，我们还

需要增加小孩的几个造型。

单击"造型"按钮，此时造型列表中仅有一个造型，单击"添加造型"按钮。在弹出的窗口中，上传造型"小孩 2.png"，用相同的方法，增加"小孩 3.png"造型（见图 13）。添加完毕后，单击"关闭"按钮，退出造型窗口。

这一步我们开始编写代码，这里离不

化妆盒式验钞机

北京育才学校　赵海龙

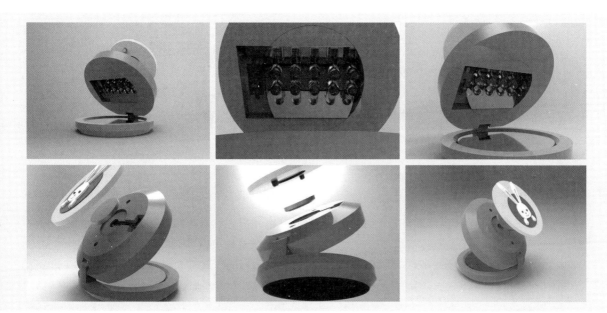

现在的验钞机品种丰富，大的、小的、专业的、便携的，琳琅满目。你有没有想过自己设计、制作一个验钞机？让我们一起尝试制作吧！

我们先通过模型渲染图看一看验钞机的外观效果（见题图）。

好，有了想法，我们就开始制作吧！

电路原理

该验钞机将紫光 LED 发出的光照射在纸币荧光防伪标志上，如果纸币是真币，防伪标志会出现；若防伪标志不出现，则纸币多是假币。电路如图 1 所示，10 个紫光 LED 并联，每个紫光 LED 的导通电压为 3V，电路的电压为 3V，所以没用限流电阻。

按照电路图组装电路，测试效果，如图 2 所示。

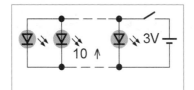

图 1 紫光 LED 验钞机电路

外观设计（3D建模）

为了方便打印、增大打印的成功率，我对模型进行了切割，分层逐块进行打印（见图 3），最后黏合，尽可能保证不增加打印的支撑结构，因为去除支撑结构会留下很多毛刺或划痕，影响美观。

电子元器件清单

| 紫光 LED × 10 |
| 电路板 × |
| 开关 × 1 |
| 电线 × 2 |
| 纽扣电池盒 × 1 |
| 纽扣电池 × 1 |

图 2 组装电路，测试效果

图 3 模型分层

1. 承载化妆镜的盒盖部分

这部分建模相对简单,我采用了圆形草图 + 拉伸 + 倒角的方法(见图4)。为了保证盒盖与盒底的衔接,我增加了两个半球形的突起,这部分的大小和位置要经过精心设计、仔细测量、多次尝试,同时还要考虑到打印后材料的膨胀问题。

▎图 4 盒盖部分 3D 模型

2. 承载电路板的中心部分

考虑到和小开关的契合,我在这部分右侧开了一个矩形口,并且做了一个下陷设计,可以让开关更好地隐藏在盒内(见图5)。在设计时,要注意预留出打印材料的膨胀尺寸,留大了不美观;留小了则要进行手动修剪,会很麻烦。

▎图 5 中心部分 3D 模型

3. 电路板外围的填充部分

这部分是为了契合电路板的形状而设计的(见图6),其实可以设计得更加个性化一些,比如设计一些文字、花纹等,也可以设计成镂空的。不过如果 3D 打印机的打印精度不够高,为了提升打印成功率,我们还是把这部分设计得简洁一些吧。

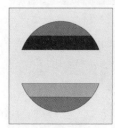

▎图 6 填充部分 3D 模型

4. 电路板与纽扣电池盒衔接部分

为了让纽扣电池盒有一个"家",同时让手持时感觉好一些,我特意在这里做了一个倒角。为了提升打印的成功率,我不得不把这薄薄的一片单独切分出来打印(见图7),要想获得好的效果,就不得不付出更多的时间和精力。

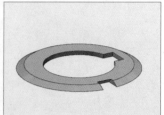

▎图 7 电路板与纽扣电池盒衔接部分 3D 模型

5. 纽扣电池盒承载部分

图 8 所示的这部分要和图 7 所示的薄片进行拼装。设计这部分时要考虑走线的问题,要把电池盒与电路板、开关用导线连接起来,就要给导线留出空间。这部分我修改了很多次,不是槽留得太窄,导线受委屈;就是槽留得太宽,看着难看。

▎图 8 纽扣电池盒承载部分 3D 模型

6. 纽扣电池盒遮盖装饰部分

装饰部分主要用来挡住电池盒,让成品更加美观(见图9),用单色 3D 打印机实现起来就显得单一了一些,如果有双色打印机,打印效果会更好。

▎图 9 装饰部分 3D 模型

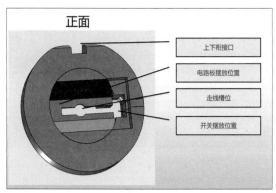
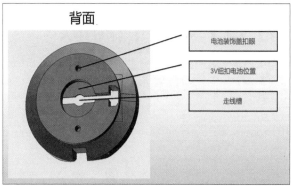

正面　背面

上下衔接口
电路板摆放位置
走线槽位
开关摆放位置

电池装饰盖扣眼
3V纽扣电池位置
走线槽

图10 部件组装示意图

组装

　　组装并不是一蹴而就的，而是一边打印，一边尝试的，也许是打印尺寸小了，也许是导线过长了，哪里不合适就要及时调整。经过反复调试、修正，验钞机的设计和制作才能完成。部件组装位置如图10所示。

　　下面给大家一点小建议，黏合时可以尝试不同的黏合剂，比如双面胶、胶棒、502胶水，不同的黏合剂适用于不同的物体和情况。

3D打印

　　我使用FDM（熔融沉积）型3D打印机，用绿色PLA材料打印。打印注意事项如下。

　　（1）打印前要进行检查、调整工作：看打印喷头是否正常工作、耗材进料是否正常、打印平台是否调平、与计算机的数据连接是否正常。

　　（2）尽可能分小部件打印，保证部件底部是平的，上层没有悬空，这样可以保证打印的成功率，也可以缩短每次的打印时间，避免打印失败造成时间和耗材的损失，也避免拆除多余的支撑结构。

　　3D打印出的成品如图11所示。🅧

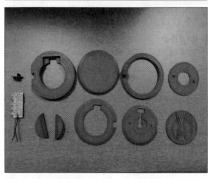

图11 3D打印成品

用 51 单片机做
贪吃蛇游戏掌机

于子明

游戏掌机是一种很普及的娱乐工具，价格低廉、携带方便、趣味性强是其闪光点。有很多创客尝试做游戏掌机，有的用Arduino去模拟电视信号进行游戏界面的显示，有的通过对树莓派进行修改而模拟FC。它们的效果，身为中学生的我看着觉得很爽，但是受能力所限，无法实现。所以我就打算用这几年的编程经验和手头上已有的硬件来个"老物新玩"，用自己琢磨出的算法实现程序编写，做一台贪吃蛇游戏掌机。

我将介绍我对于框架式游戏编程的思考与实现方案，同时也想展现一下独立探索与创造的精神。

贪吃蛇游戏的优点在于硬件要求极低，没有华丽的动画，编程难度较低，制作周期也短，游戏容易上手而且有趣。所以，我的游戏掌机就先选择运行贪吃蛇游戏。

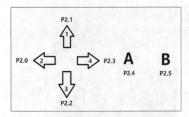

■ 图1 6个微动开关的布局、用途与连接的接口

■ 图2 用面包板和杜邦线搭建的实验电路

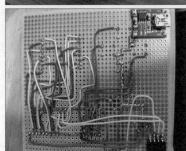

■ 图3 制作过程

硬件使用了 40 脚 51 单片机、8×8 LED 点阵屏、6 个微动开关（见图 1），我先用面包板和杜邦线验证了电路（见图 2），然后用洞洞板焊接了电路（见图 3）。为了便携，可以带上一块锂电池与充电控制板。为了以后便于扩展支持其他游戏，还可以添加蜂鸣器电路，这里可以简单地用三极管进行驱动。引出下载用的接口，最后用胶带缠上固定。成品如图 4 所示。

■ 图4 成品

现在我来讲讲最有趣，也最有技术含量的代码部分，主要是我对贪吃蛇显示画面的一种处理算法，它也可用于其他游戏，可能有很多不足，但是简单易懂，大家可以根据自己的想法去编写自己的代码。

由于我是在计算机上编程，用控制台写小游戏，输出字符是"打印"的原理，所以显示画面没必要时刻刷新屏幕（可以减少资源浪费）。而且我们可以利用这一显示特性进行"静态显示"，从而消除屏幕闪烁问题。所谓"静态显示"就是每次显示时，调整光标到初始位置，进行覆盖式输出，这样就抵消了消除屏幕的操作，速度更快而且没有闪烁。这种方法同样还适合有显示残留的外接屏幕。图5、图6所示是我在课余时间用 C++ 编写的控制台小游戏范例。下面给出我的贪吃蛇游戏源码，它适用于 Windows 下的 G++/GCC 编译器。

图5 控制台游戏：打飞机

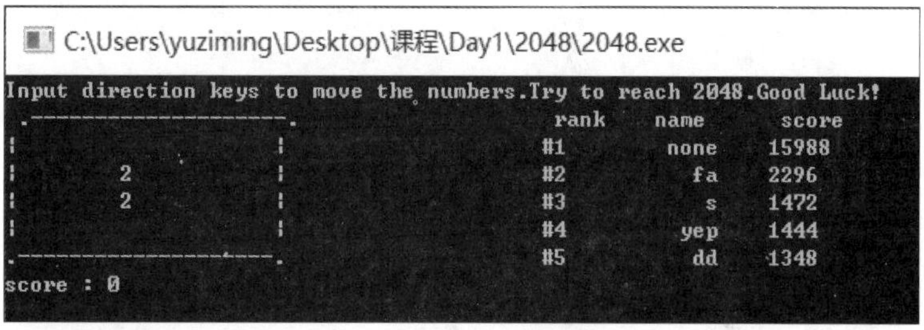

图6 控制台游戏：2048

```cpp
#include <STC12C5A60S2.H>

#include <stdlib.h>

sbit key_up = P2^1;

sbit key_down = P2^2;

sbit key_left = P2^0;

sbit key_right = P2^3;

sbit key_A = P2^4;

sbit key_B = P2^5;

unsigned int way = 1;// 蛇头方向

unsigned int tail =1;

unsigned int a,b,c,d,funtion,counter;

unsigned int map[10][10];

unsigned int headpos[2],fruitpos
[2],tailpos[2];

unsigned int bodylen,score,condition;

void dis_off (void){

  P1 = 0x00;

  P0 = 0xFF;

}

void init (void){ // 初始化

  srand(233);

  P1M0 = 0xff;

  P1M1 = 0x00;
```

```cpp
  P0M0 = 0xff;

  P0M1 = 0x00;

  dis_off();

  for(a=0;a<=9;a++){

    for(b=0;b<=9;b++){

      map[a][b]=0;

    }

  }

  condition=0;

  score=0;

  bodylen=1;

  headpos[0]=4;headpos[1]=4;

  tailpos[0]=5;tailpos[1]=4;

  fruitpos[0]=2;fruitpos[1]=2;

  map[tailpos[0]][tailpos[1]]=1;

  map[headpos[0]][headpos[1]]=1;

  map[fruitpos[0]][fruitpos[1]]=6;
```

```cpp
}

void checkWin(){

  if(bodylen>=63)condition=2;

}

int opinion(){

  map[headpos[0]][headpos[1]]=way;

  if(way==1) headpos[0]--;

  if(way==2) headpos[1]--;

  if(way==3) headpos[0]++;

  if(way==4) headpos[1]++;

  if(headpos[0]>8 || headpos[0]<1
|| headpos[1]>8 || headpos[1]<1)

    return -1;

  if(map[headpos[0]][headpos[1]]!=0){

    if(map[headpos[0]][headpos[1]]!
=6) return -1;

    if(map[headpos[0]][headpos[1]]
```

```
==6){
    map[headpos[0]][headpos[1]]=1;
    bodylen++;
    while(1){
      c=rand()%8+1;
      d=rand()%8+1;
      if(map[c][d]==0){
        map[c][d]=6;
        break;
      }
    }
    return 1;
  }
}
map[headpos[0]][headpos[1]]=1;
tail=map[tailpos[0]][tailpos[1]];
map[tailpos[0]][tailpos[1]]=0;
if(tail==1) tailpos[0]--;
if(tail==2) tailpos[1]--;
if(tail==3) tailpos[0]++;
if(tail==4) tailpos[1]++;
return 0;
}
void DELAY_MS (unsigned int a){
  unsigned int i;
  while( a-- != 0){
    for(i = 0; i < 600; i++);
  }
}
void read_key () {
  //way=0;funtion=0;
  if (key_up == 0) way = 1;
  if (key_down == 0) way = 3;
  if (key_left == 0) way = 2;
  if (key_right == 0) way = 4;
  if (key_A == 0) funtion = 5;
  if (key_B == 0) funtion = 6;
}
void out () {
  unsigned int lineout,box;
  unsigned int y;
  P1=0x01;
  for(y = 1;y<=8;y++){
```

```
    lineout=0;
    for(a=1;a<=8;a++){
      if(map[y][a]!=0)
        box=1;//map[y][a];
      else box=0;
      box<<=(a-1);
      lineout+=box;
    }
    P0=~lineout;
    DELAY_MS(1);
    P0=0xFF;
    P1<<=1;
  }
}
void main (void){
  init();
  while(1){
    counter=0;
    while(condition==0){
      read_key();
      if(counter>60){
        c=opinion();
        if(c==-1){
          condition=1;
          break;
        }
        checkWin();
        counter=0;
      }
      if(counter<=60){
        out();
        counter++;
      }
    }
  }
}
```

做了这么多尝试，现在来完成我们手头的项目。我在这个项目里用的方法可能适用面并不广，对于部分游戏需要略作调整。考虑到单线程编程要做到"多线程"的效果，我采用了一种"时间线"方法，即编程之初已经设定好一个计算周期，在

一个周期结束后，进行条件判断，计算好下一步的状态，最后刷新显示数组。

显示数组（其数据结构为二维数组）的功能是缓存屏幕显示状态，屏幕需要输出时，按照显示数组逐位或逐行点亮屏幕。由于这里用的是单色屏，所以只要元素的值不是0，屏幕的对应位置就会点亮，如图7所示。

在一个时间周期内，不需要进行计算，只用来输出（刷新屏幕）就可以了。这里一个周期可以调用系统时钟函数，或者自己另行编写一个累加器，累加达到一定值清零即可。这样就可以简单、快速地实现游戏的效果。同样，这种方案也可用于其他大多数游戏。

在贪吃蛇游戏的逻辑设计上，我定义了蛇头和蛇尾。蛇头相当于一个"画笔"；蛇尾相当于一个"笔擦"，用于擦除蛇头走过的轨迹，即形成蛇身效果。蛇头所经过的地方，就在数组对应位置上留下此时蛇头的朝向，可以用1、2、3、4表示。当蛇尾到达这个位置时，就知道了下一步应该向哪个方向继续擦除。如果蛇头踩在了"果实"上，比如"果实"用数字6表示，那么将此格改为蛇头方向，并延滞蛇尾一步，就加长了蛇身的长度。

在编写程序之前，先简单画出流程图，可以保证思路清晰，也可以提高程序编写速度并降低错误率，做到"think twice, code once"。

希望我的这个思路能被大家所采纳、分析和点评，同样还请各位读者能够分享一些更好的方案。⊗

a[] = {0 1 0 0
      0 1 1 0
      0 0 1 0
      0 0 0 0}

显示数组示意图

▌图7 显示数组与屏幕显示对应关系示意图

基于 micro:bit 的打地鼠游戏装置

▌赵宇

打地鼠游戏大家一定不陌生,曾经风靡一时,不论是计算机上的小游戏还是可以拿在手里的小玩具,都不难看到打地鼠游戏的身影。今天我们要利用 micro:bit 自带的无线通信功能,制作一个让多人参与的、更加灵活多变的模块化打地鼠游戏装置。硬件清单如附表所示,部分硬件如图 1~图 6 所示。

▌图 1 游戏机按键

▌图 2 游戏机按键内的微动开关、LED 和支架

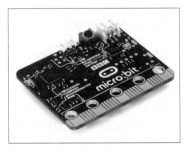

▌图 3 micro: bit

附表　硬件清单

名称	数量
大型游戏机按键(红色,直径 100mm)	3 个
大型游戏机按键(蓝色,直径 100mm)	3 个
微动开关	6 个
带支架的 LED	6 个
圆形塑料分装瓶(透明、Φ100mm×100mm)	6 个
micro:bit	7 块
扩展板	6 块
7 号电池	14 节
电池盒	7 个
杜邦线	若干

设计思路

打地鼠游戏装置可以分为两个部分:按键部分和计分部分,这两个部分都由 micro:bit 控制,并通过无线通信显示游戏实时计分数据。每个游戏模块由 micro:bit、扩展板、游戏按键、LED、微动开关和电池构成。在游戏中,LED 随机点亮,如果在 LED 点亮时按下游戏按键,则游戏模块中的 micro:bit 向负责计分的 micro:bit 发送无线信号。

在游戏的计分部分,假设有红色、蓝色按键游戏模块各 1 个,如果红色游戏模块的 LED 点亮,负责计分的 micro:bit 收到红色按键游戏模块发来的信号则计分增加,如果收到的是蓝色按键模块发来的信号则计分减少。

由于装置具有无线传输和模块化设计的特点,我们可以任意增加红、蓝按键游戏模块的数量,可任意变换按键游戏模块的摆放位置,从而增加了游戏的可扩展性

▌图 4 扩展板

▌图 5 圆形塑料分装瓶

▌图 6 电池盒

和灵活性。我设计的是由 6 个游戏模块构成的打地鼠游戏装置,如图 7 所示。

电路连接

游戏模块的电路连接比较简单,按键

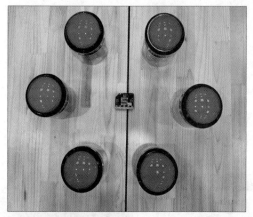

▌图7 我制作的打地鼠游戏成品

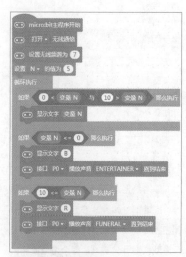

▌图8 实际电路连接效果

内微动开关的两端不用区分正负极，接到扩展板的 5 号引脚。LED 支架的两端分正负极，正极接到扩展板的 1 号引脚。通过 2 节 7 号电池给 micro:bit 供电，电路连接的实物如图 8 所示。

计分部分只需要 1 块连接电池组的 micro:bit。如果想使游戏的体验效果更好，可以外接一个小扬声器，增加游戏音效。

▌程序编写

游戏程序可以采用任何支持 micro:bit 的软件编写，我使用图形化编程软件 Mind+ 进行说明。

首先编写游戏模块的主程序（见图 9），打开 micro:bit 的无线通信功能，通过循环侦测，如果在灯亮（flag=1）时按键被按下，则发送无线信号（红色模块发送 red，蓝色模块发送 blue），同时播放提示音。再通过游戏模块子程序（见图 10）控制实现 LED 随机点亮。

在游戏的计分模块主程序（见图 11）中同样要打开 micro:bit 的无线通信功能，并将无线频道设置成和游戏模块所用相同的频道来实现无线通信，将计分初始值设为 5，通过 micro:bit 的点阵屏显示。之后编写计分模块的子程序（见图 12），当接收到无线信号 red 时，分数加 1；接收到

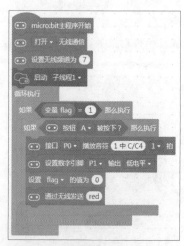

▌图9 游戏模块主程序

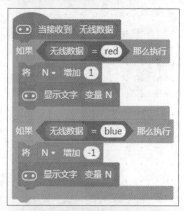

▌图11 计分模块主程序

▌图10 游戏模块子程序

▌图12 计分模块子程序

无线信号 blue 时，分数减 1；当分数小于 0 时蓝方获胜，当分数大于 10 时红方获胜。

最后只要将写入程序的 micro:bit 插入扩展板，将电路装入圆形的塑料分装盒，一个打地鼠游戏装置就制作完成了（见图 13）。

▌图 13 打地鼠游戏装置

▌图 14 打地鼠游戏场景

打地鼠游戏能锻炼游戏者的反应能力，但多是局限于单人游戏，变化只是地鼠出现频率的高低。我们制作的这个基于 micro:bit 的打地鼠游戏装置，通过无线连接，增加了游戏的灵活性，每个游戏模块可以放在不同的位置，不但可以锻炼反应速度，还可以锻炼身体。最重要的是它采用模块化设计，方便扩展，可多人一起游戏，促进了人们的沟通与协作，独乐乐不如众乐乐，游戏场景如图 14 所示。⊗

仿生树懒机器人

受行动缓慢的树懒的启发，佐治亚理工学院的工程师们打造出了 SlothBot 机器人，并且已经在亚特兰大的植物园里投入使用。这台机器人，能够以高效节能的方式悬挂在空中监测动植物的环境状况，并有望在各大自然保护区发挥应有的作用。

去年该校工程师展示过这种行动缓慢，但相当节能的机器人原型。其 0.9m 的 3D 打印机身里容纳了电机、齿轮、电池，以及传感器等系统，这些系统可完全依靠太阳能电池板供电。通过编程，SlothBot 能够在两棵树之间的索缆上缓慢地移动，并借助内置的传感器追踪天气、二氧化碳水平等信息。

目前研究团队正在亚特兰大植物园对 SlothBot 进行测试，在必要的时候，它会在 30m 长的索缆上随机移动，并在电量不足时寻找阳光。SlothBot 可以帮助科学家更好地了解影响关键生态系统的非生物因素，为开发保护稀有物种和濒危生态系统收集所需的信息。

可自我修复的柔性电子皮肤

以色列理工大学的研究人员开发出一种柔性高分子材料，它在遭受刮擦、割伤或扭伤时能够"自愈"。将其与传感器相结合，有望获得柔性、具有自我修复能力的电子皮肤。

在霍斯山姆·哈克教授的指导下，穆罕默德·卡迪布博士在以色列理工大学沃尔夫逊化学工程学院成功地研究出弹性高分子材料或弹性体后，目前正在研究将先进传感器集成到弹性体的电子皮肤上。

这种弹性体可被拉伸至原长度的 11 倍也不会断裂。此外，弹性体具有独特特性，包括在自来水、海水或不同酸性溶液中自愈，让它有望通过改造用来制作防水的柔性动态电子设备，使该设备在水中遭到机械损伤时能够自我修复并防止漏电。

随后，卡迪布开始利用弹性体开发电子皮肤，将选择性感应、防水、自我监控和自我修复等多种功能融入电子皮肤。利用电子皮肤组成的传感系统能够监控环境变量，例如压力、温度和酸度。同时，该系统包含能监视系统电子部件损坏的类神经元组件，以及让受损部位加速自我修复过程的其他组件。

能吸收和释放液体的人造皮肤

荷兰埃因霍芬理工大学 Liu Danqing 副教授领导的团队开发了一种能吸收和释放液体的人造皮肤。它是由液晶聚合物制成的薄薄的柔性薄片，其中插入了一系列微米大小的孔隙。像海绵一样，它可以通过毛细管作用，从这些孔隙中吸收液体。当受到无害的低能量无线电信号影响时，皮肤内的液晶分子就会扭转，使自己与无线电波的传播方向一致。这样它们就会有效地将材料挤出，使吸收的液体从毛孔中渗出。信号越强，被挤出的液体量越大。不过，一旦信号停止，皮肤就会回到吸收模式。即将进行的测试将涉及抗生素、润滑剂和酒精等液体加载材料。融合该技术的伤口敷料可能会在 2025 年完成。此外，研究人员还计划制造一种通过皮肤出汗来保持凉爽的机器人原型，尽管它可能需要更长的时间开发。在不远的将来，我们可能会看到吸收体液按需释放药物的伤口敷料，同样的材料未来或许能让机器人通过"出汗"来冷却自己。

Laserblock——让机器人教育走向开源、普惠（3）

超好玩的 Laserblock 编程篇

■ 梁志成　龙丽嫦

Laserblock 是开源激光切割积木结构件的代称，可以广泛用于机械结构搭建、开源机器人等开源硬件项目，具有相当高的可玩性和拓展性。我们已通过趣味案例"小鹿摇摇摇"介绍了利用 Laserblock 进行纯动力机械装置搭建的方法，除了搭建动力机械装置结构外，Laserblock 还可以与开源硬件和编程相结合，制作更有趣的机械装置。本期我们通过翻转机的搭建案例，介绍利用 Laserblock 结构件与开源硬件搭建开源机器人的方法。

■ Laserblock 与开源硬件

为了配合开展开源、普惠的机器人教育培训，在 Laserblock 的标准样式——Laserblock@ 红棉创客空间 V1.5 的设计中，我们根据常用的电子元器件的尺寸，设计了多个电子连接件。Laserblock@ 红棉创客空间 V1.5 中的电子连接件共有 9 块，积木件编号为 32~40，按顺序分别是通用型传感器、蜂鸣器、热释电红外传感器、舵机、超声波传感器、TT 电机、8×8 LED 矩阵和 LCD1602 显示屏的连接件，以上电子连接件如图 1 所示。

例如我们可以使用 35 号连接件固定舵机，通过 2 个舵机连接件与 2 颗塑料 R3075 铆钉，就可以将舵机固定在连接片上（见图 2）。

■ 搭建翻转机装置

将 Laserblock@ 红棉创客空间 V1.5 作为开源机器人的结构件，可以制作许多

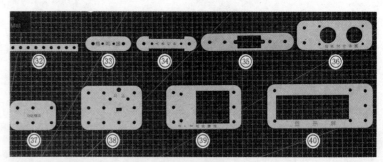

■ 图 1 Laserblock@ 红棉创客空间 V1.5 中的电子连接件

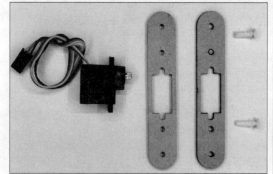

■ 图 2 固定舵机的过程

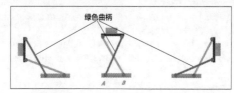

■ 图 3 翻转机原理

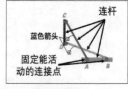

■ 图 4 四连杆示意图

有趣的机械装置，本期我们就来介绍翻转机的搭建案例。

1. 什么是翻转机

翻转机是一种将物料翻转一定角度的设备。翻转机能适应不同规格与形状的货物的翻转要求，实现将货物由卧式放置换成立式放置或将立式放置转换成卧式放

置的工程作业。翻转机广泛应用在冶金、冲压、钢材、大型线盘、送料等场景中。

2. 翻转机的技术原理

因工作场景不同，翻转机有多种结构与外形。翻转机的结构一般由底盘、立柱、提升系统和翻转系统组成。翻转的工作原理如图 3 所示，通过绿色曲柄旋转

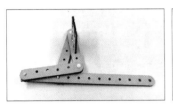

图5 翻转结构的搭建

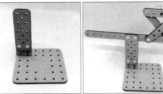

图6 将翻转结构安装在立柱上

附表 材料清单

材料名称	规格	数量	构件用途
Laserblock	红棉创客空间 V1.5	1 件	结构搭建
塑料铆钉	R3075、R3085	若干	固定连杆等结构件
螺丝螺母	M3×12mm	若干	安装连接件
Arduino Uno		1 个	编程开发板
扩展板	V7.1	1 个	接线扩展
舵机	MG90S	1 个	翻转机的动力源
M2 自攻螺丝	长 5mm	1 颗	安装舵盘

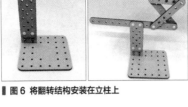

图7 6孔连杆与翻转结构中的动力曲柄同轴连接

90°，可以让工件旋转 180°，实现翻转。在原理图中，我们可以看到以 A 点为动力轴，带动绿色曲柄转动。而外力驱动使其翻转的受力点，如图4所示，包括在 A 点逆时针转动时，带动连杆 AC、BD、CD 转动，其中 AC 是主动连杆，在这个连杆机构中，主要的受力方向如图4中的蓝色箭头所示。

3. 利用Laserblock@红棉模拟搭建翻转机

我们可以使用开源硬件以及编程，控制舵机输出动力，使主动连杆转动，驱使翻转机完成翻转动作。我们使用 Laserblock 搭建翻转机的底盘、立柱和翻转结构。材料清单如附表所示。

4. 搭建过程

（1）搭建翻转结构

翻转结构中很重要的部分是曲柄与连杆，Laserblock 中的多孔连杆就可以完成这个四连杆结构中的曲柄与连杆搭建，同时使用连接片搭建工件底座。翻转系统的搭建如图5所示。

（2）搭建底盘与立柱

使用 6×6 孔的结构件作为翻转机的底盘，将 1 块连接片固定在底盘上，作为翻转机的立柱，我们可以将翻转结构安装到立柱上（见图6）。

图8 安装舵机

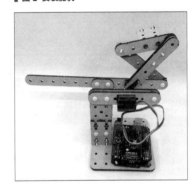

图9 固定 Arduino Uno

（3）安装动力轴

在翻转机中，动力轴由舵机驱动。我们将 6 孔连杆与翻转结构中的动力曲柄同轴连接（见图7），舵机就可以通过同轴连杆驱动翻转结构。

首先使用舵机安装将舵机固定，然后把十字舵盘安装到 6 孔连杆上，并固定到舵机上，拧上 M2 自攻螺丝。最后使用塑料铆钉 R3085 把 6 孔连杆加个垫片后与动力曲柄连接（见图8）。

（4）固定Arduino Uno

使用 2 颗 R3075 塑料铆钉，将 Arduino Uno 固定在底座上（见图9）。

（5）电路连接

翻转机的动力源自于舵机，我们通过 Arduino Uno 对舵机进行控制，使用扩展板与舵机连接，电路连接如图10所示。

（6）编写程序

在搭建时，我们发现，动力曲柄转动 90° 就可以让翻转机转动 180°。受搭建选材及翻转机的4条连杆长度不同的影响，舵机的转动角度与翻转机的转动角度有所不同，需要我们在编程程序时进行测试与调整，程序如图11所示。

至此，我们用 Laserblock 和开源硬件完成了翻转机的搭建，为舵机接入 5V 电源后，翻转机就可以开始工作了，是不是很简单？感兴趣的朋友快来试试吧！ⓦ

图10 电路连接

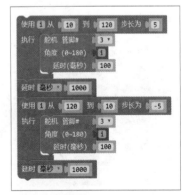

图11 翻转机的程序

创客技术助力科学实验：热传递

基于掌控板与 DS18B20 温度传感器的科学实验

刘育红

科教版小学科学教材五年级下册第二单元的内容为《热》，其中第6节为《热是怎样传递的》。通常我们会利用酒精灯、蜡等材料进行实验，不仅在安全问题上需要师生们格外注意，而且实验结果还停留在视觉感知上。引进创客技术来改进实验方案，可以将实验结果进行量化，并且自动处理数据形成电子图表，以便为实验结果分析提供更充分的依据。

总体方案

我们以掌控板作为主控板，外接多个 DS18B20 温度传感器来获取受测物体温度，在掌控板的显示屏上实时显示采集的温度，最后将所有数据处理成温度变化统计图。材料清单如附表所示。

实验平台搭建

如图 1 所示，将掌控板插入扩展板插槽中，将 3 个 DS18B20 温度传感器分别连接到扩展板的 P0、P1、P8 引脚。

通过导线连接锂电池和扩展板，如图 2 所示。

使用激光切割机切割亚克力板或者其他材料制作一个底板，以便更好地进行实验，如图 3 所示。

实验1：物体之间的热传递

1. 实验方案

在中间有隔板、互不相通的两个水槽内，分别倒进热水和冷水，观察并记录两边水温度的变化，每隔 20s 更新一次水温值，30min 后将所有数据处理成温度变化统计图。

附表　材料清单

实验器材	掌控板，1 块
	I/O 扩展板，1 块
	DS18B20 温度传感器，3 个
	锂电池，1 个
	电烙铁，1 把
科学实验材料	铜线
	1 杯热水、1 杯冷水

图 3　制作底板

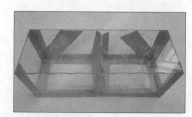

图 4　制作实验器皿

2. 实验准备

使用亚克力材料，通过 CAD 建模并借助激光切割机制作一个含有两个水槽的长方体器皿，如图 4 所示。因时间关系，

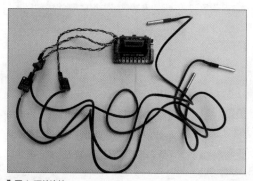

图 1　硬件连接

图 2　连接锂电池

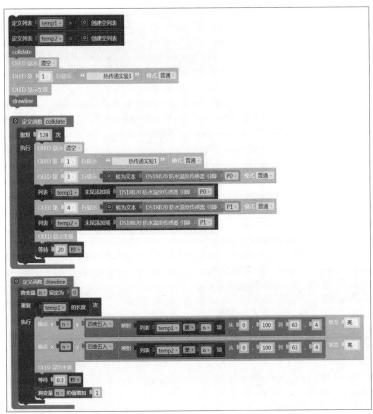

图 5 实验 1 的程序

我没有使用效果更好的玻璃胶封边固定，而是采用防水胶带处理，如果要长期使用，不建议这样做。

3. 编写程序

我使用 mPython 0.5.1 编程，程序如图 5 所示。程序的主要功能是每隔 20s 采集一次温度，将两个温度传感器采集到的温度存进数组中待调用，并且将两个温度值显示在屏幕上；待进行了 128 次取样后，利用数组中的数据绘制成温度变化统计图。

4. 实验过程

1 准备一杯热水和一杯冷水。

2 打开实验设备，将温度传感器插进检测孔中，检测设备运行是否正常。

3 将热水和冷水分别倒入两边的水槽中。

4 查看实验数据变化，进行记录。部分实验数据如下图所示。

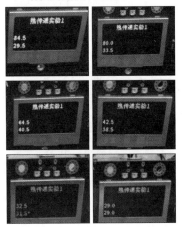

5 查看温度变化统计图。

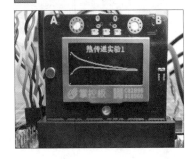

5. 得出结论

通过上面的实验，我们可以发现，热水将热传递给亚克力板后又传递给了冷水，两个水槽中的水温趋近相同。我们可以得出结论：热会从一个较热的物体传递给与之直接接触的另一个物体。

实验2：同一物体中的热传递

1. 实验方案

利用电烙铁对一根铜棒进行持续加热，在3个离加热点距离远近不同的地方进行温度检测，观察并记录3个加热点温度的变化。考虑到电烙铁的工作特点，建议实验时长不超过5min。

2. 实验准备

使用椴木板，通过CAD建模并借助激光切割机制作一个实验架，如图6所示。

▌图6 制作实验架

3. 编写程序

使用mPython 0.5.1编程，程序如图7所示。程序的主要功能是每隔3s采集一次温度，将3个温度传感器采集到的温度显示在屏幕上。

4. 实验过程

1 准备一根铜棒、一把电烙铁。

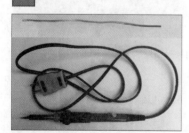

2 打开实验设备，检测设备运行是否正常。

3 将铜线插入实验架，将温度传感器插入检测孔。

4 打开电烙铁，预热2min后与铜棒接触，对铜棒持续加热。

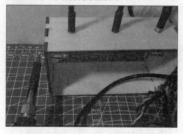

5 查看实验数据，部分实验数据如下图所示。

5. 得出结论

通过上面的实验，我们可以发现，铜线上离加热点较近的地方温度较高，离加热点较远的地方温度较低，但是温度都在上升。这说明热从温度较高的一端逐渐传递给温度较低的一端。我们可以得出结论：在同一个物体内，热从温度较高的部分传递到温度较低的部分。

▌后记

由于掌控板屏幕的分辨率有限，取样次数还不够多，采样间隔时间较长，最后呈现的统计图的效果也不够完美。如果将实验数据通过物联网模块上传到物联网平台，然后使用Excel等电子表格软件进行处理，效果将更完美。

《热》单元的第7节《传热比赛》仍可以使用相同的器材和类似的方法进行探究实验。Ⓧ

用 Arduino 制作带有尾灯提示功能的自动避障车

北京市海淀区万泉小学三年级 2 班　权衡

　　避障功能是自动驾驶汽车的一项重要功能，在自动驾驶汽车避障（后退、转向等）的同时增加尾灯提示功能，可提高交通的安全性，具有很强的实用价值。采用超声波传感器实现避障具有方便、计算简单、容易实现实时控制等优点，是常用的避障控制传感方法。我以 *Arduino Uno* 控制板作为控制核心，通过超声波传感器、*LED*、电机等硬件，构建了带有尾灯提示功能的自动避障车。

硬件设计

　　自动避障车主要由动力系统、传感器和控制系统三部分组成，主要材料清单见附表。动力系统主要由 4 个直流电机组成，左侧 2 个电机共用一个控制引脚，右侧 2 个电机共用一个控制引脚，可以前进、后退和转向。传感器部分采用的是 2 个超声波传感器，分别安装在车体前部的左、右两侧，可实时监测小车与障碍物之间的距离。2 个 LED 模块安装在车体尾部左、右两侧。控制系统由 Arduino Uno 主控板、L293D 电机驱动板和 I/O 扩展板组成。L293D 电机驱动板与 Arduino Uno 连接，驱动 4 个

附表　材料清单

Arduino Uno × 1
I/O 扩展版 V7.1 × 1
L293D 电机驱动板 × 1
直流电机 × 4
超声波传感器 × 2
LED × 2
1:12 模型车 × 1
9V 移动电源 × 1
连接线，若干

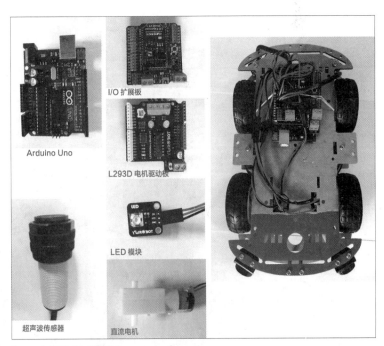

Arduino Uno

I/O 扩展板

L293D 电机驱动板

LED 模块

超声波传感器

直流电机

图 1　小车零部件和整体效果

直流电机。I/O 扩展板叠加在电机驱动板上，实现对超声波传感器和 LED 模块的控制。小车零部件和整体效果如图 1 所示。

软件设计

　　小车的控制程序是先对 Arduino 控制板进行初始化，超声波传感器遇到障碍物后返回信号，信号分为高、低两种。若两侧信号都为高，则小车直线前进；

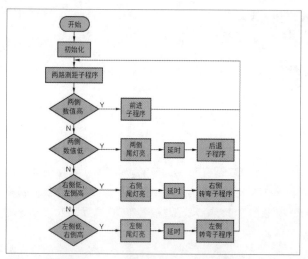

图2 控制程序流程图

若两侧信号都为低，则两侧尾灯亮，小车直线后退；若一侧信号为低，一侧为高，则信号为低的一侧尾灯亮，向该侧转弯。控制程序流程和图形化程序如图2和图3所示。

实验效果

经过实验，小车可在预设的区域内通过超声波传感器进行距离判断，然后自动避障，在后退和转向时，尾灯可以进行指示，实现了安全提示功能，达到了预期目标。Ⓧ

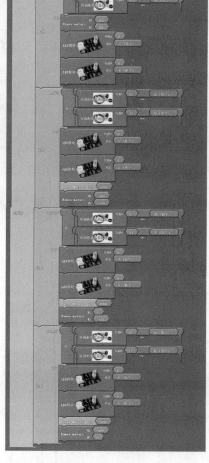

图3 图形化程序

北京市第三十五中学开展少年电子技师科普活动纪实

▌本刊记者

2020年11月4日，伴随着上课铃声的响起，全国少年电子技师科普活动的表彰会在北京市第三十五中学隆重举行。出席此次表彰会的有少年电子技师科普活动组委会主任付方明、副主任周明、主管李佳，北京市西城区教委体卫艺科挂职干部张雅楠，北京市第三十五中学的校长刘继忠、党委书记孔燕、副校长王威、科技教育中心主任杜春燕、项目教学部主任王娉婷、课程中心主任何兰以及其他师生。

少年电子技师科普活动组委会副主任周明代表因故未能出席本次表彰会的少年电子技师科普活动专家组组长张军老师为大会介绍了活动背景："少年电子技师科普活动，原名为全国少年电子技师认定活动，由中国科学技术协会和《无线电》杂志于1997年联合发起，是面向全国青少年的电子技术的科普实践活动。这一活动于2013年更名为少年电子技师科普活动，北京市第三十五中学是活动更名后第一批被活动组委会认可并颁发证书和铜牌的单位。" 少年电子技师科普活动组委会主任付方明对大力支持活动的西城区教委、科技馆以及北京市第三十五中学的领导表示感谢并提到"北京市第三十五中学的何继华老师将少年电子技师科普活动、制作传感器与课堂教学进行了很好的融合，在北京乃至全国起到了很好的示范作用。"

为表彰在少年电子技师活动中做出突出贡献并通过导师考核的教师，以及在活动中认真学习且通过全面考核的学生，在场的各位领导为他们分别颁发了导师资格证书、少年电子技师证书，并表示了祝贺。

北京市第三十五中学副校长王威在总结发言中说道"在中学阶段实现真正的五育并举，培养合格甚至是优秀的社会主义建设者和接班人，科学技术类、动手实践类课程大有可为。北京市第三十五中学将会继续为此努力，不懈地奋斗。"

在表彰会的最后，少年电子技师组委会将优质的科普图书和期刊送给了第三十五中学的师生，期望他们在学好电子技术的基础上，创新创造，成为我国优秀的电子技术后备力量，为实现科技强国而努力奋斗！Ⓧ

Q&A
问与答

读者若有问题需要解答，请将问题发至本刊邮箱：radio@radio.com.cn或者在微博@无线电杂志，也可以在《无线电》官方微信公众号评论中留言。如果读者不能通过网络途径投送自己的提问，请将来信寄到本刊《问与答》栏目，信中最好注明您的联系电话。

Q 电动自行车的48V充电器中的一个矩形电容器损坏，电容上标注是"MPX-X2 275AC 100nF"，我想用0.1μF/1000V DC薄膜电容代换，后者的耐压是前者的近3倍，应该没有问题吧？替换时应该注意什么具体问题？

（湖北 吴映强）

A MPX-X2型100nF是安规电容，交流耐压是275V。安规电容主要并联在电源线两端或电源线一端与地之间，用于吸收、减少电源电路进入的干扰信号。100nF/1000V DC薄膜电容不能替换275V AC 100nF安规电容。安规电容是指失效后，不会导致电击、不危及人身安全的安全电容。所以对安规电容的安全性能有严格规定，例如X2类安规电容可承受2.5kV的脉冲电压、Y2类能承受5kV的脉冲电压等。0.1μF/1000V DC的电容，虽然耐压比0.1μF/275V AC安规电容大了许多，但前者是1000V DC直流耐压的非安规电容，一般达不到安规电容的275V交流耐压等性能要求，所以不能替换。

（王德沅）

Q 据说欧洲EF86电子管对电路底噪的抑制很好，音色细腻柔和，并且和胆机常用的6SJ7电子管性能相近，为此我想用EF86电子管替一台胆机中的6SJ7电子管，不知是否可以，替换时具体需注意的要领是什么？

（江苏 蒋伟民）

A EF86是低噪声、锐截止五极电子管，主要用在胆机的音频前级放大电路中，最大的特点是噪声低，输出的声音给人以通透、清澈见底之感。EF86和6SJ7的主要电气特性参数相似，但是两者封装外形不同，EF86是小九脚管，6SJ7是大八脚管，所以需要用一个小九脚管转大八脚管的转换插座，将EF86电子管插入转换座，然后再插入6SJ7电子管插座上。

（王德沅）

Q 我拆解了一台遥控模型汽车，发现其电机驱动芯片HR1084输出脚（5/8脚）与电机两端连接了两个100nF的电容，不知这两个电容的作用是什么，为何两个电容要并联使用，只用一个不行吗？

（山东 张瑞）

A 当直流电机转动时，电刷与整流片之间会产生电火花噪声，这种噪声是一种频带宽且分布杂乱的脉冲信号，会对电路或设备造成干扰，其中的尖峰脉冲如果进入驱动芯片，很可能使芯片损坏。电机两端并接电容可抑制或消除这种干扰，从而避免电路受到影响或对芯片造成伤害。这个电容应尽量靠近芯片安装，其连接线（即电容引线）尽量缩短，以使电容吸收干扰脉冲的作用更好。这样连接后，从线路图上看好像是两个电容并联使用，但实际的安装位置是不同的。例如驱动芯片HR1084输出脚（5脚和8脚）分别对电机另一端各接了一个100nF电容。

（王德沅）

Q 有一台电动自行车充电器的整流二极管RGP15MG烧坏了。该充电器是以UC3842为核心组成的开关电源，过去RGP15MG曾烧坏过，换上同型号的二极管，工作一段时间后又会被烧坏。检查发现，工作时RGP15MG严重发热，这可能就是管子损坏的原因吧？不知RGP15MG的主要特性如何，怎么解决其过热损坏的问题？

（吉林 孙志刚等）

A RGP15MG是快恢复整流二极管，其最大反向峰值电压P_{rv} = 1000V，最大平均正向电流I_O = 1.5A，最大反向恢复时间T_{rr}=250ns。假如充电器的充电电流大于1.5A，管子工作时就会严重发热，甚至被烧坏。如果充电电流正常，可在原RGP15MG上再并接一个同型号管子，这样可分担输出电流，降低电路的工作温度，防止二极管损坏，这是比较便捷的解决办法。也可用I_O = 2A或I_O = 3A的FR207、HER207或FR307、HER307直接代换RGP15MG二极管。

（王德沅）

Q 在制作机器人玩具的控制器时，我们发现电机驱动芯片HR1084的待机电流小于1μA，而静态电流为300μA，两者相差很大，这两个电流不是类似的参数吗，为何区别这么大？

（浙江 邵健）

A HR1084是单通道H桥直流电机驱动器芯片，其H桥驱动由MOS管组成，具有输出电流大（可达1A）、待机和静态电流低、功耗小、电源范围宽（1.8~6.8V）等优点，在直流电机驱动电路中应用广泛。待机电流和静态电流是两个不同参数。当V_{CC} = 3V、R_L=15Ω时，HR1084的待机电流最大为1μA，此时电机处于待机状态，其两个输出端（5、8）呈现高阻态，芯片消耗电流极小；HR1084静态电流为300μA，此时电机是处于"刹车"（BRAKE）状态，输出端5、8脚为低电平，芯片消耗电流即为静态工作电流。

（王德沅）

读者若有问题需要解答，请将问题发至本刊邮箱：radio@radio.com.cn或者在微博@无线电杂志，也可以在《无线电》官方微信公众号评论中留言。如果读者不能通过网络途径投送自己的提问，请将来信寄到本刊《问与答》栏目，信中最好注明您的联系电话。

Q 我拟用D类芯片TDA7491LP制作音频放大器，参考相关资料时发现，TDA7491LP有待机、静音和正常工作3种模式，分别由MUTE（21脚）、STBY（20脚）电平控制，但不知如何连接。 （四川 赵崇庆）

A TDA7491LP是输出功率为5W的双声道高效D类音频功放集成电路。TDA7491LP有待机、静音和正常工作3种模式，芯片由STBY（20脚）和MUTE（21脚）上的电平控制，具体如附表所示。（电源电压V_{cc}=9.0V） （王德沅）

附表

STBY（20脚）	MUTE（21脚）	工作状态
低电平，小于0.5V	高、低电平均可	待机
高电平，大于2.9V	低电平，小于0.8V	静音
高电平，大于2.9V	高电平，大于2.9V	正常工作

Q 我们用电源芯片MP2365制作了一个开关电源，输入电压为15V，输出电压为5V，输出电流2A，采用产品手册上推荐的典型应用电路和元器件。调试很顺利，在实际使用时各项性能还不错，但是MP2365容易损坏，有时在开机后或者在工作中突然就烧坏了。我们反复检查调试电路，还改进了印制板布线，调换了元器件，但是都无法解决，这是何故。 （辽宁 刘金鹏等）

A MP2365是输入电压范围为4.75～28V、高频可达1.4MHz、最大输出电流为3A的降压式开关电源集成电路。由于开关频率高，电路高频状态下损耗大，但对减小电容和电感等参数，缩小电源体积十分有利。电路在高频运行下，会产生较高的尖峰电压，干扰或损坏MP2365。所以电源的输入去耦电容及输出滤波电容都要求拥有良好的高频性能，尽可能缩短引线，靠近MP2365安装。印制板的走线也应尽量缩短，接地点要设置合理。如果缺乏设计经验或不能确保MP2365的质量，在批量生产时可换用低频（340kHz）的MP2307，可靠性会提高很多。 （王德沅）

Q 我制作了一台胆机，用6SJ7五极管作为前级音频放大器，试机时发现电流噪声很明显，把该管拔掉，噪声立即消失。我曾换过6SJ7，也重新排列焊接过电路连接线，重点是改变地线的连接方式，力求干扰不通过地线传输，但是也不能消除难听的噪声，不知怎样处理才能排除这种噪声。 （江苏 王益等）

A 这种故障大多是6SJ7本身的屏蔽性能不好造成的。6SJ7是年代久远的音频放大五极电子管，这种问题主要发生在采用铁壳的6SJ7五极管上，这批电子管的内部屏蔽没有做好，容易受到交流电和其他噪声的干扰，从而出现较明显的交流哼声或其他噪声。解决方法是调换良品6SJ7，网购时可仔细查看用户评价并且咨询卖家或者去实体店购买，建议在店主允许的前提下进行试用。另外注意铁壳的6SJ7五极管的1脚必须接地。 （王德沅）

Q 一台小型音箱采用TDA7491LP音频放大电路作为音频功放级，维修时发现TDA7491LP的输出端至扬声器的两端分别连接了多个电阻、电容和电感，这些元器件在电路中有什么作用？ （山东 范军辉）

A TDA7491LP是5W双声道高效D类音频功放集成电路。因为D类音频功率放大电路在工作中处于开关状态，会产生谐波，尤其是在功放的输出线路上，这会对电路造成明显的电磁干扰，容易出现失真、啸叫或噪声等现象。为了抑制这种电磁干扰，需要在音频功放的输出端与扬声器之间加入低通滤波器。低通滤波器的截止频率通常小于电路开关频率（FSW），同时应大于27kHz，以便正常音频高频分量通过。低通滤波器通常由2个电感、4个电容和1个电阻等元器件组成。 （王德沅）

Q 我在客厅安装了一个Wi-Fi扩展器，较明显地改善了手机在客厅和阳台等处的上网效果，但Wi-Fi扩展器经常不能自动连接无线路由器。我的Wi-Fi扩展器插在客厅插座上，平时不断电。每天早上打开计算机和无线路由器后，Wi-Fi扩展器却显示红灯，无法正常工作，只有重启Wi-Fi扩展器才可正常工作，不知何故。 （湖南 刘海）

A 这种情况通常是Wi-Fi扩展器捕捉（连接）性能不良所致。当Wi-Fi扩展器先于无线路由器通电时，扩展器不断尝试获取IP地址，不断地连接，连接多次无果后就进入待机状态，等待无线路由器的信号。但是当无线路由器开机发出信号时，扩展器却不能自动捕捉信号，断电重启Wi-Fi扩展器等于重新上电再进行信号捕捉，从而连接成功。解决的方法一是换用口碑好、性能佳的Wi-Fi扩展器，最好是与所用无线路由器同品牌的产品。二是每次开机，先接通无线路由器电源，然后再开启扩展器。三是将无线路由器频段带宽设为20MHz，增强路由器发射的信号的穿透性，便于Wi-Fi扩展器捕捉信号，但这个方法的效果不太明显。 （王德沅）

读者若有问题需要解答，请将问题发至本刊邮箱：radio@radio.com.cn或者在微博@无线电杂志，也可以在《无线电》官方微信公众号评论中留言。如果读者不能通过网络途径投送自己的提问，请将来信寄到本刊《问与答》栏目，信中最好注明您的联系电话。

Q 一台小型音音响中的DVD视盘播放机发生故障。经检查发现，电源部分的一个8脚集成块损坏，从外观隐约可见"565"等字样，不知该集成电路是什么型号？

（广东 李成）

A 从提供的信息来看，该电源集成电路型号应是ICE2A0565。ICE2A0565是内含MOS功率管的离线式开关电源电流模式控制器，在DVD中应用较为广泛，主要作开关电源控制元器件。该集成块的输出端"漏－源极"电压V_{DS}为650V，功率为23W（230V AC），内阻为4.7Ω。该IC具有多种封装品种，其中以"双列直插"DIP-8-6封装最为常用，换件时不要搞错了。

（王德沅）

Q 我有一台机顶盒，开机后没有反应，经检查发现有两个3引脚的贴片元器件被烧坏，这两个元器件在印制板上标注为4148，元器件封装（似SOT23）上只有D6字样，不知是什么元器件，主要特性和各引脚的功能如何？

（河北 张弓）

A 这是1N4148系列开关二极管，采用SOT（Small Out-Line Transistor）小外形晶体管封装。这种贴片型二极管的反向重复峰值电压为100V，正向平均电流为150mA，反向恢复时间为4μs。1N4148系列共有4个产品，其中1N4148封装上的标码为5H，该管内部只有一个二极管，其中1脚是阳极，3脚是阴极。1N4148CA标码为D6，该管内部有两个二极管，其中1、2脚分别是两管的阴极，3脚是两管的共阳极。1N4148CC标码为D5，该管为共阴极双二极管。1N4148SE标码为D4，该管为共阴阳极双二极管，即3脚是一管的阴极和另一管的阳极连接端。1N4148的4个产品的外形都一样，选购和使用时千万不要搞错了。

（王德沅）

Q 我的一个接触式数显电子体温计最近不能用了，开机后1~2s，液晶屏幕可以显示温度值，但再过几秒，屏幕就只显示"Lo ℃"了，同时还会发出"嘀嘀"声，电池及其接触都是正常的，不知是什么原因，可以修复吗？

（湖南 刘元模等）

A 这种故障通常是体温计中的测温元器件断路或损坏所致。此类电子体温计大都采用负温度系数热敏电阻作为测温传感器，如果热敏电阻脱焊开路或损坏，它就相当于一个阻值很大的电阻，其阻值对应的温度远远超出了测温下限，所以体温计屏幕显示"Lo ℃"。检修时，可拆卸体温计，仔细检查热敏电阻引线是否断裂或脱焊，如果没有，那可能是热敏电阻坏了，只要换新后就能排除故障。注意，热敏电阻一般是微珠状的，体积小巧，拆卸、焊装时要小心，防止弄断其引线或弄坏其他元器件。

（王德沅）

Q 我家的计算机开机后，在屏幕上找不到鼠标指针，但是键盘的功能正常。重启计算机后仍然是这样。后来调换过鼠标，但是依然找不到鼠标指针，这是何故？

（四川 贾天浩等）

A 这种故障通常与鼠标无关，大多是因USB接口漏电所致。鼠标USB接口被水或污垢等侵蚀后会因漏电而使鼠标失灵，USB接口漏电后，可能会在任务栏出现移动设备的图标。在检修时，我们仔细清洁鼠标USB插口即可。平时要防止水分和污垢进入USB接口，特别是用USB HUB或延长线时更要小心，因为茶水、咖啡等液体溅出或翻倒后很易进入接口。

（王德沅）

Q 我家的无线路由器安装在书房，在隔着一堵墙的客厅和卧室使用手机和笔记本电脑，上网效果很不好，信号弱、连不上或掉网是常事，在网上看到主要是路由器发射功率被限制所致，将发射功率调大就可解决。但是进入路由器调试页面后，我却没有找到发射功率的调节选项，不知何故？

（天津 齐士方）

A 路由器的发射功率（或称传输功率）调节选项，通常可在浏览器的路由器功能页面中的"无线设置或无线高级设置"中查找。不同路由器给出的选项参数不同，主要有两种：一种是直接以发射功率mW（毫瓦）表示，如50mW、70mW、100mW等；另一种是用高、中、低或满功率的百分比表示选项。我建议选择最大功率挡，大多路由器默认的设置也是这样。另外，有些路由器没有发射功率调节选项。

（王德沅）

Q&A
问与答

读者若有问题需要解答，请将问题发至本刊邮箱：radio@radio.com.cn或者在微博@无线电杂志，也可以在《无线电》官方微信公众号评论中留言。如果读者不能通过网络途径投送自己的提问，请将来信寄到本刊《问与答》栏目，信中最好注明您的联系电话。

Q 目前，在很多数码电子和家电产品中较多地使用了一些阻值为零的贴片电阻元件，它们的作用好像与导线一样，不知这类元件究竟有什么用，如果损坏了，是否可以不用或用一段导线替代？

（黑龙江 王志等）

A 这类元件是0Ω贴片电阻，它们相当于一段导线，通常是为了印制电路板的设计、调试方便或电路兼容等因素而设计的，主要是作为桥接元件、跳线元件和暂时连接元件等。例如在印制电路板布线时，有些线路因为太复杂而难以布线，就可用0Ω贴片电阻桥接（跨接），从而大大降低布线难度。如果这种电阻损坏，可从废机上拆卸相似元件代替，用导线代替也可以，只是连接时要注意不要与相邻的印制电路和元器件短路。

（王德沄）

Q 我有一台使用了多年的12波段FM/AM收音机，这台收音机以集成电路CXA1019为核心组成，最近出现开机后没有声音的故障。检查发现，供电模块都正常，CXA1019和其他元器件似乎没问题，电源电压也正常。该机正常使用时性能很好，故不舍得丢弃，但由于没有电路图，难以继续检查，还请介绍故障的维修要领。

（重庆 赵克俭）

A CXA1019的典型应用电路可以在上网搜索，不同型号的收音机电路大同小异，基本上可参考典型电路图进行检修。对于开机无声的故障，通常可先测量电源电流，整机静态电流正常值应为8~20mA。如果静态电流很小，通常是电池接触不良、电源线路断路、集成块损坏等所致；如果静态电流明显大于20mA，一般是电源负载元件漏电或短路所致，可重点检查电源滤波电容、集成块引脚及相关印制电路等。如果静态电流正常，则检查输出线路和扬声器是否有问题。最后检查CXA1019及其外围元器件是否正常工作。

（王德沄）

Q 我使用无线路由器上网，但是效果不太好，为了检测客厅、卧室及书房等处的无线信号强度，我上网下载了一个无线网络测试App。实测客厅、卧室和书房的信号强度为-40~-60dBm，信号最差的位置信号强度为-70~-80dBm，不知是否在正常范围内？

（四川 宋骏谦）

A dBm意即分贝毫瓦（或毫伏），是用来表示信号强度的单位。普通家用无线路由器的信号强度通常在-120~-25dBm，一般来说，传输距离越远，无线信号强度越弱。强度在-35~-25 dBm为超强信号，一般在路由器半径1m范围内且无遮挡物时才能达到；-70~-40dBm为正常强度信号；-70dBm为正常信号强度的达标值，低于此值为弱信号，即当信号强度在-80~-75 dBm时，就会出现设备连不上网、频繁掉线或传输速率不稳定的情况。

（王德沄）

Q 我们在制作及维修数码电子产品和单片机装置时，常常发现一些SOT23封装外形的三极管，大都是8000和9000系列，如S9013等。这些贴片三极管封装上只有2~3个标识符号，没有型号，不容易区分，贵刊能否提供这类常用三极管的标识和型号对照？

（山东 李魏等）

A 下表是8000和9000系列常用三极管的标识和型号对照表，供各位参考。

三极管型号	封装标识	类型	三极管型号	封装标识	类型
S9012	2T1	PNP	S9018	J8	PNP
S9013	J3	NPN	S8050	J3Y	NPN
S9014	J6	NPN	S8550	2TY	PNP
S9015	M6	PNP	SS8050	Y1	NPN

（王德沄）

Q 我的电动车蓄电池充电器（220-48V）经常损坏，每次损坏都是由于开关电源集成电路SG3842和场效应功率管等元器件烧坏所致。在调换损坏元器件后能用一段时间，但不久后又被烧坏，而且SG3842都是5脚和7脚被击穿短路，这是什么原因。

（江苏 吴爱民等）

A 对于经常发生这种故障的36~48V电动车充电器，其电路大多比较简单，且过压、过流等保护措施较差。SG3842的7脚为供电端，7脚通过一个启动电阻与整流后的300V电压端连接，启动门限为15~16V。电路启动后，7脚由开关变压器次级绕组供电，电压降为9~10V。7脚内部虽然有钳位电路，但在开关电源尖峰电压冲击下仍会使7脚和5脚（GND端）击穿。若在7脚和5脚间连接一个18V稳压管和一个100~200μF的滤波电容，就可避免SG3842被烧坏。另外，稳压管和电容引脚要剪短，并且尽量靠近SG3842焊接。

（王德沄）

读者若有问题需要解答，请将问题发至本刊邮箱：radio@radio.com.cn或者在微博@无线电杂志，也可以在《无线电》官方微信公众号评论中留言。如果读者不能通过网络途径投送自己的提问，请将来信寄到本刊《问与答》栏目，信中最好注明您的联系电话。

Q 我有一个无线鼠标，将鼠标的无线接收器插入计算机的USB接口后，鼠标没有反应，不能使用。仔细检查鼠标的接收器与计算机的USB插口，好像没有接触不良的问题，鼠标使用的电池也是新换的，如何判断是鼠标的故障，还是接收器的问题？

（安徽　吕大江）

A 一般首次将鼠标接收器插入计算机的USB插口后，计算机系统会自动发现新硬件并安装驱动，安装完成后，在设备管理器的"通用串行总线控制器"中，我们可看到"USB Composite Device"的提示，说明鼠标的接收器工作正常，则故障在无线鼠标。如果没有看到"USB Composite Device"的提示或其带有黄色惊叹号，说明接收器没能正常工作，这大多是接收器与USB接口接触不良所致，只要排除接触不良就能解决问题。

（王德沅）

Q 我的一台电子管功放（胆机）有一个奇怪的故障，在开机后不久，功放管FU29的屏极就被烧红，如果把功放机翻转90°或180°放置（即侧放或倒置），FU29的红屏现象就会消失，功放也能正常工作。我仔细检查功放电路，没发现什么异常，不知道这是什么原因造成的？

（云南　戴培诚等）

A FU29发生红屏故障，主要是栅极负（偏）压消失或不稳定，引起屏流过大，屏极耗散功率太高，把屏极烧红。具体原因主要有两种可能：一是FU29栅极至栅负压源的连接有断裂或接触不良，其中栅极负压可调电阻接触不良的可能性最大；二是FU29栅极与管座间存在接触不良。将功放机翻转90°或180°放置，FU29的红屏现象消失，FU29栅极与管座间接触不良的可能性很大，应该仔细检查管座引脚簧片是否有裂纹，或存在因氧化层、变形、污垢等导致隐性接触不良，排除接触不良后就能消除FU29的红屏故障。

（王德沅）

Q 我家的无线路由器和台式计算机在同一房间中使用，在客厅和卧室等房间中，手机和平板电脑等电子产品的上网效果还不错。但是存在一个问题，就是联网多个终端后常常发生掉线的现象，而且重新联网困难，即使将手机靠近路由器也没用。我曾经试过改变路由器的Wi-Fi信道等多种措施，但始终没能解决，这是何故？

（湖南　陆维华等）

A 这是很常见的问题，常有人觉得这种情况是网络信号不稳定或终端设备不良导致的，其实在Wi-Fi信号正常的情况下，这类情况大多是终端设备的IP地址冲突导致的。一台路由器连接多台手机或其他终端设备时，路由器会为每台终端自动分配不同的IP地址，例如192.168.1.102、192.168.1.103、192.168.1.105等。但是有些用户为终端设备自行分配了IP地址，自己设置IP地址有可能跟路由器自动分配的IP地址冲突，使两个或更多终端的IP地址相同，从而引起上述问题。当遇到这种问题时，只要我们修改终端相同的IP地址就能解决此问题。

（王德沅）

Q 一台集成电路音频功放的额定输出功率为60W×2，输出阻抗是8Ω×2，我没有阻抗为8Ω的音箱，想配接阻抗为4Ω的无源音箱，不知道可以吗？

（上海　赵飞等）

A 音频功放输出阻抗是8Ω，若配接阻抗为4Ω的音箱，因两者的阻抗不匹配，功放输出到扬声器的功率会变小，同时功放性能也会变差，功放甚至会过载损坏，所以不建议这么做。有些中、大型功放标注的输出阻抗是一个范围值，例如4~8Ω或4~16Ω等，通常阻抗值在范围内的音箱都可以接，功放和音箱都是安全的，只是输出功率等性能不同，具体可以应参考功放的产品说明书。

（王德沅）

Q 有些电容话筒采用比普通3.5mm音频插头大得多的卡侬头，不知卡侬头和3.5mm插头有什么区别？

（甘肃　周明庆）

A 3.5mm插头是应用广泛的音频接口插头，相信大家已经很熟悉了。卡侬（Cannon）头也是一种音频接口插头，它是一种高端的音频接口插头，大都是专为电容话筒等高端话筒配置的，常用在专业设备中，使用48V电源供电。卡侬头有很多种类，包括两芯、三芯、四芯、大三芯等，但最常见的是有接地端、热线、冷线的三芯卡侬头。卡侬头和普通插口头一样也分为公头和母头。电容话筒通常配合调音台或所谓的"声卡"使用，通常配套的调音台或声卡都有内置48V电源，只要将卡侬头插好就能使用了。

（王德沅）

Q&A
问与答

读者若有问题需要解答，请将问题发至本刊邮箱：radio@radio.com.cn或者在微博@无线电杂志，也可以在《无线电》官方微信公众号评论中留言。如果读者不能通过网络途径投送自己的提问，请来信寄到本刊《问与答》栏目，信中最好注明您的联系电话。

Q 一台联想笔记本电脑有一个3.5mm 4芯耳麦插口，我想从这个耳麦4芯插口分接出来两个插口，分别连接一个耳机和一个话筒。但是按照常规连接4芯插头，结果不行，反复试验也不能使两者都正常工作，不知是连接错误还是有其他问题？

（四川 曹普善）

A 常用的3.5mm 4芯耳机接口有OMTP和CTIA两种标准，其中OMTP耳机插头各段功能如下：插头的最顶端（TIP）为"左声道L"，TIP下面各段依次为"右声道R""MIC（话筒）"和"地线"。CTIA插头前两段与OMTP相同，后两段则相反，即第3段为地线、第4段为MIC。笔记本电脑大多采用CTIA耳麦插头，参照上述定义连接即可；少数机型可能不行，则可改为OMTP连接，一般能成功。

（王德沅）

Q 一台创维32L05HR液晶彩电被雷击损坏，检查发现电源板（168-P32TQF -00）损坏比较严重，有好几个元器件烧焦变色，换了一块同型号电源板配件后，通电试机图像正常，但没声音。检查伴音芯片U40（TAS5706）及周边电路，没有发现有烧坏或异常的地方，该如何进一步检修？

（山西 邹诚等）

A 伴音无声故障与多种因素有关，一般先检查TAS5706的工作条件是否正常，可分别测量TAS5706的两组供电（正常为24V和3.3V）、总线电压（17脚3.5V、18脚4.5V）、静音脚电压（3.3V），如果都正常，且芯片外围电路基本正常的情况下，通常是TAS5706损坏，可换新的。根据维修经验，TAS5706的3.3V供电电路中的R412（47Ω/2W）为三端稳压器5V输入的串联电阻，易出现断路或虚焊等问题，这会使TAS5706的3.3V电源电压失去或不稳定，从而导致无伴音、时断时续等故障，可先重点检查。

（王德沅）

Q 有一台Windows 7系统的一体机，机上有一个耳机输出插口和一个话筒输入插口，两者都是3.5mm插座。我分别连接了耳机和话筒，话筒工作一切正常，可是耳机无声。我已经设置耳机为"默认播放设备"，而且重装几次驱动程序也没用。该机原来用扬声器外放完全正常，这是为什么？

（黑龙江 刘发晋）

A 该机只有耳机输出插口，实际也是内部扬声器接口，所以不需设置耳机为"默认播放设备"，只要插入耳机就能正常使用，而且也无法这样设置。你可能误设置了别的蓝牙耳机等设备。正常情况下，插入耳机后，机内扬声器就会自动断开，此时耳机就是"默认播放设备"，但是打开计算机的"播放设备"，看到的还是显示扬声器为"默认播放设备"，实际上插口连接的已经是耳机了。如果在设置正确的情况下耳机无声，一般是耳机插口接触不良或耳机损坏所致。

（王德沅）

Q 我用TCRT5000循迹光电传感器模块制作了一辆智能小车，调试时发现检测不灵敏，检测头离遮挡物仅有1.5mm左右时，传感器的输出也没什么变化，只有再把距离拉近到1mm以内才有反应，调整模块上的灵敏度电位器根本无用，不知什么原因，请问怎么解决？

（陕西 王大庆）

A TCRT5000是红外反射式光电开关，也称循迹光电传感器模块。传感器由红外发射二极管、红外接收管、比较器等组成。其检测距离为1~8mm，焦点距离为2.5mm（在焦点距离附近检测效果最好），工作电压为3.3~5V。TCRT5000一端有蓝色和黑色两个管子，蓝色的是红外发射管，黑色的是红外接收管。在模块和遮挡物安装正确的情况下，检测不灵敏通常是因为电位器没调整好、红外发射管电流太小（正常应为5~10mA）或红外发射管衰老等，可分别检查处理。

（王德沅）

Q 我们用低压差稳压器RT9167、RT9193等制作单片机电源电路时，发现输出电压不稳定，有人告知是输出滤波电容选型不对引起的，LDO不能使用在一般电源电路中常见的铝电解电容或陶瓷电容等电容，是这样吗？如果是，那该选用何种电容？

（河北 崔庆）

A 除了特殊品种外，通常LDO（低压差稳压器）都要求其输出电容的ESR（等效串联电阻）在一个合适范围内，不能过高也不可过低，否则会引起电路振荡，导致电路不稳定，甚至不能工作。LDO制造商的产品手册会提供ESR和负载电流稳定范围的曲线，作为用户选择电容时的参考。通常LDO选用钽电容，因为钽电容具有较合适的ESR值，而且随温度变化较小，能使LDO稳压电路工作于稳定状态。常用的铝电解电容虽然容量大，但ESR也大，而且在低温时ESR值会成倍增大；而陶瓷电容的ESR太小，且温度特性不好，所以两者都不适宜作为LDO的输出电容。

（王德沅）

全新时代的曙光

国产晶体管收音机主流产品概览（6）

朴实又各具特色的 8 管收音机

▌田浩

以 7 管收音机为基础，将变频级设计成 1 管本机振荡、1 管混频的电路形式，这就是 20 世纪六七十年代国产 8 晶体管收音机的主流配置。在晶体管技术普及的早期，晶体管的性能还不够完善，采用两管协同工作的电路可以保障变频级的工作性能，两级中放加上两级低放也能够有效地确保收音机拥有足够的信号放大能力。因此，国产 8 管收音机从晶体管技术普及开始，就成为各企业的重点机型。

在这些收音机中，美多 28A、牡丹（或红旗）8402 等知名机型都曾在当年的《无线电》杂志中进行过详细介绍。1963 年第 12 期《无线电》杂志就刊登有美多 28A 型 8 管收音机的外观及内部机件等（见图 1），并对这款收音机的设计方案和性能指标进行了详细介绍（见图 2）。文中所附的美多 28A 电路图内各晶体管型号仍采用早期的命名规则，如高频晶体管为 2Z302 或 2Z301，低频晶体管为 2Z171 或 2Z172。这些早期晶体管与众多小体积的电解电容、中频变压器安装到美多 28A 的电路板上，充分证明上海无线电三厂在 20 世纪 60 年代前期就已经具备了国内领先的晶体管电路元器件供应链。在那时，只有南京无线电厂等少数企业在元器件的供应和选用方面能够与上海知名企业相提并论。

在 20 世纪 60 年代中期，上海无线电三厂推出了美多 28B 收音机（见图 3），

▌图 2 《无线电》杂志中介绍美多 28A 型收音机的文章首页（原载于 1963 年第 12 期《无线电》）

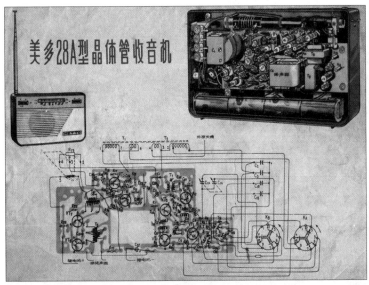

▌图 1 《无线电》杂志介绍的美多 28A 型晶体管便携式收音机外观及内部机件彩图（原载于 1963 年第 12 期《无线电》）

▌图 3 《无线电》杂志中介绍美多 28B 型收音机的插图（原载于 1966 年第 2 期《无线电》）

它采用了金属网格面板，看上去科技感更浓。其内部的元器件布局与美多 28A 相似，只是在高频电路中，用安装在电路板上的塑料密封双联调谐电容取代了原来美多 28A 中安装在机身一侧的空气绝缘双联调谐电容。之后上海无线电三厂推出的红旗 804 型 8 管 3 波段收音机，也参考了美多 28B 的元器件布局方案。

红旗804收音机及其仿品

作为上海无线电三厂推出的一款功能完善的 8 管便携式收音机，红旗 804 是 20 世纪六七十年代国产 8 管收音机的典型代表。该机型拥有 1 个中波波段和 2 个短波波段，短波调谐带有微调功能。外观设计有较强的科技感，所有文字也以中英文并列标注（见图 4）。其 8 枚晶体管的配置让人对此机的性能充满期待，但打开后盖板后看到的内部电路可能会让专业人士略为失望（见图 5）。

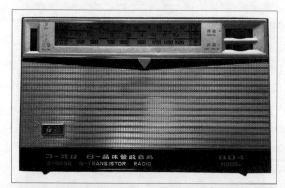

▌图 4 红旗 804 前部。在那个时代，大面积的银白色铝制件和黑色塑料形成的鲜明对比，使得这台收音机科技感十足

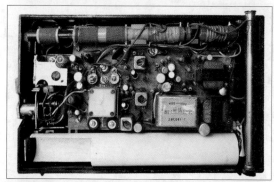

▌图 5 红旗 804 内部电路。与前文介绍过的 7 管机型红灯 2J8 相比，显得较为朴素，它采用 1 根中波 / 短波磁性天线，中放级也仅有单调谐中频变压器

红旗 804 参数			
电源	6V 电池	输出配置	100mm 扬声器
波段	MW/SW	电路模式	超外差
晶体管	3AG23(×2)、3AG22(×2)、3AX21(×2)、3AX31(×2)	机型规格	便携式

其中波与短波磁性天线以拼接的方式合为一根，与之前介绍过的 7 管机型红灯 2J8 相比，红旗 804 的内部电路结构略显简单。毕竟红旗 804 的整机电路方案基本源自 20 世纪 60 年代前期即已设计完成的美多 28A，而没有进行太多升级。

我在之前的文章中也介绍过将短波磁性天线设置于机身底部的收音机，如凯歌 4B12，和仅采用拉杆天线而不设置短波磁性天线的收音机，如长江 602 等，这种设计通常受条件限制而不得不进行妥协。像红旗 804 这种将中波磁性天线与短波磁性天线合二为一的设计更为常见。这种天线的设计缺点是很明显的：多个波段的线圈都要挤在同一根磁棒（磁性天线的磁芯）上，导致通过移动线圈来调节接收性能的可调范围受到限制；因为所用铁氧体的材料配比不同，中波磁棒与短波磁棒的最佳接收频率范围是有区别的，将两根磁棒拼接到一起，无论是中波还是短波，其接收灵敏度都比采用单根等长的专用磁棒天线要差。不过优点在于占用的机内空间较小，可以缩小整机尺寸，也能降低产品的生产成本。

红旗 804 作为当时的国产经典收音机，曾被许多企业仿造。有些企业在仿造红旗 804 时加入自己的创意，比如有的企业生产的 8 管收音机在外观风格上虽与红旗 804 几乎相同（见图 6），但也别出心裁地在功放级输入、输出变压器中应用了高频磁芯（见图 7）。其实这一做法对于提高音频电路的性能并没有起到明显作用，因为在这样单薄的便携式收音机中，影响音质的最大因素是输出频带过窄，无法输出震撼的低音，也无法输出清脆通透的高音。这个仿造机型采用的磁芯并不能改善音质。这可能是在当时的经济环境下，仪器生产企业在制造收音机时利用仓库中已有库存磁芯而导致的结果。

除了低频电路元器件的选择颇为有趣外，这个仿造机还有另外几处不同于红旗 804：电路板的形状有所改变，电池盒设计在侧边（见图 8）；在中高频电路中应用硅晶体管。虽然这是一台仿造机，但工程师在设计中并没有全盘照抄，这一点尤为可贵。

▌图 6 红旗 804 仿造机的外观。除音量拨钮改为横向、短波频率范围拓宽、缺少必要的文字标识外，其他外观特征几乎与红旗 804 别无二致

图 7 红旗 804 仿造机的内部电路。此机功放级的输入、输出变压器均采用了通常只在中高频电路中运用的磁芯,中高频电路系采用硅管

图 8 红旗 804 仿造机中的电路板、扬声器及电池盒

海河BS-801收音机

海河BS-801便携式8管收音机的外观设计极具时代特色(见图9)。还有一些批次的海河BS-801在刻度盘上绘制了水坝和海上日出的图案。这款收音机外观造型参考了日本SONY公司的TR-815收音机的设计,在内部元器件布局方面,两台收音机也存在相似之处。

因为在外观方面参考了TR-815的设计,海河BS-801在调谐拨盘的旁边设置了一个直径略小的频率微调拨盘。但此机并未在电路中加装音调调节装置,也未采用大口径的扬声器,仅有1只口径80mm的内磁式扬声器(见图10)。除此之外,部分设计也会为使用者带来困扰,比如此机采用市面上较难买到的4号电池,4号电池容量也较小,限制了海河BS-801的连续使用时间。另外,海河BS-801也未考虑在机壳侧面加装外接电源插口。总体来说,留存至今的海河BS-801更多地是作为特定时期的纪念品而受到收藏者的青睐,其电路设计并没有特别令人称赞之处(见图11)。

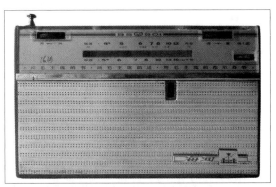

图 9 海河 BS-801 外观。刻度盘上的标语展现出鲜明的时代特征。此机外观造型参考了日本 SONY 公司的 TR-815 收音机的设计

海河 BS-801 参数			
电源	6V 电池	输出配置	80mm 扬声器
波段	MW	电路模式	超外差
晶体管	3AG5(×2)、3AG4(×2)、3AX13(×2)、3AX14(×2)	机型规格	便携式

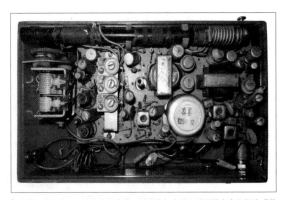

图 10 海河 BS-801 内部电路。采用空气介质双联调谐电容和俗称"草帽管"的旧式封装晶体管是此机的特色

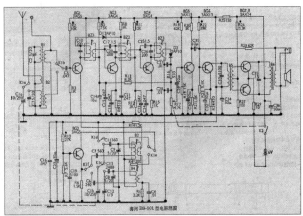

图 11 海河 BS-801 电路图。整机的电路设计相当朴实

▋图12 珠江 SB8 外观。其金属外饰板的制造工艺水平和长江 602 等收音机大致相同

▋图13 珠江 SB8 内部电路。此机采用了双扬声器，并安装了音调切换开关

珠江 SB8 参数			
电源	6V 电池	输出配置	65mm 扬声器 ×2
波段	MW/SW	电路模式	超外差
晶体管	3AG23(×2)、3AG22(×2)、3AX21(×2)、3AX21(×2)	机型规格	便携式

▋珠江SB8收音机

在改革开放之前，广州这座城市的工业保持着低调的姿态。广州市曙光无线电仪器厂出品的珠江 SB8 收音机可以让我们瞥见当时广州电子工业的概况。

和前文介绍过的红旗 804 等机型相似，珠江 SB8 也采用了大面积的金属网孔面板（见图12）。本文介绍的这台珠江 SB8 机壳主色调为沽泼的鲜绿色，令人联想起我国华南地区葱郁常绿的自然环境。另外，其说明书封面的图案和文字设计颇具时代特色（见图14）。

在配置方面，珠江 SB8 接近红灯 2J8 系列机型的水平，配有双扬声器、音调切换开关，在拨钮和拨动开关的布局上尽可能保持左右对称（见图13）。但是此机和红灯 2J8 相比，在功能完善程度上还有差距。珠江 SB8 仅有一个短波段，也没有加装短波微调功能，这就导致此机在短波段选择电台时颇为不便。此外，这台收音机需要拧出一个固定螺钉，将后盖完全卸下，然后才能装卸电池。总而言之，珠江 SB8 向人们展现出在市场经济尚不发达的时代背景下，广东省电子企业对消费者需求尚处于懵懂状态，这与改革开放后广东省名扬世界的繁荣景象形成了鲜明对比。

至此，在"全新时代的曙光"系列连载文章中，我已经对 20 世纪六七十年代，从 3 管到 8 管的多款国产晶体管收音机进行了回顾。但是精彩并不止于此。晶体管收音机具有装配容易、调试简单的特点，当时无线电爱好者热衷于组装晶体管收音机，很多无线电爱好者也因组装收音机而结缘。《无线电》杂志作为电子工业科普领域的领军媒体，对于晶体管收音机进行了很多知识介绍。在下期文章中，我将对 20 世纪中期《无线电》杂志刊登过的晶体管科普知识和自制晶体管收音机内容进行回顾，为连载画上圆满的句号。🔀

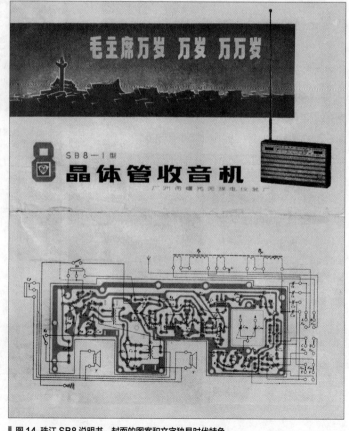

▋图14 珠江 SB8 说明书。封面的图案和文字独具时代特色

全新时代的曙光

《无线电》杂志与国产晶体管收音机的不解之缘

田浩

20世纪60年代中期以前，对于国内大众来说，晶体管技术是陌生的高新科技。当时，《无线电》杂志担起了向民众介绍晶体管技术相关科普知识的重任。如今，当我们回顾当年刊登在《无线电》上的科普文章时，能够深刻地感受到中国电子科技工业从无到有、从弱到强一路发展至今的艰难不易，体会到像《无线电》这样的科普期刊在华夏大地上播下科技知识的种子有多么难能可贵。

创意荟萃：《无线电》杂志早期介绍的晶体管电路知识和收音机

1956年第4期《无线电》刊登的《半导体和半导体无线电收音机》是当时国内少有的向民众介绍晶体管技术相关知识的科普文章之一。文中不仅展示了早期晶体管的内部结构（见图1），而且也将晶体管电路的工作特点与电子管电路的工作特点进行了类比（见图2）。值得一提的是，此文在介绍晶体管电路时，并没有采用我们后来熟悉的"基极""集电极"等电极名称，而是采用"底

图1 1956年第4期《无线电》刊登的《半导体和半导体无线电收音机》第1页，这是早期向中国大众介绍晶体管科普知识的文章之一

图2 1956年第4期《无线电》杂志刊登的《半导体和半导体无线电收音机》第2页，后来使用的晶体三极管基极、集电极、发射极在文中配图内分别采用"底座""收集极""发散极"等名称

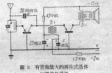

座""收集极"等名称，这记录了晶体管技术最初进入国内时，人们对这一项新兴技术的认识状态。

在随后的几年里，勤劳智慧的中国电子爱好者努力学习晶体管技术并付诸实践，取得了令人振奋的进展。1958年，一篇标题为《自制的半导体收音机》的文章在当年第7期《无线电》上刊登（见图3），向读者介绍了一款低电压供电（1.5V电池）的3管收音机，它能够用阻抗为2kΩ的耳机收听中波波段的无线电广播。这款由无线电爱好者制作的3管直放式收音机虽然在电路稳定性和放大能力等各方面都还有一定的提升空间，但从新技术先行者的角度来说，已经是很不错的作品了。

高等院校的教师与学生也是较早接触晶体管技术的人群。1960年第5期《无线电》刊登了北京邮电学院（现北京邮电大学）教师撰写的短文《半导体收音机的试制》，介绍了一款采用7枚晶体管制成的超外差式中波收音机（见图4），其电路设计的复杂度与无线电爱好者制作的机型形成鲜明对比。当时晶体管还是一种价格比较昂贵的新型元器件，由于这个方案使用的晶体管数量较多，因此难以推广。

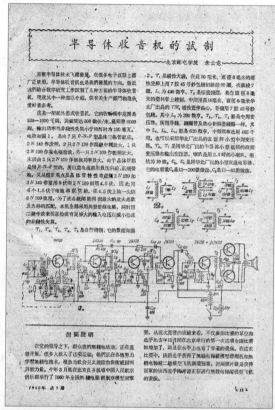

图4 1960年第5期《无线电》杂志刊登的《半导体收音机的试制》第1页，介绍了北京邮电学院（现北京邮电大学）教师研发的7管超外差式收音机电路

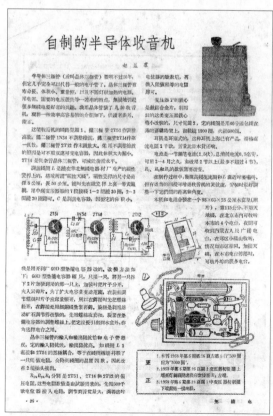

图3 1958年第7期《无线电》杂志刊登的《自制的半导体收音机》第1页，介绍了一款简单的3管直放式收音机电路，整机电路和元器件布局均配以图片进行展示

在20世纪60年代初期，全国各地的电子制作爱好者越来越迫切地想要了解与晶体管电路装配、制作的相关实用知识。1962年第5期《无线电》杂志刊登了《装制晶体管收音机的几点体会》这篇短文，向读者细致地介绍了焊接晶体管、晶体管的临时接线方法、临时接线底板的应用以及小型元器件的安装等电子制作实用知识（见图5）。此时，晶体管的"身影"出现在全国各地，具有电子制作技能的爱好者也越来越多，《无线电》杂志中介绍晶体管实用知识的科普文章深受读者喜爱。

同在1962年，《无线电》杂志有两篇介绍晶体管收音机制作的文章都相当精彩。较早的一篇是第7期《无线电》刊登的《晶体管单管收音机》，虽然从头到尾都在介绍单管机型，但文章深入、透彻地对不同电路形式（见图6）和不同用管类型（见图7）的单管收音机进行了详细分析。想全面了解晶体管电路相关知识的读者，通过阅读文章都会有所收获。

另一篇是在第12期《无线电》杂志刊登的《再生式五管晶体管收音机》。与这篇文章同时刊登的还有介绍收音机内元器件布局、安装方式的彩色插画（见图8）。此机的电路设计在一定程度上存

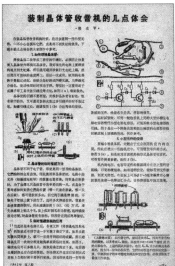

图5 1962年第5期《无线电》杂志刊登的《装制晶体管收音机的几点体会》第1页，反映了晶体管收音机的试装在20世纪60年代初已有一定的群众基础

图6 1962年第7期《无线电》杂志刊登的《晶体管单管收音机》第1页，对采用输入变压器的单管机、调谐回路抽头式单管机、加有次级线圈的单管机分别进行了介绍

图7 1962年第7期《无线电》杂志刊登的《晶体管单管收音机》第2页，该文以介绍锗管机型为主，对采用硅管的机型也有提及

图8 1962年第12期《无线电》杂志刊登的《再生式五管晶体管收音机》电路图及外观、内部元器件布置彩图。图中对元器件布局及其连接、安装方式都给出了明确建议

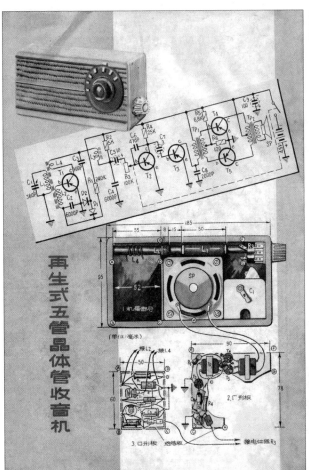

图9 1962年第12期《无线电》杂志刊登的《再生式五管晶体管收音机》第1页，该方案侧重于晶体管低频放大电路的应用

▌图10 1963年第8期《无线电》杂志刊登的《优质晶体管三管机》外观及内部元器件布置彩图。电路中大多数元器件布置在铆钉板上

▌图11 1963年第8期《无线电》杂志刊登的《优质晶体管三管机》第1页，其中的高频晶体管发挥出高频放大兼低频放大的功能，这是当时收音机电路中将晶体管运用到极致的体现

▌图12 1964年第1期《无线电》杂志刊登的《晶体管四管超外差式收音机》，电路复杂度较高，展现出作者为在节省晶体管用量和保证电路性能之间取得平衡而付出的努力

在着音频放大用管数量偏多的特点（见图9），在以尽量节省用管为主要追求的年代不易普及。不过，无论是电路方案还是元器件布局安装方案，这款收音机都展现了十足的创意。

1963年第8期《无线电》杂志刊登的《优质晶体管三管机》向读者展现了一个在节省晶体管用量和保证整机性能这两者之间努力取得平衡的经典方案。这是一款3管便携式中波收音机，其内部机件布局模式已相当成熟（见图10）。其功放级采用2枚低频晶体管，实现工作效率较高的推挽放大，唯一的1枚高频晶体管兼具高放、再生、来复低放3项功能，可以说这个方案将节省晶体管用量的设计思路发挥到了极致（见图11）。

设计性能更稳定的超外差式收音机电路也是电子制作爱好者们的追求。在1964年第1期《无线电》杂志中，《晶体管四管超外差式收音机》向广大读者宣告了电子制作爱好者在这一领域取得的突破（见图12），其电路性能与同期国内知名电子企业的3～4管同类机型的性能不相上下。

回顾当年《无线电》杂志的这些文章，能够感觉到中国电子科技工作者和电子制作爱好者的满腔热情跃然纸上。虽然中国电子工业的商业化成就直到最近的二三十年间才令世界为之惊叹，但造就这燎原之势的星星之火，始于五六十年前，在艰苦困难的条件下依然坚持着梦想，用简陋的自制设备和工具装配、调试那些晶体管收音机的人们。《无线电》杂志刊登的这些文章，一方面实现了向广大人民群众普及电子知识的目标，另一方面也为初创时期的中国电子工业留下了珍贵的历史记录。

结束语

若要对本系列连载文章中介绍的多款晶体管收音机的历史意义做简单总结，有必要先回顾 20 世纪 60 年代的社会背景，当时中国处于电子工业发展初期，仅有的几个主要从事电子工业的制造厂零散地分布在上海、北京、南京等城市，并且它们的产能远远不能满足市场需求。当时中国经济建设的主要目标是先建立起规模化、系统化的产业框架，为之后的工业发展打好基础。产业的积累过程对大多数民众来说是单调且艰辛的，个人的消费能力和意愿都受到大环境的抑制。

在这个时代背景下，晶体管技术的出现可以说是科技的进步送给中国大众的礼物。此前，信息的传递速度很慢，从高层发出的指令很难迅速、直接地传递给广大群众，这一情形在 20 世纪 60 年代晶体管技术普及后开始发生改变。依靠农村广播站的晶体管收扩音机连同架设到乡村田野的舌簧扬声器或压电扬声器，再加上只用几节电池即可工作的收音机，遍布全国的舆论宣传阵地得以建立。千百年来习惯了贫苦、单调生活的数亿中国民众，在日常生活中拥有了获取信息的新渠道。在我国工业体系初步成型，准备踏入世界经济的大河"中流击水，浪遏飞舟"之时，民众从广播中听到某村承包到户之类的新闻消息，个人生产的积极性随即开始在全国范围内得到释放。

这些晶体管收音机在一代人心中留下了难以磨灭记忆的原因，至此也可以得到答案。首先，在 20 世纪 60—70 年代，收音机作为晶体管技术的代表性产品来到了全国各地，它是民众第一次接触到的现代科技产品。在这样的条件下，随着时光流逝，很多人将晶体管收音机与自己的青春回忆铸成一体，留下了深刻的记忆。

其次，晶体管收音机以其容易装配、调试的特点使得很多人有机会和它与其打交道，在亲手制作的过程中给人们留下了深刻的印象。当然，更古老的矿石收音机也具有同样的特点，但矿石收音机的信号接收灵敏度比起有放大电路的电子管或晶体管收音机来说有很大差距，因此矿石收音机的接收范围受到限制，在远离广播电台的偏远农村，通常只是摆设。在电子技术诞生以来的上百年发展历史中，在分立晶体管元器件得以发展的时期，人们能直观地看到每一个元器件，知晓其基本结构和性能，同时又能将它们轻松地组装到一起，实现特定功能。电子管单是供电就比晶体管要麻烦些，集成电路则缺乏晶体管那种元器件与结构、功能逐一对应的直观感。这样就使晶体管收音机成为一种代表性的电子产品，并给电子爱好者留下深刻印象。

在黎明时分，东方地平线上透出的一缕曙光往往会令人记忆深刻。当新技术的阳光普照大地后，人们的注意力更多地被阳光照耀下的新技术所吸引。20 世纪 80 年代，采用模拟集成电路技术的收录机和电视机普及到城镇乡村，让流行歌曲在大街小巷回荡；20 世纪 90 年代，青少年对那些以数字集成电路为核心元器件的游戏机爱不释手；进入 21 世纪，人们则使用着智能手机上安装的各种应用软件。如今，无论是听歌曲、看视频还是玩游戏，大多数人并不以动手组装收音机、电视机、游戏机为自己的乐趣所在。晶体管收音机的时代对他们来说已经成为遥远的过去。

如今，中国电子产业发展迅猛，不妨以本系列连载文章作为对昔日地平线上那缕曙光的纪念。在今日的神州大地上，中华民族已经完成从农业社会向现代工业社会转轨的进程，物资匮乏的艰苦岁月已然成为往昔（见图 13）。人们充满信心地期待着电子科技将给生活增添更多色彩，也满怀信心地期待着像《无线电》杂志这样的优秀科普期刊在未来继续向我们展示精彩纷呈的科技世界，鼓励更多爱好者前来探索这片令人向往的广阔天地，经历乐在其中的耕耘，收获属于自己的乐趣和成就。Ⓧ

■ 图 13 2019 年第 10 期《无线电》杂志刊登了《与国家一起走向辉煌——新中国电子产业前进的 70 年：从追赶世界到领先世界》专题文章

科技成就梦想，创新促进繁荣
——电子产品和我们的生活（上）

▌田浩

　　自20世纪中叶以来，各种各样的电子产品为我们日常生活增添了色彩。能研发、制造出先进的电子产品，也成为衡量国家产业经济水平的重要标志。当"小康"概念以及"小康社会"的构想被提出并付诸实践后，我国电子产品及相应产业发展迅速，在全民"奔小康"和中国的经济发展中发挥了重要的作用。值此全面建成小康社会的决胜之年，我们不妨回顾这40年来，陪伴过我们或者我们曾经听说过的那些电子产品，在过往的时光中拾起那些令人难忘的回忆，拂去那些闪光片段上的尘土，将那些在过往岁月里，电子产品给予我们的陪伴和欢乐珍藏心中。

▌1980—1997

　　20世纪70年代末至80年代初，发达国家基于晶体管集成电路的模拟电子技术发展迅速，产生了收录机、电视机等多种电子产品。对于这一时期发达国家的普通大众，曾经在电子产品市场上独领风骚几十年的收音机正在向小型化、袖珍化的方向发展，更多地以一种便携的可以收听节目的电子设备而存在。如果对特定的某位歌手或某类歌曲情有独钟，可播放盒式磁带的随身听则更受人们的青睐。与此同时，基于数字电子技术的电子游戏机、个人计算机等新潮电子产品也开始崭露头角，一个全新的信息化时代呼之欲出。

　　在同一时期的中国，主流电子技术及产品的普及情况则与发达国家明显不同。那时，中国刚刚完成了基本保障性工业体系的建设以及大众文化素质的初步提升，全国拥有数以亿计的具备初级文化教育水平的青壮年劳动力，但是大众的消费能力和生活水平并没有明显提升。在很多城镇和绝大部分农村，现代电子产品的普及依然处于和改革开放之前相似的状态：采用分立式晶体管元器件的收音机或许是很多

家庭唯一拥有的电子产品，其功能单一且音质单调。当大众对现代科技生活的向往转化为购买力时，出现了一个有趣的现象：以电子管为主要元器件的红灯711型收音机，以及国内众多地方企业模仿红灯711生产的各种同类产品，在国内广受欢迎，销量大好。其原因在于以下两个方面：对于企业来说，红灯711的6灯超外差式电

子管电路简单，全国各地具备基础技术能力的地方企业都能制造；对于消费者，红灯711这类机型的收音性能和音质明显优于普通晶体管收音机，售价也比"一机难求"的进口收录机低很多。于是，以红灯711为代表的电子管收音机，在当时国内大众较弱的消费水平与较强的消费意愿交织在一起的背景下，掀起一波销售热潮。

图1 20世纪80年代中国百货商场内的电器柜台复原场景（摄于深圳改革开放展览馆）

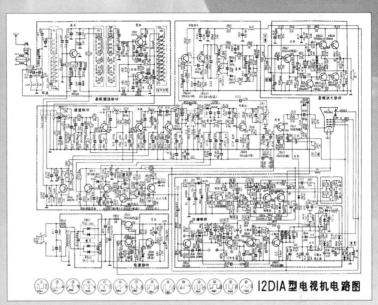

▌图 4 飞跃 12D1A 型黑白电视机电路图，整机电路均采用分立式晶体管元器件。当时中国企业自主研发出这样的产品已经颇为不易，但与发达国家的产品相比仍有较大差距（原载于 1980 年第 1 期《无线电》）

▌图 2 飞跃 40D2 型黑白电视机说明书封面，展现出当时人们对现代化生活的想象与追求

▌图 3 飞跃 12D1A 型黑白电视机内部机件。对于 20 世纪 80 年代初的中国电子产业来说，黑白电视机还是一种较高端的产品，只有少数技术水平较高的企业能够自主研发制造（原载于 1980 年第 1 期《无线电》）

在改革开放初期，像红灯 711 收音机这样能够让中国电子行业在特定领域取得成功的现象毕竟只是个例。随着人们生活水平的稳步提高，能够显示影像的电视机、能够播放盒装磁带的录音机或收录机等电子产品逐渐获得经济较为发达的一线城市居民的青睐（见图 1）。在 20 世纪 80 年代初，一张以坐在客厅的沙发上，衣着时尚的年轻人为背景的电视机说明书封面，就能勾勒出当时人们对于现代化"小康生活"的想象与追求（见图 2）。中国企业注意到这一潜在的广阔市场后，在政策允许的范围内努力开拓与研发、生产满足国内民众需求的产品。然而，由于当时中国电子产业与发达国家在技术水平上存在明显差距，即使在 20 世纪 80 年代初，国内技术领先的企业能够研制出的高端产品，也就是像晶体管黑白电视机（见图 3）这种由晶体管分立元器件组成的产品（见图 4），与发达国家生产的彩色、大屏幕电视机差距明显。

在严峻的现实面前，中国电子企业发愤图强，有的采用进口显像管、集成电路等核心元器件进行组装，有的则采取引进国外整机生产线等方式，尽力快速缩小与发达国家企业之间的差距。20 世纪 80 年代中期以后，由中国企业生产的彩色电视机在市场上已经较为常见（见图 5），在中国各大城市商场内的家电柜台前，人们踊跃购买国产彩色电视机的场景也成为当时的时代特色（见图 6）。不过，由于这一时期的中国电子产业缺乏完善的市场化体系，上游产业链建设、企业自身管理水平、下游市场宣传推广和售后服务等方面均存

▌图 5 北京 839 型彩色电视机外观。彩色电视机的国产化历程，是中国电子产业快速追赶发达国家先进水平的典型缩影

■ 图 6 在百货商店家电柜台前购买电视机的人群。那时，拥有一台彩色电视机是很多中国家庭的向往

■ 图 7 20 世纪 80 年代典型的国产中档收录机（右侧）与日企同类收录机（左侧）（摄于北京大戚收音机电影机博物馆）

■ 图 9 Sony CDP-101 数字光盘播放机内部机件。集成电路已是这一时期发达国家主流电子产品中的标准配置，只有零星的几只三极管"点缀"在电路板上

■ 图 8 日本企业在 1982 年推出的一款数字光盘播放机 Sony CDP-101。这款电子产品的问世意味着发达国家的电子产业进入数字电路时代

在诸多问题，少数企业虽然推出了一些畅销机型，不过并没有起到以点带面、提升国内电子产业整体水平的效果，通常只是在掀起一时好评的热潮后就悄然陨落了。

当时的中国企业在与外国企业的竞争中不占优势，另一个重要的原因是国内企业自主创新研发的实力普遍较弱。那时，较有实力的中国企业推出的成功产品，多数是在一定程度上借鉴或模仿国外的畅销产品；部分中国企业则是引进国外生产线或采取合资模式，其生产的产品在市场上取得不错了销量。在集成电路芯片等核心元器件方面，进口元器件的品质更好、性能更稳定、价格也就更贵。先进的且功能较全的电子产品选用的核心集成电路芯片基本上是由发达国家的企业制造的，在这一技术含量较高且利润可观的领域内，暂时还没有中国企业的立足之地。

由于当时中国电子产品在技术和品质上与发达国家的产品存在明显差距，来自发达国家，特别是日本的企业逐渐成为高科技、高性能、高品质的代名词。Panasonic（松下）、Sharp（夏普）、Sony（索尼）等日企品牌的收录机和电视机成为中国民众在采购家电时优先考虑的产品（见图 7）。与此同时，在 20 世纪 80 年代初，发达国家的民众已经能够享受到数字电子技术普及的红利，例如数字光盘播放机（见图 8）。其内部电路让人看得眼花缭乱（见图 9），而其中精致小巧的组件，也不是当时中国一般电子元器件供应商能够研发、制造的（见图 10）。

图10 Sony 的宣传资料中介绍数字光盘播放机工作原理的示意图。用于读取光盘数据的激光组件及解码电路对于同期的中国企业来说，是科技含量相当高的产品

图11 在20世纪70年代，电子游戏机对于发达国家的销售者来说并不陌生。到了20世纪80年代，更新换代的电子游戏机也在发达国家最先得到普及

但是，无论需要克服多少艰难险阻，在改革开放后通向小康生活的道路上，中国企业披荆斩棘，坚强前行。从20世纪80年代的发展来看，随着国家经济体系的转型，电子产业内的大多数企业力求生存，少数有余力的企业力求突破。其中有很多曾经为国人所熟知的企业最终因为没能适应市场环境而逐渐淡出了大众视野，这是中国电子产业的遗憾，也是市场竞争中不问出身，只辨实力的体现。上海、美多、飞乐、牡丹、凯歌等曾经在改革开放前盛极一时的国内知名品牌，最终只留在了人们的记忆中，新的品牌和产品在新技术持续进步和普及的过程中不断涌现。

丰富人们娱乐生活的电子游戏机就是新产品中引人注意的一支主力军。这种建立在数字集成电路基础上的新产品，为那些好奇心强、乐于探索的青少年们带来了全新的体验。游戏机在欧美发达国家一经推出便获得了青少年的追捧（见图11）。在20世纪80年代初，国内部分电子产业工作者也注意到了这一新兴产品，且在《无线电》杂志上将新潮的游戏机介绍给广大民众（见图12）。

部分国内的企业家敏锐地意识到在国内推广游戏机时容易遇到的问题。当时中国大众的消费能力不强，钱都希望花在刀刃上，几乎没有家长愿意花钱给孩子买一台主要用来娱乐的电子产品。而且，当时的电子游戏机需要使用电视机作为视频显示设备，而大多数中国家庭还没有电视机。不过，到了20世纪80年代后期，随着电视机在国内的普及和大众消费能力的提升，解决上述问题的方案就出现了：一种名为"电脑学习机"的产品被中国企业发扬光大，在国内掀起了一波销售热潮，这种"电脑学习机"给广大"80后"留下了深刻的印象。

当年，"电脑学习机"从多个方面很好地适应了当时的中国国情。首先，这是一种采用简单微处理器的数字电路电子产品，实际电路架构也是一台计算机，只是在存储器、运算能力等方面和同时期的个人计算机存在一定的差距。当时的中国企业只要具备足够的技术实力，在研制（或仿制）与生产"电脑学习机"时并没有难以克服的困难。另外，只要用户家中已有或有条件够买一台彩色电视机，"电脑学习机"就能使用。其次，在改革开放后，那些具有一定消费能力的中国家长也逐渐开拓了视野，对计算机在未来世界能够发挥出的作用多少有所耳闻，进而产生了让子女学习计算机知识的紧迫感。再次，从同龄人那里听说或亲身感受到电子游戏乐趣的青少年，也有充足的动力劝说他们的

图12 20世纪80年代初期，国内也有了采用简单的控制手柄，利用电视机进行画面显示的电子游戏机（原载于1982年第4期《无线电》）

图13 20世纪90年代初期，像"电脑学习机"这种名为学习，实则主要用来玩游戏的娱乐产品，在那些率先迈入小康生活的家庭中掀起了一波热潮

图 14 用于"电脑学习机"的程序或游戏存储卡（外壳已卸除）。在和"电脑学习机"打过交道的"80后"的心中，将这样一块存储卡中的游戏玩到通关，可能是童年时最难以忘怀的记忆

图 15 20 世纪 80 年代后期，电子工业部所属企业生产的中英文电传打字机，展示出当时中国将新型电子产品应用于工商业的尝试（摄于深圳改革开放展览馆）

父母购买一台"电脑学习机"——尽管这些聪明的青少年并不会说出他们想要"电脑学习机"的真正原因。

就这样，时机愈发成熟，这种外观和计算机键盘类似的"电脑学习机"（见图 13）在国内流行开来。不过，很多家长迅速而失望地发现他们的孩子在拿到"电脑学习机"后，经常在家玩游戏。在家长们"玩物丧志"的愤怒声讨中，"电脑学习机"的普及受到了限制。不过，即使是把"电脑学习机"作为送给小孩的礼物，也足以为这种电子产品创造出一片广阔的天地。与"电脑学习机"同时流传开来的是被称为游戏卡或卡带的只读存储卡（见图 14），只要将这种存储卡插入"电脑学习机"的插槽中，再连上控制手柄，接上电视机，一台"电脑学习机"就能给几个孩子带来一整天的欢乐时光。当然，也确实有用"电脑学习机"尝试编程或学习其他知识的青少年。

在"电脑学习机"热销之时，其他基于数字电子信息技术的新产品也在华夏大地上纷纷涌现。外观和"电脑学习机"很相似的中英文电传打字机就是其中一种（见图 15）。虽然这种用于商务办公的电子产品对于很多人来说比较陌生，但另一种以办公联络为初衷的电子产品则在很多人心中留下了难忘的回忆——BP 机，又称寻呼机、传呼机（见图 16）。这是在 20 世纪 90 年代的技术条件下，为了满足人们即时通信设备需求而设计的一种通信工具，BP 机虽然便携，但在使用中也有局限性，其仅支持单点对单点的通信方式。如今可能很少有人还记得 BP 机的使用方式，我来帮大家回忆一下：

在使用场景中有甲、乙二人，甲想联系外出的乙，那么甲得先打电话到寻呼台，需告知乙的寻呼号码以及要乙回电话的需求。寻呼台将信息发到乙的 BP 机上，乙看到信息后再通过有线电话给甲回电。这样复杂的过程放到今天简直令人难以想象，但在信息传递能力有限的年代，挂在腰间的 BP 机却是成功人士的标志。可实现即时通信的按键式手机，直到 10 年后才出现在人们的视野中。那时，人们的日常生活中又出现了什么新的变化呢？下期文章，我将带领各位重拾十几年前那些风云变幻的回忆。Ⓧ

图 16 流行于 20 世纪 90 年代的不同品牌型号 BP 机。在"下海"成为时代热潮的那段岁月，别在腰间的 BP 机可以算是商务人士的明显标志（摄于深圳改革开放展览馆）

决胜全面建成小康社会专栏

科技成就梦想，创新促进繁荣
——电子产品和我们的生活（中）

▍田浩

▍1997—2010

20世纪90年代后期，国内制造业以欣欣向荣的状态高速发展，我国也逐渐成为"世界工厂"。1997年，香港回归，当时的中国有自信也有能力以开放且有尊严的姿态参与全球经济活动。那时候，中国的大众消费电子产品工业体系已经比较完善，除了少数国产高端产品与发达国家的高端产品相比功能和品质仍有差距外，国产普通产品的功能和产量已经可以基本满足国内市场的需求，如彩色电视机、VCD播放机、多功能录音机等产品均有较为成熟的生产线和销售链。许多城市居民的家

里已经有了彩色电视机、VCD播放机这样的时尚家电，有线电话和无线寻呼（BP）机在经济较发达的城市也得到了很好的普及；手持式移动电话和功能较为完善的个人计算机，在国内经济较为发达的地区也开始进入民众的视野。

在20世纪90年代激烈的市场竞争中，熊猫、长虹、康佳等国产电视机品牌在国内市场中逐渐树立起了良好口碑。随着有线电视技术在城市的快速普及，采用电缆传输信号的有线电视提升了电视信号的质量，与性能更加杰出的新型电视机（见图1）结合，为观众提供了更清晰的电视画面。

有线电视节目根据不同的主题类型分别在不同的频道播放，新闻频道、电影频道、军事频道、体育频道等各类精彩内容开阔了观众的眼界，在家中看电视也逐渐成为国内大众茶余饭后的消遣方式。

其他影音娱乐类电子产品，如采用单声道磁带仓的便携式收录机已经不能满足人们的需求，采用双声道双磁带仓的大型收录机（见图2），结合了电唱机和收录机的功能，且具备由分立式音箱组合而成的音响系统，功能更加齐全、音质更加出色，逐渐成为人们采购电器时的首选。

在20世纪90年代中后期，得益于

▍图1 康佳直角平面屏CRT彩色电视机。数字电子电路和宽幅直角显示屏的应用，在20世纪末为电视机这种电子产品带来了全新的活力（摄于深圳博物馆）

▍图2 长江CL-7663B台式组合音响主机。在20世纪90年代后期，组合音响已经成为很多中国家庭中的常见物品。台式组合音响的研发、制造对于一般的电子企业来说没有困难，因此企业在这一领域很快就展开了激烈的价格战

▌图 3 长虹 VCD 播放机。作为 20 世纪 90 年代后期采用数字电子电路的典型产品，伴随着遍布城镇农村大街小巷的影碟出租店，VCD 播放机给中国大众留下了一段珍贵的回忆

国内经济的快速发展，越来越多的民众生活达到了小康水平。首先，录像机快速进入了小康民众的家庭中，紧接而来的还有 VCD 播放机，这种电子产品是在中国流行一时的视频播放设备（见图 3）。VCD 播放机是一种颇具中国特色的电子产品，初露锋芒的中国企业敏锐地把握住了商机。当然 VCD 播放机的不足之处也很明显：其编码技术由国外企业研发，在没有自主核心技术的情况下，VCD 播放机在发售不久后，很快就打起了惨烈的价格战，最终在 DVD 播放机和数字有线电视技术的双重围堵下，VCD 播放机黯然退出了市场。尽管 VCD 播放机在国内热销的时间不长，但这段时期积累的积极意义也显而易见，

一部分中国电子企业意识到自主研发核心技术的重要性，其中部分有远见的企业开始努力积累、提升自身的研发实力，长远的眼光和坚持自主研发的态度让一些企业在之后的 20 年中不断发展壮大。

可放置于桌面、柜顶的台式数字电子产品越来越多地出现在中国民众家庭中，发达国家的数字电子产品也在快速地更新换代。在 20 世纪末期到 21 世纪初期这段时间内，Sony 公司生产的便携式 CD 播放机的尺寸已经与 CD 光盘盒的尺寸差不多（见图 4），作为一种商品化量产的电子产品，其内部机件的精致程度令人叹为观止（见图 5）。

不过，在那段数字电子产品多样化的

岁月里，除了便携式 CD 播放机之外，MP3 播放器这种更方便携带的随身电子产品也已经问世。这些电子产品与青少年流行文化联系紧密。MP3 播放器诞生后价格迅速走低，但性能却逐步提升，它们的外观设计与时尚潮流密切结合。在 21 世纪的前 10 年中，MP3 播放器的普及也意味着 CD 播放机的黯然退场。虽然早期的 MP3 播放器的存储容量只有 64MB 或者更少，但 128MB、256MB 等大容量闪存的出现很快就向人展示了摩尔定律在信息技术领域的强大预言力。当我们把在 21 世纪的前 10 年里已经为世人所熟知的 Micro SD 存储卡与 20 世纪最后几年里仍然很常见的 3.5 英寸软盘放到一起比较时（见图 6），就能深刻地感受到数字存储技术进步带来

▌图 6 从软盘发展到存储卡的数字信息存储介质巨变。左侧的 3.5 英寸软盘存储量只有 1.44MB，右侧的 Micro SD 存储卡存储量则达到了 2GB。目前常用的 Micro SD 存储卡的容量通常在 8 ~ 256GB

▌图 4 Sony D-E01 便携式 CD 播放机，这款播放器的外形尺寸与 CD 光盘盒几乎相同，展现了当时发达国家电子产业的实力

▌图 5 Sony D-E01 便携式 CD 播放机内部机件，PCB 在其中只占据了不显眼的一部分空间，其内部机电运动部件的微型化设计做得非常好

图 8 采用彩色电阻触控屏的 OPPO S39 便携式 MP4 播放器，其功能已经相当完善

图 7 采用单色电阻触控屏的便携式电子词典，为了方便用户书写文字以及精确地点击按键位置，通常会配备专用的手写笔

的巨大变化。正是这样飞速进步的电子技术让很多昔日难以想象的产品在 21 世纪初成为触手可及的现实——例如，采用电阻触控屏的便携式多功能电子词典（见图 7）。电子词典将许多学科的知识信息存储在内部存储芯片上，和 MP3 播放器一样，它采用微处理器实现程序的运行。就和多年前畅销的学习机一样，中国电子企业抓住了电子产品在便携化这一方面的特点，使多功能电子词典迅速推广普及。典型的电子词典往往拥有全键盘输入和点阵式单色液晶显示屏这样的输入、输出配置。一些高端产品会配置触控屏，为用户提供了与众不同的使用体验。英文单词查询是电子词典的必备功能，此外也有年历、计算器、记事本、数理化公式及定义查询等各种功能。当然，企业还会在这些电子词典中配置几款以填词或数独为代表的益智游戏，一些游戏开发者还提供了可在电子词典上运行的 RPG 游戏，供用户下载。得

益于电子产业的快速发展，电子词典的价格通常为数百元，对于一般工薪家庭来说，电子词典的价格也不是很贵。

令人欣慰的是，在这些新型数字电子产品的设计、制造过程中，中国企业自主研发的比重越来越大。以 MP3 播放器为例，在其诞生初期，日本、韩国、美国等发达国家的电子企业的产品占据着国内的主流市场，但中国企业很快就推出了物美价廉的 MP3 播放器，在消费电子产品市场中崭露头角。具有视频播放功能的 MP4 播放器也在 21 世纪初期横空出世。几年后，中国企业研发生产的 MP4 播放器已经具备视频播放、音频播放、文本阅读、图片浏览、录音、游戏等相当齐全的功能（见图 8），在消费电子市场中，中国产品的性能已经能够与日本、韩国等国家的同类产品并驾齐驱。

从 20 世纪末进入 21 世纪前 10 年的这些年里，中国企业除了在影音娱乐类电子产品领域有重大突破之外，在通信电子产品领域，国产产品也初露锋芒。

有线电话和有线电视类似，在 20 世纪 90 年代中后期进入中国普通家庭（见图 9）。电话在大多数城市家庭中的普及意味着当时的社会已经进入了一个全新的时代：适用于大众的信息传输模式由单点对多点

的单向传播发展到单点对单点的双向传播模式。在此之前，中国民众习惯于接收来自收音机、电唱机、电视机、录音机、电脑学习机、录像机、VCD 播放机等设备的信息，这些信息都是单一来源的信息，它们通过广播信号、唱片、电视信号、磁带、只读存储卡、录像带、VCD 光盘等形式传递给不同的对象。而有线电话的普及则意味着拥有电话机的任何一个对象都能将其想要传递的信息发送给期待接收这些信息的对象，并从对方处获得即时反馈。

有线电话的普及虽然具有这种积极的意义，但电话机只限固定使用，依然有所不便。即使在产品上增加通话可视功能，也难以对用户形成有效吸引力（见图 10）。无线寻呼机的单向点对点联系所能发挥的改善效果也相当有限。幸运的是，在 20 世纪 90 年代末，手持式移动电话，即手机开始进入中国民众的日常生活。

手机投入商业化应用后的很长一段时间内，它的购机费和使用费对于绝大多数中国民众来说较为昂贵，这种电子产品在很大程度上成为商务人士身份的象征。在 20 世纪 90 年代，中国的手机市场基本被外国品牌垄断。有些外国企业注意到了中国市场具有非常大的消费潜力，开始在技术条件允许的情况下开发符合中国消费者

图 9 20 世纪 90 年代后期，有线电话在中国各大城市家庭中得到普及，在这些地区民众的日常生活中首次实现了即时点对点的语音通信（摄于深圳改革开放展览馆）

图 10 中国企业在 20 世纪末至 21 世纪初研制的有线可视电话。不过，可以看见对方的通信还是一种实用意义不大的技术方案（摄于深圳改革开放展览馆）

算机。大洋彼岸有一家公司开发了一款用"Windows（视窗）"命名的个人计算机操作系统，用这种操作简便、上手容易的操作系统和网页浏览器一起为万千民众打开了一扇看新世界的窗口。对于那些会组装计算机的人来说，他们为了省钱通常不会购买成品计算机，而选择自行"攒机"，他们通常会跑遍计算机零件市场，购买主板、CPU、显卡、硬盘等各种硬件，然后组装一台计算机，再装上 Windows 操作系统并进行系统设置。对于他们来说，看到蓝天白云的画面从外凸曲面屏的 CRT 显示器上显示出来，是一段难以磨灭的记忆。另一方面，国内很多地区受经济条件所限，很多青少年第一次接触到计算机是在学校的计算机室，对于青少年来说，每堂计算机课都是非常宝贵的时光。

当计算机硬件作为一种电子消费品，且在市场相对成熟时，越来越多的大众接触到了这种高级的电子产品。图形交互界

需求的产品，例如，日本企业推出的一款手机就以"汉中王"自称，其具备了中文操作界面（见图 11）；移动电话的业界龙头摩托罗拉公司在争夺中国市场时也不甘落后，让手机收发中文短信息的功能在一款当时相当时髦的翻盖手机上成为现实（见图 12）。在这段时期，最值得称道的是诺基亚公司，这家来自芬兰的手机制造商推出了众多可靠耐用、造型美观、性价比高的手机（见图 13），诺基亚公司也毫无悬念地成为了当时手机业界的老大。与此同时，中国不少企业尝试进军手机行业，不过国产手机主要走的是中低端路线，并未掀起很大的波澜，这样的商业路线往往以失败告终。在国内外手机市场，很长时间内都没有名声足够响亮的中国企业出现。不过，那时很多人都还没有意识到，一种被称为互联网的新兴电子信息技术正在悄然崛起，而体积越来越小、性能越来越强大的计算机即将在 21 世纪改变所有人的生活方式，并且对手机行业产生颠覆性的影响。

20 世纪末，中国的互联网基本上需

要依靠有线网络连接，而且需要使用电话线路拨号上网，其数据传输速度在今天看来慢得难以想象。这一时期占据互联网终端绝对主流地位的电子产品是个人台式计

图 11 具有中文操作界面的手机，在这样的手机上，中国用户可以看到以中文显示的操作菜单，方便操作

图 12 摩托罗拉公司推出的全中文手机，收发中文短信的功能在这样的手机上成为现实

图 13 诺基亚公司推出的 3120 彩屏手机，该品牌的手机在 20 世纪末至 21 世纪初的 10 多年里以极高的性价比、可靠的品质和多种多样的造型设计，一直坚守着业界王者的地位

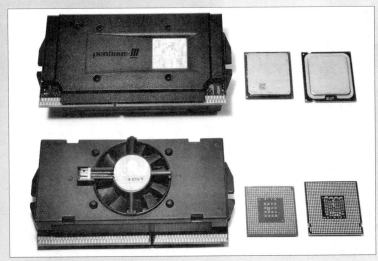

图 14 从左至右分别为 Pentium 3、Pentium 4、Pentium D，台式计算机 CPU 在 20 世纪末至 21 世纪初的变化，展现出计算机产业核心技术的快速迭代升级

面与鼠标的结合，让电子计算机在普通民众心目中的印象不再高不可攀。"386""486"等处理器代号让人们知道了 CPU 这种核心器件并感受到了 CPU 的快速更新换代，而"Pentium（奔腾）"这样商业化的名字更让人感觉到计算机作为一种电子消费品的时代已经来临。从 20 世纪末到 21 世纪初，先后问世的 Pentium 3、Pentium 4 快速刷新了人们对于个人计算机运算处理能力的认知；像 Pentium D 这样的双核处理器，又将个人计算机的信息处理能力提升到了新的高度（见图 14）。至于存储设备，例如软盘，在 20 世纪末，它的价格也已经变得比较亲民，而且具有能够存下一些小程序或小文档的容量。如今 Office 办公软件中，"保存"这个指令的图标形象，就是从 3.5 英寸软盘演变而来的。随后，光盘和 USB 闪存盘将移动存储的性能推升到全新的水平；硬盘、内存条这些计算机内置硬件的性能也在这些年中得到显著的提升。

新世纪伊始，中国的经济发展取得了世人瞩目的成就。2001 年，中国加入世界贸易组织，提升了我国与全球经济的融合度。为了进一步提升生产力并为经济转型做好准备，中国采取了诸多举措，以提升高等教育普及率。在这样的时代背景下，个人组装台式计算机的场景伴随着大学的扩招，成为许多城市的一道新生风景。

在 21 世纪初，北京、武汉等高校集中的城市伴随着新世纪初轰轰烈烈的高校扩招，中关村、广埠屯等电子市场集中区域成为高校学子们寻件"攒机"的天堂。在一定程度上，这些自己组装计算机的青年人正在"重演"20 多年前美国首批计算机爱好者与创业者的经历：21 世纪初的中国青年们在自家书房或学校宿舍内组装计算机，这个场景与大洋彼岸的那些人曾经在自己家的车库或阁楼内组装计算机相似。当然，21 世纪初的计算机与 20 多年前的计算机在性能上已有天壤之别，硬盘的存储容量、CPU 的运算能力等方面都远远胜过它们的"前辈"；以这些性能更好的硬件为基础，画面逼真的计算机游戏也吸引了人们的注意力。计算机作为一种电子消费产品，娱乐属性开始更加明确地展现出来。虽然老一辈的人们会为青少年玩计算机游戏是否玩物丧志而焦虑和争论，但游戏产业作为新世纪不可忽视的新兴行业，注定会吸引越来越多中国企业的注意力。没有丰厚资本的小老板们也意识到自己在这个全新的信息时代可以做什么，于是网吧开始流行起来，互联网丰富了人们的娱乐生活，开拓了人们的求知视野。对于很多青少年来说，网吧是享受互联网游戏的天堂，这也正是那些开设网吧的老板关注的商机所在。

信息化时代的电子产品在 21 世纪的前 10 年中明显地改变了人们的日常生活。2007 年，一家品牌名为苹果的企业发布了一款名为 iPhone 的手机，它的造型简约，取消了传统的数字键盘，采用了更为方便用户使用的电容式触控屏作为手机屏幕，并且为其配备了设计精美，能够让众多应用程序与移动互联网连接后发挥功能的操作系统。当时谁也没有想到，这款名为 iPhone 的手机在接下来的几年里竟然在全世界畅销，甚至掀起了一场令诺基亚、摩托罗拉等原有领头企业猝不及防的手机行业革命。

同样也很少有人会想到，这几年会是欧美发达国家企业在电子行业中保持明显领先地位的最后几年。2008 年和 2010 年，中国的北京、上海先后举办奥运会、世博会，向世人宣告中国的经济发展已经达到了全新的高度。这一时期的中国企业已经能够为苹果等企业供给最新款智能手机的零部件，苹果手机的多条流水生产线也设在了中国。苹果公司通过 iPhone 刷新了人们对于手机的认知，谷歌公司的安卓系统也为智能手机的研发开辟了全新天地，中国企业嗅到了新的商机并跃跃欲试，国产手机即将在接下来的 10 年里引领世界潮流，一展风采。🅧

决胜全面建成小康社会专栏

科技成就梦想，创新促进繁荣
——电子产品和我们的生活（下）

田浩

2010—2020

在举办上海世界博览会的 2010 年，中国 GDP 超过日本，成为位居美国之后的世界第二大经济体。经过 30 年的发展，21 世纪的中国已经今非昔比。与此同时，苹果、三星等品牌的智能手机也在全世界掀起了时尚热潮。

作为一种具备多项功能的联网移动终端，智能手机拥有和现实状态结合的高度即时性，极大地拓展了人们的日常沟通方式，使多点对多点的现代信息通信网络普惠大众，打开了消费电子产品的全新市场。智能手机在当今人们生活中的用途已经远远超过了以前各种便携电子产品的总和（见图 1）。智能手机以低功耗、高性能微处理器为基础，

配合高网速、大带宽的移动互联网技术，再结合电容触控屏、GPS 导航定位、加速度传感器、拍照及视频摄像等各种方便易用的信息输入方式（见图 2），最终使多种功能得以在同一台电子产品上实现。

尽管智能手机早期的研发创新方案来自于苹果、谷歌等外国企业，但将前沿研发人员的创意变成现实，还需要那些分布在长三角和珠三角的中国企业提供产业链级别的支持。越来越多的人都开始认同这样的观点：在 21 世纪的第二个 10 年里，包括电子产业在内的中国制造业整体实力已经称雄全球。

在这样的时代背景下，有充足实力推进研发的中国电子企业也不再单纯满足于做国外品牌的零部件供应或整机组装。华为、小

米、中兴、OPPO、vivo 等中国智能手机企业逐渐成长起来。例如，中兴在功能手机时就有产品面世，在智能手机时代也跟上了潮流（见图 3）；华为在基础技术方面有更深入的研发，在 2010 年后的 10 年中取得了令人钦佩的成就（见图 4）。其他中国电子企业，如小米、OPPO、vivo 等，也在手机领域各有所长。在智能手机普及的过程中，性能和功能快速更新换代，每年都会有存储容量更大、运算性能更高、功能更新颖的新款机型问世（见图 5），手机性能在两三年的时间内就能够有相当可观的进步（见图 6）。与此同时，与手机功能相匹配的移动网络通信技术从 3G 发展到 4G，再发展为中国企业拥有自主核心知识产权的 5G 通

图 1 智能手机具备多样化的功能：地图定位和导航、文本阅读、文档表格编辑、音频播放、图像识别、拍照录像及特效处理等

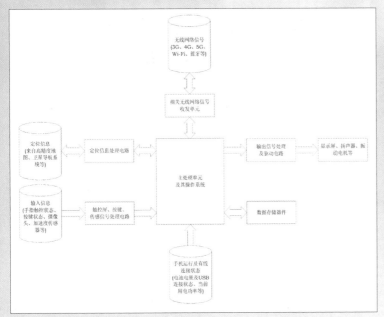

▌图3 中兴手机从功能手机到电容触控屏智能手机的发展历程

▌图4 从2010年以来,华为凭借着深厚的技术积累,在手机研发、制造领域迅速取得了令人钦佩的成就

▌图2 当代智能手机基本架构示意图,高性能计算机和各种相关传感器的微型化,以及电容触控屏的技术成熟,是这种"手持式全能计算机"成为现实的基础

信技术。这一切成就背后与各相关品牌企业的持续创新研发投入密不可分。

这些国内企业进军智能手机领域并取得的成功,是中国电子产业实力进一步提升的体现。此时成长为行业内领头羊的中国电子企业已经积累了足够强大的自主创新和研发能力,在产业链中掌握了更有分量的话语权,再也不是跟在国际大牌身后亦步亦趋的群羊。企业在成长进步的过程中,不仅自身的利润得以提高,而且也让国内外消费者从中受益,在手机市场上涌现了更多价格具有亲和力,并且功能和性能都令人满意的产品。

智能手机这种电子产品已经令人习以为常,同期,以全新形态在我们身边出现,为我们服务的电子产品也越来越多。家用投影仪、平板电脑、可穿戴式电子设备等产品也都为大众提供更多便利,提高了生活品质。这些产品为人们提供了全新的交互体验,拓展了电子科技产品在人类生活中的应用范围,如使用智能手环对运动健康状态进行监测,使用无人机在旅行时拍出令人赞不绝口的照片,这些都是近几年来科技普惠民众的突出体现。

在2010年至2020年的10年中,和中

▌图5 华为在2015年发布的Mate 8机型,在品质、功能、性能参数等各方面与发达国家同类机型相比都已不相上下

▌图6 华为在2020年发布的P40 Pro机型,屏幕所占面积比例进一步提升,处理器和摄像系统已成为业内标杆

图7 大疆研发、制造的航拍用多旋翼飞行器。在 21 世纪的第二个 10 年里，中国企业在这一市场领域取得了相当杰出的成就

图8 中国企业自主研制的驱动电机控制器内部机件剖视图。在最近的 10 年内，像这样工作效率高、稳定可靠的电子产品，让纯电动汽车得以普及

国企业在智能手机领域的崛起类似，也有像大疆这样的科技企业在多旋翼无人机市场上取得丰硕的成果。同样和智能手机相似的是，多旋翼无人机也是电子技术进步到一定程度后才得以诞生的。这类可以自由控制飞行状态、可悬停的遥控飞行器（见图 7）在工作原理上并不复杂，其上升、下降或水平转向飞行等动作的实现取决于 4 部旋翼电机的输出功率。然而，只有在电子技术高度发达之时，多旋翼无人机的廉价与普及才得以成为现实。飞行控制电路中的微处理器能快速进行信号处理，将指挥飞行器飞向目标位置的指令精确转化成各旋翼电机的功率控制需求，再通过功率电路对各电机的工作状态做精确调节，让飞行器实现上升、下降、转向、前进、后退等各项功能。

另外编程可使无人机自动飞行，由无人机组队表演的夜空立体图案或文字令人惊叹。当然，现代智能电子技术的意义绝不只限于遥控无人机拍摄壮丽风景或者装点城市夜空这么简单，在经历了多年探索以后，用于辅助载货或载人行驶的电子技术，也随着新能源汽车的快速普及成为现实。

目前市场上主流的新能源汽车，基本会采用基于锂离子电池的动力电池，经由电机驱动控制器向驱动电机提供电力，驱动整车行驶。还有一部分新能源汽车是采用燃油发动机与电机结合的混合动力汽车。

无论在哪种情况下，电子产品都是新能源汽车中不可或缺的重要部分。从另一个角度来说，电子技术让大功率、高效率、高可靠性、成本相对低廉的 DC-AC 电机驱动控制器成为现实（见图 8）。更何况现代新能源汽车上普遍采用的锂离子电池是一种需要小心谨慎地管理、使用才能发挥出最佳状态的电源，这就需要 BMS（电池管理系统）发挥作用，对一辆车上数百块甚至数千块电池进行有效的监控管理，才能让整车的动力电池组安全发挥出其应有的性能。这里的 BMS 也是一种电子产品。

在不久的将来，电子产品在车辆上能做的远远不止这些。当前国内外众多企业对自动驾驶相关技术的研究正在如火如荼地进行。采用高清晰度图像传感器、激光雷达、毫米波雷达、红外传感器、超声波传感器等设备获取路况信息后，将数据汇总传输到自动驾驶控制单元内的处理器，采用合适的算法对信息数据进行解析，再结合整车行驶路

径规划，就能够得到控制整车加减速和转向的信号。所有这一切都依靠近年来新研发、生产的智能驾驶图像传感器及雷达组合模块（见图 9）。令人鼓舞的是，中国企业在这一领域的研发进展和发达国家同类企业基本处于并驾齐驱的状态。目前，中国车企已经有能力自主研发新能源汽车、电池管理系统、驱动电机控制器、整车控制器等电子产品以及智能驾驶系统，国产新能源汽车已成为近两年高新技术相关展览会上的一大亮点（见图 10）。智能驾驶等产品的高度成熟，将会使建立在新能源技术基础上的智能驾驶汽车水到渠成（见图 11）。

无须驾驶员干预的智能汽车是电子信息产业与传统产业高度融合的标志，智能技术和传统产业合力创造了新的机遇。因此，无论是传统车企，还是新兴的相关高科技企业，都在努力尝试抓住这次机遇。无人自动驾驶技术成熟后，就能够将人们从驾驶汽车这种费心费神的工作中解放出

图9 安装在乘用车顶部的智能驾驶图像传感器及雷达组合模块。目前，中国企业在智能驾驶领域的研发设计水平已经能够与国外同类企业并驾齐驱

来。至少，每一位在经历了一整天忙碌工作后还要在拥挤的晚高峰城市道路上疲惫地开车蠕动的现代都市人，都会对具备自动驾驶功能的汽车充满期待。到那时，各种各样的电子产品将会与我们的生活密切关联，为我们带来更美好的生活体验。

结语

回顾这些年来中国电子产业的发展历程，从不同角度考察中国电子产业的进步趋势，可以看到下列3方面分成不同进展阶段的明显特征。

在技术发展趋势方面，中国电子产业主流技术从20世纪80年代初以模拟电子技术为主流，经过迅速发展，在世纪之交以数字电子技术笑傲天下，如今，智能技术产品一马当先，每个阶段的进步都为民众带来了功能更加多样、体验更加丰富的电子产品。

在信息传输与处理模式方面，中国主流电子信息技术从20世纪80年代初的收录

机、电视机这类将特定的单一信号来源（电视节目信号、广播节目信号、磁带录制音源信号等）提供给多个用户对象的传统信息传递模式，转变为21世纪互动自由度更高、选择更加丰富的网络交流模式。更多个体的才华在新的信息交流模式下得以释放，为社会生产力的提高提供了更多机会。

在核心技术的自主创新方面，中国电子产业的进步尤为明显。起初，中国企业只能模仿发达国家的电视机、收录机等产品，或从发达国家引进生产线。后来，部分在研发能力上有一定积累的中国企业已经可以做到引进核心技术再拓展产品，VCD播放机、液晶电视机、计算机显示器、MP3或MP4播放机等产品在中国的顺利普及都与这一过程有密切联系。进入21世纪后，经过几年更进一步的研发实力积累，部分领头企业已经可以做到研发核心技术和开发新产品齐头并进，从处于世界领先水平的智能手机到无人机、自动驾驶汽车，

■ 图10 安装有智能驾驶系统的国产品牌新能源乘用车。该车型的电池管理系统、电机驱动控制系统已处于市场化成熟阶段，车载的智能驾驶设备也将走向市场

都在这个时间段里已经成为或即将成为令人振奋的现实。

科技成就了我们生活的梦想，创新促进着国家产业的繁荣。

中国电子产业自改革开放以来取得的辉煌成就，创造了大量的收益可观的就业岗位，为大众带来了极大的福祉，助力中国在2020年全面建成小康社会这一宏伟目标的成功实现。在以后的岁月征程里，中国电子产业还会在国家富强、民族复兴的伟大征程中继续发挥积极作用，为中华民族创造出更加幸福、灿烂的未来。

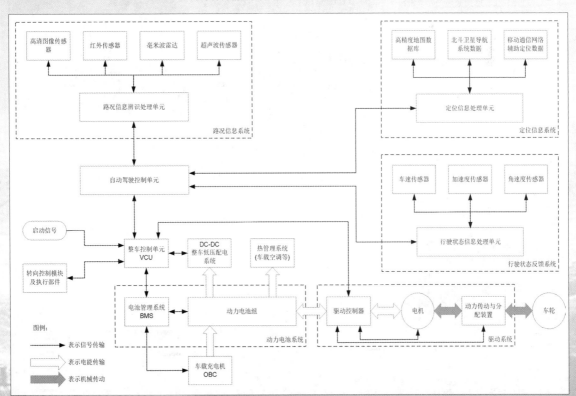

■ 图11 自动驾驶纯电动汽车的整车基本架构示意图。未来，各种电子产品还将继续改变我们生活，为我们带来更美好的生活体验

用创意问候世界：
科廷电子管收音机简史（1）

田浩

在20世纪50年代的众多欧洲无线电制造商之中，科廷（Körting）是少数能用一两款独具创意的机型给后人留下过目不忘深刻印象的企业之一。科廷Dynamic 830W、Stereo Dynamic 20730等机型的双指示管设计会令每一个见过这些收音机的人记忆犹新，每位有志于收藏古董电子管收音机的收藏家都期待着在自己的藏品中拥有一台科廷个性鲜明的名作。

是怎样的设计令那些见惯了各种奢华产品的欧美藏家魂牵梦绕？科廷，这个如今在世界的其他地方少有人知的品牌，会拥有怎样牵动人心的往事？这一切的答案将在本系列文章中揭晓。

20世纪30年代中期科廷机型概况

19世纪末，以电气化为最重要特征的第二次工业革命正在欧美轰轰烈烈地进行着。科廷就在这样的背景下，作为一家电器产品制造商，于1889年诞生了。此时的科廷以变压器、电灯等为主营产品，到

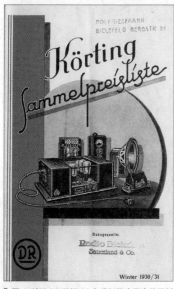

▌图1 科廷20世纪30年代初的产品宣传册封面，绘出了功放、电源、扬声器等部件

▌图2 科廷 R220WL 前部外观及内部机件。它将长波与中波两个波段在左右对称的两块刻度盘上分别显示，展现出科廷的创意。机内所用电子管包括整流管在内共有4枚

科廷 R220GL 的参数			
电源	直流 110/150/ 220/240V	输出配置	内置扬声器
波段	MW/SW	电路模式	再生直放
电子管	RENS1884（×2）、RENS1823d	尺寸（mm）	440×490×250

20世纪20年代初，已经在照明电器领域颇有成就。但电灯、变压器等产品的利润空间在此时已经不高，科廷需要进军新的市场。20世纪20年代末，这家企业首先设计、制造了多款独立电源、功放。这些

产品中的变压器、滤波线圈等是科廷已有丰富技术积累的器件，带有灯丝的电子管也和科廷熟悉的白炽灯泡有着密切联系，因此科廷在研发和生产独立电源、功放时都能得心应手，推出的产品（见图1）得

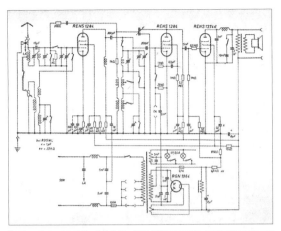

图 3 科廷 R220WL 的电路图。这款机型采用了那一时期欧洲主流机型中常见的再生直放式电路，采用交流供电方式，配备有变压器和整流电子管，各电子管的灯丝由变压器降压后并联供电

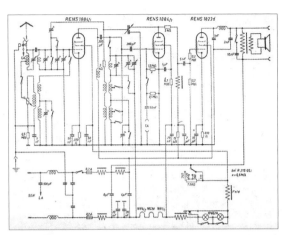

图 5 科廷 R220GL 的电路图。它的电路形式与 R220WL 的电路形式基本一致，主要区别在于采用直流直接供电而取消了电源变压器等元器件，电子管灯丝也采用与限流电阻串联后直接接入电源电路的形式

图 4 科廷 R220GL 前部外观与内部机件。它的外观与 R220WL 的外观相同，它的电路中，大功率分压电阻代替了 R220WL 中的变压器与整流管

科廷 R220GL 的参数			
电源	交流 110/125/220/240V	输出配置	内置扬声器
波段	MW/SW	电路模式	超外差
电子管	RENS1234、RENS1224、RENS1214、REN924、RES964、RGN1064	尺寸（mm）	450×560×320

到用户的广泛好评。至此，科廷与收音机这种当时最前沿、最热门的民用电子产品之间就只有一步之遥：只需要将电源电路、放大电路等各种功能电路结合起来，就能制造出一台收音机。

1932 年，科廷开始涉足收音机的研发、生产。到 1933 年，科廷已经出品了

不少外观和性能都很不错的收音机，其典型代表作是 R220WL（见图 2、图 3）、R220GL（见图 4、图 5）这类外观端正大方的机型。其外观设计方面最引人注目的创意在于将长波、中波两个波段分别显示在调谐旋钮左右的两块刻度盘上；虽然从机内调谐机构来看，这两个波段实际上是

印刷在同一块可旋转的塑料圆盘上的，但机箱上刻度盘外框左右对称的开孔使用户在调谐时能够将这两个波段分开看待。科廷 R220WL 与 R220GL 的整机电路主体部分相同，主要区别在于电源部分。R220WL 是为当时欧洲采用交流供电的国家或地区提供的型号，拥有电源变压器、整流二极管和降压后对并联灯丝供电的电子管（见图 3）；而 R220GL 是为那些采用直流供电的国家或地区准备的，采用 1枚大功率的线绕电阻作为电源分压电阻以适应 110~240V 的不同电源电压（见图 5）。为了尽量保障输出音质，这两款机型都采用了当时技术已经成熟的动圈式扬声器。

1933 年，科廷的顶级产品是像Hexodensuper S3410WL 这样采用超外差式电路的机型（见图 6）。在这款拥有6 枚电子管的机型上，指示各波段频率与波长的刻度盘仅在中间的一个小窗口上出现，在左右的矩形大片区域显示着各波段的不同电台名称。这样的个性化设计贯穿于科廷在 20 世纪 30 年代中期出品的所有高端机型上，将科廷与同期的其他品牌区别开来。

打开一张科廷于 1934 年印发的宣传单（见图 7），就能深刻地感受到科廷浓

■ 图6 科廷 Hexodensuper S3410WL 前部外观。它将左右分列电台的特征风格发扬光大，并增加了不同波段的指示灯。标记有各波段频率的圆形刻度盘设在中间，用于辅助指示调谐细节

科廷 Hexodensuper S3410WL 的参数			
电源	交流 110/125/220/240V	输出配置	内置扬声器
波段	MW/SW	电路模式	超外差
电子管	RENS1234、RENS1224、RENS1214、REN924、RES964、RGN1064	尺寸（mm）	450×560×320

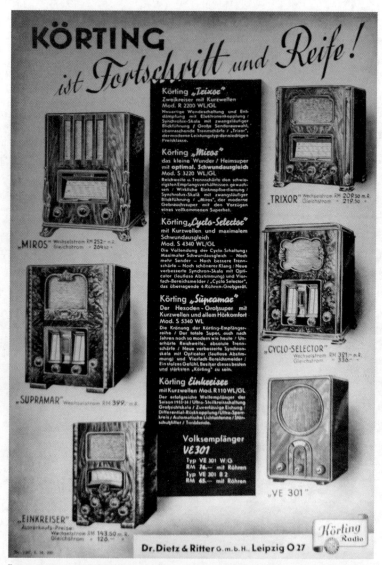

■ 图7 科廷在 1934 年的产品宣传单。其当年的产品既包括价格最低仅有 45 马克的全德统一设计产品 VE301"国民大众收音机"，也有单价最高为 399 马克的 Supramar S5340WL 机型。值得注意的是，除了 VE301 和科廷自产的 Einkreiser 普及机之外，其余产品都在外观设计的细节上采用了欧洲古典风格的装饰花纹

厚的品牌气息。所有高端机型上都拥有醒目的左右对称刻度盘设计和欧洲古典风格的纹饰，中端机型则以大面积的单块刻度盘和四周边棱处的古典花纹装饰为特征。唯一造型简单，没有任何装饰的机型是由当时的德国政府分配给科廷生产的 VE301"国民大众收音机"，当时德国各家无线电品牌制造商都接到了生产 VE301 的任务配额。

在 1934 年出品的中端机型里，科廷 Miros S3220WL（见图 8）是一款造型独

■ 图8 科廷 Miros S3220WL 前部外观。这是科廷当年出品的中端主流机型，售价依据配置不同而有 252 马克和 264.5 马克两种选择。其扬声器前方垂直的木制格栅富有现代主义的视觉观感，但前部边框左右两侧下方的浮雕花纹又有着欧洲古典的巴洛克风格

科廷 Miros S3220WL 的参数			
电源	交流 110/125/150/220/240V	输出配置	内置扬声器
波段	MW/SW	电路模式	超外差
电子管	ACH1、RENS1284、AB1、RES964、RGN1064	尺寸（mm）	370×445×300

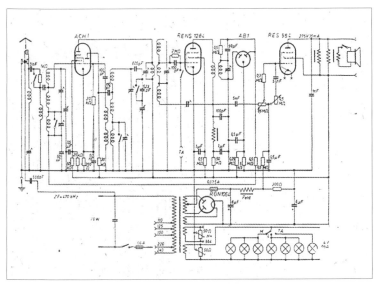

▌图9 科廷 Miros S3220WL 的电路图。复合管在变频级的运用为此机优良的工作性能打下了良好的基础

▌图10 科廷 Cyclo-Selector S4340WL 前部外观。它是20世纪30年代中期科廷的高端机型，具有代表性的并列刻度盘与带有巴洛克式卷纹装饰的扬声器窗口边框都能给人留下深刻印象

▌图11 科廷 Cyclo-Selector S4340WL 后部外观。这一时期的机型在后盖板上还没有采用任何功能性标注或写明注意事项

使用 RENS1284、RES964 等旧型号的电子管（见图9），新旧混用的管型搭配和整机外观的混搭风格相映成趣。Miros S3220WL 的性能和这款机型的售价一样中规中矩，对于当年刚刚走出经济低谷的德国中产阶级民众来说，是很适宜的选择。

对于更富裕一些的民众而言，科廷 Cyclo-Selector S4340WL 可能会令他们更加满意。作为1934年的高端机型，Cyclo-Selector S4340WL 拥有标志性的左右对称电台刻度盘（见图10），并将短波加入到了可接收范围。尽管其后盖板看上去还相当朴素，没有任何功能性标识（见图11），但打开盖板后，立即有设计周到、做工精致的机芯映入眼帘（见图12）。

科廷 Cyclo-Selector S4340WL 的电路仍然保持了新旧型号电子管混用的状态（见图13）。作为一款拥有高频放大级的收音机，Cyclo-Selector S4340WL 在电路设计上侧重于对电台信号的接收。其音频放大电路的设计与同期各款中端机型相比并不逊色，但与同时期其他品牌的高端机型相比就显得略有些单薄。好在科廷

▌图12 科廷 Cyclo-Selector S4340WL 内部机件。除中频变压器和高频线圈装有屏蔽罩外，三联调谐电容也加装有屏蔽罩，可以看出科廷为提高此机综合性能做出的全面努力

科廷 Cyclo-Super S4340WL 的参数			
电源	交流 110/125/150/220/240V	输出配置	内置扬声器
波段	MW/SW	电路模式	超外差
电子管	RENS1234、ACH1、RENS1214、AB1、RES964、RGN1064	尺寸(mm)	370×445×300

具特色的产品。这款机型的四周边棱下部装饰有美观典雅的浮雕花纹，扬声器前方的5根木栅则带有明显的现代主义风格，

两相结合，为此机造型赋予了别具一格的古今混搭风格。其电路中既有 ACH11、AB1 这类当年的新型复合电子管，也仍在

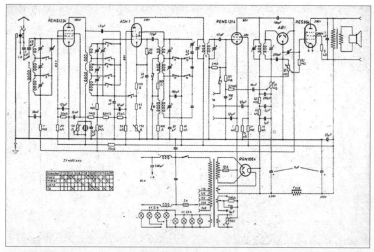

图13 科廷 Cyclo-Selector S4340WL 的电路图。高频放大级的采用进一步提升了此机的灵敏度

图14 科廷 Supramar S5340WL 前部外观。作为科廷在 20 世纪 30 年代中期的高端产品，此机具有精美花纹的扬声器窗口边框造型高度模仿了古典歌剧院包厢的轮廓风格，给人以仿佛亲临现场，在包厢中聆听音乐的感受

科廷 Supramar S5340WL 的参数				
电源	交流 110/125/150/220/240V		输出配置	内置扬声器
波段	MW/LW/SW		电路模式	超外差
电子管	RENS1234、ACH1、RENS1214、AB1、REN904、RES964、RGN1064		尺寸（mm）	425×540×300

还为并不满足于 S4340WL 的用户们提供了一个更高档次的选择：S5340WL。

拥有 7 枚电子管的 Supramar S5340WL 是科廷在 1934 年推出的顶级作品，其装饰着精美古典花纹的扬声器窗口边框看上去如同剧院包厢的窗口（见图14），仿佛向世人宣称：用这台收音机收听音乐节目，就如同亲临剧院现场聆听音乐一样。当然，科廷在 Supramar S5340WL 的电路设计中也没有让对此机充满期待的众人失望，其音频放大电路中在功放级之前设置了独立的前置放大级（见图15），以保障音频输出更加洪亮和清晰。如果一定要说这款产品还有什么美中不足，那就是高效音调调节电路的欠缺了，不过在高低频分立扬声器出现之前，音调调节电路的效果强弱倒也差异不大。

从 1935 年开始，科廷在 20 世纪 30 年代中后期连续出品了多款杰出的机型，这些产品究竟拥有怎样的特色？后续文章将为读者逐一揭晓。

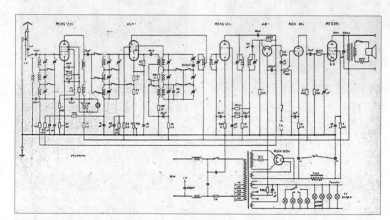

图15 科廷 Supramar S5340WL 的电路图。高放、变频、中放、检波、低放、功放等各级电路均有专用的电子管，为此机的卓越性能提供了充分保障。没有采用效果良好的音调调节电路为后级锦上添花，是此机电路设计中唯一明显的遗憾之处